像素传奇

从计算机百年成像史
到未来视觉帝国

A Biography of the Pixel

by Alvy Ray Smith

北京联合出版公司
Beijing United Publishing Co.,Ltd.

[美] 匠白光 著　邵中华 译

图书在版编目（CIP）数据

像素传奇：从计算机百年成像史到未来视觉帝国 /（美）匠白光著；邵中华译 . -- 北京：北京联合出版公司，2025.8. -- ISBN 978-7-5596-8392-2

Ⅰ . TP391.413-49

中国国家版本馆 CIP 数据核字第 2025DN5775 号

A Biography of the Pixel by Alvy Ray Smith
Copyright © 2021 Massachusetts Institute of Technology
All rights reserved.
Simplified Chinese Translation © 2025 by Ginkgo (Shanghai) Book Co., Ltd.
本书中文简体版权归属于银杏树下（上海）图书有限责任公司。
北京市版权局著作权合同登记　图字：01-2025-1913
地图审图号：GS 京（2025）0650 号

像素传奇：从计算机百年成像史到未来视觉帝国

著　　者：［美］匠白光
译　　者：邵中华
出 品 人：赵红仕
责任编辑：管　文
选题策划：银杏树下
出版统筹：吴兴元
编辑统筹：郝明慧
特约编辑：荣艺杰
营销推广：ONEBOOK
装帧制造：墨白空间·杨和唐

北京联合出版公司出版
（北京市西城区德外大街 83 号楼 9 层 100088）
后浪出版咨询（北京）有限责任公司发行
北京盛通印刷股份有限公司印刷　新华书店经销
字数 540 千字　690 毫米 ×960 毫米　1/16　37.25 印张
2025 年 8 月第 1 版　2025 年 8 月第 1 次印刷
ISBN 978-7-5596-8392-2
定价：118.00 元

后浪出版咨询（北京）有限责任公司 版权所有，侵权必究
投诉信箱：editor@hinabook.com　fawu@hinabook.com
未经书面许可，不得以任何方式转载、复制、翻印本书部分或全部内容
本书若有印、装质量问题，请与本公司联系调换，电话 010-64072833

献给

艾莉森，我挚爱的妻子

萨姆和杰西，我亲爱的儿子们

以及

莱奥、亚蒂、乔治、奥吉和伊芙琳，我调皮又可爱的孙辈

写在《合流：科技与艺术未来丛书》之前

自文艺复兴以来，艺术、技术和科学便已分道扬镳，但如今它们又显出了破镜重圆之势。

我们的世界正日渐地错综复杂，能源危机、传染病流行、贫富差距、种族差异、可持续发展……面对复杂性问题，寻求应对之道要求我们拓宽思路，将不同领域融会贯通。通常，我们的文化不提供跨领域的训练，要在这种复杂性中游刃有余地成长，新一代的创造者们急需某种新思维的指引。

我们将这种思考方式称作"合一思维"（Nexus thinking），即我们这套丛书所提出的"合流"；而具有这种思维的人便是"合一思维者"（Nexus thinker），或曰"全脑思考者"（whole-brain thinker）。

传统意义上，人们习惯于将人类思维模式一分为二。其一，是有法可循、强调因果的收敛思维。这种思维常与科学联系在一起。其二，则是天马行空、突出类比的发散思维。这种思维往往与艺术密不可分。整体思维的构建始于人类三大创造性领域——艺术、技术与科学——之间边界的模糊。三者交相融汇于一个名为"合一境"（Nexus）的全新思维场域。在这个场域里，迥异的范畴之间不仅互相联系，还能彼此有机地综合在一起。界限消失以后，整体便大于部分之和，各种全新的事物也将随之涌现。

合一思考者们能看清复杂的趋势，得心应手地游走于各领域的分野之间。他们将成为未来世界的创新先驱，并引领团队在创新组织的成员之间实现平衡。

站在科技与艺术的交叉点，我们旨在给读者提供一间课堂，将融合艺术、科技等学科的前沿读物介绍给广大读者：数据与视觉艺术，信息与自然科学，游戏与人类学，计算机与沟通艺术……我们希望能够启发读者，让你们自发地培养出一种综合而全面的视野，以及一种由"合一思维"加持的思考哲学。

我们并不会自欺欺人地拿出直接解决当下问题的答案，那些期待着现成解决之道的读者一定会失望。在我们眼里，本套丛书更多地是一份指南。它指引着个人与团队——创造者们和各类团体——穿行于看似毫不相干的不同领域之间。我们将教会读者如何理解、抵达并利用好综合思维的场域，以及如何组建一个能善用理论工具的团队，从而游走于复杂环境之中，达到真正的创新。

正所谓，"海以合流为大，君子以博识为弘"。

后浪出版公司
2022 年 12 月

目 录

起源：一个标志事件 / 1

奠基：三大理论支柱 / 11
第一章　傅立叶的频率：世界之乐音 / 13
第二章　科捷利尼科夫的样本：无中生有 / 49
第三章　图灵的计算：万化无极 / 89

促成：两项高端技术 / 131
第四章　数字光学的黎明：胎动 / 133
第五章　电影与动画：采样时间 / 187

数字光学，初升闪耀 / 261
第六章　未来的形状 / 263
第七章　含义之明暗 / 351
第八章　新千年与第一部数字电影 / 435

终章：数字大融合 / 497

致　谢 / 535
附　注 / 542
图片来源 / 572
索　引 / 578

起源：一个标志事件

> 不可为自己雕刻偶像；也不可作什么形象仿佛上天、下地和地底下、水中的百物。
>
> ——《旧约·出埃及记》20：4

最初，远在偶像禁忌的时代之前，一幅岩画仿佛在摇曳的火光中动了起来。这幅绘于西班牙阿尔塔米拉洞穴中的图画，由一只漫步的野猪的形象与[①]某位远古画家用来创作此画的岩壁与绘制此画所用的炭黑和赭红颜料共同构成（图 0.1）。约 2 万年间，在世界上任何其他地方都看不到这只史前时代的野猪。只有身临其境，才能在那个旧石器时代电影院的火光明灭之间看见它摇头踢腿的模样。[1]

迟至 1800 年，距今仅 2 个世纪时，一幅描绘拿破仑跨越阿尔卑斯山的画作与画家雅克-路易·大卫（Jacques-Louis David）用来创作此画的画布与他绘制此画所用的各色油彩仍旧浑然一体。在当时，您要是想把拿破仑威震欧陆的

[①] 为遵循原文，本书以字下加点表示原文以斜体强调的文字，后文不再一一标注。编者注。

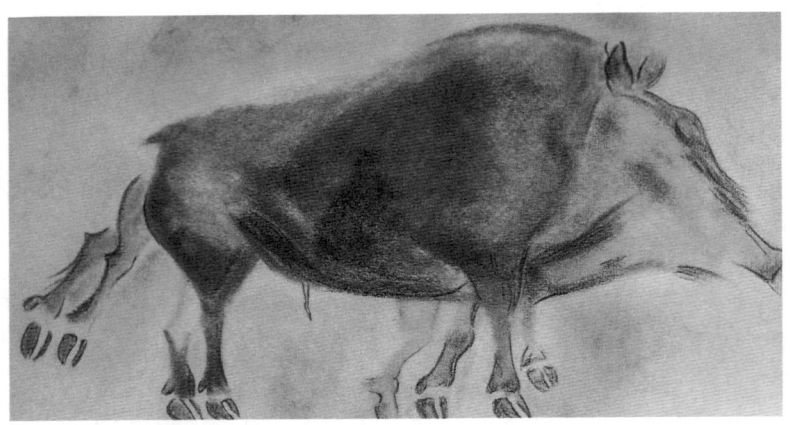

图 0.1 《漫步的野猪》，阿尔塔米拉，约公元前 2 万年

雄姿（图 0.2）分享给身处纽约的朋友，是没有什么手机或数码相机可用的。甚至，连摄影术都还没被发明出来。要是想在纽约展出，唯一的办法就是把这幅画的实体运到纽约——只要您敢这么做。雕版复制、蚀刻印刷和素描写真也可能有用，但它们都不过是对原作优劣不一的拷贝，是永远无法忠实地还原本体的每个细节的新图像。[2]

自古以来，画作一直与其物质载体密不可分。从来也没人想过要把它们分割开来。要是脱离了载体，图像又怎能被称为图像呢？

19 世纪初，摄影技术的发明引领世界进入了"媒介时代"（the media）。对影像的忠实重现成为可能。电影和电视也分别于 19 世纪晚期和 20 世纪早期相继出现。这些媒介都通过平滑而连续的模拟（analog）信号来呈现影像。以上这些技术创新还使图像在不同媒介之间传递——这表明，图像正与它的载体逐渐分离。

离散的、颗粒化的数字（digital）信号的概念直到 1933 年才完全形成。20 世纪中叶的 1950 年，数字图像还是凤毛麟角。为数不多的业内专家把图像的数字化当作惹人分心的琐事，他们更愿意专注于另一个严肃得多的项目——研发电子计算机。除此之外，当时世界上一切图像的制作和观看都仍依赖模拟手段——比如画布上的油彩、纸张上的墨水和底片上的显影剂。

图 0.2 雅克-路易·大卫,《拿破仑翻越阿尔卑斯山》(*Napoleon Crossing the Alps*),1801 年

然而在新千年，即 2000 年前后，数字大融合（the Great Digital Convergence）横空出世：一种全新的数字媒介——包罗万象的比特（bit）——取代了几乎一切模拟手段，一跃成为独一无二的通用媒介。与此同时，以特定方式组合的比特——像素（pixel）——也一举征服了全世界。"让画作脱离画布"终于成为现实。如今，世界上大多数图像都以数字形式存在。无处不在的数字影像让模拟图像几乎绝迹。时至今日，仍然顽固保留模拟图像的地方恐怕只剩下博物馆和幼儿园了。

为了厘清数字大融合这一标志性事件的来龙去脉，本书将从介绍数字光学（Digital Light）入手。数字光学是一个囊括了由像素组成的所有图像的辽阔领域。从停车计价器到虚拟现实，从汽车仪表盘到数字电影和电视，从计算机体层成像检查到电子游戏，到手机屏显，再到形形色色的其他应用……任何以像素为媒介的图像皆在其中。

新媒介最令人困惑之处，在于"看不见"。比特和由比特组成的像素都是无形的。请注意，不要把像素和组成显示屏的发光小点相混淆，这些光点应该被称为"显像元件"（display element）。本书的技术内核，在于阐明如何让无形之物现形——如何将数字的像素赋形于模拟的显像元件。

数字大融合的到来恰逢世纪之交，好比一场及时雨。1995 年，皮克斯工作室（Pixar）推出了第一部数字电影《玩具总动员》（*Toy Story*）。高清电视（HDTV）信号的首次播送则是在 1998 年。1999 年，第一台性能媲美胶卷相机的数码相机惊艳了市场。数字影像光碟（DVD）于 2000 年初次亮相。2007 年，苹果公司（Apple）的 iPhone 开始风靡全球。笔墨、相片、电视、电影在历史转瞬之间碎成了比特。这种转变是如此迅猛，以至于在博物馆和学前班这两个模拟图像最后的堡垒之外，今天的年轻一代可能从未接触过任何非数字化的媒介形式。

现在，我们每个人都浮沉于像素的汪洋大海。我自己随身携带的像素就以十亿计。恐怕，您也一样。有意思的是，很少有人认真审视过我们的日常生活中这场无远弗届的变革。这或许是因为大多数人还没有意识到数字光学是一项独立且完备的技术。本书的主要目标之一，就是向读者清晰透彻地介绍这个新概念。

奠基：三大理论支柱

仅仅三个词——波、计算和像素——就能概括数字光学的一切复杂性。这三个概念是那么地简洁、深奥而优美。它们是我们生活的现代世界的技术基石，而理解它们并不需要您精通数学。本书的第一部分（前三章）将一览这些词语代表的三大基础理论，同时讲述它们的缔造者们的传奇故事。

波（wave），是一个模拟概念。您或许知道，音乐就是由不同频率（音高）和振幅（响度）的声波交响调和而成的产物。两个世纪前，法国人约瑟夫·傅立叶（Joseph Fourier）将这个观点拓展到了我们所有的感官体验之中。我们听到和看到的一切，都是波的集合。一切都是音乐，都是波的集合。我将通过本书展示我们是如何"看见"音乐的。

计算机（computer），则是一个数字概念。让计算加速的机器是日常生活中数字化的典型。计算（computation）这个概念可以追溯到1936年，由英格兰人阿兰·图灵提出，用以指代一种精确的思考过程。"计算"二字听起来或许枯燥乏味，但其结果总是异彩纷呈。计算机是人类最神通广大的工具。它们令人咋舌的速度是有史以来最重要的工程奇迹。人类本身微不足道的能力被高速计算放大到了无法想象的量级。

然而追根溯源，一切难以置信、改变世界的算力都能归结于常被称为0和1的两种状态之间的缜密切换。万般计算靠比特。这或许听起来过于简单，但我想为您揭示蕴藏在计算中的神秘之境与意外之美。我在此重申，不需要数学。

三大基础之中最重要，却也最不为人知的理论构成了本书的潜在主线：如何在波和比特之间来回转换？如何在模拟世界与数字世界之间穿梭游走？这一主题的核心思想可以追溯到苏联科学家弗拉基米尔·科捷利尼科夫于1933年建立的理论。其正式名称是"采样定理"（Sampling Theorem）。像素是采自可见世界的视觉样本。而作为像素的史话，这整本书也可以说是关于采样的。像素，是表示可见波动的不可见比特。我最热切的愿望就是为您解读这种无中生有的神奇魔法，让您理解并欣赏其机理。做到这些，仍然不需要数学。

在不到两页的行文中，我已经第三次声明"不需要数学"了。您或许在想："可是如果我们想要弄懂其中的数学呢？"为了有此想法的读者——实际上也是为了每一位读者，我建立了一个专门的注释网站 http://alvyray.com/DigitalLight。在这个网站里，您能找到本书的物理载体无法容纳的人物、地点和时间的补充细节，以及那些令数字光学和像素的魔法成真的数学公式。[3]

一种普遍存在的误解是像素就是彩色小方格。但事实上，像素是一个深奥且抽象的概念。它将现代媒介世界串联起来。它是数字光学的组织法则。

一个视觉场景包含了无穷多的色彩点。根据定义，"无穷多"的意思是多到无从下手。那么我们怎样才能用有限数量的离散比特——像素——来代替一个平滑连续的视觉场景，同时在此过程中保留无穷多的信息呢？采样定理会给我们答案，揭示这个让现代媒介世界运转的秘密。

20 世纪 30 年代中期，基于傅立叶波的采样理论与计算理论几乎同时诞生。采样与计算结合，孕育了本书的中心主题：数字光学。

促成：两项高端技术

本书的第二部分旨在追寻两种塑造了数字光学的高端技术的来龙去脉：计算机和电影。和第一部分一样，我将直观地介绍这两种技术，钩沉它们的发明史——并祛除某些常见的迷思。真实的故事，总是更引人入胜，更能启迪我们，也比迷思更复杂。

在数字光学里，我们能从现实世界里取得像素——比如从国际空间站用于追踪龙卷风的相机镜头内。但对本书来说，更重要的是像素可以从无中创造有。因此，我才引入计算机这个话题，并细致入微地介绍相关技术的发展。

在筹备此书的过程中，我的一大意外收获是发现了最早的像素就诞生于最早的计算机。两者是同时面世的。当我们考证出史上第一台计算机时，我们也就知道是谁创造了世界上最早的像素。这就是为什么第二部分关于计算机的章节名为《数字光学的黎明：胎动》，其中有 1947 年首张由像素构成的图片。此章同时引入了另一个威力无比的概念，名为摩尔定律（Moore's Law）：

> 计算机的性能每五年增长一个数量级。[1]

尽管略显笼统，这个表述仍然具有革命性的意义。从戈登·摩尔（Gordon Moore）提出这条定律的 1965 年至今，计算机的性能已经增长了约 1,000 亿倍，到 2025 年这个数字将达 1 万亿。这样的势头堪比超新星爆发。摩尔定律是推进了过去 50 年来每一项计算机技术增长的超能炸药——数字光学当然也在此列。

数字电影，作为数字光学的重要组成部分，来自传统的电影技术。在《电影与动画：采样时间》一章中，我们首先纵览前数字时代的影像技术。这有助于我们进一步理解采样：频闪影片所用的"帧"，本身就是一种样本。

取得和创造也适用于电影。我们逐帧拍摄真实世界以制作传统电影。我们逐帧描绘幻想世界以制作传统动画。两种影像技术的核心机密都在于它们的原理。一系列静止图帧为什么能传递动态和情感？至少，采样定理能解释动态。最早的数字电影——比如皮克斯的《玩具总动员》，就是传统动画的数字继承人。

数字光学，初升闪耀

数字光学的故事很难用一本书讲完，因此我必须突出重点。本书跨度宏大，囊括从 20 世纪中叶诞生的最早的像素到世纪之交出现的最早的数字电影。

---

[1] 更为普遍的表述：集成电路上可以容纳的晶体管数目大约每经过 18 个月便会增加一倍。因此，计算机性能也会相应翻倍。由于这条规律并非严格的物理定律，不同的表述都在一定程度上是正确的。（本书页下注如无特殊说明均为译者注）

自然，我选择从个人经验出发，描写我最了解的技术、人物和历史。我比计算机更早出生——也早于像素；而我的职业生涯几乎完全献给了最早的数字电影的创作。我选择的叙事线有助于厘清数字光学的普及过程。电子游戏和虚拟现实也没有被完全排除在我的叙事之外。

第三部分的三个章节从数字光学的黎明之际（见第四章）讲起。1965年，摩尔定律干净利落地划分出数字光学的第一加速期和第二加速期。《未来的形状》一章完全关于旧时代。另外两章《含义之明暗》和《新千年与第一部数字电影》则囊括了摩尔定律在新时代书写的沧桑巨变。

第一加速期的计算机体积庞大、笨重而迟缓。只有极少数幸运儿有机会接触这些昂贵的巨兽。这个时期，计算机图像的中心法则诞生了：在计算机内部，三维欧几里得几何与牛顿物理学共同虚构了一个世界。随后，一台虚拟相机将它看到的这个世界用文艺复兴时期的透视画法呈现在二维屏幕上。

对第二加速期的叙述一直持续到2000年前后。新千年的最高潮是皮克斯、梦工厂（DreamWorks）和蓝天（Blue Sky）三大数字电影工作室的崛起。它们相爱相杀。

我并不指望读者们在合上本书的时候就能自己制作数字电影。但我确实期待您能理解其中的原理。这就好比修一门音乐鉴赏课：在学习音乐原理之后，您恐怕不会拥有演奏巴赫大提琴组曲的能力，但您一定能更好地体会乐曲的各元素并越发喜爱巴赫的作品。理解《玩具总动员》等现代电影的制作原理，将有同样的效果。

怎样谈论高端技术

以下几条主线贯穿本书对科技史的讨论：

主题1　进步之条件：灵感、混乱和强权

一项新技术发展进步的条件往往包括一个绝妙的点子、一场具有破坏性且

推动灵感生长的混乱和一个保护创造者自由发展的强权——尽管这种保护常常出于无心。

举例来说，约瑟夫·傅立叶有一个好点子：所有的连续介质（比如视场）都是音乐。法国大革命的乱世使他在巴黎登上世界舞台，而拿破仑的崛起为他提供了施展才华的工作机会。拿破仑本人扮演了将傅立叶逐出巴黎、流放外省的暴君。于是，傅立叶有了安全的庇护所和大把的时间，来将自己的点子发展为一整套波动理论。这项工作最终使他重返巴黎。他的想法也从此影响了之后的每一门科学和每一项技术——特别是数字光学。

主题2　高端技术之"高端"注定了其历史总是另有隐情

我一再沮丧地发现，大众熟知的各种技术的历史似乎总是错的。而这并非因为找不到反映真实情况的证据。罪魁祸首恐怕是我们对"孤胆天才潜心实验，屡败屡战后终获成功"的简单故事的偏爱。许多大学都开设了科学史专业，技术的历史却很少受到学术审视。技术史因此成为那些可以从中获利的个人、公司或国家自吹自擂的舞台——通常是强权独居其功。本书就记录了大量实例。

为了避免简单化叙述，我采用了编家谱的办法。我为每一项技术都设计了一张谱系图，囊括了一切相关的人物、地点、想法和机器。这份谱系图上标明了谁从谁那里得到了什么（不论是通过传承交流还是巧取豪夺），以及出场卡司之间常常错综复杂的互动。几乎从来没有谁能成为众人共同的灵感来源。图表总是绵延不绝，一张接一张，表示着思想以各种方式融合碰撞，共同影响着后来人。每一个章节都可以看作这些谱系图的扩展注释，对人物故事的细致描写和对他们思想的直观阐述构成了其主要内容。

主题3　技术总是源自不同类型的创造力的互动

对高端技术的故事总有两种典型的误读：将科学家与工程师对立，将技术创造力与艺术创造力对立。我把前者称为"象牙塔与排气筒之争"。理论与工程的确有别，但两者的创造力并无高低之分。假如作为数学概念的存储程序计算机没有与作为工程奇迹的摩尔定律相结合，数字光学根本不可能诞生。同样险恶的是"艺术家有创造力而技术人员没有"（或者反过来）的错误观念。我们反复见证的，是科学家、工程师和艺术家们不分伯仲的创造力之间的互动带来了一次又一次的突破。

　　现在，让我们开启这段穿越两个世纪的旅程吧。旅程的起点就是大卫创作那幅著名肖像的时代——而我们故事里的拿破仑，恐怕不如画中的形象那么讨人喜欢。

奠 基
三大理论支柱

第一章　傅立叶的频率：世界之乐音

科学院有过一个闻名于世的傅立叶，后世已把他忘了。[①]

——维克多·雨果（Victor Hugo），

《悲惨世界》（*Les Misérables*）[1]

您听说过傅立叶吗？

答案因人而异。假如您听说过，那您可能是科技行业的工作者，或许每天都在应用他的伟大思想。假如您从事艺术或人文领域的工作，那您可能从没听说过这个名字。这丝毫无伤于他思想的优美、精致和普适。他的思想改变了世界。[2]

然而，即便是听说过傅立叶的人，对他本人的经历恐怕还是一无所知。在此意义上，雨果没有说错。后世确已把他忘了。

傅立叶差点在法国大革命中掉了脑袋。他曾随拿破仑去埃及，参与了发现罗塞塔石碑的那次远征，并就石碑文字的破译工作指导让-弗朗索瓦·商博良（Jean-François Champollion）。他开启了地球温室效应的研究。在那个妇女与

---

① 引文摘自《悲惨世界》，李丹、方于译，人民文学出版社（2002）。

数学绝缘的年代，他还挺身而出捍卫最早的女数学家之一，玛丽-索菲·热尔曼（Marie-Sophie Germain）。而这一切，都鲜为人知。

正如我在前文中提到的，科技的突破往往需要以下因素：一个绝妙的科学灵感、某种程度的混乱和一两个强权。

傅立叶在他动荡的生活中构建着他的伟大理论。他命中的强权是拿破仑，对他委以重任又将他无情放逐的君王。晋身为傅立叶带来了灵光一现的契机，流放则给了他深入探索的空间。

他的思想以热学理论的形式种下了一粒科学的种子，并在随后两个世纪里不断绽放数千种技术的似锦繁花。他的思想是像素的核心原理。

万物皆乐音

傅立叶的绝妙灵感是：世界即音乐，一切皆波动。

这种音乐灵感促成了广播技术，这可能不算意外。可这种灵感同样促成了电视的发明。事实上，一切传媒技术——一切在不久前的数字大融合中水乳交融的媒介，都在它孕育的累累硕果之列。一句话概括，傅立叶的绝妙灵感如风暴般席卷世界，酝酿出所有现代媒介的电闪雷鸣。

然而它的普适性不止于此，甚至远远超出传播媒介的范畴。几乎没有哪个科学技术的分支不曾受其影响——电磁学、光学、X射线衍射技术、概率论、地震分析技术、量子力学。这个名单没有止境。毫不夸张地说，傅立叶改变了我们理解世界的方式。

不论来自何种文化背景，您多半知道艾萨克·牛顿（Isaac Newton）和阿尔伯特·爱因斯坦（Albert Einstein）。牛顿的万有引力定律和爱因斯坦的相对论在他们生前就已经四海扬名，得到了全世界的认可。然而两百年来，傅立叶的炬火只在物理学家和工程师们中间传递。他们知道自己继承了傅立叶的衣钵，也用相应的方式纪念他。他们自己在各个领域的工作，也不断展现着傅立叶波动理论的重要性与普适性。

傅立叶本人仅仅走出了最关键的第一步。他首先在数学上构建了这种理论，并通过实验加以验证。尽管他种下的种子将解答几乎所有科学领域中成千上万的问题，他本人却仅仅培育了第一朵花：固体中的热传导定律。

这种并不浪漫的专一或许导致了他的迟迟不为人所知。他仅仅因为热传导研究才成为"科学院闻名于世的傅立叶"。和爱因斯坦把重力看作时空舒卷的美妙理论相比，这种研究实在难以激发赞美者的诗兴。

然而傅立叶的思想对我们当下的生活，有着远比爱因斯坦的理论重大的意义。当以音乐的形式呈现时，其优美程度也丝毫不亚于时空卷曲——甚至更加直观。我们没有理由继续把它深藏在密不透风的数学罩袍之中。

是时候扭转雨果的结论，来纪念和赞美这个伟人和他伟大的思想了。数字光学，这项无处不在的现代科技，就是为傅立叶正名的最佳工具。

渴望不朽

1768年3月21日，让·约瑟夫·傅立叶出生于巴黎东南约100英里①的旧日省会城市欧塞尔。十年不到，他的双亲先后去世。傅立叶和他的14个兄弟姐妹成了孤儿。此时，革命已经悄然酝酿。崭新的美国才刚刚成立一年。本杰明·富兰克林（Benjamin Franklin）正以他的浣熊皮帽和风流个性倾倒巴黎众生。[3]

无父无母的傅立叶展现出了某些特质。欧塞尔城中的好人们希望这个天资聪慧的孩子接受教育。他们把他送进了一所由约瑟夫·帕莱（Joseph Pallais）掌管的学校。帕莱曾是让-雅克·卢梭（Jean-Jacques Rousseau）的音乐教师。可惜，世界乐音的发现者本人似乎没有太高的音乐天赋。

傅立叶随后入学老家欧塞尔的皇家军事学院。当地赞助人们又一次解囊支持了他的学业。当时，皇家军事学院在全法共有11所分校，一致重视科学和数学。傅立叶选择并近乎狂热地钻研数学。

---

① 1英里≈1.6093千米。编者注。

在 13 岁时，他靠攒下的蜡烛头照明，在熄灯后还要躲进壁橱学习数学。又闷又冷的壁橱对他余生的健康都造成了损害。或许最初正是这个壁橱，促成了他对热学的偏爱。

很快，壁橱里焚膏继晷的课外练习有了回报。傅立叶获得了一笔数学奖金。数学能力开启了他的科学生涯，并最终令他不朽。为他赢得另一奖项并使他参与政治的修辞学，则导致他过早地体验了与死亡擦肩而过。在他完全施展数学才华之前，他的口才差点要了他的命。

起初危险来得并不明显。继续在军校深造或许能让他在军中谋得一份差事，但他无疑不是这块料。一方面他身染疾病，但更重要的是他痴迷数学。于是，在皇家军事学院的学习告一段落后，傅立叶加入了教会。他成了欧塞尔一座修道院的一名见习修士，在那里为同伴们讲授数学。大约与此同时，他在姓名中间加入了教名"巴普蒂斯特"（Baptiste）。

法国大革命前夕，傅立叶消失在了寺院的回廊中。存世的几封书信表明，他对时局虽有隐约预感，却表现出漠不关心。相比法国的命运，他更操心的是自己的名声和一篇代数学论文。"昨天是我 21 岁的生日。在这个年纪，"他在 1789 年 3 月的一封信中痛陈，"牛顿已经做出了好几项不朽的工作。"

9 月，他又写了一封信，哀叹自己那篇代数论文的命运。在这两封信之间，大革命已经开始了。但他并未在 9 月的信中提及任何动荡事件。

尽管如此，傅立叶的生活在那之后确实发生了变化。当年 12 月，他向巴黎的法国科学院提交了一篇关于"代数方程"的论文——大概就是让他非常担心的那篇。

他没有宣誓就离开了修道院，而革命政府也很快镇压了教团。

在接下来的漫漫三年中，傅立叶都不是革命者，而是在欧塞尔教数学。值得一提的是，他没有在欧塞尔的革命群众协会向巴黎的国民公会要求审判路易十六国王的请愿书上签名。

然而 1793 年初，在国王断头一个月后，"公民傅立叶"开始崭露头角。

能活在那个黎明，已是幸福，

若再加上年轻，简直就是天堂！①

——威廉·华兹华斯（William Wordsworth），

《序曲》（*The Prelude*）[4]

法国大革命的黎明深深吸引着华兹华斯，而年轻的傅立叶则狂喜地向这个天堂献上迟来的拥抱。与诗人相比，他的言辞略显朴素："在人间建立一个没有国王与教士的自由政府，是一种无上崇高却完全可能的理想。"但他的热情比起诗人毫不逊色："在我看来，这是任何一个国度有史以来最伟大、最壮丽的事业，我已为之欣然沉醉。"[5]

对傅立叶来说，从政治热情到政治本身仅一步之遥。1793年2月，他在欧塞尔的革命政府首次公开发表鼓动演说。他提出要在本地增募兵员以补充共和派军队。欧塞尔群众协会对他的提案青眼有加，并邀请他加入。当时正值革命恐怖专政的全盛时期——人头落地的"国家公敌"多达上万。他明智地接受了"邀请"。

然而天真的——不久前还是见习修士的傅立叶，马上碰了钉子，而且恰好在最糟糕的时候。他那饱经修辞学训练的三寸不烂之舌给他惹了大麻烦。他愚蠢地去为奥尔良的三个公民辩护。说他愚蠢，是因为那三人早已上了罗伯斯庇尔（Robespierre）的黑名单。罗伯斯庇尔，正是革命恐怖的"沙皇"。

革命派迅速解除了傅立叶在欧塞尔之外担任的一切职务。苦于无法继续为共和国效力，傅立叶一路跋涉去巴黎谒见了罗伯斯庇尔本人，为自己据理力争。这一步险棋适得其反。他对奥尔良囚徒的支持把他自己送上了罗伯斯庇尔的敌人名单。在革命已遭扭曲的逻辑之下，即便一向支持他的欧塞尔父老发声抗议，傅立叶还是于1794年7月17日被他捍卫过的革命恐怖投入了监狱。这相当于被判处死刑。

---

① 引文摘自《序曲——或一位诗人心灵的成长》，丁宏为译，中国对外翻译出版公司（1997）。

"我遭受了一切程度的迫害与厄运,"事后,他在信中写道,"我的敌人没有一个经历过那种险境,而我的盟友中唯我一人被判处死刑。"[6]

傅立叶的人生不日将被巴黎革命法庭的一枚图章终结于断头台上。他理所当然地担惊受怕。但他绝不可能料到,入狱仅 10 天后——7 月 27 日或革命历法的热月 9 日,罗伯斯庇尔轰然崩塌。这个"永无餍足地斩首他人的人"——再一次援引华兹华斯——亲自尝到了断头台的滋味。罗伯斯庇尔的丧命救了傅立叶,这是科学之大幸,更是像素之大幸。[7]

波

1789 年那篇将革命从傅立叶脑海中赶走的代数学论文,是不是这位科学伟人的第一次公开亮相?文中是否隐藏着他未来思想的关键线索?那篇文章必定打磨了他的数学技能;按数学家们的说法,提高了他的"数学成熟度"。但我们无从知道他到底写了什么。

特别是,我们不清楚傅立叶从何时开始使用波,这个为他的伟大思想奠定基础的概念。但不晚于 1807 年,他就开始公开谈论波了。波是由完美的圆匀速旋转着展开得到的图形。它的形式简洁而优雅。像素,确实继承着一脉高贵的血统。

若想一睹傅立叶的波形,不妨从时钟开始(图 1.1)。一个老式的模拟钟面就行。它的秒针匀速绕着圈,逐秒稳步走过一个个刻度。下方图片是同一钟面三秒后的样子。

图中的 α 点记录了波动。可惜这里没法动画演示。不过,为了达到和动画相同的效果,请把时间的流逝想象为横轴箭头所示的向右移动。轴上的每个刻度都和钟面上的刻度一一对应。想象有一根丝线的一端系在秒针尖,另一端则连着 α 点。始终保持丝线平行于横轴,并随着时间的推移逐渐拉长。α 点留下的轨迹就是波。

此处的要点在于,正如直观展示的那样,波和圆有着密切的联系。与这种直观本身相比,其中的细节并没有那么重要。尽管如此,更多的细节仍然有助于加深我们对这种直观的记忆。

请看钟面的水平中线，也就是 3 时和 9 时刻度的连线。a 点标记的秒针尖的高度要么在中线以上，要么在中线以下。在上方图片所示的时刻（完全随机的选择），a 点自初始位置起已经记录了 23 个位置。这当然是因为时间过去了 23 秒。下一秒，a 点将在波上右移一个刻度。再过两秒，a 点的位置就将如下方图片所示。所以，在秒针绕着钟面运动的同时，它的尖端——确切地说，是它尖端连接的 a 点——也在沿着图中波的形状起起落落。

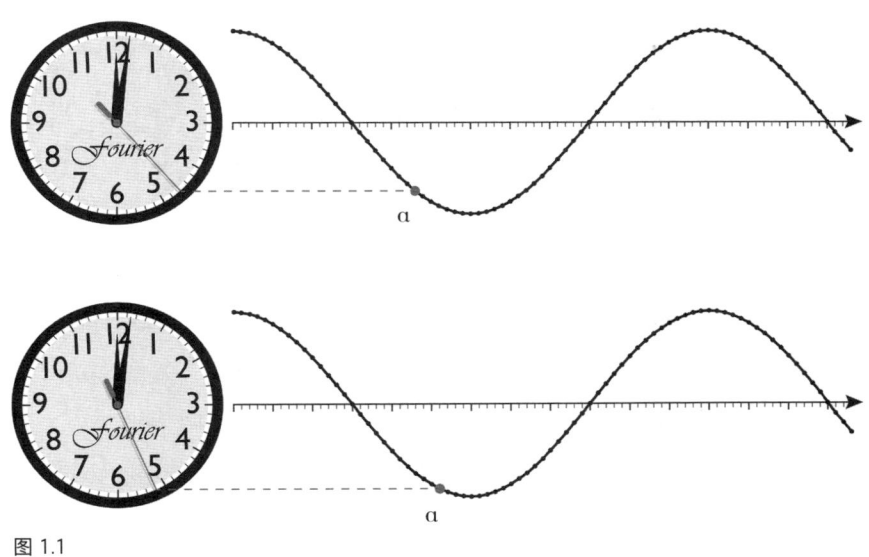

图 1.1

每过一分钟秒针都会走过新的一圈，永不停息。a 点所绘制的波形也因此无穷无尽地向右延伸。它的左侧也同样无穷无尽。图中的波形恰好从 12 时 01 分（又是个完全随机的选择）开始。但显然，这座时钟在此之前已经嘀嗒了无数次。

图中的波就是一条傅立叶波。傅立叶并没有发明这些波，但他发明了运用它们的方法。他把这些波作为构成他的音乐的基本元素。数学家们称这些由圆而生的格外可爱的波为正弦波（sine wave）。鉴于这是本书中我们用得到的唯一波形，为方便起见我将直呼它为波。

关于傅立叶波的一切都简洁优雅，美妙无暇。对傅立叶给出的热传导方程的解和他绝妙的音乐灵感，科学家和工程师们有一个专门的术语。他们称之为"谐波"（harmonic）。

这样的波形无处不在，无时不在你身边。你家中或办公室里的插座以波的方式输出电流。它的波动本质赋予了它"交流电"这个名字。交流电通常来自某台发电机的转子，比如安装在大坝上由水力驱动的那种。就像匀速旋转的圆生成正弦波那样，转子的转动生成了"波动的"电流。将这个过程逆转，发电机就成了电动机。波动的电流进入电机转子，就产生了旋转的机械运动。生活中电扇的工作方式就可以被看作是"输入波动，输出旋转"。

另一个我们熟悉的正弦波来自传媒界，它就是调频电台的波段。我最喜欢的波段是旧金山 KCSM 爵士音乐台的 91.1 兆赫。91.1 这个数字指代分配给 KCSM 的用于播出节目的波段。它描述了该电台用来承载音乐并播送给听众的那种电磁波。

尽管所有傅立叶波的形状都一样，但有两种方法区别它们：振动有多快（频率）和起伏有多高（振幅）。在钟面图中，秒针生成的波到达波峰的次数有多频繁？它每分钟到达一次顶峰，因此它的自然频率就是每分钟经历一个完整的波动周期。"周期"（cycle）这个词是如此恰当。秒针每绕钟面走过一周，连接针尖的 a 点就沿着波形描出一个周期。绕圆一圈的旋转运动就对应波的一个循环。

时钟分针的尖端也沿着同样的线路流畅地运动。只不过，它的速度慢于秒针。分针每一小时才到达波峰一次。因此它的频率是每小时走完一个周期，是秒针周期的 60 倍。第三根针是时针，它的频率最低。时针每半天才走完一个周期。

KCSM 电台的 91.1 正是电台使用的电波的频率（以每秒百万周期为单位）。而随处可见的交流电插座输出的电流频率则是每秒 60 个周期。[①]

---

① 这是美国的情况。在我国，民用交流电的频率为 50 赫兹，也就是每秒 50 个周期。

不只有频率，秒针、分针和时针对应的波动幅度也不同。在图中，我把分针画得比秒针略短。因此，分针波动的峰值略低于秒针。我们将波峰高度称为振幅。也就是说，分针波的振幅低于秒针波。时针比分针和秒针都短，因此时针波的振幅是三者之中最低的。

傅立叶的想法适用于任意频率和振幅的正弦波——由圆匀速转动展开得到的波形。图 1.1 的钟面表示了两列这样的波，图 1.2 展示了另外三列。这些优美的波形之间的区别只在于起伏的速度和高度——也就是频率和振幅。它们的形状相同，正如所有三角形都是同一种形状：有三条直边的形状即三角形，正如展开的圆即波。①

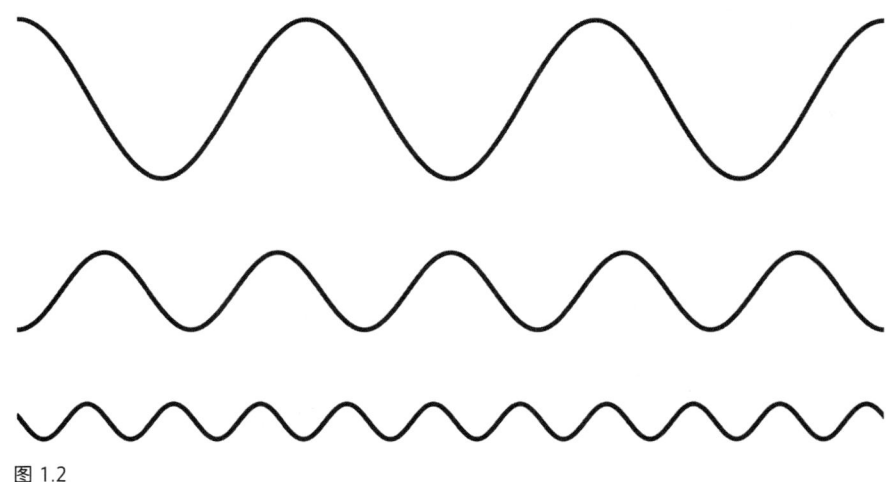

图 1.2

另一处值得注意的地方是在图 1.2 的左端，各波的起始点不相同。上列始于波峰，中列始于波谷，下列始于峰谷之间的某个位置。将任何一列波左右平移，它的频率和振幅都固定不变，但它相对其他波形的位置会改变。这一点至

---

① 所有三角形都归为同一类图形，但形状不尽相同。而傅立叶变换中用到的波都必须是波形完全一样的正弦波。原文的类比欠严谨。不同正弦波的区别在于频率（横向）和振幅（纵向），相互之间可视为经过拉伸/压缩得到。这类似相似三角形之间按比例缩放的关系。

关重要。因为傅立叶的方法要求我们将各波叠加求和，而不同的对齐位置会得到不同的叠加结果。

我们使用"相位"（phase）一词来描述波的位置。众所周知，月相告诉我们月球在一个周期中所处的位置。今晚的月亮是一轮满月？是一弯新月？还是在二者之间盈亏？波也具有周期性，所以波也有波的相位。图 1.2 中，最上方的波形在左端处于波峰（满月），中列波的左端是波谷（新月），而下列始于由峰入谷的阶段。改变波的相位，可以看作把整列波向左或向右平移。不过请注意，如果平移距离恰好等于一个周期，那么你会得到和平移前完全一样的波形。两者之间不会有任何差别。因此，确定一列波上任何一点在周期中所处的位置——该点的相位，就能确定整列波的位置。傅立叶的方法适用于处在任何相位上的波。

现在一切就绪，我们终于准备好了一窥傅立叶的绝妙灵感：世界上一切纷繁复杂的表象——包括我们看见和听见的一切，以及各种各样其他形式的信号——仅用相叠加的正弦波就可以全部表示，别无所需。傅立叶的频率就是用来表示信号的这些正弦波的频率。它们的和弦构成了世界之乐音。傅立叶的宏论看似违背直觉，似乎令人一时难以接受。那么，就让我们从音乐谈起吧。作为一种常见的物理实在，音乐能帮我们更加直观地理解傅立叶的深刻洞见。

声音

音乐由且仅由不同频率的声波组合而成。小提琴的四根弦分别以不同的频率振动。钢琴的弦也是如此。钢琴中央 C[①] 由一根每秒振动 262 次的琴弦奏响。相比钟面上迟钝的秒针，这列声波的振动速率堪称巫术。单簧管、长

[①] 中央 C 代表五线谱大谱表正中间的音值，等同于科学音调记号法的 C4，在键盘乐器（如钢琴）上偏于中央位置。编者注。

笛或管风琴的每一根音管都以各自固有的频率共鸣。花腔女高音歌声的频率比女中音要高，更比男中音和男低音高得多。我们通常说女高音以更高的音高（pitch）歌唱，而不说频率。这当然是音乐的语言，而不是物理描述，但两者的意思相同。和声由数列（比如三或四列）同时奏响的波构成。合唱团包含许多不同音高的歌手，而交响乐团需要统筹不同频率的各种乐器，从低音提琴到短笛。

从"最弱"（pianissimo）到"最强"（fortissimo），音乐的强度反映的是音乐中波的振幅。振幅越大，声音越响。当把踏板踩到底时，硕大无朋的管风琴发出的巨响让整个大教堂在上帝的威严中震颤。更重地敲击钢琴琴键或者调高收音机的音量旋钮，都在扩大波的振幅。难怪立体声系统中最为关键的元件就是放大器。

傅立叶的想法看似只适用于音乐。然而一旦我们把一切声音——不只是音乐，都视为不同声波的叠加，傅立叶的思想才开始显露其非凡的意义。我们把从低频的轰鸣到高频的啸叫在内的一切声音都囊括进来。众所周知，狗狗能听见的音高比我们高得多。傅立叶指出，任何声响都被能分解为不同频率的声波。这些波叠加在一起，被我们的双耳和脑解读为斯特拉文斯基（Stravinsky）的音乐会、可爱的童声或建筑工地的噪声。

图 1.3 展示的是单词 yes 发音的傅立叶波形图样，包含了多种频率与振幅（从左到右的方向表示时间变化）。图左对应 y 的部分频率最低但振幅最大——这是该单词的重音部分。中间 e 部分振幅最小，并且杂糅了若干频率。图右 s 部分振幅较小但频率较高——这是 s 的嘶嘶声。

声波，实际上是一种富有节奏感的空气压缩，或者说一种压力波。想想扬声器里的喇叭，播放大音量低音乐曲时您能直接感受到它的振动。不难想象喇叭表面快速振动的薄膜能让空气也一起振动。振动的表面带动了周边的空气，进而将脉动向前传递。更大的声音意味着空气受到更多挤压，因此也就产生了更大的振动。

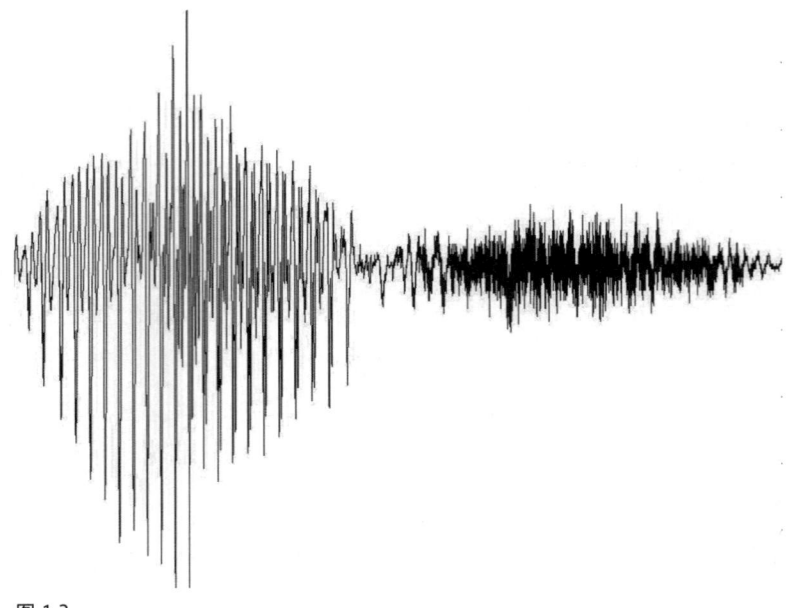

图 1.3

　　压力波的概念不难理解。设想一台改装车沿着洛杉矶的克伦肖大道一路轰鸣。它发出的巨响正是通过压力波晃动了沿街的窗户。

　　发出巨大而低沉声音的压力波能造成其他物体的振动——甚至地球本身。然而，这些地动山摇的波形和进入我们耳中的声音并无二致。它们使我们的耳鼓振动，和喇叭、汽车引擎、管风琴的振动一样。我们的耳内有一整套巧妙的系统——锤骨、砧骨和镫骨——向内耳传递这些声响。在内耳，数千纤毛状的听觉细胞会响应各种频率。它们将频率信息直接输入大脑。

　　年轻而健全的人耳能听见每秒 20—20,000 个周期之间所有频率的声音。描述"每秒多少个周期"的术语被简写为赫兹（Hertz，缩写为 Hz），但为了保留直观性，我将使用更长的表述方式。人耳听力范围以外还有其他声音，比如只有狗狗能听见的超声波哨音。

　　那么，视觉中的波又是什么呢？是什么样的波孕育了像素？视觉又以怎样的频率振动呢？

图 1.4

拿破仑·波拿巴

傅立叶出生一年后,拿波里奥内·波纳巴尔特[1]出生于科西嘉岛。这个小岛虽与欧塞尔同处巴黎东南方向,却孤悬于法国本土 100 英里外的海中。科西嘉恰好是在两个男孩降生之间的那段时间属于法国的。[2]因此波纳巴尔特刚好成了法国人。他的姓名直到他 20 多岁时,才由他自己转写成了法语的拿破仑·波拿巴(Napoleon Bonaparte)。[8]

波拿巴在布里埃纳的皇家军校求学。这与 60 英里外傅立叶就读的欧塞尔

---

[1] 原文为 Nabolione Buonaparte,是科西嘉语。编者注。
[2] 拿破仑的哥哥约瑟夫出生于 1768 年 1 月,1769 年科西嘉属于法国,同年 8 月拿破仑出生。编者注。

军校属于同一系统。因此，波拿巴在数学与科学方面所受的训练与傅立叶基本一样。这足以使他对数学产生持久的兴趣。终其一生，波拿巴都同数学家们交往，并不仅限于傅立叶一人。甚至还有一个几何定理——拿破仑定理——以他的名字命名。

波拿巴随后前往巴黎的军官学校深造，以期进一步植根军界。他在那里受训的细节对我们来说无关紧要，但他的毕业考核值得注意。波拿巴的主考官评价他有着"全面的数学知识"。这位考官便是皮埃尔-西蒙·拉普拉斯（Pierre-Simon Laplace），有时人们称他为法兰西的牛顿。

波拿巴后来做了一件能颠覆一个当代美国人三观的事：他任命拉普拉斯为法国元老院的成员。一位著名的数学家和物理学家竟能当上议员！

傅立叶与波拿巴

罗伯斯庇尔殒命之后，法国革命政府不仅从狱中释放了傅立叶，还在巴黎新成立的综合理工学院为他安排了一个教授职位——如今巴黎综合理工学院在法国的地位，堪比美国麻省理工学院与加州理工学院的合体。终于，傅立叶开始在巴黎教授数学，并接触到巴黎的权威人士，例如拉普拉斯。地利之便使他很快引起了雄心勃勃的波拿巴的注意。那时，波拿巴正在寻找"御前学者"陪他远征埃及，以期提升自己的热度——既是身体上的，也是政治上的。

不久前，波拿巴在击败奥地利人并征服意大利后，以英雄的姿态回到了巴黎。身负盛名的同时手握重兵，这使他成了政府眼中的威胁。因此，法国政府乐于见到波拿巴带着他的部队在 1798 年远征埃及。这趟征程最终让傅立叶和波拿巴走到了一起。

效法偶像亚历山大大帝，波拿巴带上了一批随军知识分子（他的"御前学者"），其中就包括综合理工学院的年轻教授傅立叶。这与我们的时代再一次形成了巨大的反差——想象一下顶尖的数学家和建筑师们乘军机飞往伊拉克或阿富汗。

远征埃及的行动最终成了军事上的一次失败，却不失为学术上的一次伟大胜利。其顶点当属举世闻名的罗塞塔石碑的发现。埃及学由此发轫。波拿巴成立了埃及学会并亲任副主席。不久，傅立叶也成了学会的常任书记。后来，他为埃及旅程的学术意义做出了自己的贡献——他为诸多学者历经十余年写成的上下20多卷篇幅的巨著《埃及纪行》(*Déscription de l'Egypte*) 撰写了前言，对波拿巴不吝溢美之词。波拿巴自己也参与了几次编辑，尽力想从军事失败之中挽回点智识的战果。

法军起初在亚历山大里亚、开罗和大金字塔附近连战连捷，但随后海军上将霍雷肖·纳尔逊（Horatio Nelson）率领英军击败了驻守埃及港口的法国舰队。在埃及待了一年后，波拿巴将缠身的军务抛诸脑后，几乎只身一人悄悄渡过英军重重封锁的地中海回到了法国。

这么做的动机是掌握法国的最高权力——自然，他成功了。在18世纪的最后时刻，他自任新政府的第一执政，由此开启了通向皇权的道路。

当他的学者们也启程回国时，就没有这么幸运了。英国人允许他们通过海军封锁，却截留了罗塞塔石碑。如今，它仍是大英博物馆备受欢迎的镇馆之宝。

波拿巴孤身离开埃及的仓促与机会主义，迫使将军让·巴普蒂斯·克勒贝尔（Jean Baptiste Kléber）独自收拾军事残局。波拿巴特意通过书信任命他为埃及远征军长官，令他无法拒绝。这种伎俩令留下收拾烂摊子的克勒贝尔相当鄙夷。

此时，傅立叶犯下了政治生涯中的第二个大错。他对苦恼的将军表现出了过分的同情。克勒贝尔委任给他一个文官职务。当将军在开罗被一名学生刺杀后，傅立叶为他献上了悼词。他那杰出的口才又惹出了是非：先是罗伯斯庇尔，现在又冒犯了波拿巴。

波拿巴显然不希望傅立叶将克勒贝尔的观点带到首都。他不想让法国知道埃及战事那些并不光彩的细节。傅立叶曾期待从埃及回国后仍能保留他在巴黎——在知识界的中心受人尊敬的位置。然而，波拿巴将口无遮拦的傅立叶流放到了格勒诺布尔城。

在此过程中，波拿巴委婉地命辞遣意，"请求"傅立叶接受伊泽尔省行政长官一职并赴格勒诺布尔上任。换句话说，波拿巴"命令"他做一个省级主官，管理一个距离科西嘉比离巴黎更近的省——天高皇帝远。

傅立叶接受了。波拿巴此时已是法国最有权势的人。傅立叶把这个任命看作流放。他成了埃及远征之后的十年中全法唯一不在巴黎的顶尖数学家与物理学家。

视觉

现在您大概已经能够轻松地把耳闻一切想象为波的叠加，不过恐怕还不能以同样的方式理解一切所见。这第二步，需要花更多的笔墨来解释。在傅立叶的思想中，视觉世界和音乐一样，由许多波叠加而成。只不过，这些波是空间波。它们是二维的。看见它们需要多加练习，可一旦习惯了就一点也不难。我们都会习惯，然后追随傅立叶展开思想的飞跃。

钟面图（图 1.1）的秒针波实际上可以是一种空间波。沿着时间流逝的方向它表现为时间波，但我实际画出的是一列从左向右的空间波。傅立叶的思想既适用于时间，也适用于空间。波的类别取决于其物理上的行进方向。如果它随时间前进，比如声波、光波或秒针波，那么它就是时间波。它的频率是"周期每秒"。秒针波的图是一列空间波，它的频率是"周期每英寸"，波动周期大约是 3 英寸[①]。如果我等比例画出分针波的图，其频率只有秒针波的 1/60，即一个周期约 180 英寸。空间中的时针波将以一个周期 2,160 英寸的频率波动，是分针波的 1/12。

我所说的视觉波与光波并不相同。光波是一种刺激我们眼中的视杆细胞和视锥细胞以让我们看见东西的机制。它以极高的频率——比如每秒 500 万亿周期——随时间波动。因此光波是看的手段，但视觉波是看的内容。光波随时间波动，视觉波随空间波动。

[①] 1 英寸=2.54 厘米。编者注。

视觉的空间波无处不在。请看您正在阅读的这一页。书页上的字符基本均匀地横向排列。用频率语言说，它们以一种基本恒定的频率横跨页面，而字符组成的行以一种恒定的频率纵贯纸张。不妨把文字内容想象成波峰，行间的留白想象成波谷。书架上的书本以基本恒定的速率横向重复。每行书架又在纵向表现周期规律。所有这些都不是傅立叶使用的平滑而优美的波，但它们都很好地诠释了视觉领域中空间波的概念。

实际上，如果你能在视觉世界中观察到某种"波"，那么你一定能找到它以对应频率波动的傅立叶版本的波形。我测量了我手头这本书的行间距大约是1/4英寸。那么，这张页面的音乐版本（实际上是一张图片）必然对应以每英寸 4 个周期为频率的傅立叶空间波。

屋顶的横梁以恒定的节奏"摇曳着"横跨天花板，木地板在一个维度上一再以同样的频率重复排列。瓷砖铺就的地面则在两个维度上以铺设的频率反复呈现图案，层层叠叠的屋瓦也是如此。阿尔罕布拉宫（图 1.5）就将堆叠的艺术在地板、墙面和天花板上提升到了令人叹为观止的境地。

图 1.5

巧妙之处在于，仅仅使用傅立叶波就可以表达以上一切空间韵律。通过组合与叠加，傅立叶那普通却美妙的波形能够表现一切视觉图案，无论它看起来有多么不规则。

那么，自然界里又是什么样的情况？在这里，前文所说的一切仍然正确，尽管海浪之外的波形并不那么明显。一片草坪中的草以其特有的频率重复。树叶也是如此，虽然叶片的间距取决于树木的种类。山峦的群峰以某种频率绵延起伏。大自然母亲的频率与我们的相比要更加多变。她的重复图案蕴含了更大的随机性。然而，山峰不会以每英寸或每百万英里两个山头的频率出现。频率仍然被限制在某个范围之内，例如当我们说山脉时更容易想到每十英里左右出现两个山头的频率。再一次，这些视觉上的律动仍然服从于傅立叶的指挥棒。

图 1.6 将向您展示如何寻找身边的空间频率——另一种看世界的方式。这是我自家的多肉植物园，位于加利福尼亚州伯克利市。这里到处都是不同的空间频率。一旦您开始发现它们，那么完成傅立叶的思想飞跃就轻而易举了——也就是认识到仅用波和频率就能完整描述任何一个视觉场景。

请看图中的红土陶盆，它们是景观中的人造元素。它们被随意摆放成一个松散的阵型。它们的间距并不完全规则，却不失某些规律——盆与盆相距寸许。与之对应的傅立叶表述是一组略微偏离花盆摆放频率的波形，体现着并不绝对严格的规律性。

花盆上的纹样也有规律可循。假如我们沿着某条直线观察这张图片，比如最下方箭头所指的与花盆对齐的 a 线。请考察这条线上频率的规律，把沿线的亮度看作音乐中声波的振幅。您能像想象前文 yes 的波形那样想象花园景色的波形吗？

a 线的左端是一个有着中等频率的盘旋花纹的陶盆，随后是高频率但低振幅的沙土，紧接着第二个盆上中等频率的直纹，最大的花盆上的弧线对应着低频的波动，之后的两个花盆有两种较高的频率，等等。

植物们同样有频率。不同种类仙人掌和多肉植物有着千差万别的枝叶布局。请看图中 b 线上近乎规则的频率。b 线穿过了图中两株多肉植物的星状结

图 1.6

构。沿着这条线，每株植物的"叶片"都以独有的规律重复出现。（它们的刺才是真正的叶，它们的"叶片"实际上是枝条。）

接下来，c 线横穿绣球花的大花球。每个花球都由数以百计的小花组成。这些小花有着比图中其他植物都高的频率。d 线则穿过绣球花的叶子。它们在线上出现的频率显然低于 c 线上的小花。两个叶片之间的宽度对应了几打小花的宽度。小花的排列更密集，用频率语言说，即有着更高的空间频率。

图中的四条线相互平行，但傅立叶的方法并不要求这样做。通过从不同的角度观察图片，哪怕是垂直于图中四条线的线，您都能找到重复出现的图案。举例来说，您或许能在正中间仙人掌的"叶片"上找到规则排列的小鼓包。这些鼓包是仙人掌生刺的地方。从垂直的两个方向上，这些鼓包都能构成波形。这基本上就是傅立叶的思想在二维中的应用。

回到人造部分：院中铺设的地砖在纵横方向上各有重复的频率。拼接组成背景中篱笆的木板（不容易看见）按一定频率重复。篱笆顶端的栅格也是如此。

我们可以对这张照片的各个部分继续进行类似的分析。横穿粗糙树干划的线能产生高频波，花盆中砂石的频率更高，等等。花园是空间音乐的交响曲。

傅立叶留下的宝藏，就是指出一切所见——映入眼帘的整个视觉世界，无论看上去有没有重复的图案——都是空间音乐的交响曲。视觉能被两个维度上频率和振幅各异的空间波完整表示。万物皆乐音。它和音乐的区别仅仅在于，视觉在两个维度上呈现，我们用双眼而不是双耳来感受它。我们需要这种感知视觉世界波动本质的直觉以在下一章理解像素的工作原理。

罗塞塔石碑

让-弗朗索瓦·商博良是傅立叶应波拿巴的"请求"主政伊泽尔省时的一位格勒诺布尔城居民。傅立叶引领商博良走进了罗塞塔石碑（图 1.7）和刻于其上的古埃及象形文字的神秘世界。商博良随后花了 20 年时间，利用碑上的古希腊文字和其他旁证释读了象形文字。

图 1.7　克劳迪奥·迪维齐亚（Claudio Divizia）拍摄

傅立叶与第一执政特殊的关系帮了大忙。商博良几次被征召入伍，都是傅立叶直接向当时的头号埃及迷——波拿巴本人直接陈情才得以豁免。在获得了追求内心热爱的事业的自由后，商博良破译了罗塞塔石碑的密码，奠定了埃及学的基础。[9]

傅立叶的妙想——世界即音乐，一切皆波动——堪称科学界的罗塞塔石碑。而傅立叶就是破译它的商博良。今日各个领域的科学家、工程师和技术人员都说着他的频率语言。这是声音、图像、视频等领域的共同语言——包括许多最常见的物理过程，特别是媒介技术。傅立叶向我们展示了如何在他的"频率语言"与诸如空间中的色彩、时间中的声音之类的"常规语言"之间来回切换转译。

您或许在生活中听到过这样的话："我的带宽（bandwidth）不够了。"要是您懂技术，您立刻就能理解这句话。要是您不懂，您大概也能理解它在指代某种类似"容量"的概念，却不清楚其所以然。实际上，这是傅立叶频率语言中的一个词。

从技术上讲，带宽是通信信道容量的度量。举例来说，年轻人的双耳能听见每秒20—20,000个周期的声音。那么其带宽就是二者的差（19,980周每秒），即人耳能感知到的频率的跨度。在日常对话中，带宽被用来比喻一个人处理信息的能力。

诸如此类的频率语汇与其日常用法的意思截然不同，正好比罗塞塔石碑上的古希腊文与埃及象形文字之别。那么现在，我们就来看看傅立叶的象形文字——二维形式的傅立叶波——是怎样表示图像的。

峰与谷

二维波到底是什么？我们目前为止只研究了一维的波动，比如声波。若要在视觉世界中应用傅立叶的思想，二维形式的傅立叶波就不可或缺。

一维波对应匀速展开的圆。二维波对应展开的圆柱体。要想看见二维中的波动，请想象将时钟产生的秒针波掰到垂直于钟面。您将得到一个起伏的表面，就像有着一道道沟垄的田野。有些屋顶用塑料瓦楞板（图 1.8）铺成。有些薯片的造型是波纹状的。我们常说的瓦楞纸板的波状内层是另一种空间波动。地中海式风格的红瓦屋顶也是一种二维波。

所以，瓦楞形是一种二维空间波动。它的边缘，或者说横截面，正是一维波。事实上，它的任何一个直截面都是一维波形。

在傅立叶的构想中，一切可见的事物都能以——且只需以各种频率和振幅的空间波动的叠加来表示。为了处理第二个维度，唯一需要补充的修正是：这些波可以被旋转至任何一个方向或角度。对自然界中的波动来说尤其如此。而这些空间波的材料可以是白铁，也可以是图中的塑料。

图 1.8

工程师们用傅立叶的方法来描述构成了现实世界的一切复杂图案，不论它们是人造的还是天然的。

不过，要想理解像素，我们还必须从观察者的角度思考。构成世界的材料或许有铁、有塑料、有土豆，但我们看见的永远只是不同的"颜色"和"亮度"——一个由各色明暗光线构成的场域。因此，用来描述视觉世界的傅立叶波，就是横贯视场并起伏变化着的光强信号。

这到底是怎样的一个场域呢？描述我们眼前的视觉世界的最直接的一种方式，就是逐个记录下视场中每个位置上的光强。然而，这种方法要求记录每一个位置，而视觉的场域是一个连续的整体——其中的光点有无限多个。无论我们选择的两个点彼此多么靠近，永远有其他点位存在于它们之间。因此，我们不可能穷尽所有的位置。

傅立叶为我们提供了另一种思路以代替逐点描述的办法：把视觉世界想象为空间波动的叠加。例如，图 1.9 的最上方一行，既可以用各个位置上的灰度来描述，也可以用傅立叶的方法被描述为一列波。唯一一列空间波的"叠加"呈现为这个亮度在水平方向反复变化、频率约为每英寸 2 个周期的图案。无需

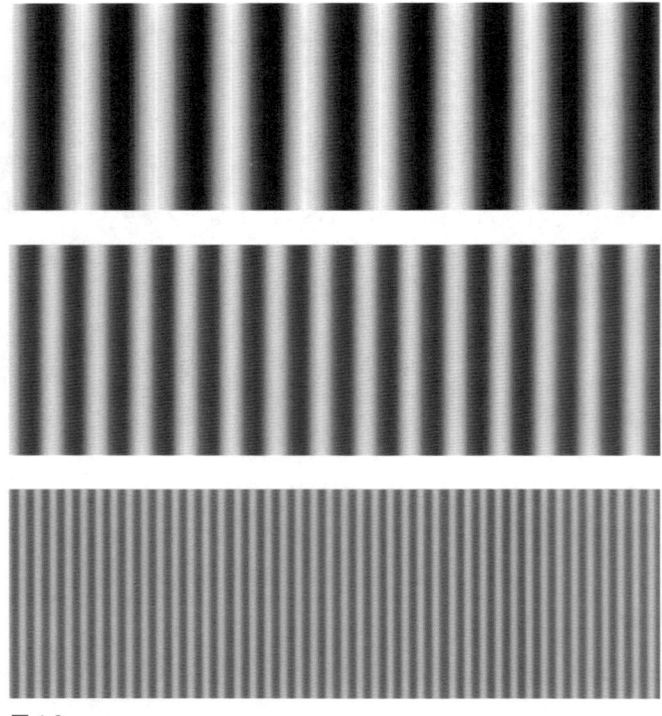

图 1.9

海量的、对应着图中每个位置的灰度数值，精确描述这个图案所用到的参数屈指可数——一个频率和一个最大振幅。

实际上，我们已经在前文中见过这个图案对应的傅立叶波形。毫不意外地，那列波就是傅立叶对这个图形的完整描述。您能直观地感知视场中的波动，正如您能感受到声波的振动。组成图中波形的"材料"是光强（或亮度），以灰色表示。波峰处的灰色较浅，波谷处的灰色则较深。（这个图形是图1.2中波动曲线在二维中的对应。）

对视觉来说，波动的振幅对应的是亮度，正如在听觉中振幅对应的是响度。频率则对应着某一场景中的细节含量。我们日常所说的图片解析度或视频清晰度，正是指它们包含细节的多少。高振幅意味着更亮，而高频率意味着更多的细节。

波动中也包括图像颜色的信息。我们的眼有三种视锥细胞能感受颜色，它们分别响应红光、绿光和蓝光的刺激。当手机或电视屏幕上的一点发出不同强度混合的红绿蓝光时，我们的脑会根据视锥细胞感受到的相对信号强度来判断其颜色。与油画颜料、彩色油墨等反射的光线相比，电子显像元件主动发出的光线以不同的方式调色。要使元件发出黄光，我们应当打开红光和绿光的开关，同时关闭蓝光。但要让从白色页面上反射出来的光线呈黄色，颜料需要吸收白光的蓝色部分，只让红色和绿色通过。尽管显示原理不同，人眼的感受方式却没有差别。因此，下文中我将只在发射光（而非反射光）的范畴内进行叙述。

现在，请把图1.9最上方的灰度波想象为彩色——比如黄色的波形。原有的波峰位置呈现介于正白与中灰之间的色调，那么对应的黄色波峰就应当呈现正黄与中黄之间的颜色。您可以把黄色波进一步看作由三条相同频率、不同振幅的波叠加而成，分别对应红绿蓝三色。那么，红色与绿色将以相同的较大振幅振动；蓝色波的振幅则会是零。当感受到同样强度的红色波绿色波且没有蓝色波时，我们的脑就识别出了黄色波。

图1.9的中部与下方还有两条二维波。与在一维中一样，三条二维波也各

有各的频率和振幅。在图所示的波动当中，频率最高的（下方）振幅最低（中灰），而频率最低的（上方）振幅最高（接近白色）。但这样的情形并不总是成立。一条波完全能以任意频率和振幅振动。

用一句话总结这些图形，就是：图像中的细节源自高频率的傅立叶波。因为只有它们的振动足够迅速。当计算机图像专家用频率语言说"场景中有足够多的高频率"时，其含义就是图中有许多微妙的细节和清晰的边缘。

说到边缘，还有一个隐藏的知识点。在清晰的边缘处发生的突变会产生非常高的频率；变化越剧烈，频率就越高。傅立叶通过数学演算证明了这一点。

现在，我再一次用自己的语言来概括傅立叶思想的精髓：

> 任何一个被我们称作图像或纹样的视场，都是由——且仅仅是由波动叠加而成的。这些优雅的波动是由旋转着的完美圆柱体产生的。

视觉世界中的波动并不比听觉世界中的更神秘——或者，不如说它们一样令人着迷。《葛底斯堡演说》(*The Gettysburg Address*)既可以被看作林肯一人在演讲全程中声音强弱的记录，也可以被视为有着不同频率与振幅的各种声波的总和。傅立叶告诉我们，两种描述一般无二。

科学家与工程师喜欢傅立叶的视角。通过频率这种并不直观的表述方式，他们能够解决点对点式的直观表述无法解决的现实难题。

我们不再讨论成千上万的光点，而是用频率的语汇描述叠加成那些点位的不同光强波形的频率与振幅。傅立叶的革命性论断就是指出这两种方法完全相同。点对点的视场好比希腊文。傅立叶音乐般的波动则对应象形文字。对埃及人来说，象形文字比古希腊文易读。正如罗塞塔石碑揭示了象形文字与古希腊文的互译规则那样，傅立叶证明了视场与波动的对应关系。

批评者们不相信傅立叶的方法，但数学证明了他是正确的。美妙的、颠覆直觉的数学使思想的魔法如虎添翼。频率各异的波动相叠加，就能得到各种图像——世间万物的图像！无论是我的多肉园地还是您正捧读的书页，都在此列。这就是傅立叶杰出而宏大的思想。

"热"切渴求

傅立叶在恐怖专政时期中幸存下来,在波拿巴的帮助下掌握了权力——虽然只是一省的行政官。他早年反贵族的立场和他与波拿巴的联系,都使他在日后的两次王权复辟中不受信任。尽管如此,他还是在这波谲云诡的政权变换之中生存了下来,一如在专政时期中那样。他凭自己娴熟的政治手腕在伊泽尔省屹立不倒近13年,仅在最后一年偶遇险情。

从1802年4月到1814年4月,傅立叶作为格勒诺布尔城干练有为的行政官度过了12年的流放岁月。他与40个市镇达成共识,抽干了伊泽尔省内的布尔关沼泽。考虑到此前的多次协商全部失败,这着实算是一大政绩。他推动新修了从格勒诺布尔到都灵的公路。他为图书馆购置书籍,襄助本省青年求学——其中最著名的当属商博良。他还参与写作了《埃及纪行》。此书最终于1810年问世。在专心于这些工作的同时,傅立叶还挤出时间发展了他的波动理论。带给他灵感的并非莫扎特的音乐或阿尔罕布拉宫的建筑,而是他对热学的思考。或许傅立叶的 *théorie de la chaleur*(热学理论)和谐波思想就是他为重返巴黎准备的敲门砖。

傅立叶自己这样描述他对热学的兴趣:"对我来说,地球温度问题是宇宙学研究中最为重大的课题之一;而我对这个问题的关注出于建立关于热的数学理论的需要。"他在探索的是一个比肩牛顿万有引力定律的大问题。

认识傅立叶本人的哲学家维克多·库桑(Victor Cousin)对傅立叶的动机有不同看法。他曾写道,傅立叶从埃及回到格勒诺布尔后,即使在最热的天气里出门也必穿大衣,还要另备一件。他的身体对温度的古怪需求简直成了一种疾病。

法语中一个独有的单词可形容傅立叶的这种情况:*frileux*(畏寒的)。他对寒冷的感知格外强烈,格外敏感,有可能还因此格外痛苦。这个词隐含的另一层意思是他的性格也缺乏温度。在别人看来,傅立叶可能不只冷在身上。

没人知道傅立叶是何时开始研究热学的，但他从埃及回国几年后就已经在格勒诺布尔全神贯注于这个问题了。一个不完美的初始版本大约在1804年或1805年完成，被认为首次公开了他的波动思想。他在1807年末向学术界公开了一份题为《固体传热理论》（Theory of Propagation of Heat in Solids）的"备忘录"，呈现了一个大大改进过的全新版本。这篇文献如今被视作他的理论的奠基之作。在撰写这两个版本之间，傅立叶通过实验深入探究了热的物理规律并检验了自己的数学模型。

用他自己的话说，他的研究"在一个仍然朦胧且有诸多未知的领域里为一个通常不为人接受的理论确立了权威"。假设以理论，求证于实验，这就是经典的科学过程。这证明傅立叶不仅是位数学家，还是位实验物理学家。他可不怕把手弄脏。

傅立叶意识到，他能用波动叠加的方式来描述固体中热流的复杂图案。这意味着他能够预测热量的流动，例如炮膛中的热量将在何时以何种形式抵达炮口。

1803—1807年，傅立叶在完善他的热学理论和开展相关实验的同时，还在谈判抽干沼泽的工程项目，修建道路，辅导青年学生，撰写埃及学著作。他哪里来的这么高的"带宽"？

傅立叶成功驾驭了革命与帝国的政治风浪。他利用了与拿破仑一世——称帝后的波拿巴将军——的私交，敲定了修筑道路的大工程。在他提交了仅有一页的方案两天后，拿破仑就批准了项目资金。但学术界的险恶政治让傅立叶吃了亏，这或许是因为放逐生涯让他远离了巴黎学术圈的纷纷扰扰。

法国科学院审阅1807年"备忘录"的官员之一是拉普拉斯，拿破仑提名的议员先生。他早在综合理工学院时期就与傅立叶相识。傅立叶理论中的数学令拉普拉斯感到不适。第一波公开的攻击来自拉普拉斯的门生西梅翁-德尼·泊松（Siméon-Denis Poisson），他是傅立叶赴伊泽尔省上任之后空出来的综合理工学院教席的继承者。冗长而激烈的争辩最终导致那篇备忘录从未公开发表。拉普拉斯后来转而支持傅立叶，但泊松——傅立叶的死对头——从未改变立场。

以后人的眼光看，傅立叶的理论始于1807年的那篇备忘录——这使2007年成了他杰出思想的200年华诞。但事实上，傅立叶还要再过一关，才能让世人接受自己的理论。大概是因为那场旷日持久的争论，科学院宣布将在1811年设置一笔数学奖金，以激励……固体热传导理论的研究。真是可恶！傅立叶对此的回应是凭借一篇新论文拿下了奖金。他保留了1807年备忘录的主体内容，对其做了进一步扩展。[10]

让我们再回顾一下傅立叶在准备他的获奖论文时还做了哪些事：沼泽，公路，教学，《埃及纪行》。他的带宽到底是从哪里来的？

在1807年备忘录的基础上，傅立叶开展的一项新研究道出了他牛顿式的雄心。他将他的热流理论应用于球体——一个行星级别的大球体，因此成为温室效应这种地球物理现象的第一位研究者。穿过地球大气层的阳光使地表升温，大气层则保存了一部分地表周边的热量。温室的比喻并不完全准确，但大气层的确如温室玻璃般在让阳光进入的同时避免让热量全部流失。自然的温室效应让地球保持温暖，使它成为生命的家园。然而，即使傅立叶再聪明，恐怕也难以预料人类活动产生的温室效应如今却在威胁着地球上的生命。[11]

科学院的伎俩没能阻止傅立叶的论文摘得桂冠。但是他又一次没能获得审稿委员会的一致认可。具体地说，拉普拉斯又投了反对票。

"作者给出的这些公式并未解决所有问题，"委员会在审稿报告中这样写道，"其对于这些公式所做的整合分析尚欠普遍性，甚至有失严谨。"

"有失严谨"是对数学家莫大的羞辱。和对待备忘录一样，科学院一再拖延了获奖论文的发表。[12]

直到1815年拿破仑遭流放于圣赫勒拿岛，傅立叶重返巴黎，他的获奖论文才公开发表。死敌泊松仍不断发难。然而，傅立叶找出了泊松某篇论文中的一处低级失误，以及他用来参与竞争奖金的热学理论中的一个错误结论，并写信告知了拉普拉斯。这致命的一击最终让拉普拉斯站到了傅立叶一边。

与强权共舞

科学上的胜利并没有政治上的荣耀来匹配。傅立叶与拿破仑的关系使他在伊泽尔省行政官任上的第 13 年也是最后一年并不顺心。拿破仑于 1814 年 4 月一度退位，路易十八继位为王。曾经的皇帝前往他的第一个流放地厄尔巴，科西嘉正东约 30 英里处的一个小岛。厄尔巴位于巴黎的东南方向，格勒诺布尔因此成为他流放路上的必经之地。按照常情，傅立叶理应迎接这位"给予"他行政官职位的皇帝。但非常时期，这注定是一次尴尬的重逢。

复辟的国王暂时保留了傅立叶的职位。但拿破仑会把他向新政权的俯首视为背叛吗？傅立叶并不想知道答案。他在幕后重新规划了拿破仑的路线，以潜在威胁为理由使他绕开了格勒诺布尔。这个办法奏效了。拿破仑与傅立叶擦肩而过，新朝廷确认了行政官的留任。国王的弟弟，日后的查理十世亲自来访并敲定了这笔交易。

但这还不是与拿破仑共舞的最后一曲。1815 年 3 月 2 日，傅立叶收到了一封来自邻省行政官的可怕信件：

> 我荣幸地知会您，波拿巴昨日已率 1,700 人于儒昂湾登陆……他将向里昂挺进，沿途经过圣瓦利耶、迪涅和格勒诺布尔。无论您多么吃惊，这消息都千真万确。[13]

拿破仑自厄尔巴岛回归，再度废黜国王，建立了自己最后的百日王朝。在命运的安排下，他沿着那条东南孔道自厄尔巴经科西嘉、格勒诺布尔、欧塞尔重返巴黎。在刚刚冒充王党过关之后，傅立叶又得与拿破仑打交道了。

他为归来的皇帝准备了最好的住处。他留下了一张字条，向拿破仑表示了他个人的热烈欢迎。在留言中，他坦承了此前效忠国王的举动，解释了他的两难处境。但当拿破仑从前门进入格勒诺布尔城时，傅立叶还是从后门仓皇逃往了里昂。

极度失望之下，拿破仑罢免了傅立叶。但他这么一个篡位者——这是傅立叶的原话，哪里来的权力罢免官员？但事实上拿破仑不仅这么做了，还得到了傅立叶与格勒诺布尔居民们的承认。他的威望可见一斑。

为了安抚拿破仑，谋士们给他看了傅立叶为《埃及纪行》撰写的不吝赞美的"历史前言"。皇帝的怒火马上平息了，并要求召见傅立叶。他们在布尔关会面了，那个傅立叶刚抽干了沼泽的地方。常人恐怕很难理解这种转变是出于什么原因。是数学家之间的惺惺相惜？还是昔日远征埃及的战友情谊？然而，拿破仑不仅宽恕了傅立叶，还委任他为罗讷省的行政官，在里昂就地上任！

傅立叶接受罗讷省职务的任命是在 1815 年 3 月 12 日，距接到拿破仑自厄尔巴回归的消息才刚刚 10 天。形势急剧变化。同年 6 月 18 日，拿破仑战败于滑铁卢；同年 7 月 8 日，路易十八再度复辟。

拿破仑短暂的二次统治史称"百日王朝"，而傅立叶的第二次行政官任期甚至更短，只有约 60 天。滑铁卢战役两周前，拿破仑作为皇帝最后发布的政令之一是拨给了傅立叶一笔退休年金，于两周内生效。这笔年金显然没能落实。因此，当拿破仑最后被流放至圣赫勒拿岛时，傅立叶既无职位也无薪水，徒留沾染污点的政治声誉。

但至少，他自己的流放生涯告一段落了。傅立叶终于得以重回巴黎，去建立他自己音乐般的热学理论。

约瑟夫与索菲

傅立叶享受过生活吗？如果在外省没有，回到巴黎之后想必有吧？我们很期待世界乐音之父能如早十年的本杰明·富兰克林那样，与某位著名的沙龙寡居女主人谈上一段跌宕起伏的恋爱。

但傅立叶并没有属于自己的爱尔维修夫人（Madame Helvétius）[①]。事实上，

[①] 本杰明·富兰克林在巴黎时爱上了当时寡居的爱尔维修夫人，曾向她求婚。编者注。

颇为不幸的是，他很可能从未对爱情有过任何兴趣。我们能找到的唯一一段（柏拉图式的）亲密关系的蛛丝马迹，是傅立叶与著名数学家玛丽-索菲·热尔曼的深厚友谊。热尔曼是第一位赢得科学院奖金的女性。并且，令"一大群翘首期待看好戏的人"失望的是，她根本没去领奖。但这样的成就并没能让她获得受邀参加会议的资格。在傅立叶出任科学院书记 7 年之后，热尔曼才收到了科学院 séance（会议）的邀请。是傅立叶使其成为现实。

傅立叶写给玛丽-索菲的不少信件都被保存了下来。其中仅有一封非正式的信函，据支离破碎的笔记来看应当写于晚年，抬头为致"Ch.S"（亲爱的索菲），落款为"Jh"（约瑟夫）。不过，傅立叶致信过一位医师，替一位匿名密友求医问药：

> 她有着最罕见、最美好的品质，绝对值得您全部的关注。对于温柔地爱着她的我自己，这样突如其来的不幸甚至可能毁灭我全部的感情。您如能给予她、也给予我任何帮助，我都将报以最深切的感激。[14]

我们无从考证这位女性到底是谁，但热尔曼确实死于乳腺癌。假如信中这位女性就是亲爱的索菲，约瑟夫会向她献上怎样的"全部感情"呢？[15]

终成不朽

巴黎的科学院最终接纳了傅立叶（图 1.10）。1821 年，拿破仑去世不久，傅立叶终于以《热的分析理论》(*Analytical Theory of Heat*) 为题完整发表了他的理论。赞誉接踵而来。科学院将他选为常任书记，牛顿曾领导的英国皇家学会则在 1823 年 11 月吸纳让·巴普蒂斯特·约瑟夫·傅立叶为外籍会士。他在 21 岁时曾那么羡慕牛顿，终于在 55 岁时，在他人生最后的十年里，自己踏上了通向不朽的大道。1826 年，傅立叶成为法兰西学院的 *immortel*（不朽者）。1889 年，他的姓名被居斯塔夫·埃菲尔（Gustave Eiffel）镌刻于那座著名的

图 1.10　于连-利奥波德·布瓦伊（Julien-Léopold Boilly），《傅立叶院士》（*Academician Fourier*），1820 年

铁塔之上。[16]

　　拿破仑之死也使傅立叶的年金终于落实。起初，国王的政府对傅立叶在百日王朝时期接受拿破仑委任出任罗讷省行政官的行为非常不满。他在拿破仑流放圣赫勒拿后第一次向朝廷申请年金，遭到了拒绝。他又在 1816 年、1818 年和 1821 年多次尝试，无一例外都被拒绝。直到拿破仑去世后，他的申请才成功。

　　政治斗争结束了，但与病魔的斗争没有结束。傅立叶从未摆脱各种疾病的纠缠。年龄渐长，他饱受呼吸困难之苦。他不得不用一个特制的盒子矫正体位。他在写作、谈话甚至睡觉时都戴着它，只露出头部和双臂。这种呼吸困难的症状或许能追溯到少年时壁橱里的苦读，也有可能归咎于充血性的心力衰竭。

　　傅立叶于 1830 年死于心脏病。他被葬在巴黎著名的拉雪兹神父公墓，墓碑上点缀着埃及纹饰和波的图案（图 1.11）。在他半身像的两边各雕刻有一枝百合花，颀长的花茎构成了波的轴线。花朵顶上高昂着戴有太阳冠冕的眼镜蛇

图 1.11

头。假如真的是埃及之行引发了傅立叶对热学的终身痴迷，那他墓碑上的图案的确完美结合了这一对因果。

那位来自格勒诺布尔城的少年商博良，埃及学的第一位教授，在仅仅两年以后也追随傅立叶长眠于拉雪兹神父公墓。他的兄弟，雅各-约瑟夫·商博良-菲雅克（Jacques-Joseph Champollion-Figeac）为傅立叶撰写了最早的传记。而傅立叶的密友索菲·热尔曼——他绝不会以 *frileux* 相待的女性，不久后也埋葬于同一片墓地。

在热尔曼最后的日子里，她捐资修建了傅立叶的墓碑。他们二人共同的终身对头泊松没有出资。[17]

傅立叶 1807 年的杰作"备忘录"的命运和他本人如出一辙。其手稿在长达 160 年间不见天日，直到最终重现于国立桥路学院的图书馆。这并不出奇，这所学校是世界上历史最为悠久的土木工程学校，比傅立叶本人还要古老。[18]

天才之天性

傅立叶了不起的想法为何频频受阻？对他的批评者来说，问题在于：像歌曲或绘画这样高度不规则的纹样，怎么可能等效于规则波形的叠加？

在数学上，某种论断要么被证明，要么被证伪，要么被证明为不可证。傅立叶本人其实没能为他自己的理论封顶，尽管他的直觉惊人地可靠。在数学上为傅立叶的理论查漏补缺的任务最终由年轻的彼得·古斯塔夫·勒热纳·狄利克雷（Peter Gustav Lejeune Dirichlet）完成。狄利克雷在 1826 年去巴黎拜访了傅立叶，被他深深折服。在这位长者的引领下，狄利克雷通过极为严谨的数学证明巩固了波动理论，并于 1829 年发表。这已是傅立叶生命的最后一年。[19]

即便如此，一些数学家仍然被傅立叶的数学背后的奥秘困扰。但工程师们并无顾忌。20 世纪 60 年代末，我在斯坦福修了一门由罗恩·布雷斯韦尔（Ron Bracewell）开设的讲授傅立叶方法的基础课程，这门课程对我产生了极为深远的影响。罗恩花了大力气深入讲解傅立叶理论边界的数学困难，以及实际应用中严格的适用条件。但他同样强调了，这些数学上的细枝末节并不妨碍利用这种方法分析现实世界。或者说，现实世界的确满足狄利克雷等数学家们给出的适用条件。

数学家必须考虑一切可能的模式，不仅是现实世界中真实存在的那些。数学家们关注抽象，工程师们则关注物理实在——热、光、声、道路、桥梁和图像。在工程师眼里，傅立叶的频率和振幅就和它们描述的真实世界一样真实。对于大自然创造的几乎任何一种模式，傅立叶的方法都必然适用。[20]

牛顿和爱因斯坦知道他们在定义宇宙，崇拜他们的人们也知道这一点。傅立叶没有或无法看出他的思想有多么普遍的意义——当时的其他人自然也不清楚。我们没有字眼来描述成就随岁月积累的天才。通常，我们对天才的理解仅仅局限于他在短短一生中达成的成就与收获的认可。

但两个世纪以来，工程师们将傅立叶的思想付诸海量的应用，成功地让我们的世界更舒适而美好。一切现代媒介都有赖于他的理论。像素和数字光学仅仅是其中最新的两个例子。

无疑，无论我们是否称其为天才，傅立叶都已经取得了他应得的地位。只需要跨过分隔文化的鸿沟，他就会更为知名，更受尊敬。

第二章　科捷利尼科夫的样本：无中生有

在劳改营里隐隐约约地能听到一种模糊的、不确切的、没有得到任何人证实的传闻；在这个群岛的某些地方存在着一些极微小的"天堂岛"。……据说在那些小岛上干的都是脑力劳动，而且都是绝对机密的。我自己就登上过这样一类天堂岛并且在那上面服完了我的一半刑期。（囚犯们的俗话中把这类天堂岛称作"沙拉什卡"）我能活下来全是托它们的福。[1]

发明了像素并发动了数字化革命的人，曾任俄罗斯最高苏维埃[①]主席。尽管他并不是在任期内做出这些成就的。他的名字是弗拉基米尔·亚历山德罗维奇·科捷利尼科夫（Vladimir Aleksandrovich Kotelnikov）。2003年，在他95岁高龄之际，另一个弗拉基米尔——普京（Vladimir Putin），在克里姆林宫为他颁授一等"祖国功勋"勋章。当时，他身佩许多苏联时期的勋章，包括两枚斯大林奖章、六枚列宁勋章和两枚象征社会主义劳动英雄称号

[①] 即俄罗斯苏维埃联邦社会主义共和国最高苏维埃，苏联时期俄罗斯最高立法机构。

的镰刀锤子奖章。他亲历了现代俄罗斯自 1917 年十月革命以降的所有战争与政治运动。他受过斯大林一位心腹重臣的妻子的保护，与古拉格——索尔仁尼琴服苦役的那片岛屿——擦肩而过。他在美国宣布了人造地球卫星"伴侣号"（Sputnik）的发射，还通过数字图像绘制了金星的全貌——像素由他送上了太空。

科捷利尼科夫在美国也受到推崇。2000 年他荣获贝尔奖章，那正是数字大融合初露峥嵘的时候。尽管如此，他在美国还是鲜为人知。科捷利尼科夫并没有获得与他最伟大的发现——采样定理——相称的名声。采样定理堪称整个数字媒介世界最核心的思想，但其发现者的桂冠通常被认为属于克劳德·香农，一位著名的美国工程师和数学家。尽管香农自己从未这样宣称过。

与傅立叶的故事类似，科捷利尼科夫的故事也具备了科技突破的三大要素：绝妙的科学灵感，战争与革命的混乱带来的对新技术的需求，保护科学家并推广其技术的强权。科捷利尼科夫的灵感直接促成了像素的诞生。并不出名的他与名满天下的香农有着毫不相干的人生轨迹，却都与这同一个理论的诞生过程纠缠交织。

扩展波

我们说，数字信号可以忠实地重现模拟信号。离散的、孤立的点状信号可以准确地表示平滑的、连续的曲线信号。被打破的连续性也可以忠实地表现完好的连续性。假如这种论断听起来还不够震撼，我保证您很快就将为之惊诧。因为这意味着我们可以舍弃大量信息——事实上，是"无限多"的信息，却不受任何损失。这就是数字光学（以及数字声学）得以存在的核心思想。这是造就了数字大融合，乃至整个现代信息世界的最基础的真理。

一如正弦波代表了傅立叶的频率，图 2.1 中的图形也代表了科捷利尼科夫的样本。我们很快就会发现，它与像素的"形状"极其接近。数学家称它为

图 2.1

"sinc 函数",而工程师称它为"重建滤波器"(reconstruction filter)。考虑到这两个名字都不那么直观,我把这个可爱的图形称为"扩展波"(spreader)。您马上就会明白我给它起这个名字的原因。

请注意,扩展波很像一列傅立叶波。只不过它的波峰与波谷由中心向两边逐渐变得平缓,直到彻底消失。事实上,扩展波就是这样定义的。与它关联的正弦波有着与之相同的频率,并保持着和它中心处完全一样的振幅(图 2.2)。

扩展波存在于数学世界,而非现实。但它或许会让你想起,向平静的水潭中掷下一枚鹅卵石后鹅卵石向外扩散的一圈圈涟漪。它们的高度也随着向外扩散的距离递减。扩展波和水波一样,会向两边无休止地摇曳开去。在某个距离上,波的振幅将小到可以忽略不计。我们将看到,这一点在现实世界中非常重要。我能找到的最早的表述正确的扩展波图像,来自弗拉基米尔·科捷利尼科夫在 1933 年用俄文写成的经典论文(图 2.3)。[2]

我第一次了解本章提到的思想,是在 20 世纪 60 年代早期的电子工程系。我们听说这是哈里·奈奎斯特(Harry Nyquist)的发明。对我们这些电子工程师来说,他是美国英雄。奈奎斯特为美国电话电报公司(AT&T)传奇的贝尔实验室工作。我们每个人都梦想着有朝一日能去那里工作。但在 20 世纪 60 年代末,当计算机科学崛起为一个独立学科时,我在斯坦福听说这个伟大的思想归功于克劳德·香农。在一切开始数字化的年代,香农是我们的新英雄。他是第一个使用"比特"(bit)一词的人。香农也曾在贝尔实验室工作,当过奈奎

图 2.2

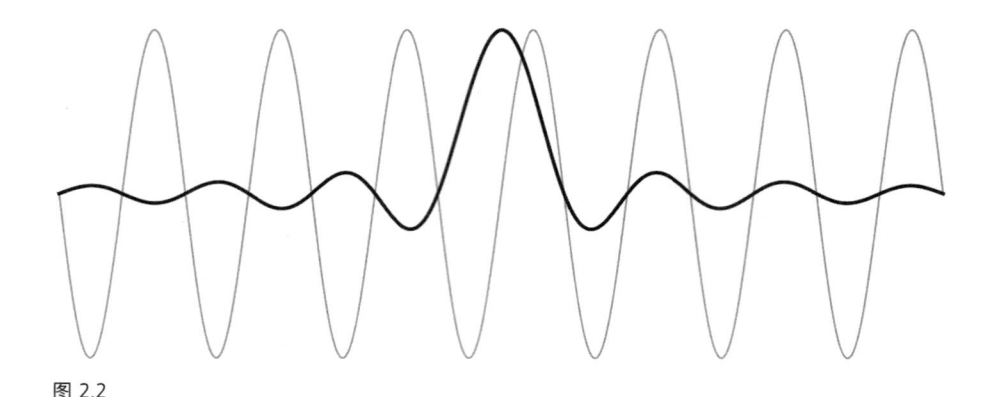

图 2.3

все D_k, кроме одного, состоять из одного члена равны нулю. Такая F (t) очевидно будет состоять из одного члена ряда (1). Значит и наоборот: если F (t) состоит из одного, любого члена ряда (1), то весь спектр ее частот заключен в пределах от 0 до f_1. А поэтому и сумма из любых отдельных членов ряда (1), т. е. сам ряд (1) будет всегда состоять из частот, заключенных в пределах от 0 до f_1, что и требовалось доказать.

斯特的后辈同事。[3]

但那只是故事的美国版本，也是斯蒂格勒得名法则应验的例子："没有一项科学发现是以真正的最初发现者命名的。"（顺便提一句，这条法则也不是斯蒂格勒[①]发现的。）所以在俄罗斯，荣誉毫无疑问归于科捷利尼科夫；在日本，发现者成了染谷勋（Isao Someya）；在英格兰，是埃德蒙·惠特克爵士（Sir Edmund Whittaker）；在德国，是赫伯特·拉贝（Herbert Raabe）。考虑到奈奎斯特是瑞典移民，那么只有香农是纯正的、密歇根州土生土长的美国人。香农的留名仅仅是因为狭隘的民族主义吗？除了染谷晚了几个月，以上所有人都在香农之前发现了采样定理。本应属于第一个发现者的命名荣誉在美国却归属了

---

① 即史蒂芬·斯蒂格勒（Stephen Stigler），美国芝加哥大学统计学教授。编者注。

倒数第二个。⁴

抛开功劳方面的纠结，有一个事实确凿无疑：在数字光学中应用的这一伟大思想，是由科捷利尼科夫在 1933 年首次清晰、扼要且完备地表述的。西方人或许难以相信，如此重要的基础思想竟诞生于斯大林统治下最糟糕的年月。在冷战时期我们接受的教育里，苏联的科学要么是李森科生物学①那样的骗局，要么就是夸大的政治宣传。但现在，是时候接受现实了。这份殊荣应当属于科捷利尼科夫。⁵

血统、论文与职位

1908 年，弗拉基米尔·亚历山德罗维奇·科捷利尼科夫生于喀山，一座位于莫斯科正东 500 英里的伏尔加河上的古城。很难找到第二位有着科捷利尼科夫那样纯粹的"数学血统"的数学家。他的五世祖谢苗·科捷利尼科夫（Semyon Kotelnikov）曾求学于莱昂哈德·欧拉（Leonhard Euler），有史以来最伟大的数学家之一。傅立叶使用的某些数学很可能就直接源自欧拉。1757 年，谢苗成为圣彼得堡科学院的院士。圣彼得堡科学院由彼得大帝（Peter the Great）建立，即今天的俄罗斯科学院。⁶

弗拉基米尔的祖父彼得·科捷利尼科夫（Petr Kotelnikov）是喀山大学的数学教授。这所学校最知名的两个学生是被开除的弗拉基米尔·列宁（Vladimir Lenin）和主动退学的列夫·托尔斯泰（Leo Tolstoy）。完成学业的学生中有著名的几何学家尼古拉·罗巴切夫斯基（Nikolai Lobachevsky）。他挑战了古希腊欧几里得的几何学，声称关于平行线的第五公设未必正确——这个惊世骇俗的思想最终在爱因斯坦的广义相对论中找到了归宿。彼得爷爷曾担任罗巴切夫斯基的助手，后来又成为他的理论的捍卫者。

---

① 指苏联生物学家特罗菲姆·李森科（Trofim Lysenko）于 20 世纪中叶开展的反对遗传学和以科学为基础的农业的政治运动。编者注。

毫不意外，弗拉基米尔的父亲亚历山大·科捷利尼科夫（Aleksandr Kotelnikov）也是喀山大学的数学教授。当父亲亚历山大离开喀山，带全家前往基辅就任新教席时，弗拉基米尔的故事才正式开始。

科捷利尼科夫一家（包括6岁的弗拉基米尔）于1914年8月抵达基辅当天，德国军队就攻破了该城的城防。人们惊恐地逃离城市，裹挟了这新来的一家人。他们历尽艰辛，跋涉850英里回到了喀山。科捷利尼科夫一家不幸赶上了第一次世界大战的爆发。而这只是弗拉基米尔一生要经历的许多战争中的第一场。[7]

紧接着，就是1917年的十月革命和随之而来的内战。俄罗斯被改变了。年轻的弗拉基米尔也被改变了，但改变他的并不是战争。在动荡的年月里，他第一次听到了电台广播。

"它是怎么工作的？"弗拉基米尔问父亲。

"现在说了你也理解不了呢。"

10岁那年的困惑，让科捷利尼科夫一辈子都专注于无线电。他接下来九十载人生中的大部分精力，都倾注于无线电和通信工程的研究工作。他的职业生涯恰好与苏联从勃兴到崩塌的整个历史时期重合。[8]

"那是伟大的一年，又是可怕的一年。按耶稣降生算起那是1918年，而从革命开始算起则是第二年。"米哈伊尔·布尔加科夫（Mikhail Bulgakov）在小说《白卫军》（*White Guard*）的开头这样写道。① 他描写的正是充满恐惧与毁灭的无政府状态下的基辅。又一次选错了时机，科捷利尼科夫一家恰在此时再一次搬往基辅，亲身体验了布尔加科夫笔下的噩梦。因为饥荒，他们不得不变卖一切可卖的东西。教授开始自制肥皂，而孩子们负责把窗帘拆成线卖。[9]

1924年亚历山大又一次举家搬迁。这一次他们搬去了莫斯科。他在莫斯科高等技术学院谋得了一个职位。该校的一部分后来并入莫斯科动力学院。二

---

① 引文摘自《白卫军》，许贤绪译，作家出版社，1998年。

者都成了世界一流的理工科大学。[10]

弗拉基米尔后来成为莫斯科动力学院最早的一批毕业生之一。学校当初还差点因为他家传的学术统而拒绝接收他——大知识分子家庭的子弟不属于工农出身。幸好，制度的改变让他顺利入学。自此他再也没有离开。1931年科捷利尼科夫获得了电子工程学无线电专业的学位。他将在这所学校度过75年时光。

随后，属于他的"奇迹之年"（annus mirabilis）到来了。1932年，科捷利尼科夫独立发表了两篇论文。在没人指导的情况下，两篇文章中的任何一篇都足以使他永远名垂工程学的史册。其中一篇题为《非线性滤波器理论》（"The Theory of Non-Linear Filters"），与我们的主题无关。而另一篇则包含了他的伟大发现：采样定理。他于11月将此文投出，并在次年发表。标题看似平常无奇：《关于电子通信中"以太"与线缆的传输容量》（"On the Transmission Capacity of 'Ether' and Wire in Electric Communications"）。

当这篇论文被提交给莫斯科动力学院的委员会时，一位专家评价："这理论看起来是正确的，但听上去很像科幻小说。"无中竟能生有。尽管如此，他们还是通过了这篇论文，科捷利尼科夫也由此开启了在莫斯科动力学院的学术生涯。[11]

1933年，在获得了讲师职位后，他开始为邮电人民委员部工作。在战争中，通信的地位至关重要。因此布尔什维克不出意外地在1917年10月掌握政权的那天成立了邮电部。在这个部门里，科捷利尼科夫担任通信工程师，最终还领导了自己的研究所。他总是一脚踏在象牙塔里，一脚陷在现实世界的政治与战争之中。[12]

身怀两篇重要的论文，在两个声誉卓著的组织里担任职务，科捷利尼科夫前途无量。他准备好了在学界与政界同时飞黄腾达。然而，和傅立叶一样，他也将在两条道路上同时与强权共舞。

无穷：数字与模拟

我们应当理直气壮地说出这个词：无穷。实际上，无穷有着各种各样的形式，但我们只需要其中两种：数字的与模拟的。图 2.4 中熟悉的秒针波能帮助我们理解二者之间的区别。

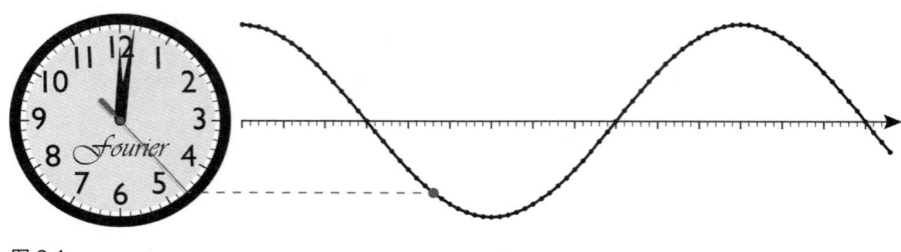

图 2.4

您或许还记得，波形上的黑色圆点对应着每一分钟，也就是秒针每走过完整一周时波动的位置。随着指针继续转动，这些点也源源不断向右方展开。那么，这样的点一共有多少个？您当然可以一个个数过去，但永远也不可能数得完。这，就是数字无穷大。每一个圆点后面一定有另一个。数学家们称之为"可数无穷大"。

第二种形式的无穷——模拟无穷大，则不那么容易理解。试问，在波形上两个相邻的刻度之间，又有多少个点呢？答案是：多到数不清。模拟无穷大比数字无穷大还要大——尽管这听起来奇怪极了。数学家格奥尔格·康托尔（Georg Cantor）证明了这一点。他的思路可以如下这样表述：

在波上任意两点之间，总能找到另一个点。比方说，在两点间波形线正中的位置上。现在，请关注那个中间点和原先两点中偏左边的那一个。它们之间还有别的点存在吗？当然有，比如它们的中间点。现在，我们又可以对新得到的四分点与最初的左端点重复前面的操作。以此类推，永无止境。其特殊之处，就在于我们永远不可能抵达一个不可再分的位置。换言之，我们甚至不知道从何数起。数学家们喜欢称之为"不可数无穷大"，但我宁愿继续将它称作

"模拟无穷大"。两种说法都名副其实:平滑的事物都由无穷多个模拟的、数不胜数的部分组成,离散的事物则包含着无穷多个数字的、可数的部分。哪怕用上再多的散点去表示平滑的事物,"数字"也永远难望"模拟"的项背。

图 2.5

　　但科捷利尼科夫指出,"数字"完全可以等价于"模拟"。数字化的过程可以不产生任何损失。一个平滑的、模拟的事物完全能通过一种离散的、数字化的方式被忠实地表示。图 2.5 可以表示一段声音,或者一个水平方向上的视觉场景。科捷利尼科夫的思想对于两种情形都适用。图中下方的直线表示响度或亮度为 0,也就是绝对的寂静或者黑暗。图中的曲线表示随时间不断改变的响度,或向右方看去时视觉场景不同位置上的亮度变化。在两种情况中,波形线上的大圆点都对应着轴线上相等的间距。通过这个一维实例,我们建立起一种直观的感觉。之后,再逐渐地扩展到真实视觉场景所需的二维情况。在上一章里,我们就是这样理解了傅立叶波。

　　图 2.6 展示的是当我们只保留大圆点,忽略波形线上其他所有点位时得到的图形。图中的点与点之间一无所有,亮度或响度都成了 0。不难想象这个图形在二维条件下的样子。这将是一张高低起伏的"钉板",高度各异的"钉子"均匀地纵横排列于其上。钉子的高度取决于平滑视觉场景中对应位置上的亮度大小。这个钉板上除钉子之外所有位置的高度都是 0。

　　图 2.5 是"模拟的",图 2.6 则是"数字的"。后者中的一条条竖线被称为对前者所采的样本。在二维的"钉板"里,"钉子"就是对相应曲面所采的样本。科捷利尼科夫指出,并非只有用完全平滑的曲线或曲面才能表示声音或

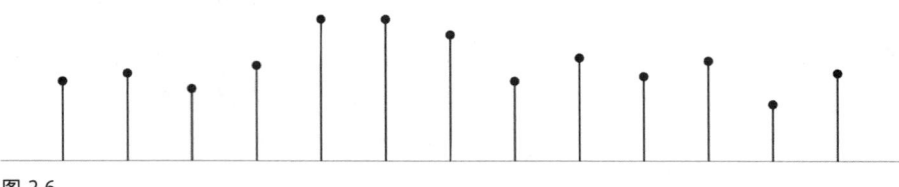

图 2.6

图像。我们只需要样本。换言之，我们可以忽略图 2.5 的波形线上的每个圆点之间的每个"模拟无穷大"！他似乎是在说，"无"能表示"有"。这怎么可能呢？玄机就隐藏在"似乎"二字当中。

或许您会觉得，采更多的样本，让样本足够紧密地排列，不就能逐渐逼近模拟的声波曲线了吗？很多人正是用同样的直觉来理解像素的工作原理的——只要它们足够紧密地排列在一起，就能逼近它们表现的图像了。但这种直觉并不正确。因为排列永远不可能足够紧密，数字无穷大永远不可能等于模拟无穷大，"不可数"的量永远不可能数得清。但科捷利尼科夫似乎觉得这是可行的。为什么呢？

此外，他还认为，第二张图中标出的样本点已经离得足够近了——也就是说，更加密集的采样没有必要，也不会提供额外的信息。您困惑了吗？困惑就对了，因为我们正在走近问题的核心——及其优雅之处。

提出了这些问题，我们就准备好了一探科捷利尼科夫理论的究竟。但首先，让我们回顾一下傅立叶的理论，它是前者的基础。傅立叶告诉我们，一个模拟的声音或视场可以由一系列波叠加表示。图 2.7 就展示了构成之前用到的纹样（图中位于顶部以方便比较）的许多波中的一列。我们可以看到，纹样的振动频率始终比下方的波形频率要低。因此，这列波形就是组成纹样的波形中最高频的一列了。这一系列傅立叶波中其他波的频率都必然更低，否则纹样会有所变化。

科捷利尼科夫指出：当采样频率为最高傅立叶频率的两倍时，取得的样本就足以精准还原被采样的平滑信号。这些样本孤立、离散，彼此分离——毫无疑问并不平滑。这就是他的伟大发现——采样定理——的第一部分。它揭示了用数字信号的离散性置换模拟信号的平滑性的可行性。而该理论第二部分，将告诉我们如何利用数字化的样本去还原本来的模拟信号。

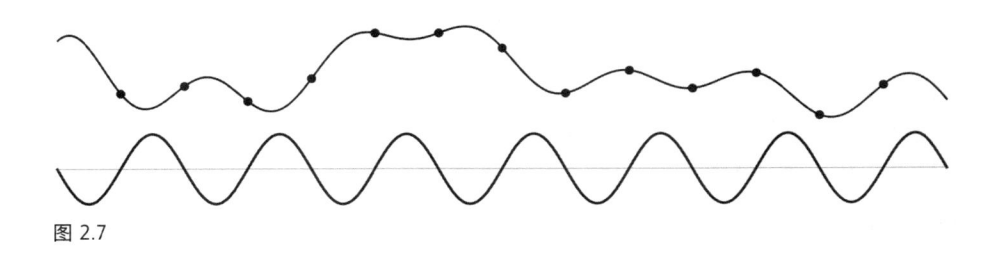

图 2.7

科捷利尼科夫站在了巨人傅立叶的肩膀上。傅立叶的频率描述了模拟图像在视野中变化得有多快。科捷利尼科夫告诉了我们如何用数字化的方式来表示傅立叶波。惊人的是，只需要按照最高的波动频率每周期采样两次。不妨直观地理解成，两次采样分别记录了波的上涨与下落。

像素

当科捷利尼科夫对视场的采样被数字化时，它便有了一个专门的名字：像素。我们的主角终于登场了！这就是像素的定义，它与傅立叶和科捷利尼科夫都密切相关。科捷利尼科夫的采样理论是数字光学存在的前提。

像素不是小方块！这听起来有点惊人，毕竟它们通常都是以这样的形式出场的。这使得许多人都误以为像素就等于密密麻麻的小色块——这大概是数字时代早期最普遍的误解。"像素化"（pixelation）一词甚至将错就错，令这种误解约定俗成。

实际上，像素根本没有形状。它们只是以固定间隔所采的样本——那块钉板上的钉子。它们各自只占一个点，因此没有长度、没有宽度、没有维度。您没法直接看见它们，因为它们本身没有颜色。它们只有一个数字表示灰度，或者三个数字表示色彩。通过科捷利尼科夫的方法把数字样本还原为模拟信号，似乎赋予了像素形状。

"像素"（pixel）一词本身就经历了颇为曲折的过程才获得了广泛的认可。它有过许多其他名称：光点（spots）、点阵（point arrays）、光栅元（raster elements）、图像点（picture points）、图像元素（picture elements）等。"图像元素"的叫法最终脱颖而出，但紧接着又产生了关于其简称的分歧。许多年中，国际商业机器公司（IBM）和 AT&T 都采用了 pel 这个简写。然而，20 世纪 60 年代中期，方兴未艾的图像处理界选择了一个与两大公司不同的简称：pixel。事实上，在风雷激荡的 20 世纪 60 年代，对包括我自己在内的一众青年计算机图形学家来说，否定由"蓝色巨人"和"贝尔大妈"[①]提出的 pel，堪称一次反主流文化的光荣胜利。经过仔细的考证钩沉，理查德·莱恩（Richard Lyon）发现 pixel 一词在 1965 年首次见诸文字（见图 2.8，图中的 KC 意为"千转每秒"），这份文档由加州理工学院喷气推进实验室（Jet Propulsion Laboratory，JPL）图像处理部门的弗雷德·比林斯利（Fred Billingsley）撰写。同时，莱恩还指出，pel 一词的首次公开使用是在 1967 年，麻省理工学院教授威廉·施莱伯（William Schreiber）撰写的一篇论文中。

```
                                                            Since the
information band-width goes to 200 KC, by the sampling theorem, we must
sample at least 400,000 samples per second.  We have chosen to sample at
a 500 KC rate and we define each one of these samples as a picture element
or a pixel.
```
图 2.8

20 世纪 70 年代诞生了大量包含 pixel 和 pel 的专利，而前者的数量逐年甩开后者。不出意外，大多数包含 pel 的专利都属于 IBM 和 AT&T 的贝尔实验室。假如奈奎斯特或香农要用一个缩写词来指代像素，那一定会用 pel，贝尔大妈

---

① 分别是 IBM 和 AT&T 的昵称。

的说法。[13]

像素直接源自采样定理；采样与像素从诞生之初就密切相关。奇怪的是，尽管科捷利尼科夫的采样定理同样启发了数字声学（Digital Sound)），声音样本却没有一个类似"像素"的词。在音乐领域，"采样"（sampling）一词不巧还有别的含义。比如在嘻哈音乐中，这个词的意思是从其他人的音乐里借鉴几秒长的片段，将它们混合在一起编曲。在本书里，另造一个新词将更加方便，因此我选择使用"声素"（soxel）——"声音元素"（sonic element）的简称，来指代对声信号所采的样本。

命名游戏

比像素的拼写更严重的一桩关于命名的公案发生在今日美国，科捷利尼科夫发现的采样定理几乎总是归功于香农。如果只从美国人的角度看，我们就很容易理解原因了。在美国，克劳德·香农是个如雷贯耳的名字。在他于1948年发表的题为《通信之数学理论》（"A Mathematical Theory of Communication"）的论文中，香农也公开提出并证明了采样定理。他给出的形式如今在数字世界中，尤其是数字光学领域广为应用。他在美国国内获奖无数，包括美国国家科学奖章和著名的电子电气工程师学会（IEEE）颁发的荣誉奖章。作为信息论领域的开山鼻祖，IEEE信息论学会设立了以他的名字命名的香农奖金。他自己也成为该奖项的第一名获奖者。在国际上，他赢得了首届京都奖——数学界的诺贝尔奖。[14]

1916年4月30日，克劳德·艾尔伍德·香农（Claude Elwood Shannon）出生于密歇根州佩托斯基城。他在盖洛德附近长大。因为用铁丝网自制了一条连通自家与朋友家的电话线，小香农在那一带颇有名气。他喜欢杂耍、密码和象棋，是个贪玩的天才。攻读博士时，香农常常骑着一辆独轮车穿梭在麻省理工学院的楼宇之间。后来，骑车场地变成了贝尔实验室。他在那里发明了信息论。他发明了一个盒子形状的装置，这个装置只有一个功能：拨动开关时盒盖会打开，一只手从里面伸出来，把开关复位。

香农还是一位密码学大师。他在1945年写了一篇机密论文《密码学之数学理论》("A Mathematical Theory of Cryptography")。二战期间，香农分析了富兰克林·D. 罗斯福（Franklin D. Roosevelt）与温斯顿·丘吉尔（Winston Churchill）用来保密联络的"X系统"。他从数学上证明了这个系统采用的加密机制无法被破译。1949年的一篇论文，奠定了香农在有噪通信领域的泰斗地位。他给出了一种在发送数字信号横跨太阳系的过程中消除宇宙背景噪声干扰的方法，从而保证信息的精确传递。是香农的思想让信息从好奇号火星车传送到您的笔记本电脑上——也难怪人们把采样定理冠以他的名字。但他亲口承认，采样定理并非他首创。[15]

"这是通信领域的一条普遍真理，"香农在1949年的论文中写道，"在此之前，这条定理已被数学家们以其他形式给出。然而其重要性还没有在有关通信理论的文献中得到体现。"[16]

但实际上，通信界早就已经有人给出了采样定理——形式正确、证明严密。科捷利尼科夫在1933年就完成了这项工作，比香农早了十多年。为什么香农没有提到他呢？那篇论文是作为苏联式学术会议繁文缛节的一部分发表的，或许香农因此根本不知道它的存在。但仔细推敲，他保持沉默的理由其实相当蹊跷。香农有可能是通过二战时期美苏之间秘密进行的科学交流接触到科捷利尼科夫的采样定理的。但冷战中两国剑拔弩张的对立状态令他无法公开当年的真实情况。

图2.9就是这两位巨人。图左发型不羁的是1932年24岁的科捷利尼科夫，一年后他将证明采样定理。右边是清瘦的香农，大约32岁，正是1949年他也给出了证明的时候。两人都是他们国家的数字通信领域——尤其是有噪通信和加密通信领域的领军人物。两人都提出并证明了奠定今日数字光学基础的采样定理，也都获得了至高的荣誉。

我们不禁怀疑，是不是发生了什么跨国泄密事件？有意思的是，尽管较为年轻的香农总是在科捷利尼科夫之后几年亦步亦趋地达到那些学术成就，

图 2.9

我却没有找到任何证据表明他知晓科捷利尼科夫的工作。无论如何，苏联人完全有理由将这个伟大的发现称为科捷利尼科夫采样定理。我们又何尝不该这样命名呢？ [17]

分与合

科捷利尼科夫采样定理的第二部分，是关于如何利用非平滑的像素精确地重现平滑的图像。数字图像的神奇之处在于，它看似几乎不包含任何信息——要知道在任意两个相邻像素之间，都有模拟无穷多个点被省略。在数字声学中，声素之间也是如此。采样定理的第二部分，就告诉了我们如何找回这些隐去的无穷。

以数字复原模拟的过程如下：首先，将每个像素展开为扩展波，也就是本章的基础图形。之后，将所有结果求和。大功告成！就是这么简单。采样定理告诉我们，这个先分后合的操作能够精确地重现像素与像素之间那无穷多个隐

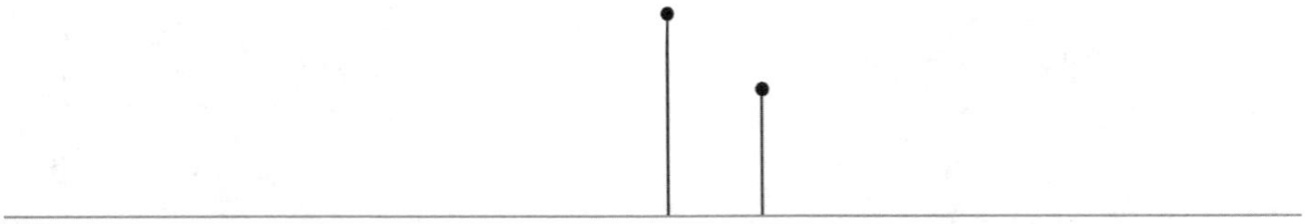

图 2.10

去的点。正如一切伟大的定理，得出结论的演绎过程一点也不简单。我们必须倚仗数学。

我们继续来看前文中的例子。为了简便起见，图 2.10 只画出了中间两个声素。（我们马上就会将其推广到像素。）还记得声素是对一条模拟的声音曲线所采的样本吗？曲线的高度表示声音的响度。因此，声素的高度表示了声音曲线在对应位置上的响度。图中，右边的声素响度低一些，它比左边那个更安静。

首先，我们将左边的声素展开为类似图 2.1 中的扩展波。它的起伏频率等于原本那一小段信号对应傅立叶波的最高频率。它的中间波峰处振幅（响度）最大，表示一路走高的音量。展开后，一个扩展波取代了左边的声素，如图 2.11 所示。我喜欢说这个过程将无形的声素变为有形的波，是"无"中生"有"。它的最高点——中央波峰的顶点，与原来声素的响度相同。图中两个声素都以虚线画出。这样，我们就能清楚地看到扩展波的高度——最大响度——与左边声素相匹配。想象一下有一个音量旋钮控制着响度。在这个例子中，不妨假设这个响度等于最大音量的 80%。

现在我们用同样的方法，将右边的声素也替换为扩展波，如图 2.12 所示。同时，拧动旋钮让这个波匹配右边声素的最大响度。假设这个响度是最大音量的 50%。扩展波的响度也是这么大。

将两个"展开的声素"相叠加，就得到图 2.13 中所示的结果。在水平方向上的每一个位置，都把以零响度线为基准的两个淡灰色波形的对应高度相加。这样就得到了用加粗线绘制的最终结果曲线上的每一个点。

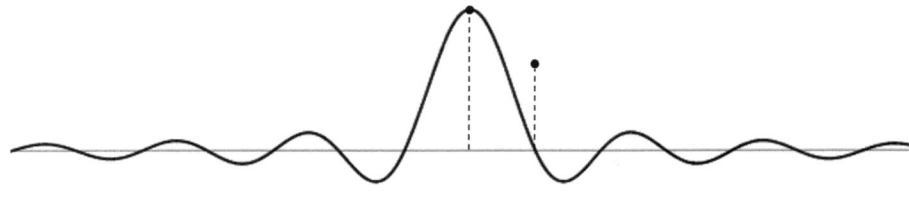

图 2.11

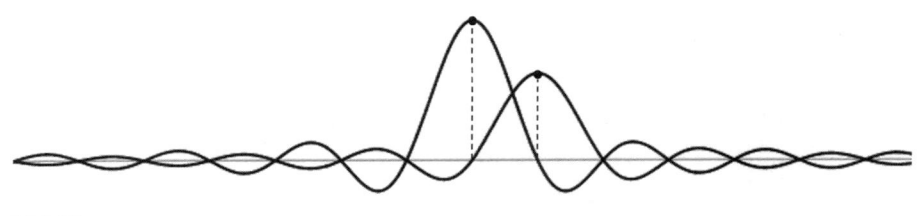

图 2.12

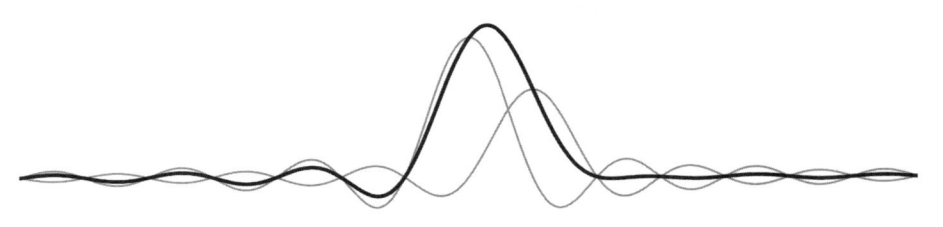

图 2.13

到目前为止，我都忽略了现实情况。扩展波——专属于本章的图形，在现实中并不存在。它的扩散范围是无穷大，它向左右两边波动永不停息。显然，现实世界中没有那么宽广的波形。因此，现实中的扩展波只能做到理想情况的近似。

立方扩展波（cubic spreader）是一个通用、可行且格外精确的扩展波（图 2.14）。请看，它的中间部分包括一个高峰、两个位于零响度线以下的负值凹陷，十分接近理想情况下的扩展波。除了正中间被展开的样本点和左右各两个样本，在其他所有位置上立方扩展波的振幅都是 0。换句话说，它的宽度是有限的。因此它可以在现实中存在。

图 2.14

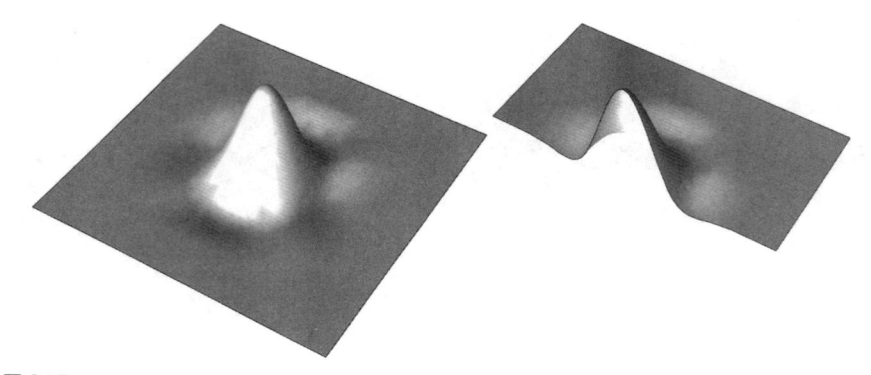

图 2.15

到目前为止，我描述的只是一维中样本的展开。声音的确只在一个维度（时间）上振动，所以我们的模型可以准确反映声素的工作原理，但还不能反映像素的工作原理。图像在两个维度上（空间）延伸，因此像素的扩展波必须在两个维度上同时展开。钉板上的每一个钉子（像素）都要展开，因此每一个展开的像素都要覆盖二维平面的一部分。您不妨把一维图像看作展开像素的二维图像在任意一个维度上的截面。但是，我们能更进一步。

图 2.15 是一个像素在二维中完整的展开图。我们在亮度最高处将它一劈为二。如图所示，中心处的那座小山从头到脚分成了两半。新鲜的切口与上文中立方扩展波的形状一模一样。换个方向切这一刀，您还是会得到与之完全相同的切口形状。介于这个像素的展开图形在两个维度上都是立方扩展波，我们称它为"双立方扩展波"（bicubic spreader）。它内置于 Adobe 公司的 Photoshop（最早的、最流行的像素软件之一），用来改变图片的大小。

图 2.16

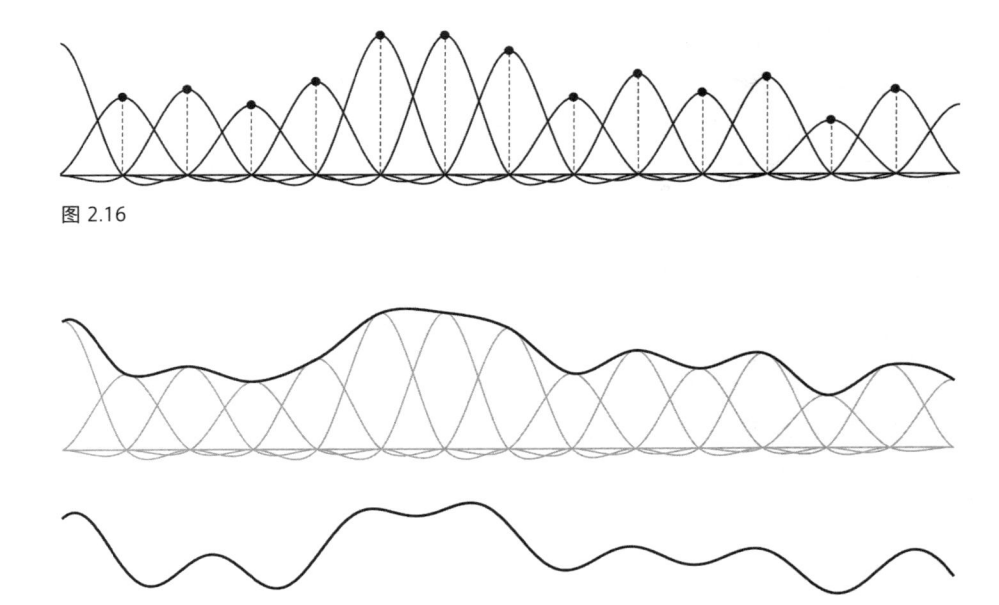

图 2.17

现在，我们来试着展开并叠加一整行像素。不是在理想状况中，而是用双立方扩展波。为了表达简便，同时与前文保持一致，我们还是用截面图来表示。但请把每一个扩展波都想象成刚才那种小山峰。高低起伏的钉板上的每个钉子都被替换成了小山峰，同时在两个方向上延伸开去。首先，我们展开像素（图 2.16）。

接着，我们把它们叠加在一起，得到每个位置上的亮度值。图 2.17 展示了视觉场景中一个横向截面上的结果。加粗的亮度曲线重构了原来的模拟信号，这个模拟信号在下方以做对比。重现的曲线只是近似，并不完美——毕竟我们用的不是理想的扩展波。但它已经还原得非常好了。如果把原来的图形比作钥匙的齿，那么重构的图形就是重配或有些磨损的钥匙。两把钥匙都能开锁。

只有十多个像素时，这种展开图就已经如此复杂。您完全能想象有上百万像素时，它的复杂该有多么令人绝望。关键是，每一个步骤本身都非常简单：将一个扩展波放到正确的位置上，调整亮度，再把它与其他位置上的扩展波相叠加。我们确有一个怪兽专门一遍遍地重复这些简单步骤，且从不会出差错或觉得无聊——计算机。接下来两章的内容都有关电子计算机及其不断重复简单步骤的能力——数百万次、数十亿次地重复！并且，它的重复速度极快，还能完成最终的叠加。求和一次很容易，人类也能胜任，但像素的叠加需要重复数百万次、数十亿次。这就是为什么尽管有科捷利尼科夫和傅立叶的数学理论作为基础，我们还是需要计算机，才能使数字光学成为现实。

我们再回头来看看这个神奇的过程。假如有人在异国他乡——比方说北京——拍摄了一段京剧的录像，或者采录了某场音乐会的录音，却搞丢了大部分，只保留了它的样本。这条像素或声素的串流可能需要在数千英里高空的通信卫星之间反弹一阵，也可能需要通过互联网，才能输送到身在旧金山的您的面前。在您接触到它们之前，这些像素或声素可能已经在某个计算机文件或 DVD 光盘中存在了多年。而在这些穿越空间与时间的旅程中，原始形式中无穷多的模拟信号被隐去了。存在的仅仅是您不可能直接看到或听到的像素和声素。甚至当您最终把它们下载到手机或电脑上后，被隐去的模拟无穷大依然缺失，您依旧看不到、听不到它们。接着，神奇的事情发生了：您决定去看一看这些像素、听一听这些声素。一刹那，我刚刚描述的展开与叠加——重构——发生了。而您，也亲自见证了这些多年以前、万里之外的无穷多的模拟信号在转瞬之间被完整地还原。

只有当音响发出声音、屏幕播放画面时，缺失的无穷信息才会重新出现，而不是在此之前。我们以为自己一直在运输完整的图像或声音，并非如此。我们传输的实际上是一种经过高度压缩的形式。20 世纪的传统媒介——比如电影和录像——的确用模拟的方式保存着无穷的信息，从源头经通信渠道一路传递到播放端。新媒介则只保留数字化的样本，只在最后一刻才将初始的模拟图像或声音重新创造出来。

这就是采样定理的奥秘。它并非真的"无中生有"。我们使用的任何一种

图 2.18

扩展波，无论是不是理想情况，都是一种模拟图形：曲线上有模拟无穷多个点。将各个扩展波放置在孤立离散的像素点上再叠加求和，我们实际上就在空间中的每个位置上都重新引入了模拟的无穷。原本存在于各个像素之间的"无"就这样被像素展开之后的"有"覆盖了。巧妙至极。采样定理就是把打包了的无穷重新拆开。科捷利尼科夫绝妙的思想将我们从直觉的局限中解放出来，淋漓尽致地展现了数学的强大力量。

像素不是方块

像素没有形状，直到被扩展波展开。尽管为了便于展示，我总将它们画成不同高度的竖线。图 2.18 的左侧是前文中的两个中心像素。

另一种表示它们的方法，是从上往下看。这样，您就能"看到"它们在自然状态下的样子。但我们看不见像素本身。我们看到的其实是展开后的像素。那么，从上往下看时，展开了的像素是什么样子？图 2.18 的中间就是两个经过 Photoshop 中的双立方扩展波展开之后的像素。这是两座小山，但得从上往下看。左边更亮的像素几乎看不清楚，但它的确存在，并与右边较暗的那个重叠。

它们绝对不是图 2.18 右侧的那种样子。

若您必须赋予像素一个形状，那么请把它们看成漾开的斑点，记得与相邻的像素叠加。实际上，真实的像素没有形状。它是一个直径为 0 的点。只有展开后的像素有形状。您能看见的有形的像素，必然已展开。

其实，不难理解人们为什么会误把像素看作小方块。一些常用软件导致了这些错觉。我用 Photoshop 画了图 2.19 左边的小图（看仔细喽）。这是白色背景上 14 个灰色的像素。画得太小了，以至于难以辨认。当然，这 14 个像素是看不到的。您看见的是 14 个已展开的像素。

几乎所有像素应用程序都有"放大"功能。它似乎能让您更近地观看图片，好似手拿放大镜观察。图 2.19 中间就展示了在 Photoshop 中将那 14 个像素放大 16 倍之后的模样。

图 2.19

这样看来，像素自然就是小方块？并非如此。"放大"功能采用了一种取巧但不精确的方法让您以为图像被放大了。"放大"功能只是将每个像素在水平方向上复制了 16 次，并把每一行纵向重复了 16 次。于是，初始图像中每个像素都被 16×16 的正方形像素阵列替换了。每个阵列自然就看起来像一个同色的小方块。但这些方块绝对不等于初始像素的放大。这是 200 多个（展开后的）像素组成的正方形图像。"放大"功能在只有慢速计算机的当年十分有用，如今却只能带来误会。是时候改变把像素当成小方块的想法了。这从来就不是事实。

图 2.19 右侧展现了初始图像的真实样貌。Photoshop 这次进行了正确的放大（通过"图片大小"功能）。采样定理的第二部分解释了您为什么会看到这些灰色斑点。它们从中心向四周各个方向迅速褪色，并且彼此重叠。

强权登场[18]

在 20 世纪初,有两位风云人物成为与科捷利尼科夫共舞的强权:格奥尔基·马林科夫(Georgi Malenkov)和拉夫连季·贝利亚(Lavrentij Beria)。[19]

1941 年 2 月在莫斯科召开的第十八次党代表会议上,马林科夫指出,苏联的工业产能在下降,生产任务不能按计划完成的现象非常普遍。于是,就在希特勒于当年 6 月入侵苏联的前夕,十几个人民委员部(在美国相当于国家部门与联邦局)被裁撤,其中就包括邮电人民委员部。尽管整个部门都遭到解散,科捷利尼科夫的实验室却因其在战时的重要性而保留。[20]

第二次世界大战期间,斯大林领导的五人委员会①管理着国家,马林科夫和贝利亚都是其成员。贝利亚同时掌管着内务部,他的副手是维克多·阿巴库莫夫(Viktor Abakumov)。此人成了科捷利尼科夫将要打交道的第三个强权人物。当斯大林成立反间谍总局(没错,007 的粉丝们,"锄奸局"真的存在)时,他任命阿巴库莫夫领导该机构。

战后,马林科夫炙手可热,是仅次于斯大林的二把手。斯大林则通过提拔阿巴库莫夫来节制和平衡马林科夫和贝利亚。当斯大林于 1953 年去世后,马林科夫继任为苏联总理。

但与马林科夫本人相比,他的妻子瓦莱里娅·戈卢布佐娃(Valeriya Golubtsova)对科捷利尼科夫的影响更重要。在科捷利尼科夫的职业生涯中,戈卢布佐娃扮演了保护人的角色。[21]

戈卢布佐娃出身于革命家庭。她的母亲奥尔佳是涅夫佐罗夫姐妹(季娜伊达、索菲娅、阿古斯塔和奥尔佳)之一。她们在还年轻的时候——十月革命多年之前——就与列宁过从甚密。季娜伊达嫁给了格列布·克日扎诺夫斯基(Gleb Krzhizhanovsky)。他们是在与列宁夫妇共同流放西伯利亚期间相恋成婚的。格列布是列宁的密友,也是革命的元老。他 1893 年就成了一名党员。索

---

① 即苏联国防委员会,后规模扩大至九人。

菲娅则嫁给了谢尔盖·舍斯捷尔宁（Sergei Shesternin）。列宁曾对他委以党的财务重任。[22]

戈卢布佐娃天资聪颖。她本人就是莫斯科动力学院的学生，而当时几乎没有其他"女工程师"。她有着坚强、冷静的性格，并不随和。作为一个强有力的领导者，她成为执掌莫斯科动力学院时间最长的校长。在她的管理下，莫斯科动力学院变成了一台开足马力的学术发动机。每当她在手下发现一个人才——比如科捷利尼科夫，她就会力保这个人留在学院而不是去劳改营。她自己并非强权，但她善于利用与强权的裙带关系来达到自己的目的。[23]

数字光学是如何工作的

科捷利尼科夫发现了关于采样的理论，也设计出了一套将像素展开为图像的理想方法。但在当时，他并没有意识到这些灵感将成为现实。比如，在现代数字世界的实践中有一个重要的前提：必须有一台真正的机器，而不仅仅是理论上的波动，在输出端完成展开与求和，以还原人眼能感知的模拟的光信号。

数字光学之所以行得通，是因为它假设隐去的信息会在显示的瞬间奇妙地以像素扩展波的形式自动出现。数字声学的思路也一样。它假设有一个设备将声素还原为人耳能听到的原始模拟声信号。声音的"显示"是通过音响系统的放大器实现的。事实上，显示，就是将样本重构为人脑能理解的模拟信号的操作。

显示，是当代信息世界的一个基本前提。数字大融合建立在这样一个基础假设之上：同样的一些像素，即同一个简化了的图像，可以通过无数种技术用无数种方式实现还原和显示。

假如您用手机拍摄一张照片，再通过电脑显示屏欣赏，那么您就见证了两个不同的像素展开过程。假如您再把它打印到纸上，那展开过程无疑又多了一次。唯一没有变化的是显示的图像背后的像素，是被显示重构的不可见之物，是一个拥有一个数字的点（如果是彩色的则有三个数字）。数字光学尚未引起重视的一大贡献，在于精简掉了许多不同的显示手段——无疑，今后它还将精简更多。显示技术被统一为唯一的硬件——显示器，加上唯一的软件——显示驱动。生产商们负责生产显示器和驱动，我们用户则根本不用考虑像素本身。显示器自行处理像素展开的工作。这就是数字大融合的运行方式。

这是融合，更是分化。它将像素的创造过程与显示过程彻底地剥离开来。在创造端，像素简单、纯净且普遍。在显像端，则是一朝分娩落到实处的过程。介于两者之间的像素展开，需要应对现实环境中千奇百怪的问题。成千上万的制造商云集无数工程专家，就是为了在这个过程中找到合适的近似扩展波，在物理介质（等离子体、液晶体、荧光粉、油墨等）的局限下实现更高质量的显示。我们用户要操心的仅仅是创造端那些原子化的像素。这就是我不遗余力地澄清可见的"展开像素"与不可见的像素之间不容混淆的差别的原因。请勿将超薄的显像端与百变的创造端混为一谈。

显示器制造商往往把他们的产品表面的那些发光元件称为"像素"。但这样做就混淆了展开像素与像素本身。它们应该叫作"显像元件"，而不是像素。显像元件发出的光在元件中心处强度最高，远离中心时逐渐降低，直到归零。这些元件可以看作展开单个像素的扩展设备。往显像元件里输入一个像素，它就输出一个肉眼可见的展开像素。一般来说，不同制造商生产的元件发光形状、范围各不相同，甚至同一厂家生产的不同型号也有差异。

数字光学就是这样工作的：从现实世界——甚至包括火星和金星——提取像素。有时像素也来自计算机中的虚拟世界，我们在后文会谈到。随后，将这些像素分发出去。这些像素只携带离散位置上的光强（颜色）信息。真正发光的是显示设备，它在最后一个环节才把像素转换为人眼能看到的光。在此之前的所有中间步骤里，无论在地球还是其他行星上，都只有数字，没有真正的光。初始图像的平滑与流畅只在显示器中得到还原。假如像素采集过程和重构显示过程都遵照采样定理很好地完成了，那么您看到的一定是初始图像的精准还原。我们的确"无"中生"有"了。像素是"无"——没有维度，显示出来的彩色光点是"有"。采样定理让这个模式成为可能。数字世界因此存在。

间谍与扰频器

> 扰频器的概念是，它通过人工手段再现人声……人为地再现人声，需要组合全部的谐波，至少得是最主要的谐波。每一个谐波都各自需要一组独立的脉冲来传播。你肯定知道笛卡尔正交坐标——每一个小学生都知道，但你知道傅立叶级数吗？
>
> ——亚历山大·索尔仁尼琴，《第一圈》(*In the First Circle*)[24]

1936年，科捷利尼科夫尝试让他的论文——发现采样定理的那一篇——获得更广泛的发行，却遭到了《电学》(*Electrichestvo*)杂志的拒绝。不过，那一年还发生了一件有趣的事：科捷利尼科夫访问了美国！我顺着蛛丝马迹，找到了他当年的入境记录。记录上显示他持有60天有效的签证，他的整个旅程都由苏联政府资助。他此行的目的地，是位于纽约的苏美贸易公司。[25]

为了促进苏联和美国之间的贸易，阿曼德·哈默（Armand Hammer）于1924年创办了苏美贸易公司。哈默是个传奇人物。他的父亲是美国共产党的创始人之一，自取的姓氏"哈默"（hammer，意为锤子）来自社会主义工党的"执锤之臂"党徽。阿曼德本人是著名商人（曾掌管美国西方石油公司）、慈善家和艺术品收藏家。

苏美公司可不只是一家贸易公司，它还是工业间谍和军事间谍活动的温床。事实上，一份解密的美国国家安全局文件显示，美国曾在1931年付出巨大努力去破译苏美公司和莫斯科之间使用的通信密码。但他们没有成功，因为"苏联人加密用的密码本都是一次性的"。[26]

这个故事格外有意思，因为使用一次性预先共享密钥的加密系统的有效性十年后才得到论证。也就是说，苏美公司的间谍们在没有理论验证的情况下信任了这个系统许多年。尽管我们不知道科捷利尼科夫在1936年到底为苏美公司做了什么，但与贸易相比，编创和破译密码的可能性似乎大得多。

或许他只是去收集一次性密钥的使用数据——正是科捷利尼科夫本人后

来论证了该系统的可靠性。1941 年 6 月 22 日，希特勒入侵苏联。三天前，科捷利尼科夫提交了他的证明。或许不算意外的是，香农也证明了一次性密钥的可靠性。他的证明出现在一份 1945 年的加密文件中，这份文件于 1949 年被解密公开。[27]

科捷利尼科夫应该是在他自己的实验室里完成了关于一次性密钥的工作——就是邮电人民委员部秘密清洗后硕果仅存的那间实验室。这间实验室之所以幸存，是因为它研究的无线电通信是战争亟需的技术。但随着 1941 年末德军迅速向莫斯科推进，科捷利尼科夫不想冒沦陷的风险。他将自己的实验室疏散到了位于喀山以东 300 英里、莫斯科以东 800 英里的乌法。[28]

在斯大林格勒战役中，苏军前线部队的联络一度只能依靠有线通信，不可避免地饱受断线失联之苦。科捷利尼科夫的实验室研制了加密的无线通信设备，1943 年作战部队已开始使用这种设备。后来在 1945 年 5 月，苏联官方赴德参加受降签字仪式的代表团也通过这套设备与莫斯科联系。科捷利尼科夫在次年第二次荣获斯大林奖章。[29]

实验室从乌法迁回莫斯科后，归属内务部管理。在这千钧一发之际，莫斯科动力学院的新任校长戈卢布佐娃挺身而出，提出让科捷利尼科夫回归他的母校。科捷利尼科夫欣然接受了这个提议。他的发明拯救了他，让他免于在内务部的监狱系统中负责机密项目。[30]

沙拉什卡

在苏联，成功可能意味着危险。有才华的科学家和工程师们一旦获罪，往往会被送往"沙拉什卡"（Sharashka）。沙拉什卡是内务部在古拉格劳改营中设立的秘密科研机构。索尔仁尼琴的小说也提到了它，他所谓的"天堂岛"。许多科学家和工程师因禁于天堂之中，以确保他们只为祖国母亲研发导弹、飞机或核武器。被送入边远省份劳改营的囚徒们往往在饥寒交迫中工作到死。沙拉什卡里受"优待"的囚徒们则饱暖无忧。但他们毕竟在狱中，通常一待就是几十年。这是人类发明出的最特殊的监狱，它囚禁了一批最聪明、最有能力的人，还掐灭了任何一丝出狱的希望。[31]

位于玛尔非诺的沙拉什卡（图 2.20）位于莫斯科北部地区昔日的主显修道院里。它被分配给了秘密通信器材和加密系统的研究。如果没有戈卢布佐娃出手相救，科捷利尼科夫有可能被关进这里。他在乌法领导的实验室中的其他成员就被关押于此，成为其中骨干的科学家和设计员。索尔仁尼琴也遭到了一样的命运。他的小说《第一圈》正描写了这座沙拉什卡中的生活。他本人1947—1950 年曾被关押于此。[32]

《第一圈》是一部纪实小说。索尔仁尼琴本人在其中化身为两个人物，斯大林本人则直接在书中出现。小说中还提到了贝利亚——沙拉什卡系统的始作俑者，以及阿巴库莫夫——克格勃前身国家安全总局的掌门人。小说中还有一个有意思的角色，弗拉基米尔·切尔诺夫（Vladimir Chelnov），数学家、教授、院士，同时与国家安全总局有着特殊的关系——这想必就是弗拉基米尔·科捷利尼科夫的化身。请看书中的这两段文字：

图 2.20

切尔诺夫教授是玛尔非诺唯一免穿工作服的囚徒。这是阿巴库莫夫亲自首肯的。

切尔诺夫被派到玛尔非诺是为了研究扰频器的数学原理。这种安全装置,依靠一组组继电器自动旋转的开闭作用,打乱电脉冲量输出的顺序,使电话机里的讲话声完全失真。即使配备一百个监听器偷听对话,也无法排除这种保护性杂音的干扰。[33]

弗拉基米尔·科捷利尼科夫,数学家、教授和(未来的)院士,与国家安全总局有着特殊关系——指他得到戈卢布佐娃的保护,同时是研究人声加密设备的专家。贝尔实验室的荷马·杜德利(Homer Dudley)于1939年研发了一种"声码器"(vocoder),即声音的编码器。科捷利尼科夫就在此基础上开发了苏联的扰频设备。[34]

小说中的另一段话把一切都连在了一起:

"什么?人工语言机?"一个犯人向阿巴库莫夫报告。

"我们那里没人那样叫它。它之所以得到那个臃肿的名字,是为了制造一种假象,好像我们没有抄袭国外的发明。它是个声码器,声音编码器。或者叫扰频器。"[35]

1947年的一天,现实中的阿巴库莫夫将科捷利尼科夫请到了他的国家安全总局办公室,向他描述了一个研究"绝对机密的"无线电装置的特种实验室。这就是《第一圈》提到的那个斯大林亲自要求研发的特殊装置,索尔仁尼琴本人此时正在为此工作。阿巴库莫夫提议由科捷利尼科夫全权领导这个实验室,并许以津贴和特权。令人沮丧的是,科捷利尼科夫不愿与这个刽子手打交道,拒绝了他的邀请。

"好吧,真遗憾。"阿巴库莫夫说道,就此结束了会见。

阿巴库莫夫是个令人害怕的角色,连贝利亚都怕他。怀着深深的恐惧,科捷利尼科夫马上向戈卢布佐娃汇报了此事。

"那么，您本人想要做什么呢？"

"我想继续在莫斯科动力学院工作。"

"那就请继续像之前那样安心工作吧。"女校长说。[36]

戈卢布佐娃又救了他一次。

发展苏维埃火箭科学

1947 年，戈卢布佐娃办公室里的一次会议决定了捷利尼科夫后来的工作内容。鲍里斯·切尔托克（Boris Chertok），苏联著名的火箭科学家，向戈卢布佐娃提出了他在沙拉什卡进行的导弹研究中的一些需求。

"很快，这次会议的结果超出了我们最乐观的预期。三十九岁的弗拉基米尔·科捷利尼科夫教授开始领导对我提出的设想的进一步探索工作。"切尔托克如此回忆，"那次会议之后仅仅十天，戈卢布佐娃的办公室就发布了一条由斯大林签字的政令，在莫斯科动力学院成立了一个专项部门。一年后，科捷利尼科夫领导的团队已经投入'信号-D'系统的研发当中。1948 年，我们在国产 R-1 导弹的试射中使用了这套系统。在此基础上，后续的所有导弹都在试射中装备了由莫斯科动力学院设计的无线电系统。"[37]

R-1 是苏联版 V-2——韦纳·冯·布劳恩（Wernher von Braun）设计的轰炸伦敦的德国火箭。

"1951 年，莫斯科动力学院的团队参与了研发基础系统的竞赛。第一枚 R-7 洲际导弹就配备了这个如今已经成为传奇的特拉尔系统。"

R-7 是苏联的第一枚洲际弹道导弹。

莫斯科动力学院"科捷利尼科夫领导的团队"实际上是一间正式缩写为 OKB MEI 的沙拉什卡实验室。科捷利尼科夫很可能和切尔托克领导他的沙拉什卡（NII-88）一样，以一种受保护的方式领导着它。科捷利尼科夫为服务太空竞赛做的工作由此开始。[38]

正确的数字化表达

到目前为止，我仿佛在说像素能表示任何亮度。但模拟曲线上的任意一点有模拟的取值，这意味着它可取的数值个数是模拟无穷多个。严格来说，图像亮度的模拟样本还不是像素。直到被转换为比特之后，它才能成为像素。也只有到那时，它才能被展开为人眼可见的显示屏上的光点。类似像素的数字样本，只能取特定的离散取值。可取的数值个数是有限的。

方便起见，这里我们将使用一些"计算机术语"，尽管我们到下一章才会讲到计算机。众所周知，一个比特可以有两种取值，通常被叫作1和0。不妨把比特想象成一个电灯开关。它也有两个挡位，通常叫作"上"和"下"。现在，考虑一下两个开关的情形。它们一共能有多少个挡位呢？同上，同下，以及两种不同的一上一下状态。答案是四种。换句话说，两个比特（开关）可以取四个不同的值。三个比特就有八种取值。第三个开关或上或下，而前两个则如前面所说有四种取值。二乘四等于八。一般地，电灯开关的数量每增加一个，所有开关的可能取值数量就翻一倍。经过计算，8比特（开关）可以取256个取值（挡位），10比特可以取1,024个，16比特则有65,536种可能的不同取值。

在计算机图像学发展起步的几十年中，通常把黑白图像的像素设为8比特。这意味着一个像素可以表示256个不同的灰度值。举例来说，灰度值0和255分别对应黑和白，而两者之间还有另外254个取值表示深浅不同的灰色。但是，模拟曲线上某个点的真实灰度值完全有可能是49.673。怎么办？我们就把与之最接近的可取灰度值50赋予该点对应的像素。这样做的同时，也就在后面重构和显示图像的过程中引入了一个小小的误差。这个四舍五入带来的亮度误差究竟有多重要呢？对49.673来说，50的取值是否已经"足够接近"了呢？对像素亮度来说，怎样才能算"足够接近"呢？

这里我们举一个"足够接近"的例子。放射科的医生需要看核磁共振片子来做出诊断。因此，医用显示器的制造商需要确保设备读取人体影像的灰度数据足够精确。他们使用的一个量表显示，一般人眼最多能够分辨桌面显示器上的 630 种灰度值。我们因此弄清楚了两件事。第一，8 比特像素仅有 256 种取值是不够的。第二，但是 10 比特像素的取值比所需数量多出了好几千。在有数千种可能取值时，人的肉眼是无法分辨四舍五入带来的误差的。现代数字图像技术通常使用 16 比特的灰度像素，它对应了超过 65,000 种灰度值。这已经远远超过愚弄人类大脑所需的数量了——无论任何人在任何显示器上，都不可能分辨出近似取值的误差。在表现声音时，16 比特的声素也能达到同样的效果。[39]

不知您有没有听过一些音响发烧友声称，黑胶唱片比激光唱片（CD）好？在视觉领域，这种说法就等于数码摄影永远比不上胶片相机的细腻程度。持这种观点的人通常非常狂热。他们说的有根据吗？当然有一定道理。搞砸数字化取值的方式有很多种：像素或声素的可取值太少，选取的扩展波不够精确，采样的频率不够高，等等。但那些发烧友批评的并非此类执行上的失误，而是数字手段的本质。假如一位工程师决心录制一张完全重现黑胶唱片的 CD，理论上来说是完全可行的。类似的，如果另一位工程师想用数字化的手段复制一张摄影胶片，理论上也完全可以做到。尽管在操作中他们必须尽可能地接近理想情况，这并不容易做到，但是有可能的。

某些发烧友号称能听出采样率高达 44.1 千声素每秒、声素取值为 16 比特的不同 CD 之间的细微差别。还记得人耳能听到的声音的最高傅立叶频率是 20 千周每秒吗？因此，其对应的科捷利尼科夫（或奈奎斯特）采样率为 40 千声素。CD 的采样率已经超过了科捷利尼科夫的理论要求的完美还原模拟声信号的频率。因此，如果相信这个理论，那么即便 CD 的采样率得到进一步优化，也根本不会有人听得出来。

另一种可能的误差源自声素响度值的近似。正如前文提到的那样，人耳不可能分辨标准 CD 中 16 比特声素取值造成的误差。每个声素的响度都有超过 65,000 种可能的取值。所以，即便 CD 声素的比特数得到优化，也不会有人听得出来。

两种在采样频率和声素比特数方面超过 CD 的数字音响技术分别是超级音频光盘系统（SACD）和音频 DVD（DVD-A）。一项精心开展的科学研究表明：

> 我们分析的测试数据对照了不同类型的音乐与特制声音，不同类型的高分辨率技术，录音的年代，听者的年龄、性别、经验和听力范围。以上所有变量都没有显示出与结果的任何相关性。听者给出的回答与抛硬币没有任何区别。[40]

换句话说，即使是发烧友也无法分辨 CD、SACD、DVD-A 之间的差异。但是，同一项研究指出"实际上所有 SACD 和 DVD-A 的音质都好于大部分 CD"。通过与录音工程师们交流，研究者们发现其原因在于这些新技术应用采样定理的方式比 CD 技术更加准确。所以我们得出结论，数字化手段完全可以精确地表示模拟信号，但方式必须正确。换句话说，数字手段本身绝无任何内在的局限性。

太空竞赛领军人

> 昨晚我们忘了去安排和一位朋友的乡间之行。我们就拿起了床头一个香烟盒大小的东西。那是一台供私人使用的兼有接收和传输功能的电视终端，我们这个星球上的居民人手一个。我们按下按键，拨打了朋友的呼叫号码……总有一天这些微型电视将放进我们腰间的口袋里。
>
> ——科捷利尼科夫展望移动电话，1957 年[41]

1957 年 8 月 27 日，科捷利尼科夫第二次访问美国。正值令美国举国震悚的第一颗人造地球卫星"伴侣号"发射前夕。那一年是国际地球物理年，标志着冷战影响下科学交流中断的结束。科捷利尼科夫此时已当选苏联科学院的正式院士。他给美国带来了苏联的消息。他在科罗拉多的鲍尔德召开了发布会，宣布苏联将很快发射一颗人造卫星，在太空中以约 20 兆（百万）和 40 兆周每秒的频率进行广播。他的话被美国人当作耳边风。他们根本不相信苏联科学发展得如此迅速。但当年 10 月 4 日，"伴侣号"卫星发射成功，以 20.005 兆和 40.005 兆周每秒的频率开始广播。美苏两国间的太空竞赛正式鸣枪起跑。科捷利尼科夫亲自见证了这个历史时刻。[42]

差不多 20 年后，科捷利尼科夫也同样见证了太空竞赛落下帷幕。1971 年，在莫斯科举行的一场会议上，苏联科学院新任执行院长科捷利尼科夫令美国外交官们吃了一惊。他宣布此前提出的"阿波罗-礼炮"（Apollo-Salyut）测试任务因技术原因终止。取而代之的是重新命名的"阿波罗-联盟"（Apollo-Soyuz）测试项目。1975 年 7 月开始的"阿波罗-联盟"联合空间飞行项目是美苏两国关系趋于缓和的重要标志之一。[43]

领衔太空竞赛仅仅是科捷利尼科夫的成就之一。他完成了对金星、水星、木星和火星的无线电定位，因此获得了一枚列宁奖章。此外，莫斯科动力学院参与研制的"金星 15 号"和"金星 16 号"探测器首次绘制了金星北半球的全图——像素因此横穿了太阳系。第 2726 号小行星（2726 Kotelnikov）以科捷利尼科夫的名字命名，以表彰他为苏联航天事业做出的许多贡献。[44]

摆脱高频率

科捷利尼科夫伟大的采样定理告诉了我们像素保持怎样的间距才算"足够接近"。违背这条规则就会遇到麻烦。您可能见过这些现象：锯齿状的图像边缘，看起来倒转的车轮，条纹领带上的闪烁纹样，电子游戏画面中恼人的闪烁背景。这些瑕疵，都是数字大融合早期埋下的祸根，至今仍然随处可见。我最近用 DVD 看了米开朗基罗·安东尼奥尼（Michelangelo Antonioni）导演的不朽之作《奇遇》（l'Avventura）和《夜》（La Notte）。在《奇遇》中，美人莫尼卡·维蒂（Monica Vitti）身穿的波点裙因不正确的采样而损坏了。裙子上的图案不规则地忽隐忽现，仿佛那些圆点是许多随机开关的小灯泡。而《夜》的几乎每一帧图像里，窗子和楼房的边缘都因采样失误不断闪烁。这些数字化的瑕疵不但没有必要，而且完全不应该存在。造成瑕疵的不是数字世界本身的局限性，而是对采样定理的误用。或者，对电子游戏来说，是因为计算机的性能不足以支持正确的采样。

这些讨厌的瑕疵之所以出现，是因为采样的频率不够高。采样定理指出，对视觉场景的采样频率必须至少为其最高傅立叶频率的两倍。因此，我们要么以足够高的频率采取样本以消除瑕疵，要么就在采样前去掉场景中频率过高的部分。在实际应用中，后一种方法往往操作性更强。

一般来说，图像中清晰、锐利的边缘意味着更高的频率。边缘越锐，频率越高。有多高呢？对完美的锐利边缘来说，对应的频率是正无穷——高得令人束手无策。您的采样频率自然不可能匹配它。因此，我们不得不再一次考虑可操作性。一般来说，在我们把某个场景像素化以前，首先应当摆脱其中过锐的边缘、过高的频率。电影画面中的窗沿就是很好的例子。《夜》的 DVD 制作者们显然没有遵照采样定理。他们没有在采样之前消除过高的频率，最终导致了难看的画面——至少是让人分心出戏的画面。

通过一个非常简单的办法就能消除视觉场景中过高的频率：让整个画面轻微地失焦——当然，以人眼分辨不出来为限。这个不起眼的操作能让所有边缘"一扫而钝"。采样定理告诉了我们具体需要失焦到什么程度。

为强权伴舞

科捷利尼科夫一生中最不光彩的一页——至少在许多西方人看来不光彩，是 1975 年的萨哈罗夫事件。安德烈·德米特里耶维奇·萨哈罗夫（Andrei Dmitrievich Sakharov）是苏联氢弹之父。他大力支持核武器的禁用，积极投身推动核不扩散的运动。他和索尔仁尼琴一样饱受苏联媒体的中伤。萨哈罗夫于

1975 年获得诺贝尔和平奖。作为回应，苏联科学院公开否定了该奖项和萨哈罗夫本人。作为科学院的执行院长，科捷利尼科夫在向政治局提交的关于该事件的报告中写道：

> 我们在此报告，共有 72 名科学院院士在反对 A. D. 萨哈罗夫获诺贝尔和平奖的抗议书上签了字。[45]

报告还列出了反对在抗议书上签字的 5 名院士，包括维塔利·拉扎列维奇·金茨堡（Vitaly Lazarevich Ginzburg），他同样在氢弹的研制中担任了重要角色。政治局随后禁止萨哈罗夫赴奥斯陆领奖。1975 年 10 月 25 日，科学家联署的抗议书在苏联官方报纸《消息报》（*Izvestia*）上发表。金茨堡后来回忆此事件中的科捷利尼科夫时写道：

> 我们的谈话相当平静。V. A. [科捷利尼科夫] 是在恳求我，而不是威胁或恐吓。总的来说，他在提出要求时一如既往地没有带任何激烈情绪。但我拒绝签字。

金茨堡还指出，当时的情形已经和斯大林时期的风声鹤唳不同了：

> 我想，肉刑威胁之下我或许就会签了那份抗议书……[但] 在当时，显然不存在任何被殴打或逮捕的风险。因此我想不明白，为什么还有那么多人在那种声明上签字。[46]

的确，金茨堡与其他四人从未因为拒绝签字受到惩罚。科捷利尼科夫和其他签名者莫非还是忘不了斯大林时期的恐惧？不管出于怎样的动机，这份抗议书只增加了西方对萨哈罗夫的支持，并使他成了一个英雄。[47]

与萨哈罗夫事件遥相呼应，20 世纪 50 年代发生在美国的类似事情同样值得铭记。美国原子弹之父 J. 罗伯特·奥本海默（J. Robert Oppenheimer）同样遭到了科学家同事的群起围攻。他对核武器的滥用持与萨哈罗夫相同的看法。

与傅立叶一样，科捷利尼科夫也不得不圆滑地与强权共舞——他显然跳得更好。在萨哈罗夫抗议书事件发生的同时，科捷利尼科夫在领导苏联科学院之外还身居另一惊人的高位：兼任俄罗斯最高苏维埃主席。在苏联最大的加盟共和国的最高立法机构担任主席竟长达 8 年，科捷利尼科夫是怎么做到的？

"刚开始的时候我非常好奇，"30 年后，科捷利尼科夫这样对《消息报》记者说，"这个体制是如何运作的呢？我很快就明白了。它简单地不能再简单。会议上发言的人由中央委员会选定，发言稿都事先经过审核。"他补充道，"这大概是我一辈子做过的最简单的工作了，但恰恰是最引人注目的。真是命运的讽刺。"[48]

换句话说，这是个没有实权的虚职。这个职务更像对科捷利尼科夫多年以来为国奉献的一种表彰。

平行人生与双重讽刺

不难理解，为什么像素的概念在今日仍是"一般人"理解不了的。因为这首先要求他们具备关于采样定理的基础知识。这又是以明白傅立叶频率为前提的。今日大众普遍不了解这些美丽而优雅的科学思想。这些思想构成了数字媒介的基础—确切地说，是唯一的通用媒介（比特）的基础。数字媒介在今日和可以预见的将来无处不在。本章和上一章一起，试图通俗地描绘这个属于数字媒介的新世界，直观地诠释作为其理论基础的两大思想。它们可以简单地概括如下：

现实世界以一种明显连续的方式被我们感知。傅立叶的思想告诉我们，连续的现实世界可以被描述为频率、振幅不同的许多波之和。视觉世界由此成为可见的音乐。

采样定理则告诉我们如何通过离散的样本来描述傅立叶的波动。此时，视觉世界的模拟无穷被巧妙地精确编码为许多独立、分离且不可见的样本。在视觉世界中，这些样本被称为像素。采样定理还告诉我们如何将离散的样本还原为连续的信号：只需用扩展波将样本逐个展开，再叠加求和。在被显示的一瞬间，每个像素都会在对应的范围内点亮一小团模拟的无穷，从而重构原有的视觉场景。我们的肉眼就能和理解初始场景一样，理解这种重构的连续信号。

两大重要思想背后的传奇故事就和定理本身一样引人深思。傅立叶与拿破仑走得太近，因而遭到后者放逐外省长达数十年。傅立叶却因祸得福地远离了首都知识界的喧嚣，得以潜心构建世界为波动之和的伟大理论。科捷利尼科夫则受铁腕强人马林科夫之妻瓦莱里娅·戈卢布佐娃的庇护免于古拉格的囚禁，在漫长且辉煌的职业生涯中不断发展他的采样定理，结出累累硕果。傅立叶生逢法国大革命，科捷利尼科夫亲历了俄国革命的整个历史时期，从 1917 年十月革命一直到卫国战争和冷战。罗伯斯庇尔和拿破仑是傅立叶的强权人物，斯大林、马林科夫、贝利亚和阿巴库莫夫则与科捷利尼科夫有着直接或间接的联系。不过对科捷利尼科夫来说，真正的强权[①]应该是国家安全部门。

在本书中，我们将不断发现许多广为人知的故事往往并非真实，而真实的故事甚至比广泛传播的版本更精彩。第一个把采样定理介绍给全世界的人是弗拉基米尔·科捷利尼科夫，而不是美国英雄克劳德·香农。

但两人有着不可思议的众多相似之处。科捷利尼科夫曾任苏联科学院无线电工程与电子科学研究所所长许多年。这个研究所如今以他的名字命名。美国的电子电气工程师学会也一度使用"无线电工程师学会"这个名字。这个

---

① 原文如此。英文中 tyrant 多指暴君、霸权、独裁者，本书译为"强权"。编者注。

学会向香农颁发了荣誉奖章,又在新千年和数字大融合勃兴之际的 2000 年向科捷利尼科夫颁发了贝尔奖章。与这个奖章同名的贝尔实验室,正是因香农闻名遐迩。[49]

尽管科捷利尼科夫是采样定理的发现者,但这条定理是由香农教给美国人的。这不啻为一种双重讽刺。香农本人终生否认自己发现了采样定理,不然我们就只能得出两人心有灵犀地"同时发现"这样一个结论了。在下一章中,我们还会与香农重逢。国家安全部门将再次扮演强权——不过这一次是西方国家的安全部门。

2003 年——科捷利尼科夫发现采样定理的第 70 年,他 95 岁大寿当天,普京总统在克里姆林宫的叶卡捷琳娜大厅授予他一等"祖国功勋"勋章。他就此成为获此殊荣的第四人(图 2.21)。2005 年 2 月 11 日,科捷利尼科夫逝世。香农先其四年去世。两人都见证了新千年和他们为之奠定基础的数字新时代的到来。[50]

下一章里,我们将把数字光学拓展至虚拟世界,把目光投向数字光学的第

图 2.21

三大理论支柱——计算。目前为止，我们讨论的像素都来自现实世界。其中包括科捷利尼科夫从金星极地拍摄的图像，也包括我们日常用手机摄像头拍摄的照片。但除此之外，我们还能通过计算创造出丰富多彩的幻想世界。计算技术让我们能够凭空制作、生成像素。当这些像素按照采样定理展开、叠加，一个不存在的世界就展现在了我们眼前。这又是如何做到的呢？

第三章　图灵的计算：万化无极

　　瓦伦丁：之前，时间不够用。铅笔也不够用！不知花了她多少日子，却连一点眉目都没有。现在她只需按一个按钮就成。一遍一遍地反复按同一个按钮，按上好几分钟。这叫迭代。而我在几个月的时间里，仅用一根铅笔就完成了本来要花一辈子才能完成的计算——上万页的计算！真是枯燥……

　　汉娜：你是说，那就是你唯一的问题了吗？足够的时间？草稿纸？枯燥？你是这个意思吗，瓦？……

　　瓦伦丁：好吧，还有一件事情：你必须忘掉你的理智。

　　——汤姆·斯托帕德（Tom Stoppard），《阿卡狄亚》（*Arcadia*）[1]

　　计算机，是一个以机器面貌出现的存在主义哲学命题。一般来说，机器并不具备超越性，但对计算来说超越性却是其灵魂。首先，它是人类发明的最通用的工具。借助计算机，我们做得到的事情要远远多于我们想得到的。其次，它是人脑最强大的增强器。它使我们拥有了创造奇迹的能力。"通用性"与"增强性"堪称计算技术的双璧。

最早让"计算"这一思想瓜熟蒂落的人，名叫阿兰·麦席森·图灵（Alan Mathison Turing），他是一位非凡的天才。

圣人图灵

图灵于 1912 年的 6 月 23 日生于伦敦。他的出生日期几乎在上一章的主角科捷利尼科夫和香农的正中间。图灵 22 岁时就成了剑桥大学国王学院的研究员，34 岁时获得了一枚大英帝国勋章，38 岁成了牛顿领导过的皇家学会的会士。1954 年 6 月 7 日，41 岁的图灵死于氰化物中毒。他没能像科捷利尼科夫和香农那样，亲眼看到新千年数字大融合的到来。[2]

20 世纪 60 年代，图灵对我们这些第一代计算机科学学生来说是个谜。我们学习他的不朽思想——计算的概念，但对他本人一无所知。我们只是经常听到这个神秘人物死于自杀的谣言。

直到 1983 年安德鲁·霍奇斯（Andrew Hodges）出版了传记《阿兰·图灵：迷局人生》（*Alan Turing: The Enigma*），图灵的形象才清晰起来。他之所以神秘，是因为他曾参与破译纳粹德国的"迷局"（Enigma）密码，帮助盟军赢得了二战。图灵在布莱切利公园完成的工作一度作为最高机密被英国当局按《官方机密法案》的规定严加封锁。[3]

除此之外，他的神秘另有一层隐情。图灵曾毫无顾忌地公开自己同性恋的身份，而在当时同性恋被视作一种犯罪。1952 年，当图灵因"举止失当"遭到逮捕时，他无法说出自己拯救祖国的功绩来自保。所谓不雅行为竟然压倒了机密法规。当图灵被迫在牢狱之灾和化学阉割之间做选择时，他选了后者。于是，这个马拉松健将的躯体（图 3.1）因服用激素变得肥胖，甚至长出了乳房。或许是实在难以忍受这种凌辱，他最终咽下了一个（疑似）剧毒的苹果——这一场景甚至可以说是直接取自迪士尼电影《白雪公主》（*Snow White*）。[4]

传记作者霍奇斯本人就是国王学院的一位理论物理学家，也是英国同性恋解放运动的参与者。他揭开了图灵的秘密，谨慎、完整、动人地讲述了他一生

图 3.1　剑桥大学国王学院图书馆供图

的故事。[5]

在 20 世纪 50 年代麦卡锡主义淫威之下的美国，所谓"薰衣草恐慌"让"性变态者"和共产主义者一道被视作国家之敌。英国也患有同样的幻想症，尤其是在 1951 年剑桥出身的同性恋、特工盖伊·伯吉斯（Guy Burgess）出逃苏联之后。图灵对共产主义从未有过任何兴趣。他对自己的同性恋身份却十分公开和坦率，别人甚至无法以此作为要挟他的把柄。但麦卡锡和军情五处并不关心其中的区别，何况图灵的确有一些信仰共产主义的朋友。[6]

伯吉斯是剑桥颇具声望的秘密社团"使徒会"的成员。使徒会的会员们多是马克思主义者或同性恋，有的两者都是。图灵的两位挚友兼合作者，罗宾·甘迪（Robin Gandy）和大卫·钱珀瑙恩（David Champernowne）都是使徒会的成员。甘迪在学生时期还加入了共产党。

图灵死于氰化物中毒已成共识，但关于他如何中毒有着不同的说法。流传最广的故事就是他吃了毒苹果自尽。但那颗苹果从没做过毒性测试，因此给不同说法留下了空间。图灵的母亲相信那是一次意外。另有传言称是情报部门谋害了他。[7]

刚好在图灵的尸体被发现的第二天，反共的麦卡锡主义恐怖时期告一段落。那一天，也就是 1954 年的 6 月 9 日，美国陆军首席法律顾问约瑟夫·韦尔奇（Joseph Welch）在参议员麦卡锡再次试图以"通共"的罪名诋毁他人名誉时，怒斥了这位参议员。

英国政府则在 1967 年放开了虚伪的反同性恋法规，并在 2009 年为此前的恶劣行径公开道歉。但对"圣人图灵"的殉难来说，这两件事都太迟了。2012 年，在全世界纪念他的百年诞辰之际，图灵的名誉终于得到澄清。2013 年圣诞夜，英国女王的赦免还他以身后的清白。[8]

傅立叶经历的雅各宾专政与科捷利尼科夫经历的恐怖时期都影响巨大且危险重重。麦卡锡主义制造的恐怖与同一时期的英国通常不会与前两者相提并论。但它们同样终结了数以千计的生命——其中就包括图灵。图灵的强权并非某位皇帝或主席，而是国家安全部门。他的肉体不曾遭到囚禁，但他的精神却被《官方机密法案》牢牢禁锢在了布莱切利公园的"沙拉什卡"之中。

在图灵的故事里，我们再一次看到科技突破的三大要素：他关于计算的伟大灵感；第二次世界大战带来的混乱恐慌推动了计算机的研发，最终落实了他的想法；国家保密部门的强权将科学家们集中一处，以非常的手段保护起来。

通用性

> 计算机是机器中的百变天神。它的精髓在于其普适性，在于它模拟的能力。计算机能以千万种形态完成千万种任务，因此，它能适应千万种需求。
>
> ——西摩尔·派珀特（Seymour Papert），
> 《头脑风暴》（*Mindstorms*），1980 年 [9]

计算机的每一步工作都简单极了。这些步骤往往是这种形式：从这里提取一些比特，稍加摆弄，再把得到的新比特放到那里。所谓"摆弄"，不过就是把几个 1 和 0 的值对调，或者把全部的 0 和 1 右移一位。

但正是这些简单到可笑的步骤连成长串，赋予了计算机强大的力量。通过简单枯燥的步骤能得到复杂精妙的结果，这听上去似乎难以理喻。那么，一个笨拙的序列是怎样变得有意义的呢？神奇的魔法藏在哪一步里？

一个随机的序列的确什么也做不了。但一个有意义的序列能让计算机运行一些有用或有趣的进程。任何电脑或智能手机上的应用程序都是一个由简单步骤序列运行的进程。此外，皮克斯的数字电影也是一种序列的产物。

计算机硬件的功能非常简单：按部就班地执行这些简单的步骤。但要用这些步骤创造出有意义的序列，需要相当可观的智慧与技巧。这就是软件设计的任务。掌握这种技巧的富有创造力的人就是程序员。神奇的魔法就在他们的头脑中。

打个比方：一架钢琴能弹出无数种音符序列。它的硬件只执行极为简单的小步骤。大多数序列都是噪声，但某些"软件"偶尔能发出美妙的乐音。由"程序员"肖邦编写的音符序列，就是他创作的练习曲、圆舞曲和玛祖卡舞曲。

和钢琴一样，计算机能通过组合简单的步骤运行无数的序列。无需 88 个琴键，它仅仅借助 2 个比特就能奏乐，能讲话，能运行各种复杂且有意义的进程。"通用性"的超凡之处，尽数体现在了"无数"一词当中。对计算机来说，无论怎样强调通用性的重要意义都不为过。计算机能实现的无穷可能令我们人类的头脑相形见绌。无论我们想做什么，一定有那么一条由无意义步骤组成的有意义序列能够实现它。按照我们的需要，一定能够编写出新的软件、游戏和电影。计算机，就是实现这一切所需的唯一工具。

我们将在本章中看到，通用性实际上是计算这一概念与生俱来的，也是最基础的含义。但与通用性共生的还有神秘的未知性——尽管计算过程中每一个步骤都可以预测，我们却并不总是清楚这些步骤连缀成的序列将产生怎样的行为。局部的确定性不能保证整体的确定性。计算本身是确定的——由确定步骤组成的序列必然得到某个确定的结果，但我们不一定能预测这个结果。

"确定"（determined）与"先验"（predetermined）之间微妙的差别导致了计算过程中隐藏的神秘性。因此，计算机既简单，又深奥。

增强性

计算机的另一超越之处在于其增强性。显然，计算机具有重复的能力——它能反复执行序列中的简单步骤。这并不出奇。真正带来质变的，是计算机能重复的次数和速度都大到超出了我们的理解能力。倒不是说无数次。是我们能数清——至少计算机自己能数清重复的次数。但这个数字大得令我们无法建立一个直观的概念。Eleventy-eleven skydillion 是个生造出来的愚蠢数字——拼凑了史高治大叔和比尔博·巴金斯的老梗。[①] 但它很好地说明了计算的重复次数有多么夸张。正如本章楔子中斯托帕德笔下的瓦伦丁所说，"你得放弃理智"才能跟这些大数打交道。可能，放弃理智还不够。[10]

一旦编程完毕，在计算机上重复运行就易如反掌了。只要简单地给它一个指令，计算机就能以你想要的任意次数反复执行任务。这个过程几乎不需要任何智慧。但是，与执行时的简单形成巨大反差的是，设法让计算机能以更快的速度重复极高次数的过程需要高超的技艺和大量的精力。这个过程就是硬件设计，拥有这种技艺的人就是工程师。

在电子工程领域，"增强"（amplify）的意思是放大——许多倍的放大，通常以指数度量。不是两倍、三倍的放大，而是二次方、三次方；不是 2x、3x，而是 x^2、x^3。举例来说，假如输入的信号是 10 伏特，那么放大后的输出信号往往不止 20 或 30 伏特，而是 100 或 1,000 伏特。增强性是计算机技术的又一大天赋。最早的计算机正是为了超越人类的能力极限而设计的——它们

[①] 史高治大叔（Uncle Scrooge）是迪士尼创造的富翁形象，skydillion 是描述他财富的数字，似为十万亿。比尔博·巴金斯（Bilbo Baggins）是《魔戒》(*The Lord of the Rings*) 中的人物，eleventy 用于指称他的年龄，等于 110。在美国俚语中，Eleventy-eleven 有时用来指不确定的大数字。

能够使我们的能力大大增强。

史上第一台计算机使人类的计算能力放大了 10,000 倍。到 1965 年，随着巨型计算机的建造和技术革新之下晶体管取代真空管元件，这个数字跃升到了至少 1,000,000。我们称其为"第一加速期"。

增强性本身也在经历指数级的增强——集成电路技术的发展助力了这种增长。这是一种将许多晶体管和连接它们的导线综合到一块电路板上的技术。1965 年，如今被称作"摩尔定律"的预言宣告了新一轮的急剧增长：第二加速期。不只是人类的能力得到了指数级的增强，令人惊叹的是这种增强倍数本身也在随着时间以指数增长。

一言以蔽之，摩尔定律指出，每过 5 年计算机对人类能力的增强本领就会进入下一个数量级，即再翻十倍。因此，假如这种增强在 1965 年是 10^6（百万级），那么到 1970 年就会增长到 10^7（千万级），到 1975 年则是 10^8（亿级），以此类推。这种增长的势头令我们惊叹不已，正如它曾令早期的计算机科学家们惊叹。另一个惊喜是，在第二加速期中，计算机本身的体积不仅没有随着算力增长越来越大，反而越来越小。

但摩尔定律的形式决定了我们很难直观地理解其含义。它涉及跨数量级的变化。我们人类通常很难直观地理解超过十倍的变化。一旦超过这个范围，我们就会撞上一堵概念之墙。这也就是为什么我们使用指数来表示这些变化，而非直接写出带着很多 0 的数字。我们不得不创造新的概念去处理它。这不再是单纯的量变，而是质变。每当我们进入下一个更大的数量级，光是想象它到底有多大都要花上好半天。而计算机的增强能力多年来已经跨越了至少 17 个数量级！在摩尔定律提出以前，它已经增长了 6 个数量级（百万倍）；在那之后，更是增长了 11 个数量级（千亿倍）。前后共计十亿亿倍——这已经大过了任何人最最疯狂的幻想，无论他是个普通人还是天才。

计算机为我们的头脑加上杠杆，甚至让我们超越了数量级理解能力的天生局限。有了计算机的增强，渺小的我们就能做成此前难以企及、难以想象的事情。尽管跨越数量级的障碍始终与这种增强性相伴。

拍出来，还是算出来

科捷利尼科夫的采样定理告诉我们，相机能把现实世界转化为像素。换句话说，我们可以通过相机对现实世界采取像素样本——像素可以被拍（摄）出来。之后我们就能利用这些像素，在很久以后或很远之处重构视觉世界的样子。

或者，我们也可以生成全新的像素——像素还可以被（计）算出来。如果用与真实世界像素相同的规则来呈现它们，那么我们就能看见一个非真实的世界。新千年的整个数字大融合事件都诞生于这个想法之中。

借助计算技术的通用性与增强性，数字光学的发展日趋成熟：完全数字化的电影、最热门的电子游戏、国际互联网的实时可视化体验等应用层出不穷。计算机创造像素，也从视觉世界中采取它们。

本章的重点是通用性。通用性来自阿兰·图灵发明的计算思想。下一章的主题将是速度。我们将讨论那些落实计算思想的计算机硬件的发展，其重点在于增强性。增强性来自技术。在下一章中我们将看到，数字光学的黎明与计算机技术的勃兴是如何令人惊讶地在时间上高度重合的。在这两章中，我们的论述对象是摩尔定律提出以前的那些理论与实践——科学与工程——的英雄。在下一章中，当摩尔定律横空出世，如一颗超新星般于第二加速期内引爆增强性的高速增长时，我们将回顾这条定律并展开更深入的讨论。

算法

> 算术中的零本身并无意义，却把意义赋予他物。
>
> ——托马斯·乌斯克（Thomas Usk），
> 《爱的誓约》（*The Testament of Love*），约 1385 年 [11]

图灵的发现始于系统过程（systematic process）这一思想。我们举一个例子：假如一位外乡来客到访您家，想知道去杂货店的路。您自己的路线可能是这样：出前门，右转上街，经过第一个十字路口以后再走两个街区，之后左转，再直走三个街区，过马路，杂货店就在距离路口四栋楼的地方。

直观地说，在这个例子里，系统化的意思就是把去商店的整个过程拆分成一系列较小的步骤。每一个步骤的指令都简单、清楚，对大多数人来说一目了然。那位客人只要按照顺序依次执行，就一定能找到那间杂货店。

您自己的路线就是一个简单的指令列表。客人从列表的一端开始，在另一端停止，其间执行的步骤数量与列表中的指令数量相等。然而，系统过程的结构往往更复杂。比如，在木板上钉钉子这个过程：(1) 找来一枚钉子。(2) 要是找不到，那就终止；否则继续。(3) 用榔头敲钉子，直到钉子的深度合适。(4) 要是钉子被砸弯了，就把它扳直，再重复步骤3；否则，回到步骤1继续钉下一枚。

这个列表的指令数与去商店的步骤数相等，但有着本质上的不同：它有循环。只要找得到钉子，执行人就会不断重复外循环（步骤1—4）；一旦失误砸弯了钉子，执行人将重复内循环（步骤3和步骤4），直到正确地钉好。执行人从一端进入指令列表后，未必会从另一端出来——比如，要是每次钉子都被砸弯，他就将一直重复步骤3和步骤4。通常来说，执行步骤的次数远远大于列表中的指令数。

在钉钉子的过程中有两个步骤（步骤2和步骤4）都出现了"要是……就……否则……"的句式。这被称为"条件分支"（conditional branch）。满足某个条件时，进入这一步；满足另一个条件时，进入那一步。条件分支以 if（要是/如果）为标志，它能改变执行列表中指令的次序。

条件分支还能让执行者跳出<u>无穷循环</u>。请看这个例子：(1) 说"哈喽"。(2) 回到步骤1。此时没有条件分支，执行者永远无法离开这个循环。这个系统过程一旦被触发，就永远停不下来。

条件分支——系统过程中的 if——是计算的关键。一台能执行条件分支的机器远比一台不能执行的强大得多。它能够很简洁地展开一个极长的过程。它执行自我循环的过程的次数可能高达天文数字，甚至还有能够自我调节的过程。任何意欲成为计算机的机器都必须执行条件分支的指令。否则，哪怕这台机器高达十层楼、构造完全电子化、运行速度飞快，它也不是计算机。

同样，假如一台机器只能计算数字，那它也不能算作计算机。系统过程的概念远远不只是数字。哪怕我们之前的例子——去商店和钉钉子，也无关数字。毫不奇怪，图灵很早就完全理解了这个概念。

我并不是说数字不重要。它们是几千年来我们系统化的诸多事物之一。即使在计算器唾手可得的当下，孩子们仍然需要学习两位数的加法。众所周知，做加法只需要从右往左把每一位上的数字分别相加，得到该位上的一个新数字。如果（if！）某一位上的得数超过了 10，就在左边下一位上"进一"。以此类推。这个过程里还有一个 if：如果位数到头了，那就停止。这就是对加法过程的描述。如今，我们的计算器已经能替我们"学会"这些计算的细节。如果我们有需要，它能把两打数字相加，而不止两个。

从 20 世纪开始，"算法"（algorithm）成了"系统过程"的代名词。英语中这个词转写自 9 世纪波斯数学家阿尔-花剌子模（al-Khwarizmi）的名字。他在古代巴格达介绍了包含小数的系统过程。小数是一个当时刚从印度传入的新概念，有一个奇怪的数字 0。后来，在中世纪晚期，印度的数字系统本身开始被称作 algorism 或 augrym，同样通过转写致敬了阿尔-花剌子模。算法的概念的确深深根植于数和算术，但没有理由局限于此。

杰弗里·乔叟（Geoffrey Chaucer）在 14 世纪用"数目字"（nombres in Augrym）来指代星盘上的刻度。他的朋友托马斯·乌斯克对类似术语的使用却更令人印象深刻。本节开头的引文就是乌斯克描述的数字 0 的力量。其含义是，0 单独存在时表示没有，但加在数字后面表示很多。用术语讲，后加上的 0 就是一种数量级的增长——的确很多。乌斯克笔下的"算术"（augrym）与我们的算法当然不是一回事，但他的格言之中隐含了增强性的曙光。[12]

当算法中的步骤数量越来越多，循环次数不断翻倍，层级结构逐渐深入，条件分支也迅速增长时，会发生什么？通过在 20 世纪初提出这些关于系统过程的问题，数学家们进入了计算的世界，尽管他们自己在当时并未察觉。他们还没能发现通用性与增强性这对双生联璧，以及其他与之相关的秘密。

e 问题

大卫·希尔伯特（David Hilbert）是数学界的王族。在他的经营下，德国哥廷根大学成了当时数学世界的中心，其地位直到纳粹开始迫害犹太数学家时才衰落。自 1900 年开始，希尔伯特利用他的世界性声誉呼唤学术界关注最困难的几个问题。其中一些问题触及了数学学科本身的基础。这些问题被称作"希尔伯特问题"，逐一编号。解决其中任何一个，就能即刻跻身世界顶级科学家之列。

1928 年，希尔伯特补充了一个难题。这个问题有关一个简单的逻辑系统——一阶逻辑（first-order logic）。数学家们通过一阶逻辑做出各种精确但不一定正确的语言表述，也就是提出各种命题。希尔伯特问道，是否存在一种系统的方法，或者说一种算法，能够判断某个以这种逻辑做出的命题的正确性呢？

请看这个命题：所有物体都是松果。再看这个命题：所有物体都是柏树。一阶逻辑系统还允许我们用连接词"或"（or）来组合不同的简单命题，以得到新的复合命题：所有物体都是松果，或所有物体都是柏树。系统同样允许我们用等价的重组命题来替代：所有物体都是松果或柏树。此处，"等价"一词决定了如果一个命题是正确的，那么其等价命题也必然同样正确；如果前者错误，那么后者也一样。文字的重新组合不能改变命题本身的真实性。在刚才的例子里，连接两个短句的"或"被放到了"松果"与"柏树"之间。这似乎再简单不过，但它表明，这个逻辑系统中的每一步都在通过简单的运算对命题做等价转换。新的命题由旧的命题推导而来。

推导，就是一系列类似的步骤的序列。每一步的运算都和"或"运算一样简单。我们描述的这个系统中，命题的正确性或错误性会在步骤之间传递，保持不变。从一个正确命题开始推导，永远会得出正确的结论。

正确的命题令数学家们着迷不已。他们开始利用这套系统从一些最简单——显然正确的命题出发，去推导更多的正确命题。那些初始的正确命题被称作"公理"（axiom）。例如，"任何数都等于其自身"就是一条公理。它显然永远正确。数学的精彩之处就在于，尽管每个步骤都简单且显然，这样的推导却能得出完全意想不到的结论。

但希尔伯特想要的是一个判断算法，而非推导算法。他不指望系统过程能从公理开始推导出某个命题——它仅仅需要能准确判断推导过程是否可能存在。这种区别看似不重要。如果我们能判断某个命题为真，那么推导过程本身有什么重要的呢？实际上，它非常重要。[13]

在遗传学中，在没有弄清楚逐代父子关系传承的前提下，也有可能证明生活在17世纪的某人是某个现代人的直系祖先。假如他们的Y染色体（雄性染色体）中有着同样的DNA，那么他们就必然在父系血缘上有联系——这只需要通过一个实验检测就能知道。他们之间也就必然存在这一条传承线。但知道这种传承的存在并不等于知道其中每一个传递DNA信息的男性——这通常极为困难。但知道传承的存在，会鼓励研究者进一步找到路径上的每一代——至少他们知道自己的目标是有希望实现的。

希尔伯特1928年的难题实际上就是在问，在逻辑领域是否也存在一种类似DNA检测的技巧，能直接以系统的方式判断某个命题是否正确，而不需要从公理开始一步步推导。这被称为"希尔伯特判定问题"①。

用德语拼写的"判定问题"令人望而生畏。是否存在一种能够判定简单逻辑中命题的真值②的系统方式？这个意思用德语表达，更添了几分深奥。英语的decision problem听上去像商学院课题，德语的Entscheidungsproblem则蕴藏着令世界土崩瓦解又焕然新生的伟大力量。我们不妨将它称为"e问题"（eProblem）。它也的确是一系列e时代技术——如电子邮件（email）的先声。

---

① 原文为德语Entscheidungsproblem，又称决定性问题。
② 原文为truth value，即对命题是否为真的判断。

在 1934 年的英格兰，马克斯·纽曼（Max Newman）在剑桥大学的一堂课上介绍了 e 问题。他首先引入了系统过程的概念，只不过当时用的术语是"机械过程"。纽曼的用词非常关键。供他选用的术语包括"系统过程""有效过程""流程方法"和"算法"。还没有一个确切的词语专门指称这个概念，而这正是症结所在。[14]

阿兰·图灵就是在那堂课上听讲的学生之一。拘泥于字面含义的图灵，开始搭建一台纸"机器"，以落实纽曼口中的"机械过程"。纽曼震惊地得知，自己这位年轻（仅 22 岁）、笨拙、有些结巴的学生竟然在那堂命中注定的课后不久，就利用一台简单的机器解决了艰深的 e 问题。事实上，纽曼最初是不相信的。那台所谓的机器看上去更像个玩具，而非严肃的数学。如此简单的装置当然不可能得出如此深刻的数学结论。但他很快被图灵的解答说服了。[15]

图灵用来解决 e 问题的机器如今被称作"图灵机"（Turing machine）。首先，图灵发明了计算，这正是图灵机的任务；随后他利用计算来解决问题——计算就是对前文的系统过程或机械过程的精确表述。逻辑推导层面简单步骤的序列或许会让您想起计算机执行的一系列简单步骤。在两个例子中，机械的步骤都产生了有意义的结果。图灵是将二者正式联系起来的第一人。他也因此成为数学界的一代宗师。

图灵证明了，在简单逻辑的领域不存在 DNA 检测式的技巧。要检验命题的正确性，只能亲自证明。希尔伯特期待的那种算法并不存在。用数学家们的话说，图灵证明了简单逻辑的不可判定性。这个结论是如此出乎意料且令人不安，以至于伟大的希尔伯特最初都难以置信。仅凭这一项成就，图灵便当之无愧地跻身科学的万神殿。他解决了最困难的问题之一。不过，图灵在数学界之外同样享有盛名，靠的是他的机器——而非他对 e 问题的解答。现代计算机就是图灵机的直系后代。

在图灵研究 e 问题的同时，阿隆佐·邱奇（Alonzo Church）也在新泽西州的普林斯顿大学做同一件事。邱奇是美国数学家。大约就在希尔伯特提出 e

问题的前后，邱奇正在哥廷根大学工作。事实上，邱奇提出 e 问题的解答的时间比图灵还要早几个月。根据学术界的惯例，邱奇应当独享这份发现的荣耀。但图灵的解法与邱奇截然不同。在数学中，证明的手段有时和证明本身一样重要。纽曼认为，应当向数学界公布图灵的新解法。

纽曼想让邱奇承认图灵为解决 e 问题做出的贡献。邱奇同意了。两人于 1936 年分别公开发表了论文。这件事的意义非同小可，因为启迪了计算机的并非邱奇深奥难懂的 λ 可定义性概念，而是图灵那台直觉的、工业风的，甚至有点土法上马的机器。图灵在论文中证明了两者实际上完全等价。只不过，图灵选用的话语产生了完全不同的深远影响。对数字光学来说，两人解决的难题本身并无太大意义，但图灵的解法——他的机器——意义非凡。[16]

这两条路线引发的碰撞影响深远。时至今日，计算机科学界的"象牙塔与排气筒"之间的争斗仍未停止。"染一身臭气"曾是剑桥流行的一句鄙视自然科学专业的俚语——化学首当其冲。图灵在剑桥数学系无瑕的象牙塔里孕育了他的伟大灵感，却通过一个粗糙而真实的工业化模型启迪了计算机。邱奇的纯数学方法没能做到这一点。计算机科学由此一分为二，在某些大学中这门学科的设置更偏向数学，在另一些学校则偏向工科。通用性是象牙塔中诞生的奇迹，增强性则是属于排气筒的光荣。那些在发明计算机的竞赛中你追我赶的选手不得不横跨这条分裂的鸿沟。[17]

图灵并非唯一一个形式化系统过程概念的人。邱奇和其他几人也取得了这一成就。但图灵方法的巨大影响令其他人的工作黯然失色。在日常生活中，我们仍然沿用着 1936 年他在剑桥发表的论文中的概念。其中最核心的是他提出的"可计算"（computable）一词。他因此成为史上第一个程序员（programmer）。自然，他也是第一个在编程中出错（bug）的人。[18]

图灵还开启了另一项程序员传统。他孤僻的性格——呆板木讷、直来直去、怯于交际，以及衣着方面的不修边幅，让他当仁不让地成为第一个极客（geek）。用今天的话说，图灵有点"自闭、社恐"。[19]

纽曼十分担心图灵很快就会与社会"彻底脱节"，并把自己的忧虑告诉了邱奇。纽曼觉得，如果让图灵加入普林斯顿大学的逻辑学精英——一群说着相同学术语言的人，或许能扭转他日渐脱节的趋势。因此，纽曼希望邱奇能收图灵为研究生，邱奇又一次答应了他。图灵将前往美国，在邱奇的指导下获得博士学位。

图灵乘"贝伦加丽亚号"（*Berengaria*）轮船赴美，于 1936 年 9 月在曼哈顿上岸。巧合的是，科捷利尼科夫不久前也在同一个地点走下了同一艘轮船。科捷利尼科夫在当年 5 月抵达美国，停留了 60 天，行程中很可能安排了在曼哈顿苏美贸易公司进行的密码工作。当图灵抵达时，他已经离开。同船渡海，却擦肩而过。

这个巧合没过多久，又有新的纽带成形。图灵从曼哈顿出发，前往普林斯顿就学。他的导师纽曼则前往相邻的普林斯顿高等研究所（Princeton Institute for Advanced Study）进行为期 6 个月的客座访问。这个研究所有时也被称为"普林所"，以示与普林斯顿大学的区别。此时，我们故事的另一位主角约翰·冯·诺依曼（John von Neumann）已经作为普林所最早的几位终身研究员之一在那里开展了他的研究。[20]

并非玩具

让我们从我本人设计的这张名片（图 3.2）开始，深入图灵的非凡思想。图中的卡片被切掉了一角，中央还有一个圆洞。正反两面（正面印有名字和版权）

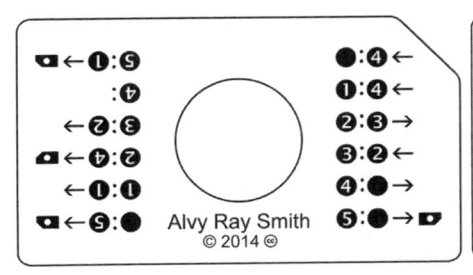

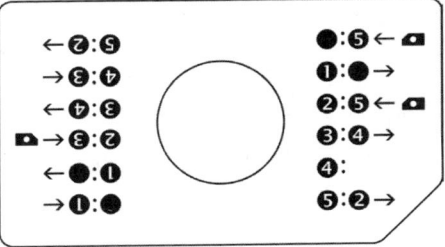

图 3.2

都印有符号和文字。请别被它的简单设计迷惑了，这张名片蕴含着惊人的力量。

请想象一条纸带在卡片的背面从左往右平移。纸带上划分了许多小方格，每次通过卡片上的圆孔只能看见一个。纸带大部分是空白的，但某些方格里印上了符号。在这里，我选用的符号是数字 1、2、3、4、5，但它们也完全可以是 #、!、$、%、&。重要的是它们各不相同，也没有特殊的含义，特别是不表示数量。我们虽然称之为符号，却不赋予它们任何意义。哪怕把 1 换成 #，把 2 换成 !，这个名片机制里什么也没变——除了符号的样子。

图 3.3 的第一行表示的是第一个步骤。此时纸带上只有四个符号：5155，其他部分都是空白。卡片被画成了略微有些透明的样子，以让您看到背后的纸带。卡片右边用带圈字符、箭头和冒号列出的是这个系统的运行规则。纸带上的每一个符号都有一条对应的规则。卡片左边印的是倒过来的另外六条规则。

这个名片机是这样运行的：找到圆孔中的符号对应的那条规则（不用管倒着的那些）。第一步的规则是右上角那条，对应空格的运算。空格右边是冒号，然后是 5。这意味着用 5 来替换空格——也就是在圆孔中空格内写个 5。5 后面跟着一个指向左边的箭头，意思是将卡片左移一格。这一行最右边的小图标表示卡片本身，它的意思是将卡片旋转到和图标相同的方向。这时候就要将卡片顺时针转半周，将缺角摆到左上的位置，如第二行所示。

第二步应当采用的规则在右下角，对应圆孔中的数字 5。规则说，将 5 换成 2。于是我们擦去方格内的 5，重新写上 2。之后再右移一格。这里没有表示旋转卡片的小图标，因此方向不变。我们得到了第三行所示的图案。

跳过两个步骤，我们直接来看第五步（第四步没有在图中画出）。在这几步中卡片仍然保持方向不变。此时，要应用的规则是右边第三条：把 2 换作 3，左移一格，再旋转卡片至图示方向。这里的旋转实际是翻转，将卡片缺角对准左下方。如第六行画出的那样，我们现在看到了卡片背面的另外两列规则。

以此类推，不断执行规则所示的操作。假如您将这个枯燥的过程推演到底，您会发现卡片最终将回到它的初始方向，圆孔中的数字是 4。而此时的状态对应的规则中，冒号右边什么都没有。也就是说，不执行任何操作。计算终止了。

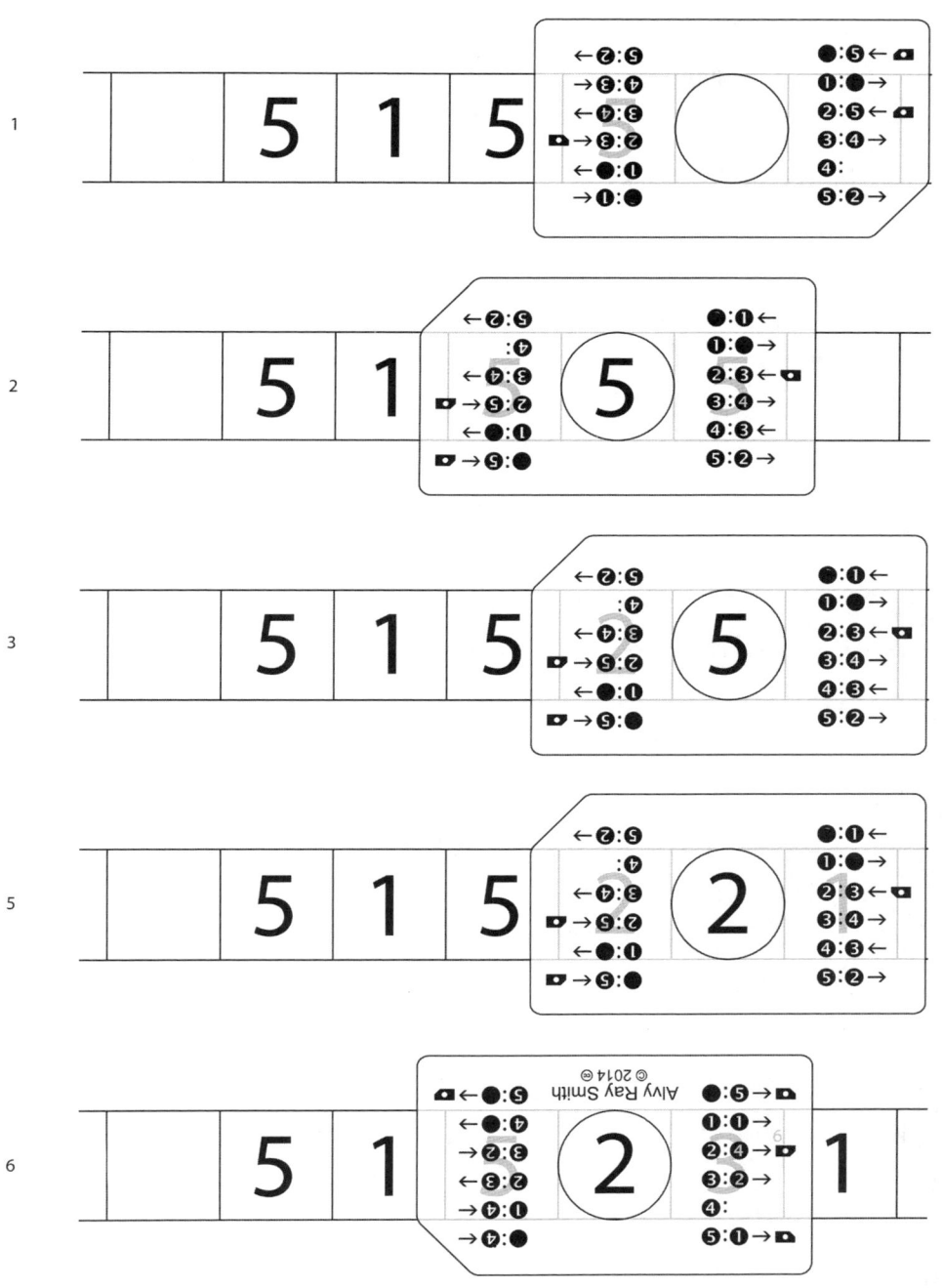

第三章 图灵的计算：万化无极　105

图 3.3

这个游戏并非毫无意义。信不信由您，它的目的是数字光学。这个名片系统就是一台图灵机，是图灵本人设计的一个玩具，是实现他创意的一个硬件应用。

20世纪30年代，"计算员"（computer）一词指代的是一类人——通常是女人。她们往往为某个保险公司或后来的布莱切利公园密码破译工程这样的项目做簿记工作。在和母亲莎拉的通信中，图灵曾提到上百位"计算员"像"奴隶"为他工作——这多少反映了系统过程（或"机械过程"）有多折磨人。[21]

图灵提炼出了计算员用纸笔细致地执行系统过程时所做的事，例如，将几十个数字求和——假如不被茶歇打断。他设计的图灵机就是一台用最简化的方式执行这些任务的机器。

被机器忽略的是工作的冗长。假如您逐步尝试过前文中的操作，您一定已经发现了这些工作的伤神之处，在于没完没了地重复琐碎的步骤、不断担心出错和花心思保持专注——例如在茶歇回来之后。机器同样忽略了枯燥。正如斯托帕德笔下的汉娜所说："枯燥？你是这个意思吗，瓦？"机器不会感受到冗长或无聊，这都是人类才会遇到的问题。图灵建立的模型概括了计算员所做的有实际作用的事。他保留了不同的思维状态、反复执行的步骤、编写和删除符号的过程，以及无穷无尽的复写纸。

我们的名片系统有四种方向——或者说状态，外加六种符号（空格也算一种）。因此，每一种卡片摆放方向都有六条规则，对应着可能在圆孔中出现的六种符号。一般来说，这些规则的内容是符号的变换、圆孔向左或右移动一格，以及卡片摆放方向的改变。当然，也有可能直接终止。这就是系统中存在的全部操作。[22]

图灵用仅仅四样东西来搭建他的机器：一条画出格子的一维纸带、一套有限的符号、一个状态数有限的纸带扫描器，以及一个对应每种扫描器状态与符号组合的"指令表"。在我们所举的例子中，扫描器就是带圆孔的卡片，六个符号就是空格加上数字1—5，四种状态就是四种卡片摆放的方向。卡片上的四组规则构成了指令表。最后，纸带在左右两个方向上都足够长。或许您现在能理解，为什么纽曼一开始不敢相信这个看起来像玩具的简单装置，竟能得出那么深刻的数学结论。整个计算理论都诞生于这台简陋的"机器"。

通过这台小小的名片装置，您可以一窥现代计算机的工作原理。纸带扫描器——卡片，就是计算机的中央处理器（central processing unit，CPU）；纸带则对应计算机的内存（memory）。现代计算机可以执行任何计算，只需要简单地更改程序，您很快就会理解这是什么意思。我们的小卡片应该没法执行任何计算吧？惊喜来了：它可以！皮克斯甚至能靠它"算"出一部《玩具总动员》（Toy Story）！当然，他们估计不会这样做，毕竟按照如此缓慢的计算速度，非算到宇宙毁灭不可。速度是另外一个问题，我们将在下一章中讨论。但重点在于，我们的设备可不仅仅是图灵机。这台名片装置还是一台"通用图灵机"。[23]

图灵的思想不只是图灵机能够执行系统过程——换句话说，我们所说的"系统过程"或"机械过程"恰好能体现在图灵机上。但这个想法本身就已经足够了不起了。举例来说，加法——将两个数求和，就是一个系统过程。那么，必定存在一类图灵机能将纸带上的两个数相加，同时将生成的两数之和输出回纸带上，除此之外什么也不做。

另一种系统过程能将任意的字符串翻转顺序。例如，给出字符串 abcdefg，它就从外到内将字符逐对调换。当没有字符对可换或只剩下单个字符时，过程即告终止。在这里，执行结果是 gfedcba。因此，也存在一类图灵机能够执行字符串翻转的操作，除此之外什么也不做。

图灵的神来之笔，是他证明了只用一台图灵机就能完成其他任何图灵机的任务。它能执行所有系统过程——无论是两数求和还是字符串翻转。这台机器能计算一切可算之事。这就是计算中的通用。当我们说图灵的思想是计算，我们实际上指的是通用计算的理论。现代计算机就由这一类图灵机衍生而来。但这种通用性从何而来呢？

> 千万别向外行人解释计算机。向处男解释性爱还更容易些。
>
> ——罗伯特·A. 海因莱恩（Robert A. Heinlein），
> 《怒月》（*The Moon Is a Harsh Mistress*）[24]

海因莱恩可真是尖酸！图灵设计通用机器的技巧非常聪明。图灵机本身是一台由它自身的规则定义的机器。比如，我们的名片机就由 24 条规则构成，每个方向上有 6 条规则。图灵认为，有可能设计出这样一种图灵机，它能沿用任何图灵机的规则和输入模拟其运转方式。图灵之所以坚信这个想法可行，是因为这样的模拟仍然是一个系统过程，而图灵机就是用来执行系统过程的。一台能模拟一切图灵机的机器就是通用图灵机，图灵发现了造出它的方法。

图 3.4 中的 A 代表任意一台图灵机。我们把它画成在一条无限长度的纸带上左右移动的扫描头。名片机就是这样一台图灵机，卡片中央的圆孔是它的"扫描头"。我们不妨把名片机作为任意图灵机 A 的一个运行实例。U 则是一台通用图灵机。只要给出任意图灵机 A 的一维描述——包括运行规则（指令组）和纸带数据，通用图灵机 U 便能模拟其工作方式。

在我们的例子中，A 的规则就是名片机的 24 条指令。它们被编码成适合 U 的形式。卡片上 A 的规则以两个二维表格的形式分别印在卡片两边，一组正向一组反向。通用图灵机 U 则需要在纸带上读取这些规则的一维形式，同时转写为 U 使用的符号系统。我们马上就将通过一个例子来看如何转写指令。

所谓图灵机 A 的数据，是指一开始出现在纸带上的非空格的符号。比如，5155 就是之前例子中名片机的初始数据。它同样需要被转写为适用于 U 的形式。同样，接下来我们也会通过例子来看如何转写 A 的数据。用文字描述的话，通用图灵机 U 纸带上的初始数据中不仅包含了 A 的数据，还包括以一维形式写成的 A 的规则。

图灵注意到，用一行符号就能表示任何一台图灵机的规则。比如在我们的名片机上，24 条规则可以在单独一行内表示出来。我们首先用四个字母 f、b、F、B 代表四种卡片方位：正、反、正旋转和反旋转。之后将所有规则分为四

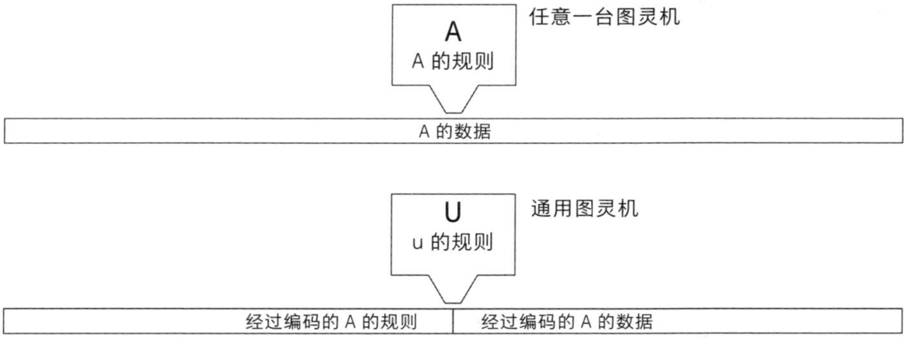

```
         ┌─────┐
         │  A  │    任意一台图灵机
         │A的规则│
┌────────┴─────┴────────────────────┐
│            A 的数据                │
└───────────────────────────────────┘

         ┌─────┐
         │  U  │    通用图灵机
         │u的规则│
┌────────┴─────┴────────────────────┐
│ 经过编码的 A 的规则 │ 经过编码的 A 的数据 │
└───────────────────┴────────────────┘
```

图 3.4

组，每组 6 条：

（f 规则 6 条）（b 规则 6 条）（F 规则 6 条）（B 规则 6 条）

规则的具体形式请参见注释。

图灵的第一个设计就是在 U 的纸带上写上对机器 A 的单行描述，每个方格一个符号。我们假设这些信息占用了纸带的左半边。

图灵的第二个设计就是把机器 A 纸带上的初始数据也浓缩为一行，写在 U 纸带的右半边。这里的编码就很直白了。对于我们的名片机，规则和初始数据看起来是下面这样。我们用竖线隔开两种信息，并用 0 来表示空格：

（f 规则 6 条）（b 规则 6 条）（F 规则 6 条）（B 规则 6 条）|000000051550000000

此时，通用图灵机 U 对它将要模拟的图灵机 A 已经"了然于心"，因为关于后者行为的完整描述已经全部写在了 U 的纸带上。通用机 U 同样清楚模拟对象纸带的初始状态，即它的输入数据。

通用机要想模拟任意的机器 A，还需要另外两个信息：当前扫描到的是什么符号和机器当下处于什么状态。图灵的第三个设计，就是在纸带的左边加上一个表示当前状态的符号，在右边标出当前扫描的方块。关于任意机器 A 的这四则信息——规则描述、初始数据、初始状态和初始扫描位置，共同构成了通用机的初始数据。假如我们的名片机处于反面，初始数据为 5155，初始扫描位置在数据右边的空位，那么通用机 U 的输入纸带看起来就是这样的：

（f 规则 6 条）（**b** 规则 6 条）（F 规则 6 条）（B 规则 6 条）|00000005155**0**000000

加粗加下划线的 **0** 标记了初始扫描位置，同样字体的 **b** 标记了初始的卡片方位。我们因此知道应该应用哪条规则。

像这样将要模拟的任意图灵机 A 的全部信息编码到 U 的纸带上，并为之设计一套适用规则的过程往往冗长枯燥。重点在于，U 能够"知道"将要模拟的任意机器的原理及其数据的全部细节。它能知道那台机器当前的状态和正在扫描的纸带格位。这些信息就是对那台图灵机在那个时刻的完整描述。下一个时刻的模拟也照此进行。图灵在 1936 年发表的那篇著名论文中提出了通用图灵机 U 的设计。它能系统化地根据某一时刻的数据导出下一时刻的数据。在通用机 U 模拟我们的名片机运转一段时间以后，它的纸带会是这样的：

（f 规则 6 条）（b 规则 6 条）（F 规则 6 条）（**B** 规则 6 条）|000000051**5**55000000

之后它还将逐步运转下去。真实的运转过程非常复杂，但它的关键不难把握。要是您想挑战海因莱恩的偏见，请看注释以了解模拟过程的更多细节。

图灵展示了通用机 U 如何逐步模拟任意图灵机 A 的操作。模拟 A 的一个步骤通常需要 U 运行好几步，但这无伤大雅——计算概念本身不追求速度。U 可以看作一台通用计算机，因为它能完成一切其他机器能做到的任何计算。

图灵就此发明了编程。用现代术语讲，图灵将任意图灵机的程序存储到通用机的内存中的同时，还存储了它的数据——具体来说，分别在纸带的两边。想要更换通用机模拟的对象——也就是更换它执行的计算任务，只需要更换程序——也就是写在纸带左半边的规则。

本质上，通用图灵机是一台我们今天所说的"存储程序计算机"（stored-program computer）。它以相同的方式将程序和数据一并存储在机器的内存中。我们日常所说的"计算机"这个单词，指的就是存储程序计算机。我们将以编码规则的形式呈现的任意机器 A 称作"计算机程序"，或简称"程序"（program）。这也解释了为什么程序员们经常自称"码农"（coders）。他们需要将应用到某一台图灵机上的算法，编码为计算机 U 能识别的一维形式。图 3.5 表示的就是通用图灵机 U 与现代计算机之间的对应关系。

现代计算机的程序通常被分为两个部分。首先是操作系统（operating system, OS），例如 Windows、MacOS 和 AndroidOS。这部分的程序会一直运行。因此，会用到无穷循环。根据用户需要随时更改的程序被称为"应用程序"（application, App）。类似地，操作系统使用的必要数据也和应用程序的数据分开存储。操作系统的任务是"统筹全局"，例如把某个应用载入内存的正确位置并开始运行、跟踪鼠标和触摸输入、时刻关注电量。应用程序则在现代电脑中模拟任意图灵机 A。对每一种算法或系统过程，都存在一台特定的 A。这，就是计算的天地。

图灵的伟大成就值得我们一再强调。他证明了存在一台能够单独执行任何系统化任务的机器。这台机器既不会敲钉子，也不会按琴键，却能胜任所有用

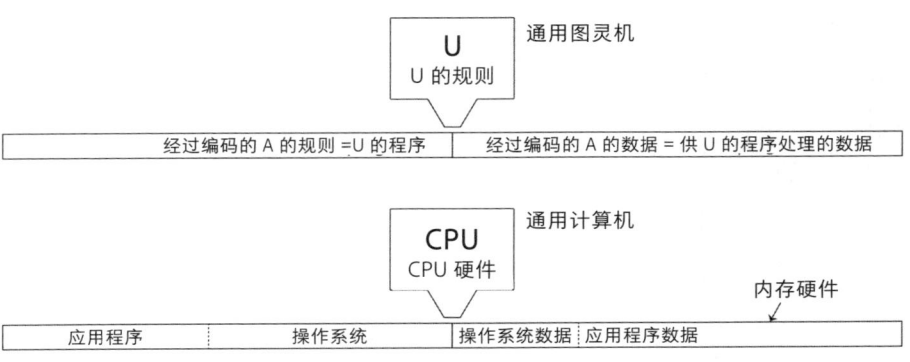

图 3.5

符号表示的系统化工作。（当然，它输出的符号可以用来控制另一台敲钉子或按琴键的机器。）要改变它执行的任务，仅需更换应用程序。图灵发明了"计算机"这一概念——我们用这个单词来指代存储程序计算机。它本身已经足够完备；我们将它落实到硬件上，只是为了加快计算速度。

一台计算机究竟能执行多少计算任务？究竟能运行多少个应用程序？数不胜数。这就好比问一台钢琴能弹出多少曲子。计算机是人类有史以来发明过的最具可塑性的工具。它是通用性的奇迹。电子光学仅仅是它囊括的大千世界中的一隅。

"强尼"·冯·诺依曼

普林所——普林斯顿高等研究所堪称一块吸引天才的磁石，对那些逃离纳粹肆虐的欧洲的科学家来说尤其如此。图灵和诺依曼于 20 世纪 30 年代末抵达此地时，普林所已经形成了一片规模不大却格外耀眼的学者星云。图灵来这里是为了完成学业，诺依曼则是进行一次学术休假。这些学者中最著名的无疑是爱因斯坦。但我们的这个故事里，主角是约翰·冯·诺依曼。

冯·诺依曼于 1903 年 12 月 28 日出生于布达佩斯，原名诺依曼·亚诺什·拉约什（Neumann János Lajos）[①]。他的父亲马克斯·诺依曼（Max Neumann）是一位银行家。1913 年，奥匈帝国政府授予马克斯贵族头衔——据推测应当与他的慷慨解囊有关。诺依曼家族因此在姓氏前冠以"冯"字。马克斯之子因此在美国以"约翰·冯·诺依曼"为人们所知。他于 1933 年移民美国，成为普林所最早的成员之一。

一度身为布达佩斯富裕精英阶层一员的约翰在新的国度仍然享受着贵族般的生活。比如，他的座驾都是凯迪拉克，这些车常常在事故中报废，这也从侧面反映了他的某些性格。他喜欢被称作"强尼"（Johnny）。在这张著名的照片

[①] 此处诺依曼的名字是用匈牙利文拼写的约翰·路易斯。匈牙利人习惯和中国人一样姓在名前。

里（图 3.6 左上），强尼西装笔挺，打着领带——这是他惯常的装束，跨在一匹方向与众不同的骡子背上，正在前往大峡谷的途中。他是个老饕、好客的主人。他热爱马天尼酒、怪异的派对帽子和颇为香艳的小诗。[25]

冯·诺依曼的名声来自他对从量子物理到博弈论等不同领域做出的杰出贡献，更不必说他还是机密的曼哈顿核武器工程和随后的原子能委员会的成员。他在计算机领域的工作也同样著名，特别是他提出的计算机子系统的一般组织原则，即"冯·诺依曼构型"（von Neumann architecture）。

冯·诺依曼堪称天才中的天才，一个有着"顶快头脑"的"顶聪明人"。在计算机研发的竞赛中，他就是代表美国与英国的图灵相匹敌的人。数字光学继承的知识遗产，一方面来自图灵提出的存储程序计算概念，另一方面就来自落实这一概念的冯·诺依曼构型。[26]

冯·诺依曼也曾深入探索希尔伯特提出的另一个涉及数学基础的问题。在图灵挑战判定问题（e 问题）的前几年，冯·诺依曼就钻研了希尔伯特的"第二问题"。

在第二问题中，希尔伯特问道：算术的公理系统——那些最基础、显然的真理——是否自洽？希尔伯特认为，证明简单算术遵循的逻辑系统不会自相矛盾，是非常有必要的。这听起来有道理，但在 1931 年，来自维也纳的库尔特·哥德尔（Kurt Gödel）却证明了一个对算术来说足够稳健且无矛盾的逻辑系统必然不完备。这个惊人的结论被称为"哥德尔不完备性定理"（Gödel's Incompleteness Theorem）。它指出，在这样一个逻辑系统中，必然存在某些算术上的事实无法在系统内得到证明。换种说法，自洽性的代价就是无法系统化地证明一切。哥德尔的结论声称，不可能存在一台能推导出每一种数学真理的通用数学机器——这和图灵后来（1936 年）提出的通用计算机相矛盾。

哥德尔的结论与数字光学的故事看似无关却有联系，它是冯·诺依曼转入计算机领域的契机。实际上，在哥德尔正式发表他的革命性成果之前，冯·诺依曼就已经在 1930 年听过哥德尔本人的报告。他几乎马上理解了这个结论，甚至还当场向哥德尔提出了一个更强的结论。当他得知哥德尔已经证出了这

图 3.6　玛丽娜·冯·诺依曼·惠特曼（Marina von Neumann Whitman）供图

个结论时，冯·诺依曼不免十分失望。自此他便再也没有深入地研究这个问题。从中我们也能看出冯·诺依曼的个性：如果他不能在某个领域里做领头羊——比如难以超越哥德尔时，他就转换方向，去统治下一个领域。

冯·诺依曼切入计算问题的角度和图灵不同，尽管当后者提出理论时他也做好了理解的一切准备。冯·诺依曼的思考主要从工程方面出发。他思考的是怎样造出真正的机器。当冯·诺依曼在 20 世纪 40 年代战后的美国参与热核武器——氢弹的研究时，他深入了解了各种制造算术机（calculating machine）的尝试。它们是计算机的前身。当时，他正在为热核计算寻找最合适、最快速的计算工具。最终，他在费城找到了一台名叫"埃尼阿克"（Eniac）的机器。它建于 1946 年，体积占满了一整个房间，已经接近我们今天所说的计算机。冯·诺依曼将它投入到氢弹的研发工作中。这台"准计算机"中存在的诸多问题启发冯·诺依曼和他的同事们去思考存储程序计算机的最优结构，进而深刻影响了数字光学的命运。他们在"排气筒"一端的实践中摸爬滚打，图灵则在另一端的"象牙塔"内研究理论。

和图灵一样，冯·诺依曼的一生同样光辉而短暂。在 1957 年，图灵身故三年以后，癌症也夺走了冯·诺依曼的生命。他享年 53 岁，没能看到新千年数字大融合的来临。但和图灵不同的是，冯·诺依曼在有生之年就受到了本国政府的尊重与表彰。1956 年他获得了艾森豪威尔总统授予的总统自由勋章。冯·诺依曼参与了美国原子弹和氢弹的研发，还参与制定了洲际弹道导弹战略——作为美国人，他的忠诚毋庸置疑。他所属的参议院委员会评价他"狂热反共"。讽刺的是，他的同事克劳斯·富克斯（Klaus Fuchs）却把他们的机密研究成果——热核反应的引爆方法——透露给了苏联。[27]

在 1937 年的某个时刻，冯·诺依曼、马克斯·纽曼和图灵三人都在普林斯顿——英美两国未来的计算机巨擘们集于此地。1938 年，嗅觉敏锐的冯·诺依曼想聘请图灵到普林所任职。图灵却出人意料地拒绝了这份工作。请想想看，图灵和冯·诺依曼两人本有可能在普林所强强联手，史上第一台计算机本有可能生于美国。[28]

当然，图灵和冯·诺依曼两人的个性大异其趣。极客和公子哥组成的团队也可能不会成功。他们两人或许都会想压过对方一头。但我们已经无从知晓，因为图灵抽身离开，回到了英格兰。他几乎立刻加入了布莱切利公园的团队。那是 1939 年，英国正命悬一线。

布莱切利公园

在布莱切利公园，图灵成功破译了德国在军事通讯中使用的密码体系。德军使用的强大而复杂的加密机器就是"恩尼格码机"（Enigma）。它的外形就像一台木制外壳的老式打字机。打字员将文字内容——例如海军总部的将领向大洋深处的 U 型潜艇下达的命令——输入恩尼格码机，这台机器就会将所有的字母按不同方式多次打乱顺序。这个过程层次繁多，且每一层都能变化。而收到加密后的命令码的 U 型潜艇只需要按照同样的规则逐层反向改变字母的次序，就能还原出本来的命令，将其印出送达艇长。每一天，德军都使用新的一次性密钥来改变机器打乱字母顺序的方式。前文提到，香农和科捷利尼科夫都证明了只要运用得当，这样的系统是无法被攻破的。但德国人误以为这个系统牢不可破的原因在于海量的乱序方式。的确，他们始终不知道图灵和布莱切利公园的同事们已经破译了它。布莱切利公园抓住的机会是恩尼格码机的使用者们从未真正得当地运用它。大量的运算成了攻坚的利器。计算的概念就在此刻登场。（恩尼格码机被破译于布莱切利 8 号棚，见图 3.7 中的 B、C。A 是那幢造型怪异的庄园宅邸。）

破译恩尼格码机的工作充满尝试和纠错，十分枯燥冗杂。最初这项工作是手工进行的——依靠数百位女性计算员的双手和头脑。她们是图灵的"奴隶"。为了缓解这种折磨，同时加快破译的速度，布莱切利的成员们建造了名为"炸弹机"（Bombes）的巨大机器。这些机器还不是我们今天所说的计算机，但已经在朝着这个方向前进。这些机器还无法被编程，哪怕通过连杆、线缆等硬件"编程"也不行。从某种意义上讲，"炸弹机"是图灵机，但不是通

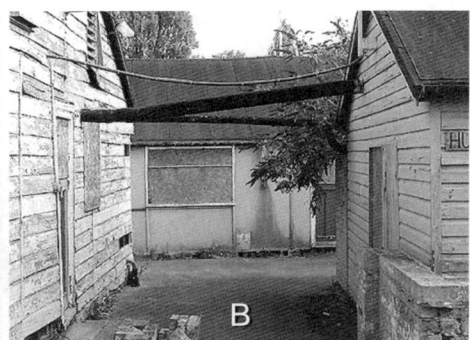

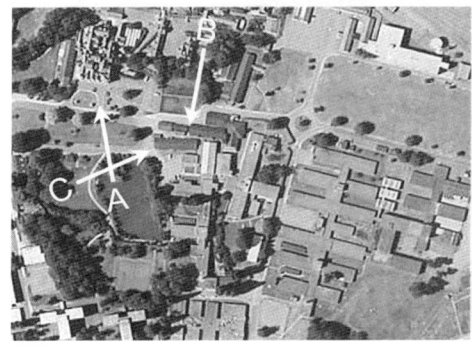

图 3.7

用图灵机。它能执行多步骤的系统任务——尝试恩尼格码机可能使用的海量乱序方式，却没法做任何其他计算。钢筋铁骨的"炸弹机"在效率上远胜计算员的血肉之躯，而速度就是英美商船穿越 U 型潜艇封锁的生命线。计算从此开始提速。

马克斯·纽曼

图灵需要的是一个搭档，而非领导。他太孤僻了。这也是马克斯·纽曼——他的导师和伯乐——再次与图灵交集时扮演的角色。和图灵一样，纽曼也在离开普林斯顿后返回了英国。但和图灵不同的是，他有家庭——妻子琳、两个幼子爱德华和威廉——需要照顾。作为犹太人，他不得不为纳粹攻陷英国的可能性担惊受怕（顺便一提，冯·诺依曼也是犹太人）。1940 年他把家人送往普林斯顿，自己加入了布莱切利公园。

图灵已经用"炸弹机"向恩尼格码发起了第一轮冲锋。现在，轮到纽曼了。他的第二波攻势的目标是德国的新型加密机器，昵称"吞尼"（Tunny，英国人对金枪鱼的昵称）。这一次，用来攻坚计算的巨大电子机器名叫"巨人机"（Colossus），最早建造于 1943 年。事实上，破译工作动用了整整十台这个型号的巨兽。它们都是非存储程序的准计算机，也都比美国的准计算机埃尼阿克早。[29]

图灵也间接地参与了许多有关吞尼机和巨人机的工作。他提出了一个在布莱切利被称作"图灵方法"（Turingismus）的数学模型，这个模型成了解开吞尼机的关键。考虑到他和纽曼的渊源，以及此前应用炸弹机的成功先例，图灵没有更直接地参与解码着实出人意料。图灵和纽曼在当时并没有搭档——在此后的一段时间里也没有，因为图灵对解码的工作逐渐失去兴趣。他的新欢是人声编码。英国政府因此将他送回了美国，去执行一项特别任务。[30]

声码器之缘

图灵和科捷利尼科夫曾在 1936 年的曼哈顿失之交臂，但他们之间的奇妙交集不止于此。联结二人的纽带是声码器——人声编码装置，而非计算、采样或者密码破译。声码器的缘分不仅在图灵与科捷利尼科夫之间，还包括了香农甚至索尔仁尼琴。他们都研究过这个装置。回头看，声码器的重要性难与计算机相提并论；但在那时，二者都是当时最受瞩目的前沿科技。同样在今天看来，我们发现它还孕育着后来的数字光学与声学。

第二章中，我们曾提到科捷利尼科夫与香农先后证明了一次性密钥是无法破解的。以此为理论基础，声码器能让人声话语变得和白纸黑字一样安全可靠。一台加密的声码器——人声扰频器，就好比声音的恩尼格码机。

斯大林需要一部扰频器以保证他的通话不被窃听。这种需求让科捷利尼科夫和索尔仁尼琴在莫斯科北部玛尔非诺的沙拉什卡聚首。罗斯福和丘吉尔对战时通讯也有加密需求——因此催生了 X 系统。这也使图灵和香农在 1943 年的贝尔实验室产生了交集。图灵没有在布莱切利公园和纽曼继续联手，反而与为美国肩负着同样任务的香农开始合作。出于保密原因二人无法讨论密码学，但他们能够自由地探讨有关计算、人机对弈和作为一种人类智能模型的计算机的一切。[31]

像素故事的诸多主角都参与设计过声码器，但只有图灵造出了一台。在他的挚友罗宾·甘迪的建议下，图灵将这个设备取名为"大利拉"（Delilah）——《圣经》中背叛了力士参孙的情人，寓意"欺骗者"。大利拉填补了图灵在工程实操经验方面的空白。它虽然不是一台计算机，却为图灵做好了设计出计算机——通用图灵机的准备。这是从象牙塔走向排气筒的关键一步。[32]

深入介绍声码器的理由还有很多。它很好地应用了前两章中频率与采样的思想。

首先我们来看傅立叶的频率思想。我们将人声的频率区间分成十份。假设人类声音的频率范围是 0—3,000 周每秒（虽然人类听力的频率上限高达 20,000 周每秒，但人声的交流通常不会用到太高的频率），那么每个较小的区间就覆盖了 300 周期每秒。在原始的人声信息中，低于 300 周每秒的频率归入区间 1，300—600 周每秒的频率归入区间 2，以此类推。简单来说，声音扰频器的原理就是将这十个区间的顺序以秘密的方式打乱，传输之后再由接收端按照约定好的乱序方式逆推还原。

接下来我们需要用到采样定理。十个频率区间分别由一组按照合适的间隔采取的样本来代表。我们加密和传输的实际上是这十组样本。如果要通过一次性密钥系统做额外的加密，其对象也是打乱顺序之前的样本。在接收端，当顺序恢复，一次性密钥也被解开以后，十组频率样本就要通过采样定理进行重构。所有这些操作加在一起才能还原那条初始的人声信息。

最令人惊讶的莫过于采样定理居然在此处就被应用了。这可是 1943 年，要到 1948 年香农才会发表他发现的版本。显然，在香农的结果发表五年前，西方世界已经完全理解了这个定理。采样定理在苏联研发的声码器中的应用则毫不意外，因为科捷利尼科夫早在 1933 年就公开了他的发现。图灵也在声码器大利拉的设计中应用了这个定理。他声称，这台机器的创意诞生于 1943 年他第二次离美回国途中。

时至今日，声码器还在我们身边。只不过如今它被植入了计算机。在现代音乐工业中，这样一台声码器被称作"自动修音"（Auto-Tune）。它的功能是对人声进行强化和修正，而非加密。使用它们的音乐人奇妙地成了图灵、科捷利尼科夫、香农和索尔仁尼琴的同行。自动修音软件堪称"人声的 Photoshop"，能让蹩脚的歌手拥有完美的音准。这个类比也提醒我们，像素和声素本就是一回事——我们在计算机中从无到有地创造声音的纹样，正如我们创造光。

未知性

许多人认为计算机难如天书，但它实际上简单极了。您已经见识过了其中一种，并用它做了计算——我们的名片机。它只有四种状态、六个符号，用纸就能做出来。但它仍然能算一切可算之物。它就是一台计算机。

但计算机确实需要编程。正如您猜的那样，这才是巧妙的部分。而且，编程很可能变得相当枯燥且错误百出。即使图灵自己也在他编写的程序里犯了不少错。但这是软件，不是硬件。硬件本身在概念上是简单的，与软件不可同日而语。

了解硬件，不代表我们也了解软件。即便对计算机硬件的走线图了如指掌，也不可能知道它到底在计算什么内容。比如您已经完全明白名片机的"硬件"的工作原理，但您并不能因此理解它的软件代表什么。这就好比，即便完全弄清楚了一架斯坦威钢琴的工作原理，没有乐谱的您也无法弹奏肖邦的练习曲——乐谱，就是音乐的软件。同样的，您也可能弄清了人类大脑的线路图，却不知道它在思考些什么。

这就是那个难题——e 问题，希尔伯特的判定问题，最初吸引图灵的原因。我们论述的重点不在于这个难题，而在于图灵用来解决它的机器：计算机。但我们有必要提醒自己，在计算概念的根源上还存在一些深刻的奥秘。明白这一点的人少之又少，以至于人们对"计算机到底是什么"存在着普遍的误解。

许多人认为，计算机是一台完全确定的机器。这当然没错，因为计算机运行的每一个步骤的确都是完全事先定好的。比如，名片机的每一步都是指令表中的 24 条规则之一，由当前扫描的符号和当前卡片的方向共同决定。但若由此推论，把计算机所做的一切都当成完全决定好的，就大错特错了。计算机的命运是确定的，但我们并不总能事先知道这是怎样的命运。如果无法预知，又怎么能说确定呢？

对机器来说，确定的意思需要从那些充满循环、分支和反复的自我引用的多步骤过程中寻找。它们是习性完全不同的数学动物。那种认为计算机很难的笼统印象的确不无道理。但难点不是硬件。难点在于软件如何驾驭、驱动硬件。

还记得吗？图灵对 e 问题给出的解答是没有解答：某个命题在简单的一阶逻辑中的对错是不可判定的。某些情况下或许可以，但不是全部。不存在一个能判定它对错的算法。在计算中，也有着类似的情况——一种当然的未知，或不可解（unsolvability），这就是停机问题（halting problem）：笼统地说，我们甚至连某个计算会不会停下来这么简单的问题都难以确定！不存在一种系统测试能确定某个计算是否会停下。给定一个程序及其输入信息，不存在一个能确定这个程序究竟会停下还是会无尽地运行下去的算法。[33]

换言之，停机问题没有 DNA 检测式的方法。要知道某个程序会不会停下，除了运行别无他法。也就是说，我们不得不将所有的运行步骤从头走到尾——如果真有结尾。假如程序停止，那么我们就有了答案；但要是它不停下，那就还不知道。再多运行一会儿会怎样呢？如果它进入了一个死循环，等待就是徒劳。但我们没法知道。

因此，计算机在微观上是确定的，但在宏观上是不可知的。在一般的实践中，这种矛盾并不是大问题。程序员们通常非常了解自己的程序会怎样运行——达到目的就对了。在数字光学中,未知性更多是一个理论上的难题。程序员们尽一切可能不写不可知的代码。多年来,他们总结出了许多编程守则以避免落入未知性的陷阱。

陷阱之一来自图灵非常感兴趣的一个计算理论问题:在计算的同时自我改变的能力。请看这样一个例子:(1)用输入数字 x 减去输入数字 y。(2)若结果为负,则在步骤 3 中执行步骤 4;否则执行步骤 5。(3)执行步骤 4。(4)输出负号,并终止。(5)输出正号,并终止。

我们令 x 为 7,y 为 6 来试着运行一下:(1)7 − 6=1。(2)结果为正,因此:(3)执行步骤 5 。(5)输出正号,并终止。程序中不仅有纠缠交错的分叉和循环,目标还有可能变化。大多数现代操作系统都禁止这种自我更改的代码,像自动上锁的车门那样"保护"程序员。它的潜在破坏力太大了。尽管如此,图灵还是将这种想法引入了计算实践当中。在设计硬件时,图灵用自我修正的代码来实现条件分支的指令。[34]

如果我们将计算看作对人脑或思想的一种模拟,那么了解其中的未知性就非常有必要——正如图灵、冯·诺依曼、香农等人相信的那样。就模拟人脑来说,计算或许不是一个太好的模型,但同样也不能以所谓的"确定性"和"先决性"为由将它彻底否定。它并不是因为过于僵化或受限而低人脑一等。只有让它先运行起来,我们才能知道它会做些什么。

编程

> 为数字计算机编写程序的过程是饶有趣味的,因为它不但具有经济和科学价值,而且是犹如赋诗或作曲那样的美学实践。
> ——高德纳(Donald E. Knuth),《计算机程序设计艺术》(*The Art of Computer Programming*)[35]

编程是计算的关键,但科学家们至少用了十年才理解这一点。图灵在

1936年发表的著名论文《关于可计算数》("On Computable Numbers")里展示了最早的程序。他编写这些，是为了介绍图灵机和计算。他就此发明了编程和存储程序的概念。图灵提出了"计算"这个名词，却没有使用"编程"二字。涉及这个概念时，他往往使用"准备指令表"的表述。那么，编程这个名词又从何而来呢？

我们来仔细看看图灵做了什么。假设他想要一台能将输入纸带上的字符串翻转的图灵机。他首先制定出对应的、能够系统化地翻转字母的一系列规则——指令表。我们称这台具有特定功能的图灵机为 A。之后，我们将 A 的规则传递给一台通用计算机。请回忆之前那张机器 A 和 U 分别在纸带上运行的图示。那张图里"经过编码的 A 的规则"就是我们所说的 A 的程序。巧妙的、脑力工作的部分是设计 A 的指令表——而非将它编码为输入 U 的形式。编码本身是直白而机械的工作。在我们名片机的例子里，用 0 替换空格、用 f 表示正面放置等，就是编码。这是挺笨拙的操作。机器重复这样的劳动时不会感到无聊，但人会。

将编程工作划为"创造"和"枯燥"的二分法至今仍然成立。用钢琴做比喻，作曲是创造，而将音符编写成乐谱却是个枯燥的差事。现代计算机的基本操作之一就是计算中枯燥的编码过程，它被称为"汇编"（assembly）或"编译"（compiling）。程序员们使用高度符号化的、接近英语的语言编写程序。这是有趣味的部分。之后，计算机将程序转码为长长的简单步骤的序列，这才是它真正能理解的指令。顺便一提，这是一个很好的以非数值方式使用计算机的例子。这也是现在计算机运行的一般方式。

但在 20 世纪 40 年代末期，最初的计算机制造者们使用"搭建"（setting up）来描述让机器运行特定计算的准备工作。稍早一些，在"准计算机"的时代，像埃尼阿克这样的机器需要更换导线拨弄开关来改变运行设定。当时，这是往硬件上装载程序的唯一办法。后来，当存储程序计算机被发明后，"搭建"的意思不仅包括了创造一个程序，还包括将它载入计算机内存中的正确位置。

这听起来像马后炮——我们既然有了一台机器，自然就要让它运转起来。

但在那时，光是造出一台能运行的计算机就已经占用了工程师头脑的全部带宽。但很快，他们发现"搭建"是一项复杂、易出错且极为繁重的工作。这项工作变得比制造计算机本身还要重要。这在今天看来似乎很正常。有些程序由数百位程序员共同编写，包含多达上百万个步骤。

但在当时，工程师们需要使尽浑身解数才能让"搭建"工作稍稍轻松一点。他们也需要给这项工作换个名称。在普林所的冯·诺依曼档案室里，保存着动词"编程"（programming）第一次出现的历史瞬间。与之同时诞生的还有编程的艺术，一门崭新的学问。[36]

在一份日期为 1945 年 9 月 5 日的备忘录里，冯·诺依曼在每一处可以用"编程"的地方都使用了"搭建"一词，又在周围标了问号。他写道："我想再次强调……一种灵活的、高度自动化的'搭建'方式对机器的科研用途来说是绝对必要的，这非常值得我们深入思考。"不论名称如何，这个操作绝对必要。[37]

在 11 月 1 日的一封信里，他用试探性的引号第一次给出了"搭建"一词的替代："我们正在筹备研发的电子精密设备无疑将在速度和灵活性（全能性）上超越它（埃尼阿克）。同时，它将便于'搭建'或者'编程'。"也就是说，不会再用到埃尼阿克的连杆和线缆了。[38]

然后，一切水到渠成。几周以后，从 11 月 19 日开始，"搭建"消失了。只剩下光明正大、不加引号的"编程"二字。第三份文件是一次会议纪要，由项目组成员弗拉基米尔·兹沃里金（Vladimir Zworykin）的办公室保存。"下列表格中的代码仅仅用于表明这项工作的可行性。所列出的操作足以完成编程。"不只是"编程"，连"写代码"（coding）也在这些文件中出现了。[39]

冯·诺依曼的团队显然认为编程是创造性的工作，而写代码意味着枯燥。今天的程序员们自称"码农"，因为他们"写代码"。但他们指的是创造性的那部分工作。他们知道，如今枯燥的部分已经由机器完成了。

因此，在 1945 年末，冯·诺依曼的团队——很可能就是他本人，成为最早以接近今天的语义使用"编程"一词的人。图灵很快也在 1947 年的一次讲座中开始使用这个术语。尽管他只是在限制性的语境中使用了几次。[40]

无论用哪个名词,科学家们很早就意识到创造性的编程才是计算中较难的部分,围绕它必将产生一门前途光明的学科。世界各地的计算机系都达成了这个共识。

编程令像素呈现虚拟世界。它将数字光学的范畴从拍摄图像扩展到了制作图像——从拍出来到算出来。

关于计算机的几个迷思

> ［它］成了一台神奇的织机,图案一边由百万飞梭织出,一边慢慢消逝。这些图案不总是有意义,也不会一成不变;它们来自许多子图案在动态中的和谐。
> ——查尔斯·谢灵顿爵士(Sir Charles Sherrington),
> 《人的本质》(*Man on His Nature*)[41]

下一章里,计算的概念将被付诸实践——我们将回眸发明第一台计算机的竞赛。在此之前,让我们先澄清有关计算机的三个迷思:计算机不一定插电,不一定由比特构成,其原理也不基于数字——甚至不是 0 和 1。

首先,计算机并不一定是您通常看到的形式:手机、笔记本电脑、台式机、大公司使用的巨大主机、高科技研究机构使用的超级计算机。我们的名片机就是个绝好的反例。它是一台计算机,为了达到我的目的,它由纸上的油墨、硬卡纸和金属薄片造就。它无疑是不插电的。

把一间教室的学生变成一台计算机是个广受欢迎的教学演示。让我们更进一步。假设我们让所有 12 岁以上的美国人排成一列,这个队列将成为计算机的纸带——它的内存。要是内存不够,我们可以再招募些加拿大人和墨西哥人。假设每个人都有五顶颜色各异的帽子,作为我们纸带上的五种符号。第六种符号就是不戴帽子,这是大多数人的初始默认形态。我们挑出一个人来做纸带的扫描器。当我第一次设计这个例子时,巴拉克·奥巴马(Barack Obama)

还是美国总统，我就请他来担任我们的扫描头。他手头有名片机指令表中的24条规则——当然，是用五种帽子的颜色而非数字1—5表示的（不戴帽子指代空格）。规则还是被分为四组，分别放在他的四个口袋里，两前两后。于是，他的四个口袋就表示四种状态。

奥巴马首先看到了一个戴红帽子的人，于是应用了前面右边口袋里的一条规则。那个人据此换上了另一种颜色的帽子，或者直接摘帽。随后，奥巴马根据指令左移或右移一个人的位置。如果规则要求，他还得换口袋。依次不断重复。这个系统什么都能计算，因为它和我们的名片系统——通用图灵机做着一模一样的事。这是通过两种硬件实现的同一台机器。这就是一台真正的计算机——同样不插电（也不使用数值）。

名片机或与其等效的"人工"计算机，同样是对计算机第二个常见误解极好的反例。第二章里，我们讲了一些双向状态的例子，如电灯开关的拨上和拨下。名片机系统有着四种状态，或者说方向。在纸带的每一格上都有六种取值，或者说符号。名片机里没有哪个部分是仅有两种取值的。因此，它并非由比特构成。它的"人工"等效中也没有比特。

比特并非必需，但工程师们很快发现，它们在实践中极为好用。事实上，在图灵的想法被呈现为比特之前很多年，它们就已经被应用于计算机设计之中了。用比特落实图灵思想的那个人是克劳德·香农。或许是1943年与图灵在曼哈顿的会面启发了他在这方面的研究兴趣。那次会面名义上是为了探讨声码器。香农证明了，具有任意符号数的图灵机都可以被另一台仅有两个符号的图灵机取代且保留进行相同计算的能力。图灵机的纸带是它的内存，那么纸带上的一格就对应香农的专用图灵机一比特的内存，仅有两种取值。[42]

第三个迷思则更有害：一个比特的两种取值必须是0和1。换句话说，既然计算机由0和1组成，那它本质上就是由数构成的。这种误解将计算器和计算机混淆了。前者的确是一个摆弄数字的机器，后者却是一个大得多的概念。这种迷思还犯了混淆名实的错误。一个名称和它表示的对象有着天壤之别。

这种误解来自我们对比特两种状态的命名习惯。我们一般称它们为"0和1",但我们同样可以叫它们"日和夜""上和下""点和线",甚至"哼和哈"。我想您也同意,这些名称不如"0和1"那么方便和简明。但是,正如名片机上的数字,它们只是符号,而非真正的数。

不难理解为什么计算会被误解为必须与数相关。图灵最初的论文题目就是《关于可计算数》。埃尼阿克名字中的 N 代表"数值的"(numerical)。"算法"一词源于算术。最初,在那些缓慢的机器上运行着的计算多是数值计算——例如氢弹研究中的运算。数,是计算作为一种全新的工具最早的应用对象。甚至,某些先驱者们自己也未必完全理解,计算机远不只是一台快速的算术工具。但图灵无疑明白计算机还能做些什么。事实上,在布莱切利公园里,图灵的炸弹机和纽曼的巨人机都没有计算数字。它们使用替代符号来破译密码。[43]

本节引言的作者谢灵顿爵士用了著名的"着魔织布机"比喻来描述人脑皮层的激活。这种描写也同样适用于现代计算机。改变的是"图案"(pattern,亦指模式)而非数字,除非我们选择数字作为我们赋予图案的意义。数字仅仅是我们利用这些图案的诸多方式之一。对计算机来说,这仅仅是"图案"。

假如计算机里没有数,那么在里面的是什么?今天,几乎全世界的计算机都是电子结构并由比特构成。它们的核心是计算机芯片——这可能是我们最重要的技术成就。假如您能看透一个工作中的芯片内部,就会找到许多高低电压形成的图案。它们就是比特。

一个您熟悉的、能看见(其实是测量出)类似图案的地方是您家的电表。我们知道,交流电压以傅立叶波的形式在峰值和谷值间按每秒 60 周的频率振荡(美国标准)。通过插头进入您的计算机的是一个恒定频率振荡的波动,电压由低变高又由高变低。

但在芯片中,电压不会如交流输电线中那样平滑而连续地变化。它将保持一个恒定值(比如高位),直到一条计算指令让它变为另一个值(低位)。每个芯片位都会被或高或低两种电位之一占据,并且能受控制地互相转换——这就对应了比特或 1 或 0 的取值。把抽象的概念化作了现实,多么方便!比特的物理实在是电压，而不是数字。

假如把一台计算机想象为数万亿比特整齐划一的集合，您就能理解谢灵顿的比喻为什么适用了。当今日的计算机以极高的速率运行时，那数万亿电压构成的图案就会以每秒数十亿次的频率卷舒开合，上演美妙的电子舞步。它们还能"织"出一部电影。

数字光学的核心不是像老式涂色书那样把图像对应为一个个数字，而是将我们日常所见的光影运动的图案表示成机器内部的电压图案。我们用计算机的图案模拟世界的图案。

联结

布莱切利公园的密码学家和数学家们熟悉的文字是加密的德国军令。对伦敦布鲁姆斯伯里的作家和思想家们来说，文字意味着精妙的英语文学。乍看起来，两路人马好像毫无共同点。但这两个圈子却在 20 世纪 40 年代和 50 年代以一种松散但有趣的方式产生了交集。

这并非完全无法想象，因为英伦的知识分子们不论文理，通常会分成牛津和剑桥两大阵营。例如，作家 E. M. 福斯特（E. M. Forster）、出版家莱昂纳德·伍尔夫（Leonard Woolf）和经济学家约翰·梅纳德·凯恩斯（John Maynard Keynes）作为布鲁姆斯伯里的重要成员，都来自剑桥的秘密社团使徒会——图灵的伙伴甘迪和钱珀瑙恩参加的社团。

这不过是个巧合。另一个类似的联系来自斯特拉奇一家。布鲁姆斯伯里的里顿·斯特拉奇（Lytton Strachey）的哥哥奥利弗是布莱切利公园的密码学家；他的侄子、奥利弗之子克里斯托弗是图灵在剑桥时的同学。克里斯托弗·斯特拉奇（Christopher Strachey）是下一章的重要人物。他开发了有案可稽的第一个电子游戏。

意义更重大的联结存在于福斯特和图灵之间。福斯特的小说《莫利斯》

（Maurice）敢于描写"王尔德那样的不可谈及之人"[①]的生活。据说图灵从这本书中获得了心灵的慰藉。[44]

最有趣的关系涉及布鲁姆斯伯里的另一个灵魂人物——弗吉尼亚·伍尔夫（Virginia Woolf），出版家伍尔夫的妻子。她的日记以详细著称，其中毫不意外地出现了丈夫手下的一位文学编辑的名字：琳·欧文（Lyn Irvine）。琳的丈夫正是马克斯·纽曼，图灵的导师和同事。[45]

出于对他们有一半犹太血统的孩子们的担心，琳带着孩子们逃往新泽西的普林斯顿。马克斯熟悉那个地方，战前他曾和图灵在那里共事。但他本人留在了英国，琳独自一人照顾孩子。约翰·梅纳德·凯恩斯曾借外交访问的机会，在于华盛顿会见罗斯福总统几个小时后便前往普林斯顿寻找琳。凯恩斯的到访想必颇慰琳远离伦敦的乡愁和智识上的寂寞。

琳和马克斯的幼子威廉一直记得那次拜访。凯恩斯陪着年幼的威廉去理发，恰好就坐在冯·诺依曼身边。小威廉不知为什么哭了起来。凯恩斯只好用他那如簧巧舌连哄带骗，才把小威廉安顿到正在刮脸的冯·诺依曼旁边的椅子上。[46]

随后，琳和图灵的友谊始于他们一同搬回英国定居曼彻斯特。琳仍然渴望伦敦的文学生活。她把图灵当作马克斯那些满嘴数学的访客中的异类。在她眼里，图灵有着"格外单纯、谦逊和温柔的品性"。通过她，我们对圣人图灵的了解更进了一步。

即使在琳的眼里图灵不算极客，她还是记录下了图灵的极客特质。她在为莎拉·图灵（Sara Turing）为儿子写的传记撰写前言时提到"他的衣着总是不对劲"，并且"与他人的目光接触总是显得怪异"。

当图灵被逮捕，除了国家机密之外毫无秘密可言时，琳反而和他走得格外近了。在最后的日子里，他曾对琳说："我就是想不通，和女孩上床怎么会有和男孩上床那般美妙？"

[①] 指同性恋者。

"完全同意,"琳答道,"我也喜欢男孩。"

他们之间的亲近掩盖了图灵的极客性格。不再有"目光接触总是显得怪异",图灵的眼睛在琳笔下"如着色玻璃般湛蓝、明亮而热烈"。"一旦被他真诚地注视过,听过他自信而友好的谈话,就绝难错过他的眼睛。他的眼神坦率而富于理解,有着令人屏息的温顺。"和图灵的母亲一样,琳也始终不相信他会自杀身亡。[47]

对数字光学来说,琳的长远贡献在于培养了她的儿子。威廉·纽曼在日后参与编写了第一本计算机图形学的教科书。

鸣枪起跑

我们即将开始的第四章讲述了数字光学的诞生——以及它如何与计算机的诞生息息相关。这里,我们对第三章做一个简单的回顾。本章对计算做了直观的、概念性的介绍,强调了微观上的每个步骤有多么简单。这与其非凡的通用性和宏观上的未知性都形成了鲜明对比。编程的过程既充满创造又困难重重。我们把计算解读为系统化或者说算法化的符号模式处理过程。这些过程是通过大量重复极其简单的步骤实现的。本章还澄清了把数字当作计算基础的误解——计算机里没有 0 和 1。这种想法的局限一定程度上受到了决定论的影响。我介绍了速度、比特和电子元件对计算来说并非必需。

即便如此,下一章的主题正是速度、比特和电子元件。速度在现实世界中至关重要,而比特和电子元件正是提速的关键。意外的惊喜是增强性和随之产生的数量级的秘密。计算将如超新星般爆发,放射出数字之光[①]。

[①] 原文为 Digital Light,即数字光学,这里用作双关语。

促 成
两项高端技术

第四章　数字光学的黎明：胎动

> 我倒也不是真的只对计算机感兴趣。我做了一个，成了一个，这成功率实在不低；我也就不再做别的了。
>
> ——弗雷德里克·"弗雷迪"·威廉姆斯爵士
> （Sir Frederic "Freddie" Williams）[1]

> 我曾问过基尔伯恩教授，为什么所有计算机教材都说计算机起源于美国，却从不提英国人的贡献？汤姆（基尔伯恩）拿出叼在嘴边的烟斗，缓缓答道："该知道的人自然知道。"
>
> ——西蒙·拉文顿（Simon Lavington），
> 英国计算机史学家[2]

当我开始写作此书时，我也和广大同行一样，认为最早的计算机图像在 20 世纪 60 年代出现。具体说来，由伊万·萨瑟兰（Ivan Sutherland）及其团队首创于犹他大学。但当我试着确定具体日期时，我便马上意识到，没人能确定最早的数字图像具体诞生于何时。本章的内容就来自我对这个问题的探索历程。在剑桥、牛津、曼彻斯特、波士顿等地昏暗的档案馆里苦苦考证之后，我终于能准确、完整地讲好这个故事了。

答案令人大跌眼镜：最早的像素就出现在最早的计算机上，由英国工程师"弗雷迪"·威廉姆斯（图 4.1 左）和汤姆·基尔伯恩（Tom Kilburn，图 4.1 右）共同创造。此外，两位工程师还击败了理论巨擘图灵和冯·诺依曼，最早发明出能够有效运行的计算机内存系统。讲起话来直来直去又不失幽默感的不列颠工程师们想必不屑于对这样夸张的描述做出回应，但私下里一定会表示认同。因为，这就是事实。是他们在 1948 年在英格兰的曼彻斯特孕育了那台名为"婴儿"（Baby）的计算机。它将图灵 1936 年提出的思想落实为纯电子的硬件形式——它是一台存储程序通用计算机，与我们今天的计算机别无二致。

发明计算机的竞赛相当激烈。正如前文所说，英国人赢得了这场赛跑，但美国人不过失之毫厘。最新发现的档案显示，这场竞赛中双方的差距比从前人们普遍认为的还要小——仅仅相差几天。美国人甚至完全有率先撞线的可能。

图 4.1

不如说他们打了个平手吧。在后文中我将介绍这场竞赛的细节。但我们的中心话题是数字光学——最早的像素是由谁创造的，这个话题的胜负毫无争议。

美国人冯·诺依曼对英国人图灵提出的计算思想的理解不亚于图灵本人，而两位天才都在试着将计算思想通过硬件变为现实。但是，当局的迫害让图灵的研究停滞不前——这是他最大的、也是唯一的失败。冯·诺依曼的团队则在研发电子内存的竞赛中落后于威廉姆斯和基尔伯恩。他们和十多个早期美国研究团队后来都采用了威廉姆斯和基尔伯恩的内存设计。

毫无疑问，威廉姆斯和基尔伯恩共同开启了最早的数字光学。婴儿机内存中的比特通过阴极射线管（cathode-ray tube）以光点的形式显示于机器表面。每个光点都能在两种形状间切换，分别被称为 0 和 1。这些比特通过阴极射线管实现了可视化，又以整齐的行与列组成阵列，它们因而成为最早的像素。

威廉姆斯创造了最早的像素显示（pixel display），基尔伯恩则于 1947 年婴儿机大功告成的前夕——胎儿尚在母腹中时，便在这组像素阵列上绘制了第一幅数字图像。幸运的是，他用一张照片记录下了这个重要时刻（图 4.2）。

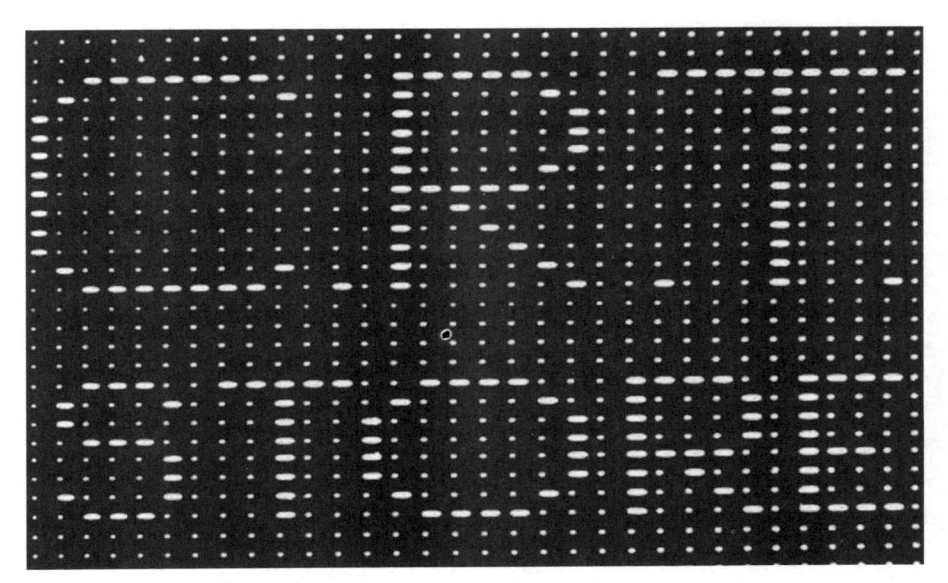

图 4.2　汤姆·基尔伯恩，《黎明曙光》（*First Light*），1947 年

我将这张照片命名为《黎明曙光》。这幅看似平平无奇的图像，是数字光学的滥觞和黎明。它标志着整个现代图像世界的开启——一个因像素而存在的世界。最重要的是，它不是杂乱无序、任意排列的点阵，而是一幅人为设计的二维图像。

在计算机发明的年代，这种"涂鸦"被看作孩子气的玩笑之举，鲜少被历史学家们提及。在计算机发展的早期，数字光学是可以忽略的部分，因此人们对其中的"黎明曙光"也视而不见。

整个故事始于图灵的妙想。他为我们带来了通用性——一种能够控制和执行无穷多个复杂过程的手段，这是计算的第一个奇迹。但他没有带来速度。最初，计算又慢又无聊——和我们的名片机一样。图灵和冯·诺依曼都意识到了，要让软件快起来，首先要改造硬件。将图灵的思想落实为硬件——计算机，是让计算提速的关键。而这也是实现增强性——计算的第二个奇迹——所必需的。计算机就这样"分两步"向我们走来。

我把第一步，也就是1948—1965年的发展称作"第一期"。这是计算机的恐龙时代。机器的体积大到要以房间数甚至公顷数来计量，却不太聪明。它们受限于笨重的操作和极小的内存。房间大小的婴儿机在一开始仅有 1,000 比特——在今天就是 128 个字节。但婴儿机的发明标志着硬件辅助计算时代的到来。这是增强性最初的胎动。

本章标题中的"胎动"，既特指"婴儿"，也泛指一切计算机。但更重要的是，它还有"加速"的双关含义。自婴儿机以降，计算机一直在不断地提高计算的速度。这是它们不变的初心。

"第二期"始于 1965 年，并持续至今。尽管第一期里计算机的计算速度同样在增加，但远远比不上第二期里的"二次加速"。在这个如超新星爆发般的时期，计算机的算力以几何级数爆炸式增长，其物理体积却随之缩小。这些变化被很好地概括于摩尔定律中：计算机的性能每五年增长一个数量级。这个震撼的结论太具革命性，以至于我们很难马上理解。它告诉我们，每过五年计算机就会变得比五年前"好"上十倍——再过五年就再好十倍。假设一台汽车在 1965 年的速度是 60 英里每小时，那么按照摩尔定律，它在 1970 年的速度就是 600 英里每小时，在 1975 年是 6,000 英里每小时——还不涨价。这对汽车来说是天方夜谭，对计算机来说却是现实。这是被验证了的奇迹。摩尔定律预言的硬件发展奇迹直接带来了增强性的奇迹。增强性则促成了数字大融合的到来，最终定义了整个现代信息世界。

拂晓：美英对决

这是一对老对手了——它们的恩怨至少能追溯到独立战争。刻板印象里，美国人总爱夸大其词，英国人则保守低调。或者更糟：美国人用钱，英国人用脑。英国间谍小说家约翰·勒卡雷（John le Carré）将美国人称作"表弟"，他形容的可不是什么和睦家庭。这对表兄弟在二战和冷战中并肩携手，但这种合作关系往往迫于情势。在发明计算机的竞赛中，两国都派队参赛。它们彼此竞争，又相互协作。这次竞赛的胜负也难解难分——差距实在太小，以至于历史学家们至今还在争论输赢。

20 世纪 60 年代，跟我同龄的美国人受到的教育是，1945 年诞生于费城的埃尼阿克——美国（我们）制造的一台机器，才是世界上第一台电子计算机。但它其实不是——它并不符合如今电子存储程序计算机的定义。甚至，在"准计算机"中它都不是第一。英国人（他们）已经拿下了第一轮，但我们美国人根本不知道。这多亏了《官方机密法案》——压迫图灵的强权。英国人在美国人毫不知情的情况下赢得了前哨战。

但说到吹嘘和误导的伎俩，英国人同样不遑多让。他们同样声称，1944 年在布莱切利公园启用的巨人机是第一台电子计算机。这也不正确。巨人机和埃尼阿克机一样，原理上都使用硬件编程，而非软件。它们都体积巨大，依靠电子元件运行，但它们都不是存储程序计算机。对这两个巨兽进行重新编程时，都需要拨弄连杆，插拔缆线——这等于以缓慢的手速为计算机重新布线。图灵提出的存储程序计算机思想的美妙之处，就在于程序本身也和它的数据一起存储在同一个内存里。要更换程序和相应的数据，只需要一次操作就能完成。假如计算机经过了电子化，那么更换程序的速度就与电子运动的速度等量齐观，远远甩开了人的速度。这样，就用不着专门安排一个人——根据实际情况往往是女孩，来慢慢摆弄导线和插头了。[3]

尽管如此，这些房间大小的巨兽们还是让表兄弟都受益匪浅。这些准计算机让美英军队如虎添翼。埃尼阿克机运行了氢弹设计所需的计算。巨人机则破译了德军密码体系，从而确保了诺曼底"D日"登陆的成功。这些机器是工程师们绝佳的电子训练场，为他们在未来设计和建造真正的计算机提供了灵感。那些真正的计算机将由和数据一同存储于计算机内部的软件程序驱动，而不再听命于外部的接线女孩们。[4]

计算机的黎明，数字光学的黎明

"弗雷迪"·威廉姆斯于1946年12月加入曼彻斯特大学。他最初的目标并非建造一台计算机，而是设计一款更快的计算机内存。战时研发雷达的经历给了他启发。最佳的解决方案或许和雷达屏幕的闪烁亮点一样，来自阴极射线管。1946年5月，威廉姆斯访问了纽约的贝尔实验室。在那里，他见到了一种前途光明的雷达技术。[5]

就在他搬去曼彻斯特前，威廉姆斯成功在阴极射线管内存入了一个比特。他设法以射线管平坦的一端为屏幕，在上面显示出了小光斑（短信号/点）和大光斑（长信号/划）。这样，他就能表达出一个比特。此外，他（确切地说是他的电路）能判断显示在屏幕上的光斑是大是小——这样，他的装置就又能读取一个比特。他能将大光斑改成小的，反之亦可。以现代术语来说，他既能随意在一个位置上写入0或1，又能读取这个位置上存储的数据。最重要的是，他写入的数值会一直保持不变，直到被他或另一台计算机的操作更改。换句话说，它有记忆。成功了！威廉姆斯在1946年成功创造出了第一个可视化的计算机比特。[6]

他正在研发的设备在后来被人们称为"威廉姆斯管"。它本该叫"威廉姆斯-基尔伯恩管",因为汤姆·基尔伯恩很快前往曼彻斯特加入了威廉姆斯的团队,并于 1947 年 3 月投入了该设备的研发。到这一年年末,基尔伯恩已经能在射线管表面以矩形阵列的方式显示 1,024 个比特了——还绘制了《黎明曙光》,并拍照记录了下来。这是数字光学最早的显示(图 4.2)。很快,他发展到 2,048 个比特,绘制了另一幅图像并拍摄了照片(图 4.3)。但正如我们在第三章中讲到的,"比特"这个词在当时还不存在。因此基尔伯恩使用了"数位"(digit)一词。他将这些进展写成了他的博士论文《应用于二进制数位计算机的存储系统》("A Storage System for Use with Binary Digital Computing Machines"),于 1947 年的 12 月 1 日发表。此时,他才 26 岁。这正是黎明到来的时刻。

基尔伯恩 1947 年的报告以两张照片宣告了数字光学黎明的来临。它们不仅仅是点阵的照片,还是两幅存储于电子数字计算机中的数字图像。基尔伯恩有意设计了这两幅二维的图像。

基尔伯恩创造第一幅数字图像《黎明曙光》的方式"费劲极了"。他手动逐个点亮了 1,024 个光点。这个显示由 32×32 的展开像素矩阵构成,为此基尔伯恩设计了"排成打字机键盘"的 32 个按键来输入比特。他将这个显示描述为"图像元素"的阵列。其简称"像素"在那时还没出现——要等到 1965 年。同时,基尔伯恩也犯了将可见的显像元件和不可见的像素相混淆的错误。我们在科捷利尼科夫一章讨论过这个问题,但当时的基尔伯恩还没有弄清其中的差别。[7]

基尔伯恩用相同的打字机式冗长方法在 2,048 比特容量的内存中构建了第二幅数字图像。图中每个展开像素都有两种状态,划(大光斑)和点(小光斑),分别对应 1 和 0。这里,单个像素的表现形式是有着两种大小的圆形光斑——即使在最早的时候,像素也从来不是小方块。

基尔伯恩的目标已经清楚地体现在了他的博士论文的标题里——为计算机设计一种内存。他在文中描述了一种假想的计算机。随后,他和威廉姆斯立

图 4.3

即着手开始研制一台真正的计算机。不到半年,他们就孕育了著名的"婴儿"。[8]

图 4.4 中衣着干练的基尔伯恩已经收获了他应得的回报,成了皇家学会会士。他手捧自己的成名之作——威廉姆斯管(或者确切地说,威廉姆斯-基尔伯恩管),而背景就是婴儿机。威廉姆斯和基尔伯恩都在生前就获得了荣耀。当弗雷迪·威廉姆斯于 1977 年去世时,他已贵为"弗雷德里克爵士"和皇家学会会士。在 2001 年,即基尔伯恩逝世前一年,他被位于加州的计算机历史博物馆选为会员。在新千年开始之际授予他这一荣誉,真是恰如其分。

禁果

但没有证据表明,基尔伯恩在当时就弄懂了《黎明曙光》作为第一幅通过计算机呈现的图像的里程碑意义。在 1947 年制作了两幅图像之后,他再也没有制作第三幅。事实上,其他人也没有再用婴儿机画过图。人们似乎觉得,用计算机涂鸦太不严肃了,这简直是亵渎。数字图像成了禁果——哪怕它不会留下永久痕迹。战争刚刚结束,计算资源还是神圣的存在,而其需求日益紧张。大卫·"戴"·爱德华兹(David "Dai" Edwards)曾和威廉姆斯与基尔伯恩共同研发婴儿机。他说当年那些用户对这台机器的需求堪称"饥渴"。团队中另一个成员乔夫·图提尔(Geoff Tootill)则说,他们一直在以战时状态工作,根本无暇放松。[9]

画点小图对他们来说就是轻松一刻了。制作图像固然可以当作一次内存测试,但浪费婴儿机宝贵的算力却让不务正业的消遣罪加一等。这台机器应该用于更加"严肃"的计算。

举例来说,在几十年后的 1998 年,科学家们在婴儿机诞生 50 周年之际对它进行了精确的复刻,并举办了一次编程比赛以示庆祝。好几个在婴儿机上运行的参赛程序都在它的显示屏上绘制了图像,甚至还有动画。其中一个绘出了单词 BABY(婴儿)的字样。

克里斯·伯顿(Chris Burton)在曼彻斯特领导了婴儿机的重建。2013 年

图 4.4

图 4.5

7月4日，他安排我去曼彻斯特的科学工业博物馆一睹婴儿机的真容。它在屏幕上滚动 PIXAR（皮克斯）的字样表示欢迎（图 4.5）——计算机动画！这个程序由东道主布莱恩·穆赫兰（Brian Mulholland）在前一天写成，但它在 1948 年的婴儿机上完全能够运行。[10]

对现代程序员们来说，制作图像是理所当然的——甚至不可避免。他们在和平年代安然地工作，享受着用之不竭的计算资源。对他们来说，更熟悉的用法是把计算机作为图像制作而非数字处理的工具。没有显示、动画和交互的计算机如今几乎绝迹。今天，我们称这种计算机为"服务器"（server）。

竞速

厘清早期计算机的历史仍然不易。仅仅是曼彻斯特一台婴儿机的故事就复杂极了。一部完整的计算机史会涉及太多人、太多机器、太多国家——以及太多细节。一整本书都难以尽数此中曲折，遑论短短一章。为了删繁就简，我小心地定义了"计算机"的概念，并且只关注那些与数字光学有关的来龙去脉。这样，我们就保留了早期计算机历史中最原汁原味、共识无误的部分。

但这个精简的故事里仍有几十个角色。我还是把他们分入两队——英国队和美国队，并呈现他们之间那场精彩的竞速对决。这简直像个奥运故事。参赛选手们就和奥运代表队一样，团结在各自挥舞的国旗下争金夺银。这场竞赛的主题就是计算机的研发。回顾它的历程，我们能发现不少真相。

图 4.6 呈现了一张计算机早期历史的"流变图谱"。图中一视同仁地标注了各硬件软件和它们相应的发明者。这种形式在计算机界的叙事中几乎绝无仅有——因为象牙塔与排气筒的争斗从未停止。这里所说的软件，也包含了一切理论工作。

一些软件的开发者同样是著名的理论家——图灵和冯·诺依曼就是最好的例子。即使某些理论家的设想最终没有被应用，我们还是让他们名列图谱中，致以敬意。对婴儿机来说，它的硬件"父母"威廉姆斯和基尔伯恩（实线标注）要比早期的编程者图灵和纽曼（虚线标注）重要得多。

这张流变图谱还清晰地标示出各位"参赛队员"之间的互动和联系。不同人物、计算机和概念分别用圆圈、长方形和平行四边形表示。并不存在一个贯穿全图的线性叙述，但整张图表确有一个初始的根源。在最上方的正中间，是图灵 1936 年发表的《关于可计算数》，即那篇定义了计算的概念，仔细描述了存储程序计算机，开启了一切的论文。从这里引出了冯·诺依曼 1945 年的埃德瓦克[①]报告与图灵 1946 年的王牌机[②]报告，它们提出了计算机设计的两种构型。

编程是图中最主要的"软件"形式。《关于可计算数》中的计算的数学原理则是另一种。而第三种理论工作的形式，则以埃德瓦克报告和王牌机报告为代表。因此，图中所谓软件既包括存储程序计算机的思想、构型，又包括其运行的程序。除了从图灵论文引出的实线，从埃德瓦克报告引出的虚线也连接了

[①] 即 Edvac，"离散变量自动电子计算机"（Electronic Discrete Variable Automatic Computer）的首字母缩写。

[②] 即 Ace，"自动化计算引擎"（Automatic Computing Engine）的首字母缩写。

几乎所有计算机，表明了它们在概念上的继承关系。

类似地，在硬件方面，威廉姆斯和基尔伯恩对两个国家几台最早的计算机都产生了影响。这些设计在图中由实线标出。威廉姆斯和基尔伯恩两人没有在曼彻斯特之外参与任何其他计算机的设计，但他们研发的阴极射线管直接影响了那些机器。

构型与设计

> 在思想
> 与现实之间
> 在动作
> 与执行之间
> 暗影降临
>
> ——T. S. 艾略特（T. S. Eliot），
> 《空心人》（*The Hollow Men*）[11]

顾名思义，计算机的"构型"（architecture）就是对其构造所做的规划。这与计算机"设计"（design）的概念截然不同。"设计"一词更常用，它指代的是"将具有某种构型的计算机落实为一台电子设备"的行为。构型是思想，设计是实现。设计是针对硬件而言的，它所要求的创造力相比构型工作只多不少。但它是另一种创造力。构型工作并不对设计硬件提供任何具体指导。一栋房子的构型并不决定其设计。一个被称作厨房的空间对构成它的瓦片、木石、把手、灯光、龙头、橱柜的无数种组合提出某种要求，但不会直接确定这些建材的具体组合方式。计算机构型和设计的关系也是如此。

埃德瓦克报告中提出的著名构型——冯·诺依曼构型，影响了我们的流变图谱中至少六台计算机的设计。图4.7绘制了这种构型的典型排布。请看最下面的方框，仅仅标出了"内存"二字，却没有明确标出使用哪一种内存技

数字光学（与计算机）的诞生

英国

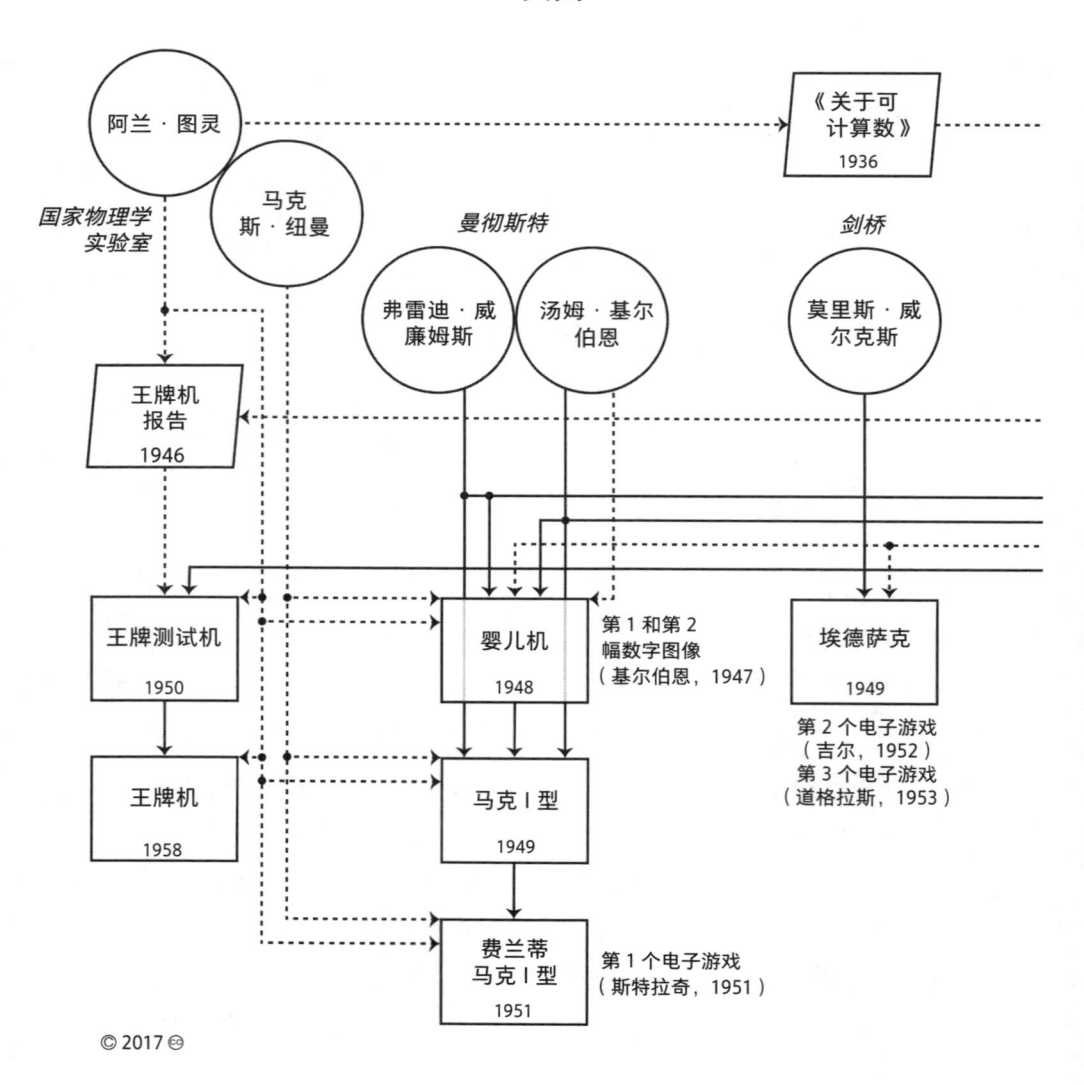

```
阿兰·图灵 ----------→ 《关于可计算数》 1936
  │
马克斯·纽曼
国家物理学实验室        曼彻斯特                    剑桥
                   弗雷迪·威廉姆斯  汤姆·基尔伯恩    莫里斯·威尔克斯

王牌机报告 1946

王牌测试机 1950      婴儿机 1948    第1和第2幅数字图像（基尔伯恩，1947）
                                                  埃德萨克 1949
                                                  第2个电子游戏（吉尔，1952）
                                                  第3个电子游戏（道格拉斯，1953）

王牌机 1958         马克I型 1949

                    费兰蒂马克I型 1951   第1个电子游戏（斯特拉奇，1951）
```

© 2017

图 4.6

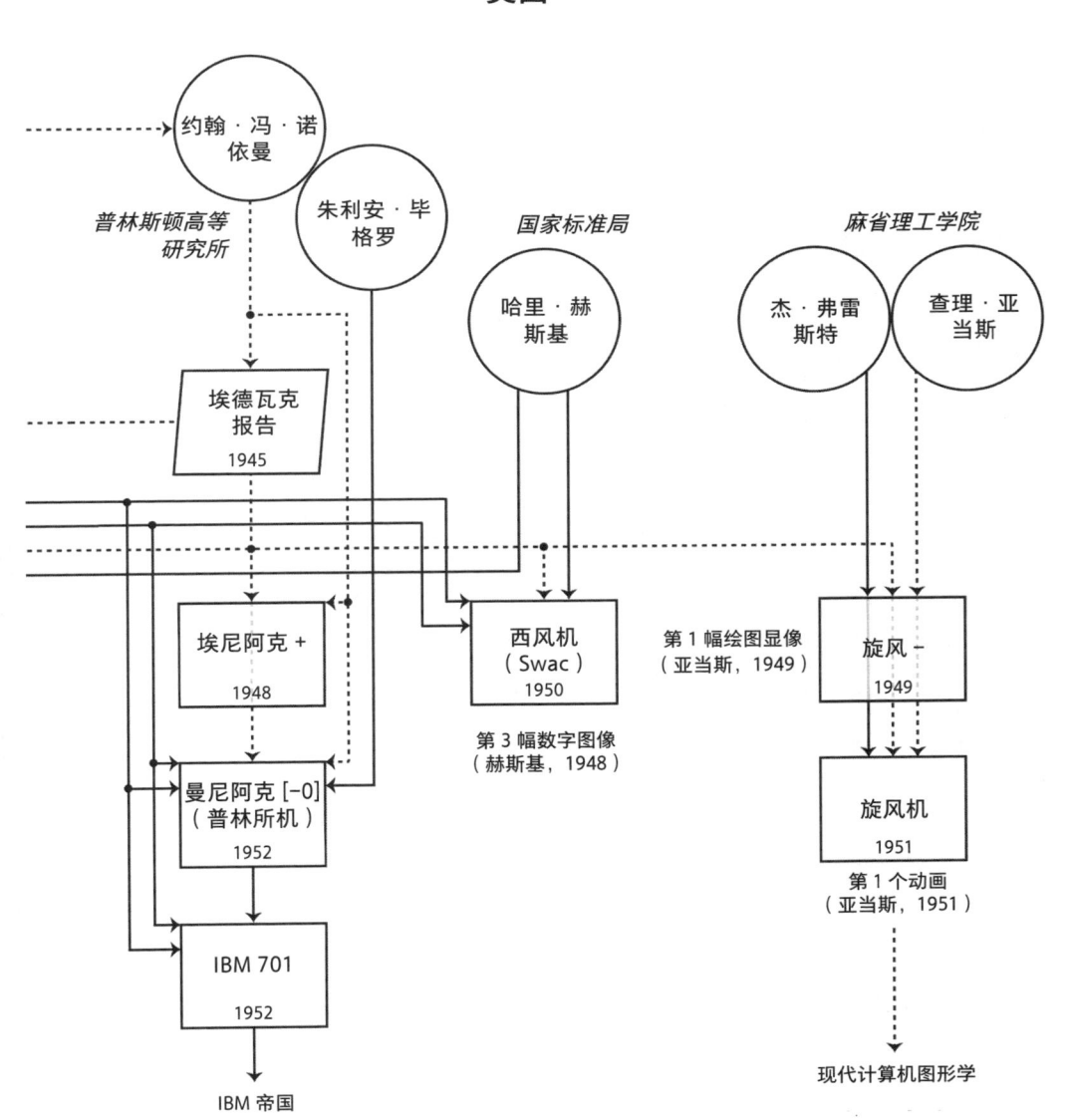

第四章 数字光学的黎明：胎动　147

软性贡献（概念、构型、软件）---------▶
硬性贡献（硬件设计、制造）———▶

美国

约翰·冯·诺依曼

朱利安·毕格罗

普林斯顿高等研究所

国家标准局

哈里·赫斯基

麻省理工学院

杰·弗雷斯特

查理·亚当斯

埃德瓦克报告
1945

埃尼阿克 +
1948

西风机
（Swac）
1950

第 1 幅绘图显像
（亚当斯，1949）

旋风 -
1949

曼尼阿克 [-0]
（普林所机）
1952

第 3 幅数字图像
（赫斯基，1948）

旋风机
1951

第 1 个动画
（亚当斯，1951）

IBM 701
1952

IBM 帝国

现代计算机图形学

术——这是硬件设计考虑的范畴。

设计者们必须面对空空如也的方框，自己想方设法在现实中制造出能将方框与图中其他方框相连的设备。他们必须熟练驾驭他们选择的物理规律，让他们的设备能像真正的内存那样去存储比特，与外界沟通，在特定的供电条件下运行。从构型的空方框出发的那一步设计是最具创造性的。没有算法可用于这个步骤。

尽管美国人设计出了最佳构型，但英国人赢在了设计上，进而赢得了整场竞赛。内存方框的设计成了计算机研发竞赛的胜负手——自然，它对制作数字图像的竞赛来说也至关重要。

冯·诺依曼和图灵二人提出的构型实际上是彼此等效的。二者都是为了

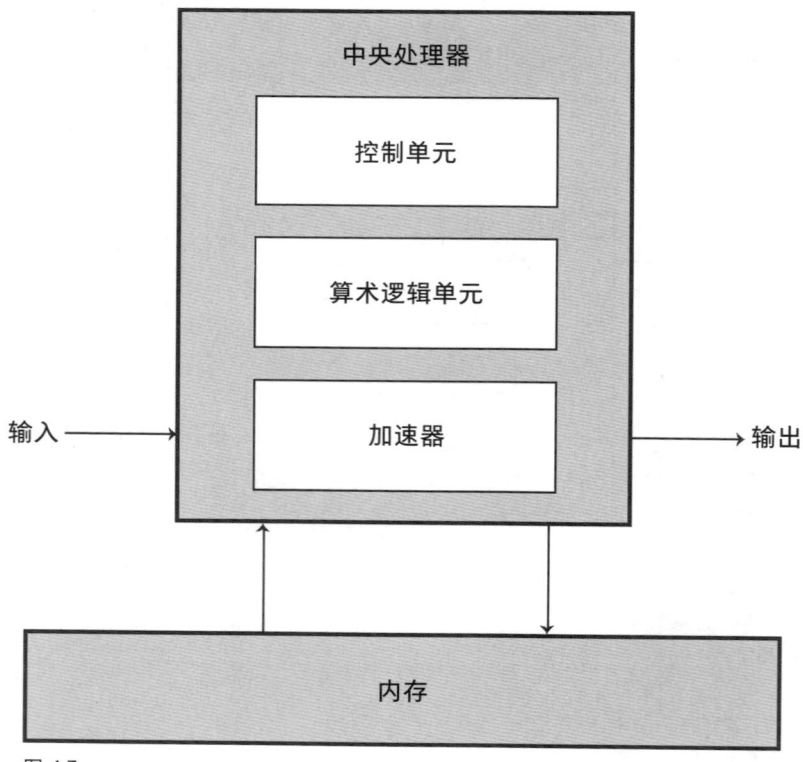

图 4.7

将图灵的存储程序通用计算机概念变成现实。图灵的构型中也包含了内存、控制、算术、逻辑、输入-输出。在两种构型中，内存和输入-输出部件都等效于通用图灵机的纸带。剩余的部分相当于扫描头。1947 年，图灵在关于王牌机的报告中明确地建立了以上联系。类似地，尽管埃德瓦克报告并没有阐述得那么具体，冯·诺依曼仍然在 1943 年和 1944 年强调了图灵提出的那些基础概念的重要性。[12]

这一切的经验法则，是软件进程的运行速度可以通过硬件实现来提高。事实上，计算机本身就是图灵提出的存储程序通用机概念经过硬件实现提速的产物。算术和逻辑能够以软件形式出现，但冯·诺依曼和图灵更进了一步。他们不约而同地提出，这些常用的操作应当通过硬件实现，尽可能地加快速度。这种区别对待一定程度上也导致了认为计算机只是算术机器的误解。

图灵的构型与冯·诺依曼团队提出的构型有本质上的区别。他的构型中有一个专门的硬件用来支持一个新概念：软件层级（the software hierarchy）。程序员们（包括图灵自己）发现，分层编程是非常好的软件设计方法。分层能赋予那些冗长、无意义的线性指令表以结构和意义。

为软件分层很像一位作家将一本书划分为各个章节。假设一个程序包含了数十万行指令——这种令人头大的怪物在今天并不罕见。它可以被分解成一百个部分，平均每部分有几千行指令。每个部分都可以根据功能和意义命名。对程序员来说，这个程序就变成了一百个有名称、有意义的"子程序"（subroutine，图灵没有用这个词）。在最高的层级上，这个程序仅有一百个"指令"那么长。每一个这样的指令都对应一个子程序。它们的关系就好比目录和各个章节之间的关系。

程序员仍然需要逐一创建子程序，把关每一个烦琐的细节，正如作家仍需要亲自写作每一个章节。但这项工作因此变得不那么烦人，更具可操作性。此外，层级还可以继续划分。程序员们可以进一步将子程序分为若干部分，并一层层地分解下去。鲸吞化为蚕食，编程的工作就更简单了。子程序的概念将一个复杂的任务驯服为容易理解的形式，正如将章节进一步分为纲目，分为段落，最终落到一个个单词上。图灵的构型中就专门安排了一个硬件加速，用来更快、更容易地划分程序的层级。

无疑，有了巧妙的分层方法的加成，图灵的构型才是更应该被采纳的那个。但事实并非如此。美国人在20世纪40年代广泛传播了冯·诺依曼的埃德瓦克报告，英国人直到1986年才公开发表了图灵的王牌机报告。[13]

英国人

王牌机，图灵的唯一败绩

与其祖父——提出进化论的伟大生物学家同名的查尔斯·达尔文爵士（Sir Charles Darwin），曾在战后试图牵头整合英国的计算资源。开头非常顺利。他聘请图灵加入了离伦敦不远的国家物理学实验室（National Physical Laboratory，NPL）。1945年末，图灵开始设计NPL计算机的构型，并很快拿出了一个方案。这台计算机被命名为"王牌机"。图灵在1946年撰写的王牌机报告中引用了冯·诺依曼不久前发表的埃德瓦克报告。后者提出了美国人的计算机构型。但王牌机报告更进一步。它不仅提出了一种构型，更包含了一个设计——很可能是史上第一个电子计算机设计方案。图灵随后一头扎进了基于王牌机构型的王牌测试机的研制工作。由计算之父图灵亲自研发的计算机本应该成为全世界第一台，但王牌测试机的研制遇到了困难。[14]

首先是因为图灵自己。因为新灵感不断迸发，他不停地改动计算机的构型。此外，他不擅长团队协作。或者说，他和其他天才一样有着极强的个性。还有其他客观问题，例如官僚机构的掣肘，以及概念和实践之间永恒的鸿沟——象牙塔与排气筒之争。隔绝硬件与软件是无法造出计算机的。不巧，达尔文爵士就是那个制造麻烦的官僚。[15]

王牌测试机终于变得一团糟，以至于图灵心灰意冷地离开了这个远未完成的项目。达尔文写道："我们达成共识，图灵应当离开。"王牌测试机在1950年5月10日才终于发出了迟来的第一声啼哭——此时距婴儿机的诞生已经过去近两年。王牌测试机勉强跻身于最早的十台计算机之列。而作为王牌测试机的完全版本和图灵最初的目标，王牌机的研发直到图灵离职十年后才完成。

1947年，在告别这个项目之前，图灵做了那场著名的关于王牌机的讲座。其中，他使用了新词汇"编程"。听众里有工程师汤姆·基尔伯恩。他正前往曼彻斯特加入弗雷迪·威廉姆斯，顺路聆听了讲座。[16]

图灵在一年后也奔赴那里。因为王牌机项目不顺利，他加入了其他计算机项目。马克斯·纽曼正需要他。纽曼是在剑桥最初启发图灵做出计算思想之飞跃的那位教授。他随后推荐图灵求学普林斯顿。此时，图灵的老恩师和领路人成了他前往曼彻斯特效力的关键因素。他将在那里为威廉姆斯和基尔伯恩的婴儿机开发软件。

婴儿机

1948年6月21日，"婴儿"降生于曼彻斯特大学。在"排气筒"那一边——电子工程系的实验室里，威廉姆斯和基尔伯恩从零开始设计并搭建了这台机器。他们是这项工作的不二人选。基尔伯恩还为它编写了第一个程序。他们在著名科学期刊《自然》（*Nature*）的9月刊上宣告了婴儿机的诞生。[17]

将要为这个项目带来图灵的纽曼，此时正在曼彻斯特大学的"象牙塔"——数学系供职。在布莱切利公园与准计算机"巨人"打过交道之后，他准备在曼彻斯特造一台真正的计算机。他认真考虑过美国人——冯·诺依曼的思路，直到他发现在曼彻斯特主场作战的威廉姆斯-基尔伯恩团队已经领先。于是，他迅速改变立场，转而为婴儿机的研发提供跨越象牙塔-排气筒鸿沟的咨询。

婴儿机的第一个程序出自基尔伯恩，而非图灵。作为迁往曼彻斯特的准备，图灵所做的第一项工作就是排制婴儿机的指令表。他于1948年7月第一次为刚刚诞生不久，还没有灵魂的婴儿机编写了一个（错误百出的）程序。三个月后，图灵抵达了曼彻斯特。[18]

后来，曼彻斯特的工程师们因婴儿机项目的成绩过度归功于图灵和纽曼而愤愤不平。他们有理由不满，尤其是图灵直到尾声阶段才到曼彻斯特。这其中固然有象牙塔和排气筒之间的传统龃龉，但另一方面，对一项改变世界的复杂科技创新工程来说，合理地匹配贡献与名声的确是一大难题。

但威廉姆斯和基尔伯恩也承认，图灵和纽曼在婴儿机的开发过程中扮演了重要角色。1975 年，威廉姆斯回忆："汤姆·基尔伯恩和我曾对计算机一无所知，但对电路了如指掌。纽曼教授和图灵先生则谙熟计算机的原理，却不懂电子工程。他们手把手地为我们解释数字如何在机器里各得其所，又如何在计算过程里有始有终。"这很可能只是威廉姆斯的夸张，并非历史事实。但他的确多次重复过这个故事。[19]

基尔伯恩 1947 年的博士论文则让婴儿机的历史更加错综复杂。这篇论文中引用了图灵和冯·诺依曼"尚未发表的工作"。基尔伯恩所指的无疑是 1947 年图灵的王牌机报告和 1945 年冯·诺依曼的埃德瓦克报告。尽管威廉姆斯日后承认了图灵和纽曼的贡献——关于"数字如何各得其所"的指导，但他和基尔伯恩采用的构型并非来自图灵。在听完图灵的讲座后，基尔伯恩说他永远不会用"那种方法"设计计算机。相反，他们将冯·诺依曼的构型应用于婴儿机。他们口头上表达着对同胞的认可，行动上却借鉴了对手——美国人的构思。[20]

"婴儿"茁壮成长，并很快"繁衍"了第二代计算机。马克 I 型——曼彻斯特马克 I 型计算机（Manchester Mark I）的简称——于 1949 年 6 月 18 日运行了一段毫无差错的程序。马克 I 型的确切诞生日期难以考证，但这个较为保守的日期足以使它成为世界上第四台计算机。图灵为马克 I 型设计了最早的软件规范。[21]

在马克 I 型的基础上很快又发展出了费兰蒂马克 I 型（Ferranti Mark I）。它的首秀是在 1951 年 2 月 12 日。这是世界上第一台商用计算机。费兰蒂是一家有着意大利名字的英国公司。这家公司一度将这台计算机称为"女士"。《卫报》(The Guardian) 在报道标题中将它美化为"一位风情万种、难以猜透的'女士'"。在一张公开发表的照片里，图灵俯身操作着女士机的控制台。和王牌机一样，他也为这台机器编写了程序手册。[22]

埃德萨克

与此同时，在剑桥，莫里斯·威尔克斯（Maurice Wilkes）正在开发"埃德萨克"①。它将成为世界上第三台计算机。威尔克斯为何没有邀请图灵参与这个项目？剑桥可是图灵的母校，校内的国王学院也聘用他担任研究员。在前往曼彻斯特与纽曼会合之前，图灵还在1948年5月拜访了威尔克斯。假如受到邀请，图灵想必会考虑。

这种合作未能开展的原因大概有许多。图灵谈及这次访问时说："他（威尔克斯）说的话我一个字都听不进去。"此前，他还曾评价威尔克斯的计划"和美国人一样。他们解决问题总是靠设备而不是靠想法"。（这正是那时流行的偏见，图灵也没能免俗。）[23]

威尔克斯则写道："在我看来，图灵可谓刚愎自用。他的想法远远偏离了计算机学科发展的主流。"[24]

两人的看法在某种程度上都是正确的。威尔克斯的灵感正是直接源自美国人冯·诺依曼。而图灵的确一如既往地按照自己的步调前行——他（为王牌机）创制的构型并不被大部分人接受。

埃德萨克初试啼声是在1949年的5月6日，比婴儿机晚了一年，却领先马克I型。威尔克斯有意起了一个与冯·诺依曼的埃德瓦克相近的名字。埃德萨克可谓是毫不掩饰地挥舞着星条旗降生的。[25]

1999年，我赴剑桥参加了"计算机50周年"纪念活动。他们把埃德萨克当作第一台计算机。宾客之中有我的一位老熟人——来自施乐帕克研究中心（Xerox Palo Alto Research Center）的威廉·纽曼，马克斯·纽曼之子。婴儿机研发成功时，他随父亲住在曼彻斯特。小威廉甚至还曾与随后搬来的图灵一同玩过桌游。当威尔克斯在纪念会上发言，把埃德萨克称为第一台计算机时，威廉扭过头，用他特有的轻声细语对我说："我们记得的可不是这样。"[26]

---

① 即 Edsac，"电子数据储存自动计算机"（Electronic Data Storage Automatic Computer）的首字母缩写。

美国人

开枝散叶的埃德瓦克报告

在美国，冯·诺依曼和他的团队完成了埃德瓦克报告，并在此基础上设计了一台计算机。埃德瓦克机在很久以后才真正运行起来，但这无伤大雅。这台机器的构型——冯·诺依曼构型，产生了极为深远的影响。1945年的埃德瓦克报告让这个构型得到了迅速而广泛的传播。出乎意料的是，连英国人的婴儿机和埃德萨克机都采用了这种构型。因此，图灵提出的存储程序计算机和计算概念本身可以说由冯·诺依曼转化为了一台真正实用的机器。当然，我们必须承认他们两人都了解且理解彼此的工作，并互相承认对方的贡献。[27]

埃德瓦克枝繁叶茂，衍生出了遍布天下的16个"儿女"（我们的流变图谱标注了其中6个）。其中，最主要的是普林所研制的"曼尼阿克"①。它的软件研发由冯·诺依曼领衔，硬件研发由朱利安·毕格罗（Julian Bigelow）领导。曼尼阿克衍生出了IBM 701。这是"蓝色巨人"的第一台商用电脑，标志着这家大公司在计算机领域中统治的开端。

仿佛"曼尼阿克"这个名字还不够搞怪似的，埃德瓦克的另一个后代被命名为"强尼阿克"（Johnniac）——致敬"强尼"·冯·诺依曼。这种命名法为我们带来了1957年电影《电脑风云》（*Desk Set*）中的角色"艾美拉克"（Emerac）。在影片中，它与凯瑟琳·赫本（Katherine Hepburn）一道为了一份工作和斯宾塞·屈塞（Spencer Tracy）的爱争风吃醋。此外，还有《超人》电影中的大反派"布莱尼亚克"（Brainiac）。在最早的缩写中，ac原本指代"自动化计算机"（automatic computer），但在"埃德萨克"中指"自动计算器"（automatic calculator）。更有甚者，ac在"艾美拉克"中指代"算术计算器"（arithmetic calculator），完全偏离了计算机的定义。

---

① 即Maniac，意为"狂热"，是"数学分析机、数值积分机和自动化计算机"（Mathematical Analyzer Numerical Integrator and Automatic Computer）的首字母缩写。

有趣的命名法同样反映了普林所里象牙塔与排气筒的争执。"普林所"这个称号指代的是普林斯顿高等研究所，以区别于同在当地的普林斯顿大学。普林所里的象牙塔科学家从没使用过"曼尼阿克"这个名字。他们把这台机器叫作"普林所机"，这也的确是它无趣的官方名称。除了幼稚的名称，他们还不得不忍受那些拿着电烙铁的工程师出入普林所。多亏了冯·诺依曼的力保，工程师们才能在这间研究所里继续工作。1957 年——图灵离奇死亡 3 年后，冯·诺依曼刚刚去世，工程师们就被驱逐出了普林所。和他们一同离开的还有普林所成为世界计算机科学研究中心的前途。[28]

"婴儿"是第一台吗？不，还有埃尼阿克+

冯·诺依曼注意到，作为埃德瓦克项目的成果，准计算机埃尼阿克只要改进硬件就能被改造成一台真正的计算机。于是，在他的同事赫尔曼·戈德斯坦（Herman Goldstine）的领导下，一台可编程版本的埃尼阿克诞生了——本书将它称为"埃尼阿克+"（Eniac+）。埃尼阿克+于 1948 年 9 月 16 日在马里兰州的阿伯丁试验场开始全面运行。戈德斯坦的妻子阿黛尔参与了对它的编程。尽管这台机器有限的内存只能存储几十条指令，但它的确是一台真正的计算机。[29]

戈德斯坦记载的运行日期让埃尼阿克+成为世界上第二台计算机。但最新的证据显示，它与婴儿机的竞赛很可能难分上下。埃尼阿克+的诞生日期应该在 1948 年的 4 月 6 日和 7 月 12 日之间。这取决于它何时应用了多少条指令。假如我们用最后的日期估算，就把戈德斯坦的日期提前到了 7 月 12 日。这距离婴儿机 6 月 21 日的诞生还不到一个月。[30]

但在一封 1948 年 5 月 12 日致冯·诺依曼的信中，斯坦尼斯劳·乌拉姆（Stanislau Ulam）写道："尼克·迈特罗波利斯（Nick Metropolis）给我打电话，说埃尼阿克的奇迹终于成真了。它已经输出了印满 25,000 张卡片的数据。（到现在还有更多？）这实在太棒了，特别是尼克还说那些卡片上的数据似乎都对。"这是个了不起的证据。它见证了两位参与了氢弹研制的科学家之间的对话，说明埃尼阿克＋曾在1948年5月12日成功进行了一次氢弹数据的模拟运算，比婴儿机的诞生早了一个月。无论您怎样评价这场竞赛，埃尼阿克＋绝对是一项被忽视多年的了不起的成就。[31]

奥林匹克视角

我们用奥林匹克的方式来看看这场美英竞赛的金牌榜。到1948年底，比分是1：1（婴儿机，埃尼阿克＋）。到1949年中，英国人就以3：1领先了（埃德萨克，马克Ⅰ型）。但随后美国人打出一系列漂亮的回击，包括但不仅限于以下机器：首先是"西风机"（Zephyr）。它诞生于位于洛杉矶的国家标准局。领导它的工程师哈里·赫斯基（Harry Huskey）为竞赛双方都效过力。由埃德瓦克衍生而来的西风机于1950年8月运行成功，随后改名为Swac[①]。接着是杰·弗雷斯特（Jay Forrester）的"旋风机"（Whirlwind）——1951年4月在麻省理工学院降生的埃德瓦克的又一个孩子。颇有争议的是，此前在1949年8月，旋风机的一个测试版本就取得了成功。类似埃尼阿克＋，我称它为"旋风－"。美国人在1952年和1953年又连下两城，分别是普林所冯·诺依曼团队推出的曼尼阿克和IBM公司的IBM 701。从此，美国队开始一骑绝尘，遥遥领先。世界上其他国家也加入了竞赛。到1953年，已经有十多个国家开展了共计150个计算机项目。[32]

计算机时代来临了。从事物发展的角度看，它的到来并不迅速。计算机仍等待着在第二加速期中被摩尔定律赋予指数级别的增速。但此时，对数字光学来说，可谓万事俱备——傅立叶的波动、科捷利尼科夫的样本、图灵的计算。

数字光学

英国人也在快速存储设备的竞赛中和美国人斗得难解难分。两国的团队都

[①] "标准西部自动计算机"（Standards Western Automatic Computer）的首字母缩写。

把目光投向了可视的真空管内存，这对数字光学来说非常幸运。这种内存将比特以不同大小的光斑的形式显示在一个二维网格上。因此，每个位置既是一比特的展开像素，又是一比特内存。英国人通过应用普通的阴极射线管——威廉姆斯管，拿下了这次较量，进而赢得了整场战役。很快，美国人也跟着采用了这个方案。

瓶中精灵

名片计算机，或者任何通用图灵机，都需要一条无限长的纸带作为内存。它能储存无穷多的模式——可数的、数字化的无穷。对理想化的机器来说这不成问题，但在现实中，计算机的内存只能是有限的。但请不要被"有限"这个词误导了。即使是最早的计算机，它能存储的模式数量也惊人地庞大。

这个数字大得让人失去了直观的概念。连滑稽的大数字"古戈"（googol）——1后面跟100个0——也远远少于婴儿机的状态数。（谷歌公司［Google］就是以这个大数字命名的。只不过它的创始人们搞错了拼写。）而更滑稽的大数"复古戈"（googolplex）——1后面跟1古戈个0——则远远大于当今最大的计算机的状态数。但介于古戈和复古戈之间的范围，或许可以让你理解计算机存储的状态数量的一般范围。这不过是在两个大得离谱的数字之间的又一个大得离谱的数字。重点是，正是计算机的出现，让我们人类有能力在不必思考甚至认识这些数字的情况下，去处理这些超出我们理解范围的大数——自第一台计算机诞生以来就是如此。[33]

两个阵营的工程师们都面临选择可靠内存设备以存储所有状态的问题。出于对速度的青睐，他们都选择了某种电子管。英国人——比赛最后的赢家，选择了阴极射线管。在数字大融合到来之前的岁月，阴极射线管是极为常见的电子元件。我在本书里赞美数字大融合，但不讳言它导致了模拟电视的消亡。在此之前，家家户户都有一台装着巨大玻璃管——阴极射线管的电视机。较扁平的一头就是电视机的屏幕。那时，人们给电视机起的昵称正是"管子"（the tube）。

工程师们探索的是一种通过管子输送比特的方法，一种模拟设备的数字用法。众所周知，电流由一束运动的电子组成，铜导线形成了一条有利于它流动的通路。铜线编织成的电网因此引导电流通进了千家万户。但不太为人所知的是，电子也可以通过真空流动——穿过"空"和"无"。

阴极射线管内的运动就是如此。加热的金属头成为一个电子"枪"，它从较细的一端不断向更粗、更平的另一端发射电子。如果管内有空气，其分子就会和射出的电子相撞，改变其方向并吸收其能量。为了不让这样的交通事故发生，管内的空气被全部抽走，形成了一段……真空。高电压驱使电子从一端飞向另一端。我们把加热的金属头称为"阴极"（cathode），它射出的电子流是"阴极射线"（cathode ray）。整个装置因此得名"阴极射线管"。

但是我们看不见电子。阴极射线管还需要设法将电子转化为光子——可见光。这个办法就是在管子的平端覆上一层磷光材料。当受到电子撞击时，这个涂层就会吸收其能量，同时释放出光子，从而发出可见光。阴极射线携带的能量越强，涂层放出的光子就越多，光线也就越亮。因此，在射线的正中央，光线最亮；距离中央越远，亮度也随之衰减。这就恰好形成了一个漂亮的像素扩展波的形状。

这个装置之所以能够用于存储，是因为屏幕上的光点会在停止发射阴极射线后继续保留一段时间。在这段时间内（比如 0.2 秒），由光点表示的比特就被"存储"了。它的有效时间就维持到光点消失为止。通过反复重新点亮或者说"刷新"光点（比如每秒 5 次），我们就能让这个存储维持任意长的时间。作为用户，我们能看到的只是屏幕上显示并保持了一个光点。我有时喜欢说那个光点被写或画在了屏幕上，但两者表达的都还是显示的意思。

只是，单单一个只能显示在屏幕正中央的光点太单调。我们还需要一个能将光画到整个屏幕上的方法。这就需要让阴极射线弯折，使电子能够根据我们的意愿落在屏幕上的任何一个地方，而不仅仅是中央。在数字光学中，我们需要画出展开像素的阵列。

幸运的是，运动电子的一个重要特性是其行进轨迹会被磁场弯曲。正如一束光会在通过玻璃透镜时弯折，阴极射线也会在通过一对磁极之间的区域时弯折。两组磁铁被安装在阴极射线管一端电子枪的旁边。其中一组负责控制射线的左右弯折，另一组负责上下方向。二者的组合能让阴极射线弯折到合适的角度，使电子抵达任意位置——而且，十分迅速。有时，电场也会被用来代替磁场，以起到相同的作用。

绘图 vs 光栅

有了或电或磁的变向装置，我们就能将阴极射线打向电子管的整个表面，绘制精巧的规则图形。阴极射线管的任意绘图模式——能在任意位置、任意方向绘写光点——被称为"绘图显像"（calligraphic display）。"绘图"这个单词源自希腊文的"书法"。图 4.8 左侧，阴极射线画出了一个字母 S，和我们用手写一样。射线的强度在整个图形上保持不变。图 4.8 右侧，射线同样用绘图显像的方式写出了字母 S，这次它沿着曲线打出了一系列光点——但这些点并非间距固定的网格点。因此，它们并不是展开像素。它们只是光点，且完全能够以任意的形状和间距呈现。它们与采样定理无关。正因如此，尽管美观流畅，绘图显像还是在新千年来临之前消亡了。

还有另一类显示模式：阴极射线经过调校，绘制出一系列矩形横栏——左右走向的一行行从上到下如田垄般排列。这被称为"光栅显像"（raster display），"光栅"来自拉丁文的"犁耙"（rake）。图 4.9 左侧，光线以栅格的形式写出 S。图形在每一行上线形平滑，行与行之间则相离散。老式的模拟电视（"管子"）采用的就是这种方式。但这种方法仍然不涉及像素，因而也没能存活到新千年。但只要稍加改动，质变就产生了：让射线只能在光栅上规则排布的网格位点处绘制。图 4.9 右侧，射线就以这种方式写出了 S。图形上的每一个点都有着固定的形状，且排列于网格上的特定位置。事实上，它们就是展开像素，即采样定理应用的对象。

绘图显像与光栅显像的区别对早期的数字光学来说是一个巨大的飞跃。我们不难看出其中的原因。绘图显像的确优雅美观。但在优雅之外，这种方法并没有应用像素的概念。而像素才是开启未来的钥匙。数字大融合让所有媒介形

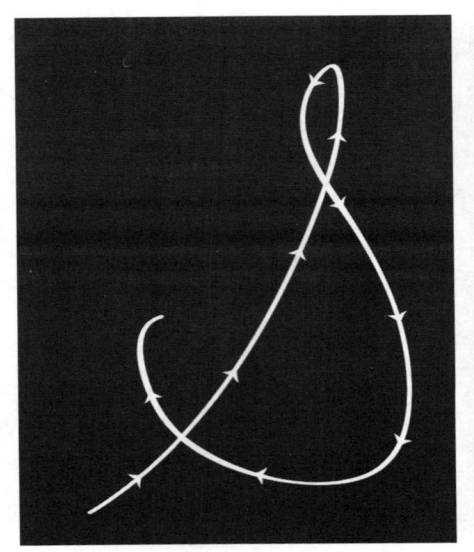

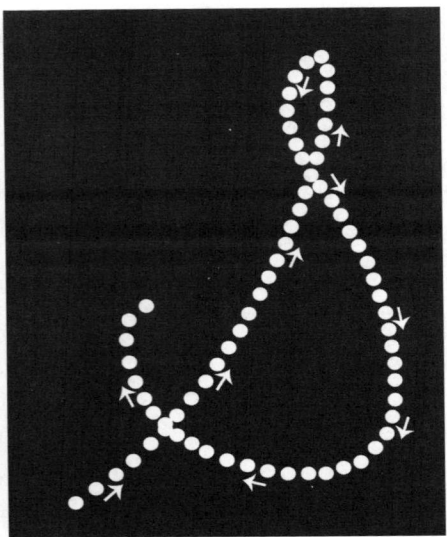

图 4.8

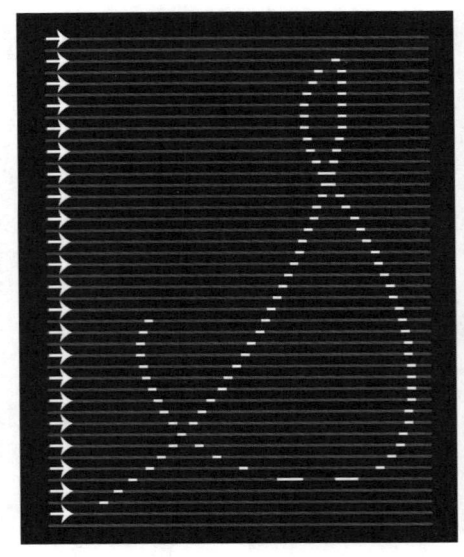

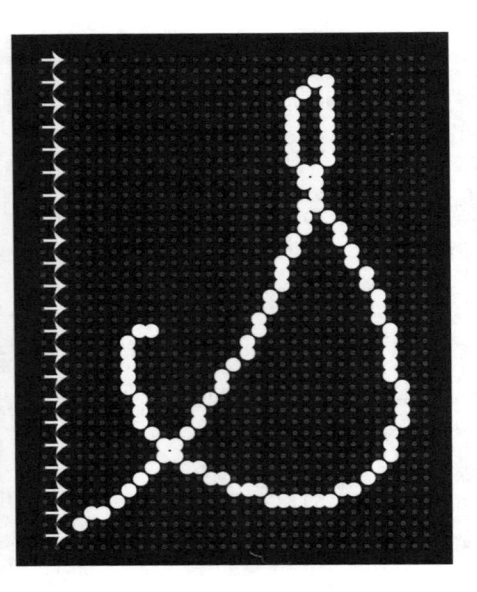

图 4.9

式合而为一，归于比特，也让所有的显像方式归于像素——也就是网格或者说光栅阵列的形式。图 4.8 右侧或许没有体现出光栅显像的优越性，但您现在正阅读的印刷文字就是一个绝好的例子。采样定理使应用了展开像素的光栅显像变得与笔画平滑的绘图显像一样美观。

请不要忘记，所有现代显像方式本质上都是模拟的。尽管以数字化、不连续的像素形式传送，我们最终看到的都是平滑而连续的图像。"显像"这一操作就是让分离的像素以连续的光色场域呈现的过程。正如我们在第二章中讨论采样时提到的，展开像素在显像的一瞬间就还原了它表示的初始视觉场景。

推动现代数字世界的首要条件，就是假定总能找到某个光栅显像设备来显示我们的像素。作为使用者，我们完全不必为任何显像设备内部的烦琐细节操心。在这里，我们探讨显像管内部原理，仅仅是因为最早的显像设备同时也是最早的内存。

威廉姆斯管的胜利

英国人凭借威廉姆斯管，或者说威廉姆斯-基尔伯恩管，赢得了内存竞赛。但严格来讲，威廉姆斯和基尔伯恩并没有发明新的设备。他们为常规的阴极射线管发明了一种新的应用方法。他们开发的计算机内存使用威廉姆斯-基尔伯恩管作为比特的"容器"。它通过阴极射线和磷光显像，将比特存储为小光点（0）和大光斑（1）两种可以从射线管表面直观读出的形式。射线以栅格的方式从左往右、自上而下地扫描整个管面。比特沿着栅格的横行被限定在空间中固定的点位上，就像田垄间播下的种子。

美国人也没闲着。在不知道威廉姆斯和基尔伯恩进展的情况下，冯·诺依曼的团队也进行了发明内存管的尝试。他们把目光投向了选数管（Selectron），由美国无线电公司（Radio Corporation of America, RCA）旗下的某个部门研发的一种管状设备。这个部门的一把手是弗拉基米尔·兹沃里金，首席设计师和工程师则是扬·赖赫曼（Jan Rajchman）。前者已经在本书第三章出场。他参与了那场命运般的会谈，见证了冯·诺依曼发明"编程"一词。事实上，这次会面就发生在兹沃里金位于美国无线电公司的办公室里，赖赫曼也在场。在20世纪20年代和30年代，兹沃里金在发明电视的过程中扮演了重要角色。

兹沃里金的研发组设计的选数管能将比特储存为一个点（1）或空位（0）。这些比特同样排列成栅格阵列，通过透明的玻璃管壁可见。但选数管可比普通的阴极射线管复杂得多。它的研发也用掉了更长的时间——这是致命的弱点。[34]

大西洋两岸的计算机研发团队不约而同地选择了可视的内存原理，实在是个美妙的巧合。要知道，他们完全可以选择其他方案。作为内存的比特并不一定要看得见——大部分现代比特就是看不见的。例如，图灵的王牌测试机就采用了不可见的内存。它通过一个水银延时装置将1表示为一个声波脉冲。而声音的传播速度在充满水银的管道内会变慢。在它行进的这段时间里，1就被"存储"了。0自然通过管道内"无脉冲"来表示。在迟滞时间内，管道里会形成若干脉冲组成的序列。从管道另一端出来的信号又会马上循环回开头，使得管内的比特能够存储任意长的时间。今天，在计算机海量的内存里，比特也是看不见的。它们被深埋于硅片之中。正因为在计算机发轫之际，比特被巧合地以可见方式表示并以矩形阵列形式排列，数字光学才获得了起步的契机。

威廉姆斯管的优越性最终吸引两队殊途同归地选择了它。婴儿机诞生还不到一个月，美国人朱利安·毕格罗——曼尼阿克的主要硬件工程师就赴曼彻斯特拜访了马克斯·纽曼，亲眼看到了工作状态的威廉姆斯管。此时，冯·诺依曼的团队已经花了很多时间钻研兹沃里金的选数管。而一旦毕格罗弄明白了阴极射线管存储比特有多么简单，他们就马上离开了兹沃里金的小艇，上了威廉姆斯的大船。冯·诺依曼团队最终用40个威廉姆斯管组成了曼尼阿克的主要内存。在美国，几乎所有埃德瓦克的一代衍生机都采用了威廉姆斯管的内存原理，其中就包括开启了"蓝色巨人"王朝的传奇计算机 IBM 701。

蓝色巨人：弗雷迪·威廉姆斯谈笑 IBM

威廉姆斯管赢得内存竞赛的时候，美国 IBM 公司（冯·诺依曼受聘担任他们的顾问）刚刚涉足计算机世界。托马斯·J. 沃森（Thomas J. Watson）正要开始掌舵这家公司。他提出的著名口号"思考"（THINK），如今已深深根植于 IBM 的基因。婴儿机和马克 I 型的成功给 IBM 带来了危机感，他们于 1949 年 7 月邀请威廉姆斯访问位于纽约的 IBM 公司总部。在那里，他们向威廉姆斯求教，曼彻斯特的那个"两个人加一条狗"的团队是如何制造出一台远比它自己——了不起的 IBM 公司生产出的所有产品都要先进得多的机器的？威廉姆斯用他那玩世不恭的狡黠姿态回应："我们先想出了一个如何存储的点子，不管三七二十一就把它做了出来。之后，我们围绕这个存储设备造了台计算机，都没什么机会停下来思考呢。"——您甚至能想象他边说边眨眼的样子。围着他的 IBM 员工们憋得喘不过气来，等到老板沃森不在时才爆发出一阵歇斯底里的大笑。

可威廉姆斯讲的这个故事千真万确。计算机其实就是这么简单——尤其是这么小的婴儿机。简单的威廉姆斯管也的确胜过了复杂的选数管。这一次，英国头脑击败了美国蛮力。[35]

婴儿监视器[①]

应用威廉姆斯管式内存的计算机并没有将同样的原理应用于显示屏。这本是有可能的——尽管很勉强。威廉姆斯管面上的比特是来自电子枪的电荷激发磷光材料后产生的光点。但真正能工作的威廉姆斯管还需要加装一个叫作"收集盘"的装置罩住屏幕。这个收集盘使整个系统形成了闭合的电路，从而收集那些激发磷光的电荷以供下一次计算使用。这个电路能够读取那些看不见的电荷出没的位置与数量，却没法"看见"那些磷光。我们人类则能看见光

---

① 原文 Baby Monitor 亦指"婴儿机的显示器"，采用了双关。

点，而看不见对应的电荷。

婴儿机主内存管外的收集盘由金属网纱构成，金属网纱是许多纤细导线编制成的一张网。我们能透过它隐隐约约看见电子管上发光的比特。这并不重要，因为昂贵的威廉姆斯管本来就被层层包裹起来，以防外来电荷的干扰。对工程师们来说，收集盘上无形的电荷比荧光屏上的闪光更重要。[36]

另有一个专门用于显示比特的阴极射线管被安装在藏好的威廉姆斯管外。这不麻烦。每当威廉姆斯管上某一行产生读数（比如说每秒 5 次），它就直接将其复制到显示管的对应行上。这个显示管不是内存，仅仅是内存的可视化拷贝。既然它仅用于显像而不涉及计算，它也就无需隔绝外来的电荷。我们通过这样一个显示装置来观察，或者说监视内存。我们因此叫它"监视器/显示器"（monitor）。

严格来说，最早的比特的确是最早的展开像素，可是工程师们把它们隐藏在电子保护罩后面。展开的像素存在着，却没有被看见——真是大隐隐于朝。只有被显示到监视器上时，它们对人类来说才是可见的。

异类

剑桥威尔克斯的埃德萨克是威廉姆斯管全面胜利局面下的一个异类。实际上，埃德萨克甚至没有采用可见形式的存储——连可视化的余地都没有。和图灵的王牌测试机一样，它使用的是水银延时原理。

但埃德萨克的工程师们也想看见水银延时装置中的比特，因此他们同样开发了一个显示器。在这个装置里，一个电子回路将延时导线中的脉冲序列转换为一系列光点，绘制在一个阴极射线管的屏幕上。电子元件采集脉冲，将它们重新排列为 512 比特的横行或 32 比特一行的矩形阵列。之后，直接将它们以栅格的形式投射在显示屏——阴极射线管的表面。这个显示器让剑桥的埃德萨克作为英国队的一员强将加入了计算机发明竞赛。请注意，这个显示器完全可以把光点排列成长长的一行，而非二维的阵列。又是一个美妙的巧合，让埃德萨克的显示器也选择了栅格显像原理。

在美国剑桥，麻省理工学院研发的旋风机是另一个没有采用威廉姆斯管的异类。杰·弗雷斯特的团队改进了威廉姆斯管的设计以满足旋风机更高的速度需求。他们设计的内存也以类似的方式将比特存储于阴极射线管内，但他们从没尝试将内存管用于图像的显示。[37]

对这种威廉姆斯式的所谓"静电内存"（electrostatic memory）的完善工作旷日持久，弗雷斯特的团队因而将一种被他们称为"测试存储"（test storage）的模式应用于旋风机的内侧设备。其中，大部分都是连杆开关！这些开关需要由使用者"编写"。旋风机能够识读，却不会编写它们——用计算机术语来说，这是一种"只读存储"（read-only memory）。研发团队同样设计了一个转码的显示器以展现测试存储设备中的内容。[38]

尽管还不是一台真正的计算机，而且很难编程，但旋风机的测试版还是在1949年8月19日成功运行了。我将这个测试样机称作"旋风-"，因为它与设计中完全运行存储程序的旋风机还存在一定差距。这种将样机当作独立发明的记述方式很不寻常，但在数字光学的历史上有重要意义。

探索到这儿，我发现了一处被遗忘的宝藏——旋风机图像档案。当我去麻省理工学院寻找时，发现它们的保存地并不在那里，而是在贝德福德附近低调的 MITRE 集团中。公司档案员克里斯塔·费兰特（Krista Ferrante）在2016年10月11日接待了我。那是我在筹备本书的研究之中最为激动、收获最大的日子之一。克里斯塔为我准备了满满一推车精心分类好的照片。实在太多了。当年的旋风机用户们毫不吝啬地制作图片。克里斯塔和我愉快地细细检索了好几个小时，而我正是在其中找到了突破。

图 4.10 展示的是一个不为人知的图像。但它很有可能就是旋风机项目产出的第一幅数字图像。它诞生于 1949 年 6 月，大概由手工设置的开关程序生成。那时连旋风-都还没准备好被编程。图中是这台计算机的官方名称"旋风一号"（Whirlwind I）的缩写 WWI。旋风一号的研发最终在 1951 年 4 月正式宣告完成。

为了弄清显示器上的光点对应着内存中的哪个具体位置，麻省理工学院工程

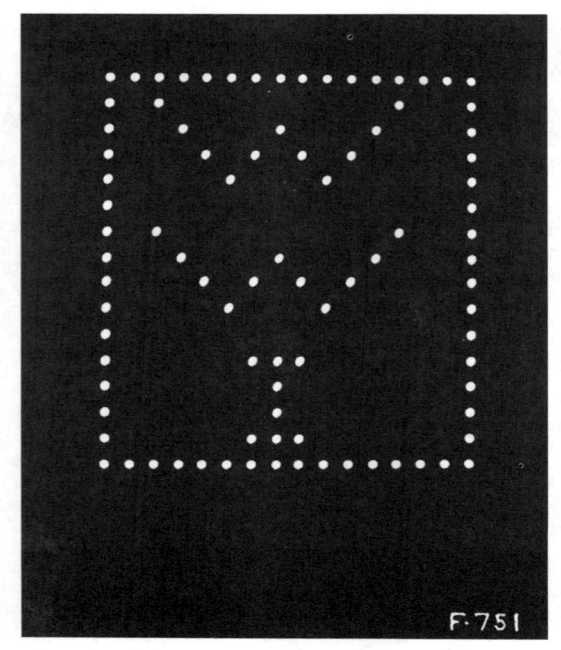

图 4.10

师鲍勃·艾维雷特（Bob Everett）做了一把"光电枪"。它能与显示器互动，熄灭某个特定的光点。它能通过擦去光点或者说展开像素，来绘制延迟显示的数字图像。图 4.11 就是 1952 年 4 月研究人员使用光电枪的情形。这是美国人的数字图像初体验。但我们马上就会看到，英国人与数字图像的接触还要早一些。[39]

绘图显像

1949 年 9 月，一个"特制的显示器"被加装到了旋风-上。这个显示器同样是一个阴极射线管。它被叫作"示波器"（oscilloscope）。这个名字来自电子工程师常用的另一种仪器。它能在二维屏幕上的任何位置标出光点而不受栅格的制约。旋风-能将光点写上射线管的表面，却无法读取它们。也就是说，这些光点并非机器内存的一部分。同时，它们也不是内存中比特的图像。示波器与婴儿机或埃德萨克机的显示器不同。它是一个纯粹的图像显示

第四章　数字光学的黎明：胎动　167

图 4.11

装置——也是计算机史上的第一个。这个装置呈现的，全部是特意绘制出的二维图像。

这是数字光学的一大进展。它使我们能根据存储于计算机内部的某种无形的描述或模型创作一幅有形的图像。这，就是计算机图形学（computer graphics）。

旋风-的程序员们由查理·亚当斯（Charlie Adams）领导，于1949年末开始利用满是开关的测试内存中存储的程序制作一些图片。图4.12呈现的是坐标轴中的一条抛物线和一条四次曲线。它于1950年5月18日绘制，是旋风-的一幅早期代表作。绘制这些图像的模型都以数学公式的形式存储于内存中。[40]

旋风-产出的大部分图像都是二维的，但图4.13中展示两幅却描绘了三维曲面。它们绘制于1950年3月6日，或许是计算机上最早的三维图形。它们

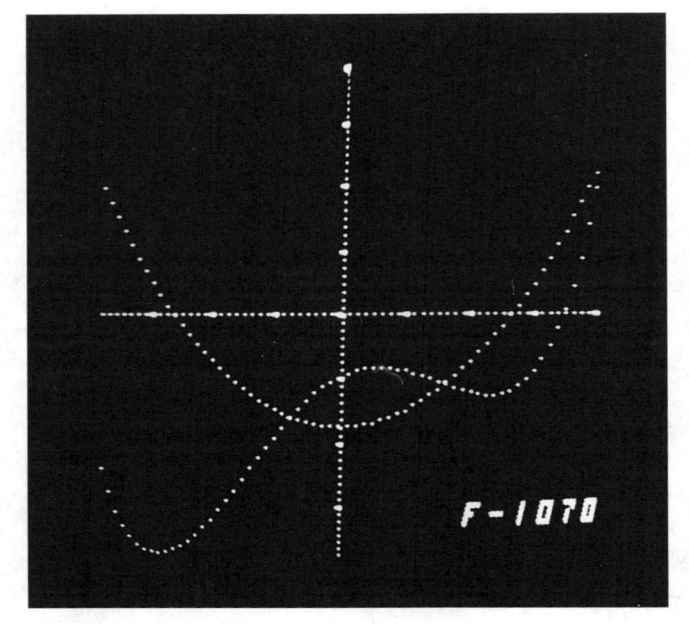

图 4.12

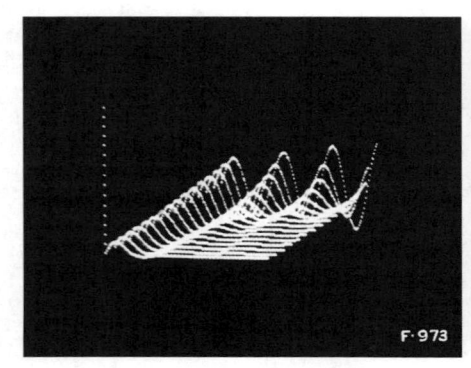

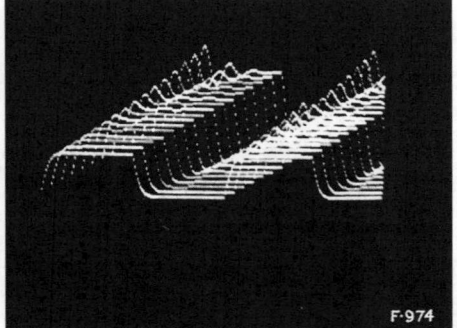

图 4.13

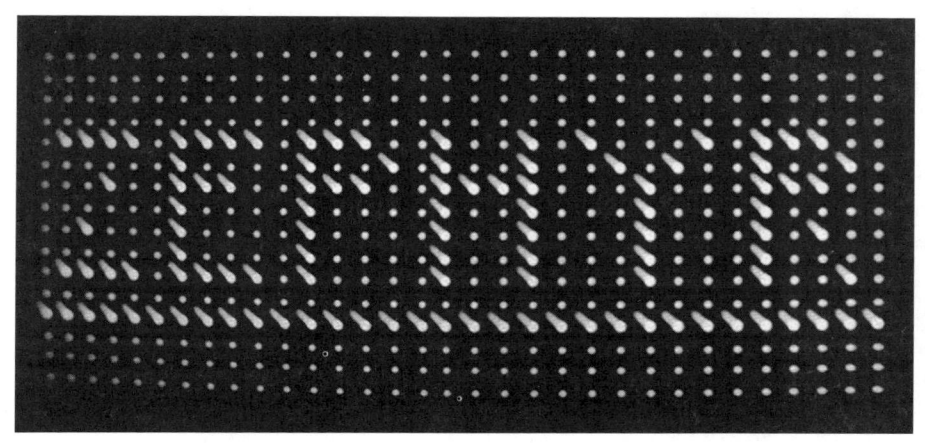

图 4.14　计算机历史博物馆供图

预示着计算机图形学的未来，但我们也同样应该注意到，这两幅图像并未采用透视画法。这一基础进展还要过十多年才会到来，那时，它还在等待着它的布鲁内莱斯基[①]。

示波器是一个绘图显像装置。它能在屏幕的任意角落，以任意的间距，在任何方向上显示光点，而非仅仅局限于水平线上固定间距的采样位置。也就是说，这些光点既非比特又非像素。从此，绘图显像和栅格显像的并峙贯穿了数字光学。主流的计算机图形学——同样也是数字光学主要的分支，将在约十年后从绘图显像出发。但到新千年之际，它又将汇入栅格显像和数字大融合的洪流之中。[41]

最初的成功

哈里·赫斯基有意绘制了图 4.14 中的数字图像。它来自另一台采用威廉姆斯管式内存，但由美国人研制的计算机。作为领衔研发工作的工程师，赫斯基没法被简单归为英国队或美国队。他最早在美国参与埃尼阿克的研发，

[①] 即菲利波·布鲁内莱斯基（Filippo Brunelleschi），意大利文艺复兴时期的雕塑家和建筑师。

后来和图灵在英格兰共事，一同开发王牌测试机。之后，他又回到美国，研发了脱胎于冯·诺依曼的埃德瓦克的西风机——也就是这幅图像中的字母对应的机器。

我有幸在 2013 年见到了赫斯基博士。那时他是加州山景城计算机历史博物馆的会员，已经 97 岁高龄。他回忆自己在 1948 年末手动调试，将图中显示的比特输入威廉姆斯管内存中。这与基尔伯恩所用的方法一样。他一开始研制西风机就绘制出了历史上第三幅数字图像。西风机后来更名为 Swac，于 1950 年 8 月正式投入使用。[42]

1948 年美国人的选数管方案未能及时成功，无法作为冯·诺依曼的曼尼阿克计算机的储存器。但它在早期的数字光学领域仍占有一席之地。某无名氏设法手动让选数管显示出一幅图像（图 4.15）。图中标示了首字母 RCA 和紧随

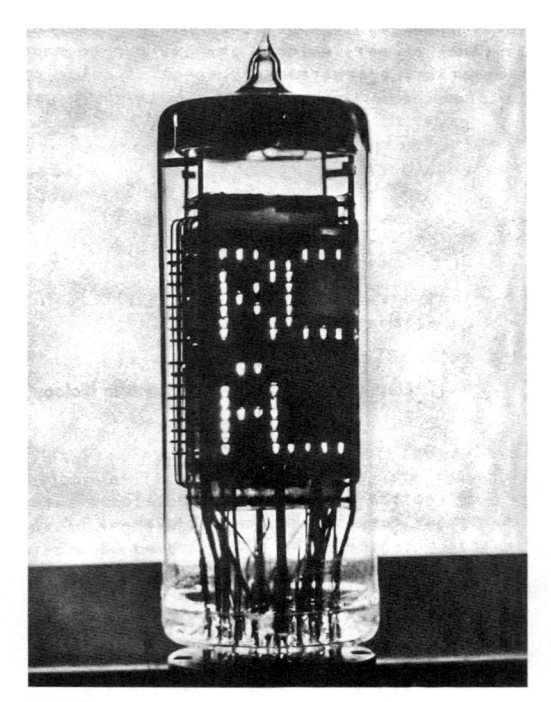

图 4.15

其后的四个点。这代表兹沃里金和拉赫曼共同研发选数管的 RCA 实验室。拉赫曼在这项研究中做主要贡献，因此他很有可能就是绘制这幅图像的人。

J. 普雷斯珀·埃克脱（J. Presper Eckert）是埃尼阿克和埃德瓦克研发团队的一名成员，他在 1946 年代表美国队做出了研发可视内存的尝试。他和他的团队尝试用阴极射线管存储比特并获得了成功，但他们没法将这种存储维持足够长的时间以作为内存使用。这是英美之间电子内存战役的又一次交锋，而美方又失败了。[43]

尽管埃克脱没能制造出属于自己的可视内存，但他在威廉姆斯和基尔伯恩成果的基础上很快做出了一个可用的内存。埃克脱手下的一位工程师赫尔曼·卢科夫（Herman Lukoff）揿动按钮，将自己的姓名首字母 H 和 L 输入内存作为测试。卢科夫创作这幅图像的时间应当在 1948 年 12 月和 1949 年 3 月之间，遗憾的是我们如今无缘看见。然而，这个内存从未被用在任何一台计算机上。[44]

绘图与栅格之争的公开化

图灵在 1951 年 3 月为费兰蒂马克 I 型计算机撰写的编程手册中收入了图 4.16 左侧的这幅图。基尔伯恩也在同年 12 月的一次计算机会议上展示了它。这幅图的右侧很可能是程序控制之下有意绘制的数字图像，尽管相当粗糙且存疑；而左侧不过是一些显示内存比特状态的无序光点，其排列并不存在二维的协同。因此，它不能算作数字图像。

图 4.16 右侧的图像也在这次会议上得到了展示。它是旋风机的作品，无疑是由某个程序生成的。这两幅图是这次会议上绝无仅有的两幅电子图像。它们公开宣告，绘图显像和栅格显像的对立正式开始。旋风机生成的图像应当能算作计算机图形学的一个例子，因为它们是由计算机上存储的程序通过内置模型驱动显像设备（绘图式或栅格式）绘制而成的。这里用到的模型是一个七次多项式——简洁、抽象、无形。这些照片进一步证明了旋风机团队早在 20 世纪 50 年代之初就开始了制作图片的尝试。[45]

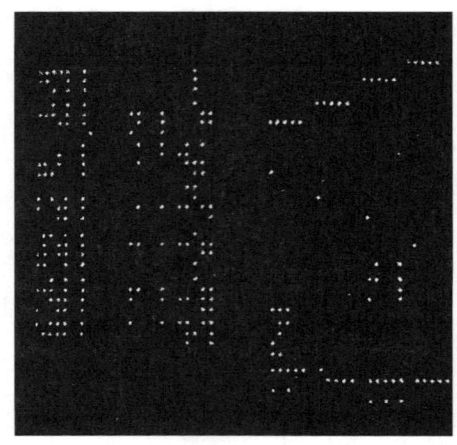

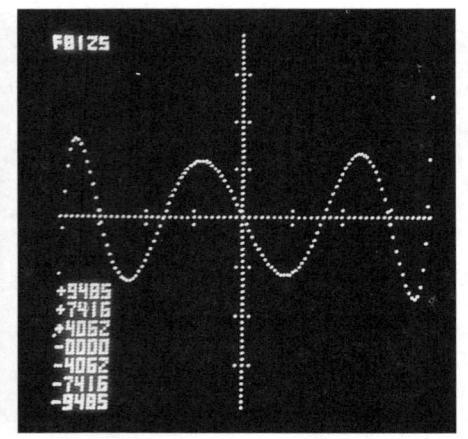

图 4.16

严肃起来的数字光学……

  图 4.17 展示的两幅图像正如其文案所写，出自 1952 年 12 月费兰蒂马克 I 型计算机的广告册。它清楚地表明，早期制造商已经意识到了计算机图像的潜在商业价值。终于，图像开始登上大雅之堂。我们能够确认，这些图像由程序生成。这是曼彻斯特团队的创始成员"戴"·爱德华兹亲口告诉我们的。这个程序很有可能出自迪特里希·普林兹（Dietrich Prinz）之手。他是一个在 1938 年从柏林来到曼彻斯特的犹太人，在千钧一发之际躲过了浩劫。[46]

……又不那么严肃：最早的电子游戏

  游戏自计算机诞生之初就陪伴着我们。或者更宽泛地说，互动性从一开始就存在。颇为惊人的是，自数字光学的黎明之时起，玩乐就是计算机科学创造力的源泉；自我们与这些最精密的机器相遇以来，我们就执着于与它们互动。

  克里斯托弗·斯特拉奇是图灵在剑桥的同学。他曾试着在王牌测试机上运行一个西洋跳棋程序。1951 年 5 月 15 日，他写信告诉图灵程序运行成功。此后，斯特拉奇又听说曼彻斯特的马克 I 型（婴儿机的后代）有着大得多的内存。可视化的内存原理无疑也令他印象深刻。斯特拉奇于是遵照图灵的编程手

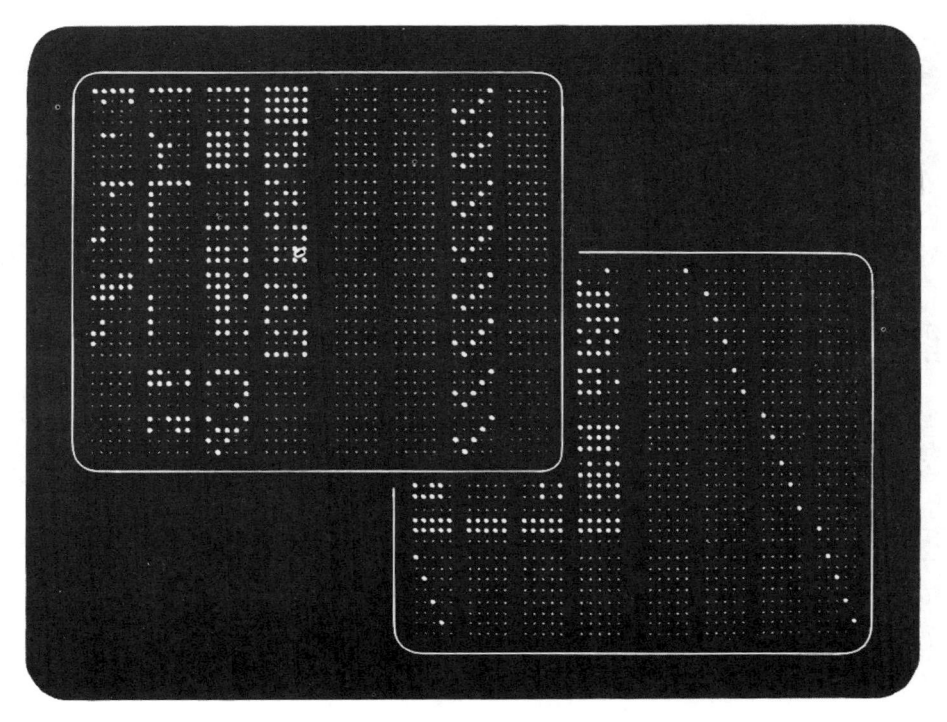

当计算机自我核查运行状态时，监视管（monitor tube）
上会显示这样的图案。此外，它还能显示曲线和图表。

图 4.17

册重新编码了自己的程序，并（最晚）于 1952 年 7 月 9 日在商业版本的马克 I 型——费兰蒂上成功运行。[47]

"他亲自撰写了那本手册。当我亲自拿到一本以后，才明白它为什么以难懂著称。"斯特拉奇谈及图灵手册时说道，"人们当时还不习惯阅读精确的描述；更糟糕的是，阿兰草率地误以为每个人都跟他一样聪明。"

跳棋程序运行时，棋盘以连续的形式被显示在计算机的威廉姆斯管上。图 4.18 展示了 6 幅斯特拉奇的原始图像。它们都来自一台存储程序控制之下的计算机。

斯特拉奇的跳棋程序是目前有据可查的第一个电子游戏。但在 1950 年到 1952 年间还有几台计算机相继问世，它们都有可能被用于编写游戏（以及或

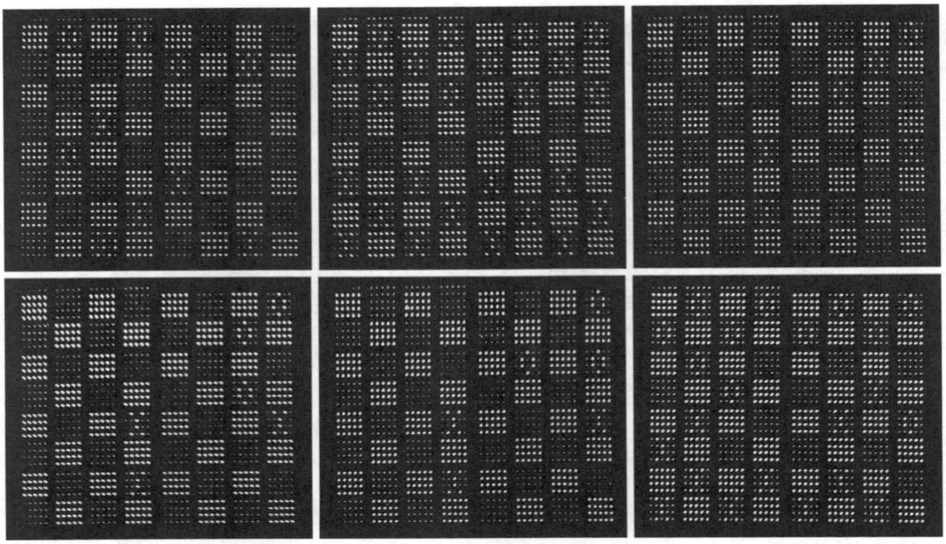

图 4.18

静或动的图像）。我们将看到，一定还有没被记录下来的真正的"第一"。

国际象棋无缘这个"第一"，尽管图灵是个众所周知的象棋迷。1950 年前往曼彻斯特拜访图灵的克劳德·香农也乐于此道。此外，早已加入曼彻斯特团队研发费兰蒂的迪特里希·普林兹和斯特拉奇本人都是国际象棋的爱好者。这个游戏对当时的计算机来说太难了，但普林兹设法将它的一部分编写为程序。1951 年，他为费兰蒂马克 I 型编写了两步以内的象棋残局游戏。尽管普林兹很可能是图 4.17 中数字图像的绘制者，但没有证据表明他的象棋游戏也采用了直观的图像显示。

另外两个与"第一"差之毫厘的竞争者来自剑桥的埃德萨克。一份由斯坦利·吉尔（Stanley Gill）于 1952 年 11 月提交给剑桥大学的博士论文，提到了一个模拟"绵羊进门"的简单游戏程序。我们读到，埃德萨克显示一条纵线以代表篱笆，上下各有一个空缺表示两扇门。每当程序开门时，门前就出现一条横线。埃德萨克纸带读取头的光线可以在玩家挥手的干扰下打开靠上的门；反之，则打开靠下的门。玩家需要让绵羊从门里横穿而过。它们的图像尽管

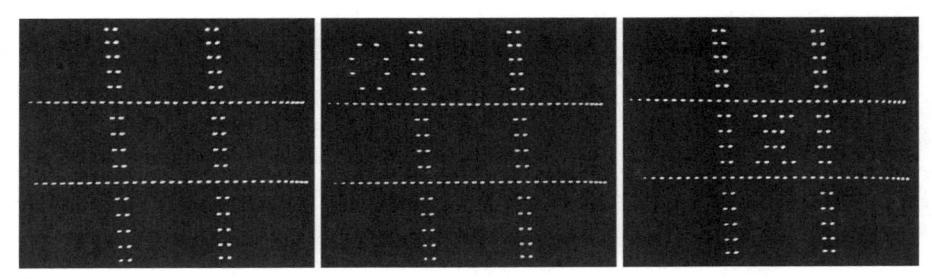

图 4.19

粗糙，却已经达到了《乓》（Pong）游戏的水准。后者要晚上好多年。遗憾的是，没人拍下这款游戏的照片。[48]

亚历山大·沙夫托·"桑迪"·道格拉斯（Alexander Shafto "Sandy" Douglas）则给自己发明的游戏拍了照片（图 4.19）。大约在 1952 年——不晚于 1953 年 3 月，他为埃德萨克编写了井字棋游戏。这三张图片是他当年从计算机监视器上拍的原始图像。和处理其他模棱两可的日期一样，我对几个游戏的先后问世也采取了保守估计的办法。吉尔 1952 年 11 月的发明日期击败了道格拉斯的 1953 年 3 月。它们分别成为已知的世界上第二个和第三个电子游戏。用相同的论点，国际象棋先于"绵羊进门"，而跳棋则挤掉了井字棋[49]

蹦跳小球：最早的动画？

有据可查的最早的数字图像和互动电子游戏都出自英国队。他们自然也做出了最早的动画。显然，婴儿机的性能足以支持动画的创作。但奇怪的是，我找不到任何在婴儿机上存在过的动画的记录——甚至连传闻都无迹可寻。婴儿机和埃德萨克都显示过数字图像的序列，但它们不过是内存状态监控过程中的巧合。[50]

据说埃德萨克曾经表现过一位高地舞者的动画形象，但仅仅保留下了文字记录。假如将"动画"定义为特意设计的随时间变化的二维图像序列，那么根据我们的考证，有据可查的世界上第一个计算机动画是由美国人制作的。它诞生于麻省理工学院的旋风机。[51]

> At any rate, the parabolas displayed as successive points on the oscilloscope screen represent solutions of the original differential equations for different sets of initial conditions.

初始条件
INITIAL CONDITIONS
X_1 Y_1 $(V_y)_1$

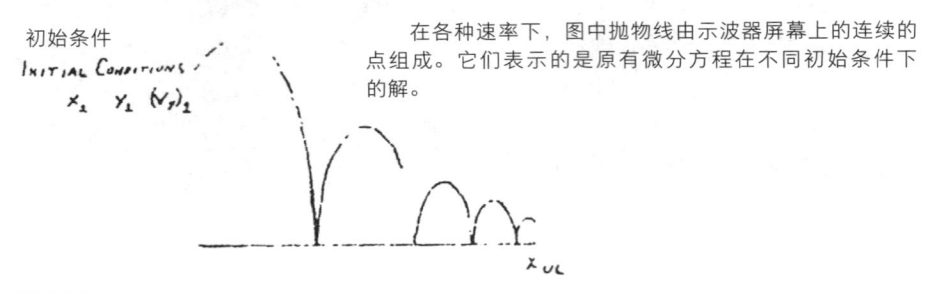

X_{UL}

在各种速率下，图中抛物线由示波器屏幕上的连续的点组成。它们表示的是原有微分方程在不同初始条件下的解。

图 4.20

旋风机的编程手册出版于 1951 年 6 月 11 日，其中呈现了一个"蹦跳小球"。手册展示了一幅示波器屏显草图（图 4.20），以及由查理·亚当斯撰写的对该程序的文字描述。图中各点按时间顺序依次出现。这或许是有据可查的第一个计算机动画，但它也可能只是一幅缓慢出现的静态图片——精确控制了展现时间。每个点一旦出现就马上消失，连续看起来就像是一个小球在跳动。

一如既往地，我还是采用保守的估计，把图像的正式发表日期 1951 年 6 月 11 日当作这个很可能是史上第一个动画的诞生日期。作为佐证的是一张拍摄于 1951 年 12 月 13 日的旋风机官方照片（图 4.21）。[52]

重视这幅图像的原因在于它的影响力。亚当斯将它描述为"很可能是在静电存储研制成功以前的旋风机上（也就是说，旋风-Ⅰ）最广为人知的演示"。亚当斯与在 1950 年 10 月开始与他共事的同事杰克·吉尔莫（Jack Gilmore）一起，将"蹦跳小球"改编成了一个游戏（图 4.22）。他们还为每一次跳动配上了"铛"的一声。因此，这个版本毫无疑问是动画。[53]

在这个游戏里，玩家需要调整跳动的节奏，让小球穿过地上的一个洞——水平轴上的一个空格以获胜。当球穿过小洞时机器还会发出不同的音效。这个游戏已知最早的图片就是这张拍摄于 1953 年 6 月的旋风机的照片。[54]

公开发表的代码中没有迹象表明这个程序会循环等待下一位玩家的操作。也就是说，它并非真正的互动。相反，它似乎只能每次通过开关输入更改三个

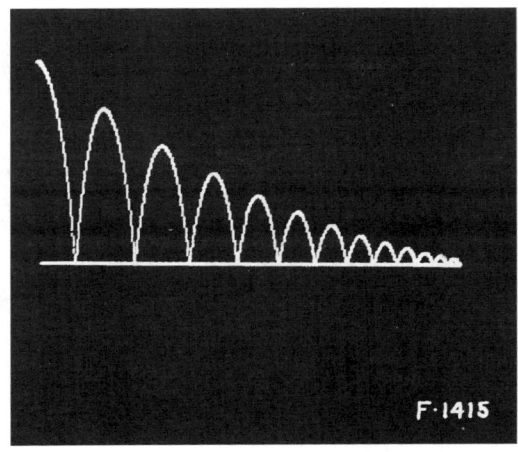

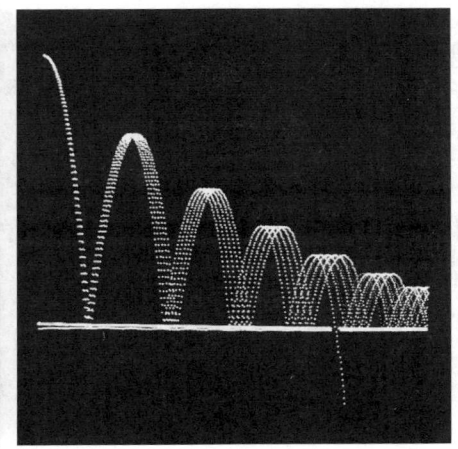

第四章　数字光学的黎明：胎动　177

图 4.21

图 4.22

初始条件（图 4.20 中标出的那些变量）重新运行。将这个程序算作互动的电子游戏或许有些勉强，但这毕竟也是一种玩法。这个"游戏"鼓舞着麻省理工学院的学生们在为旋风-编程的枯燥工作中坚持下去。[55]

绝对的第一

即使在 1952 年 6 月到 1953 年 6 月这段时间里，"蹦跳小球"还算不上真正的动画，它最终还是满足了这个定义。但在 1951 年，另有两个确凿、可追溯的计算机动画出现在了旋风机上。其中一个是栅格式的，另一个是绘图式的。

爱德华·R. 默罗（Edward R. Murrow）主持的电视节目《现在请看》（*See It Now*）在 1951 年 12 月 16 日的一期中播出了两个旋风机上的动画。节目一开始，图 4.23 中的栅格动画就呈现在观众眼前。"默罗先生你好"（HELLO MR. MURROW）的字样通过展开的像素逐渐显示出来。通过计算机的控制，文字中的每一列光点都依次亮起又依次熄灭（右侧的图像就是对此过程的模拟）。另一个动画（未收入本书）则呈现了一个移动的光点沿着抛物线运动。这个动画采用了绘图显像，每次点亮曲线上的一个点而不留下尾迹。这是动画

图 4.23

小球真正的第一次"蹦跳"。[56]

数学家马丁·戴维斯（Martin Davis）曾给我讲过一个故事，有关美国人开发的另一个早期动画。这个动画可以肯定采用了基于像素的显像手段。1952年的春天，戴维斯在伊利诺伊大学为代码排错（debug）。他所用的计算机名叫 Ordvac，是埃德瓦克的又一个后代。这台机器在 1951 年春天开始运行。和曼尼阿克一样，Ordvac 配备了一台监视器，能够调出 40 个威廉姆斯管中任意一个的状态画面。戴维斯提到，有人曾编写了一个程序在机器上显示"访客您好！这是 Ordvac"（HELLO VISITOR! THIS IS THE ORDVAC）。他的夫人弗吉尼亚证实了这种说法。这句话中的每个字母都与监视器一样高，整条信息因而无法全部显示在屏幕上。于是，这句话只能在监视器上滚动呈现。这个早期的计算机动画诞生于 1951 年和 1952 年的两个春天之间。保守估计即 1952 年春。[57]

理查德·默温（Richard Merwin）也回忆过一桩类似的轶事。他曾在洛斯阿拉莫斯先后参与了埃尼阿克和曼尼阿克的研制，后来致力于开发 IBM 702。1978 年，迪克（理查德的昵称）和我曾一同作为 IEEE 计算机科学家代表团的成员对中国进行了为期一个月的访问。那是在理查德·尼克松（Richard Nixon）访华的破冰之旅后，在中国正式开放外国人旅游之前。当我们的大巴车开过紫禁城时，在那个难忘的时刻，迪克在和我聊他见过的第一个计算机动画——一个红酒瓶向杯中倒酒。这个动画在 20 世纪 50 年代初呈现在威廉姆斯管上。它或许在曼尼阿克上，但更有可能是在 1952 年或 1953 年的 IBM 701 上，也有可能是在更晚一些的 IBM 702 上——迪克参与研发的机器。我之所以将它称为"轶事"，是因为 40 年过去了，我无法完全信赖我记忆中的细节；而遗憾的是，默温已经无法证实它们了。或许我把它和另一个故事搞混了。这个故事来自计算机图像学的先驱、劳伦斯·利弗莫尔国家实验室的乔治·迈克尔（George Michael）：20 世纪 50 年代初，IBM 701 曾将一个"啤酒瓶倒酒"的动画用作检查威廉姆斯管内存的手段。而另一位图像学先驱罗宾·弗雷斯特（Robin Forrest）的版本又不同了："据说某个聪明的程序员写出了一个程序，能显示一个'水流入杯'的动画。"[58]

朴素的采样

您或许会认为前文的《黎明曙光》不是一幅图像，因为它显示的是两行文字（C.R.T. STORE.）。但是根据定义，文字显示无疑也属于图像。用我们熟悉的话说，每一幅图像都将表示字母和数字的几何图形以像素的形式重现，正如现代动画电影也通过像素重现了表现剧中人物的几何图形。

这些图像之粗糙令人不悦。基尔伯恩用最直接的方法生成了它们，没有使用采样定理。我们甚至无法确知，他当时是否听说过这条定理。科捷利尼科夫第一次提出它是在 1933 年的俄文论文中，而香农用英语普及它不早于 1948 年。图灵早在 1943 年就知晓了采样定理，这能印证香农称它早已为人所知的说法。但当基尔伯恩制作《黎明曙光》这幅最早的数字图像时，图灵还没有去曼彻斯特。因此无论图灵有多么聪明，我们没有理由假设他曾设想过将采样定理应用于视觉领域。

每个像素仅占用一个比特，或者说两个取值，无论方法有多么简单，基尔伯恩已经做到了最好。威廉姆斯管内存像素的数量根本就不够——每像素的比特数也是一样，因而不可能精确地表现字母这样边缘平滑而锐利的物体。用频率语言说，像素的放置频率远远达不到字母中最高的空间频率（的两倍）。这不仅仅是早期数字图像独有的困扰，更是关系到数字光学成败的"锯齿"问题的首次体现。

除了麻省理工学院的绘图式图像之外，最初所有的图像、动画和电子游戏都只是生硬地将一些简单几何图形——字母、数字、直线、曲线和方格——转换为单比特像素组成数字图案。这是极为朴素的重现方法，完全没有采样定理的参与。当时，还没有人意识到采样思想的重要性，遑论它终将带来的数字大融合。这也是为什么在这个阶段，我并不强调旋风机团队采用的离散的绘图显像与其他团队采用的栅格显像之间的区别。绘图显像，也是数字光学朴素童年的一部分。

图 4.24 左侧 1760 年的这幅精美绣样与数字光学早期所表现出的朴素截然相反。顺便一提，"绣样"（sampler）一词与"采样"（sampling）看似相近，在这里却有着完全不同的含义。绣样是针线活的样品，图中这幅出自伊丽莎

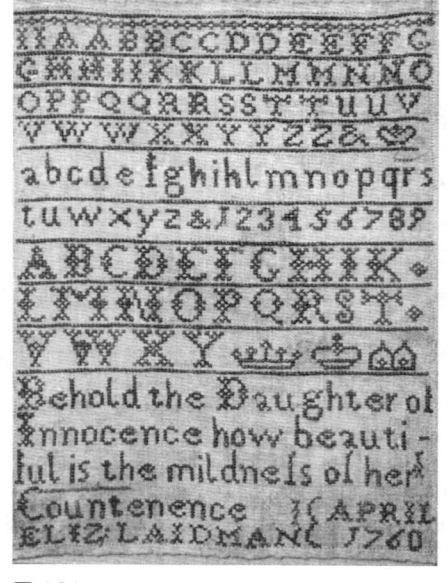

图 4.24

白·莱德曼（Elizabeth Laidman）之手。为什么数字光学的先声不是它？为什么不是有图案花纹的各色织物与刺绣地毯？或者马赛克图案，比如图4.24右侧这个通过等间距摆放小瓷片组成的人物肖像？这些图像都是"朴素采样"的产物——也就是说和《黎明曙光》一样，它们没有应用采样定理。

好吧，它们的确是数字图像的祖先，数字光学的先声。这是毋庸置疑的。它们通过针线或瓷片的永久记忆流传。在数百、数千年的时间里，肯定存在着成千上万个类似的先例。但从它们的离散样本到今天的现代图像（例如您正在阅读的这些文字），并不存在一条明确的技术脉络。在下一节，您将看到一种更先进地显示这些最初像素的技术。

电传图片

电传机（teletype）是一种用来远程打字的机器。这是个历史悠久的发明。它也被称作"电传打字电报机"（teleprinter/teletypewriter）。简单来说，一个打字机状的机器将接收到的电信号转化为一个字母，并通过键盘上的对应键位输出到纸上，这就是电传机的工作原理。每一个备选字母都对应了一个单独的信号。

根据我们的定义，电传机打出的任意信息并不算数字图像，因为它并非"特意呈现的完整二维图像"。但是，假如我们通过精心设计，利用电传机打出的字母在两个维度中组合成一个画面呢？图4.25就是两幅这样的图像，分别是圣母子画像和达格·哈马舍尔德（Dag Hammarskjöld）的肖像。后者在1953年成为最年轻的联合国秘书长。请注意那些重叠的字母，利用电传机做出这样的效果非常容易。[59]

问题是：假如输入的电信号都是数字化的比特，我们就能将它们理解为像素，那么电传机打出的字母是否可以看作那些像素对应的显像元件呢？这个问题并不容易回答，因为那些电信号传输的是埃米尔·博多（Émile Baudot）于1874年发明的一种五位编码。今天我们会将它称作一个5比特编码系统。两幅图像的原始信息都是博多编码。图像中任何一个单元空间的灰度值都由占据

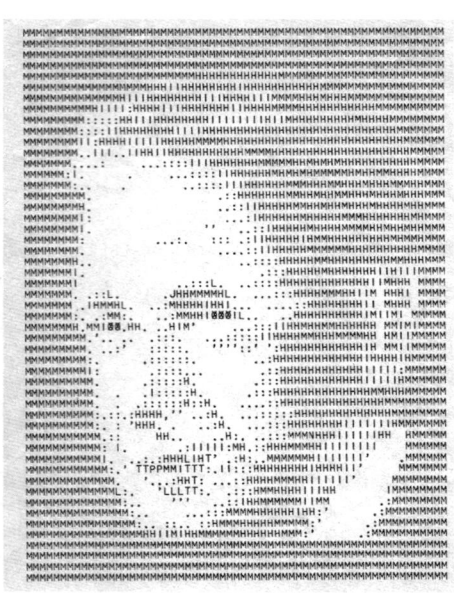

图 4.25

该位置的显像符号（自然也包括那些重叠印刷的字母）大致决定。[60]

之后的岁月里，成百上千的类似图像——其中很大一部分是裸女图——被制作了出来，通过电报和土制无线电在众多爱好者之间流传。他们自制的处理器会驱动一个电传机接收信号，打印图像，同时在纸带上打孔。这条纸带就成了一种内存，可以被复制，作为圣诞礼物馈赠亲友。因此，在计算机普及前，这是一种广泛使用的地下图片制作手段。在 1948 年计算机发明后，它还继续流行了十多年。例子就是 1947 年绘制的圣母子和 1962 年完成的哈马舍尔德像。[61]

电传机艺术风行之时恰好见证了计算机的诞生，因此这种艺术也很快与新技术相结合。新的代码取代了电传机上的博多码，成为计算机与电传机之类的打印终端沟通的方式。两种机器互相重叠的历史让我们不得不重新审视数字光学的定义。一个触及本质的问题是：在计算机诞生之前，电传机的代码能不能算最初的像素？

答案是，并不能算。这种朴素的采样方法与粗糙的重构过程的确是数字光学中像素的先声。但是，因为它的内存系统是一条纸带而非电子内存，它不符合数字光学的定义。和本书中的其他定义一样，我们认为对数字光学来说，电子计算机内存的参与不可或缺。

采样定理初试身手

在20世纪50、60、70甚至80年代，朴素采样都大行其道——完全不基于采样的绘图显像也是如此。在20世纪60和70年代之交，采样定理才第一次应用于像素的计算。它初试身手的任务，是让图片中几何图形的边缘在水平方向上显得更加柔和，术语为"水平抗混叠"（horizontal antialiasing）。[62]

假如采样的频率低于采样定理的要求，那么未被表现的更高频的信号就会以视觉噪点的形式体现在结果中，这被称为"混叠"（aliasing）。抗混叠是这个问题的一种解决方法，能够去除恼人的锯齿。"锯齿"（jaggy）也是混叠的一种通俗名称。正确应用采样定理对计算机的算力有要求，因此在早期一般通过预置的硬件来实现。将采样定理应用于软件是摩尔定律带来更强大的算力以后的事。

史上第一个经过明确、完整地在两个维度上同时对一个几何模型进行抗混叠处理的图像很有可能是由施乐帕克研究中心的理查德·肖普（Richard Shoup）在1973年完成的图4.26（尽管他有可能在1971年就首次实现了这一操作）。图上方的锯齿线经过抗混叠处理生成了图下方的直线。[63]

同年，肖普还制作了图4.27中的轮子图案。左侧有锯齿，而右侧经过了抗混叠。在这些图像的制作过程中，肖普并未特意运用采样定理，但平滑的图案表明他的方法与之等效。这些图像都由8比特灰度的像素构成，具有老式视频的解析度（两个方向上各有大约500像素位）。[64]

在空间抗混叠中第一次应用采样定理是在犹他大学。托马斯·斯托克曼（Thomas Stockham）是一名供职于该校的数字声学专家。他在20世纪70年代将采样定理传授给了一整代早期计算机图形学的先驱。犹他大学的学生埃

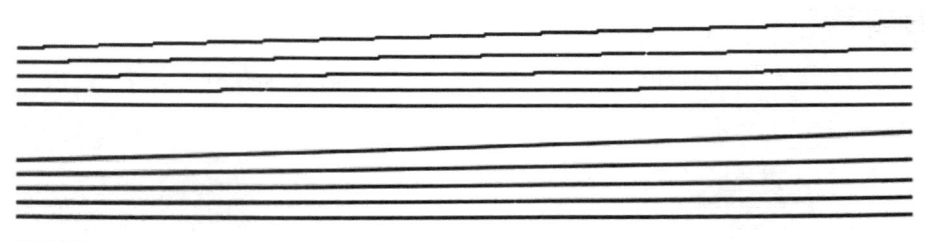

图 4.26

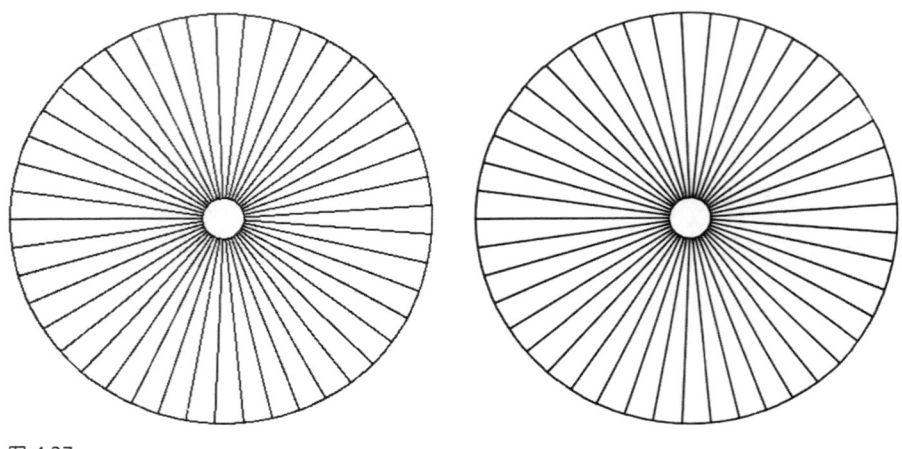

图 4.27

德·卡特穆尔（Ed Catmull）在 1974 年提交的博士论文中展示了一些抗混叠图像。另一个学生弗兰克·克劳（Frank Crow）则通过他 1976 年的博士论文和随后发表的一系列论文将斯托克曼讲授的知识引入了计算机图形学界。[65]

无论怎样分析这段历史，可以肯定的一点是数字光学与计算机同时诞生。《黎明曙光》创作之时正值婴儿机孕育之际。最早的像素正是最早的计算机内存中的比特。最关键的几年是 1947—1952 年。从婴儿机内存管上的第一幅测试图像到利用存储程序计算机特意绘制出的第一幅图片之间或许间隔了几年。尽管如此，最晚到 1951 年，人们已经开始通过控制存储式程序在计算机上用像素绘图了。这些像素从字母、数字等简单几何形状中以朴素的方式提取出来。某些模型实现了互动性，另一些则被赋予了动态。大约在 20 世纪 70 年代早期，采样定理才开始得到正式全面的应用。

像素统一了数字光学各分支的一切历史，包括计算机图形学、电子游戏、图像处理、数字摄影、应用程序和操作系统的互动界面、动画电影、虚拟现实，以及其他许许多多。从主流的角度看，计算机图形学界对绘图显像长达数十年的探索与发展或许可以被看作走了弯路。显示设备上显像元件密度的高速增长，还有摩尔定律语言的计算机算力的飞快提升，都为栅格显像取代绘图显像提供了条件。数字光学因而回归了它栅格式的初心。各种显示手段归于栅格，最终引发了无数视觉媒介的数字大融合。而为像素赋予魔力的，正是采样定理。

到这里，我们已经做好了将三大思想——频率、样本和计算——一齐应用于新旧两种技术之上的准备。旧技术是电影。回顾胶片电影历史的目的之一，是熟悉数字光学将采用的词汇。一部数字电影的制作将无可避免地依赖现有的电影和动画技术。但最为主要的原因还是展示伟大的采样思想是如何解析图像并让它们动起来的。实际上，电影技术本身也依赖采样定理，尽管在当时还没人能意识到这一点。采样定理为我们提供了一种理解电影的更佳思路。在下一章，我们还将认识几位新的主角和强权，并重新讲述一些曾遭讹传的故事。第二项应用了基础思想的技术就是数字光学本身。它就是我们所说的建立在唯一新媒介之上的新技术。

第五章　电影与动画：采样时间

人类的聪明才智不理解运动的绝对连续性。只有在他从某种运动中任意抽出若干单位来进行考察时，人类才逐渐理解。但是，正是把连续的运动任意分成不连续的单位，产生了人类大部分的错误。

——列夫·托尔斯泰，
《战争与和平》(War and Peace)[1]

无论是在字面意思还是比喻意义上，事物的起源都错综复杂。而电影或许是最难考证其渊源的媒介……它的起源线索隐藏在好奇心与禁忌的交织当中，还涉及各种混乱的所有权纠纷（这方面的叙述似乎总是简略而错误的）："时势造英雄"的神话、国家与民族的自豪感、单纯的颠倒黑白。面对这么多各执一词、自以为是、彼此矛盾的情形，任何企图探究电影起源的人恐怕都会知难而退。

——汤姆·冈宁（Tom Gunning）为《伟大的光影艺术》(The Great Art of Light and Shadow) 撰写的序言[2]

电影的历史，甚至比计算机的历史更富争议。许多美国人相信是托马斯·爱迪生（Thomas Edison）发明了电影——不然就是那个名字古怪的埃德沃德·迈布里奇（Eadweard Muybridge）。法国人则相信电影的发明权属于他们的卢米埃尔兄弟（Lumière brothers）。唯一能肯定的，是将这么一项复杂的技术创新简化为某人的独创无疑大错特错。正如电影结尾滚动的演职员表，重要的发明总是出自许多人的共同创造，而不是某个导演、主演或编剧的一己之力。当然，更不可能归功于某个投资人或销售总监。不，电影的真实历史荆棘丛生，甚至比计算机的故事更让人为难。

这两个世界之间存在着不少隐喻般的联系，但真正的联系在于采样。科捷利尼科夫告诉了我们如何将声音流采样为声素，将视觉场域采样为像素。但视觉场域本身的流变（flow）也同样可以被采样。对视场流变采取的样本，有一个广为人知的名字叫作"帧"（frame）。而我们称帧的序列为"电影"（movie/motion picture）。视觉流——随时间变化的视场——同样是音乐。波动和采样的伟大思想恰能应用于此。图灵建立的计算概念也同样能应用于帧（以及像素和声素）。它们共同为我们带来了光辉灿烂的数字光学。

简而言之，我们能够通过离散的、以固定时间间隔连续拍摄的"快照"来精准地表示变化中的视场——也就是我们的眼睛实际上看到的一切。每一个样本都是瞬间呈现在我们眼前的静态图像。我们之所以能够忽略帧与帧之间的一切，是因为通过显像手段，这些样本已经被扩展成了一个连续的流，以精确地还原初始的视觉流。

对于这一点，电影的发明者们全都一无所知。他们的发明也并非以如此美妙的方式运行。采样定理的发现还要等上半个世纪。发明家们创造的电影技术非常朴素，还有不少缺陷。这些早年的瑕疵在一个多世纪前就根植于这个系统当中，至今还没有完全消失。数字光学不是凭空出现的，它继承了此前的技术，自有其来龙去脉。

在这一章，我们将对电影的历史进行离散化的采样，并以此为基础，还原一个诚实的、祛魅的真实故事。电影史上的强权不是神仙或皇帝，而是商人：

利兰·斯坦福（Leland Stanford）之于爱德华·迈布里奇（Edward Muybridge），托马斯·爱迪生之于威廉·肯尼迪·劳里·狄克森（William Kennedy Laurie Dickson），华特·迪士尼之于阿布·艾沃克斯。在这些（以及其他许许多多）事例中，上位者与下位者互相成就了彼此的成功。同时，我们还将遇到许多迷思——迈布里奇真的是电影之父吗？爱迪生真的发明了电影吗？迪士尼真的创造了米老鼠吗？事实给出了完全否定的回答。

怪人埃德沃德

起初，他的名字是泰迪·马格里奇（Teddy Muggeridge），也有可能是埃迪（Eddy）。我们无从知道他的母亲是怎样叫他的，但可以确定，直到很久以后他的名字才变成了埃德沃德·迈布里奇。这是他的许多异名中的最后一个，也是最古怪的一个。他的正式名字是爱德华·詹姆斯·马格里奇（Edward James Muggeridge），生于伦敦附近的泰晤士河畔金士顿。下面这张表格记录了这个爱出风头的人物在公开场合为人所知的许多姓名：[3]

1830 – 1855	1855 – 1856	1856 – 1862	1862 – 1865	1866 – 1868	1869 – 1904
Muggeridge	Muggridge	Muygridge	Muybridge	Helios	Muybridge
Edward James Ted Edward	E. J.	E. J. Edward James	E. J.		Edward Eduardo Santiago Eadweard (1882–1904)

在本书中，我们叫他爱德华·迈布里奇，因为他最重要的一项工作——对数字光学意义非凡的工作，是以这个名字完成的。

他移民美国后改名为 E. J. 马格里奇（E. J. Muggridge）。他在1860年登上一班巴特菲尔邮车从加州前往东部时，又改名为 E. J. 迈格里奇（E. J. Muygridge）。他并没有刻意捏造这个名字。对他的将来有重大意义的横贯铁路在那时还没有通车。巴特菲尔邮车在得克萨斯著名的邮路沿线将他丢下。他不得不忍受着身体和精神上的双重伤害起诉了巴特菲尔公司，最终赢得了赔偿。1861 年时他还是迈格里奇。这一年他回到了英格兰，尝试为自己发明的一台洗衣机申请专利。在次年的另一项英国专利申请中，他第一次成为迈布里奇。这一次他的发明是一个印刷流程。奇怪的是，他从没有尝试过为自己最重要的发明申请专利——它就是"动物西洋镜"（Zoöpraxiscope），电影的雏形。（电影设备的名字就和各种早期计算机的名字一样有趣。）

他最富戏剧色彩的异名是赫利俄斯（Helios）。在洛杉矶，他决定把自己包装为一种全新的艺术家——摄影家。大约在同时，约翰·穆尔（John Muir）开始宣传保护加州不可思议的约塞米蒂峡谷。赫利俄斯——这个以古希腊太阳神命名的摄影家——拍摄了最早一批表现约塞米蒂美景的照片。

当他重新改回迈布里奇这个名字时，一场谋杀案的审判让他声名狼藉。对他涉嫌在旧金山附近枪杀自己妻子的情人——可能是他孩子的真正父亲——的指控，一个完全由男人组成的陪审团宣判他无罪。毫无疑问，是他杀了那个男人——他完全故意地用一把手枪对准了那个情夫的胸膛。法官对此只是做了一番不痛不痒的训诫，后淘金热时代加州的陪审员们完全不认为一个男人为捍卫"名誉"（?!）而杀人的行为是犯罪。[4]

迈布里奇在 52 岁才更名为怪异的埃德沃德。这是他在艺术之都巴黎为自己生造的一个名字。毫无疑问，这个名字取自他家乡泰晤士河畔金士顿著名的加冕石（图 5.1）。两位名为爱德华的国王都在 10 世纪在这块石头上加冕。其基座上雕刻的正是以古英文拼写的 Eadweard 字样。因此，迈布里奇最后的名字其实就是爱德华，只不过拼写得生僻怪异。

在赫利俄斯和埃德沃德之间，他都以爱德华的名字行世。他的金主利兰·斯坦福通过修建第一条横贯美国的铁路发了横财。这条铁路上飞驰的铁马逼得巴特菲尔公司拉车的真马只能去椭圆形跑道上找寻用武之地。利兰·斯坦福的巨大财富留下的最主要的遗产无疑是斯坦福大学。这所学府在 20 世纪 60 年代成为摩尔定律诞生的温床和硅谷兴起的基石。但利兰·斯坦福在世的时候，他更爱在赛马上一掷千金。

图 5.1

令爱德华·迈布里奇这个名字广为人知的，是他利用摄影定格了斯坦福最爱的那匹赛马飞驰的瞬间，从而证明了它在奔跑时会四蹄离地。在传统的叙事中，迈布里奇从这个试验出发发明了电影。人们认为是他首创了这种通过快速地展示某个运动物体——比如一匹赛马的一系列连续的静态图像来表现动态的技术。但实情并非如此。[5]

迈布里奇的真实操作是这样的：他在斯坦福的农场上搭建了一个配有24台相机的试验场——那片农场后来成为斯坦福大学的校址。他还设计了一个巧妙的触发机制，让相机的快门能够在赛马一路奔驰的过程中迅速地依次开启。每台相机各自在涂有化学药剂的玻璃板上拍下一张照片。这些玻璃板必须当场立即处理。[6]

为了呈现试验结果，迈布里奇用上了著名的魔灯。演讲者们用它来展示静止的图像——这是那个年代的幻灯片。他为魔灯加装了一个比老式密纹唱片还大的转盘，并根据拍摄的照片将骏马的形态如图 5.2 展示的那样依次放在转盘的边沿。当圆盘匀速转动时，投影中的图像就动了起来，从而重现了赛马的动态。完整地转过一圈用时 1—2 秒。[7]

迈布里奇于 1880 年 1 月 16 日在利兰·斯坦福位于旧金山的宅邸放映了所

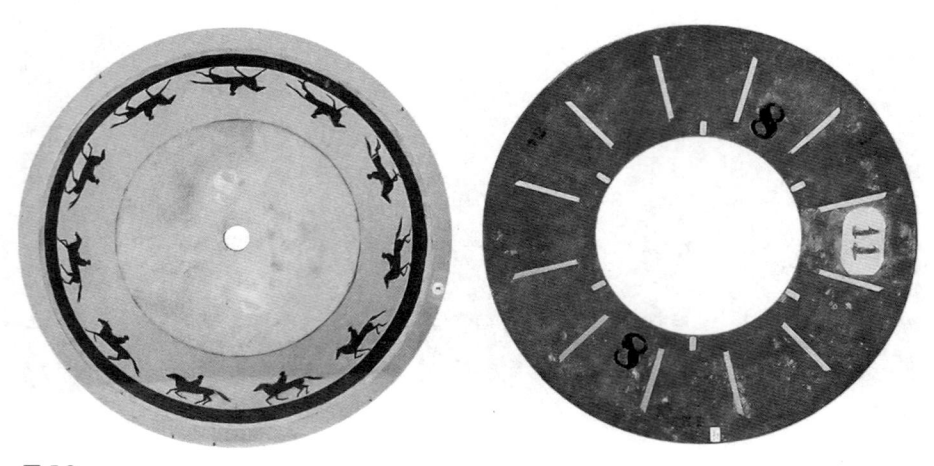

图 5.2

谓的史上第一部电影。但这种说法存在诸多问题。比如，迈布里奇投影的并非照片，而是根据照片绘制的剪影。而且，为了适应投影系统扭曲的构造，他的绘图相当失真——赛马的身体和腿部都被拉长了。此外，他没有用上摄影机，而是用一组拍摄静态照片的照相机完成了摄制。而每一台照相机的视角都略有不同。最后，这个系统受限于固定的位置，只有他一个人懂得如何使用。把这样一个没有运动图像摄影机、没有胶卷，也没有照片投影设备的系统称作"电影"，有些妄下结论。正如前文中的准计算机，迈布里奇的装置同样最多只能算准电影。甚至，连这么说都是过誉。[8]

迈布里奇的试验绝对不是史上第一次以静示动——无论是通过照片还是剪影。流行于19世纪60和70年代的西洋镜（Zoëtrope）实现了后者（图5.3）。想象一个硬板纸做的、直径两英尺①、高半英尺的圆柱体。在它中间点上灯，在柱体表面并排贴上一系列连续拍摄的图片，比如一匹飞奔中赛马的照片。为了让人看清，圆柱体的外壁在图片与图片之间都有缝隙。透过它们，您就能看见正对面的图。假如您在外面沿着圆柱表面走动，您就能从每一条缝里看见一张又一张图，它们展示出骏马奔驰的每一个时刻。现在，请想象您在一个固定的位置观察，而圆柱转动了起来。在缝与缝之间，您看不见亮光。只有当缝隙转到您眼前时您才能看见正对面的图片。因此，假如圆柱的转速合适，您就能看见连续的图像依次出现在圆柱另一面的同一个位置。这些连续的样本就这样呈现出了赛马的飞驰。您或许已经意识到，这与电影的原理相仿，只不过快门是缝隙之间遮住光线的部分。图5.3的绘制者是威廉·肯尼迪·劳里·狄克森——一个值得记住的名字。[9]

西洋镜里的图片可以是照片，也可以是绘画。假如忽略必须呈现照片的要求，那么中国人早在2,000年前就发明了类似的装置——走马灯。当然，这些装置表现的图像并非局限于马。[10]

迈布里奇也不是第一个投影图像序列的人。阿塔纳斯·珂雪（Athanasius

---

① 1英尺=2.54厘米。编者注。

图 5.3

Kircher）在 1761 年就完成或者说记录了这种操作。加上"记录"的限制语十分必要，因为珂雪误将透镜放在了画片的这一边（图 5.4）。假如他真的制作了这台投影机，他应该能发现这个错误。思想只有落到实处才能被称为应用。[11]

在这一章的后半部分，我们将从反映现实世界的实景摄像谈到构建虚拟世界的动画电影。迈布里奇的贡献其实更多地在于后者。20 世纪的动画师们曾靠从实景胶片中逐帧描摹人和动物的动态来制作卡通片。这种叫作"转描"（rotoscoping）的技术，正是迈布里奇采用的。

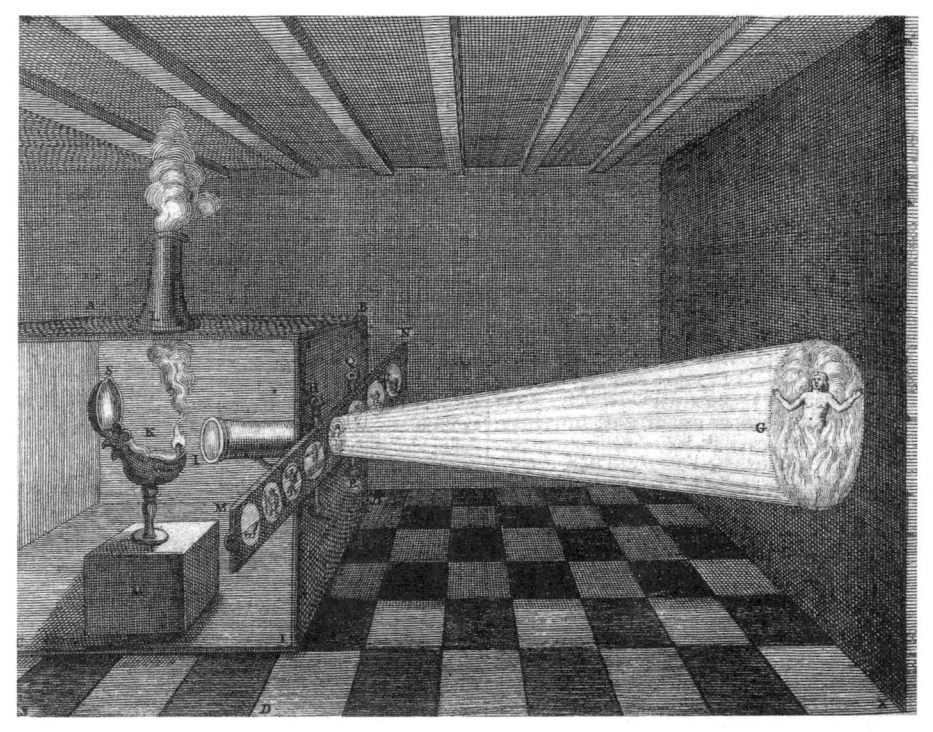

图 5.4

  动画师们还利用压缩（squash）、拉伸（stretch）、夸张（exaggeration）、预判（anticipation）等技术来扭曲他们的卡通画面，以适应当时电影朴素的低频采样。迈布里奇也在自己的作品中对马做了拉伸。仔细看看圆盘上的图像便知。迈布里奇不应被溢美为电影的发明者，而更应该作为应用图像转描和拉伸技术的第一人被铭记。[12]

  回头来看，迈布里奇留下的最有意义的遗产是将动态物体的连续照片排成阵列。这样的排列直到今天仍然在明信片、海报或者相册中随处可见。这些图片从上到下、从左往右依次排列，就好像数字图像中的像素排列在栅格上。

  迈布里奇的栅格备受动画片的制作者们的推崇。在20世纪20年代初，两个年轻人——阿布·艾沃克斯和华特·迪士尼一起创立了一间动画工作室。

Plate 1292. *Child Lamp Hopping*　　　　　　　　　*Eadweard Muybridge ca. 1889*

图 5.5　© Pixar

在起步之际，他们就参考了迈布里奇排列图片的方式。动画界直到今天仍在沿用这种排列。图 5.5 就是一个例子——来自皮克斯的一次致意。迈布里奇向斯坦福证明了马儿奔跑时会在一帧图像里同时四蹄腾空，而图 5.5 这个"不久前才重见天日"的作品则展示了一个 Luxo 牌台灯如何在四帧之内单脚离地。

不少作家指责暴发户斯坦福利用迈布里奇沽名钓誉，但钩沉史料之后得出的结论截然相反。几十年前我在逛一家古董书店时发现了一本出版于 1882 年的大开本精装书《奔马》(*The Horse in Motion*)。乍看之下，我以为这就是每一个对动画感兴趣的人都有所耳闻的迈布里奇试验的原版记录。

但它不是——至少不完全是。首先，作者并非迈布里奇，而是一位我从没听说过的 J. D. B. 斯蒂尔曼（J. D. B. Stillman）。翻到书名页，正如我预料的那样，我发现利兰·斯坦福资助了本书的出版。可迈布里奇到哪去了？很快，我在第一段里看见了显眼的"迈布里奇先生"。他的技术在"E. J. 迈布里奇先生提供"的附录中有详细的描述。"迈布里奇先生"同样出现在了最后一段里，让这本书首尾呼应。[13]

从正文来看，斯坦福和斯蒂尔曼根本不关心摄影术。马的运动才是他们关注的重点。迈布里奇的照片对他们来说不过是达到目的的手段。斯蒂尔曼的确提到了这项工作的艺术价值，但他指的仅仅是艺术家精准绘制的马的剪影。马，才是这本书的主题。那么，迈布里奇又是出于什么原因为了这本书与斯坦福对簿公堂的呢？

在这本书出版发行的时候，迈布里奇已经去了巴黎，并为自己冠上了埃德沃德这个高贵的名字（图 5.6 右）。在那里，他向艺术界宣布自己发明了一种全新的艺术形式，还自称大亨斯坦福（图 5.6 左）的密友。凭借马与人的动画，他赢得了不少赞叹。对于推销这种动态投影技术，迈布里奇有着狮子般的

图 5.6

雄心，也的确受到了狂热的追捧。连英国皇家学会都接收了他提交的论文《关于动物的运动姿态》(*On the Attitudes of Animals in Motion*)，并安排择日发表。但后来斯蒂尔曼在那本书中表示迈布里奇仅仅是受雇工作，斯坦福也声称是自己想到了拍摄奔马的点子。最重要的是，迈布里奇的名字并不在那本书的封面上。皇家学会最终因论文涉嫌抄袭没有将其发表。迈布里奇自觉遭受了奇耻大辱。他的一些追随者也开始把他当作骗子。[14]

他输掉了官司。现在看来，这一切都颇具误导性。斯坦福只关心马，而迈布里奇只在乎摄影技术。斯坦福早在1872年就想到了拍摄马的动态——1874年一篇关于法国人艾蒂安-儒勒·马雷（Étienne-Jules Marey）工作的《大众科学》(*Popular Science*)文章又让他重新想起了这个点子。但是迈布里奇的发明让它成为现实。这是一次改头换面的"象牙塔与排气筒"之争——思想对阵工程。斯坦福将照片的版权都给了迈布里奇——这个他雇来干活的人。事实上，这项技术的一切知识产权都被他卖给了迈布里奇——售价1美元。斯坦福完全没有看出这项技术的价值和重要性——不仅是艺术上的，更是财务上的。[15]

不仅如此，富翁斯坦福还提供了一切资金、场地、器材和认证，让发明家迈布里奇向世界展示快速拍摄的一系列照片是怎样通过快速投影表现动态的。斯坦福甚至在不完全了解自己资助内容的情况下就为之买了单——而且花费不菲。归根结底，这和马儿无关。而夸夸其谈的迈布里奇最终成功地将这项技术推广开来——这或许才是他对电影做出的最大贡献。"电影之父"的美称似乎不适合迈布里奇，但"电影播种人"这个称呼他绝对当之无愧。特别是他的演示给托马斯·阿尔瓦·爱迪生（Thomas Alva Edison）留下了深刻印象，促使爱迪生在美国发展电影；同时，他还影响了法国的马雷。这是一场美国人与法国人对决的开始。[16]

定义电影

我们对计算机下的严格定义帮助我们在处理其历史的时候去芜存菁，扫清了通向数字光学的道路。我们也必须对电影史采取同样的方法。

此外，我们不妨再借鉴一种对计算机史的叙述行之有效的方式：区分硬件和软件。对于电影，影片本身就是软件。事实上，软件本身才是我们通常所说的"电影"一词的含义。在影院、电视或手机上，我们都能够观看《公民凯恩》(*Citizen Kane*)这部电影。一如既往地，有魔力的部分就是软件——钢琴上的肖邦练习曲。但作为本书的主旨之一，我们强调对现代媒体文化的解读必须建立在对其技术本质的一种直观理解之上——我们要能够欣赏这两个领域各自的神奇和优美。由于无数书籍已经描写了电影的软件，在本书中我们将聚焦于常被忽略的硬件部分。

但为了避免叙述过于仓促，我们需要提一下软件方面十分有趣的一点。尽管电影放映机只在一个方向上移动胶片，但存储其上的软件却可以倒放（如《爱尔兰人》[*The Irishman*]中的闪回）或快进（比如跳跃到十年甚至千年之后，如《2001 太空漫游》[*2001: A Space Odyssey*]），甚至是无穷的循环（如《偷天情缘》[*Groundhog Day*]）和有变化的反复（《罗生门》[*Rashomon*]）。就好像电影软件能够在我们的头脑里运行那些在硬件上无法运行的计算。

而电影的硬件，是没法用三言两语讲清的。经典的电影技术由三部分构成：摄影机、胶片和放映机。所谓"电影硬件"指的是三者的总和。这就是我们的定义。它们共同组成的"电影机器"之于电影的意义犹如计算机之于计算。任何略逊一筹的设备，都最多只能算"准电影机"，就和上一章中的那些"准计算机"一样。明确了硬件的定义之后，我的叙述里就可以省去"机器"二字；同时，我把 motion picture 和 cinema 完全当作 movie 的同义词。[17]

因此，当我们问"是谁发明了电影"时，我们并不是在说某部电影作品。我们问的是谁制造了第一台电影机器——第一个由一台摄影机、一卷胶片和一台放映机共同组成的整体。这就是从硬件角度来说"电影"一词的含义。从 20 世纪到今天，"电影"的词义都没有发生改变。在数字光学中，我们仍然保留着这些设备，只不过它们变成了数码摄影机、存储数码图帧和数字化的放映机。

电影如何工作

电影的工作原理并非一目了然。影片并不能做到像流入我们眼中的视觉流那样顺畅光滑。摄影机每秒钟只能记录 24 帧的视觉流，同时省略了帧与帧之间的一切——但我们还是能够通过它的记录感知动态。眼中的静物却能转化为脑中的运动，这该如何解释呢？

一个理想模型

如果我们在今天用数字光学的手段从采样定理出发重新发明电影，它将是什么样的？答案似乎简单明确：以两倍的帧率对视觉流采样，再选取一个合适的扩展波用于在放映过程中展开那些图帧，从而还原出顺滑的视觉流——正如我们将像素转变为静态图像。

让我们将这种描述分成两部分来看。首先，视觉流中的频率是多少？能表示它的傅立叶波又是什么样的？我们必须先搞清楚这些，才能应用采样定理中的"两倍最高频率规则"。此外，我们还需要确定视觉流中的"最高频率"到底是什么。之后我们还要找到适用于投影图帧的扩展波，但"扩展图帧"又是什么意思呢？

声学关心的波动就是声波。对静态视场来说，波动就是光强的起伏变化。我们在傅立叶那一章里已经介绍了。还记得我们对我的多肉花园所做的分析吗？"看见"那些构成视场的富有节奏感的空间波动需要练习，"看见"视觉流中的波动也是一样。

我们来做些练习，帮助您发现它们。请同时观察一个走过您身边的路人和一位慢跑中的女士，他们的运动是周期性的。这就是进入我们眼中的视觉流包含傅立叶式波动的第一个证据。假设那个路人的脚每秒迈动一次，或者说两秒走过完整的一步。那么，用波动的眼光看，视觉流中就一定存在着一个频率为每两秒一周（或者等效地说，每秒半周）的波动。假设女跑者跑步的速率是行人的两倍，那么进入您眼中的视觉流就一定还包含着一个频率为每秒一周的波动。

请观察其他例子：穿梭的车流，滚动的车轮，踩动的自行车踏板，发出嘲弄的嘴唇，告别时的挥手，乐团指挥的动作，蹦跳的球。

这些事物的表象似乎很难让我们一下子联想到傅立叶的波形。但事实是：您看到的一切以视觉流的形式进入您的眼中，它们是且只是视觉波动的总和。所谓的视觉波就是在空间和时间上有节奏地起伏的光强信号。

在傅立叶那一章里，我们仔细分析了组成视场——静态图像——的种种波动的横向截面。我们看到，波动的横截面与钟面上秒针尖端的轨迹波动别无二致。幸运的是，对于视觉流——动态图像，我们并不需要真的看出某种波形就能够分析和应用它们。这很方便，因为视觉流的傅立叶波动是四维中的图形，相当难以描绘。尽管如此，我们不妨一试。图 5.7 展示了包含时间维度上半个周期和空间维度上四个周期的图像——要看见这样一个波动需要一些想象力。

请看图中最上方的波形。和往常一样，它具有自己的频率和振幅。图中的小箭头就标示了它的振动幅度。与之相同长度的箭头被排列在最右方并旋转了 90 度。我马上就会解释它的作用。

图中从上到下展示出波动幅度随时间的变化。此外，它还与钟面上秒针的波动幅度完美地吻合。但这一点在图中画不出来，需要依靠您的想象。

想象一下您盯住了其中一个波动，但随着您的观察，波动的高度始终在以某种节奏变化。换句话说，在您看着它的时候，所有的波谷一齐变深又一齐变浅，随后不断循环往复。而这种变化的节奏恰好是另一个波的频率。您得在脑海中画出这样一个动画。对于本书来说，这样的"脑中动画"完全够用。这种有节奏的变化就是呈现视觉流动所需的那一条傅立叶波。

图 5.7 是记录动画的一次尝试。它通过描绘 9 帧在时间上等间隔排列的波动图像表示出您脑海中的动画。这里，又一次需要您的想象力来补全帧与帧之间的空缺。问题在于，其间的缺失帧数多达模拟无穷大。

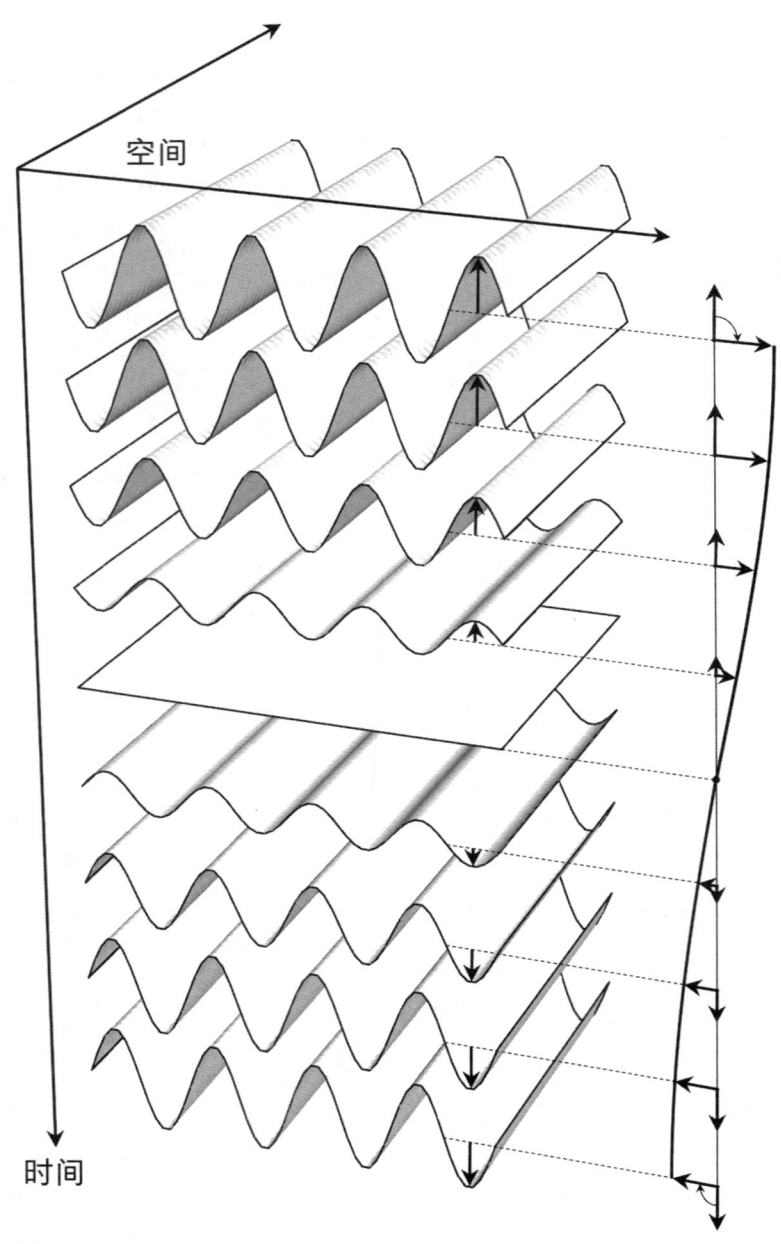

图 5.7

某个时刻波动的幅度由小箭头表示。正如前文所说，这些小箭头被排列在右侧，又转过了 90 度。连接那些经过旋转的箭头尖端的曲线也是波。当您在想象中的两帧波动之间补足无穷多的信号缺失时，右侧对应的振幅波形也相应得到了补全。

一句话，视觉流中某个单一的傅立叶波不仅以波的形式在空间中变化，还在时间上以波的形式变化。这个波形上的每一点都对应了一个光强值，它随某种频率像一大块时空果冻般在三个维度上一齐颤动。

这仅仅只是一条波。现在，请想象一系列这样的波形，每一条都以特定的频率和振幅在空间中起伏，同时以另外的频率和振幅在时间上荡漾。这真的很复杂。您现在大概能理解，为什么从业者们宁可用数学公式来描述这一切了。根据傅立叶的伟大理论，一个完整的视觉流就是无数频率、振幅（以及方向和相位）各不相同的此类波动的叠加。视觉流是时空的乐音。

采样定理——科捷利尼科夫的伟大理论告诉我们，需要以视觉流中最高频率的两倍来采取样本或者说图帧，才能准确地表现视觉流。那么，这个最高频率应当是多少呢？发明家们赋予早期电影技术的朴素性就体现在了这里——他们猜了一个答案。在当时，他们对这个最高频率毫无概念。相比准确地表现视觉真实，胶片的用量才是他们最关心的事情。帧率越高，用掉的胶片就越多。因此，较低的采样率在经济上来说是更明智的选择。新兴的电影产业经过短暂的尝试，很快（20 世纪 20 年代）就选定了 24 帧每秒这个频率，并自此使用了大约一个世纪。[18]

但在理想化的世界中，视觉流真正的最高频率应该是多少呢？在频率语言中，视场中越锐利的边缘一般对应的频率越高。通过在采样生成像素之前对整个场景做轻微的模糊处理，我们就能摆脱任何过高的频率。否则，采样就会失败，导致恼人的瑕疵——比如图像边缘的锯齿。

对视觉流——随时间变化的视场来说也是如此，我们因此采用相同的技巧。视觉流中的锐利"边缘"是运动方向的骤然转换。不妨再以走路的行人为例。假设他在走路时前后摆臂。他的手臂向后摆动到底又转而向前摆动的时刻，就是视觉流的一个边缘。或者，请想象一个跳动的小球。它反弹的瞬间就是视觉流中的锐利边缘。在对视觉流进行采样，将它记录为电影图帧之前，必须要对这些边缘进行"圆润化"处理，才能保证采样的精确。换句话说，过高的时间频率必须被去除。不然，恼人的瑕疵又将产生——比如倒转的轮子。我们很快就会进一步讨论这个问题。

理想的电影重构

一台理想的电影放映机要怎样从离散的图帧中重构一个视觉流呢？正如前文所说，这个过程可以直接类比于显像设备利用采样定理从离散的像素中重建视场的过程。显示器通过像素扩展波将每个像素在空间之中分别展开并叠加，得到想要的结果。一台理想的放映机也应当将每一图帧通过某种图帧扩展波在时间维度上展开并叠加。那么，什么是图帧扩展波？

图 5.8（上）向我们展示了应用采样定理的理想扩展波的形状。假如应用于声素（即声音的样本或"声音元素"），这就是其在时间维度上的扩展波。假如应用于像素，这个图形就是理想像素扩展波在空间中的横截面。而当采样定理应用于电影图帧时，这个图形就成了理想图帧扩展波在时间上的横截面。

这样一个理想扩展波在现实中是无法存在的，因为它在各个方向上都无限延伸。图 5.8（中）所示的图形是我们在科捷利尼科夫一章中采用过的近似，用于从像素中较好地重构视觉场景。

但对老式的模拟电影来说，甚至这个近似扩展波都无法胜任——因为那两个负值波谷，即水平线下的两个小凹陷。对放映机中的光线来说，负值（比全黑更黑）并不存在。因此，上面这个扩展波也就无法应用。因此，我们选择采用图 5.8（下）所示的这种近似。

鉴于图帧扩展的复杂性，我们不妨先来看看这个扩展波形意味着什么。在下一张图（图 5.9）中，时间流逝的方向从左往右；而水平线上正中间的圆点表示的是当前一帧的帧时——放映机最大限度映照该图帧的时刻。中心点左侧的圆点表示前一帧的帧时，此时放映机对这一帧的映照最大；右侧的圆点则

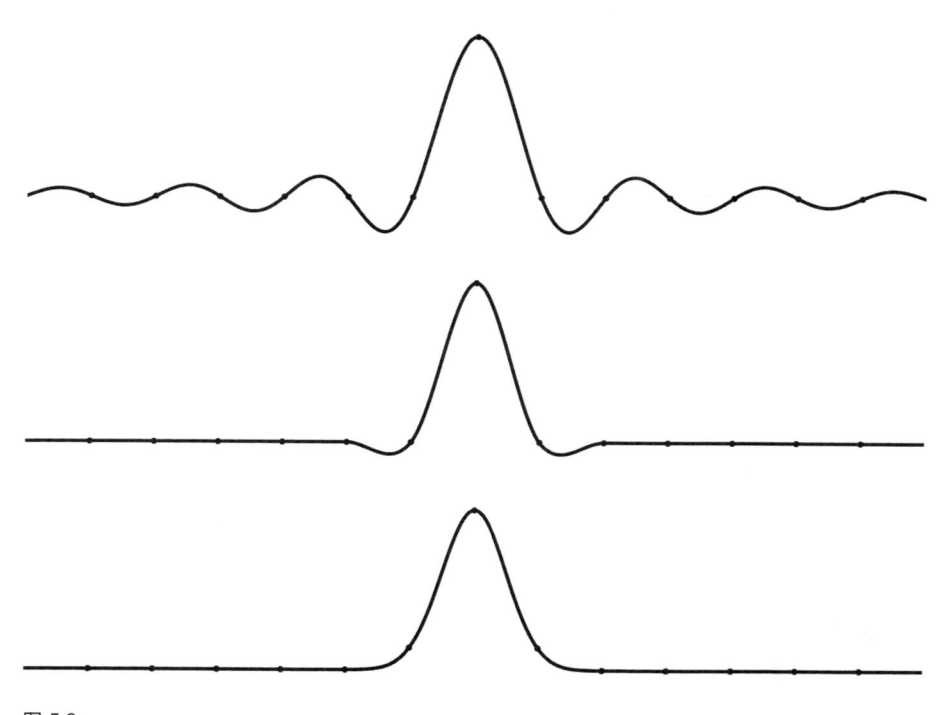

图 5.8

表示下一帧的映照达到顶峰的时刻。以此类推。具体来说，放映机的光线沿着此前的帧时（以水平线上中心点左侧的点位表示）逐渐增大。在当前的帧时（中央的圆点处），它对当前一帧的映照强度达到最大。此后，光线又沿着此后的帧时（对应水平线上中心点右侧的点位）逐渐减小。这就是图帧在时间上展开的过程。

您或许还记得，样本重构的方法就是将扩展波应用于每一个样本并将得到的结果叠加。只是此时我们的展开发生在时间之上而非空间之中，重构的操作因此更有难度。这意味着当我们观看当下的图帧时，我们实际上还在看着此前两帧，并已经开始观看此后两帧了。合适的扩展波会彼此重叠，理想的放映机因而也在同时映照着好几帧。这些图帧的叠加既发生在放映机镜头处，也展示在银幕上。图 5.9 的纵线处标记了任意选取的某个时刻。它恰好处在当前一帧

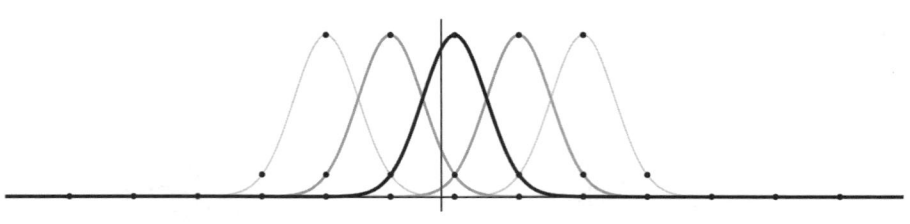

图 5.9

的投影强度达到顶峰之前。在这个时刻，前一帧的映照已经衰减为了最大强度的约三分之一，再前一帧的强度已几乎为 0。与此同时，当前图帧的下一帧正开始出现，而再后一帧还完全没被点亮。因此，总共四幅图帧参与了对此刻画面的贡献：除了当前一帧，还有此前的两帧和此后的一帧。

只是，这样的一台电影放映机从未真实存在过。采样定理告诉我们，完美无瑕的电影系统本可以存在。这样一台放映机能够重构出平滑流畅的视觉流。我们的眼睛观看这种电影的方式将与它们感知现实世界的方式一模一样。这样的技术虽然不存在，但这个假想试验却告诉了我们在数字时代应当去发展怎样的电影技术。这样一个系统完全没有不存在的理由。[19]

现实中，我们拥有的电影技术实际上是对这个理想化系统的粗劣简化——可是效果还真不错。我们现在就来看看它的工作原理和优劣之处。

电影实际上是如何制作的

电影技术的先行者们做了什么（或没有做什么）导致他们留给我们的技术并非理想？首先，他们未能实现采样定理要求的瞬时采样。胶卷上的图帧非常臃肿，它们有各自的持续时间。摄影机快门的开启会持续一小会儿以供胶片曝光。如果某个物体在这段短暂间隔中运动，在胶片完成曝光之际它在图帧中就已经改变了位置。这就像当您拍下一张孩子扔球的长曝光照片时，照片中孩子的手臂会模糊成一团。事实上，这一点在实践中反而成了电影的一种优势。

其次，先行者们的放映机将每一图帧都（至少）投影两次。天哪，这根本就不是采样。为什么发明家们要这样做？不过是经济上的需求：相比每秒 48 帧的投影频率，每秒 24 帧能节省一半成本。但图像需要每秒刷新 50 次左右，人眼视网膜上的成像才不会在帧与帧之间消退。而在关灯的电影院中，48 帧基本就能实现 50 帧的效果。怎样才能从 24 跃进到 48？每帧投影两次！假如每秒只放映 24 帧，屏幕上的画面看起来就会闪烁不定。这也是没有采用高帧率的早期电影中画面"闪烁"的由来。

先行者们的第三项设计，是在投射的帧与帧之间关闭光源。这意味着黑暗会以每秒 48 次的频率进入观众的眼中——穿过瞳孔，投在视网膜上。这种在图帧之间"关灯"的做法对电影机器来说——无论是摄影机还是放映机，都是方便取巧的设计。这种设计使机械结构有时间将下一帧图像移动到位。对摄影机来说，这避免了胶片在移动时继续拍摄；而在放映机里，这让放映完毕的图帧不在视线中停留。

若是问电影放映机的工作原理，有人会这样回答：放映机有上下两个圆盘，分别负责胶卷的展开和收起。胶片经过两盘之间时正对放映机的光源和透镜，其上的图像就被放大到屏幕的大小。换句话说，胶片连续地经过光源。但真实的原理并非如此。若按这种机制运行，观众就会不断地看见图像移出和移入。而可见的换帧意味着失败。

电影放映机是这样工作的：它将一帧图像趁着光源被遮蔽时移动到固定位置。这就体现了遮光板（快门）的功能。之后遮光板打开，被光源映照的图帧就投影到了屏幕上。接着，遮光板关闭，随即再次打开。同一帧图像也随之第二次被投影。当遮光板再一次关闭时，机器就将下一帧图像移到同一位置上。这个过程周而复始。

我们刚才描述的，是有别于难以奏效的连续换帧放映机制的离散或者说间歇的换帧机制。同样的原理也适用于摄影机。事实上，实际执行这种操作的设备就叫"断续传动"（intermittent movement）。这种装置在电影史上地位的重要性堪比条件分支指令之于计算机。发明电影机器竞赛的胜负最终取决于谁能发明出有效的投影设备，进而取决于谁先发明断续传动装置。它具有决定性的意义。[20]

让我们回顾一下：现实中电影胶片放映机呈现在观众眼前的，并非一个重构自图帧样本的连续视觉流。相反，它将"臃肿样本"直接映入观众的眼帘——持续时间略长，而动态表现略模糊。每帧图像它都重复放映两次，图帧映射的间隔则是黑暗。靠这些输入重构动态的任务完全依靠人脑。而这又是什么原理呢？

通过协同眼与脑，我们自己就能在接收到的样本的基础上"重构视觉流"。当然，这与人工设备的重建并不一样。穿过瞳孔的光线强度就是输入信号。但从眼部通过视神经输出至大脑的则是一系列电化学脉冲。神经冲动与视觉流完全不同。但视网膜也可能先重构一个视觉流，再将其转换为大脑能够解读的脉冲信号。某些眼部神经元的行为的确反映出扩展波的存在，包括一个正值高峰和两侧的负值低谷。但大脑活动并不在本书的讨论范畴之内。我们还是回到从静止快照序列上感知动态的一般方式上来吧。

感知动态

传统上，对动态感知原理的解释是老掉牙的视觉暂留（persistence of vision）理论。这的确是人类视觉的一种特征：视网膜受到视觉刺激之后，还会将图像继续保留一小会儿。但视觉暂留理论只能解释为什么观众看不到胶片电影帧与帧之间短暂的黑暗。假如画面上的演员或者动画人物在换帧之际移动到了新的位置上，那么根据视觉暂留的说法，您应该能同时看到他在两个位置上出现：两个亨弗莱·鲍嘉（Humphrey Bogart），两个巴斯光年（Buzz Lightyear）。事实上，我们的视网膜的确会看见两个像，一个淡出，另一个渐入——每帧胶片的投影时间都长到足够让这种现象发生。这就是视觉暂留的效果。但仅仅如此还不足以解释为什么我们能感知物体在运动，而不是其分身同时出现在两个位置上。大脑对视网膜输出信息的处理方式决定了我们看到的是两个鲍嘉，还是一个在运动的鲍嘉。

心理学家们通过实验探究了一种被称为"似动效应"（apparent motion）

的脑活动现象。这些实验没能解释大脑感知动态的模式，却揭示了其局限性。实验人员向被试者展示了一个全黑背景上的小白点。之后，白点被移除，另一个点出现在不同的位置上。实验人员能够控制两个变量：两个小点出现的空间距离和时间间隔。只有当两者都足够大时，被试者的大脑才能够分辨两个点。假如间距很小且时差很短，大脑就会将这个场景解读为同一个圆点的移动。这被称为"似动"，是因为被试者看见的并非真正的连续运动。大脑感知到了眼所未见的动态。

动态模糊

视觉暂留的本质就是当新图像输入时我们仍然能感知到旧图像。这听起来和图帧展开非常相似。一帧短暂持续的图像在时间维度上被扩展，并与下一帧同样经过展开的图像相叠加。视觉暂留与这个过程的区别只取决于视网膜是否会首先展开图像。势必有某个类似的机制在人眼中发挥着作用，我们才能在投影机放映的离散静态图像中感知连续的视觉流。不妨把人眼中暂留效应对应的波形曲线想象为视觉感受机制自带的扩展波。还有一个理由支持我们对"眼脑协同中必然有某种应用了采样定理的重构机制"的推测，那就是符合该理论预期的某些视错觉的存在——例如飞旋的车轮看起来会倒转。[21]

在赛璐珞板上手工绘制的传统动画片利用了似动效应。旧日的动画师凭直觉将表现某个动作的几帧动画控制在不长不短的时间间隔内。假如有必要突破这种界限，他们也有其他诀窍让观众仍然能感知动态。比如，他们会画出所谓"速度线"，以向观众的大脑指示运动的方向并暗示速度之快，仿佛高速移动留下的残影。或者，他们会在威利狼（Wile E. Coyote）追逐哔哔鸟（Road Runner）一脚踏空掉下悬崖时画出一蓬烟尘来表现高速的坠落。动画师们实际上发展了一门大脑能够理解的视觉语言。

在似动效应的界限之外——没有动画师们的小技巧时，动态效果变得十分糟糕。您或许看过一些老式的停格（stop-motion）动画，其中充斥着角色一惊一乍的弹动，比如雷·哈里豪森（Ray Harryhausen）在电影《杰森王子战群妖》(*Jason and the Argonauts*，1963)中创作的经典击剑骷髅。观众会同时看到角色形象边缘的好几个重影，也能理解其动态，只是观感实在难称愉快。这些影片中，运动物体的边缘满屏幕地"颤抖""频闪"或"战栗"。这几个词很好地描述了这种短促弹动带来的不适。

实时动作电影(live-action movie)和动画片一样，也是离散图帧组成的序列。为什么它们不会频闪呢？毕竟导演不可能让乌玛·瑟曼(Uma Thurman)去凑那个"不长不短"的时间间隔。对此，有一种简洁优美的通用解释：动态模糊(motion blur)。真实摄影机拍摄的图帧有一定的持续时间，这与明板动画或停格动画的图帧都不同。当拍摄对象在移动且快门速度不够快时，静态照片中就会出现动态模糊。在静态照片中，这通常是意料之外的结果，但它是电影的一个特性。如果没有动态模糊，所有电影看起来都会像哈里豪森的骷髅那样局促——除非乌玛奇迹般地将动作控制在规定时间内。运动物体在这个持续时间内产生的动态模糊效应成了观众大脑判断不同对象动静的依据。模糊的方向指出了运动的方向，其长度又指出了运动的速度。大脑通过某种神秘的机制将"模糊"这个空间信息转化为了时间信息，进而在似动效应的作用下感知到了动态。

车轮为何倒着转？

和我一样从小看西部片长大的观众们都会注意到影片里倒转的车轮。大量的飞车追逐镜头中，飞速旋转的马车车轮往往占去大半个银幕并持续好一阵子。花巾遮面的匪徒们永远在纵马追逐满载黄金的货车。令人不安的是，马车的车轮似乎总是以一种错误的速度旋转，有时甚至在倒转！

电视也是一种基于采样的媒介。因此在电视普及以后，我们仍会看见倒转的车轮。那时，下午播出节目的首选往往还是西部片。即便在今天，许多汽车广告中的车轮还是以错误的速度或者往相反的方向旋转，只是注意到这一点的观众似乎出奇地少。现代导演们懂得将车轮的旋转隐藏在滚滚尘土之中，或者精心安放的植物与石块后面。他们还会在汽车驶入画面中央时改成慢镜头，使车轮的转速看上去正常。有时，他们干脆不加掩饰。我们都曾如此频繁地看到这种现象，因而学会了对它"视而不见"。

但车轮到底为什么会倒着转？采样定理给出了答案。我们的采样频率必须至少是被拍摄的动态包含的最高频率的两倍。回溯前文，当传统的电影样本率为 24 帧每秒时，它所能表现的最快的运动能有多快呢？答案是，其变化频率注定不能超过每秒 12 次。

现在我们来考查一辆驿马车的前轮——可以是那辆半路将迈布里奇丢在得克萨斯的巴特菲尔邮车。方便起见，我们不妨设它的周长是 12 英尺，有 12 根辐条。马车每前进 1 英尺，这个轮子就会向前转过十二分之一圈；后一根辐条也随之移动到前一根原来的位置上。因此，轮子看上去与旋转之前完全一样。

假如辕马以 12 英尺每秒的速度带动车厢前进，在这个视觉流中的傅立叶波就会包含一个 12 周每秒的波形。这意味着，采样频率为 24 帧每秒的电影勉强能够表现这么一辆马车的运动。但这个速度仅仅相当于 8 英里每小时。任何更高的车速都会带来视觉上的怪象。事实上，奔马的速度能高达 25~30 英里每小时，在匪徒的追击下马车势必超过我们刚刚算出的采样率极限。因此，即使是在理想的电影中，24 帧每秒的频率也不可能准确地表现车轮的高速运动。

但是我们知道，电影的运行还包括了我们大脑的处理。我们人脑利用的、能从两幅静止图像中感知到运动的"似动效应"同样能解读运动的方向。当处理转动的物体时，大脑会根据辐条先后所在的两个位置来判断其间的运动方向，尤其是存在动态模糊的时候。其判断依据就是假定运动物体在两个样本中的不同位置上总是取最短路径。假如辐条从位置 1 转到了顺时针方向上相隔不远的位置 2——仅仅相距某个很小的角度，那么大脑就会据此判断运动方向为顺时针。假如新位置是在逆时针方向上偏过很小的角度，大脑就假定轮子在逆时针转动。大脑完全有可能搞错转动方向，因为它分析的仅仅是两个样本，而非其间平滑连续的视觉流。[22]

理想化与实际应用中的电影技术都基于采样定理，因而在高速运动的处理上必然会出错。当我们无法以视觉流中最高频率的（至少）两倍采取样本时，就必须付出某些代价。在频率语言中，达不到标准的采样会导致动态出错——例如倒转或慢速正转，因此造成错误的视觉表现——错觉。

图解早期电影技术

> 没有！绝对没有！活动影像从来就不存在单一的发明人。
> ——亨利·霍普伍德（Henry Hopwood），
> 《活动影像》（Living Pictures），1899 年 [23]

和计算机一样，仅仅是切入电影的早期历史就需要一张庞杂的图解。它让我们看到众多的人、概念与机器之间的复杂关联。它同样是真实历史的一种简化。为避免混淆，更多的人名、设备与国家在此处被省略。即便如此，图中保留的细节还是足够供我们一窥这项重要技术曲折的发展历程。和计算机部分一样，许多其他的人物和机器被收入注释中。

上一章的计算机发明史图谱仅仅保留了最终影响了数字光学发展的人名和创新。在图 5.10 中，我们还是遵循同样的原则删繁就简，仅仅保留在新千年前的时期——基本就是 20 世纪（1895—2000 年）中最重要的电影系统。我们还略过了"前电影"时代的系统。它们要么没有胶卷，要么不分图帧——比如西洋镜这样基于简单转动的设备。

另一项值得一提的简化是在图表中完全省略了光化学胶片本身的发展。图中所列的每个系统都有赖于这项技术。赛璐珞胶片的发明对早期电影系统来说至关重要。它是个难以驾驭的媒介。它十分脆弱，容易留下划痕或卷边，又有着不稳定的化学性质。发明家在研发胶片时刻意缩短曝光时间并提高分辨率，提高曝光和冲印的效率和可靠性。对早年的发明家们来说着实是场噩梦，如今在数字光学中，胶片再也不是问题了——比特已经全面取而代之。[24]

而且，和计算机叙事一样，我们再次引入奥林匹克的比喻来追踪这些发明诞生的先后。这一次，参赛的两支队伍是美国和法国。图解中列出的选手们创立了最初的五大工作室：爱迪生（Edison）、比沃格拉夫（Biograph）、卢米埃尔（Lumière）、高蒙（Gaumont）和百代（Pathé）。假如更细致地列举其他早期发明家与设备，那么来自英国和德国的代表队也要入场。[25]

被省略的最有趣的一位选手当属路易斯·勒普林斯（Louis Le Prince）。他同时代表了英法美三国。1888 年，勒普林斯在英国约克郡的利兹城制作了一些短片。它们的数字重制版至今还能在互联网上找到。1890 年，他在法国乘火车前往巴黎，计划最终去纽约展示自己的新发明。但他从未抵达——甚至都没到巴黎。勒普林斯从此人间蒸发。他的家人相信，他是被爱迪生当作重要的竞争对手给做掉了。这固然不足为信，却也多少反映出爱迪生霸道的名声。根据一份宣誓证明书，勒普林斯在 1899 年就发明了第一个由摄影机、胶卷和放映机组成的完整系统。但它并未对电影技术的进一步发展产生任何后续影响。[26]

接下来的内容是对电影图解的进一步说明——一节讲述美国人的故事，另一节讲述法国人的故事。总而言之，电影技术的历史十分复杂，细节繁多。因此，我们一旦听见某人被称为电影之父或电影发明人，就应当马上提高警惕。此外，正如 1948 年是"计算机年"，1895 年也是"电影年"。各种放映机和首个使用赛璐珞胶片的完整电影系统也在这一年诞生。

美国人

> 爱迪生这个名字的出现引发了媒体的广泛关注……这位"门罗公园的魔法师"不仅完全认可了这台机器（活相镜），还准备好了扮演外界强加于他的"电影发明家"这一角色（尽管他并不是）。
>
> ——查尔斯·马瑟（Charles Musser），
> 《电影的起源》（*The Emergence of Cinema*）[27]

电影的诞生（简化版）

美国

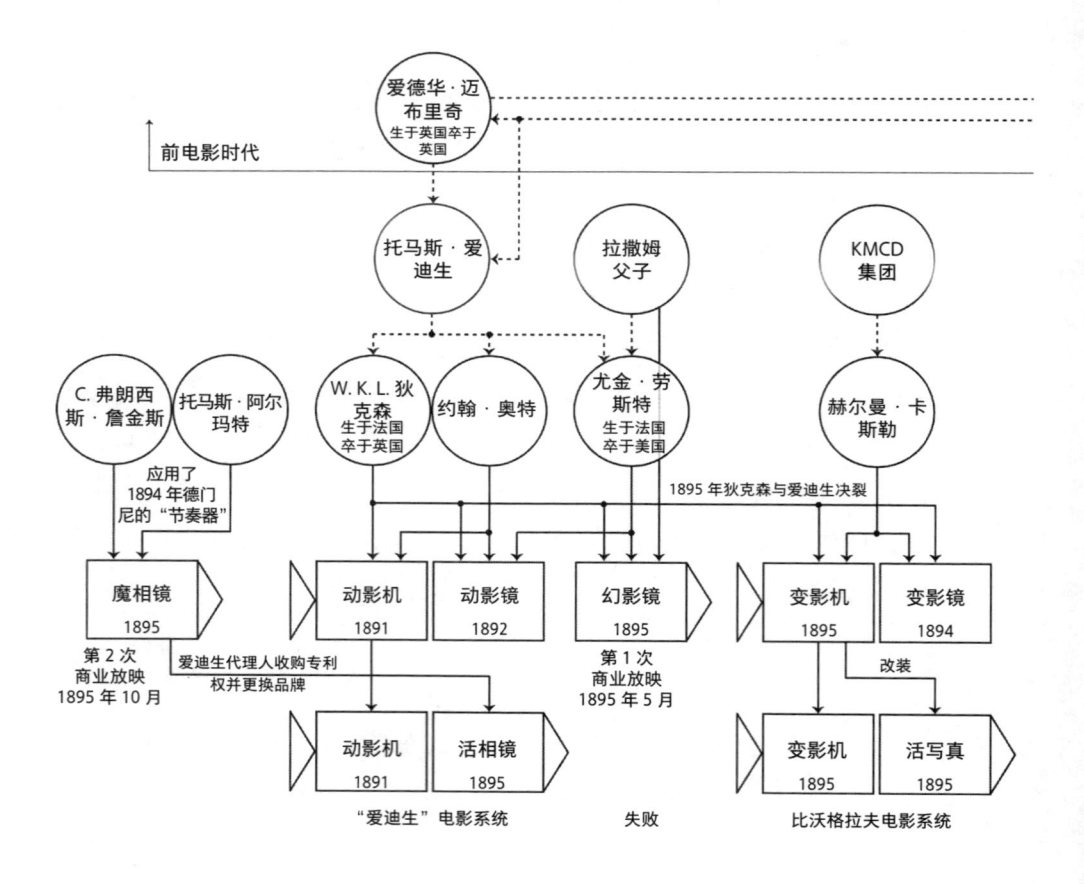

```
                          爱德华·迈
                          布里奇
                          生于英国卒于
                          英国
        前电影时代

              托马斯·爱        拉撒姆           KMCD
              迪生            父子             集团

  C.弗朗西  托马斯·阿尔  W.K.L.狄    约翰·奥特   尤金·劳    赫尔曼·卡
  斯·詹金斯  玛特        克森                  斯特       斯勒
                        生于法国                生于法国
                        卒于英国                卒于美国
              应用了                        1895年狄克森与爱迪生决裂
              1894年德门
              尼的"节奏器"

   魔相镜              动影机    动影镜      幻影镜       变影机    变影镜
   1895               1891     1892        1895        1895      1894

  第2次              爱迪生代理人收购专利                          改装
  商业放映            权并更换品牌
  1895年10月                                第1次
                                           商业放映
                     动影机    活相镜                    变影机    活写真
                                           1895年5月
                     1891     1895                      1895      1895

                     "爱迪生"电影系统         失败        比沃格拉夫电影系统
```

© 2015

图 5.10

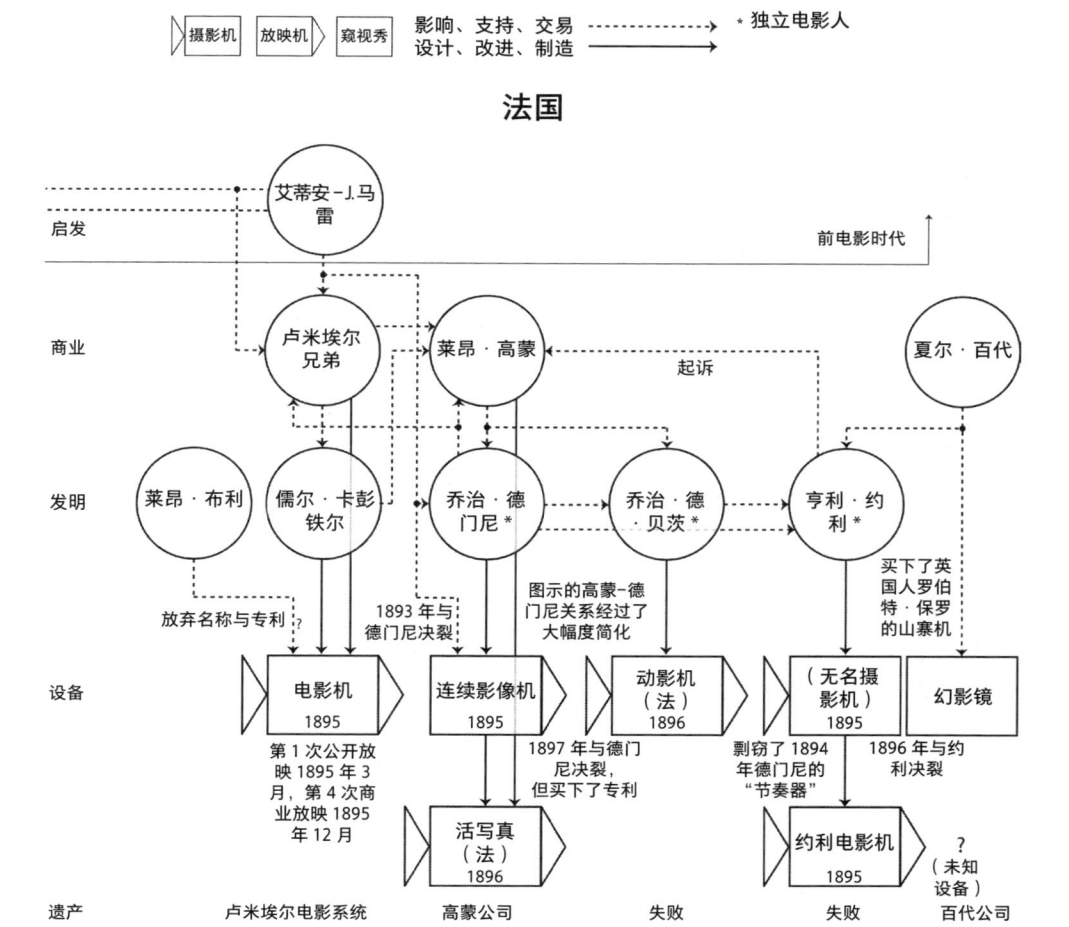

第五章 电影与动画：采样时间 215

```
▷摄影机  放映机▷  ▷窥视秀  影响、支持、交易 --------→    * 独立电影人
                          设计、改进、制造 ——————→
```

法国

```
启发 ——————————— 艾蒂安-J.马雷 ——————————— 前电影时代

商业    卢米埃尔兄弟    莱昂·高蒙    ←起诉    夏尔·百代

发明    莱昂·布利    儒尔·卡彭铁尔    乔治·德门尼*    乔治·德·贝茨*    亨利·约利*
                                                                    买下了英国人罗伯特·保罗的山寨机
        放弃名称与专利    1893年与    图示的高蒙-德
                         德门尼决裂    门尼关系经过了
                                     大幅度简化

设备    ▷电影机    ▷连续影像机    ▷动影机    ▷（无名摄    幻影镜
        1895       1895          （法）      影机）
                                 1896        1895
        第1次公开放    1897年与德门    剽窃了1894    1896年与约
        映1895年3    尼决裂，       年德门尼的    利决裂
        月，第4次商    但买下了专利    "节奏器"
        业放映1895
        年12月
                   ▷活写真                   ▷约利电影机    ?
                    （法）                    1895          （未知
                    1896                                   设备）

遗产    卢米埃尔电影系统    高蒙公司    失败    失败    百代公司
```

托马斯·爱迪生，那个时代的乔布斯

我是从小听着美国偶像爱迪生的故事长大的。因此，当我得知他的许多故事并非历史真实，我不由备感震惊。第一次质疑来自电影史专家戈登·亨德里克斯（Gordon Hendricks）。1961年，他出版了一本题为《爱迪生发明电影之谜》（*The Edison Motion Picture Myth*）的书。书中，亨德里克斯开门见山地提出他写作此书的首要任务："拨开掩盖着美国电影史开端的重重迷雾。"而他的第二个目标，则是"为 W. K. L. 狄克森的工作呼唤迟来的赞誉"。此后，以亨德里克斯细致的考证为基础，后继的美国电影史研究者们尽管缓和了他对爱迪生的批判，却继承了他对狄克森的颂扬。不久前，国会图书馆（Library of Congress）的资深电影专家保罗·斯佩尔（Paul Spehr）为威廉·肯尼迪·劳里·狄克森写作了第一部学术性的传记。尽管也提到了爱迪生"无情甚至可憎的一面"，斯佩尔却辩称他的商业行为在当时实属司空见惯。尽管如此，与我童年时的那个偶像相比，爱迪生的形象还是一落千丈了。[28]

爱迪生很喜欢"门罗公园魔法师"的美称，而美国公众也欣然这样称呼他。爱迪生一手打造了一个发明与商业的乐园。新泽西州的门罗公园有一间他的传奇实验室。热情洋溢的年轻发明家们蜂拥前来与他一同工作。爱迪生堪称自家实验室的金牌销售，同时也乐于成为许多做着实际工作的发明家的代言人。他因此发了财。若他手下的发明家完不成任务，他的商业伙伴就会买来别人的专利换上爱迪生的名字，并一次次在专利纠纷诉讼中完胜。一些原本天真单纯的发明家们——比如狄克森，最终意识到了自身遭受的忽视，于是与这位雇主不欢而散。

爱迪生的这种经营方式与苹果公司联合创始人史蒂夫·乔布斯（Steve Jobs）形成了完美的互文，发人深省。一种花团锦簇却掩盖真相的传奇迷雾也出现在后者身上。被排挤出苹果后，乔布斯在距离加州的门罗公园不远的红木城成立了自己的第二家公司 NeXT。NeXT 被苹果并购之后，乔布斯得以重回旧地，开始出色地兜售来自他手下年轻员工们的创意和设计——并宣称它们属于自己。这种宣称并不像爱迪生那样赤裸裸，但和后者一样，乔布斯在面对公众的溢美和销售部门的包装时从未否认。他通过专利权敲打竞争对手，赚得盆满钵满。我们完全可以称乔布斯为"西部的门罗公园魔法师"。他同样建立了一个奖励和支持那些聪明的发明家的环境，也同样利用他们的发明为自己赢得名利。

具体来说，如今已获封爵士的乔纳森·艾维（Jonathan Ive）才是 iMac、iPod 和 iPhone 的发明人，而不是乔布斯。但乔布斯的确曾与艾维密切地互动并给予他有力的支持。那些产品是他们两人和许多其他人共同努力的产物。诚然，乔布斯是一个营销天才——苹果公司的"播种人"。但和爱迪生一样，他销售的最重要的产品之一，就是关于他自己的神话。正如本书所阐明的，将某项复杂的科技进展完全归功于一个人永远是错误的。[29]

迈布里奇也是营销大师。凭借非凡的表演才能，他将投影运动图像的概念卖向了全世界，尽管此时他自己并没有一台完善到能满足他自己激发的市场需求的设备。他的销售令爱迪生大受震撼，并促使后者开始思考一种更好的电影制作手段。

1888 年，两人曾在迈布里奇的诸多巡回演讲中见过几次面，试图在迈布里奇改进后的魔灯——动物西洋镜——与爱迪生广受欢迎的留声机之间牵线搭桥，从而发明有声的影像。正如狄克森后续的工作所表明的，实现这个创意的时机还未成熟。事实上，有声电影还要过几十年才会出现。但这不失为一个好点子。[30]

爱迪生很快发现，即使不考虑音效，迈布里奇的思路也不可行。迈布里奇并没有制造出足够可靠的电影机器。至少，爱迪生明白，在最初的热潮退去之后，观众们不可能接受只持续几秒钟的所谓电影。于是，他立马着手寻找更好的创意。他很快向美国专利局提交了一份简案——当时称为备忘录，以备日后正式申请专利之需。尽管这个新创意还难称完善——比如，缺少了快门，但它仍旧成了点燃发明之火的那颗火星。[31]

爱迪生的简案提出了另一种将运动图像与留声机相结合的方法。当时，爱迪生式的留声机在录制声音时会沿着圆柱形的陶制滚筒表面留下一行回旋的痕迹，就像缠绕在线轴上的纱线那样。对于电影，爱迪生提出了类似的设计，只是轨迹上记录的是一系列微缩图像。当圆筒转动时，观众能通过一个对准其表面的放大镜看到变化的图像。这个设备表明，或许是爱迪生发明了"窥视秀"（peep show）。而声音此时还不在考虑范围之内——至少在接下来数十年中都是如此。

爱迪生（图 5.11 左边是摆出一副"发明界拿破仑"造型的他）将实现其简案的任务交给了狄克森（图 5.11 右边是他趾高气扬的样子），自己则前往欧洲做盛大的巡回宣传。于是，受雇于爱迪生实验室的狄克森便成了发明电影系统的首要负责人。他的成果将最初的方案改得面目全非。新设计包含一台被称为"动影机"（Kinetograph）的摄影机，并采用长长的胶卷取代了刻在滚筒上的微缩图像。但新方案仍然没有包含放映机。它仍采用了西洋景式供单人观看的动影镜。"爱迪生"的动影机-动影镜系统可以被称为准电影，并且比迈布里奇的设计更接近现代电影。它也的确在全世界造成了巨大影响。

图 5.11

为了研发一套完整的、带放映机的电影系统，狄克森不得不与爱迪生分道扬镳。这次分手闹得很不愉快。他们两人间可以说矛盾重重。但两人的关系并非从来就这么坏——至少在 1895 年这个电影元年不是这样。[32]

> 我相信，不久，我本人、狄克森、迈布里奇、马雷和其他该领域的耕耘者的发明将使纽约大都会歌剧院里的天籁永久保存，即使在音乐家们去世多年以后也不会有分毫的差别。
>
> ——托马斯·爱迪生，约 1894 年[33]

> 这本托马斯·阿尔瓦·爱迪生的传记是为了回应公众的巨大兴趣而写成的。激发这种兴趣的是爱迪生那些精妙绝伦的发明。在本书中，这位当代最伟大发明家的个性与生平将会一一展现。
>
> ——W. K. L. 狄克森与（姐姐）安东尼娅·狄克森，
> 《托马斯·阿尔瓦·爱迪生的生平与发明》
> (*The Life and Inventions of Thomas Alva Edison*)，1894 年[34]

威廉·肯尼迪·劳里·狄克森，真正发明了电影的人

通常，他以其首字母 W. K. L. 为人所知，但他的家人们都称他劳里。他从来不叫威廉、威尔、比尔或比利。事实上，他那种一本正经的个性令土生土长的美国人相当反感。四个名字！有必要吗？真是愚蠢透顶。这一点无疑令爱迪生相当介怀，以至于故意把他的姓氏"狄克森"（Dickson）错拼为"狄克松"（Dixon）来恶心他。他的一位同事还并非出于敬意地戏称他为"尊敬的威廉·肯尼迪·劳里·狄克森阁下"。[35]

即使是那些对狄克森的成就颇加赞誉的历史学家也普遍认为他是个装腔作势的家伙，喜欢自吹自擂并夸大事实。最早为他正名的人亨德里克斯一口气列出了他扯过的 50 个谎言。狄克森的自传中充斥着诸如下文的可疑故事，在门

罗公园的同事们和广大美国人看来都好比天方夜谭：[36]

> 威廉·肯尼迪-劳里·狄克森①在法国出生，在英国求学。他的父亲詹姆斯·狄克森是一位杰出的英国画家和版画家；他的祖上更是出过多位大艺术家，其中就包括伟大的霍加斯（Hogarth）。狄克森的母亲是苏格兰科库布里城伍德霍尔的伊丽莎白·肯尼迪-劳里小姐。她是一位出色的学者、音乐家，并以美貌闻名。她是马克斯韦尔顿劳里家族的后代，那个在脍炙人口的民谣《安妮·劳里》中传唱的不朽家族；她同时又是斯特洛恩的罗伯特森家族的后裔，与卡西利斯伯爵（Earl of Cassilis）、阿索尔公爵（Duke of Atholl）和斯图亚特王室（Royal Stuarts）血脉相连。[37]

但实际上，上文中大部分叙述都是真实的——甚至包括斯图亚特王族的那部分。数个世纪来，狄克森的先祖们都在英国著名的贵族族谱——《伯克氏士绅名鉴》（*Burke's Landed Gentry*）和《伯克氏门第大全》（*Burke's Peerage*）中留下了详细记录。他的四个名字的确与各路先祖颇有渊源。在狄克森的父系祖先中有两位威廉·狄克森，而在母系一边有两位祖先分别名叫威廉·拜利（Baillie）·肯尼迪·劳里和威廉·肯尼迪·劳里。因此，这四个名字他都同样看重。

而一些他在自传中三缄其口的事也在后人的考证下日渐清晰。比如，他与他的远亲伊丽莎白·巴雷特·勃朗宁（Elizabeth Barrett Browning），同为靠着在甘蔗种植园中压榨数千奴隶发了横财的奴隶主家族的后裔。无怪乎当18岁的狄克森于1879年随母亲移民美国时，最早在南方弗吉尼亚州的里士满附近落脚。不久他就在那里迎娶了一位出身某老牌邦联家族的小姐。终其一生狄克森都闭口不谈自己家族的蓄奴历史。[38]

像狄克森这样一个出身贵胄、法国生英国长、倾向南方、家族又有蓄奴史的人，显然不是美国神话的合适主人公。与之相反，爱迪生作为一位曾经的报

---

① 原文如此，与正文的写法不同。编者注。

童，却发明出了电灯泡和留声机，简直像从霍雷肖·阿尔杰（Horatio Alger）的小说中走出来似的，顺理成章地成了电影背后的美国天才。这个神话是为爱迪生量身打造的，而他本人也欣然笑纳。当然，这种褒扬并不符合事实。

是狄克森，而非爱迪生，设计并制造了史上第一台成功运行的摄影机——即所谓"动影机"。但这部机器却被称作"爱迪生动影机"。狄克森的这项工作也得到了其他人的襄助——主要来自约翰·奥特（John Ott）。狄克森所做贡献的深远影响在我们的图谱中并没能完全得到展现。比如，他还设计并创立了第一间电影工作室。这间工作室名叫"黑玛利亚"（Black Maria），就坐落在爱迪生公司所在的新泽西州奥兰治镇，离门罗公园不远。此外他还制作了大量早期电影，1890—1903 年的产量高达 300 余部。他摄制的那些仅有 1 分钟左右时长的黑白默片都带有纪录片性质，拍摄对象包括运动员、拳师、进港的轮船、战斗、教皇、国王、理发店等。他兼修软件和硬件，尽管那些影片没能让他大红大紫。电影成为一门伟大叙事艺术的时代还没有到来。[39]

爱迪生的另一份简案由狄克森和奥特落实为了"爱迪生动影镜"（Edison Kinetoscope）。后缀的"镜"说明它并非放映机，而是一台单人使用的电影观看设备——也就是窥视秀。爱迪生的商业伙伴们也的确成功地将这台设备应

图 5.12

用于窥视秀的生意。图 5.12 描绘了当时纽约城中一间秀场内的景象。尤其引人注目的是墙上挂着的两条恶龙和正面迎宾的爱迪生本人的半身铜像。[40]

事实上，窥视秀延缓了爱迪生进军电影界的脚步。当狄克森提议发明一台可用于公开放映的投影设备时，他遭到了爱迪生的拒绝。后者并不想牺牲窥视秀生意的市场份额。这最终造成了两个后果。首先，爱迪生的公司在全套电影系统的发明竞赛中落后了。在 1895 年这个放映机之年，不止一个团队造出了放映机。其中法国的卢米埃尔兄弟将崛起，成为爱迪生强有力的竞争对手。其次，另一家对放映机抱有兴趣的公司挖走了狄克森。为爱迪生工作时，狄克森还在帮助另外两个团队研发放映机。他辞职后加入了其中之一。这个团队日后成长为比沃格拉夫公司，成了爱迪生在美国电影界最大的对头。

爱迪生的生意伙伴们很快意识到，他们需要一台投影设备来完善动影机。狄克森离开后，他们只有另想办法。查尔斯·弗朗西斯·詹金斯（Charles Francis Jenkins）和托马斯·阿尔玛特（Thomas Armat）已经在 1895 年研发出了名为"魔相镜"（Phantascope）的放映机，因此爱迪生的代理人——诺曼·拉夫（Norman Raff）和弗兰克·嘉蒙（Frank Gammon）——买下了这个专利。将这个设备更名为"活相镜"（Vitascope）后，他们又通过商业合同抹去了两位发明人的名字。最终，一套"爱迪生出品"的完整电影系统问世了。其中的摄影机——"动影机"由狄克森和奥特完成，放映机——"活相镜"则主要由詹金斯和阿尔玛特研发。这套系统为爱迪生赢得了"门罗公园魔法师"的美名，尽管他除了最初的两张无法实现的草图和对詹金斯-阿尔玛特样机的些许改动之外并无太多贡献。在发明这套系统的四人中，只有狄克森在有生之年实现了更大的成就——只是没能收获与之匹配的名声。[41]

图谱中缺失的最重要的一点，是狄克森几乎一手主导了爱迪生品牌电影系统的胶片部分。是他设计出了沿用多年的 35 毫米双行打孔胶卷，每一帧胶片都有四个方形孔洞。这在电影的发展史上是一项极其困难且具有基础性意义的进展，尽管在不使用胶卷的数字光学时代其重要性日渐消退。在研发赛璐珞胶片卷轴与投影设备的过程中，狄克森的角色举足轻重。[42]

有一种不算正式的办法能解决图谱叙述中遇到的难题：不同线条的联结显示出狄克森曾参与过除詹金斯-阿尔玛特"活相镜"以外所有的美国电影机项目，同时间接促成了许多个法国项目：卢米埃尔兄弟发明的电影系统是对"爱迪生牌动影镜"的直接回应。经狄克森完善过的 35 毫米打孔胶卷规范也被高蒙和百代采纳。英国的罗伯特·保罗（Robert Paul）则干脆山寨了一台动影镜，并将它出售给了百代。在后文里，我们还将仔细叙述卢米埃尔、高蒙、百代和保罗的故事。

在研制放映机的过程中，狄克森为两拨非爱迪生团队的外人提供过咨询，而当时他还正式供职于爱迪生公司。历史学家们难以判断这种咨询行为道德与否。狄克森显然觉得他的行为十分高尚，但爱迪生将其视为背叛。1926 年，65 岁的狄克森在给爱迪生的信中写道："真相终将浮现——这让我想起当年那些谣言说我对你的公司不忠诚，还总是磨洋工。"爱迪生则在信上做了批注："他就是个叛徒。我想我们最好不要回复。"并将其存入了档案。[43]

与狄克森有往来的第一个外部团队由拉撒姆父子和一位爱迪生公司的前员工尤金·劳斯特（Eugène Lauste）组成。劳斯特在爱迪生的实验室供职期间曾参与了动影镜的研制。狄克森给拉撒姆父子提供的帮助或许仅限于建议。至少他从未公开邀功。劳斯特则参与研发了"幻影镜"（Eidoloscope），至少部分研究者这样认为。这是电影史上最富争议的问题之一。幻影镜于 1895 年 4 月首次公开放映，此时它还使用着原名"临其境"（Panoptikon）。当年 5 月，幻影镜进行了第一次商业放映，这使它仅次于卢米埃尔兄弟于当年 3 月推出的"电影机"（Cinématographe）成为世界上第二台公开展示的电影投映设备，同时也是首个应用于商业化用途的放映机。[44]

1895 这一年的确堪称电影史上的奇迹之年。继拉撒姆父子在 5 月用幻影镜做商业放映之后，詹金斯和阿尔玛特也在 10 月将魔相镜商业化，使之成为世界第二。拉夫和嘉蒙作为爱迪生的委托人，随后将魔相镜重新改名为了"爱迪生牌活相镜"。在法国，卢米埃尔兄弟则在 12 月让他们的电影机成为世界上第四台商业化的放映设备。德国的马克斯·斯克拉达诺夫斯基（Max

Skladanowsky）在 11 月让他的"如生镜"（Bioskop）摘取了第三。这些突破让 1895 年成为完整电影系统的元年。电影竞赛正式开始了。[45]

狄克森也在这一年里与爱迪生决裂。自那以后，狄克森一直都为自己的功劳遭爱迪生否认耿耿于怀。直到 71 岁高龄，狄克森才终于写道："爱迪生和伊士曼（Eastman）死后，我才在诸多报刊上读到我的故事，为我当年发明胶卷和现代电影技术的成就正了名。"[46]

狄克森在 1895 年从爱迪生公司正式离职，加入了 KMCD 集团——他合作过的另一个外部团队。K 和 M 分别指代埃利亚斯·库普曼（Elias Koopman）和哈里·马文（Harry Marvin），他们是公司的首要经营者。C 则是赫尔曼·卡斯勒（Herman Casler），日后与狄克森——也就是字母 D——一同成为首席设计师和工程师。这个团队的成员结识于一年一度造访纽约某个乡间温泉的旅途中，随后开始合伙制造并销售一种伪装成一块怀表的隐蔽相机。这群好兄弟成立的公司在谍报界没引发多大反应，却对电影产业造成了深远的影响。[47]

在狄克森的建议下，卡斯勒设计出了该团队的第一台摄影机：变影机（Mutograph）。二人此后又将其改装为了放映机，并命名为"活写真"（Biograph，即"比沃格拉夫"）。这家公司开始也以比沃格拉夫之名为人所知。狄克森清楚该如何绕开爱迪生公司的专利，比沃格拉夫由此成长为爱迪生在美国最大的竞争对手。[48]

法国人

这幅电影史图谱的右半边所绘的是另一支队伍——法国人。放眼看去，各位主力选手之间的联系同样盘根错节。他们的故事和美国人的一样盘根错节、奋发向上、疑点重重。我们从最顶端的艾蒂安-儒勒·马雷开始说起。在前电影时代的法国，马雷扮演的开创性角色相当于爱德华·迈布里奇之于美国电影事业。事实上，马雷和迈布里奇多年来一直互相影响，直到 1895 年放映设备遍地开花。

马雷——科学家、艺术家、时间摄影家

马雷早就知道奔马的四蹄会同时离地。在迈布里奇拍下利兰·斯坦福爱马的那些著名照片之前，甚至在他自己成为一名"连续摄影师"（chronophotographer）之前，他就知道这一点。所谓连续摄影师，正如马雷和迈布里奇的工作所表明的，是没有完整电影系统的前电影时代的产物。

马雷对奔马的了解来自非照相术的测量手段。约在1873年，他利用放置于活马马蹄上的设备做了真正的生理学测量。次年，马雷将实验结果写成了一篇文章并公开发表在《大众科学》上。马雷始终认为自己是一名科学家而非摄影师。这一点在他的故事里至关重要，尤其是涉及一名年轻的助理乔治·德门尼（George Demenÿ）时。德门尼在马雷位于巴黎的生理学实验室中辅助他的工作，堪称忠实的门徒。[49]

迈布里奇、马雷和斯坦福很早就都知道彼此的存在。迈布里奇在1872年或1873年在加州拍摄了第一张"四蹄腾空照"，但这张照片后来佚失了。这张照片大概不算好，因此斯坦福在读了马雷的《大众科学》文章后又雇他再试一次——这一次应该成功了。1878年，马雷直接催促迈布里奇让他拍的静

图 5.13

态马儿照片"动起来"。1881 年迈布里奇到访巴黎时，马雷也为他举办了一场招待会。[50]

但两人的思路有着本质上的区别。迈布里奇逐帧拍摄图像，马雷则是逐条拍摄。图 5.13 就是马雷的一件精美创作——他自己视其为科学。他的装置通过在一张长条胶片上多次曝光来记录动态图像。（图中背景的上部略经修饰。）

电影史上有一个传说：爱迪生是受到了马雷使用条状底片的启发，才放弃了将图帧刻录在滚筒上的设计，转而使用胶卷的。其实，爱迪生在 1889 年动身前往法国之前就已经知道了条状底片。实际上，狄克森很可能已经将条状底片试用于动影机并向爱迪生做了演示。尽管如此，结束法国之旅后爱迪生马上向专利局提交了一份新的简案，其中描述的就是两边打孔的长条状胶卷。又一次，是狄克森历尽艰难地将他的创意付诸实践，最终使其成为 20 世纪电影业的统一规格。[51]

1890 年，马雷为连续摄影设备注册了专利。那是一台在无孔的赛璐珞胶片上间歇记录影像的摄影机。同年，马雷向法国科学院展示了一张该设备拍摄的连续照片——毫不意外，是一张奔马的照片！他的助手德门尼应该也参与了研发工作。现在，我们已经认识了法国队的所有发明家，包括这位德门尼。

法国关系——发明与阴谋

> 正如德门尼、拉撒姆父子、阿尔玛特和詹金斯们所展现的，电影工业兴起的历程包含了一系列的背叛、违约和暗算。
> ——劳伦特·马诺尼（Laurent Mannoni），《伟大的光影艺术》[52]

如今，卢米埃尔兄弟占尽了发明电影的功劳，这在很大程度上名副其实。但是，其中也有其他法国发明家和商人的贡献，包括他们在职业生涯的不同阶段中合作或"借鉴"过的对象。艾蒂安-儒勒·马雷指导了乔治·德门尼。德门尼随后加盟了莱昂·高蒙（Leon Gaumont）。亨利·约利（Henri Joly）从德门尼处借鉴了创意，又将高蒙告上法庭。约利接着与夏尔·百代（Charles

Pathé）合作，又抛弃了后者。现在，请听他们的故事。

卢米埃尔兄弟，当之无愧的光之宗匠

> 关于卢米埃尔式电影技术的概念，存在着极大的误解。在这两兄弟的晚年，他们分别讲述了无数种不同版本的故事——前后颠倒，是非混淆，各自只是为了强调自己的功劳——真相则完全被掩盖了……更令后人为难的是，他们整理保存的档案丢失了。我们再也不可能像戈登·亨德里克斯爬梳西奥兰治镇档案并解开爱迪生动影镜的发明秘辛那样，去重新发现卢米埃尔兄弟发明电影的真相了。
>
> ——劳伦特·马诺尼，《伟大的光影艺术》[53]

他们的姓氏恰恰是法语中的光，这是多么优美的巧合！而历史学家劳伦特·马诺尼却称他们毫不可信，又是多么讽刺。通常所说的"卢米埃尔一家"包括一个父亲和两个儿子，和美国的拉撒姆父子如出一辙。父亲安托万·卢米埃尔（Antoine Lumière）有长子奥古斯塔（Auguste）和次子路易（Louis）。广为人知的故事简洁优美：事事互相提携、彼此敬爱的两兄弟共同设计出一台完整、优雅的设备——电影机（Cinématographe），它兼具摄影和投影的功能。他们做了史上第一次公开的电影放映，从而推动了电影革命。无疑，法国人以他们为荣。但正如本书中的许许多多其他事例，众所周知的故事几乎总是人为杜撰的谎言。

马诺尼为兄弟之间的不和盖棺定论。但他们呈现的那个完整而优雅的设备却千真万确地既是摄影机也是放映机。这个装置的可逆设计使它具有读写两种功能，既能拍摄也能放映。此外，卢米埃尔兄弟的电影机还是一台胶片印刷机。它的确是个合而为一的完整的电影系统。兄弟二人，特别是路易，在工程师儒尔·卡彭铁尔（Jules Carpentier）的帮助下慢慢改进着这台机器的紧凑布局。

乍看之下，电影机似乎是个十分简单的装置。但若您读过路易和卡彭铁尔之间的往来信件，这种简单之中蕴含的深刻优雅就会显现出来。日复一日，路易不断描述着各种琐碎的问题和微小的改动，卡彭铁尔则寻找解决方案或提出新问题。这个过程体现出惊人的完美主义。卢米埃尔兄弟并不想将一台并非绝对完美的机器呈现给付费观影的观众。他们一直等到 200 台样机开工量产之际，才于 1895 年 12 月 28 日在巴黎让自己的发明公开亮相——这是世界上第四台、欧洲第二台商用放映机。

仔细考察各位竞争者的撞线日期，我们会发现决出第一几乎是不可能的。比那些模棱两可的日期更重要的是 1895 年那种勃勃生机、万物竞发的境界。那一年在大西洋的两岸，几乎每个月都有新放映机公开问世。"商用"定语的使用与否就能改变这些发明的先后顺序。前两台商用放映机出现在美国：拉撒姆父子在 5 月夺魁，阿尔玛特和詹金斯在 10 月紧随其后。第三和第四则在欧洲诞生：德国的斯克拉达诺夫斯基在 11 月夺得季军，法国的卢米埃尔兄弟在 12 月名列第四。

不过，要是去掉"商用"的限制，那卢米埃尔兄弟的发明就成了第一台面世的电影放映机。1895 年 3 月 22 日，他们在巴黎面向数百人公开展示了一台并不那么完美的样机。这样非商业性质的举动让拉撒姆父子屈居第二。他们要在一个月后的 4 月 21 日才向媒体展示他们的幻影镜。第三名还是属于卢米埃尔，当年 7 月他们又在巴黎向 150 人做了一次公开展示。与之形成对比的是，当他们在 12 月终于正式公开售票时，付费观看的观众只有 33 名。[54]

无疑，卢米埃尔兄弟将一整个电影系统都纳入了一个盒子中。但莱昂－纪尧姆·布利（Léon-Guillaume Bouly）也做到了这一点，甚至比他们更早。布利在 1893 年就申报了一项联合摄影－放映系统的发明专利。但他因为没交年费——或者说交不起，让这项专利失效了。这让卢米埃尔兄弟能够自由地使用这个系统的名称，甚至其基础设计。后人无从知道，神秘的布利有没有参与卢米埃尔电影机的研发，以及他在其中扮演了怎样的角色。布利并没有出现在公众熟知的故事版本中。[55]

不幸的是，卢米埃尔兄弟优雅的盒中电影方案并未被蒸蒸日上的电影工业界采纳。他们的胶片规格也同样被抛弃。他们的同胞莱昂·高蒙、百代兄弟夏尔和埃米尔都采用了狄克森的 35 毫米胶片，也就是未申报专利的"爱迪生系统"，从而宣告了卢米埃尔规格的死亡。尽管如此，卢米埃尔兄弟还是参与了早期美国市场的激烈争夺。当时，他们在业界举足轻重——在法国人的观念中他们至今仍然如此。[56]

德门尼，法国的狄克森？

乔治·德门尼这个名字在电影史图谱中的几处关键位置反复出现。然而，和 W. K. L. 狄克森一样，很少有人听说过他。但他就在那里，与几乎每一个法国队队员——马雷、卢米埃尔兄弟、高蒙、乔治·德·贝茨（George de Bedts）、亨利·约利都有某种联系。和美国历史学家保罗·斯佩尔考证狄克森轶事一样，法国历史学家劳伦特·马诺尼也发掘出了德门尼。马诺尼，巴黎举世闻名的法国电影资料馆（La Cinémathèque française）电影技术部门主任，一手将德门尼带回了历史学界的视线之中。失望、挫败和不公的待遇充斥于德门尼的故事。[57]

马雷与德门尼

在长达十年的合作中，艾蒂安-儒勒·马雷之于德门尼如师如父。他们两人的关系始于 1880 年左右。马雷于 1882 年赴意大利休假时将自己的生理学实验室托付给德门尼管理，两人之间的友谊达到了顶峰。[58]

但时日渐长，德门尼利用连续摄影术牟利的商业野心开始与马雷进一步研究生理学的科学理想冲突——这又是一次排气筒与象牙塔之争。马雷在 1889 年向德门尼表达了对他误入歧途的不满。但德门尼坚持己见，到 1893 年时两人之间的嫌隙已经很大。德门尼在一封信中称马雷的管理"老迈昏庸"。很快，马雷便要求他离职。德门尼最终被炒了鱿鱼——用他自己的话来说，"被朱庇特的一道闪电击倒。"这是德门尼的第一次挫败，与之相伴的是他对马雷的深深失望。

前文中提到,德门尼很可能帮助马雷研发了他在 1890 年获得专利的胶片连续摄影机。但那台机器相当粗糙,甚至无法保持恒定的帧率。德门尼依靠经验,很快造出了自己的连续摄影机。这台新机器并非简单抄袭自马雷的实验室。事实上,德门尼的机器有一个名叫"节奏器"(beater)的新结构,完全出自他自己的关键设计。1893—1895 年,他分别为"节奏器"申报了英法美三国的发明专利。这个结构一举解决了胶卷的连续运动与间歇式投影之间的矛盾。胶片从放映机上的出片轮轴中顺畅地展开,一路移动到投影透镜和光源处。在投影图像之后,胶片被收纳入收片轮轴。但它在投影瞬间的短暂停滞是一种间歇式运动。假如不加处理,这种间歇暂停就会让胶片在出片轴处不断受到揉搓,在收片轴处被反复拉扯。节奏器的作用就是通过有规律地松弛胶卷来避免胶片受到张力。[59]

晚年的马雷指控德门尼的连续摄影机偷窃了他的创意。这种责难似乎有些牵强。马雷自己也承认,没有节奏器的设计作为一项科学成果是完全公开的。德门尼的过失在于他没能遵循科学界的引用规范。他没有邀请马雷参与这桩基于共同研究成果的生意显然是不对的,哪怕马雷本人总是自诩为纯粹的科学家。但德门尼对马雷的回应更是过火。他称马雷是个"毫无头脑还怨天尤人的病老头"。[60]

德门尼与高蒙,卑鄙的勾当

1895 年,德门尼与莱昂·高蒙签约使用他最新研制的连续摄影机(没有投影设备)。高蒙马上将这部机器的名字改为 Biographe①。1896 年,他们修改了合同,让德门尼有机会研发反向的连续摄影机——一台既能摄影也能放映的全功能电影机器。德门尼在当年就研制成功了。1897 年,他又将这项发明改进为采用"爱迪生"规格 35 毫米胶卷的版本,使它更具竞争力。但那时,

---

① "比沃格拉夫"的法语拼写。

德门尼已经在高蒙手下饱受了人生中第二次大挫败的折磨。[61]

导火索是所谓的"约利事件"。夏尔·百代购买了一台"爱迪生牌动影镜"的复制品，需要配套的胶卷。他的机器购自英国人罗伯特·保罗，后者山寨了动影镜的设计。保罗这样做完全合法，因为爱迪生没能为动影镜申请到欧洲地区的专利。但百代没法向爱迪生公司购买供山寨机使用的胶卷。因此，他在 1895 年与法国发明家亨利·约利达成协议，为山寨动影镜设计一台摄影机。约利是个非常合适的人选，他认识马雷和德门尼并了解他们的工作。为了这项工作，约利造出了属于自己的电影摄影机，并将其改成了一台放映机。他还加装了一个直接取自德门尼的节奏器，从而引发了之后的一系列丑闻。

约利竟然起诉了德门尼的合伙人高蒙。他的律师坦率地承认约利改进了德门尼的设计，可随后要求高蒙停止生产德门尼的机器。这种颠三倒四的要求仿佛是在说，约利的专利是改进了德门尼的设计，因而德门尼的机器也在他专利保护的范围之内。这种要求简直荒唐至极，可高蒙的回应是直接抛弃了德门尼！不出意外地，德门尼终生愤恨自己没能得到应得的名声和回报，直到默默无闻地去世。后来，即便约利同样惨遭百代的背弃，恐怕也难以消解德门尼的心头之恨。[62]

约利与百代，同样卑鄙的勾当

约利注意到夏尔·百代只把自己的电影机当作摄影机来用。百代此时正深陷于爱迪生的窥视秀思路难以自拔，因而忽略了这台机器的放映功能。因此，约利开始寻找懂得放映机的商业价值的伯乐。比如，他曾与乔治·德·贝茨接洽，后者是德门尼的诸多助理合伙人之一。百代自然紧张起来，他对此采取的措施十分莽撞。他直接将约利夫妇从他提供的住所中赶了出去，并在他们搬迁时藏起了约利的摄影机。这是 1896 年发生的事，正是采用放映技术的电影业爆炸性增长的时候。和爱迪生一样，百代终于意识到窥视秀这条路走不通。他很快找来了一台两用放映机投身于这桩生意，并最终成为电影界最成功的生意人之一。我们无从知道他到底用的是什么机器。或许就是约利的那台。无论如何,百代在看见了约利坚持的投影技术能带来丰厚利润之后,却让约利出了局;不仅没给一分钱补偿,甚至没让他带走样机。约利后来尝试过与他人合伙创业,但终告失败。[63]

德门尼与卢米埃尔

德门尼的第三次挫败来自卢米埃尔兄弟。他们粗暴地否认自己的电影机受过前者的任何影响。在这里,卢米埃尔的美好童话开始出现不和谐的波折。最近几十年发现的德门尼手稿显示,他设计过一对由偏心凸轮驱动的卡钳,能够实现间歇性的运动——这正是1895年的电影机实现的。路易·卢米埃尔在1894年12月拜访德门尼时一定见过这些略显粗糙的草图。[64]

德门尼与美国人

德门尼的名字同样出现在图谱的美国一侧。一些历史学家认为他在这一边的贡献甚至更大。詹金斯和阿尔玛特在1895年的"爱迪生活相镜"中采用了节奏器的设计。美国专利局认为,这个设计直接借鉴自德门尼。狄克森团队也很有可能在活写真项目中借鉴了德门尼的设计,但历史学的审判庭尚未对此做出判决。当时流行的照相术文献对德门尼的节奏器早有描述,因而这并非什么机密。[65]

德门尼的故事中有太多模棱两可之处,我们因而几乎能肯定他无法匹敌天才的狄克森。尽管如此,德门尼也不应被遗忘。他参与了如此众多的项目,认识了如此众多的发明家,做出了许多对电影技术有开创意义的进展——或许比我们知道的还要多得多。

爱迪生托拉斯与好莱坞的诞生

到1907年,爱迪生公司拥有一项主流电影摄影机的美国技术专利,并依托它持续发起各种诉讼。筋疲力尽之后,爱迪生的对手们只能与他的公司媾和。解决方案就是在 1908 年成立了电影专利公司（Motion Picture Patents），有时又被人叫作"爱迪生托拉斯"（Edison Trust）。大约 10 家公司将各自拥有的专利汇总到此处，并在激烈竞争之后合而为一个组织。这个组织包括法国百代公司的美国分部和当时最大的胶卷厂商伊士曼-柯达公司（Eastman Kodak company）。甚至，爱迪生最大的对头——狄克森的比沃格拉夫也入伙了。比沃格拉夫公司拥有的放映机专利是爱迪生比不了的，这也成为托拉斯有效运转的主要原因。假如这听起来像勾结垄断，那是因为它本来就是。[66]

将好莱坞的创立完全归功于爱迪生托拉斯有些言过其实，哪怕这一观点看似合理——考虑到加利福尼亚与位于新泽西的爱迪生总部相隔甚远，这样的选址必然是有意为之。毫无疑问，在那么远的地方很难追踪和行使专利权。但更为重要的是西海岸拥有充沛的阳光、低廉的劳动力和土地价格。许多独立的电影制片商都搬到了那里。其中包括环球影城（Universal Studios），该公司成立于 1912 年，不久后搬到了好莱坞；还有派拉蒙影业（Paramount Pictures），于 1912 年在那里成立，这两家公司至今仍位于好莱坞。这两家美国的电影制片厂，以及高蒙和百代两家法国公司，是世界上存活最久的五家电影制片厂之四（第五家是丹麦的北欧电影公司[Nordisk Film]）。

加州偏僻的位置没能让环球公司逃过爱迪生托拉斯不远万里的追索。但在 1917 年，美国最高法院做出了对托拉斯不利的判决，宣称其滥用专利。最终，爱迪生托拉斯根据休曼反垄断法案被判定非法，于 1918 年正式解体。[67]

至此，我们终于结束了电影发明图谱漫长的图释。现在，我们可以将目光转移到电影的另一特殊分支——动画片上。在我们的讲述中，它最终带来了数字大融合。条条大路都通向数字光学，但我最熟悉的一条还是动画片。

☐　　　☐　　　☐　　　☐

此前，我们已经对数字光学中取（拍摄）像素与制（创造）像素两部分做了区分。到目前为止，我们的讲述主要围绕着如何从现实中拍摄像素以描绘现实。现在，我们要将目光转向凭空创造出的像素及其表现的非现实世界。

一旦我们理解了计算机中的一个几何模型是如何成为一帧图像，进而积少成多创造出表现虚拟世界的图帧串流的，我们就能水到渠成地明白电子游戏、虚拟现实（virtual reality, VR）、增强现实（augmented reality, AR），以及一切软件和互联网网站中交互界面的运行方式。我们在三维数字动画中用到的基本原理也同样适用于以上这一切。它们的共同点是将存在电脑中的某种不可见的模型呈现出来。取制两者共同成就了完整的数字光学。

现在，我们要开启制作像素的旅途了——具体来说，我们将讨论数字电影。首先，我们从电影世界中传统二维动画片的历史和原理说起。在之后的章节里，我们将看到计算机增强性的应用将如何实现数字光学。

动画电影：与时间脱钩

> 卡通片向我们揭示了自然隐于动态之中的某种东西，那就是我们能从中获得的魔幻般的满足感。
>
> ——唐纳德·克拉夫顿（Donald Crafton），
> 《在米老鼠以前》（*Before Mickey*）[68]

> 于是，摄影机，这个机器中的乔治·华盛顿，最终被证明并不诚实。
>
> ——阿什顿·斯蒂芬斯（Ashton Stephens）观看温莎·麦凯（Winsor McCay）作品
> 《恐龙葛蒂》（*Gertie the Dinosaur*）之后的评论，1914年[69]

动画电影的历史和电影本身一样长。至少在发明涌现的1895年，就已经有动画片了。不过，什么是动画片呢？

定义动画片并不简单。传统电影的图帧都取自现实世界。布景和服饰可能是夸张的，光线可能是人工的，人物角色也经过演员的刻意塑造，但这一切都的确存在于真实世界中。这是很显然的。但事实上，手工绘制的动画电影也同样从现实世界中提取图帧。在卡通动画片中，比如迪士尼的《白雪公主和七个小矮人》(Snow White and the Seven Dwarfs，1937，又名《白雪公主》)，每一帧图像都是一张照片，拍摄的对象是表现幻想世界的一幅绘画。这些绘画也都是存在于现实世界之中的物体。因此，是虚拟还是现实并非区分动画片的标准。

同样，是制像素还是取像素也不能用来判断影片是否属于动画片。永远忠于获取现实世界影像的只有一小类被称为"纪录片"的电影。大多数影片都源于虚构。这些影片中的每一帧图像都或多或少经过了人工处理。

此外，是二维还是三维也不是动画片与非动画片的基本差异。某些停格动画电影也从现实世界中获取三维图像来组成所有的图帧。雷·哈里豪森的作品《杰森王子战群妖》中那些跳舞的骷髅就是如此。还有我和孙辈都爱看的现代动画片《小羊肖恩》(Shaun the Sheep，2007—)。一些最早的动画电影就采用了停格技术——至少是动态干扰（interrupted motion）技术，比如乔治·梅里埃（Georges Méliès）的《闹鬼城堡》(The Haunted Castle，1896)和詹姆斯·斯图尔特·布莱克顿（James Stuart Blackton）的《闹鬼旅店》(The Haunted Hotel，1907)。一些最早的非动画电影则呈现了艺术家在手绘的二维布景中表演的情形，比如埃米尔·科尔（Émile Cohl）的《幻影集》(Fantasmagorie，1908)和温莎·麦凯的《小尼莫》(Little Nemo，1911)。这些作品被称为"光影素描"（lightning sketch），但不属于动画电影的范畴——毕竟它们虽有二维内容的点缀，但观众们还是能看得见演员三维的身体。

这些影片都表明，动画片段往往以各种方式和非动画片段融合在一起。而动画电影与创作它们的动画师，也都参与了美国与法国的电影竞赛。[70]

因此，是绘画还是摄影并非区分动画电影的标准。这一点在数字光学的新世界中变得更加明确。如今计算机动画图帧在细节上已经与实景实拍的照片一样精致。

但假如以上这些都不能成为动画片的标准，那到底什么才是？答案是运用时间的方式。定义动画电影的，是时间上而非空间上的虚拟。动画电影摆脱了真实时间的束缚。我们将除动画片之外的所有电影称为"实时动作电影"，因为它们都与实体事物一样受限于时间。一身牛仔行头、漫步于荒凉西部的约翰·韦恩（John Wayne）置身于一个人造的虚构空间之中，但他的动态仍然被实时地记录着。

这似乎并不正确。众所周知，一部电影由一系列经过导演或剪辑师自由安排的时序片段组成。那么，自由地剪辑和重组时间显然与"受限"对立。但请不要忘记，每一个片段都是对连续视觉流所做的一次时间采样。这是实时的操作。

早期的电影都非常朴素地表现着实景——请看这个，请看那个，看看打喷嚏、拳击赛，看看美丽的舞者，看看教皇。狄克森 1900 年左右出品的许多影片都属于这一类。没过多久，电影人就发现了剪辑（edit）的力量，从而改变了流行趋势。剪辑扰乱了时间。我们能将电影片段以任意的时间顺序剪辑在一起，每个片段都从属于各自的时间发展。每个片段都受限于真实的时间，但片段本身的排列并不受限制。享有这样的自由，剪辑师就能让时间的呈现速度加快或变慢。几个世纪能在瞬间流逝。

千年也能这样飞逝，就像在《2001 太空漫游》中，从一根骨头转眼跳到了宇宙飞船（图 5.14）。一只猿猴将骨头扔上天，它缓慢翻滚着上升时镜头也跟着一起越升越高……接着，它变成了"空间站五号"，一艘优雅飞旋着接近月球的载人飞行器。导演斯坦利·库布里克（Stanley Kubrick）运用了"匹配剪辑"（match cut）的技巧，将一整部人类社会的历史纳于一瞬。

叙事和情感就此从剪辑之中衍生出来。这最终令电影升华为一种艺术形式，在我们的头脑中激活了无限的可能。

动画电影则将剪辑的力量发挥到了极限——剪辑被运用到了每一帧中。时间不再是一种限制。并不存在视觉流可供采样。对于当前的图帧，其二十四分之一秒后的变化完全取决于动画师的意愿。它可以看起来像来自某种视觉流的实时采样，也大可不必如此。这种变化发生于动画师创造的虚拟时间之中，它完全可能与真实时间毫无关系，也可能就是对真实时间采样的

图 5.14

精确模拟。

因此动画电影的世界千姿百态。只要动画师愿意，它就可以尽可能地抽象。任何顺序、任何形式都百无禁忌。发展到极限后，抽象动画完全能像音乐艺术随意塑造声音那样，通过随意塑造视场来传递情感。这种伟大的艺术形式也等待着属于它的肖邦、莫扎特和斯特拉文斯基。的确也有不少人做过这样的尝试，例如瓦尔特·鲁特曼（Walter Ruttman）的《光影游戏：作品一号》（*Lichtspiel: Opus I*，1927）和奥斯卡·费辛格（Oskar Fischinger）的《动态画作第一号》（*Motion Painting No. 1*，1947）。[71]

戏法片与光影素描：科尔对阵麦凯

> 科尔并非浅尝辄止之辈。正相反，他热衷钻研到了偏执的程度，愿意将自己的余生投入到动画片的艺术化和工业化的事业中去。他以一己之力将自己戏法片的衍生品发展为了一项独树一帜的 20 世纪艺术。
>
> ——唐纳德·克拉夫顿，《在米老鼠以前》[72]

　　正如实时动作电影，动画片也在发展初期经历了变革。最早出现的是"戏法片"（trickfilm），表现砍头复原之类的魔术。导演们利用干扰时间的技巧将图帧重排，使观众们以为演员人头落地或茶壶跳起了舞。法国的乔治·梅里埃或许是最著名的早期戏法片艺人，他的代表作是 1902 年的《月球旅行记》（A Trip to the Moon）。戏法片采用常见的片段，利用剪辑手段表现出真实时间中不可能出现的场景。这种对时间的重塑使戏法片被划入动画的范畴。

　　继戏法片之后出现的是光影素描，导演本人往往亲自出镜。在片中，他会在一张板子上画画，这自然是在真实时间之中。随后，画笔下的角色就会"活过来"。当时的导演们似乎不愿意以完全动画的方式呈现影片，或者说不相信这会成功——观众们可能不会买账。这也有可能是因为他们不愿让自己的形象离开银幕。光影素描通过展现他所做的事情来使观众理解片中正在发生什么。1914 年的《恐龙葛蒂》是一部著名的早期光影素描。温莎·麦凯在影片中出镜，指着画纸上的一处风景。他在将葛蒂从她的纸上洞窟中唤出。葛蒂一出现就活了过来，如新生儿那般成为观众们注意力的新焦点。因此我们说《恐龙葛蒂》是由实时动作电影和动画片拼合而成的。[73]

　　埃米尔·科尔就是法国的温莎·麦凯，他同样是世界上最早的动画师之一。但他们两人大不相同。动画片历史学家唐纳德·克拉夫顿将科尔描述为一个理性内向的人，而将麦凯描述成慷慨、浮夸且酷爱炫耀。因此不出意外，尽管科尔制作了数百部影片，麦凯的作品屈指可数，但前者的名字还是鲜为人知。此外，科尔是位错乱派艺术家。这个流派将精神失常当作美学问题来处理——普罗大众显然难以接受。尽管如此，他在1908年为高蒙公司拍摄的作品《幻影集》还是成了（存在争议的）第一部动画片。克拉夫顿称他为第一位动画师，却将最重要的桂冠——第一位角色动画师的头衔保留给了麦凯。[74]

动画之魂

> 麦凯迅速让观众相信他复活了一个可爱又可感的动物——这是动画师成为造物主的光辉时刻。
>
> ——唐纳德·克拉夫顿，《在米老鼠以前》[75]

动画电影的灵魂在于"角色动画"（character animation）。它在那些最受欢迎的动画电影中起到了最为关键的作用，成就了迪士尼的《白雪公主》和皮克斯的《玩具总动员4》(*Toy Story 4*，2019)这样的成功之作。一个手绘出来的角色——比如《白雪公主》里的恶巫婆，在被连续投影之后就呈现出了动态。这没什么稀奇的。它完全受采样定理的支配，只要采样方法合适就万无一失。更重要的——也更神奇的是动画师赋予角色生命的技巧！画笔下的角色要有意识，要能做各种决定，还要能感知痛苦或令别人痛苦——至少，要让观众以为它们有以上能力。哔哔鸟总能智取威利狼。这种魔法不是来自采样定理。这是艺术，是我们目前还无法解释的艺术。动画角色不只要会动，更要有灵魂。"动画"（animate）一词的词源anima在拉丁语中指风、空气、呼吸、生命的原理、灵魂。这是静中生动、起死回生的魔力。

动画电影史上"灵机一动"的时刻，就是第一部真正的角色动画放映之时——它颇有灵性，并不只会动弹。保守地说这个时刻在电影史之初就到来了。克拉夫顿认为是在1914年麦凯推出《恐龙葛蒂》的时候。此时的动画角色直接由银幕上的创造者带来。不需要冗长的解说，观众们就能心领神会，动画角色有着自己的生命。

但恐怕不那么显而易见的是，观众们为什么会买账——纯角色动画为什么行得通。毕竟观众们不了解形式，也不明白动画师是怎么把片子画出来的。类似地，我们也不明白人类演员是怎样让我们把他们当作其他人的。事实上，这两种现象息息相关。演员的演技和动画师的技巧别无二致。演员让我们相信他/她的身体和头脑都属于另一个完全不同的人，动画师则让我们相信一系列不动的绘画——或者在数字光学中，几百万个多边形——是怎样有了生命和意识。皮克斯根据"演技高低"雇用动画师。

角色动画的科技

作为成长于20世纪50年代的孩子，我每周都为电视上华特·迪士尼亲口讲解动画片幕后故事的节目激动不已。迪士尼讲解的动画科技名叫"赛璐珞动画"（celluloid animation）。20世纪70年代初，当我自己开始学习动画时，学的就是这种技术；70年代中期我和专业人士切磋时，讨论的还是这种技术；到70年代末，我和同事们开始将动画数字化时，我们采用的是该技术的数字化；80年代末，我们第一次为迪士尼公司加工二维动画时，再一次遇到了它。因此，我自然而然地把赛璐珞动画当作唯一一种动画技术。但我错了。[76]

20世纪初，埃米尔·科尔剪下他绘制在纸上的卡通角色，加以拼接后置于背景之中。这种技术被称为"剪纸法"（decoupage）。不透明的剪纸被放置在手绘的背景上。举例来说，科尔会在表现角色迈步动作的准备阶段将它的一条腿抬起。拍摄一帧后，剪纸角色被重新摆放。此时它膝盖微屈，脚趾也随着步子渐渐指向地面。这本质上是一种二维的停格动画。[77]

另一种早期的动画技术被称作"层揭法"（slash and tear）。动画师在画好的背景中预留一个洞，露出层层叠放的角色图像。观众只能看到最上层的形象。一帧拍摄完成后，动画师就揭去一层图画，露出角色的下一个姿态。法裔加拿大动画师拉乌尔·巴雷（Raoul Barré）就采用了这种技术。当时，层揭法与赛璐珞法并列为最主要的两大动画技术。[78]

人们采用不同技术的一个重要原因是赛璐珞法受到极为严格的专利权保

护。将动画发展为一桩可靠的生意——一门有着不竭生产动力的电影工业的人，名叫约翰·兰多夫·布赖（John Randolph Bray）。他清楚专利的强大力量，于是在 1913 年为他自己发明的构成现代赛璐珞动画的大部分技术都申请了专利。但他没能迈出最关键的一步——用赛璐珞蒙版代替画纸。[79]

1914 年厄尔·赫德（Earl Hurd）的专利申请填补了最后的空白，完成了我们今天所知的赛璐珞动画技术。但是，布赖与赫德并未因此对簿公堂。相反，两人达成了和解，将他们的专利合称为"布赖-赫德方法"。人们提到这种方法时言必称布赖，但赫德的专利无疑是最关键的。此后，他们到处追究那些没掏钱买他们许可的动画从业者。他们两人的所作所为与爱迪生托拉斯在针对实时动作电影时的操作一模一样，仅仅是规模更小。[80]

赛璐珞动画：勾勒与着色

> 苹果泡进魔水中
>
> 沉沉死气暗滋生
>
> ——恶巫婆，《白雪公主》，1937 年

赛璐珞动画也是数字光学的先声。因此我们有必要讨论一下它的细节。依靠赛璐珞动画技术，阿布·艾沃克斯与华特·迪士尼一起创立了一系列开启角色动画黄金时代的公司。1937 年，迪士尼正是用这项技术制作了《白雪公主》。它是第一部成功的动画长片——或许还是谶言般预言了图灵吃毒苹果身亡的影片。[81]

赛璐珞动画技术似乎一听就会。但我怀疑，这就是为什么大多数人对这项技术的其他细节一无所知。赛璐珞动画通过摄影术获取一系列图像。摄影师需要在特制的相机架上放置背景场景。对着镜头的第一层——也就是最底层，是画在不透明材料上的背景。背景层的上面是画有角色的一层透明赛璐珞蒙版。这两层图案的位置被金属图钉牢牢定死。图层的顶端都预留钉图钉的

小孔。之后，摄影师铺上另一层赛璐珞蒙版，上面画着另一个角色。以此类推。当全部出场角色都在背景之上各得其所且固定紧密后，摄影师就拍下一张照片。照相机看到的就是若干图层堆叠合成的一幅完整画面。这就是电影的一帧。摄影师每拍摄一帧新画面需要从头重复一遍这种烦琐的过程，因为各个角色通常会在帧与帧之间略微移动。要制作一部动画长片，摄影师得将这样一套流程重复约 13 万次。

为了事先做好这些赛璐珞板，动画师要首先用铅笔在纸上画出分配给他的角色的准确姿态。此后，他要一遍遍重新绘制，每次角色都稍稍移动一点。所有的纸张大小都一样，在顶端也都预留了图钉定位用的圆孔。之后，一块空白的与纸张尺寸完全一致的透明赛璐珞板被钉在相同的位置上，紧紧盖在绘有角色的稿纸上。一位勾线师（inker）便用黑墨水笔仔细地在赛璐珞板上描摹铅笔所绘的图案。

当勾线师完成工作后，赛璐珞板会被传给填色师（opaquer）。他的任务是用各色颜料填充线条之中的空白，就像小孩子用蜡笔给填色书涂颜色那样。填色师会把蒙版翻转过来，在另一边上色。这样颜色就在线条之下，看上去更加自然。这种操作为照相机的拍摄保留了线条的特征——例如粗细变化。"填色"（opaquing）这一术语的本意是遮光，因为图上的色块必须有足够的厚度以防止光线穿过透明蒙版。背景层不能透过蒙版上的角色显现出来，任意一层图案也同样不应该透过其他层次显现，除非在有意留白的地方。

实际操作中，构成每帧图像的蒙版数一般不能超过 4 或 5 层。因为不存在绝对透明的赛璐珞板。每增加一个图层，通过透明部分的光线都会减少一些。事实上，填色师们还需要根据层次适当改变颜料的色彩以构建最佳画面。

不难看出，用赛璐珞法制作一部 13 万帧的动画片绝对是场噩梦。假如每帧图像都有 4 个图层外加背景层，一部 90 分钟的动画长片就等于 65 万幅图画。其中每一幅都必须经过仔细检查，不能有错误，还要确保位置和层次万无一失。20 世纪的动画工作室往往需要手写这些图像的说明文字以厘清以上关系。迷人的角色动画要靠这样烦琐的方法制作，实在是大煞风景。

数字光学让蒙版着色和层次管理都不再是难事。在数字动画中，永远能保证绝对的透明。而叠加蒙版的数量也不再受任何限制。除了用赛璐珞法绘制模拟动画的情况，叠加涂色的难题也不复存在。层次管理仍然必不可少，但幸运的是，计算机恰恰擅长处理这个烦琐但基本的任务。

压缩与拉伸

动画师必须为每一秒影片绘制出 24 帧图像。但早期的动画师们常常运用重复放映法来使图帧数量减半。这意味着，每秒影片只需要绘制 12 帧图像，每帧图像拍摄两次就满足了 24 帧每秒的要求。只有在表现快速运动时，动画师们才会弃用这种技巧。重复放映法减轻了排序管理的负担，也让产出效率加倍。但代价就是略显板滞的动画作品。

早期动画师们摸索出了一箩筐的窍门来补偿较低的时间采样率，并让静止的图像尽可能地展现动态。这些技巧容易操作且十分有趣。其中最为基础的就是压缩与拉伸，以及预判与夸张。发明这些技巧的动画师们都对采样定理一无所知，却深刻地理解叙事技巧和认知规律。

比如，我们有一个弹得不高的小球。这往往是新手学画的第一个动画。像真球那样，小球沿着抛物线轨迹逐渐降低高度。在落地撞击的那一刻，真球会轻微地变形。球体越软，形变就越大。在图 5.15 中，各个图帧画出了小球在对应采样时刻的形状。请看，撞击恰好发生在某个采样的瞬间，刚好就在那个帧时处。这是因为动画师们可以自由安排采样时间——动画与时间脱钩了，他们便总是将那个瞬间取为一帧。

我们知道，任何电影的每一帧都会被投映两次以避免闪烁。这意味着即使在最好的状况下——即不使用重复放映法时，弹跳小球在每个位置上也都会两次映入观众的眼中。而一旦动画师使用了两次放映，那么观众就会先后四次看见小球！假设在小球触地的那一帧，观众要看四次冲击的动态。这怎么能行呢？采样定理可没法处理这种状况。

此外，在视觉流中，弹跳的瞬间是一个锐利的"边缘"。用频率语言来说，

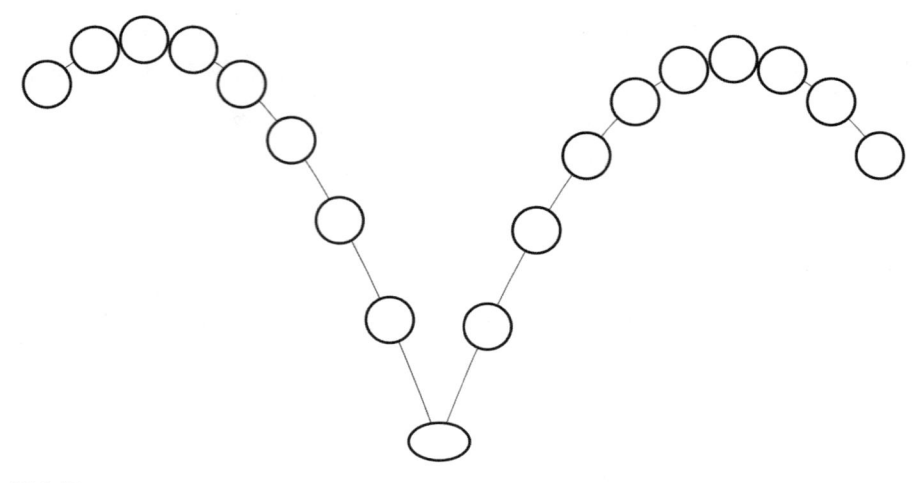

图 5.15

这道边缘有着极高的频率，因而需要以至少每秒 24 次的频率采样——这自然比重复放映法中的每秒 12 帧要高得多。根据采样定理，正确的操作是通过定向钝化这些锐边以过滤掉过高的频率。但动画师们并没有这么做。他们需要这些锐边。因此，他们将这个高频变化的瞬间夸张化。这又是怎么回事呢？似乎动画师们也不受物理学的支配，而是完全凭经验处理这些问题。

图 5.16 中的小球来自两位大师的教学素材。弗兰克·托马斯（Frank Thomas）与奥利·约翰斯通（Ollie Johnston）是迪士尼旗下才华横溢的"九大长老"之中的两位。这些"长老"就是这家动画公司取得成功的秘密武器。与他们优雅的铅笔画稿相比，我用计算机软件所做的重现真实反类其犬。原稿中的碰撞瞬间真是活灵活现。

弗兰克和奥利——这是他们广为人知的并称——在图释中指出，上图中关于圆圈间隔的规律来自实验。事实上，这刚好就是物理学给出的在这种情况下等间隔采样时呈现的图像。图 5.15 就源自这样一次精确实操。

他们通过扭曲现实来"呈现弹跳的动态"。请注意，图 5.16 下半部分中小球是怎样在靠近触地点的位置上延长（拉伸），又是怎样在冲击的一瞬间被挤扁（压缩）并在随后的图帧中慢慢回弹的。这个过程展现了压缩和拉伸，也同样包含了对事件的预判（在撞击之前开始拉伸）和对弹跳的夸张。用弗兰克和奥利的话说，这些小技巧"让人更容易感知动态"。它们强化了观众的主观感受，引导他们感知"真实"。[82]

事实上，弗兰克和奥利在每一个步骤上都做了优化。与图 5.16 的上半部分没有压缩与拉伸的弹跳相比，图 5.15 展示了完全相同的内容。但弗兰克和奥利从真实世界物理定律的束缚中解脱，不再考虑重力和抛物线——此外还无视了采样定理，画出了比真实情形更丰满、更完整的弹跳。在此基础上，他

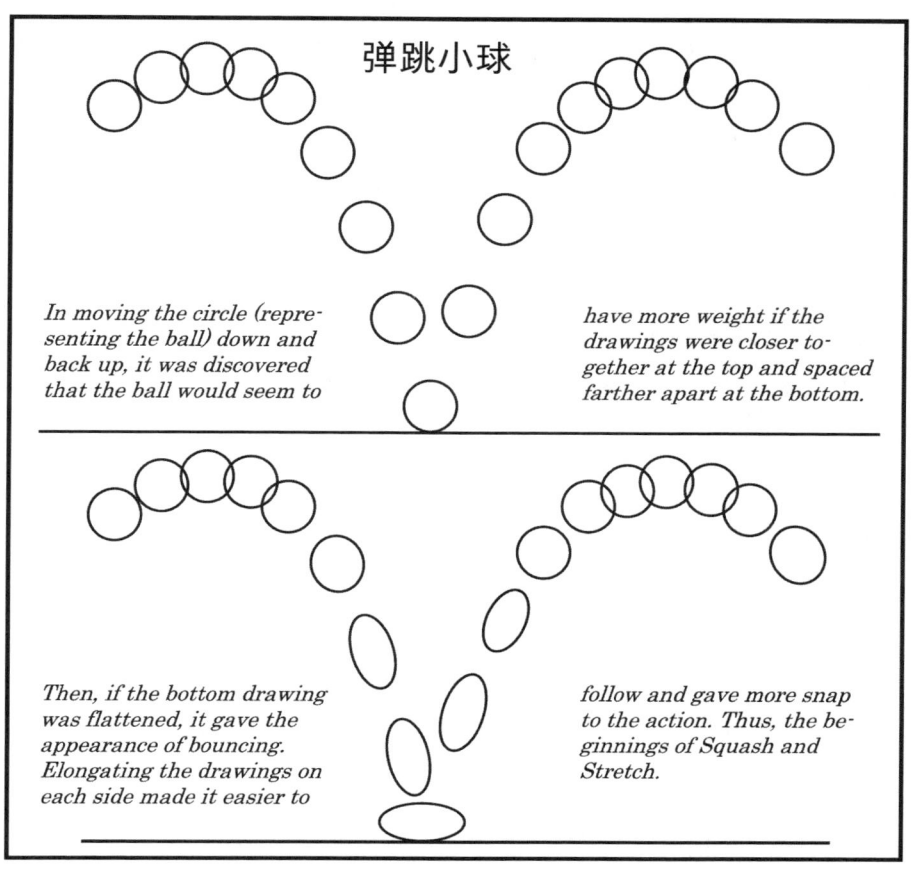

图 5.16

们进一步引入了压缩和拉伸。请注意，他们所画的样本并不完全在准确的位置上，小球的运动也没有严格遵循抛物线。而在撞击瞬间小球的形变（在他们的手稿中更为古怪），也和真实的冲击形变没太大关系。与其说像皮球，不如说更像个灌满液体的弹性水袋。

弗兰克和奥利自称他们全凭敏锐的直觉发现了如何克服采样中的瑕疵。这些惊人的技巧为什么这么好用？一种猜想是它们与采样规律有着内在的联系。由于我们并不清楚人脑是如何以视网膜上感知的样本为基础重建动画场景的——尤其是重复四次的样本，对于这些技巧奏效的原理我们只能猜测。似乎动画师们是在把样本——也就是图帧打包起来，又加入了许多供观众大脑消化的暗示。拉长的小球在触地前后都沿着运动方向拉伸。这对大脑来说是个非常重要的暗示，就像常规胶片电影中的残影能表现动态那样。

而小球在击地瞬间被夸张了的形变也为大脑提供了大量戏剧化的信息。动画师们维持小球的大小不变——一定程度上保留了物理定律。但他们夸张地将小球在纵向上挤压、在横向上拉长，几乎把它扭曲成了煎饼。如果把这样一个序列加速倒放，蹦跳的小球看起来就仿佛液体，十分有趣——动态则得以保留。您能感受到小球有重量、会变形。动画师们通过夸张化压缩和拉伸的技巧控制着我们的感受。这种表现出来的动态并非对真实事件的忠实重现，更像是刻意的变形。

压缩与拉伸，我的福音

我个人与预判、夸张、压缩、拉伸最难忘的交集是在学习计算机三维动画时。那是在 20 世纪 70 年代中期的长岛，当时的计算机还相当笨拙。我依照自己的左手建了一个模型，用小棒表示骨头，用小球表示关节。它们共同组成了我左手的骨架。我甚至还加上了 8 块腕骨——另外 8 个小球。远远看上去，效果好得出奇。

我将左手模型复制以后再取其镜像，就得到了一个右手模型。复制和镜像的操作对计算机来说小菜一碟。拥有双手模型后，我该做些什么呢？我能做什么样的动画呢？我近距离地观察自己的双手鼓掌时的动态。读者们不妨亲自做一下这个动作。您会发现双手之间的距离始终只有几英寸。当手掌相碰时，双手的食指或小指会弯曲相碰。双手的大拇指也会微屈。鼓掌的运动是固定的——双手手掌分分合合。即使利用当时粗糙的工具，这个动作的动画也不难制作。

但这看起来十分僵硬，非常乏味！我意识到，压缩、拉伸、预判、夸张这四种技巧正是为它准备的。这些技巧能够改善观众感知到的"现实"。它们也的确对这个全新的三维动画起了作用，和改善传统二维赛璐珞动画一样。在两种情况中，输出的产物都是供人类观看的二维图帧。

我所做的优化是将双手在手腕处向后掰了掰——掰到了一个在现实中不可能存在的幅度。效果如图 5.17 所示。我对鼓掌的动作做了更夸张的处理。我通过将双手分开来预示了它们的合拢——欲进先退，先抑后扬。这就是预

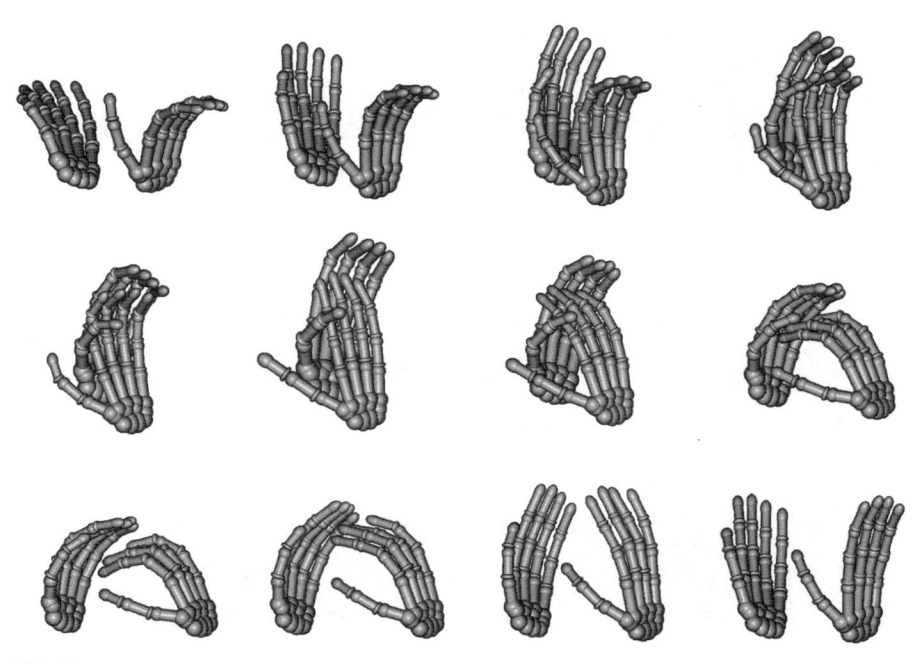

图 5.17

判的技巧。之后我让双手猛然合拢，夸大了运动的速度。当双手的手掌拍在一起倏然停下时，手指却没有停。它们同样被拉伸到超现实的夸张幅度，一直穿过手掌。之后它们回到自然位置。手指的尖端还在拉伸中放大，随后在归位过程中收缩至正常大小。我对双手的十根手指都做了这样的处理。这个优化中有许多拉伸，几乎没有压缩。

当我原速播放这段动画时，效果绝赞！一双又大又肥又柔软的双手鼓起掌来，仿佛有了生命，让我感觉好极了，更让我对研究出这些技巧的动画大师们佩服得五体投地。

转描技术

一帧一帧手绘动画电影是极为繁重的劳动。为什么不先拍摄真人演员的表演，再将他们的影像勾勒成动画呢？这种取巧的捷径——转描技术——在历史上被反复发明了好几遍。爱德华·迈布里奇就雇用了一位画师用笔墨、颜料和剪影的手法复制那著名的奔马影像。因此，我们认为他是当之无愧的转描之父，而不是（实时动作）电影之父。

法国电影资料馆的劳伦特·马诺尼向我展示了两部电影初创时期的短片。其中之一记录了乔治·梅里埃表演戏法的情景。另一部则来自1897年的德国，是基于前一部短片的手绘影像，每一帧图像都是一幅对应实拍图帧的有色卡通画。[83]

但这种处理技术的美国专利却在1917年被授予了麦克斯·弗莱舍（Max Fleischer）。1915年，他将这种技术应用于《跳出墨水瓶》（*Out of the Inkwell*）系列中知名的小丑科科（Ko-Ko the Clown）。他的兄弟戴夫（Dave）扮演了科科的原型，在摄影机前表演了一系列精心编排的动作。麦克斯随后将真人影片逐帧转描为动画片。一台放映机将戴夫的实时影像投射到透明蒙版上。麦克斯在后方又覆上一层赛璐珞板，并在上面勾勒下戴夫卡通化的身影，这就变成了动画片的一帧。戴夫和麦克斯都声称是自己想出了这个点子。如我们所见，这种争论或许并不重要，因为他们两人都不是第一个发明转描技术的人。但他们的确有效地对这项技术加以利用。戴夫曾经为百代工作，但《跳出墨水瓶》系列最终在 1919 年由布赖发行。后者想必欣然将转描技术纳入了他的专利库中——就像赛璐珞动画法。[84]

戴夫·弗莱舍在数字光学的发展历程中也占有一席之地，但他本人恐怕并不知情。戴夫和麦克斯成立了弗莱舍工作室，推出了许多著名的影片，包括《大力水手》(*Popeye*)系列。一位名叫约翰·詹提勒拉（John Gentilella）的年轻动画师参与了影片《菠菜的力量》(*Spinach Packin' Popeye*, 1944)。戴夫是本片的制片人，而此时麦克斯已去世多年。之后，詹提勒拉以强尼·根特（Johnny Gent）的异名制作了《低音号塔比》(*Tubby the Tuba*, 1975)。这部影片是以老派的赛璐珞法制作的，它诞生于亚历山大·舒尔（Alexander Schure）所有的纽约理工学院（New York Institute of Technology）的校园。[85]

舒尔雇用了埃德·卡特穆尔和我（还有其他人）来将一台数字电脑纳入强尼的动画制作流程。埃德负责处理前景中的线条，而我负责角色和背景的颜色填充。我们的进展速度并不能直接帮上《低音号塔比》的忙，但我们和纽约理工学院计算机图形学实验室的其他同事一起发展了许多原创想法。这些想法在经过多年的反复改进之后，凝聚成了迪士尼公司的数字化赛璐珞动画系统 CAPS（Computer Animation Production System）。

埃德和我（还有其他人）在 1980 年前后加盟了卢卡斯影业（Lucasfilm）。后来，迪士尼联系我们，希望我们能帮他们将赛璐珞动画的制作流程数字化。我和迪士尼就 CAPS 的合同谈判了一年多。当我和埃德在不久后的 1986 年成立皮克斯时，我们还继续保有 CAPS 项目并最终完成了它的开发。这让两家公司都很满意。CAPS 的使用一直持续到 2006 年华特·迪士尼公司收购皮克斯。是强尼·根特和他的团队在 20 世纪 70 年代的纽约理工学院教会了我们全套繁复的赛璐珞动画法，成就了我们与迪士尼的缘分，并在 30 年后的收购中开花结果。

阿布·艾沃克斯与华特迪士尼

> 阿布和华特在动画产业中摸爬滚打,他们能生存下来,靠的是对分销与盈利模式的完全无知。他们到处碰壁,不断上当,但没有什么困难能吓退他们。
>
> ——罗素·梅里特(Russell Merritt),来自《创造了米老鼠的双手》(*The Hand Behind the Mouse*)一书的引文 [86]

> 华特·迪士尼逐渐成长为一个气场十足、高瞻远瞩的领袖。他强烈的胜负心在面对阿布时也没有稍加克制。
>
> ——莱斯利·艾沃克斯(Leslie Iwerks)和约翰·肯沃西(John Kenworthy),《创造了米老鼠的双手》[87]

是时候讲讲举世闻名的迪士尼公司的故事了——包括那些不光彩的情节。华特·埃利亚斯·迪士尼(Walter Elias Disney)在1901年12月5日生于芝加哥。参军退伍后他定居密苏里州的堪萨斯城。阿布·厄尔特·艾沃克斯阿布·艾沃克斯(Ubbe Eert Iwwerks)在1901年3月24日生于堪萨斯城。1924年,他将名字改为 Ub Iwerks。他在创作那些最重要的杰作时使用的是后一个名字,因此我在本书中这样称呼他。他们俩受雇于堪萨斯城的同一家广告公司,很快就成了莫逆之交。[88]

大约一年后他们同时被解雇。两人便成立了一家名叫"艾沃克斯-迪士尼广告设计"的公司。他们曾考虑起名"迪士尼-艾沃克斯",但因为觉得听起来太像眼镜店而作罢。这并无大碍,因为这家公司很快就倒闭了,在1920年破产。两个好朋友随后一同入职堪萨斯城广告电影公司(Kansas City Film Ad Company)。此时他们发现了动画片的世界,并疯狂地爱上了它。

他们如饥似渴地观看迈布里奇那些表现人和动物的停格动画,还自己画图做动画书。他们从当时广为流传的《动画片》(*Animated Cartoons*,1920)

一书中学会了动画制作的技术,该书的作者是埃德温·G. 路茨(Edwin G. Lutz)。他们学习了层揭法,又学转描法;他们学习了赫德、麦凯和弗莱舍兄弟的技术。当然,他们也亲自制作动画电影一试身手。阿布与生俱来的机械制造天赋让他们复制出前辈们使用的系统并精益求精。他们毫不忌惮专利的约束,因为没人会关注偏远的堪萨斯城。[89]

华特很快担当起了演讲者、销售员和二人组领导的角色。有一次,他说服自己在堪萨斯城广告电影公司的上司租给他们一台停格摄影机以私用。他将摄影机布置在了自家车库里。他和哥哥罗伊(Roy)还有老朋友阿布便开始在业余时间拍摄动画短片。

他们的一部早期作品显然受到了光影素描的启发。他们拍摄了华特的手在一幅画作上快速移动的样子。看起来,是那只手在画画。很快他们用许多类似的片段拼接了一部样片,以帮助华特推销他们的短片系列。堪萨斯城弗兰克·纽曼连锁剧院的经理买下了这些创意,因此他们称这些短片为"纽曼笑料"(Newman Laugh-O-gram)。其中之一是女士丝袜的推销广告,它被铭记的原因是在其中出镜的美丽模特露希尔·菲·勒苏尔(Lucille Fay LeSueur),名为碧莉·卡辛(Billie Cassin),后来名为琼·克劳馥(Joan Crawford)。这些片子一时成为当地的谈资。

这些短片表明,华特、阿布和罗伊志在娱乐业而非广告业。但他们在堪萨斯城广告电影公司的上司则不想往那个方向拓展业务。上司告诉他们,要想娱乐就自己开公司。华特的确照办了。

他的创业信念十分坚定。1922年,他离职创办了欢笑电影公司(Laugh-O-gram Films)。阿布则慢他一步。他更需要一份稳定的收入来赡养母亲。华特很快就靠谈成了一笔发行生意解决了这个问题。看来阿布获得了他想要的保障,于是他也离职加入了华特的公司。但他的选择错了。第二家公司很快就破产了。阿布回到了堪萨斯城广告电影公司,华特则去加州投奔哥哥罗伊。[90]

在那里,华特和罗伊成立了迪士尼兄弟卡通工作室。这已是华特的第三家公司了。在欢笑电影公司倒闭前,他和阿布制作了一部名为《爱丽丝的奇境》

(*Alice's Wonderland*)的影片。华特利用此片打开市场，并成功拿下了又一份发行合同。但在推出7部爱丽丝系列短片后，发行商查尔斯·明茨（Charles Mintz）给华特写了一封措辞激烈的信。他们需要马上提升影片的质量。因此，1924年华特写信央求阿布来加州入伙。阿布的确来了。爱丽丝系列影片的质量得到了显著改善。阿布成为工作室薪资最高的动画师，并在同年正式将名字的拼写由 Ubbe Iwwerks 改为 Ub Iwerks。迪士尼兄弟卡通工作室一口气推出了数十部爱丽丝系列影片。

他们下一个剧集的主人公是兔子奥斯瓦尔德（Oswald the Rabbit），由阿布设计并绘制。但那时发生了一些龌龊事。发行商明茨一口气挖走了迪士尼兄弟的所有动画师——除了忠诚的阿布，还拿走了兔子奥斯瓦尔德的版权。

正是这个紧要关头催生了米老鼠（Mickey Mouse）的诞生。华特要阿布设计一个取代兔子奥斯瓦尔德的新主角，阿布便设计出了这个将来令迪士尼驰名世界的标志性角色。[91]

他们悄悄制作了后来定名为《疯狂飞机》（*Plane Crazy*，1928）的影片，这是米老鼠第一次出镜。阿布是该片的动画师，还与华特共同担任导演。随后，他们制作了《汽船威利》（*Steamboat Willie*，1928），他们的第一部有声电影。阿布兼任本片的导演和动画师（图5.18是《汽船威利》的片头文字示意图）。两部影片都大获成功，成为日后的经典。接下来是《骷髅之舞》（*The Skeleton Dance*，1929），阿布和华特分任动画师和导演。这是迪士尼公司的75部《糊涂交响曲》（*Silly Symphonies*）系列影片的开篇之作。阿布执导了该系列头七部作品中的四部，剩下三部由华特执导。华特是工作室的老大，也是这所有影片的制片人。[92]

看上去一切顺利，其实不然。

华特开始干预阿布的动画节奏——他选择的采样时机，这是动画表现力最核心的机密。华特会默不作声地改动它们。他开始对阿布挑三拣四，还窃取属于后者的功劳。慢慢地，迪士尼公司变成了华特·迪士尼的一言堂——后来，华特二字也的确被加入了公司的名称之中。

图 5.18

　　压垮两人关系的最后一根稻草如今已人尽皆知：一次宴会上，一个小男孩请华特为他签名并画一个"他的"著名的米老鼠图案。华特扭头对阿布说："你来画，我来签。"阿布回敬他："画你个儿的米老鼠去吧。"那一年是1929年。他们曾彼此合作无间，在长达十年里都是亲密的朋友。但阿布决定离开。华特已经从朋友变成了暴君。销售已经变得比发明更重要了。[93]

　　在冲突之后立刻另起炉灶或许不是最好的选择，但阿布在那年的晚些时候还是决定这么做。一位名叫帕特·泡沃斯（Pat Powers）的商人是迪士尼的竞争者，他资助阿布成立了一家新公司。泡沃斯将阿布的决定通知华特，同时暗示大受震惊的华特只要肯和他做个交易，阿布还能回来。"我不要他了，"华特冷冷地回答，"要是他那样想，我不可能再和他合作。"

　　1930年2月，阿布组建了阿布·艾沃克斯工作室。接下来的十年中，这间工作室就是他的全部生活。以他的新角色跳跳蛙（Flip the Frog）为主角的系列电影为他的新工作室打出了名声。但艾沃克斯工作室尽管出产了数十部动画片，却从未真正大红大紫。到 1936 年，工作室终于被迫关门。此后阿布还有过几次重整旗鼓的努力，但到 1940 年，他已经厌倦了创作，转而希望能为这项艺术形式本身做些贡献。当时，只有一间工作室能让他做到这一点。他回到了迪士尼，只是待遇今非昔比。[94]

悲哀的是，华特·迪士尼公司自述的历史中已不再有阿布的开创之功。他被彻底地抹去，华特和罗伊认为，在他们以《白雪公主》创造动画历史的那些年里，他们的朋友阿布背叛了他们。但当阿布回到迪士尼时，他又凭借技术在公司赢得了一席之地——尽管不是在华特和罗伊的心里。[95]

当我和埃德·卡特穆尔在 20 世纪 70 年代中期年年朝圣般地前往迪士尼寻求对计算机动画的投资时，华特和阿布已经先后于 1966 年和 1971 年去世了。但阿布金子般的声名仍然在业界流传。他的儿子堂·艾沃克斯（Don Iwerks）继承了父亲的衣钵，当时正在迪士尼工作。那里的技术人员曾对

图 5.19　（左图来源）© Sharon Green/Ultimate Sailing.（右图来源）© Doug Gifford.

我们说，阿布要是活着，一定会支持我们的点子——将迪士尼赛璐珞动画制作流程数字化。华特那位长得和他酷似的侄子罗伊·爱德华·迪士尼（Roy Edward Disney，图 5.19），他哥哥老罗伊的儿子、猫妖号帆船的船长、CAPS 项目的拥趸，最终在十年之后首肯了我们的计划。再过二十年，也正是他促成了迪士尼对皮克斯的收购。[96]

菲力猫

> 我赋予菲力猫以人格，方法是大量的面部表情……他会是观众的宠儿……会影响小孩子……他能实现许多愿望……回头看，我们看到一扇门在渐渐开启，门外的阳关大道通向一片视觉艺术的全新田野。
>
> ——奥托·梅斯莫（Otto Messmer）
> 为唐纳德·克拉夫顿《在米老鼠以前》一书撰写的前言[97]

> 于我，老鼠是种可憎的东西。
>
> ——奥托·梅斯莫，《在米老鼠以前》卷首语[98]

帕特·苏立文（Pat Sullivan）和奥托·梅斯莫的组合仿佛有华特和阿布的影子。他们塑造的菲力猫（Felix the Cat）至今仍广受动画爱好者们的喜爱。梅斯莫执笔作画（图 5.20）。苏立文则是策划者和领袖，他发了大财并且独占了功劳。

菲力猫系列影片是抽象动画和卡通角色动画的结合——可以说，是一种包含了大量现实主义成分的超现实主义。菲力猫的尾巴可以变成问号和惊叹号。它的耳朵可以像剪刀那样并拢。它总是用荒诞不经的办法解决问题。比如，要登高却没有梯子时，它会拆下尾巴变成一个台阶，再从容地拾级而上。

图 5.20

  唐纳德·克拉夫顿将菲力猫放在他的动画史作品《在米老鼠以前》的封面上，并将最后一整章献给了它："那是整个 20 世纪 20 年代最典型的动画片。"菲力猫系列影片都是黑白默片，却经久不衰地保持着影响力。[99]

  1926 年——恰好在米老鼠以前，菲力猫几乎和查理·卓别林（Charlie Chaplin）一样受欢迎。菲力猫造型的玩偶十分热销，这是电影周边商品开发的一次早期尝试。但没有声音的硬伤最终让苏立文的公司一败涂地。多年来他一直拒绝为电影配上声音，直到迪士尼和艾沃克斯推出的有声电影《汽船威利》一炮打响，才迫使他改变想法。但他此时选择了一套质量低劣的音响系统，最终还是没能避免工作室在 1930 年倒闭。

  尽管如此，菲力猫还是让苏立文在 20 世纪 20 年代就成了百万富翁。他和妻子马乔丽（Marjorie）在爵士时代的盛世纽约坐拥惊人的财富。他们只顾着狂欢痛饮，让梅斯莫打理工作室为他们挣钱。但 1932 年马乔丽从公寓五楼坠落身亡后，帕特再也没有从打击中完全恢复。

与菲力猫系列紧密相连的名字是苏立文而非梅斯莫。但华特·迪士尼一定知道谁才是干活的人。1928 年《汽船威利》大获成功后，他曾几次到纽约苏立文工作室拜访梅斯莫。此时，华特的胃口正在变大——他想做一部长片，而这需要人才。"他又是邀请又是恳求，"梅斯莫回忆道，但他并不想离开纽约，"此外，菲力猫那时正值巅峰，我还以为它会长盛不衰。"但苏立文很快败落。华特独占了天下，可他最终没有签下梅斯莫。

再访象牙塔与排气筒之争

我其实没解释清楚电影是怎样被观众理解的——特别是动画电影。除了没有讨论演员的演技和动画师的画技，我也没有讨论最重要的是大脑在这个过程中扮演的角色。认知领域是电影技术的极限所在，这自然也包括动画片。一旦光影技术抵达了我们的瞳孔，我们能做的就是放手，不去做任何理性的推测。所谓"视觉暂留""似动效应"等心理现象，换句话说无非就是"大脑自会搞定"。

本书的一大主题是科捷利尼科夫伟大的采样定理——理解数字光学的关键。既然电影遵循着每秒 24 帧对视觉流采样的规则，那采样定理显然应该能解释它的工作原理。但我们发现电影似乎并不完全遵照这种工作方式。现实中运用的并不是基于采样定理的理想电影系统。

实际的系统一定是某种形式的采样过程，但它两次投影每帧图像，电影图帧也有着过长的持续时间，充满了供大脑处理的动态残影。在一个理想系统中，图帧应当尽可能轻薄——瞬时的，因此不会有残影或模糊。但它们应该能表现不超过两倍最高频率限制的任何运动。这是采样定理所保证的。在数字光学时代，我们仍然寻找着实现这个理想系统的方法。现代真实世界能做到在瞳孔之外完成样本的展开叠加吗？或者说只能继续取巧，让大脑自己搞定？

动画电影偏离采样定理的地方还有很多——特别是重复放映法。每幅图帧都向瞳孔中投射了四次！比如那个弹跳小球，它触底弹起的时刻被一而再、再而三、三而四地反复投影。但我们的大脑还是能正确理解。它感知到的不是四次重复，而是一次长而生动的撞击——自然这种理解受到了大师们的诱导，应用了压缩、拉伸、预判、夸张等诸多高超技巧。

理想与实际的对立实际上暗含了象牙塔与排气筒之间的对立。这是本书的另一条线索。两者都极为重要。没错，这就是象牙塔与排气筒之争，也说明了在两者之间分出创造力高下的行为是完全错误的。真实的电影机器来自排气筒一边。我们固然可以在象牙塔里提出美丽的数学模型试图"解释"电影的运作原理，但明白无误的是电影技术的发明者们绝不是从理论出发的。采样定理无法解释他们的机器。但它为我们更进一步的研究做了铺垫。同理论家或工程师的一般看法相比，思与行的有机结合才更接近世界进步的真正模式。

电影和动画的故事还涉及了电影技术中我们所知更少的一个秘密。苏立文和迪士尼在商业上取得成功的关键是他们雇用了具有卓绝才华的艺术家让图画活过来。这也是数字世界的成功秘诀。我此生的最佳雇员是迪士尼培养的动画师约翰·拉赛特（John Lasseter）。他那妙不可言的天才无疑是皮克斯无与伦比的早期成功的关键。

如今（2020 年），摩尔定律的变量已达到千亿级别，且正在迫近万亿的数量级。抛开算力爆发带来的有关人工智能和深度学习铺天盖地的各种讨论，我们在理解"动画师和演员如何塑造人物个性"这个问题上并没有取得比 20 世纪 20 和 30 年代更多的进展。电视广告里的每辆汽车都智能化了，却没有一辆获得了性格。

我的意思并不是说科技有一条不可逾越的界限——机器永远不可能有创造性。我个人相信我们某一天能够理解创意的本质，或许还能理解机器。但这只是信念，而非科学。我完全可以，也有足够的理由选择相信相反的结论——这样认为的也的确大有人在。说我们已经无限接近实现那个目标，肯定是自欺欺人。在可预见的未来，我们仍将继续雇用最出色的人类艺术家来作画和表演——他们是唯一掌握秘密的人。我们仍然在寻找这个世界上的阿布、奥托和拉赛特。

数字光学，
初升闪耀

第六章　未来的形状

样条的形状

> 样条拟合与普罗科菲耶夫的古典交响曲有着同样神奇的魅力：它们都仿佛是几个世纪前的古老产物，实际上并不是。
> ——菲利普·J. 戴维斯（Philip J. Davis），数学家，1964 年[1]

生活在旧金山地区的一大享受，在于美妙的音乐随处可得。尽管如此，当伟大的印度西塔尔琴手拉维·香卡（Ravi Shankar）在 1982 年的某个深夜走进卢卡斯影业的计算机图形实验室的时候，我还是大吃一惊。当时，我正独自研究着我们公司的天才汤姆·波特（Tom Porter）所写的一个上色程序。我花了整个晚上研究汤姆的最新成果——样条（spline）。接待拉维的是克拉克·希金斯（Clark Higgins）。他是"死之华"（Grateful Dead）摇滚乐队和我们公司共用的视觉魔法师。[2]

"埃尔维，你知道拉维·香卡吧？"

我心中狂喜。"当然啦。"我答道。我第一次看见他是在 1968 年的电影

《蒙特利流行音乐节》(*Monterey Pop*)中。那是一部定义了 20 世纪 60 年代的电影。我还知道他在 1969 年的伍德斯托克音乐节演出过,那是另一个引领了时代的场合。我跟他并不相识,但我当然知道他。

拉维是个小个子的美男子,总在微笑,身着洁白无瑕的印度传统服饰。最棒的是,他周围总氤氲着淡雅迷人的香气——一种令人心驰的气氛衬托着他的存在,当他驻足看我的屏幕时,这种香气也将我团团包围。

巧合的是,当时我的电脑屏幕上方正好显示着一朵鲜花。前一天来访的另一位艺术家画下的这朵花有着红蓝两色花瓣和白点组成的花心。当拉维看向我这边时,它正像一朵刚采来的真花那样满室生辉。

"这是个样条,"我解释道,"是由若干散点连接而成的美妙曲线。我们的计算机能沿着这条路径将这些点显示出来。"我边说边拿着一支特制画笔在画写板上做夸张的动作。那天晚上我一直在给拉维演示样条的工作原理,几乎没讲过别的话。

我的笔迹相当随意。先是从下往上,手腕一扭后又向下扫。接着再向上挥,到顶点结束。

接着,汤姆的程序接管了一切。首先,它在画写板稀疏的位点上构建了样条。请注意,这个样条是我们的肉眼看不见的。它是纯粹的几何存在,没有宽度,存储于计算机内部某处。但之后,短暂的停顿之后,程序将这个样条以类似油彩笔触的形象展示在我们的眼前。看不见的样条就是这个可见笔触的骨架。我的动作与程序显示之间的延迟相当短暂,看起来就好像是我,而非计算机,直接在屏幕上画了一笔。颜色的选择是随机的,我记得那一笔是棕色。

这个程序模拟的是有着柔软边缘和不同宽度的毛刷笔触。在显示屏下方的笔迹起始没有宽度,在向上扫的过程中渐渐变宽,最后收尾时又渐渐变窄,直到带着向上的走势消失在……那朵花处!这一笔成了一支完美的花茎。我绝没有刻意为之,完全出于巧合。我们三人都知道我并非故意。但这一笔让我们都忘了呼吸。那一刻,带着神圣芳香的拉维·香卡——我的音乐偶像,和我一样都惊呆了。他拍着我的肩膀低声赞叹："埃尔维！！！"

一大堆野鸭，一池子鲸鱼

> 一大堆野鸭也同时飞了起来，随着喧闹的飞鹅向北飞去。
> ——亨利·大卫·梭罗（Henry David Thoreau），
> 《瓦尔登湖》（*Walden*），1864 年[3]

我给拉维·香卡展示的"样条"（spline）的名字来自工匠使用的一种作图工具。我的父亲在我小时候就教过我工程制图，那时个人计算机还要过很多年才会出现。我们使用的工具包括用来画圆的德国精密圆规、用来画直角和直线的 T 形尺、使用印度墨水的钢笔和笔头。父亲还有一件颇为神秘、名叫"法国曲尺"的工具（图 6.1）。倒过来看，它很像圣诞老人的雪橇。这件工具的用途是帮我们稳住颤抖的双手来画出一些非常规的形状。在图 6.1 中，它被一位工匠摆放在三个不同位置以绘制一条精确的曲线。ABC 三段曲线的形状都能在法国曲尺的众多边缘之中找到。这位工匠还算幸运，他所需的三个曲线形状都靠在一起。但有时，找到所需的曲线非常麻烦。

专业的工匠需要用到更可靠的工具。豪华游艇的设计师们可不会用一把可能不包含所需曲线的法国曲尺来画图。比如，如果要设计一条赛艇的船体，他们会用重物固定住一根纤细可变形的长条来获取想要的形状，如图 6.2（右）所示。这根长条穿过重物定下的点位，形成一条平滑的曲线。它的边缘就可以用来描画船体的设计图。这套作图工具——长条和重物——就是所谓的样条。[4]

我向拉维·香卡展示的几何样条就直接来自造船工程师使用的真实样条。现实中，这些重物被形象地叫作"鸭子"或"鲸鱼"。您甚至能买到画成绿头鸭、秋沙鸭、丑鸭等不同种类的样条。这些"鸭子"身上装着挂钩，即样条穿过的点位。在几何样条中只有虚拟鸭子，它们既没有身体也没有挂钩。取而代

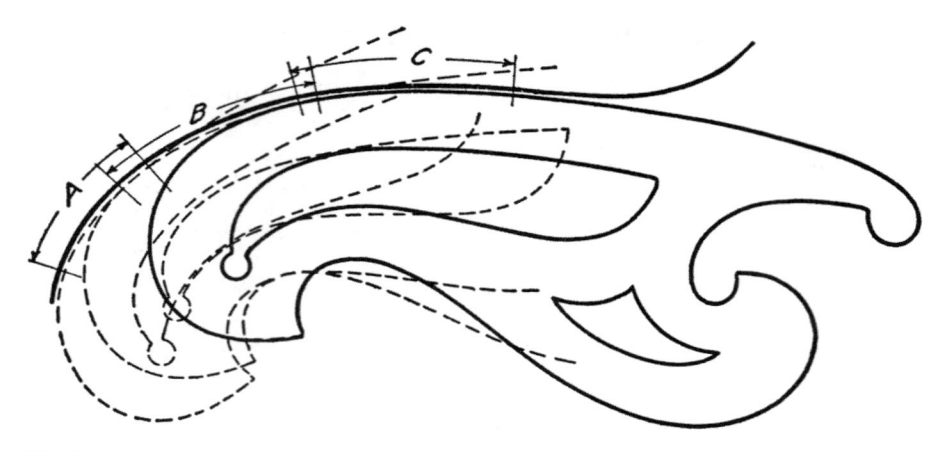

图 6.1

图 6.2

之的不过是一些供样条定位的点。在向拉维·香卡所做的演示中,这些点就来自画写板对我手势的感知。

插值与采样

> 看问题的角度正确,就等于智商涨了 80 分。
>
> ——阿兰·凯(Alan Kay),
> 施乐帕克研究中心,约 1980 年[5]

样条让我们能够连散点为曲线——就像我在画写板上向拉维·香卡展示的那样。穿过那些点位的是一条顺滑而优雅的起伏线条。不难猜测,其中必然存在着某种有趣而优美的东西。否则，连点成线可再简单不过了：用直线依次连接就行。由此得到的锯齿状的线条在大部分人看来都不美观。

为了理解样条，信不信由你——我们又用得上采样定理。但我们这次要换一个角度看问题。

在有关采样定理的章节里，我们一笔带过了埃德蒙·泰勒·惠特克爵士的名字，以至于读者可能没有留下什么印象。他是英格兰采样定理发现者的候选人。他发现于1915年，比弗拉基米尔·科捷利尼科夫早了18年。他是英国最伟大的数学家之一。惠特克曾在剑桥大学三一学院学习，那是牛顿的学院。1896年他成为该学院的研究员。1905年他被选为皇家学会会士。在辉煌职业生涯的最后一章，惠特克担任了爱丁堡大学数学系的系主任。

但我仍将发现采样定理的桂冠献给了科捷利尼科夫。为什么不是惠特克？主要有两个原因。首先，他并没有从我们如今在数字光学中应用于像素显示的角度去证明这个定理。其次，即使接受了他的角度，他仍然没有完整地将这条定理证明到它今天的形式。

惠特克专精的领域是插值（interpolation）。从他与人合写的书中可以找到他看问题的角度：

> 插值理论……从其最基础的层面上讲，可以被看作一种"阅读数学表格行列之间"的科学。[6]

对大多数人来说，数据列表并不算美好，却非常方便。假设我们每个整点在加州大学伯克利校区的某个特定位置测量温度，那么该怎么估算下午3时15分此地的温度呢？惠特克的插值理论能给出很好的预测，因而格外有用。

"插值"的意思是"放入两点之间"。这个定义隐含了一层意思：放入的数值首先需要被创造出来。如果我们运气不错，那么插值得出的数据就可能真实反映现实中的情况——比如伯克利校区下午3时15分的气温。我们虽没真的测量，却仿佛测了。惠特克是一位插值大师，善于在各种空隙中生成新的数值。

科捷利尼科夫的角度则恰好相反。他并不关心怎样创造平滑的曲线。他关注的是重构平滑性，而不是构建它。他发现了一种方法可以移除平滑的亮度或响度曲线中的大部分数据，仅保留一组可供日后重构初始曲线的离散样本——像素或者声素。他的采样定理告诉了我们究竟该怎么实现这一点。

惠特克的角度与其不同。离散的数据点才是他的出发点。他只求找到一条平滑的曲线来连接它们，这也就是为什么他没能证明被科捷利尼科夫证明、被克劳德·香农重新证明的更强有力的采样定理形式。[7]

正如前文所述，科捷利尼科夫的采样定理归根结底由两部分构成。第一部分告诉我们如何对可被描述为叠加傅立叶波的平滑对象采样。傅立叶波是整个自然世界中最平滑的东西。特别地，采样定理告诉我们采样频率应该大于叠加波形中最高频率的两倍。定理的第二部分告诉我们，如何用理想扩展波将样本展开，并一一叠加以重构初始的平滑对象。换句话说，第二部分告诉我们如何利用样本插值求得一条平滑曲线。科捷利尼科夫从平滑性出发，采取离散样本，又据此重构了初始的平滑性：平滑—离散—平滑。

惠特克的插值定理则将每个数据点用扩展函数展开——正是与科捷利尼科夫所用完全相同的理想扩展波。之后，再将所得结果叠加，从而得到一个平滑的插值，即数据点之间的一条平滑曲线。这条曲线事实上也是以扩展波中的最高频率振动的傅立叶波形的叠加。惠特克从离散数据出发，插值使之平滑，再沿着连接原始数据点的平滑曲线寻找需要的数值：离散—平滑—离散。

尽管从不同角度出发，两种思路在数学上却是完全等价的。二者互为彼此的逆过程。那么为什么不将发现采样定理的功劳归于惠特克呢？理由是他没证明科捷利尼科夫采样定理的更复杂的形式，也就是如今广为应用的带通（bandpass）采样定理。我们已经在有关图灵的章节中提到了它，即图灵在研发声码器时用到的理论。他将一个包含0—3,000周每秒频率的声音信号分为10个300周每秒的条带（0—300，300—600，以此类推）。

尽管如此，在本章中惠特克还是值得加冕"插值之王"的王冠。将绘制计算机图形的惠特克插值与显示这些图像的科捷利尼科夫采样相提并论，有一种和谐的对称之美。数字光学领域中同一个最基本的理念却在不同的视角下呈现出了大相径庭的形态——惠特克是"制"，而科捷利尼科夫是"取"。

拉维·香卡样条：反向采样

图 6.3（左）重现了"拉维·香卡演示"中画写板上的散点。小箭头指示了笔触的走向。画写板的每次采样都间隔相等的时间。因此，您能看出我一开始画得很快，在转折处减慢后又迅速收尾。右边的图是用直线相连的各点，这

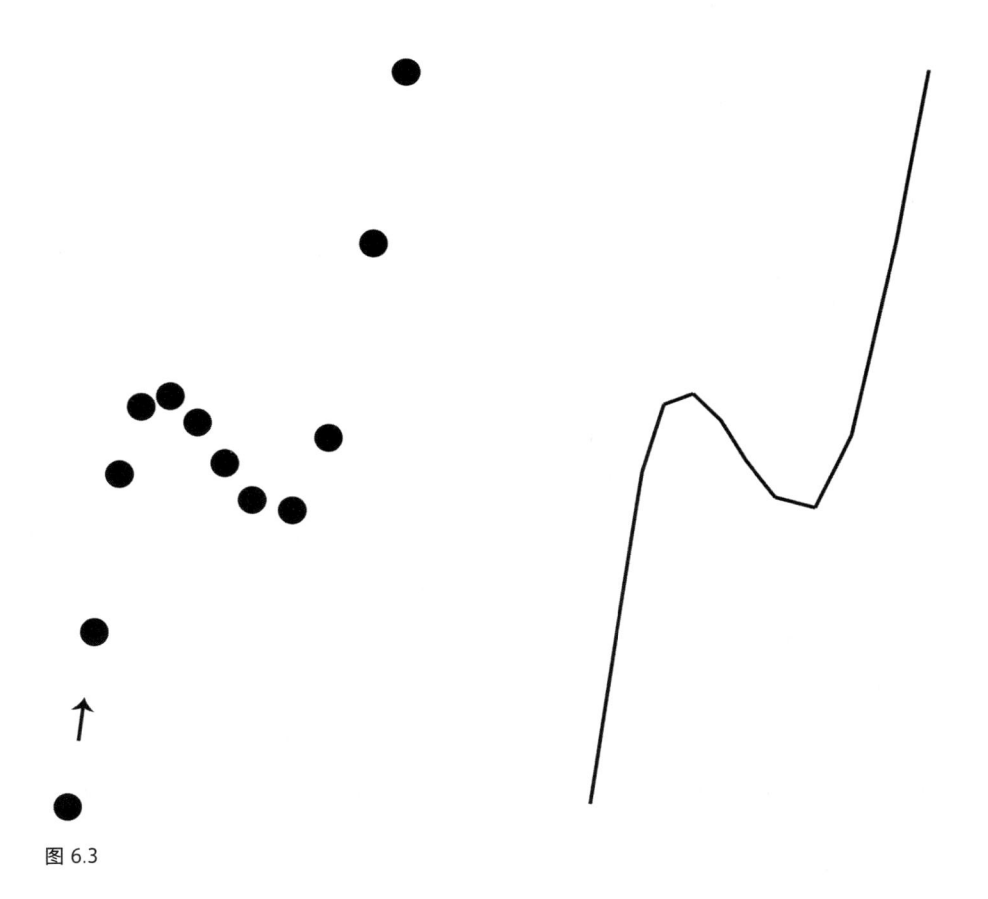

图 6.3

正是我们不想要的。这是对相同的一组数据做的一种插值，但显然不能令人满意。这是一条僵硬的锯齿状"曲线"。那时，人们以为这就是计算机能做到的极致了。他们始终把计算机当作某种僵硬、机械的东西，直到摩尔定律证明他们错。在计算机图形学中，用得到"线性插值"（linear interpolation）方法——用直线连点——的地方几乎不存在。[8]

我们能够做得更好。每个点的位置都能用其垂直于画写板下方边线的距离来表示。图 6.4（右）就是一张表示了每个点垂直位置的图表。它们的水平位置由左图中原始点位按相等时间间隔重新分布而成。

我们的画法让这些点位的垂直距离图看起来和前面章节的某些采样图形类似。这些点位并非真实的样本，但没有理由阻止我们用处理样本的方法处理它们。我们正是要用采样定理构建那个不存在的"真实"。请注意，我们说的是"构建"，而非"重构"。又一次，这关乎看问题的角度。我们懂得怎样进行这种构建：用合适的扩展波展开各个样本，再将结果叠加。图 6.5 就是我们得到的图形。一条平滑的曲线穿过了图中扩展波顶点处的一个个插值点，也就是那些垂直位置的"样本点"。这条曲线上的每一个点组成了我们想要预测的垂直位置随时间连续变化的值。

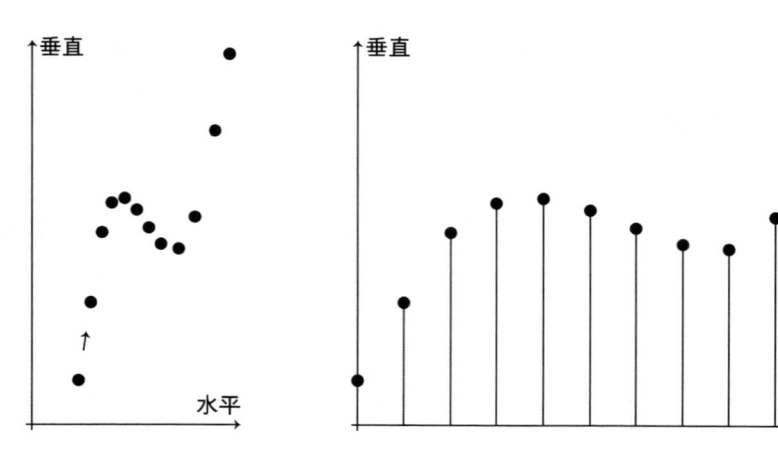

图 6.4

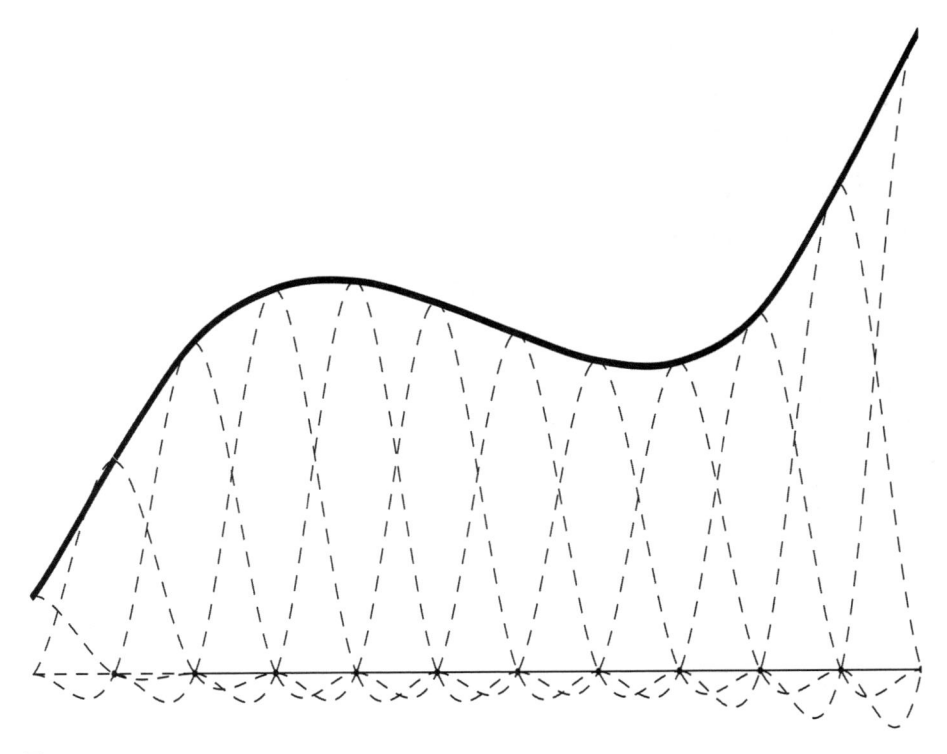

图 6.5

接下来自然是将同样的技巧应用于水平位置。所得的平滑曲线穿"插"于水平位置的"样本点"之间。这条曲线上的点对应着我们想要预测的随时间连续变化的水平位置在任意时刻的取值。(该构建过程详见本节的在线附注。)

有了这两条曲线，我们就能将每一时刻上笔迹的垂直位置和水平位置的取值一一对应，绘制出一根二维线条——样条，从而预测笔尖在任意时刻到达的位置。完成全程的对应，我们实际上就沿着固定的方向和顺序追踪了笔尖在画写板上留下的初始笔迹。这也就是说，我们为水平位置和垂直位置构建了两条平滑曲线，串起了"拉维·香卡演示"中画写板上的点位。这是较为复杂的一种连点成线。

我们再来回顾一遍整个过程。首先，我们假设存在一条平滑曲线连接着图表中给出的各个点位，这就是初始笔迹。这意味着线上各点的水平位置和垂直位置都在连续平滑地变化。唯其如此，初始笔迹曲线才能连续而平滑。因此，我们使用采样定理中的重构技巧来构建两条分别关于垂直位置和水平位置的平滑变化曲线。这两条线共同构成了二维空间中点位的轨迹。在整个过程中的任意一个时间点，我们都能直接读出曲线上对应的位置，也就是笔尖在该时刻接触画写板的位置。图 6.6（右）所示的就是生成的样条，左图则是确定了这条曲线的散点（"鸭子"）。左边是画写板上的人工输入，右边则是计算机的输出。这是一条平滑的曲线，而非锯齿状的折线。这就是样条，数字光学中最可爱的概念之一。

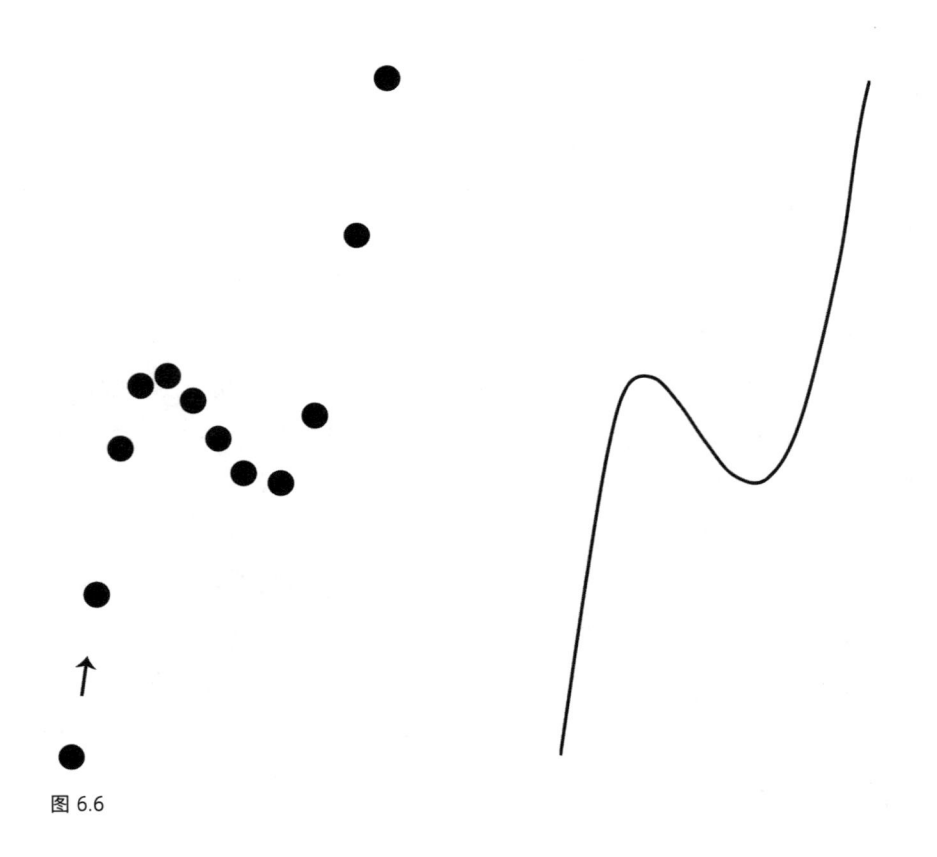

图 6.6

实操中的样条

请看图 6.7（上）所示的科捷利尼科夫和惠特克方法中共同用到的扩展波。这是理论上的最佳选择。

但因为其无限性，理想的扩展波无法用于真实的样条构建。那些起伏的幅度会逐渐减小，但永远不会完全消失。此前，我们在采样定理的重构步骤中使用了一个有限的扩展波来代替它，也就是图 6.7（下）的波形。我们说这是理想扩展波的一个"较好的近似"——但这是对科捷利尼科夫的重构而言。现在，我们的目的是构建而非重构。因此，我们没有必要使用理想的无限扩展波。一个简单而有限的扩展波足矣。这甚至不是"近似"，因为我们是在构建一条新的曲线，而不是近似地重现某个已知的波形。

这种通过简易扩展波得到样条的方法也被反复重新发现了几次。在计算机图形学中，它被称作"卡特穆尔-罗姆样条"（Catmull-Rom spline），以致敬两位发现它的计算机图形学学生：与我一道创立皮克斯的埃德·卡特穆尔、拉斐尔·罗姆（Raphael Rom）。[9]

因为卡特穆尔和罗姆是站在惠特克的插值视角上构建平滑曲线的，他们不会以科捷利尼科夫的方式将这个过程看作基于样本的重构，也不会把他们的扩

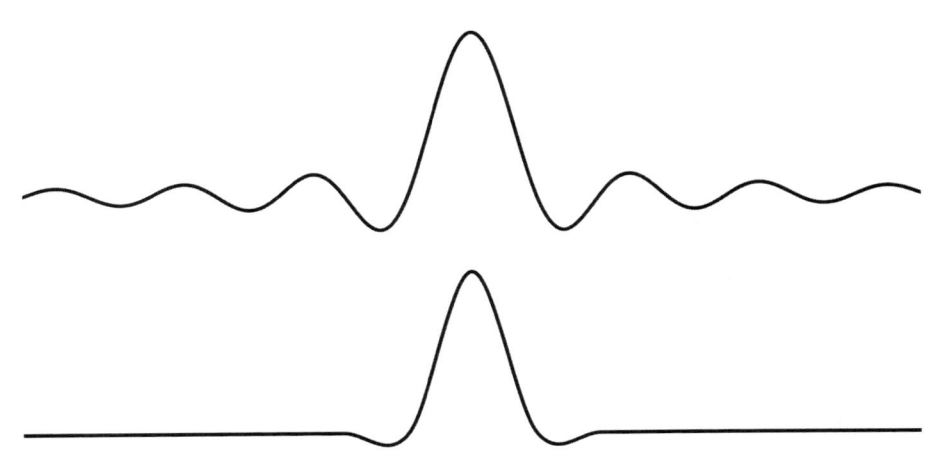

图 6.7

展波看作某种理想扩展波的近似。而且，他们同样不会想到样条中包含的傅立叶频率成分。

"创造"与"显示"这两种截然不同的用途来自不同的视角，这也是为什么我将构建归功于惠特克，而将重构归功于科捷利尼科夫。实践的结果表明，两种用途都能使用同样的扩展波。只要一个计算机程序就能实现两种目的。同一种思想竟能被同时应用于创造端和显像端，实在是一种美妙的对仗。

定义计算机图形学

我向拉维·香卡演示的样条是计算机图形学（computer graphics）的一个例子。这是数字光学的一大分支——一个完全人为的分支。它只创造而不摄取图像。计算机图形学总是包含两个步骤：首先，我们在创造端利用不可见的几何建模来创造对象。我将在本章及下一章中花大量笔墨深入讲解这一步。接下来，我们在显像端通过将几何模型渲染为展开的像素来看到这些对象，例如印刷品、手机屏幕或虚拟现实眼镜。这就是我们对计算机图形学的定义。

在拉维·香卡到访的那一夜，汤姆·波特的程序生成了一个不可见的样条作为笔迹的骨架。那就是笔迹背后的几何。尽管几何体在计算机图形学中十分重要，但建模并非仅仅关乎几何。那一笔的模型还包括颜色、柔和的半透明边缘和随时间变化的宽度。程序将笔触的模型渲染为像素，再将它们展开，以便在卢卡斯影业的全彩显示设备上被人眼看到。这是一个二维的计算机图形案例，因为那个模型基于的是一个二维的几何体。

本章展示的该样条图片的渲染就简单得多。它与我向拉维·香卡展示的笔迹有着完全相同的几何路径，但模型的其他成分不尽相同。本章中的图片只是纯白背景上一条宽度恒定的黑线。这也是计算机图形的一个例子。创造端的同一个几何体在显像端能以无数种方式被渲染。渲染方式完全取决于模型中的非几何因素。[10]

话说回来，假如没有几何体，那它就不是计算机图形。计算机软件 Adobe

Illustrator 能将二维几何模型渲染成像素。因此它是计算机图形软件。另一个程序 Adobe Photoshop 能凭空创造像素，或加工取自现实世界的像素。因此它不是计算机图形软件。事实上，它在功能上属于图像处理软件，来自数字光学的另一大分支。类似地，早期苹果电脑使用的 MacDraw 是计算机图形软件，而 MacPaint 则是像素包装或图像处理软件。（对"几何体"这一概念的详细讨论参见附注。）

计算机图形的流程是"几何进，像素出"。图像处理的流程则是"像素进，像素出"。二者都被用于创造图像。在计算机存储成本还十分高昂的当年，图像处理还只是修改实拍的照片。但摩尔定律使得在新千年的我们可以直接用像素来制作图片。

Adobe 和苹果的两对产品反映了我在第四章中提到的由绘图显像的"歧途"导致的数字光学中由来已久的分流。在发展之初，人们设计出基于几何的程序用于绘图显像，又设计出基于像素的程序用于栅格显像。让这种分化变得微妙的，是自数字大融合实现以来，两种途径都采用了基于像素的显像原理。真正让计算机图形区别于图像处理的，是它在创造端从几何出发的建模手段。但两条路线如今都在显像端殊途同归。

二维计算机图形的案例数不胜数。我此时正在使用的微软（Microsoft）Windows 界面也是计算机图形学的产物。显像端屏幕上的窗口来自创造端一些长方形的模型。微软 Word 的界面也类似。其模型是一系列代表书页的长方形。文档中的每一个字母本质上也都由各自的几何模型定义。网页设计和浏览器也是类似的例子：几何进，像素出。

本书的主要目的之一，是说明一部皮克斯式的数字电影是怎样从计算机中制作出来的。这样一部电影的每一帧都经过计算机内部的三维几何建模，之后被渲染为二维的展开像素以供全彩显示。这就是所谓的三维计算机图形学。电子游戏的制作方式也如出一辙。虚拟现实也一样，只不过每帧图像都为双眼生成了两种显示，从而产生了立体效果。

样条只是一条曲线，而不是曲面。我们现在就来看看怎样为曲面建模。先从最简单、最熟悉的一个例子开始。

三角形

什么是三角形？我仔细地翻了翻我在新墨西哥州克洛维斯中学上学时用过的数学教科书。那是一本塑造了我整个未来人生的书。这本书的正文从第 7 页的"点和直线"一节开始。这两个概念其实无法被定义——我们默认它们"显然"成立。但我们可以从它们的反面开始理解——它们"不是"或"没有"什么？点没有宽度，没有高度，没有厚度。它单纯是一个位置。直线没有宽度，没有厚度，且在单一维度上在两个方向上无限延伸。给出两个点就能确定一条直线。线段是直线上长度有限的一段，也可以由两个端点确定。折线由若干线段首尾相接构成，有两个游离端点。[11]

令我惊讶的是，这本教科书直到第 57 页才谈到三角形。它写道，多边形是一条闭合的折线。组成折线的最后一条线段的末端与第一根线段的起始端相连——不再有游离的端点。最后，三角形作为三条边的多边形终于出场了。以上这些几何图形应该都是看不见的，但教科书告诉我们书上的圆点能够表示几何的点。图 6.8 总结了那节几何课。图中展示了那 5 种本应不可见的几何图形。这幅图实际上将抽象的几何模型渲染出了实线轮廓。

这本教科书冗长的铺垫确实有助于介绍一类重要的几何概念——多边形，计算机图形学中广受青睐的一个词。这门学科的一般方法就是用多边形描述一个虚拟世界。

但我们可以通过以下事实马上抛弃多边形的概念：任何一个多边形都能被分割为若干三角形。首先选择多边形的一个角或顶点，用线段将它与所有其他角（顶点）相连。这样，我们只需要讨论三角形。图 6.9 展示了两种通过添加一条线段（虚线所示）将四边形分为两个三角形的方法。对于五边形，我们需要添加两条线段。以此类推。（对此进一步的讨论参见附录。）[12]

有了这个技巧，我们只需要专注于由三角形构成的模型。当然，并不是所有模型都可以只用三角形构建。我向拉维·香卡展示的那个就是一条曲线样条，而非多边形。我们在《数字光学的黎明：胎动》一章中提到的史上第一幅

图 6.8

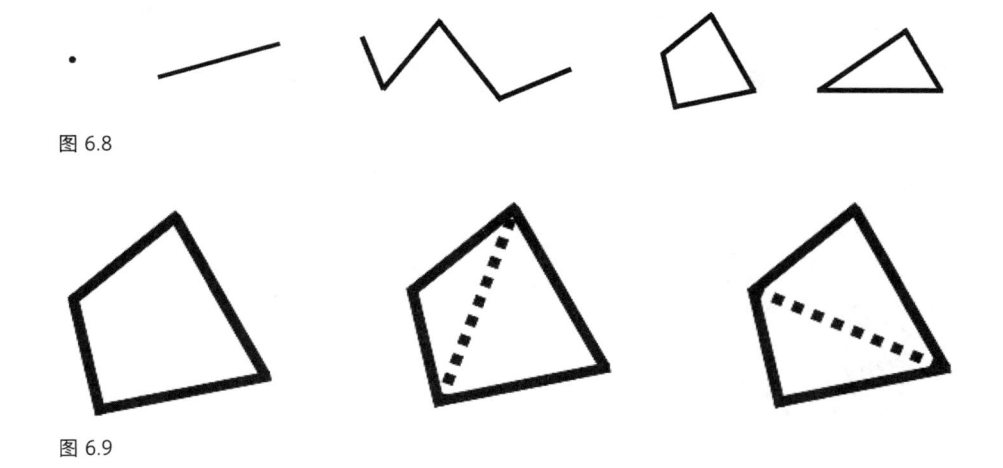

图 6.9

数字图像《黎明曙光》中的文字和早期电子游戏中的棋盘都是不能分解为三角形的简单模型。它们主要由线段构成。

但请看皮克斯的动画电影，从《玩具总动员》到《超人总动员 2》(Incredibles 2)，照明工作室的《神偷奶爸》(Despicable Me) 和其他许许多多有着三维角色的动画影片——我称之为"皮克斯式"影片。它们的角色都由曲面构成。曲面，不过是许多三角形。

一旦学会了怎样处理一个三角形，那我们就能把接下来数以百万计的步骤交给"增强性"——计算机伟大的超越性之一。本章（以及下一章）的核心思想是，假如我们理解了单个三角形从计算机内存到显示屏的旅程，那么通过引入增强性，我们就能得到一幅完整的图像。是计算机不知疲倦地反复而迅速地进行着数百万次甚至数十亿次同一形式的计算，才让计算机图形成为可能。一个赤手空拳的人是很难执行这种运算的，但理解这一点并不算难。

茶壶永流传

数十年来，计算机图形学家们总是通过同一件东西展示他们在技术上取得的最新进展——一把茶壶。事实上，就是图 6.10 这张照片——不是计算机渲

图 6.10

染——中的这把茶壶。如今它被珍藏于计算机历史博物馆。这把茶壶属于马丁·纽维尔（Martin Newell），一个英国人（毫不意外）。20 世纪 70 年代，纽维尔在犹他大学担任计算机图形学的教授。鲜为人知的是，除了这把茶壶，纽维尔其实给包括茶杯、杯托、茶匙和奶油罐在内的整套茶具都建了模。[13]

图 6.11 展示了怎样在计算机里用几何体为茶壶这样的复杂对象建模。这正是塑造了皮克斯式动画中各角色的建模方法。图中展示了两种表现纽维尔茶壶的模型，它们被称作"线框图"（wireframe representation）。左侧的模型是个由密密麻麻的三角形构成的网格，右侧模型则是许多四边形的集合。如果连接每个四边形的对角线，后者也会成为由三角形构建的模型。所有三角形都是平面的，但它们的几何曲线构成了有弧度的曲面。我们很快将探讨怎样创造这类网格，但在这里我们且先按下不表。

请注意，这些图片并非计算机内部存在的东西。计算机里没有图像，连几

图 6.11

何图形都没有。这些图片是计算机内部的几何模型经过渲染的产物，它们以展开像素的形式呈现在显示设备——您眼前的书页上。

那么，"计算机内部的几何模型"又是什么呢？还记得吗？计算机里信息的唯一存在形式是比特。尽管比特对计算来说并非必要，但如今所有信息都以这种形式储存。因此，我们的模型其实是机箱中集成电路芯片上高低电位的组合。

在此前的章节里，比特不总是用来表示数。但这是它们最常见的用途。在计算机图形学设计的几何模型中，比特表示的就是数。每根构成三角形的线段——它的每一条边，都由表示其两个端点位置的一组数字确定。换句话说，计算机内存中保存着每个顶点（各边的交点）的坐标：纵坐标、横坐标、竖坐标。所以，计算机内由三角形构成的模型其实就是用比特表示的三角形顶点三维坐标的数值。所谓模型本质上就是数值的列表——一个很长的列表。茶壶模型中就有多达 26,000 个数值，巴斯光年的模型更是需要数百万个。增强性是我们处理如此大量数据时能仰仗的唯一法宝。

储存在模型中的通常还有另一类信息，您可以将它理解为"模型的结构"：这个点连着那个点，这个三角形与那个三角形共用一边，茶壶的壶把连接着壶身，抑或是角色的腰部连接着腿部。这些信息也是数。它们是计算机存储的地址。举例来说，某个点的三个坐标值后可能还跟着一个数值，它告诉程序到内存的什么位置去找与之相连的另一个点。

计算机完全不理解这些数据的意思，它无法想象由高低电位组成的几何模型。计算机需要在程序的帮助下才能理解它们。只有程序才"明白"比特背后的数值代表着一个三角形，或者某个数值代表着两边相连的位置。一长串无意义的步骤——程序，却给计算机中存储的模型赋予了意义，从而在显示设备上呈现为图像。实际上，是写程序的人明白程序及其处理的数据的含义。

我们不必亲眼看见创造出来的模型。在发展初期，没人能看见他们自己建的模型。马丁·纽维尔在计算机中建模时也看不见他的茶壶。但现代计算机图形软件能让我们在设计的同时看见模型的样子。我们很快就会发现，我们第一次能在建模的同时看见模型的时刻，是计算机图形学发展史上一个格外重要的时刻。

一长串数字又是怎么变成茶壶或者巴斯光年的呢？您只要理解单个三角形从比特到展开像素的历程，计算机了不起的增强性就会替您完成剩下的繁重劳动——人类都不能胜任的工作。计算机如此擅长做这些笨拙的工作。因此，我们的目标降为了将单个三角形弄上屏幕。理解了这个，您就理解了一切。

怎样画三角形

一个由三角形构成的模型是三维的，但其图像——即经过渲染几何模型得到的显像端的展开像素——仅有两个维度。图 6.11 所示的两个茶壶线框图之所以看似三维，是因为特殊的渲染方式让三角形以透视效果呈现。但它们还是三角形。我们在此学着绘制的，正是这种二维的三角形。

在老式的绘图显示器上，画三角形并不难。一个程序直接告诉显示器扫出一条线段——三角形的一边，之后重复两次相同的指令就得到了另外两条边。这就成功了。我们就这样看到了一张三角形的图片。内存中一小串以比特形式存储的数字变成了显示器上的三角形。利用增强性的魔法，我们让计算机高速重复这个简单过程上万次后，一个完整的茶壶模型的线框图就呈现在了绘图式显示器上。

尽管以这种方式显示三角形在概念上非常简单，计算机图形学家们却花了许多年去改进它的效率。比如，当三角形之间共用一边时，重复绘制这条边就是对宝贵时间的浪费。对其他一些琐碎的重要难题的讨论，请参见附注。它们与理解三角形的绘制无关，也与将茶壶图像呈现为三角形网格无关。[14]

在绘图显像模式下，绘制线段和三角形都很容易。但现代的显示设备并非绘图式的，而是许多展开的像素组成的栅格形式。我们又该怎样在一个严格规定了行与列的显示设备中表示一条任意方向的直线段呢？换言之，怎样在栅格中渲染线段？

计算机图形学中的第一个渲染算法以人名命名——"布雷森汉姆算法"。这是已知最早的利用像素近似表示直线段的一种方法。杰克·布雷森汉姆（Jack Bresenham）在1962年提出了这种算法。受当时客观条件所限，他只能使用非黑即白的像素来表示线段。[15]

现在请看图6.12中的这条线段（对角线）。它由布雷森汉姆算法渲染为白色背景中的黑色展开像素。那些小点表示的就是像素的位置。展开像素以大圆点表示。它们被放置在线段经过的像素点位或最接近线段的点位上。布雷森汉姆算法是仅能表示黑白点的简单栅格显示器上能应用的最有效的渲染算法。

当然，您在本书中看到的这条对角线段实际上已经通过现代显像手段（或书页）渲染为了展开像素。否则，一条真正的线段应当是无形的。而布雷森汉姆近似中的"展开像素"（那些大圆点）也不是单纯经过放大的像素。像素不

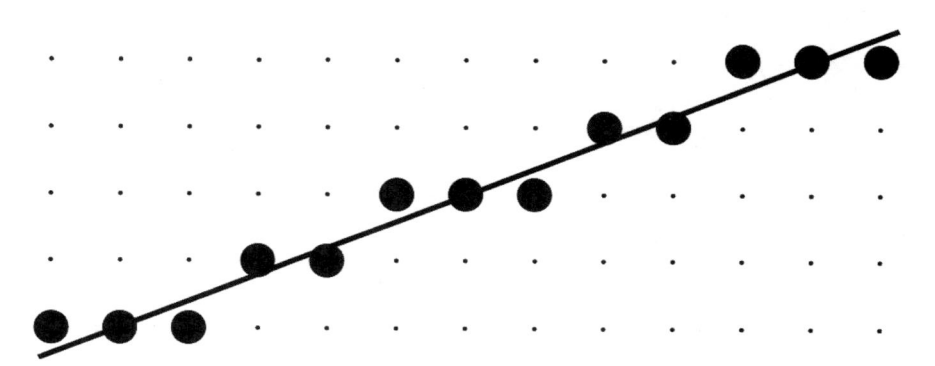

图 6.12

是小方块，也同样不是小圆点。

布雷森汉姆算法和其他类似算法为我们提供了计算机图形学早期的"锯齿图像"。忽略掉图 6.12 中作示意的线段，我们能看到的只是一道由圆点组成的阶梯。当时，许多人认为计算机图像的极限就是这种丑陋模样。这又是那种认为计算机"僵化""机械"的典型误解。如我们在《数字光学的黎明：胎动》一章中所见，迪克·肖普花了十多年才向世人证明，计算机显示中的锯齿并非不可避免。1973 年，肖普展示了由展开像素渲染而来的顺滑直线（图 4.26）。但那些像素包含的数值远不止两个——多出了两个数量级。

布雷森汉姆算法最初吸引我的一点并非其效率，而是它的名字"布雷森汉姆"。它的拼写与我在新墨西哥州克洛维斯高中的一位同学迪克·布雷森汉姆（Dick Bresenham）的姓氏拼写一模一样。当然，开发这个算法的杰克·布雷森汉姆不可能也来自克洛维斯。经过查询，我发现他为 IBM 英国公司工作，就此死了心。但当某一本重要的计算机图形学教科书出版时，克洛维斯城的布雷森汉姆夫人给史密斯夫人（我的母亲）打去了电话："书里有一章属于我儿子，还有一章属于您儿子。"和所有母亲一样，她夸大了我们的重要性。但这却证实了一点：杰克是迪克的哥哥，他的确是我的同乡。当我后来终于见到杰克时，我才知道，他在我听闻他之前就离开了克洛维斯。[16]

早期计算机图形学图谱（续）

现在让我们从历史的视角总结一下计算机图形学早期取得的诸多进展。和前两章一样，我还是画了一幅图谱来帮助我们厘清这段纷繁复杂、人物众多的历史。在《数字光学的黎明：胎动》一章中，计算机历史的图谱涵盖了 20 世纪 40 年代末到 20 世纪 50 年代初的这段时间。我们可以将这个时期视作前摩尔定律时代，即第一加速期的第一阶段。图 6.13 可以被视作那个图谱（图 4.6）的延续。时间上，这张图谱起于 20 世纪 50 年代末，止于 20 世纪 60 年代后期。这是第一加速期的第二阶段。标注了"旋风机"字样的图框就是两张图谱相接的位置。

"摩尔定律，1965"出现在图谱的中部下方，标示了第二加速期开启的伟大历史时刻。我们将在下一章展开对第二加速期的讨论。但为了行文方便，这个时期中的一个事件被纳入了本章的图谱中。这个事件发生在1965年后，却没有涉及摩尔定律。图谱中，人名被放入圆形框中，组织和团队则用椭圆框表示。计算机和某些专用硬件设备用方框表示。程序、书和概念——广义上的"软件"，则被放进了平行四边形图框。

前面章节中图谱的特征在此处仍然适用：它们并非对相应领域的完全呈现。许多人物与事物都被省略了。行文和附注中对图谱省略的某些内容做了补充讨论，但远非穷尽。本章的内容同样可以被视作这张图谱的详细图释。一如既往地，这张图谱的复杂性说明，一项高端技术的发明与发展绝不可能只靠个人单枪匹马完成。[17]

物体 vs 图像：本质区别

计算机图形学的本质就是通过存储在计算机内部的不可见的几何模型创造出可见的图像。利用这些模型的途径主要有两种。两种途径之间的区别将这门学科一分为二。

在第一种情况中，模型所代表的物体需要在现实中存在。计算机辅助设计（computer-aided design, CAD）就是在计算机图形学的帮助下设计出一些物件。因此，对计算机辅助设计来说，重要的是物体本身而非其图像。计算机辅助设计可以说是一门面向物体（object-oriented）的计算机图形学分支。

与之相反的就是面向图像（picture-oriented）的计算机图形学。数字电影就是一个绝佳的例子。对它来说，重要的只是图像——而非图像表现的物体。

在实践层面，面向物体和面向图像的计算机图形学之间的区别可以用一个词概括："精确"与否。在计算机辅助设计中，计算机模型精确地再现了物体在现实世界中存在的形态。在发展之初，计算机辅助设计生成的就是物体而非

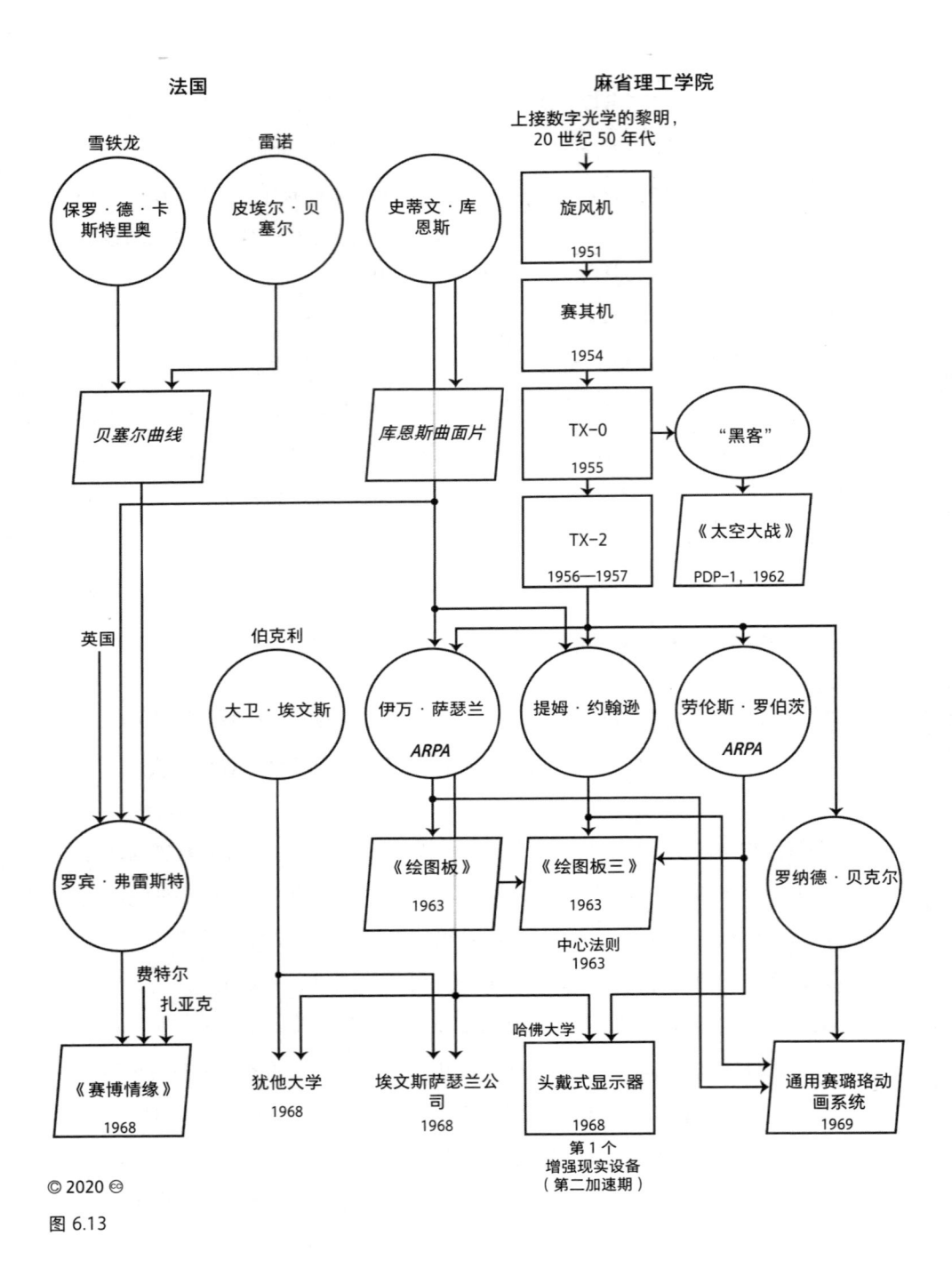

```
                        法国                        麻省理工学院

                                                上接数字光学的黎明，
                                                  20 世纪 50 年代
                    雪铁龙      雷诺
                                                       ↓
                  ┌─────┐   ┌─────┐              ┌─────────┐
                  │保罗·德·│   │皮埃尔·│   史蒂文·库  │ 旋风机   │
                  │卡斯特 │   │贝塞尔 │    恩斯     │         │
                  │里奥   │   │       │             │ 1951    │
                  └──┬──┘   └──┬──┘              └────┬────┘
                     │         │                       ↓
                     │         │                  ┌─────────┐
                     │         │                  │ 赛其机   │
                     │         │                  │ 1954    │
                     │         │                  └────┬────┘
                     ↓         ↓                       ↓
                  ┌──────────────┐    ┌──────────┐  ┌─────────┐      ┌─────────┐
                  │ 贝塞尔曲线    │    │库恩斯曲面片│  │  TX-0   │─────▶│ "黑客"  │
                  └──────┬───────┘    └─────┬────┘  │ 1955    │      └────┬────┘
                         │                   │      └────┬────┘           ↓
                         │                   │           ↓           ┌─────────┐
                         │                   │      ┌─────────┐      │《太空大战》│
                         │                   │      │  TX-2   │      │PDP-1,1962│
                         │                   │      │1956—1957│      └────┬────┘
                         │                   │      └────┬────┘           │
                  英国   │                   │           │                │
                         │    伯克利          │           │                │
                         ↓      │            ↓           ↓                │
                  ┌─────────┐   │    ┌─────────┐    ┌─────────┐    ┌─────────┐
                  │罗宾·弗雷│   │大卫·│伊万·萨瑟│    │提姆·约翰│    │劳伦斯·罗│
                  │斯特     │   │埃文斯│  兰     │    │  逊     │    │伯茨     │
                  └────┬────┘   │     │ ARPA   │    │         │    │ ARPA   │
                       │        │     └────┬────┘    └────┬────┘    └────┬────┘
                       │        │          ↓              ↓              │
                       │        │     ┌─────────┐    ┌─────────┐         │
                   费特尔        │     │《绘图板》│───▶│《绘图板三》│    ┌─────────┐
                   扎亚克        │     │ 1963    │    │ 1963    │        │罗纳德·贝│
                       ↓        │     └─────────┘    └─────────┘        │克尔     │
                  ┌─────────┐   │                    中心法则            └────┬────┘
                  │《赛博情缘》│  │                     1963                    │
                  │ 1968    │   ↓                      哈佛大学                │
                  └─────────┘ ┌─────────┐ ┌─────────┐ ┌─────────┐         ┌─────────┐
                              │犹他大学 │ │埃文斯萨瑟│ │头戴式显示│         │通用赛璐珞│
                              │ 1968   │ │兰公司   │ │器       │         │动画系统 │
                              └────────┘ │ 1968   │ │ 1968    │         │ 1969   │
                                         └────────┘ └────┬────┘         └────────┘
                                                         第1个
                                                      增强现实设备
                                                      （第二加速期）
```

© 2020

图 6.13

早期计算机图形学
第一加速期第二阶段，20 世纪 50-60 年代

ARPA= 曾任国防部高级研究计划署信息处理技术办公室主任

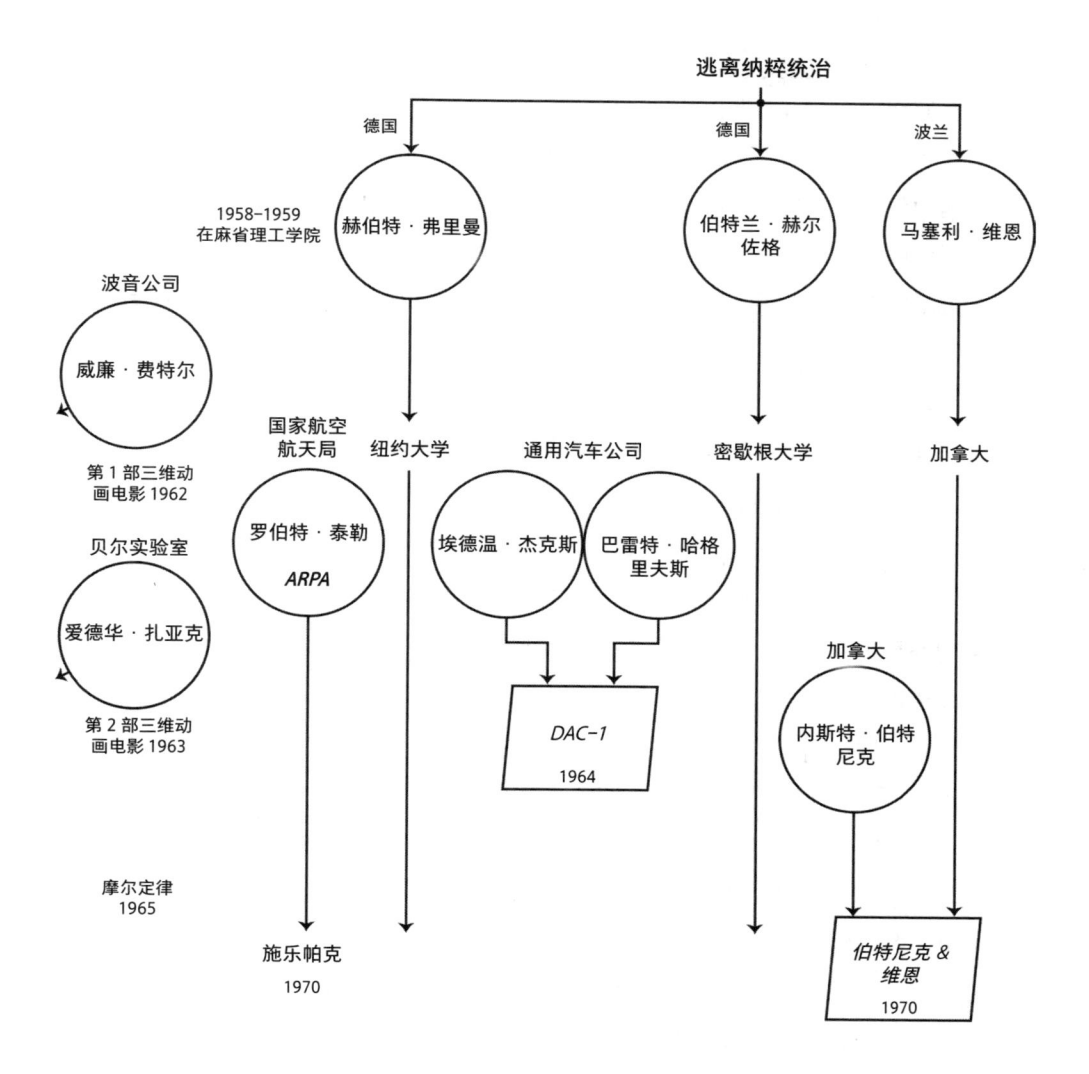

逃离纳粹统治

- 德国 → 赫伯特·弗里曼（1958-1959 在麻省理工学院）
- 德国 → 伯特兰·赫尔佐格
- 波兰 → 马塞利·维恩

波音公司
- 威廉·费特尔
- 第 1 部三维动画电影 1962

贝尔实验室
- 爱德华·扎亚克
- 第 2 部三维动画电影 1963

摩尔定律 1965

国家航空航天局 → 罗伯特·泰勒 *ARPA* → 施乐帕克 1970

纽约大学

通用汽车公司 → 埃德温·杰克斯、巴雷特·哈格里夫斯 → DAC-1 1964

密歇根大学

加拿大 → 内斯特·伯特尼克 → 伯特尼克 & 维恩 1970

图像。例如，在计算机模型的驱动下，一台铣床能将金属、泡沫或木质原料切割成想要的物体。

　　用计算机设计出来的物体必须经得起真实世界中的风吹雨打，因此，它们在计算机模型阶段就要接受严格的测试。由钢筋束搭建起来的桥梁必须先在计算机内接受受力的仿真测试，才能进入铸造和组装阶段。精确的计算机模型作为仿真测试的输入，经受现实中桥梁将经受的来自车流或风雨的种种外力。或者，宇宙飞船的两个部件会以计算机模型的形式接受连接紧密性的测试，以保证它们在现实中被制造出来后也能严丝合缝。

　　但是在计算机图形学的另一分支里，图像输出就意味着全部——这就是面向图像的计算机图形学。它生成的图像与精确测量和测试无关，只要看起来令人信服。皮克斯固然有可能将《玩具总动员》里伍迪的模型加工成精确的计算机辅助设计设计稿，制作成手办。但这个角色的原始模型最初只服务于这部电影。

　　好莱坞影片善于使用人造的布景，比如在枪战中被牛仔用枪扫射后的街道。计算机生成的电影中的一切都是人造的。伍迪在外表之下一无所有，他只有薄薄的一层，他的内部没有任何可以测试的东西。谁会在乎他是否能被精确制造呢？动画角色只需要看起来可信。

　　举例来说，《黎明曙光》一图中的文字 C.R.T. STORE 和我们在《数字光学的黎明：胎动》一章里看到的早期动画 HELLO MR. MURROW 都没有现实世界中的对应物。那一章里，我们还提到了两个电子游戏——国际象棋和三子棋，它们也同样不对应现实中的棋盘或棋子。旋风机上的函数图形也不存在于现实世界中。这些早期计算机图像的例子仅仅以显示器上的展开像素和（简单）不可见模型的形式存在。因此，第四章中出现的所有图片都是面向图像的计算机图形，而不是计算机辅助设计设计稿。尽管如此，我们还是发现，大多数计算机图形学的先驱都来自计算机辅助设计领域。

　　计算机辅助设计与面向图像的计算机图形是两门密切相关的学科，它们的历史也交织在一起。事实上，二者经常被混为一谈。在本书中，从现在开始，计算机图形学一词仅仅指"图像为王"、面向图像的狭义计算机图形学，而"物体为王"的分支则用"计算机辅助设计"一词来指代。这一点值得一再重复：尽管计算机辅助设计也是计算机图形学的一部分，但在本书中我只把非计算机辅助设计的分支称为计算机图形学。

我限定了前几章中的图谱，以专注于讨论数字光学的发展历程。图 6.13 则进一步聚焦数字光学中的计算机图形学部分。这张图谱强调了计算机图形学中对制作数字电影尤为重要的部分，它们也是下一章讨论的主题。幸运的是，尽管有这样的局限，图谱还是囊括了计算机图形学发展初期的许多重大事件。

社会背景

计算机图形学的产生有其特定的社会背景。它的发展与个人计算机和互联网的发明同步。这样一个科技大繁荣的故事相当精彩。

科研经费的激增

对来自纳粹德国的军事威胁，美利坚合众国政府的回应是向少数几个研究中心投入了海量金钱。在资本主义社会中，这种事情通常不会发生。战争迫在眉睫，速度至关重要。这些经费没有经过市场竞争，没有计划书、申请表或招投标，完全是直接发放的。麻省理工学院是这种政策最大的受益机构之一，这巩固了它世界顶级理工科院校的地位。

1940 年，麻省理工学院资金充裕，建起了两间实验室。无线电实验室（Radiation Lab）专注于研发雷达，这是一项可能扭转对德战局的重要科技。而另一间，伺服系统实验室（Servomechanisms Lab）则聚焦复杂系统的控制。（伺服系统可以被理解为一个利用反馈机制实现精细控制的马达。）这些实验室都几度更名，给回溯历史增添了不少麻烦。我总结出下面这张名称源流表（其中缩进的名称表示子研究组）：

无线电实验室名称演变	伺服系统实验室名称演变
无线电实验室（1940）	伺服系统实验室（1940）
电子研究实验室（1946）	数字计算机实验室（1951）
林肯计划（1951）	电子系统实验室（1959）
林肯实验室（1952）	麻省理工学院计算机辅助设计计划（1959）

旋风机的研发正是始于伺服系统实验室，在 1951 年进入数字计算机实验室。同年，它也被纳入了无线电实验室一栏中的林肯计划。因此，计算机图形学滥觞于无线电实验室，但没有完成。计算机辅助设计计划则发源于伺服系统实验室。我们马上就会看到，在当年的麻省理工学院，计算机图形学与计算机辅助设计的交集远比我们刚刚所讲的这些复杂得多。

布什的扩存器——假如 1945 年就有个人计算机

战争一结束，麻省理工学院教授范内瓦·布什（Vannevar Bush）就在《大西洋月刊》（*The Atlantic Monthly*）上发表了《正如我们所想》（"As We May Think"），这篇文章被《生活》（*Life*）杂志转载，产生了重大而深远的影响。考虑到此时互联网和计算机都还没有被发明，布什的预见力可谓惊人：

> 在未来，将会出现一部能作私人图书馆之用的机器。我们不妨给它取一个"扩存器"（memex）的名字。扩存器能够为个人用户存储他的所有书籍、记录和通信。机械化的设计还将赋予它超凡的速度和灵活性。因而，它将直接扩展人类的记忆力。[18]

布什的预言还不够大胆。原文中，在上面的引文之前，他预言扩存器将有一张书桌大小。"扩存器"这个名字也显得太过局限。但他的其他判断极其精准地预言了 75 年后的未来——也就是现在："将会出现全新形式的百科全书，由高度综合化的索引体系贯穿起来。""将会出现一个全新的职业负责追踪信息，在海量的记录之中寻找有价值的线索。"写作本书的我正在做着这样的工作。[19]

布什（与两位美国总统不是一家）在曼哈顿计划和国家科学基金的成立中都发挥了作用。他是第一个担任美国总统科学顾问的人，服务于富兰克林·D. 罗斯福。他在麻省理工学院指导过的最著名的学生大概是克劳德·香农。他的另一位学生弗雷德里克·特曼（Frederick Terman）在斯坦福大学将学校拥有的土地租赁给高科技企业，创立了今天的"硅谷"。

建立 ARPA 与 NASA

1945 年，美国核武器在新墨西哥州的三一点试验成功——随后广岛与长崎的两次核爆宣告了战争的终结。但冷战接踵而至。火上浇油的是美国物理学家克劳斯·富克斯，他参与了三一点核试验，并将核武器的机密透露给了苏联。讽刺的是，在氢弹项目中与超级爱国者冯·诺依曼共事的同时，富克斯也向苏联传递了关键机密。苏联人在 1949 年成功试爆了第一颗原子弹"斯大林一号"，1954 年成功试爆了第一颗氢弹"斯大林四号"。（这些代号是美方对苏联核武器的叫法。）

之后是第二波刺激。1957 年，洋洋得意的美国人被一个消息震撼了：苏联发射了人类历史上第一颗太空卫星"伴侣号"。正如我们在第二章中所见，这是弗拉基米尔·科捷利尼科夫警告过的。对此，美国的回应是在 1957 年成立了国防部高级研究计划署（Advanced Research Projects Agency, ARPA），又在 1958 年成立了国家航空航天局（National Aeronautics and Space Administration, NASA）。ARPA 资助了今天主流计算机图形学的研究。在未来影响了计算机图形学发展的研究者们往往同时服务于 ARPA 和 NASA。他们中的第一人当属 J. C. R. "利克"·利克莱德（J.C.R. "Lick" Licklider）。

利克莱德的共生——畅想互联网

1960 年，利克莱德在 IEEE 汇刊上就电子学中人的因素发表了题为《人机共生》("Man-Machine Symbiosis")的论文。这篇论文与布什 1945 年的扩存器预言一样重要。利克看出，计算机是人间一种全新的野兽。它们与人类的互动并非主宰与奴役，而是一种共生的关系：

> 我们有理由相信，在 10 到 15 年内将出现一种具备了今日图书馆的一切功能、在信息存储与提取方面更为优化、与人类之间存在前文描述中的那种共生关系的"思维中枢"。这一类中枢还能通过宽带通信线缆彼此连接、通过专用线路联通用户，从而构成更大视野下的网络。在这样一个系统之中，不同计算机的速度可以取长补短；巨大内存与复杂程序的成本也将在众多用户之间分摊。[20]

利克的预言在摩尔定律提出和互联网发明之前并没有成真。当时的一些大佬认为多人同时共享计算机才是发展方向。与单个用户占有整台计算机不同，多个用户将看起来同时使用同一台计算机。之所以能"看起来同时"，是因为计算机具备让这种设想成真的运行速度。比如，将一台大计算机的算力资源分配给 10 个用户，每人轮流占用 0.1 秒，他们就"看起来同时"使用了一台计算机。[21]

和其他人一样，利克莱德没有想到摩尔定律将赋予所有计算机被多个应用程序同时共享且服务于单一用户的强大算力。同一个使用者能够在计算机上同时运行许多个程序。对拥有不止一个 CPU 的计算机来说，这是真的同时运行。所有人也都没有预见计算机有朝一日能变得如此小巧，让多人共享失去了意义。他们也没有料到，不只是计算机中枢，全世界的用户都能被连接到一起——直到 1965 年摩尔定律的提出。

恩格尔巴特的助力——第一个图形用户界面

继布什的扩存器预言和利克莱德的共生论之后，由道格·恩格尔巴特（Doug Engelbart）发表的第三篇论文延续了我们故事的学术线索。这篇题为《人类智慧助力之理论架构》("Augmenting Human Intellect: A Conceptual

Framework"）的论文在 1962 年由斯坦福研究所发表。恩格尔巴特同样在摩尔定律诞生和第二加速期来临之前尝试构想了人类将怎样同这些与我们共存的"新恐龙"——计算机打交道：

> 本文是关于一项全新的、系统化的人类个体智慧助力手段的原创综合性研究报告。通过建立起一个具体的概念架构，我们得以探索这个由人、工具、概念和相应方法共同组成的复合系统的内在本质。其中，发展最为迅猛、潜力最为巨大的工具是可联网的计算机。它为各种新概念新方法的综合应用提供了先决条件。[22]

恩格尔巴特有些学究气地思考着人与机器在智慧层面互动的方式。比他的文字更重要的是他向我们展示的东西。1968 年，在 ARPA 的资助下，他在旧金山湾区的一次计算机会议上做了著名的题为《一切样本之母本》（"mother of all demos"）的演示。在这次演示中，他实时地与一台计算机通过图形用户界面（graphical user interface）进行远程互动，同时使用了一个他刚刚发明的新型指示设备——他称之为鼠标（mouse）。这是今日我们熟悉的个人计算机界面的开端，也是鼠标，这个我们今天仍在使用的控制设备的第一次亮相。

接下来，让我们回到一开始，重新审视计算机图形学发展的时代背景。

数字恐龙的时代

> 迷幻个鬼：原子弹的孩子们。
> ——鲍勃·莱诺克斯（Bob Lenox）[23]

数字光学的朝阳初升于 1945 年美国造出原子弹和 1949 年苏联造出氢弹之间——也就是二战和冷战之间。在《数字光学的黎明：胎动》一章中，我们提到用 20 世纪 40 年代为数不多的几台计算机创造图片被认为是不务正业，那些机器"本应"用来计算原子弹和氢弹的数据。尽管如此,第一幅数字图像《黎明曙光》还是在 1947 年诞生于曼彻斯特的婴儿机。有据可查的两个最早的电子游戏分别于 1951 和 1952 年在曼彻斯特和剑桥大学问世。有据可查的第一个计算机动画则出现在 1951 年麻省理工学院由美国空军出资研发的旋风机上。在这些早期案例中,几何模型都在被渲染成了展开像素后加以显示;有些例子中的图片还能在互动之下发生变化。旋风机出现在本章图谱的最顶端,因为它将早期的计算机历史和随后这一段由冷战阴影催生、由国防经费资助的数字光学发展史连接了起来——这个阶段还会出现一些意义非凡的图片。

冷战让 20 世纪 50 年代充斥着最为冷血的一群怪兽,或者说,这些怪兽都为执行最为冷血的任务而生——防御核武器的攻击。当年最大和最恐怖的当属"赛其机"[①]。其研发计划在规模和造价上都能与曼哈顿原子弹计划或阿波罗登月计划相媲美。1958 年以后,美国兴建了超过 20 个研究中心,每一个都有四层楼高。没有窗户的楼体中装着两台赛其机,每一台的造价都高达 2.38 亿美元(相当于今天的 20 多亿美元)。每台计算机都占去半公顷楼面,重量超过 100 吨。每一台都配备了一个屏幕泛黄的图形显示器和一把用来互动的"光电枪"。

赛其机留下的遗产中就有这些图形终端。图 6.14(右)中的这名军人双眼

图 6.14

[①] 原文为 SAGE,"半自动地面防空系统"(Semi-Automatic Ground Environment)的英文首字母缩写。

紧盯着怪兽张开的大嘴,手里的枪似乎随时都会击发。您不妨想象一下十几名军人手握"光电枪"挤满一间屋子的情景。

赛其机的常规操作台(图 6.15)会显示飞机和导弹的位置,以及边界线的轮廓。显示器上出现了一条轨迹——"不明飞行物"——正在逼近美国国境线。但《大西洋月刊》却在《从未披露的世界上第一幅计算机画作的故事(一位性感女郎)》(*The Never-Before-Told-Story of the World's First Computer Art [It's a Sexy Dame]*)中讲述了一个不同的故事。某人,自然隐去姓名,用这台造价 2.38 亿美元的机器显示了"禁果"——取自《时尚先生》(*Esquire*)杂志上的一个小美人。这篇文章称,她才是计算机显示的第一个人形。故事发生的时间是 20 世纪 50 年代末。这有可能是真的,但请不要忘记埃德萨克上的那位高地舞者,我们在第四章中提过他。这两个图形都是以绘图(向量)的形式显示的。这种显像模式一度风行,却败给了像素栅格并最终消失,没有成为现代通用的显像模式。除了体型巨大,赛其机简陋的显像设备也像恐龙那样原始——但它的确是可交互的。[24]

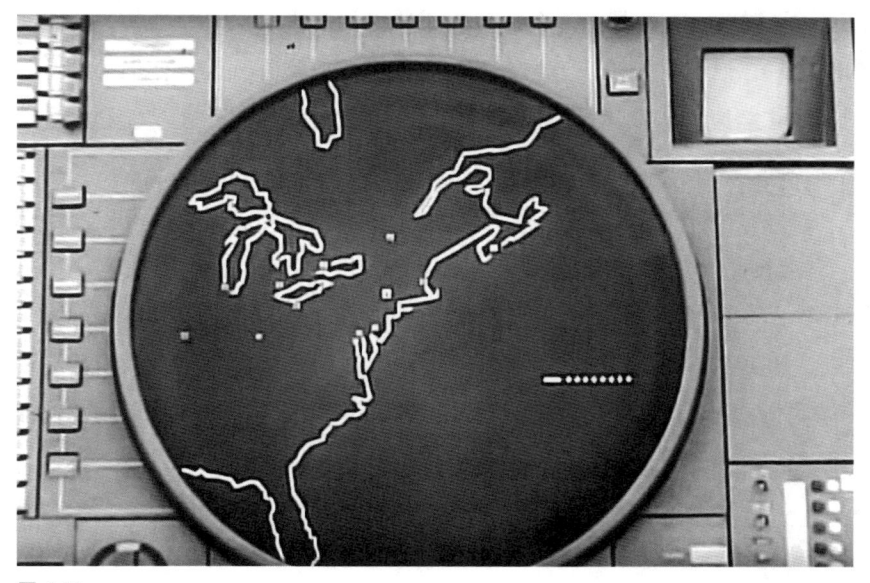

图 6.15

《太空大战》与最早的黑客

> 无论人们是否准备好，计算机的时代已经来了。这是个好消息，它或许是迷幻药之后最棒的发明……这股潮流却归功于一股十分怪异的影响：有着青春的热情与坚定的反建制主义理念的计算机科学界的书呆子们；催生了一个极为开明的研究项目的国防部最高指令……以及一个让人通宵达旦魂不守舍的名词：太空大战。
>
> ——斯图尔特·布兰德（Stewart Brand），
> 《滚石》（Rolling Stone），1972 年[25]

一股反文化的新风在 20 世纪 50 年代末和 60 年代初横扫美国。它是且只能是由计算机革命带来的。这些人自称黑客（hacker）[①]。这在当时是一个广受尊敬的称呼，而不像今天总与选举舞弊、身份盗用和敲诈勒索联系在一起。麻省理工学院的黑客们深深爱上了 TX-0，旋风机的孙子。他们亲昵地称它为"提克索"（Tixo）。这是第一台完全属于他们的计算机。只要他们想探索（他们的确想），他们就能在一天的大部分时间里和它泡在一起（他们的确这么做了）。提克索是只小恐龙，只有一个房间那么大。但黑客们还是能和它玩到一起。它配备一个图形显示器和一支光电笔。[26]

最早的黑客们如今都成了传奇。这种文化很快传播到了西海岸。斯图尔特·布兰德第一次将他们的地下文化公之于世。20 世纪 60 年代末，他是一代嬉皮士的圣经——《全球概览》（Whole Earth Catalog）杂志——的知名出版人。1972 年，他又在《滚石》杂志中写了一篇文章向公众介绍黑客，引起了施乐帕克的注意。那篇文章的标题夺人眼球：《太空大战：电脑迷们的狂

[①] 中文语境中的黑客通常指入侵他人计算机系统者。英文中 hacker 一词的含义则更为宽泛，通常泛指热心于计算机技术的人。本章中 hacker 的词义更接近中文的"极客"。

热生活与象征性死亡》(*Spacewar: Fanatic Life and Symbolic Death Among the Computer Bums*)。[27]

不止一名麻省理工学院黑客加入了位于嬉皮之都旧金山附近的施乐帕克研究中心。纽约施乐总部随处可见的三件套西服正装在研究中心的摇滚氛围中绝迹了。那是电脑迷们的天下！像那样穿着和行事的人——比如我本人，当时我在那里供职——是不可能想出正经的商业创意的。这道难以逾越的文化鸿沟或许就是施乐没能在个人计算机生意上挣钱的原因。个人计算机就是在20世纪70年代初的施乐帕克发明的——鼠标，图窗界面，激光打印机，网络，一切的一切，都出自那帮电脑迷之手。[28]

1984年，记者史蒂文·莱维（Steven Levy）出版了《黑客》(*Hackers*)一书，让那帮人声名鹊起。那本书完整地讲述了那帮天才和捣蛋鬼的传奇故事。我在本书中提到他们，是因为他们比麻省理工学院的某些人更早地用计算机制图。后者的绘图工具是TX-2，TX-0之子（TX-1并不存在）。[29]

在第四章里，我们讲到数字声学专家托马斯·斯托克曼给犹他大学的一代计算机图形学家讲授了怎样消除图像中的锯齿——"抗混叠"。在那之前，斯托克曼进入声学领域的缘起是在麻省理工学院任教时受到了在TX-0上做音乐的黑客们的启发。[30]

黑客们最了不起的成就是一个名叫《太空大战》(*Spacewar*)的二维互动游戏。他们利用提克索的阴极射线管图形显示器搞了点"图形学创新"。但此时黑客们的新欢已经变成了科研楼里最新型的计算机：PDP-1。1962年，他们在PDP-1上开发出《太空大战》。图6.16就是其开场画面。PDP-1是一台价值12万美元的计算机（价值比今天的100万美元略低一点）。它由数字设备集团（Digital Equipment Corporation, DEC）提供给麻省理工学院，以期打破IBM对市场的垄断。它本质上也是提克索的儿子，各方面性能都得到了提升。[31]

以本书的视角来看，《太空大战》是互动的计算机图形。用户们通过手柄和按键与游戏互动。游戏中出现了一个缓慢旋转的星空背景、两个能发射航弹（光点）的卡通火箭飞船和一颗位于屏幕中央的星体。游戏中加入了重力的设

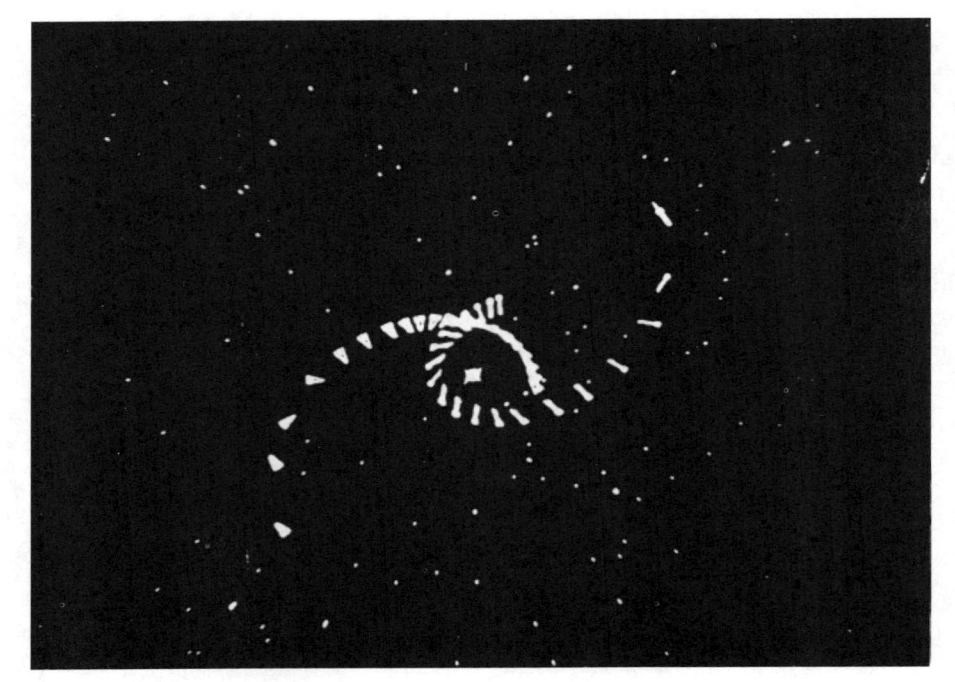

图 6.16

定，还有一键穿越超空间的技能。《太空大战》是游戏史上的里程碑事件，对实时计算机图形学来说也同样意义重大。但在本书中，我们关注的数字光学分支主要还是无时间限制的计算机图形学。

"实时"或者说"互动"究竟是什么？

"实时"这个术语有着不止一个含义，它们都与人类对时间流逝的理解相关。一个最常见的含义是与时钟相同的真实时间。电子游戏中的"实时"通常就是这个意思。另一种含义则是指对指令的立即反应，比如计算机模型的"实时互动式"设计中的"实时"二字。"实时"与"互动"这两个术语进一步细分了数字光学的广阔领域。

在电子游戏中，有一只虚拟的时钟不断滴答着。每当它走过一步，一帧新的图像就被渲染就绪以待显示。这只"时钟"的速率就是 30 帧每秒的渲染帧率。这个频率作用于人类感官，刚好能让虚拟时间在我们的感受中如同真实时间那样没有顿挫地平滑流逝。这意味着在电子游戏中，图像显示必须每过三十分之一秒就被更新一次。

电子游戏堪称现代实时图像学的最佳例子。但在发展之初，造价上百万美元的飞行模拟器才是其主要应用。歼击机飞行员们会在飞行模拟器上训练，宇航员们需要航天模拟器。时至今日仍然如此。虚拟现实技术是实时图像学家族的最新成员。它要求在特制的眼镜中同时渲染两个画面以实现 3D 效果。

计算机内部模型的互动式设计是非计时、指令导向的实时图像学的一个代表范例。换句话说，图像变化的速度快到用户以为它与人机之间的互动"同时"进行。

另一个例子就是每一个应用程序的所有界面。写下这句话前，我刚刚点了一下 word 文档的保存按钮。我的光标一放到那个图标上，它就"立刻"亮了一下。随着我的点击，一个旋转着的沙漏图标"立刻"出现，文档的进度也随之被保存了。

在两种情况中，实时的代价都是较低的图像画质或更高的产品价格。电子游戏（直到 2020 年）都还会因为计算时间不足、无法完全渲染图像而失真。

在第二种情况下，互动模型设计使用的图像质量总是低于渲染后用于最终展示的画质。设计师们不得不看着某个物体或角色的勾线图进行设计——比如，一把由线条网格构成的茶壶，而不是一个有着全部颜色、阴影和质感的茶壶。

为人所知的计算机图形学历史

计算机图形学是我的职业，但我对它的历史一度知之甚少。我所知道的版本是这样的：1962 年，伊万·萨瑟兰在麻省理工学院写出了第一个互动式计算机图像程序《绘图板》(*Sketchpad*)。他在 1968 年前往盐湖城的犹他大学，教出了一代计算机图形学先驱。比如，埃德·卡特穆尔就是萨瑟兰的学生。许多年间，我们在纽约理工学院、卢卡斯影业和皮克斯的很多同事都出身犹他大学。我们所用的最早的图形硬件由埃文斯萨瑟兰公司（Evans & Sutherland）生产。也是在 1968 年，大卫·埃文斯（David Evans）和伊万·萨瑟兰在盐湖城共同创立了这家公司。

但这个以萨瑟兰为主人公的故事与我们在第四章中发现的历史并不吻合：最早的数字图像、互动游戏和动画影片都在 20 世纪 40 年代末到 20 世纪 50 年代初生成于最早的计算机上。旋风机就有了一把供用户与显示器互动的光电枪。如我们在本章中所见，赛其机的操作员也在 20 世纪 50 年代末就能与图像进行交互。另外，同在麻省理工学院诞生的互动游戏《太空大战》刚好在《绘图板》之前。显然，这个为人所知的故事版本还欠推敲。

和其他许多技术的发展史一样，这个故事隐去了许多事迹的同时过分夸大了某个人的成就。而且，它忽略了两位开创领域的鼻祖，史蒂文·库恩斯（Steven Coons）和皮埃尔·贝塞尔（Pierre Bézier）。他们都是萨瑟兰的前一辈人。然而，计算机图形学并没有忘记他们。几十年来，库恩斯奖一直是这个领域中的最高奖项，而贝塞尔曲线也从未在流行的图形学软件 Adobe Illustrator 和 Photoshop 中缺席。但历史叙事中的谬误仍然没有得到纠正。

先驱者

这种简单化的历史叙事也与我的亲身经历不相符。我认识并与之共事的第一位计算机图形学先驱是赫伯特·弗里曼（Herbert Freeman），他并非出身犹他学派。他本名赫伯特·弗里德曼（Herbert Friedmann），在爱因斯坦的帮助下逃离了纳粹统治下的德国。当赫伯特的父母尝试为全家人申请进入美国的许可时，只有他一个人没得到批准。据称是因为肺结核。事实并非如此，但仍然导致这个孩子的入境申请在官僚主义的案牍往来中拖了好几年。直到 1938 年，爱因斯坦的三封亲笔信才终于在最后时刻为他办妥了入境。1949 年，赫伯特见到了爱因斯坦，当面感谢了他的无私帮助。[32]

在他与那位科学巨匠见面之前大约一年，赫伯特取得了哥伦比亚大学的电子工程学硕士学位。1952 年，在麻省理工学院的一次夏季课程上他邂逅了旋风机，并深深着迷于数字计算机。在这种热情的驱使下，一年后，他在斯佩里公司（Sperry Corporation）设计出了自己的计算机，将其取名为"思必达克"（Speedac）。在哥伦比亚取得博士学位后，赫伯特在 1958 年入职麻省理工学院的伺服系统实验室，一年后又加入林肯实验室。1960 年他去纽约大学专攻计算机图形学。1972 年，赫伯特参与创办了数字光学领域最早的一份学术刊物《计算机图形学与图像处理》（Computer Graphics and Image Processing）。制与取，几何与像素，兼收并蓄。[33]

1969 年，我从斯坦福大学的研究生院一毕业，就被赫伯特聘到了纽约大学。在我与他共事的四年中，他介绍我认识了来自加拿大的两位最早的计算机动画师——罗纳德·贝克尔和马塞利·维恩（Marceli Wein），以及来自英国的罗宾·弗雷斯特。

罗宾·弗雷斯特

罗宾，这个我最爱的苏格兰人，从诺维奇来伦敦为我写作本书提供帮助。他帮我厘清了我自己老本行的早期历史。我们在布鲁姆斯伯里一家酒店的茶室里回忆往事，谈笑风生。[34]

"我是 1971 年 11 月认识你的。"当我们握手时他这样开场。

"然后 90 年代你成了那个让我陷入专利官司的魔鬼。"我逗他。

"的确如此。"

（我和我的计算机图形学同行们尽了最大努力，在一个英国的法庭上尝试从一家英国硬件公司的虎口中挽救一家英国软件公司。我们输掉了官司，那家软件公司从此退出了这个行业。但那家硬件公司又到美国法庭上对一家美国软件公司如法炮制。这一次我们成功拯救了 Adobe 和它的旗舰产品 Photoshop。法庭仁慈地判定所有五条涉案专利都无效力，避免了一场行业灾难。）

"也是我，"罗宾补充道，"介绍你认识了杰克·布雷森汉姆。"

杰克·布雷森汉姆就是那位和我同乡的计算机图形学家。罗宾和我打开了话匣子，滔滔不绝地聊了起来。[35]

我恐怕再找不到比罗宾更好的历史向导了——至少谈吐不会比他更机智。他在东英吉利大学供职超过 40 年，如今已是荣休教授。罗宾亲身经历了那段历史。他先后与库恩斯、贝塞尔和萨瑟兰共事，还曾在当年的麻省理工学院、剑桥大学和犹他大学工作。此外，他还告诉了我一些鲜为人知的重要地点，如雪铁龙（Citroën）、雷诺（Renault）和通用汽车公司（General Motors）。[36]

罗宾讲述的故事很快为我解答了一些最基础、最关键的历史问题。计算机图形学涉及了物体的模型及其图像。那么，计算机图形学的历史开端于模型还是图像？根据讲述者观点的不同，有许多不同说法。计算机图形学和计算机辅助设计的历史不出意外地交织在一起。

库恩斯与贝塞尔

将库恩斯和贝塞尔称为计算机图形学开山鼻祖的问题在于，他们俩都不是最早制作计算机图像的人。库恩斯的开创性工作是在飞机制造商钱斯沃特公司（Chance Vought）完成的，贝塞尔则是在法国汽车厂商雷诺。他们都使用了计算机中三维曲面的几何模型，但都没有通过显示设备看到它们。库恩斯研究的是真正的飞机外表面，贝塞尔的研究对象则是真正的汽车车体表面。

他们都不关心图像的问题。他们关心的是真实三维空间中真材实料制造的物体——汽车、飞机或它们的模型样品。又一次，这是创造端和显像端的差异。库恩斯和贝塞尔只有创造而没有显示。换句话说，他们的显示设备就是物体本身，而非图像。他们有计算机控制的车床，能够用真实材料切出真实的物件。他们的领域是面向物体的计算机辅助设计，而不是面向图像的计算机图形学。我们会在本章的后面区分这两个领域。但毫无疑问，库恩斯和贝塞尔在两个领域中都享有盛名。他们是我们探究那段历史的绝佳切入点。

史蒂文·库恩斯

> 库恩斯点燃了我,点燃了伊万·萨瑟兰……他抵得上好几个教授。
>
> ——蒂莫西·约翰逊(Timothy Johnson),
> 麻省理工学院《绘图板三》的研制者[37]

史蒂文·安生·库恩斯(Steven Anson Coons,图 6.17)不只是一位知识界的领袖。他是个风趣的讲师——并且广受学生喜爱。他幽默极了。[38]

故事从 1936 年开始,那时库恩斯是麻省理工学院数学系的一名学生。他在钱斯沃特飞机公司找到了一份"挥扫帚"的差事。在他扫地时,库恩斯注意

图 6.17 史蒂文·库恩斯像,拍摄人为其学生阿伯特·魏斯(Abbott Weiss),1964 年

到一位上司在一个有关航空器表面形状的数学问题上卡壳了。于是，他悄悄解决了这个问题。这个解答在后来以"库恩斯曲面片"（Coons patch）之名永垂史册。他从一位设计飞行器的数学家起步，最终成了计算机图形学和计算机辅助设计的双料泰斗。[39]

库恩斯的职业生涯颇为坎坷。读研究生时，他不得不因仅仅一年的"进展不利"从麻省理工学院数学系退学，从此再也没能取得任何正式学位。而所谓的不利大概是贫穷。尽管如此，因为他在航空工业界的成就，他还是在1948年被麻省理工学院聘为助理教授，后来晋升为副教授。但令他的同事们都感到不解的是，尽管对麻省理工学院其他计算机图形学先驱（特别是伊万·萨瑟兰和提姆·约翰逊，见图谱）产生了深远的影响，他再也没能进一步升职。或许是因为没有博士学位。不过，他后来还是在雪城、犹他州、密歇根州和科罗拉多州的大学里当上了教授。[40]

库恩斯曲面片

罗宾·弗雷斯特的职业生涯也横跨了计算机辅助设计与计算机图形学。那天在布鲁姆斯伯里，他给我讲了一个建立计算机辅助设计学的故事。那还是在计算机出现之前。这个故事有关著名的"喷火"（Spitfire）战斗机。在1940年的英国空战中，这种战机对抵挡纳粹德国空军的进攻起到了决定性作用。喷火战斗机的核心设计是在英格兰汉普郡某地完成的。其形式是画在铝制图板上的剖面设计图。那时还没有计算机内存能存储这些设计。一次成功的德军空袭就能让该型战斗机的所有参数荡然无存。[41]

但罗宾的问题是：喷火战斗机的机翼在剖面图之间的部分是什么形状？答案是，根本没有明确设计出来。这因此成了一个隐患。在若干横截面之间需要利用插值得出一个平滑的曲面，但这种方法当时还不存在。

这让我们不禁想起了拉维·香卡那个故事里的样条。飞机设计师们需要将样条方法推广为曲面。他们需要一个在一系列曲线之间插值得出平滑曲面的方法。解决方案就是曲面片，一片在两条曲线（比如两根样条）之间平滑通过的曲面。两条曲线分别位于曲面片的两边，它们中间的曲面连续变化，最终从其中一条曲线的形状优雅地变为另一条的样子。喷火战斗机的工程师们需要一个精确定义的曲面片来连接草图中的各个剖面，从而完整地确定机翼的形状。可惜，曲面片的概念在 1940 年还不存在。

将曲面片引入飞行器设计的人正是史蒂文·库恩斯。"曲面片"（patch）一词就出自他的创意。他没有参与喷火战斗机的研制，但他的确亲身实践了航空设计，并一手解决了这个难题。他提出的曲面片设计大体与上文中的描述相同，但连接了两对相对的边缘。图 6.18 所示的库恩斯曲面片图样是一个无折痕的褶皱。它的每条边都向两个方向流畅地弯曲。一个平滑的曲面连接起了这两对边缘——或者说插入其间。

将库恩斯的定义加以推广，一个曲面片可以有任意形状的边缘，而不仅仅是图中所示的这种。比如，某一条边可以是您名字的手写体，而对边是您的姓氏。此时，只要您能设法找到一个光滑地连接起姓名的曲面，它就仍然是一个

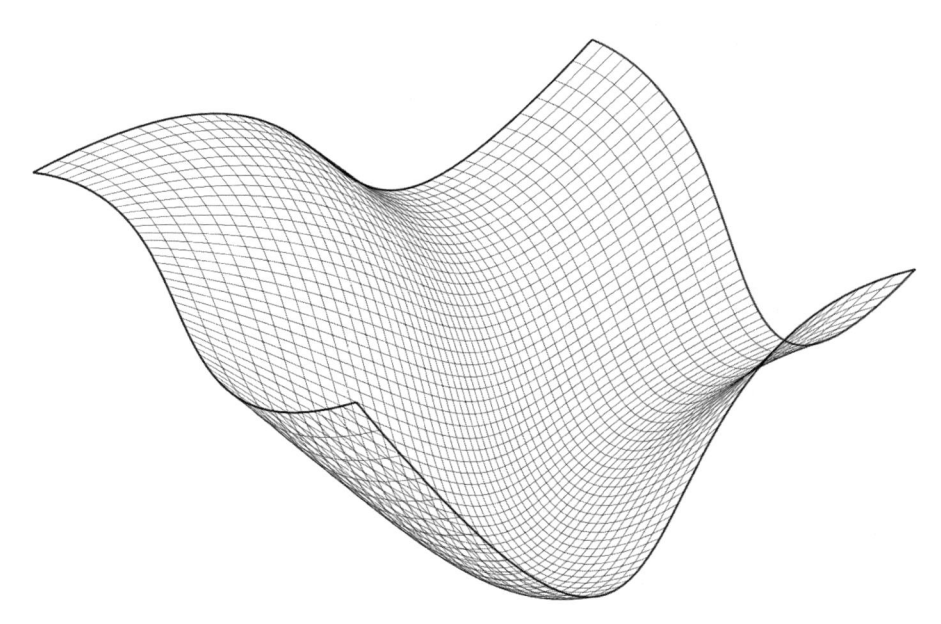

图 6.18

库恩斯曲面片。当然，要找出对应这种弯折的函数恐怕不会容易。[42]

模型塑造：从曲面片到三角形

要用计算机图形学的方法绘制出茶壶、动画角色或飞机之类的复杂曲面，我们需要设计出一系列曲面片，并将它们平滑地连接起来，以像被子那样覆盖住对象表面的每个角落。之后，我们再将每个曲面片进一步细分为四条边的"子曲面片"（patchlet）。实现这一操作的方法是沿着每一条边等步长地做平行线，如图 6.18 所示。这样细分是为了让所有子曲面片都小到能被近似地看作平面中的多边形。最终，这些小平面会被分割为三角形，和前面的例子一样。因此，我们又再次构造出了只需理解单个三角形的情形。

显示单个三角形很容易，因此显示几千个三角形组合而成的模型也不难——只要借助计算机的增强性。但搭建模型的难度却并不会因此简化。建模是一种雕塑的过程，而学习雕塑是没有捷径的。只有专业人士才能胜任。

库恩斯奖和西格拉夫

计算机图形学界最具含金量的奖项以其名称致敬了库恩斯曲面片。史蒂文·安生·库恩斯奖由规模最大、最重要的计算机图形学年会"西格拉夫"（Siggraph）颁发。该会议的全称是"计算机图形学及互动技术特别兴趣小组"（Special Interest Group on Computer Graphics and Interactive Techniques），它是更高一级的计算机科学组织"计算机协会"（The Association for Computing Machinery, ACM）的下属机构。几十年来，对数以万计的发烧友们来说，西格拉夫都是一年一度不容错过的盛会。

某种程度上，这个奖项和这个会议还应归功于一位逃离纳粹的计算机图形学先驱，伯特兰·赫尔佐格（Bertram Herzog，1929—2008）。犹太儿童转移计划救了赫尔佐格。他安全到达英格兰的一个寄宿家庭后，又在 1946 年前往美国。1961 年，他在密歇根大学获得了博士学位。几年后，他与库恩斯相识并成为挚友。在后者的影响下他转向了计算机图形学研究。伯特兰在 1969 年西格拉夫成立的过程中出了不少力。西格拉夫的最高奖项能以他友人的名字命名，也多亏了他的努力。[43]

皮埃尔·贝塞尔

> 他被描述成一个快乐的浪子，一个理性却无视规则的人。但最贴切的描述应该就是直截了当的"天才"二字。
>
> ——关于皮埃尔·贝塞尔

> 自那以后，我无可避免地被视为一个欠约束的、危险的疯子。
>
> ——皮埃尔·贝塞尔自述[44]

皮埃尔·艾蒂安·贝塞尔（Pierre Étienne Bézier）在所有人口中都是个聪明的怪人。他是面向图像的计算机图形学和计算机辅助设计的法国宗师。计算机辅助设计是他的专长。和库恩斯一样，贝塞尔在曲面图像还无法被显示时就解决了一个关于它们的数学问题。他提出另一种类似曲面片的方法来进行自动设计。图 6.19 是他的肖像。背景中的线条就是以他名字命名的贝塞尔曲线。[45]

贝塞尔是个彻头彻尾的"汽车人"。完成工程师学业之后，他在 23 岁进入雷诺公司，并在那里度过了整个职业生涯。和库恩斯一样，他也起于低微。1933 年时他只是个工具调试员。很快，在 1934 年他奋斗成了一名工具设计师。1945 年他又成了工具设计办公室的主任。1948 年，他出任生产工程总监。1957 年，他出任机器工具部门总监。

这样一个职业生涯听起来顺风顺水，但我还是发现了其中的疑团。网上一则雷诺公司历史资料说："皮埃尔·贝塞尔是一名雷诺工程师。在作为战俘被囚于德国时，他改进了战前由通用汽车公司引入的自动机器原理。"直到本书定稿，我都没能找到关于这一神秘时期的更多材料。最后时刻，我发在一个法

图 6.19 《贝塞尔与贝塞尔曲线》(Bézier with Béziers) © 安东尼·哈尔 (Antony Hare), 2010 年

国脸书页面的帖子收到了回复,从而揭开了秘密:自 1940 年起,贝塞尔在德国的一个军官战俘营中被囚禁了一年。那个战俘营很可能是位于哈茨山麓奥斯特罗德的 Oflag XI-A。[46]

著名的车型 4CV 的大部分零部件都由贝塞尔负责生产。那是第一款销量破百万的欧洲车型(图 6.20 左侧)。但那是在计算机辅助设计诞生以前。贝塞尔在 1960 年开始研究计算机辅助设计,专攻交互式曲线与曲面设计,以及陶土模型的三维塑造。到 1968 年,他开发的 Unisurf 系统已经日趋完善,并投入了雷诺的日常生产中。图 6.20 中间的车型雷诺 10 很可能就是由这个计算机辅助设计系统设计的。贝塞尔的确使用了画图机来让自己看见图像,但他关注

图 6.20

的重点还是汽车制造。产品才是他的终极显像手段。图 6.20 右侧的雷诺"大师"车就是一个例子。[47]

1969 年，罗宾·弗雷斯特拜访了贝塞尔。"他有一个能切出完整大小的汽车板材的系统，把我们都镇住了。"弗雷斯特随后讲述了贝塞尔是如何让他的工程师们拥抱计算机辅助设计的：

> 贝塞尔是雷诺生产工程部门的二把手。他完全有权力直接命令手下员工："别再用陶泥做模型了，来用我的新方法。"但他告诉我们他没有那样做……贝塞尔发明了一台能造汽车的机器，却搁置不用。团队中有一两位明星设计师对这台机器很好奇，他便给他们讲了怎样使用。他们中就有人开始自己摆弄起来。贝塞尔说："某天早晨，我一进门就看到一个美妙的木雕竖在我门口。（图 6.21）那时我就知道，我已经赢得了战斗。我的人能用我的机器做出艺术品了。"这也正是引入新技术的最佳方法。不能搞强迫，而是要让大家自己去发现并用它创造奇迹。之后你反而会想，"用我的系统居然还能干这个？连我自己都不知道。"这才是这类作品的美妙之处。[48]

晚年的贝塞尔投身学术界。1975 年退休之后，他在巴黎大学取得了数学博士学位。贝塞尔去世于 1999 年，比库恩斯多活了 20 年。

西格拉夫——计算机图形学年会——于 1985 年授予贝塞尔第二届库恩斯奖。此前，1983 年的第一届奖项颁给了库恩斯本人的弟子伊万·萨瑟兰。在面向图像的计算机图形学领域没有纪念贝塞尔的奖项，但在计算机辅助设计界

图 6.21　蒂娜·梅兰顿（Tina Merandon）摄

却有一项由实体建模协会（Solid Modeling Association）颁发的贝塞尔奖。

保罗·德·卡斯特里奥：无名英雄

> 这样，"用数学方法表示车体形状"这个想法在我脑海中萦回不去……这要么是绝对的无知和疯狂，要么就是一个奇迹般的新方法……毕竟，法语"车体"（carrosserie）一词中本就包含了"疯狂"（rosserie）！
>
> ——保罗·德·卡斯特里奥，自述[49]

保罗·德·法热·德·卡斯特里奥（Paul de Faget de Casteljau）是另一位法国宗师（图 6.22）。和贝塞尔一样，他同样出身汽车制造业，也有着自嘲的幽默感。他在 1958 年为雪铁龙开发的汽车设计系统，与贝塞尔随后在雷诺所做的工作十分相似。但和贝塞尔不同，德·卡斯特里奥这个名字常常被忽视，

图 6.22

哪怕贝塞尔本人的赞誉也于事无补。德·卡斯特里奥的不幸是雪铁龙公司直到 1974 年才允许他发表自己的发现。而那时，两人分别独立发现的曲线已经被永久地冠以贝塞尔的名字了。讽刺的是，德·卡斯特里奥在 2012 年成了计算机辅助设计领域贝塞尔奖的获奖者。[50]

更多形状：贝塞尔（或德·卡斯特里奥）曲线

贝塞尔和德·卡斯特里奥两人都预见了计算机能够提高汽车制造的效率。他们各自独立地构建出了一种新的表示曲面的数学方法：贝塞尔曲面片。这种方法与库恩斯曲面片不同，却有相似之处。它们都平滑地连接起了若干边缘，构建出复杂的曲面。贝塞尔曲面片是另一种能够被细分为多边形和三角形的曲面建模方式，因此为渲染和显像创造了条件。

贝塞尔的（或德·卡斯特里奥）的数学在此处并不重要。重要的是关于数学的直觉。在拉维·香卡演示中，画写板上各个点位的水平坐标和垂直坐标

图 6.23

都经过了一个波峰两边各有一个"小耳垂"的扩展波的处理，进而组成了连接各点的样条。其中用到的那个扩展波名叫"卡特穆尔-罗姆扩展波"（图 6.7 下方）。假如我们用图 6.23 中这个没有"小耳垂"的扩展波替换它，就会得到一个略微平滑的样条。计算机图形学家们称之为"B 样条"。与它美妙的形状相比，这个名字简直无聊极了。B 代表"基本"（basis）。图 6.23 就是一个 B 样条扩展波。

图 6.24 对两种样条进行了并列比较。二者都由同一组点位生成，也就是拉维·香卡演示中的那一组。您或许能看出来，右边的新曲线的确比左边更柔和。其实，它并不直接穿过那些原始点位，而只是从它们附近经过。因此，这是一根逼近样条，而非插值样条。

贝塞尔和德·卡斯特里奥给我们的曲线其实兼具两者的性质，尽管他们自己并没有往这方面想。图 6.25 展示了两条贝塞尔曲线，一条从最左边的点连到中央，另一条则连接了正中间和最右边。Adobe Illustrator 和 Photoshop 里都有一个专门的工具（钢笔工具）来绘制这样的贝塞尔曲线段，设计师从最左边的点引出一条如图所示的虚线，确定所需曲线在这一点上的倾斜程度。这条线被称为"切线"（tangent line）。设计师可以根据需要，以它的起始点为支点旋转这条切线，以改变其倾斜角度。此外，他们还能将切线的控制点拉近或拉远，从而让曲线变得陡峭或平缓。

图 6.25 的左半段曲线是通过两条切线构造而成的，它们分别从最左边与中央点出发，经过了一番角度和长度的调整。右半段曲线也如出一辙。

这些切线的斜率总是与所构造的曲线在线上特定点位处的斜率一致。贝塞

第六章　未来的形状　311

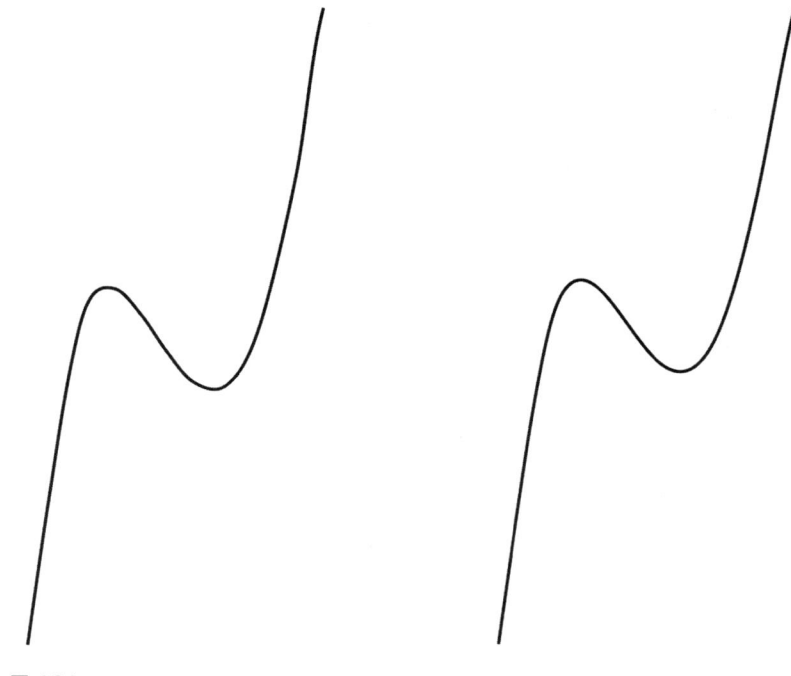

图 6.24

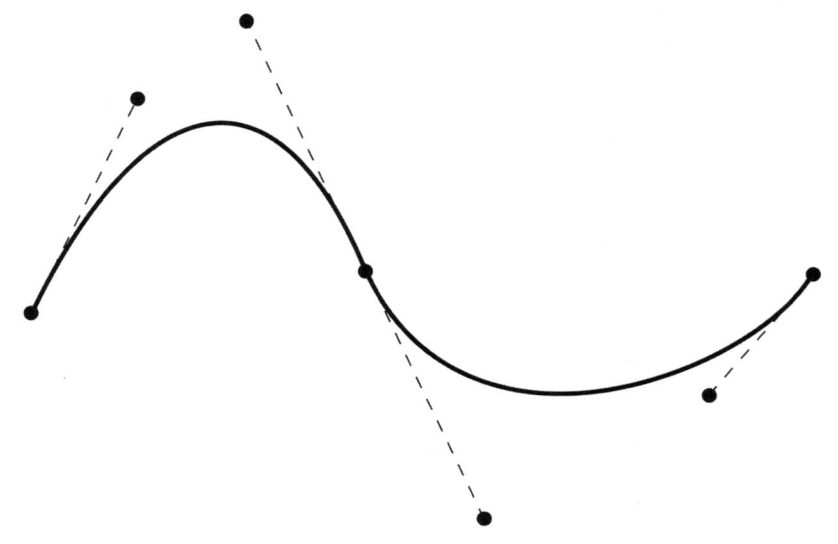

图 6.25

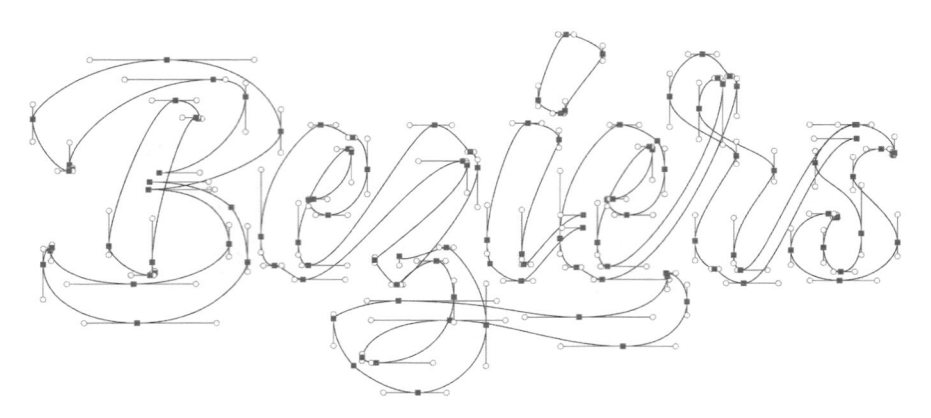

图 6.26　戴夫·科尔曼（Dave Coleman）绘图

尔曲线通过一条规则让若干段曲线的拼接保持极致的优雅：后一段曲线起点处的切线永远是前一段曲线终点处切线的反向等长延伸。二者保持相同的长度与倾斜角度，但方向完全相反。

贝塞尔自己或许会将这种操作视作对左中右三点进行插值。四条切线只是辅助。但从数学上讲，严格来说这实际上相当于利用七个定点作图。曲线以外的四个控制点确定了四条切线的长度和角度。这条由贝塞尔曲线段组成的曲线通常被称作"贝塞尔曲线序列"，但我们也完全可以叫它"贝塞尔样条"。我个人建议采用后一种名称。这样，我们就可以说，图中的贝塞尔曲线来自三点插值和四点逼近的有机结合——兼而有之。

您读到的这些文字的字体设计很有可能就来自贝塞尔曲线。图 6.26 展示了贝塞尔曲线的美妙用法。一系列贝塞尔曲线共同勾勒出 Beziers 字样。短直线表示了曲线连接处的切线（刚好全都竖直或水平）。

贝塞尔曲面片

贝塞尔曲面片的每条边缘都是贝塞尔（或德·卡斯特里奥）曲线。它是处理复杂曲面建模的又一得力工具。图 6.27 中，马丁·纽维尔的茶杯和杯托模型——不再是那把著名的茶壶了——由 26 块贝塞尔曲面片构建而成。从左往右的三个版本中,每块曲面片都被细分得越来越小,以演示如何在计算机图形学中生成弯曲形状。那些不在茶具表面的点是生成曲面的逼近点。与库恩斯曲面片的插值方法不同,贝塞尔曲面片(部分)来自逼近。

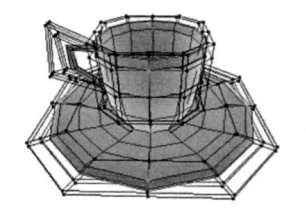

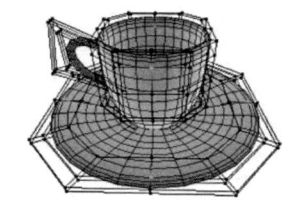

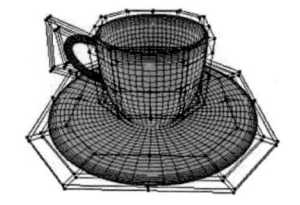

图 6.27　米歇尔·博西(Michele Bosi)绘图

罗宾·弗雷斯特曾翻译过一本贝塞尔的著作。贝塞尔本人在赠送给罗宾的法文原版书上题写:"赠给罗宾·弗雷斯特,我欠他的人情超过他自己的认知。"罗宾说:"我至今没解开这个谜。"这或许是在感谢罗宾让贝塞尔和世界了解到,他使用的数学事实上与谢尔盖·纳塔诺维奇·伯恩斯坦(Sergei Natanovich Bernstein)——又一位俄罗斯天才——的成果不谋而合。伯恩斯坦是一位跨领域大师,此处提到的成果是他的逼近论。伯恩斯坦之于逼近论(approximation theory),相当于惠特克爵士之于插值理论。[51]

被遗忘的计算机图形学历史:三巨头

此前,我们讲过数字光学发源于 1947 年,在 20 世纪 50 年代早期百花齐放——诸多发展中就包括计算机图形学,这个将内在几何模型渲染成可见图像的数字光学分支。这门学科最初十年的历史几乎从未有人提起,包括库恩斯和贝塞尔的早期计算机辅助设计研究。通常,对这个领域历史的叙述从《绘图板》软件开始。因此,我们的任务之一就是讲清楚这个软件为何如此重要。

1962 年，伊万·爱德华·萨瑟兰在麻省理工学院对这个软件进行了著名的公开演示。随后他在 1963 年完成了开发，并将成果写成了博士学位论文发表。这是一个能与用户互动的二维几何设计程序。它在当时令所有人耳目一新——直到今天仍是如此。但计算机图形学真正的锦标，还是以二维的方式呈现三维的场景与物体。[52]

将《绘图板》升级到三维并加入透视的是萨瑟兰的学弟，蒂莫西·爱德华·"提姆"·约翰逊（Timothy Edward "Tim" Johnson）。他称他编写的程序为《绘图板三》(Sketchpad III)，并在 1963 年基于这项成果写成了他的硕士论文。"三"是指三维，而不是第三代（并不存在绘图板二号）。为什么《绘图板三》没有受到同样的重视呢？或许有人会说从二维升级到三维不是什么了不起的进步。的确，这没什么秘密可言。但透视才是重要、困难且隐秘的。《绘图板三》中的透视功能是约翰逊从另一位同学，劳伦斯·吉尔曼·"拉里"·罗

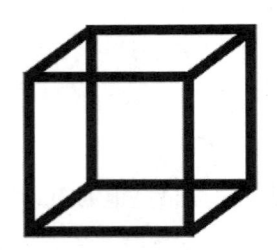

图 6.28

图 6.29

伯茨（Lawrence Gilman "Larry" Roberts）那里学来的。罗伯茨于 1963 年 6 月完成了他的博士论文。因此，1963 年见证了计算机图形学的三位巨头在麻省理工学院的林肯实验室取得了非凡的成就：伊万·萨瑟兰、提姆·约翰逊和拉里·罗伯茨。其中，萨瑟兰和约翰逊两人都是史蒂文·库恩斯的学生。

图 6.28 的符号象征着三人各自的成就：正方形是萨瑟兰的《绘图板》，立方体是约翰逊的《绘图板三》，而透视的立方体代表了罗伯茨对《绘图板三》的贡献。

这三位麻省理工学院同窗的照片以相同的顺序排列在图 6.29 中：萨瑟兰，约翰逊，罗伯茨。[53]

TX-2 网格上的绘图显像

三巨头的工作都完成于计算机 TX-2 上，它是提克索的儿子、旋风机的曾孙。20 世纪 40 年代末和 20 世纪 50 年代的早期计算机几乎全都使用栅格显像。之后，绘图显像开始流行，让计算机图形学家们分心了几十年——就是我在第四章中讲到的绘图显像的歧途。新千年的数字大融合重新引入了栅格显像，并使之成为今日全世界的标准。

TX-2 的显示器则是两种显像手段的结合。它是绘图式的，但只会显示固定阵列上的点。伊万·萨瑟兰在 1963 年的绘图板论文中将它描述为 1024×1024 的点阵，听起来很像栅格显像。但这些点的显示顺序是随机的，而不是一行接一行。不被刷新的话，这些亮点会自己熄灭。其原理就是阴极射线管屏幕上荧光的自然衰退。

在《数字光学的黎明：胎动》一章中，我们展示了两种绘图显像的示意图。最明显的"绘图显像"与手写类似，会沿着运动的方向画出光的笔画。另一种模式则会用散点连缀成轨迹，而非通过笔画。图 6.30 左边（也是第四章中的图片）就是绘图显像。它由光点组成，但这些点并不受网格的限制。

图 6.30 的右半部分看起来像栅格显像——但它有一个最大的不同：组成

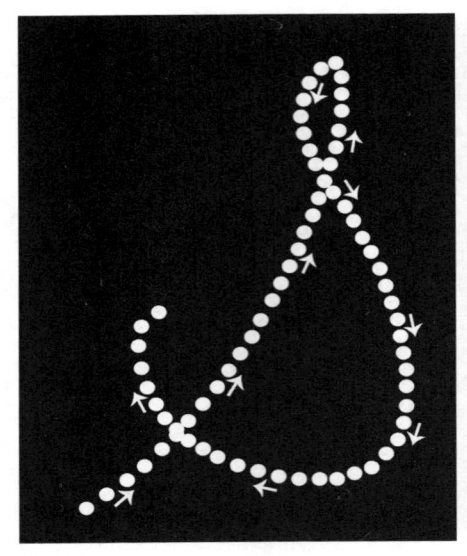

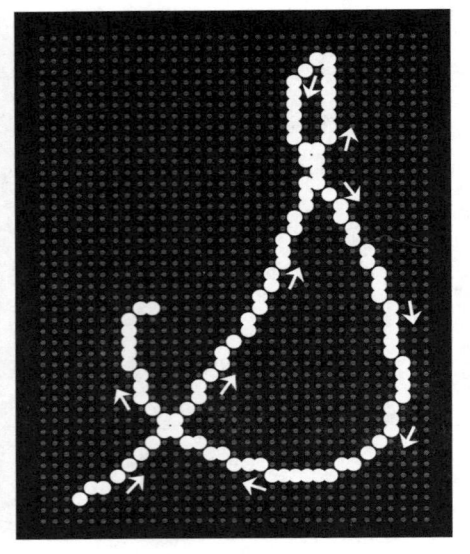

图 6.30

图案的亮点是按照绘图顺序、而非栅格顺序显示的。这些点不是展开的像素，而是在阵列上经过近似处理的绘图笔画。TX-2 的显像模式就是这一类。在 TX-2 的内部，显像的全过程是这样的：一系列线段按顺序被画出来。每一条线段都通过布雷森汉姆式的渲染算法被转化为点位。这些点位随后在显示器电路的控制下依次被点亮，从而完成显像。

这种显像方式有时很不好用，萨瑟兰就饱受屏幕闪烁的折磨。少数几条线段不会导致闪烁，但它们的数量一多，显示器就会跟不上。萨瑟兰发明了一种方法，让显示器每隔八个光点显示一个点，然后再回过头按相同的间隔逐个显示两点之间的那七个点。这导致了线段看起来像是"由来回蠕动的点组成的"。这算是一种交错显示（interlaced display），只不过它基于的是绘图式、而非栅格式的显像手段。萨瑟兰还发明了让点位随机点亮的显示模式，这让屏幕不再蠕动，却开始"眨眼"。[54]

不出意外，当萨瑟兰后来和大卫·埃文斯共同成立埃文斯萨瑟兰公司时，他们最早推出的产品之一就是一个真正的绘图式显示器——不用光点而用笔画,更没有使用网格。这个产品被称作 LDS-1,"绘线系统"(Line Drawing System)的缩写,而非"后日圣徒"①。考虑到埃文斯是位虔诚的摩门教徒,而埃文斯萨瑟兰公司位于摩门教重镇盐湖城,人们难免产生误会。LDS-1在 1969 年上市。他们的下一个产品就是广受欢迎的"图像系统"(Picture System)。纽约理工学院的计算机图形学实验室——自然也包括日后的皮克斯团队——从 1974 年开始使用埃文斯萨瑟兰公司的机器,用的第一台就是绘图显像的图像系统。[55]

计算机图形学的金科玉律

今天,无论其应用场景——电影、游戏、虚拟现实还是其他的一切,我们都应该这样看待计算机图形学:计算机内存中一个虚拟世界的模型。它是模型,而非图片。这是欧几里得(Euclid)和其他古希腊先贤研究的几何学的三维版本。要生成一张图片,还需要在这个虚拟世界中架起一台虚拟的照相机。相机的机身、镜头、快门等都没有建模。我们所要的只是这台虚拟相机在场景中的位置、拍摄的角度和取景的方向。和真实的相机一样,这台虚拟相机也有一个取景框。它能够捕捉到虚拟世界的一角。在计算机图形学中,这个取景框被称为"全景视窗"(perspective viewport),或简称为"视窗"。提姆·约翰逊首次在《绘图板三》中应用了(透视的)全景视窗。[56]

虚拟相机通过视窗捕捉到的一部分虚拟世界被压缩进二维之中——正如真相机将真实世界的一角压缩进二维照片中。另外,还有一点也非常重要:全景视窗是以透视视角看虚拟世界的——正如真相机的取景框。我们的肉眼也是以近大远小的透视视角感知世界的。约翰逊在《绘图板三》的视窗中使用了拉里·罗伯茨的透视方法。

我将以上内容称为计算机图形学的中心法则,是因为它确定了这门学科的

---

① Latter-Day Saints,即摩门教的先知。

规范。须知，我们大可不必如此。计算机毕竟是人类发明的最为千变万化的工具。我们的几何可以是非欧几里得的，但中心法则如此规定。它完全可以采用罗巴切夫斯基式几何（Lobachevskian），其中每一条直线都不能互相平行。这是科捷利尼科夫的祖父研究过的领域（见第二章）。最重要的是，我们的视角也可以不必是文艺复兴式的透视画法，但中心法则同样如此规定了。简单来说，中心法则代表的虚拟世界与我们人类感知到的真实世界相同。在计算机中，虚拟相机通过透视视角捕捉到的虚拟世界的景象被渲染为像素，我们才得以真切地看见这个世界。

  M. C. 埃舍尔（M. C. Escher）的画作展现了透视画法的迷幻。受埃舍尔启发，我在没有计算机辅助的情况下画了图 6.31。透视画法要求图中的直线弯曲，纵横网格逐渐消失于无穷远处的两个透视点。这两点上的直线在三维空间中互相垂直，但在二维平面上看起来却是一条线。这在透视画法中并不出奇。这幅画作故意让那些在下方交会点上彼此相交的直线在上升过程中逐渐形成了等间距的栅格，又在上方交会点重逢。这使得那些直线都夸张地弯曲了。从下方向上排列的直线向上弯，而从上往下排列的直线则向下弯。这是一种非人类的透视。我们的肉眼不会把直线看成弯的，计算机图形学的中心法则也不允许。（这幅画作并不在中心法则的规范内，却被用作《计算机科学基础》[Foundations of Computer Science] 年刊的封面达 38 年之久。）

  计算机图形学的早期源头是计算机辅助设计。库恩斯、贝塞尔、德·卡斯特里奥等人的工作都对中心法则的形成产生了影响。这在计算机辅助设计中是必要的，因为对象物体必须能在现实世界中存在。尽管中心法则几乎成了计算机图形学实践中唯一的金科玉律，但我们其实不一定要遵守它。计算机艺术家们从一开始就不断触犯它。某种意义上，他们作为艺术家的职责就是无视任何人为设定的限制去尝试数字光学媒介的各种可能性，再向我们展示他们的发现。但即使在中心法则的规范之内，仍然可以有无穷的创意。拿皮克斯、梦工厂、蓝天或任何一家工作室推出的动画电影来说吧。即使遵循这种规则，创造端的生命力也源源不断，以至于许多艺术家从未想过去规则之外一探究竟。

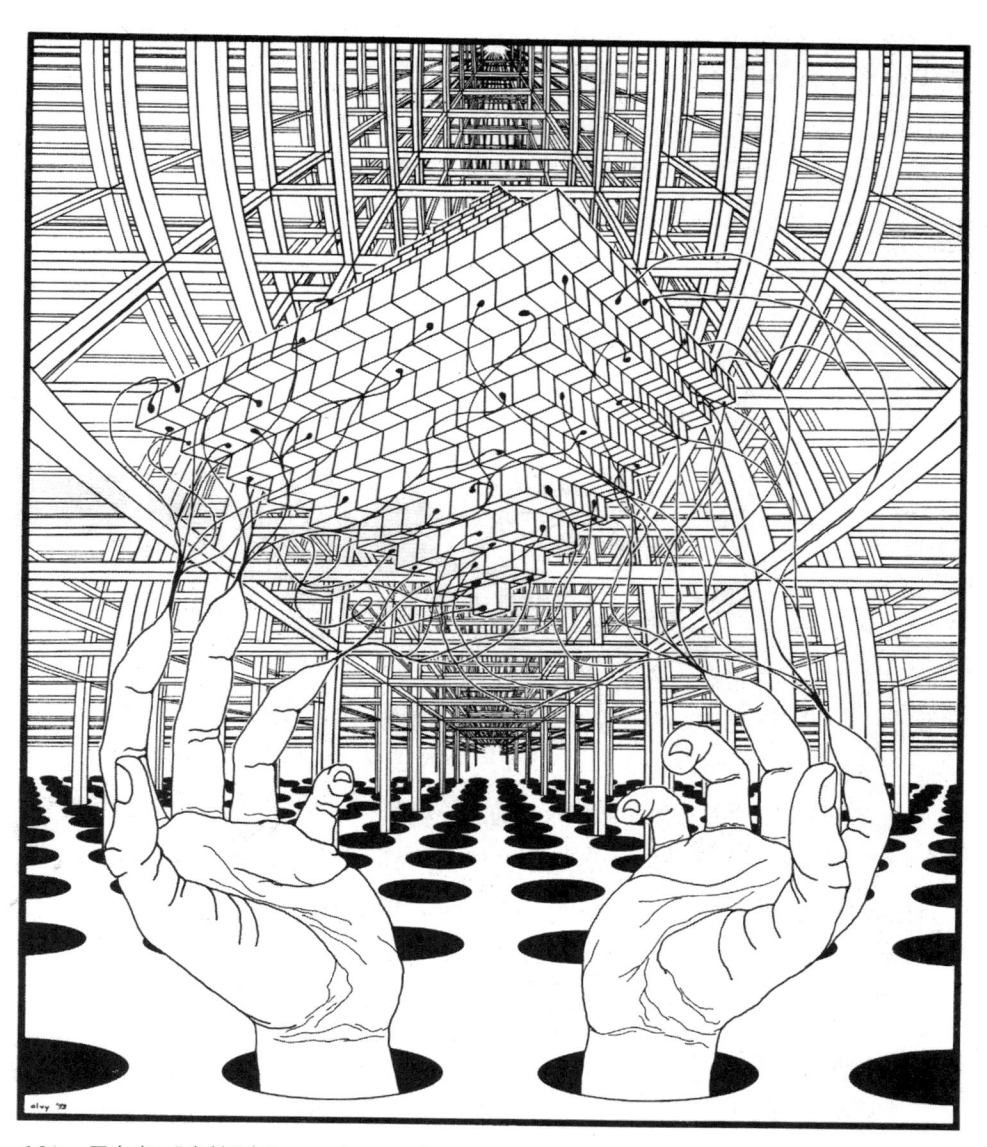

6.31　匠白光,《突触》(*Synapse*), 1973 年

约翰逊和罗伯茨 1963 年在麻省理工学院向我们介绍了今天我们使用的中心法则（尽管他们当时没有这样称呼）。他们两人值得更多的赞誉。与萨瑟兰相比，他们的名声要小得多。他们三人本应属于同一级别，这也是为什么我称他们为三巨头。在进一步展开介绍这三位领军人物的工作之前，让我们先简单回顾一下计算机图形学中透视法的历史。因为约翰逊和罗伯茨并不是最先想到透视法的人。他们也不是中心法则最早的提出者。

首创透视，中心法则，电影和计算机图形学

> 对计算机图形学来说，动画是一种本能，也是发展的好机遇……这台"艺术机器"强大能力的最好体现，莫过于能将空间中任意数量的点连成物体，并从任意的角度观看。
> ——威廉·费特尔（William Fetter），
> 《艺术机器》（"The Art Machine"），1962 年 2 月 [57]

在三巨头开疆拓土的一年之前，位于堪萨斯州威奇塔的波音公司（Boeing）的威廉·费特尔（1928—2002）为计算机中的透视法注册了一项专利。那是 1961 年 11 月，注册人是他和同事瓦尔特·伯恩哈特（Walter Bernhart）。后者解决了其中的数学问题。这项专利包含了一张飞机的草图（图 6.32）。这很有可能是公开发表的第一张由透视法渲染的计算机模型图像。[58]

费特尔在 1962 年 2 月提出了计算机图形学的中心法则，以本节引言为证。用他的话说："计算机图形学……将空间中任意数量的点连成物体（模型），并从任意角度观看。"他默认了采用透视画法，因而他的话与中心法则分毫不差。费特尔和伯恩哈特也是最早将中心法则付诸实践的人。但没人是从他们那里学到中心法则的。相反，令中心法则广为人知的是提姆·约翰逊和拉里·罗伯茨在 1963 年的演示。对此，本书的在线附注中有详细介绍。[59]

引言中，费特尔对"计算机图形学"一词的使用是这个重要术语最早的

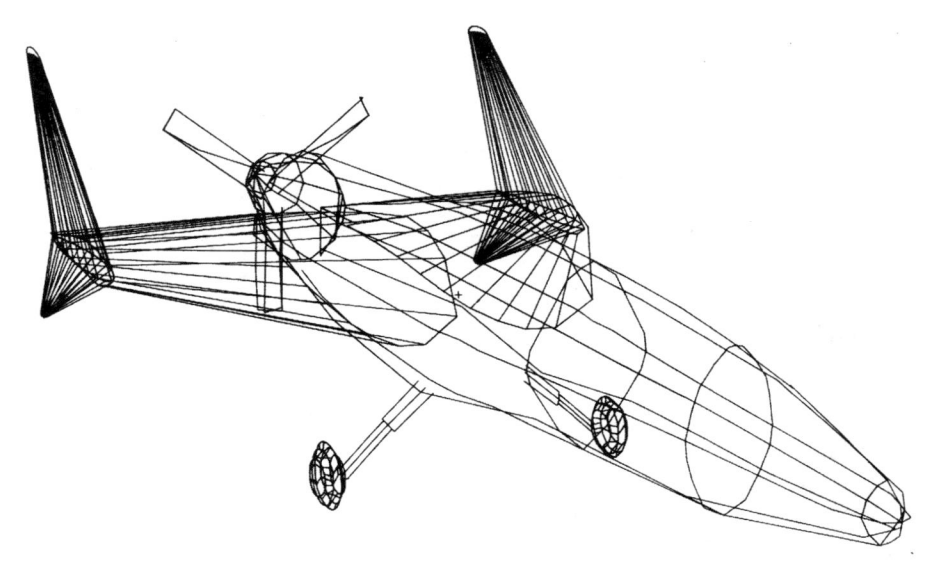

图 6.32

亮相之一。在同一篇文章中，费特尔写道："计算机图形学诞生于波音公司威奇塔分厂的军用航空器系统部。"在他的晚年，费特尔解释说，最早使用这个术语的是他在波音公司的主管韦恩·L. 哈德森（Verne L. Hudson，1915—2001）。保守估计，哈德森在 1962 年初就想出了这个词。当然，费特尔无疑扩大了这个名词的影响。他在 1962 年相当频繁地使用了它。[60]

费特尔的另一句话对本书的主题来说格外有意思。他声称自己在 1960 年率先制作了计算机动画电影："[我]在 1960 年制作了第一个透视画法的计算机动画，那是一个海军航空部队飞机驾驶舱中的模拟视野。"但在另一张由他创作的影片的清单中，他最早的作品又诞生于"1962 年前后"。《A4B–F4B》，《航母着舰》(Carrier Landing)，第三才是与他描述相符的《AMSA 机舱视野》(AMSA Cockpit Visibility)。保守的估计是，费特尔制作了第一个三维的、很可能采用透视的动画电影。时间大约是 1962 年。

我们在第四章里讲过，已知最早的数字动画是 1951 年在旋风机上诞生的。它们在电视上播出，却没有被胶卷记录。旋风机动画的确在电视上动了起来，

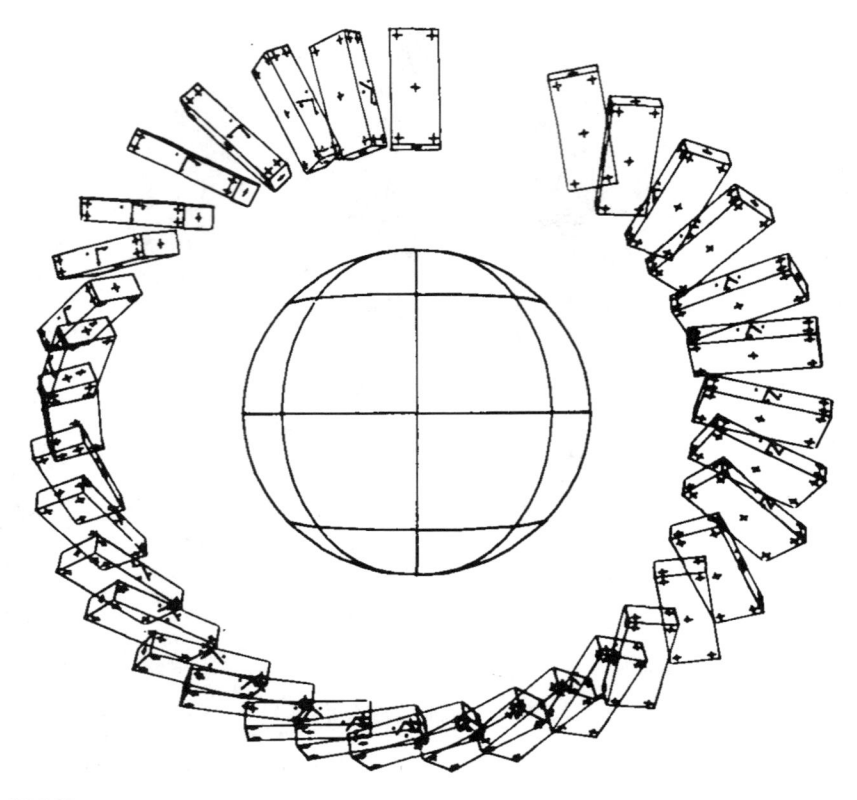

图 6.33

这意味着那是一种实时动态。费特尔的动画与之最大的区别在于三维模型和透视视角。即使过去了 10 年，在 1962 年观看三维模型实时动态的唯一方法还是用摄影机实时录制之后再实时播放。

另一种透视，另一种电影

在著名的贝尔实验室中，爱德华·E. 扎亚克（Edward E. Zajac）提出了另一种透视方案。他在 1963 年 10 月投稿了论文，并在次年 3 月发表。根据论文中的脚注，他以透视视角制作了一段表现三维物体运动的 16 毫米影片。因此，他有时也被尊为计算机动画第一人。他的成就年份是 1963 年。但考虑到 1962

年费特尔（可能）已经制作了他的影片，我们将扎亚克列为第二。[61]

扎亚克的影片并不是在计算机显示屏上播放的。它们被直接（而缓慢地）逐帧写上了电影胶卷。图 6.33 表现的是将影片中某个运动物体的所有图帧叠加起来的样子。

扎亚克曾说："透视画法中基本变形的数学理论非常简单。"的确，他的解法与提姆·约翰逊和拉里·罗伯茨使用的方法在数学上是等效的。但扎亚克的解法和伯恩哈特-费特尔的成果命运相同，并没有得到流传。关于扎亚克、伯恩哈特-菲特尔和罗伯茨的透视方法，在线附注中有进一步的介绍。[62]

伊万到底干了啥？

> 假如你在某个会议上邂逅过伊万，你就知道每次有伊万参加的会议都是一次对决。①
>
> —— 史蒂文·A. 库恩斯[63]

> 我为你造了 TX-2，伊万。
>
> —— 卫斯理·A. 克拉克（Wesley A. Clark）[64]

和史蒂文·库恩斯一样，伊万·萨瑟兰的名字也在计算机图形学中反复出现。我的同事埃德·卡特穆尔曾在萨瑟兰指导下学习。他在多年后给我讲了萨瑟兰的故事。我实际上好几次与他同处一室，却浑然不知。终于，2017 年 5 月 9 日——在他要求的早上 5 点，那是他习惯开启一天的时间——我从英国剑桥的家中给身处俄勒冈州波特兰的他打了视频电话。

我们聊了一个半小时，谈话比我预想中的要欢乐得多。萨瑟兰并不像我在报道中读到的那样不苟言笑。的确，他给人的第一印象让人以为他性格阴郁，

---

① 此处引文为文字游戏，"邂逅"和"对决"的原文均为 encounter。

但我很快察觉到了几乎隐形的一丝微笑。他也时常口出妙语，让人会心一笑。他的开场白让我想起，《绘图板》的开发是计算机恐龙时代的事情了。当时一台机器的众多电子元件柜就能填满整个房间。他告诉我，他必须来回走动才能在 TX-2 上操作《绘图板》。

麻省理工学院的 TX-2 或许是当时世界上最强大的单用户计算机。它的家是林肯实验室，一个有着高度安全级别的秘密设施（军方的强权为此买单）。但作为林肯实验室的雇员和麻省理工学院的学生，萨瑟兰有使用这头怪兽的权限。于是，他毫不客气地把它当作自己的东西使用。TX-2 成了他专属的霸王龙，还附带图形显示器和一支光电笔。萨瑟兰能通过那支笔在显示器上对点位进行处理。

他将线段的模型储存在 TX-2 的内存中，又编写了一个程序渲染这些不可见的二维模型，使它们成为 TX-2 栅格-绘图混合显示器上的二维图片。当他将光电笔靠近显示器上的某一点时——比如说某条线段的端点，他就能抓取这个端点并将之移动到新的位置上。储存在内存中的内部模型的端点坐标值也随之改变。显示器也将更新这个模型对应的图像。

萨瑟兰还第一次实现了"皮筋"（rubberbanding）操作。当他抓取线段的一个端点，拖到新的位置上时，旧的线段就消失了。一条新的线段则立即出现，连接到端点的新位置上。当他移开光电笔时，原有的线段就被重画了。根据用户的意愿，它会按照新端点的位置边长变短或更改方向。这项技术令所有人叹为观止。这个在今天似乎是理所当然的操作，在当年却是前所未有的。

萨瑟兰的二维绘图板还加入了物理约束几何体形状的功能，因此它可以对模型进行应力分析等一系列物理测试。这为萨瑟兰在主流计算机辅助设计的发展史上赢得了一席之地。

我认为，是提姆·约翰逊——麻省理工学院三巨头中的另一位——引领萨瑟兰接纳了透视。我通过他自己讲述的故事来解释其中的来龙去脉。故事里还包括库恩斯的影响：

一天晚上，库恩斯来了……他来看伊万图像约束功能的实操。能固定所画线段长度的"定长"功能让他吃了一惊。他（库恩斯）注意到，绘制一个工件时完全可以在旁边加上文字，以显示它所受到的拉扯/挤压。伊万从没想过这个功能，随后，他就在下一个演示中加上了文字。库恩斯开始画些典型的结构作为测试。从那时起，伊万的作品便拥有了强大的威力。[65]

先按下"定长"功能不表，《绘图板》的图像显示以今天的标准来看实在是再基本不过了，但在 1962 年却没人见过。或者，他们见过？和往常一样，科技的历史总是比流传的版本要复杂得多。事实上，在当时还有一个互动式的计算机图形学/计算机辅助设计程序正在开发之中。《计算机增强设计》（*Design Augmented by Computers*，以下简称 DAC-1）软件在 IBM 的帮助下诞生，当时已经在底特律通用汽车工厂内部被设计师和工程师们使用了。他们的合同始于 1960 年。研发工作随后在纽约金士顿的 IBM 公司开展。1963 年 4 月 IBM 向通用交付了该系统。它从一开始就是个三维系统。通用知道《绘图板》的存在，但他们认为二维线段对于他们设计工作的需求来说还不够。他们需要三维的曲线。[66]

最开始，没人想过要把这个程序公开；直到 1963 年《绘图板》和《绘图板三》的相继推出。通用马上于 1964 年公布了 DAC-1，以期分享荣耀。但遗憾的是，很少有人记住这个程序和它的作者们：埃德温·杰克斯（Edwin Jacks）、巴雷特·哈格里夫斯（Barrett Hargreaves）和其他许多人。[67]

以下是巴雷特·哈格里夫斯亲口对我讲述的故事：

是的，我们的系统的确能让您用光电笔输入线段。设计师首先输入两个位置，然后调出一根连接它们的线段。此外，还有好几种计算机图形学的互动路径能帮设计师生成曲线。比如，他可以输入一个现有的 3D 曲面，之后让一根线或另一个曲面与之匹配或与它保持给定的距离。计算机辅助设计的最终产物就是一卷驱动数控工具的胶卷。

DAC-1 系统是最早让制造工程师和设计师们与通用研发部门的计算机专家和数学家们并肩作战的系统。工程师们会把他们的需求告诉我们，我们编写程序作为回应。工程师们的确将 DAC-1 投入了发动机罩和保险杠等汽车零部件的设计之中。

DAC-1 对通用汽车做出的最大贡献应该是，它在 20 世纪 60 年代初就向工程师们和工程部门领导们证明了计算机图形学能够用于汽车设计和工程实践。那时，已经有大量将计算机用于油耗成本计算、车辆操控性计算、凸轮应力分析等场景的案例，但 DAC-1 证明了车体零件或其他图形导向的工程实践也可以得到计算机的巨大帮助。[68]

按哈格里夫斯的说法，通用汽车与麻省理工学院合作设计了 DAC-1 的软件和光电笔。麻省理工学院和通用的两个团队可能都知道彼此的存在。关于 DAC-1 还有许多历史细节值得深入挖掘。比如，对 DAC-1 的描述中始终缺少具体日期。当《绘图板》只能绘制二维图像时，DAC-1 已经实现三维作图了吗？DAC-1 三维交互功能的实现是在约翰逊的《绘图板三》之前吗？考虑到 DAC-1 程序的交付时间是 1963 年 4 月，而《绘图板三》在同年 5 月才正式发布，DAC-1 的确有可能占据了先机。但两者都是对外公开的时间，其顺序不一定能代表各自在内部测试时达成成就的先后。但至少，我们知道 DAC-1 的显像没有使用透视法。[69]

哈格里夫斯还带来了另一个惊喜——通用曾将早期的计算机动画展示给了华特·迪士尼本人。虽然不是在 DAC-1 上的动画：

20 世纪 60 年代初，华特迪士尼访问了通用研发实验室的计算机技术部门。一位名叫休·布劳斯（Hugh Brouse）的计算机图形学程序员，为他做了一段米老鼠的动画影片。迪士尼先生着迷极了。我们都让开路站在一边，以便他在我们狭小的计算机部门里流连。[70]

这个故事日期暧昧且缺少细节。而且休·布劳斯已经不在人世了。因此，在没有可靠证据反驳的情况下，我们根据一贯的时间推定原则得出结论，萨瑟兰的《绘图板》要早于 DAC-1。而且，确凿无疑的是《绘图板》程序得到了公开，DAC-1 则没有。但这不能否认 DAC-1 的确是当时又一个交互式计算机辅助设计程序。[71]

我们把"第一"的桂冠给了萨瑟兰，可他到底做了什么？不是交互式的计算机图形学——十年前就由斯特拉奇（西洋跳棋游戏）和桑迪·道格拉斯（井字棋游戏）实现了。这两个 20 世纪 50 年代初的程序让用户能够通过落子的操作与棋盘和棋子的图像进行交互。计算机内部的棋盘模型不断更新，图像显示也被反复重画，显示出渲染粗糙的图案。

萨瑟兰真正的创新之处是：《绘图板》程序以互动的方式进行渲染。重点是渲染。当用户动手操作时，这个程序交互地更新内在几何模型。可斯特拉奇和道格拉斯的电子游戏也能做到这一点。最重要的创新是《绘图板》的渲染更新是与用户的操作同时进行的。这不仅仅是模型的变更，程序也同样重新渲染。绘图板不知道下一根线该怎么画，不知道它有多长、成何种角度。因此，它的渲染速度必须与用户手动改变线段端点位置的速度一样快。唯其如此，用户才能获得更改几何模型的实时体验。

斯特拉奇在曼彻斯特的老古董马克 I 型计算机上运行的西洋跳棋游戏中，画面显示的都是事先渲染好的元素——棋盘、棋子。马克 I 型计算机没法快到以交互式的速度渲染出哪怕一个棋子。道格拉斯运行井字棋的设备——剑桥的古董埃德萨克也好不到哪里去。但十多年后，麻省理工学院的 TX-2 已经快得能够在人类感官察觉不到的瞬间渲染出几十根线段。

萨瑟兰将巨大的 TX-2 "据为己有"，并成为用图像测试其速度极限的第一人。除了我们已经讲过的皮筋操作，他还设法让《绘图板》做其他事，比如将线段的一端固定，再让另一端围绕它旋转。当用户手持光电笔在显示屏表面绕圈时，图像中的线段也随之转动起来。或者，他可以让由若干线段组合而成的物体整体旋转，就好像实时地拧动螺栓那样。这些操作与 20 世纪

50 年代初的电子游戏之间最大的区别就是对线段的瞬时渲染（至少看似瞬时）。《绘图板》程序不知道下一秒新的线段要出现在哪里，因而不可能事先渲染它们。

萨瑟兰的《绘图板》程序是第一个交互渲染的计算机图形学程序。这似乎不如"第一个交互式计算机图形学程序"——这个萨瑟兰和《绘图板》常常被谬赞的头衔——那么动听，但要准确严谨得多。它指的是一个用新的渲染瞬间取代渲染到显示器上的几何模型的计算机程序。这一新渲染包括用户的输入，因而程序无法预判。TX-2 是第一台具有足够快的显像速度的单用户计算机，因此萨瑟兰试着这样使用它。

但《绘图板》里还有新东西：一些通过交互渲染成为可能却没有得到解释的东西；一些在关于交互渲染的讨论中没有涉及的东西。好奇吗？新东西就是：用户自己觉得自己是在通过"触碰"显示器上的一张图片以更改模型。我们称这种体验"以图像为界面"。最早的互动棋类游戏中，改变内部模型的方式是键盘敲击，而非直接点击图片。早期的埃德萨克游戏《绵羊进门》的操作方式则是通过挥手干扰埃德萨克机纸带阅读头上的光束。但是，《绘图板》程序提供给用户的全新体验是您可以亲自触碰想要更改的图片，并以此完成更改。一位设计师可以第一次在搭建模型的同时亲眼看到它逐渐成形的样子。DAC-1 让"做"和"看"几乎能够同时进行。

"触碰"这个词用得并不算准确，用它来指代光电笔或光电枪靠近计算机显示屏的动作勉强能成立。考虑到如今我们通过鼠标的箭头触碰，我觉得这也应该算触碰。类似地，我也把通过轨迹球、手柄摇杆、触摸屏或虚拟现实中挥手实现的操作笼统地归入触碰的范畴。

狭义的触碰屏幕实现操作的技术看起来是个非常年轻的发明，只有十多年的历史。但这不是事实。1972 年，由丹·阿尔珀特（Dan Alpert）、堂·毕策尔（Don Bitzer）和伊利诺伊大学的其他研究者共同领导的柏拉图项目（Plato Project）就允许用户直接触碰等离子显示屏。这些双色栅格显像元件以发出橘黄色光亮而著称。一本最近出版的有关该项目历史的图书，由布莱恩·迭尔

（Brian Dear）写作的《友善的橘黄光》(The Friendly Orange Glow)，或将重新确立柏拉图项目在现代计算机史上的地位。[72]

在我还没法给别人做实时演示的那些年，我只能用语言描述怎样通过移动书桌上的鼠标来更改显示器上的图像。每次介绍我都要花上 15 分钟来向观众解释这真的可行。假如他们亲眼看见在一个地方移动鼠标能让显示画面中另一个地方的箭头不差分毫地做出相应的动作，往往会惊叹不已。直到 20 世纪 80 年代初个人计算机逐渐普及，这种情况才终于不再是个问题。一下子，所有人都通过亲身体验明白了鼠标和箭头是怎样协同的。

无论是通过移动鼠标还是真的触摸屏幕来对显示做出更改，都有一种"亲手"操作的真实感。感受上的确如此，但这不是真正发生的事。真实发生的操作是：用来"触碰"的设备向某个正在运行的程序——比如《绘图板》，发出了一条指令。这个程序导致了计算机内存中的几何模型做出改变，进而让计算机重新显示了改动后的模型——通过一次新的渲染——作为对"触碰"的回应。

以今天的视角来看，处理二维的几何图形——比如正方形、三角形或圆，听起来不算太难。但萨瑟兰是第一人，因而他有数不胜数的问题需要解决。他需要创建一个数据结构来代表模型中物体的拓扑性质：这条线段连接那条——并且需要在运动之中保持连接。

他需要让显示设备能在 TX-2 运行《绘图板》的同时显示物体的图像。也就是说，他需要构思一个独立于主要计算程序的显像程序。现代显像设备就是这样运行的，但萨瑟兰要亲自解决这个问题。

他需要编写一个算法，将线段渲染为一系列散点以供显示。这大约与布雷森汉姆的工作同时进行。后者于 1962 年完成了同样的算法。但萨瑟兰独立完成了这项工作，没有考虑对效率进行优化，因为 TX-2 实在太快了。

他需要弄清楚如何在显示器上定位和追踪光电笔。在他之后的其他研究者，比如提姆·约翰逊，只需要从他已完成的那些问题出发。仅仅一个二维几何听起来并不算什么大贡献，但萨瑟兰还开创了交互渲染计算机图形学的先河（考虑到 DAC-1，或许应该加上"可能"二字）。

对计算机辅助设计领域来说，他的贡献包括了约束、拓扑保守、精度等重要概念，以及我们在此处没有提到的一些测试方法。[73]

但最重要的是，萨瑟兰向我们展示了"感觉"在计算机控制过程中能发挥怎样巨大的作用。只需要"触碰"显示屏，就能立刻看到变化。在这方面，萨瑟兰或许不是纯粹的第一人，但很少有人比他更早地有所体会。比如，赛其系统是一项最高机密。DAC-1 仅限通用汽车公司内部使用。可麻省理工学院十分擅长包装和营销。《绘图板》制作的样片被广为分发。您今天还能在 YouTube 上看到阿兰·凯在 1962 年解说《绘图板》样片的情景，也仍然能感受到当年那种真实的兴奋。"皮筋"操作本身就足以震撼世界，这在那时绝对属于最新奇的科技。[74]

绘图板程序对互动的运用成为如今图形用户界面的滥觞。我在和萨瑟兰的视频电话中向他询问了这件事。他并没有准备走得这么远。他的程序只追求让用户能通过光电笔的"触碰"控制一个物体的图像。

完整的图形用户界面所需的一笔画龙点睛，就是用户能通过触碰显示器控制一切，而不仅仅是几何物体的图像。计算机内在用户的触碰之下做出响应的模型，可以是一个文件或用户的文件夹系统。小小的文件夹图标就是计算机内存里真实文件夹的显像表达。但它并非文件夹的"图像"。拖动文件夹的图标，文件夹就真的会被移动到内存中某个新的位置。

透视提姆·约翰逊

20 世纪 60 年代初的提姆·约翰逊很不幸长得很像萨瑟兰。他的笑容比萨瑟兰更灿烂，但他们的发型、眼睛和窄脸蛋都一模一样。如今，互联网上许多标注"萨瑟兰操作《绘图板》"的图片中的人，实际上是操作《绘图板三》的约翰逊。2017 年 3 月末，我联系到约翰逊。他对这种情况表示无所谓。他说他已经不再为此困扰了。毕竟，他还能怎么办呢？我向他保证会尽一份力去扭转这种混淆。

约翰逊的《绘图板三》名垂计算机辅助设计的发展史。他在这个程序中引入了今天约定俗成的"四图窗"计算机辅助设计界面:三个窗口展示正面、上面和侧面的无透视效果的"三视图",第四个窗口"全景视窗"能够从任何角度以罗伯茨的透视视角展示物体。

我们先来看这个"全景视窗"。假设它占据了整个显示屏。此时您看到的画面和任何一部皮克斯电影的任何一帧画面别无二致。剩下的三个窗口,即正视、侧视、俯视三视图,只会在设计阶段用到。它们为建模者提供便利。

图 6.34 的左上图中,约翰逊(不是萨瑟兰!)正在操作《绘图板三》。每个显示屏的近景的确包含了全部四个窗口。全景视窗在屏幕的右上方。右上图中,提姆开始修改一个简单立方体的三个面。他用一支光电笔在立方体的 F 面上加了一个三角形(左下图)。他一完成这步操作,三角形就在其他图窗中同时显示出来。接着,他又在 S 面上画了一个倾斜的长方形(右下图)。或许此时他正在 F 面上做着什么修改。[75]

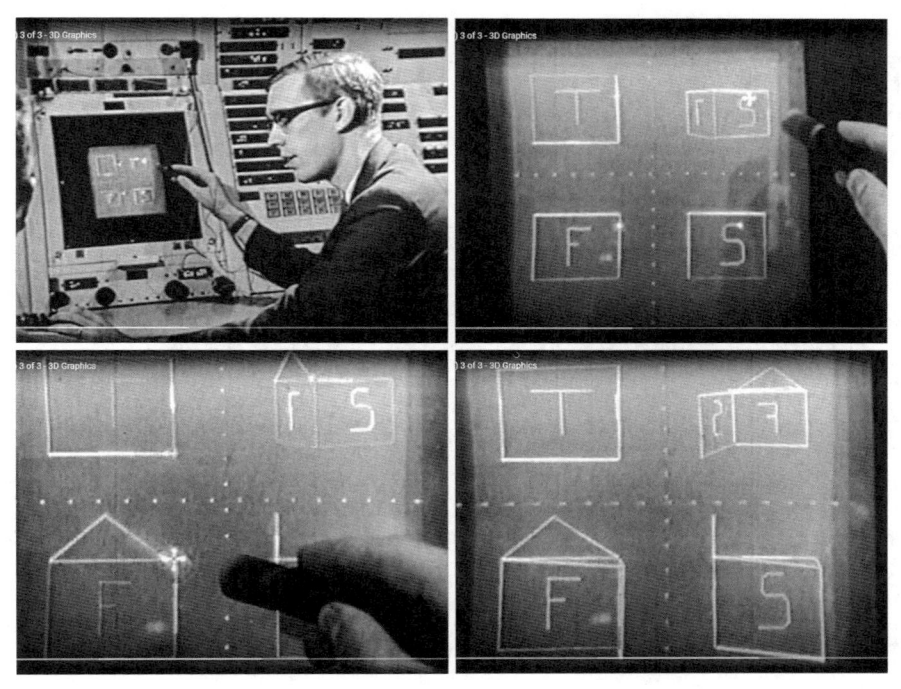

图 6.34

全景视窗是约翰逊的创意："伊万［萨瑟兰］为我指示了拉里·罗伯茨的方向。我很快折服于那种方法的简洁与巧妙……我因此想到了透视全景视窗这个点子。"而那个（透视的）视窗概念正是计算机图形学的法门天机。[76]

考虑到库恩斯是约翰逊的硕士论文导师，我便问约翰逊他是否在《绘图板三》中应用了库恩斯曲面片。"我的确在另一个简单而取巧的 TX-2 程序中应用了史蒂文的曲面片，但它并非《绘图板三》的一部分。"[77]

那么，自那以后他又忙了些什么呢？完成《绘图板三》之后，约翰逊开启了他在建筑学领域的职业生涯。在麻省理工学院的建筑系，他将萨瑟兰的约束思想应用于建筑规划，并获得了一个教授席位。之后，他在麻省理工校园中建造了一幢太阳能样板楼。结束教学生涯后，他又开启了一桩成功的生意，将"光保真"（photorealistic）的渲染带入建筑行业。也就是说，约翰逊的职业生涯从数字光学的计算机辅助设计分支开始，又在计算机图形学分支告终。但他从未在这两个领域中获得任何奖项。[78]

拉里·罗伯茨的文艺复兴

拉里·罗伯茨长得可不像他的麻省理工学院同窗伊万·萨瑟兰与提姆·约翰逊。他有着深色头发，且不戴眼镜。此外，他也没有研发过任何一个版本的《绘图板》。事实上，他的本行并非计算机图形学。罗伯茨原本的研究领域是数字光学中的图像处理分支。通过研究一张数字化的、像素栅格形式的《花花公子》（Playboy）杂志相片，罗伯茨试图搞清楚在保持图像质量的前提下，每个像素最多能省略多少个比特。

他更出色的工作则是从数字化的照片中识别出三维物体——不是《花花公子》的兔女郎，而是一些类似立方体、三棱柱的简单物体。它们都是以透视方式拍摄的。他通过分析物体的直边和直角，利用透视画法的原理从照片中分离出这些物体的轮廓线。之后，他推理出它们的三维结构，并显示到 TX-2 的显示器上。这就回到了数字光学的计算机图形学分支。要实现这个功能他必须掌握透视画法，而他的处理手法最终成为他对计算机图形学的一大基础贡献。[79]

他的透视解法在今天的计算机图形学中得到了普遍应用。这种解法来自一门名叫"射影几何"（projective geometry）的深奥数学，同时用到了有着奇怪名字的"齐次坐标"（homogeneous coordinate）。这绝不是个一目了然的问题。

这项技术要求我们为几何图形中的每个点位添加第四个坐标值。我高中教科书的平面几何部分中，所有的点都只有两个坐标。一个是水平位置 x，一个是垂直位置 y。这是萨瑟兰的《绘图板》采用的几何，内部建模和图像显示都是如此。

我在高中时也学了一点点立体几何，或者说三维几何。它为每个点位都赋予了第三个坐标值，也就是空间中的竖坐标（深度）z。立体几何是约翰逊的《绘图板三》的内部模型使用的数学。在显像端，约翰逊只需要二维的点，但他最有趣的创新就是在《绘图板三》中通过透视法显示了模型。这里就应用到了他的同学罗伯茨的透视法。

罗伯茨技术将奇怪的第四坐标——"齐次"坐标值赋予了内部模型上的每个点。让我们用 h 来代表它。这样，罗伯茨世界中——也就是射影几何中的点就变成了 (x, y, z, h)。前三个坐标就是通常使用的点在三维空间中的位置。但第四个坐标代表什么？我们讨论过的时空当中的点也有四个坐标，第四个坐标值代表时间。但齐次坐标不是时间。它的含义是：每当随机给出一个几何模型上位于 (x, y, z) 处的一个点，就用 (x/h, y/h) 标记出输出图像上与该点对应的透视点。换句话说，得出某个点透视坐标的方法就是用它的前两个坐标值除以第四个坐标值 h（同时忽略掉第三坐标 z）。其中的原理不明显。文艺复兴时期的艺术家和建筑师们绝对不知道这种算法。

但罗伯茨更进一步。约翰逊也将其他想法加入了《绘图板三》。罗伯茨引入的空间变换机制今天也在计算机图形学中普遍应用。所谓"空间变换"（spatial transformation），是指物体的移动、旋转和放缩。我在此处不做深入讲解，只明确一点：空间变换使用的是四维点位之间的四维乘法。这些点位来自罗伯茨的透视，第四个坐标值就是齐次坐标。更深入的讨论会让我们陷入"矩阵代数"（matrix algebra）的数学丛林。最关键的一点是，罗伯茨将透视和空间变换以矩阵的形式整合到了一起。这也是我们今天都在做的操作。他既没有发明齐次坐标，也没有发明矩阵代数。但将两者相结合非常了不起。以下是罗伯茨本人对自己发现的评价：

> 事实证明，当时在美国甚至全世界都不存在矩阵与透视几何相结合的先例。这两门学问在全世界都风马牛不相及。因此，我回到了那些德文教科书中，弄清了无关矩阵的透视几何的操作方法。随后，我又翻阅了其他教材，找到了关于矩阵的知识。我将两者放到一起，就这样创造了四维齐次坐标的变换方法。今天，它被广泛应用于透视变换。这篇论文或许是我的整个博士论文中知名度最高的一篇，因为它给出了适用于某一物体所有视角透视图像的一个四维变换。[80]

为什么没有人设立一个罗伯茨奖？拉里·罗伯茨本人后来又经历了什么？您或许会大吃一惊。他在互联网的发明中扮演了重要角色！但那是另外一个故事了。

IPTO 纪事：ARPA 资助计算机图形学

J. C. R. 利克莱德在他 1960 年的《人机共生》论文中想象了互联网。不出意外，两年后 ARPA 提拔了利克，让他担任新成立的信息处理技术办公室（Information Processing Techniques Office, IPTO）的首任主管。IPTO 将在利克实力强劲的继任者们的领导下成为我们故事中的一支主力军。它将极大地刺激互联网、个人计算机和计算机图形学的发展。

利克立刻开始给那些可能实现他期待的人机共生的科研项目拨款。他在这方面出手惊人地阔绰，体现了他在这方面具有真正的远见卓识。他最先资助的项目之一就是道格·恩格尔巴特在斯坦福大学附近的斯坦福研究所开展的"增强"人机交流项目。这个项目最终带来了第一个完整的图形用户界面。如前文所述，恩格尔巴特在著名的《一切样本之母本》中将它炫耀了一番——他还公开了一个名叫鼠标的新设备。

对恩格尔巴特产生兴趣的还有 NASA 的罗伯特·泰勒（Robert Taylor）。他也提供了资金。一个由远见者组成的核心团队形成了——ARPA 的利克莱德，NASA 的泰勒，以及斯坦福研究所的恩格尔巴特——他们的故事将在这个技术爆炸的十年和之后的岁月里交织。

利克莱德、恩格尔巴特和泰勒非常清楚麻省理工学院三巨头和《绘图板》系列的进展。他们都应用了这些成果作为各自人机关系理论的论据。因此，伊万·萨瑟兰不出意外地在 1963 年成为 APRA 赞助下 IPTO 的第二任主管。第三任主管鲍勃·泰勒上任于 1965 年。第四任拉里·罗伯茨上任于 1966 年。ARPA 的资金让这些人不仅对数字光学，更对整个现代世界的发展都产生了重大影响。

当伊万·萨瑟兰在 IPTO 任职时，他继续对伯克利的大卫·埃文斯进行资助。埃文斯随后在犹他大学建立了图形学系，他再三恳请萨瑟兰加入他。1968 年萨瑟兰终于让他如愿以偿，与此同时两人在盐湖城合作创办了计算机图形学硬件公司埃文斯萨瑟兰（E&S）。这家公司，特别是这个科系，极大地影响了计算机图形学此后的历史。

1970 年，鲍勃·泰勒在极不情愿地离开 IPTO、告别 ARPA 的资金后，在施乐帕克成立了他著名的实验室。我将在那里为他工作几年。在这间实验室里诞生了我们今天意义上的个人电脑，它整合了私人计算机、基于图窗的图形用户界面、鼠标、激光打印机、栅格成像和以太网（Ethernet）。

拉里·罗伯茨在 ARPA 的 IPTO 主管任期内推出了阿帕网（ARPAnet），互联网的前身。今天的互联网也采用了施乐帕克泰勒实验室发明的以太网的一些技术。最早接入阿帕网的四个节点中就有斯坦福研究所和犹他大学。

如同我在本章初稿（2017 年 4 月）中所写，罗伯茨成了加利福尼亚计算机历史博物馆的一名研究员。他的官方提名中只字未提他对计算机图形学及其中心法则的奠基工作。他的入选完全是因为他参与发明了互联网——这对任何人来说都已经是极大的成就了。他在 1976 年获得了 IEEE 的哈里·M. 古德纪念奖（Harry M. Goode Memorial Award），在 1990 年获得了 W. 华莱士·麦克道尔奖（W. Wallace McDowell Award），在 2000 年获得了互联网奖（Internet Award）。他还是国家工程学会的成员，该组织于 2001 授予他查尔斯·斯塔克·德拉珀奖金（Charles Stark Draper Prize）。但他从未因为在计算机图形学领域开创性的贡献获得过任何类似的奖项。[81]

运动的形状：计算机动画

动画是贯穿本书的一大主题。即使萨瑟兰主要因计算机辅助设计而知名，但他也在 1963 年的《绘图板》论文中开启了动画。图 6.35 就来自他的论文。这是一个女孩的面部表情的简笔画。她的眼睛有三个不同位置。当三个不同位置的眼睛图像连续播放时她就会眨眼。萨瑟兰这样描述这个演示：

图 6.35

> 卡通片的一种原理是替换。比如，这个女孩……能在保持脸部其他位置不动的同时通过连续改变眼睛的三种形态来眨眼。在计算机显示器上做这个演示让许多来访者都会心一笑。
>
> 卡通片的另一种原理是动态。通过应用合适的约束条件，一个火柴人可以骑自行车。类似的，女孩的头发也可以飞扬起来。这是电影中更为常见的动画原理。[82]

萨瑟兰误解了第二种原理。约束动态（constrained motion）在当时的电影中并不常见。赛璐珞动画通过替换间隔形状的方式表现动态，这直到新千年都是最为常见的形式。如果我们将在三维空间中插入中间形状也理解为一种"替换"，那么即使在今天，这种形式也仍然常见。

完成麻省理工学院的学位后，萨瑟兰加入了 ARPA，并如前文所述资助了大卫·埃文斯。之后他从 ARPA 离职，到哈佛大学待了几年。1968 年，他加盟了埃文斯创建的犹他大学计算机图形学系。现代计算机图形学的许多重要研究者都毕业于该系，人人都深受萨瑟兰的影响。尽管萨瑟兰本人没有直接研究动画技术，犹他大学的毕业生们却联手开创了我们将在后面的章节中讨论的计算机动画工业。

《赛博情缘》：艺术家与新兴的计算机动画

> 除非一字不落地读完所有作品的所有说明，来看展览的观众绝不可能明白他眼前的东西到底出自艺术家、工程师、数学家还是建筑师的手笔。
>
> ——雅西亚·莱查特（Jasia Reichardt），
> 《赛博情缘》（Cybernetic Serendipity）布展人，1968 年[83]

贝尔实验室是爱德华·扎亚克 1963 年创作的计算机动画电影的诞生地。

这里同时也见证了早期 CAPS 的诞生。1964 年，贝尔实验室的研究员肯·诺尔顿（Ken Knowlton）开发了一门计算机语言。它能够缓慢地以栅格模式逐帧生成动画电影。这项技术就是后来的 Beflix。当时它还不是交互式的。这种技术将一帧图像以"高解析度"模式划分为 252×184 的小方格。细微的特征可以通过"打字机模式"写入每一个小方格中。相机是失焦的，因此这些特征实际都是强度数值。这实际上就是朴素的展开像素。它们分布在网格上，互不重合。诺尔顿用这种方法制作于 1964 年的一部影片至今能在网上找到。扎亚克和另一名学生分别制作于 1964 年和 1965 年的两部影片也可见于互联网。[84]

这有如一声春雷。艺术家们开始与贝尔实验室和其他地方的技术人员们展开合作。艺术家们都是科班出身，而非闻风而动的计算机科学家们。艺术家们成了最新的一批接纳计算、视之为各种艺术形式（雕塑、音乐、诗歌和图像艺术）的新载体的人。其中之一是实验电影人斯坦·范德比克（Stan Vanderbeek）。他在 20 世纪 60 年代与肯·诺尔顿合作，在贝尔实验室制作电影。我们将在下一章中再次见到他。

这是火红的 20 世纪 60 年代，所有陈规都被怀疑。一些计算机科学家视自己为艺术家，在艺术界兴风作浪。争吵一直延续到了今天，而我不会在此做出定论。肯·诺尔顿，无论您是否承认他的艺术家身份，终生都在试验各种显像介质。他用各种东西制作数字图像——骨牌、骰子、玩具小汽车和贝壳，都是他的展开像素。20 世纪 90 年代，在他完成第一部使用展开像素的电影之后 34 年，诺尔顿仍在研究媒介——这一次他把茶壶碎片当成了显像元件（图 6.36）。[85]

尽管 20 世纪 60 年代末的许多人并不把计算机当作艺术创作的工具，但有位女士是这样想的。她在 1968 年举办的展览名垂史册。那一年，雅西亚·莱查特在伦敦举办《赛博情缘》展览。图 6.37 中那次展览的介绍册封面（左）和海报（右）如今都成了收藏品。当时她尽可能地避免称展出作品的创造者们为"艺术家"，50 年后这个问题在某些圈子里仍然是个会叫人惹上官司的雷区。[86]

罗宾·弗雷斯特并不纠结于称呼。在图 6.37 的海报中他也贡献了右边那

图 6.36 《非壶，非非壶》(*This Is Not Not a Teapot*)，肯·诺尔顿，劳里·M. 杨（Laurie M. Young）收藏

个错综复杂的曲面片。"我从不认为我的图像是艺术，但她（莱查特）认为是。那就一定是了！但为什么是那幅图呢？"[87]

2005 年莱查特援引另一位作家，以间接地介绍这些创作者：

> 他还指出 1967 年的大部分图像都是业余爱好的产物，并探讨了迈克尔·诺尔（Michael Noll）、查尔斯·苏里（Charles Csuri）、杰克·希特龙（Jack Citron）、弗里德尔·纳克（Frieder Nake）、乔治·尼斯（Georg Nees）和 H. P. 帕特森（H. P. Paterson）的作品。他们今天都以计算机艺术史上的先驱者的身份为我们所知……计算机诗歌和艺术的可能性最早提出于 1949 年。到 20 世纪 50 年代初，它成为高校和科研院所中的热门谈资。当计算机图形学诞生时，科学家、工程师和建筑师们都成了艺术家。[88]

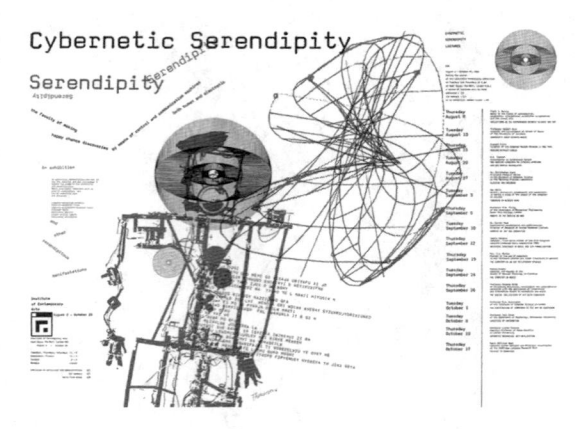

图 6.37　© Cybernetic Serendipity, 1968, design by Franciszka Themerson.

除了罗宾·弗雷斯特，本章中出现的《赛博情缘》参展艺术家还包括威廉·费特尔、肯·诺尔顿、斯坦·范德比克和爱德华·扎亚克。[89]

TX-2 与计算机动画

> 当鳄鱼小姐开始爬过 TX-2 的屏幕，图像驱动的动画终于成为现实。
>
> ——罗恩（罗纳德）·贝克尔，博士学位论文，麻省理工学院，1969 年[90]

在我的讲述中，罗纳德·迈克尔·贝克尔（Ronald Michael Baecker）是麻省理工学院 TX-2 计算机的第四位受益人。他受到前三人中两人的直接影响：伊万·萨瑟兰和提姆·约翰逊。我还记得 20 世纪 60 年代那个五彩斑斓的贝克尔，这个加拿大人身穿西非大喜吉①，创造了一个炫酷的新程序。[91]

---

①　大喜吉（dashiki）是一种覆盖上半身的彩色服装，主要见于西非。编者注。

1966 年末，贝克尔开始在 TX-2 这台第一加速期的产物上编写一个火柴人动画程序。他随后开始与埃里克·马丁（Eric Martin）共事。后者是哈佛卡朋特视觉艺术中心的一名才华横溢的动画师。他们的目标是掌握动画动态控制的要领。这项工作受到了萨瑟兰和约翰逊的启发，他们提议用"波形"来实现动作控制。他们的成果是 Genesys，通用赛璐珞动画系统（Generalized-cel animation System）的缩写。[92]

贝克尔将波形的概念推广为他所谓的"p 曲线"。与勾勒角色外形的曲线不同，这些曲线规定了对象在时空中运动的路径。假如动画师想让一条狗跳跃，他就画出一条指示时间中运动轨迹的曲线——的的确确把那一跃画了出来。之后，一条狗的形象就会沿着那条轨迹运动。假如轨迹是跳跃，狗就跳跃。假如他把狗换成鳄鱼小姐，那么"鳄鱼小姐"也会跳跃。贝克尔在 1969 年完成了 Genesys，使之成为最早的交互式计算机动画程序。[93]

但按照我的老朋友、老同事、新泽西的素描画家埃弗瑞姆·科恩（Ephraim Cohen）的说法，Genesys"对那时搞艺术的大部分人来说都不好懂"。埃弗瑞姆的素描技艺是如此高超，以至于经常能够靠给餐馆服务生画像吃到免费午餐。他不费吹灰之力就能捕捉到模特的神态。

在最近的一封电子邮件中，埃弗瑞姆告诉我："我通过一位共同好友林恩·史密斯（Lynn Smith）的介绍认识了罗恩。那时林恩也是哈佛卡朋特中心的动画师。我们两人从中学开始就是好友。罗恩正在找人试用他的动画系统。"埃弗瑞姆，一位数学家、程序员、艺术家，并没有被 p 曲线搞糊涂。他说："我是个完美的人选，因此林恩介绍我们认识了。所有的事都是在林肯实验室的 TX-2 上完成的。此外，我在那里花了一整个下午打《太空大战》。我做的动画不多，大概都是在两天之内搞定的。"

他帮助贝克尔完成了 Genesys 最早的几部动画影片之一，尽管这个系统的绘图能力（见图 6.38）让埃弗瑞姆高超的画技无用武之地。我们还会在下一章中再次见到罗恩·贝克尔、埃里克·马丁和埃弗瑞姆·科恩（他们分别是数学家、程序员和艺术家）。[94]

图 6.38

贝克尔的波形或 p 曲线方法并不是常见的动画技术，因而让人迷惑。Genesys 没有像传统赛璐珞动画所做的那样在"关键帧"之间进行插值。贝克尔写道：

> 当动画师让助手在两张关键帧之间填充画面时，他们所做的操作就是插值。这个过程已经部分实现了机械化。在本文中，我们对此不做深入探讨。[95]

但我们在此却有必要对插值进行一番深入探讨。

辛德勒的名单与最早的数字插帧员

2016 年 6 月 12 日，马塞利·维恩和他的妻子苏珊在我亲家位于南安大略的农场里相遇。我们开车去了加纳诺克，一起乘快艇去他们位于圣劳伦斯河上千岛之一的家里。那天天气有点凉，我们便坐在火塘边聊起了分别 40 年来各自的生活。这位绅士给我讲述了一个尤为迷人的故事。

还记得斯皮尔伯格（Steven Spielberg）的电影《辛德勒的名单》（*Schindler's List*，1993）吗？这部片子讲的是一个贪婪的德国商人奥斯卡·辛德勒（Oskar Schindler）从纳粹的奥斯威辛集中营里拯救了上千名犹太人。马塞利的父亲沃尔夫·维恩（Wolf Wein），一位大师级裁缝，就是那张名单上的第 5 号。但在这些事件发生前，沃尔夫先救了他 8 岁的儿子马塞利。马塞利自述：

> 1943 年春天，我因患猩红热而被送往克拉科夫犹太人隔离区里的一家医院……我的父亲听说这家医院要被关闭，所有病人都会被杀。他趁夜过来看我，将我裹进一条毯子偷偷带了出去……我还记得和我父亲还有一群犹太工人一同往外走，他们都将被送进一间血汗工厂。在路上，他将我交给了一个等在路边的女人。她是一位好心的夫人，索菲娅·叶齐尔斯卡（Zofia Jezierska）。我从此管她叫姑姑。她将我带到克拉科夫的一间公寓。几天后，我又和她一同搬去了华沙。我自此成为一个"隐形小孩"。[96]

索菲娅将化名马列克·查克（Marek Czach）的马塞利抚养长大，让他皈依了罗马天主教。与此同时，他的哥哥被枪杀了，母亲死于集中营。但多亏了辛德勒，他的父亲沃尔夫幸存了下来。他和马塞利最终于 1952 年重逢于蒙特利尔，并在那里定居下来。

马塞利后来前往麦吉尔大学求学，并在读博期间发现了计算机成像的无穷可能性。为此兴奋不已的他在 1966 年加入了加拿大国家科学研究理事会（Canada's National Research Council），与内斯特·伯特尼克（Nestor Burtnyk）一道开展早期计算机图形学研究。"我们的兴趣在于，没有技术背景的人要怎样与计算机互动。"[97]

伯特尼克听一位迪士尼动画师提起过 1969 年将有一次计算机图形学大会。那位动画师向他介绍了我们在前文中讲过的赛璐珞动画的制作流程：一位首席画师用铅笔画出关键帧的勾线稿。之后，插帧员负责在关键帧之间补足画面。勾线员用印度墨水将画稿的线条勾勒到赛璐珞板上，最后填色员负责在线条之间填充颜色。

伯特尼克写出了一个二维插帧程序，它能够提取某一关键帧中的某根线条和下一关键帧中该线条的对应，并在二者之间的所有图帧上通过插值的方法给出它在对应时刻的位置与形状。也就是说，计算机可以取代关键帧法的动画制作流程中的插帧员。这样，他们在 1970 年推出了史上第三个二维计算机动画系统——在诺尔顿和贝克尔之后。在实际的动画生产中用到的所有系统至此已经全部数字化。[98]

诺尔顿的 Beflix 系统完全是像素导向的，其中完全没有用于插值的几何。贝克尔的 Genesys 能让几何体沿曲线运动，但也没有插值。伯特尼克和维恩的系统则是第一个具有插值或者说插帧功能的计算机动画系统。

1996 年，伯特尼克和维恩在加拿大被尊为计算机动画技术之父。1997 年，他们在美国因对动画技术所做的贡献获得了奥斯卡奖。

摩尔定律加速期：增强性如超新星般爆发

摩尔定律诞生于 1965 年。这条规律的提出标志着算力第二加速期的到来。今天我们看到的数字光学就是摩尔定律结出的硕果。

这条并非定律的"定律"以戈登·摩尔的名字命名。他是世界上最成功的计算机芯片公司英特尔（Intel）的联合创始人。英特尔是加州硅谷的一家奠基公司，其知识源头可以直接回溯到晶体管。是晶体管成就了集成电路——集合了许许多多晶体管的一块芯片——和摩尔定律。在摩尔定律之前，计算机要提高算力就意味着增大体积。在摩尔定律之后，它们提升性能的同时反而会变小。也就是说，它们的密度在不断提高。

摩尔对其的"定律"的表述是这样的：集成电路芯片上元件的数量每 18 个月就会翻一番。事实上，他最早说的是 12 个月，之后又改成 24。最终采用的是二者的平均数。它名叫"定律"，但归根结底不是定律。这只是在 1965 年做出的一种观察——基于区区 4 个数据。[99]

摩尔还曾预言："这种增长至少会保持 10 年。"他的保守事后看来颇为可爱。事实上，这种增长已经维持了 55 年。尽管没有任何物理证据的支持，它却真的成了一条定律。[100]

我对摩尔定律做了小小的改动：计算机的一切长处每过 5 年都会递增一个数量级。为了便于记忆，可以进一步精简为 "5 年 10 倍" 这几个字。图 6.39 就是第二加速期的发展历程图，其元年 1965 被标记在最左端。

接地气的商业界把摩尔定律的曲线图称为"冰球棍"。盈利表上要是能有这么一条线，许多人死都甘心。这条曲线末端几乎垂直，将它再延长些就和冰球棍的形状别无二致了。这是一条指数增长的曲线。"指数"意味着"爆发"。摩尔定律描述和预言的正是计算机算力、存储密度、价格下降幅度或体积缩减的幅度的全面爆发——计算机的所有长处都呈指数增长。

摩尔定律就是那个撬动世界的阿基米德杠杆。第一加速期将人类的能力增强了百万倍。第二加速期中的摩尔定律则使之在此基础上提升了千亿倍——到 2025 年时就是万亿倍。与计算机发明时相比，人类的能力被增强了整整 18 个数量级！真是难以想象得大，但又千真万确。

现代计算机发展史的任何一个方面——尤其是数字光学的历史，都不能

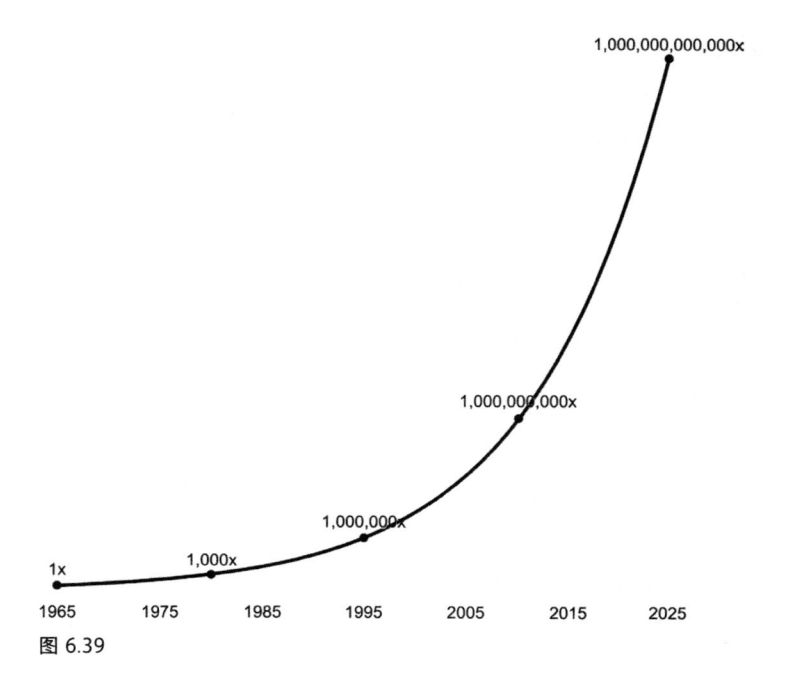

图 6.39

忽视摩尔定律举足轻重的作用。这是 50 年来一切具体发现和技术进步的爆炸性大背景和前提条件。当我们在接下来的章节中继续讨论像素的历史时，摩尔定律的意义会变得越来越明确。我们的概念谱系不能脱离其历史背景，不能逃脱摩尔定律这台大钟的每一次嘀嗒。

当下，我们同样不能忽视它。这条"定律"仍在超新星式地爆发。事实上，其增长已然超过了这种天文现象。一颗超新星的亮度是原星的 100 亿倍，但计算机很快就要突破增长千亿倍的大关——仅仅是在第二加速期。只有对摩尔定律的极端强大形成概念，我们才能理解计算与计算机——以及数字光学。

我们见识到了摩尔定律的表象——但是，这是为什么？一个不完整的回答是，比特的表达没有物理上的限制。比特仅仅是选择性地表达有和无。它没有大小，只是一种区分。比特单纯只是信息。回答的另一部分涉及人类创新速度的极限。某项技术的指数增长——比如摩尔定律之于计算机芯片技术，实际上度量了一大群富有创造力的人类所能达到的技术革新的最高速度。前提是，这些研究者们彼此竞争，没有物理上的障碍阻挠他们，且在研究过程中就能有所回报。

表面上看，摩尔定律是一条谜语。假如我们相信它，那为什么还要关心其间的过程？假如我们知道了计算机的性能会在 3 年内提高 4 倍，那为什么还要先造出提升 2 倍的机型？假如我们知道它的性能会在 10 年里提升 100 倍，那前 5 年的 10 倍岂非不值一提？我们为什么不直接去追求更高的倍数？

这个问题的极端形式就能暴露它的荒诞性。假如我们在 1965 年就知道计算机的性能会在 2020 年提高 1,000 亿倍，那为什么还一步步地去实现 1970 年的 10 倍，1975 年的 100 倍，1980 年的 1,000 倍？我们为何不跳过中间那些年和那些机型，直接去造 2020 年的计算机？答案不言自明。在 1965 年，即便假设我们对这条新发现的"定律"深信不疑，我们也根本无从想象 2020 年的计算机是什么样子——遑论将它造出来。工程师们必须一步一个台阶，在实现了一个目标后再去想通往下一个目标的方法，并付诸实践。我们不能跳过中间的步骤。

现在，我们沿着摩尔定律给出的芯片技术增长路径去想象下一场革新的样子。这好比是想象现有生物未来的进化。任何微小变化的累加都会导致巨大变革——正如生命一步步进化的过程。细菌不可能一步登天地直接进化成人。和达尔文的进化一样，摩尔定律支配下的变化也是不断增强适应性的过程——以计算机为例，就是变得更快、更小、更密、更便宜。而且我们无法预测这些变化的累加最终会导致何种方向上的质变。但是，就科技而言，我们会在每一个步骤上都进行测试以确保其可行性。这样，我们就获得了继续下一步所需的勇气、知识和工程经验。我们也用同样的方式从财务上评估更进一步的投入和回报。我们需要将投入控制在预算内。

摩尔定律描述的硬件发展规律本身就是增强性的最好注脚。一度高深莫测的东西会变得可行，进而变得司空见惯。

再访萨瑟兰：虚拟现实的诞生

> 但那并非他检视下的迪亚斯帕的实体。他穿过记忆的房间，向城市的幻影望去……对阿尔文凝视着的构建了这幻影的计算机、存储回路和各种机械结构来说，那仅仅是一个小问题。它们"懂得"城市的形式，因此才能将城市显示为其外在的模样。
>
> ——吉姆·布林在 1978 年的博士论文中引用的亚瑟·C. 克拉克（Arthur C. Clarke）的《城市与群星》(*The City and the Stars*，1956) 中的文字 [101]

> 终极的显示设备无疑会是一个由计算机完全掌控的房间。显示在这房间中的椅子可以坐，手铐可以锁。房间中显示的一颗子弹也将能够致命。有了适当的程序，这样一个显示设备完全就是爱丽丝漫游的奇境。
>
> ——伊万·萨瑟兰，《终极显示》(*The Ultimate Display*)，1965 年 [102]

马丁·加德纳（Martin Gardner）在 1960 年写成的《批注本爱丽丝漫游奇境记》(*The Annotated Alice in Wonderland*)是让一整代人流连于脑海和迷幻蘑菇的旅程。因此，伊万·萨瑟兰不出意外地在 1965 年把终极的显示设备描绘成了一场幻梦，并引用了爱丽丝。1968 年，萨瑟兰在哈佛解决了通向奇境的第一关，这一举为他奠定了 20 世纪 60 年代计算机图形学界领袖的地位。他将其称为头戴式显示器（head-mounted display）。用户把它戴在头上，就能看见一个由计算机生成的简易的三维场景，一种与用户所处真实环境交织的"虚拟现实"。今天，虚拟现实专门指代计算机生成的部分。而虚拟现实和真实世界的混合被称为增强现实——意思是通过虚拟现实技术"增加"或"优化"了的现实。两个名词都颇为奇怪地保留了"现实"二字。

有人认为萨瑟兰的头戴式显示器是虚拟现实或增强现实的第一次实现。之前固然有过更早的戴在头上的显示器，但这台显示器第一次能够追踪头部的位置并对虚拟场景接近实时地做出相应的调节，以适应用户不断变化的视角。图 6.40 展示的就是它的光学系统（图中不是萨瑟兰本人）。[103]

萨瑟兰的头戴式显示器远没有达到"完全掌控"一切物品的程度，但它的确以透视法显示的线段构建了一个三维世界的立体景观。这里的透视用的仍然是拉里·罗伯茨的透视法，那个结合了齐次坐标与矩阵的方法。1963 年萨瑟兰的《绘图板》没有拥抱计算机图形学的中心法则，但 1968 年他的头戴式显示器却遵循了它。[104]

摩尔定律让虚拟现实成为可能。头戴式显示器的出现时间就在第二加速期之初——戈登·摩尔才刚刚提出他的"定律"。的确，萨瑟兰在头戴式显示器中使用的正是集成电路芯片。[105]

据说，萨瑟兰随后宣称，计算机图形学中的全部问题都已经解决！这震惊了几代科学家，他们年复一年地继续解决着这个领域中的新问题，直到今天——西格拉夫会议中仍然满是他们的论文。与我通话时，萨瑟兰亲口向我保证他不可能说过那样的话。他的实际行动证伪了那个传言：1966 年萨瑟兰的一篇论文题目就是《计算机图形学的十个未解问题》("Ten Unsolved

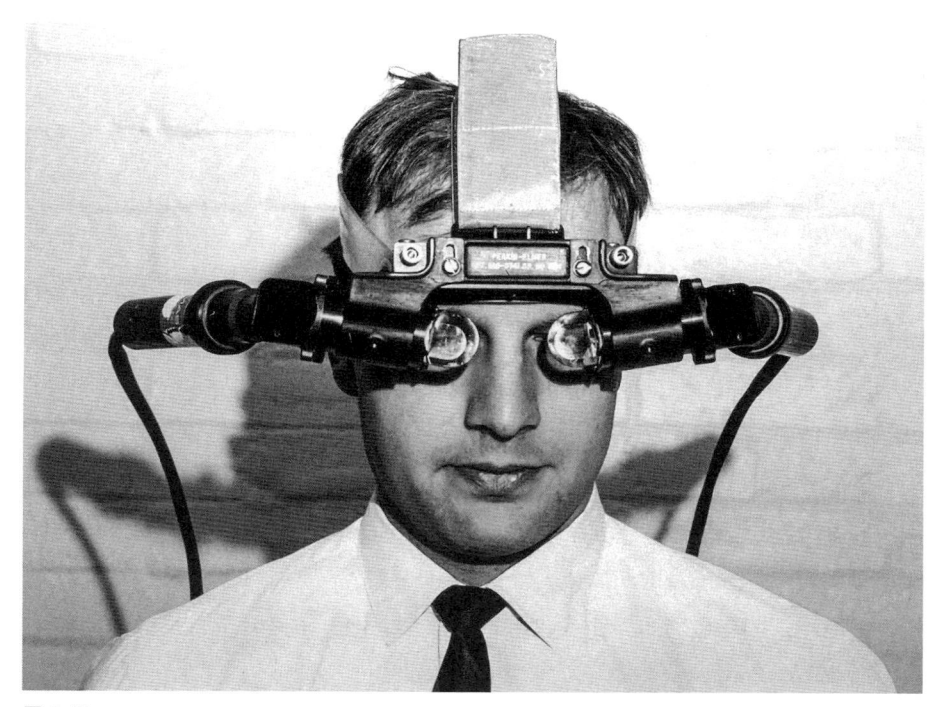

图 6.40

Problems in Computer Graphics"）。他给优秀的犹他毕业生詹姆斯·加治屋（James Kajiya）提出了这样的建议：

> 最佳的研究方法就是挑一个人人都觉得难的问题。找一个新角度去看问题，就能让它 90% 的部分变得简单。解决那 90%。这样其他所有人就会去研究那困难的 10%，并引用你的成果。[106]

后来，萨瑟兰本人转向了一个完全不同的领域中一个难度极大的问题。他与卡维尔·梅德（Carver Mead，是他提出了"摩尔定律"这个名词）搭档，一同解决看起来极难的集成电路芯片密度提高的问题。也就是说，萨瑟兰开始研究摩尔定律本身。他至今仍然在俄勒冈州波特兰市的办公室里研究着这个难题。[107]

数字光学：从形状到阴影

本章的开头，我讲了一个 20 世纪 70 年代初向拉维·香卡做的演示。我的目的是通过一个二维案例引出几何模型的显示方法，进而通过采样定理在样条构造中的反向应用强调其重要性。最后，作为对散点进行插值或逼近的样条被推广到对曲线（实际上是对样条）进行插值或逼近的曲面片。这就引出了计算机图形学的三维世界。

随后，我回到了旋风机时代的尾声，在本章余下的内容中穿越 20 世纪 50 年代和 60 年代。在先后与纳粹和苏联对峙的大背景下，美国做出了科技方面的重量级回应。美国政府，特别是 ARPA 和 NASA，保护并掌控着那场计算机革新的浪潮。创新者们也一头扎进了这种保护之中，不必背上常见的盈利需求和工业竞争的负担。

因为拉维·香卡演示和那些彩色的笔画来自 20 世纪 70 年代，您或许误以为本章其他部分中那些 50 年代和 60 年代的技术也有着彩色图像。但这并非事实。直到 20 世纪 60 年代末，彩色显示的鲜花才刚刚准备绽放，摩尔定律的燃料也刚准备好推动它的发展。

告别本章中的形状和灰度图像，我们在下一章中将要迎接色彩、晕染、透明、纹理、光线、阴影……它们统称为"明暗图像"。我们了解了渲染单色三角形的方法，接下来就要将它推广到整个计算机图形学之中。

本章的最后，我将关注范围进一步缩小到了计算机动画。下一章里，我们终于将了解，一部电影是怎样从那些机器的肚子里变出来的。

第七章　含义之明暗

图 7.1　最早的彩色像素（原图为彩色），1967 年，用于在阿波罗登月计划模拟器 NASA-2 中渲染登月舱

第一加速期是灰暗的。第二加速期是彩色的。在 1965 年戈登·摩尔提出他的著名"定律"不久之后，数字光学迎来了色彩的曙光。后者标志着第二加速期的开始。这并非巧合。彩色像素的每一次显示都是一次胜利的宣言——不仅仅是摩尔定律的胜利，更是计算机发展史上第二加速期的胜利。它为我们带来了爆炸般的增强性。像素获得色彩的时间是迷幻的 20 世纪 60 年代——正是爱之夏（Summer of Love）与人类大聚会（Human Be-In）① 发生的 1967 年。当然，这不过是巧合。数字化的色彩并非反文化运动的成就。相反，它是主流文明的产物，产生于人类奔向月球——也可以说逃离地球的过程中。我自己也是直到写作本章才发掘出了它完整的来龙去脉。[1]

在本章和下一章中，我将简要地介绍色彩的来源、从最早的彩色像素到最早的数字电影的发展历程，以及通过计算制作它们的方法。令人惊叹的是，这一切都发生在短短 35 年之内。但这也正是摩尔定律及其背后的增强性预言的：每 5 年增加 10 倍。在那些年中，数字光学经历了 7 个数量级的增长——堪称一颗真正的超新星。这颗星体放射的光芒点亮了当今世界上的每一块屏幕，照耀了本章和下一章中的每一行文字。第一批数字电影的制作者在它掀起的大浪中弄潮，在它抵达人类文明此岸的过程里推波助澜。不过，在当今世界上涌动着的这股浩浩荡荡的大潮之中，这些电影只能算小小的航标。

像素的这部分历史始于采样方法的发明；在下一章中，它将终结于数字大融合的来临。在两个节点之间，我试图展示数字光学的全貌；但摩尔定律的本质决定了对一个正在爆发的、有着不断增长的无数分支的辽阔领域来说，本书注定只能涵盖微不足道的一角。摩尔定律的超新星会不断为本书的字里行间塞进（以指数级增长的）越来越多的内容。

对此，我的解决办法是，让图像导向的计算机图形学成为这个广阔领域中的最后一个样本。而在此范围内，数字电影又将成为总结一切的收官。图像导向的计算机图形学代表了数字光学，数字电影又代表了其他一切种类的计算机

---

① 二者都是美国嬉皮士反文化运动中的重大事件。

图形学——包括电子游戏、计算机辅助设计、飞行模拟器、软件界面、虚拟现实，它们都源自数字大融合。

我们的旅程将这样开展：从 1965 年出发，我们将沿着摩尔定律跨越一个个数量级，走向新千年之际的数字大融合。其间，我们要经历五个阶段，对应着两章之中的五节。这两个章节保持着指数级的推进速度，每一节都以相应的摩尔系数作为标识：1 倍、10 倍、100 倍、1,000 倍、10,000 倍——每五年一分段。这样，每一节都能与一项摩尔定律支配下的工程奇迹对应起来。

摩尔系数 1 倍时期（1965—1970）

何为彩色像素？

在《数字光学的黎明：胎动》一章里，我们了解到，像素是视觉场域的样本。此外——更为重要的是，这是一个以比特的形式数字化了的样本。在本章中，我们将用像素对彩色的视场取样。自然地，我们称这类像素为"彩色像素"。

我们还知道，彩色像素本身是不可见的。它没有形状，只在某个单一点位上对视场进行采样。它在数学的网格框架上占据一个位置，同时与某种单一的色彩相关联。要看见无形的像素，就必须经过显示设备上某个显像元件的扩展并与其他经过扩展的像素在该点叠加。扩展和叠加的操作重新引入了初始视场中未经采样的无穷色彩。威力无穷的采样定理又一次施展了它的魔法。

但色彩到底是怎样与像素"关联"的呢？每一个显像元件都是现实世界中的一小块能够发出彩色光芒的物质。要实现其功能，它发出光线的颜色数量必须以百万计。因此，势必有某种控制手段来告诉显像元件何时该发出何种颜色的光。

重点是，像素没有颜色。它有的是对颜色的控制。不同的生产商生产的彩色显像元件大不相同，我们不妨针对一种具有代表性的模式进行讨论。显像元件由三个微小的发光部件构成，每个部件能发出三原色中的一种——红色、绿色或蓝色。在一般的观看距离上，我们的眼睛会将这三束分别发出的光线合而为一，看成一种单一的光色。这样一个彩色显像元件需要输入三个数据——比如三种电压——以控制、调节三个发光部件。电压越高，对应部件发出的光线就越亮。

我们对彩色像素的定义要求它必须在数字化的控制下显像。彩色像素中的比特以数字化的方式驱动着三个发光部件。简便起见，我们有时也会使用像素中"储存着一种颜色"的说法。但事实上，像素里没有储存颜色——正如比特中并没有 0 和 1。在下一部分中，我将严谨地使用像素"控制"，而非"储存"某种颜色的表述。

怎样数颜色

现在，我们来复习一下如何数字化地计数——具体来说，怎样"数"颜色。对于比特，我们用电灯开关做过类比。一个开关有着"开"与"关"两种状态，一如比特可以代表 0 或 1。因此，一个 1 比特的像素只能控制两种颜色的显示。一般来说，这两种颜色就是黑与白。但它们完全可以代表任意两种颜色——比如，淡紫色与黄绿色。

两个开关就能对应四种状态：同开、同关，以及两种不同的一开一关。因此，一个 2 比特的像素就能给显像元件提供四种颜色的指令。像素中的比特数每增加 1，其控制的颜色数量就翻倍。三个开关有八种位置，新增的开关能与此前的四种位置分别组合。因此，一个 3 比特像素能控制八种不同颜色。以此类推。简便起见，我会在每次提到像素的比特数时标注其对应的颜色数量。

当像素中的比特数增加到 6 以上，彩色像素就变得强大起来。这些比特位显然是储存颜色控制信息的好地方。这种直接存储方法也的确是今天最为常用的，这也导致了像素"储存"颜色的提法听起来是如此理所当然。

但在发展初期，在计算机存储成本还极为高昂的年代，更为流行是一种间接存储色彩控制信息的方法。这涉及"色图"（colormap），一张查找颜色的图表。像素中的比特携带着的是色图上的行数，色图本身则单独存储在计算机内存中的其他地方。这样做的目的是在单个像素比特数较低的条件下尽可能多地表示不同的颜色。

比如，我们有一个只含有 1 比特的像素。直接表示的话，一个比特可以控制某个显像元件的开或关。仅此而已。这样，单比特像素能直接控制的颜色就是对应关（0）的黑色与对应开（1）的白色。但采用间接表示法时，这个比特能够指示储存在其他地方的色图上两行之中的某一行——第 0 行或第 1 行。假设色图上的每一行有着 24 个比特，这种方法就足以表示超过 1,600 万种不同的颜色。图表上只有两行，这意味着某个时刻只有两种可能的颜色。但我们可以任意选择这两种颜色的组合，进而精确地表示出淡紫色和黄绿色。这种间接表示以电子运动的速度进行，因而对我们来说，这和直接表示法在速度上没有区别。运用这个技巧时，像素的功能并非直接控制显像元件，而是选择色图上控制着显像元件的某一行。

8 比特像素的例子更具代表性。一个 8 比特像素能指示色图上 256 行中的某一行。同样，我们假设每一行本身都有 24 比特。这样，每个像素不再直接表示 8 比特对应的 256 种可能的颜色，而是间接地表示 24 比特对应的超过 1,600 万种可能的颜色。在两种情况下，可以控制的颜色数量（256）保持不变，但这些颜色的选择却通过间接表示的方法大大增加了。

在本章中，我们将遇到 6 比特像素（64 色）与 8 比特像素（256 色），随后跃升到 24 比特像素（超过 1,600 万种色彩）。人类能够分辨的色彩最多约为 1,600 万种，因而更高比特数的像素意义不大。24 比特的像素在新千年后逐渐普及——令数字大融合成为可能。今天，这样的 24 比特（或者说具有 16 兆色的）像素随处可见，比如在数字电影和手机屏显中。

数字化色彩溯源

一种摆脱以往条件束缚的途径，就是用万能的计算机对未来进行模拟。这是人类已知的最高形式的"艺术"，它名副其实地

> 凭空创造出一个新世界……进行纯粹美学探索的可能性会是一场革命，但还没有人真正进行过尝试。《城市风光》（*City-Scape*）就是通向未来的第一步。
>
> ——吉尼·扬布拉德（Gene Youngblood），
> 《扩延电影》（*Expanded Cinema*），1970 年[2]

吉尼·扬布拉德在 20 世纪 60 年代为洛杉矶的各大报纸写作影评与专栏。1970 年，数字大融合发生 30 年前，他在《扩延电影》一书中预言了将要到来的变革。这本书是媒体艺术的开天辟地之作。那是一个全新的艺术领域，其载体是新兴的电影、视频——甚至方兴未艾的计算机图形。这本书是反文化运动的一大成就，在方方面面总结并讴歌了活力四射的 20 世纪 60 年代。它还出乎意料地为我们提供了许多有关数字光学历史的材料。

这本书的第二章里，我们了解到文字像素最早应用于 1965 年。在《扩延电影》中，扬布拉德只使用过一次"像素"这个词，所有字母全都大写。对他而言，这还是个陌生的词语。此时，摩尔定律已经提出，但还没有引起公众的关注。正如扬布拉德观察到的那样：

> 要生成实时的逼真动态图像，当下计算机的比特数还远远不够。[3]

扬布拉德并不知道，他已经在数字色彩出现前夕留下了一张宝贵的快照。他没有定义像素，但他所举的例子已经自带了定义。他的书也为我们留下了最早的彩色像素的蛛丝马迹。

假如《扩延电影》的判断是正确的，那么太空竞赛就注定成为彩色像素的温床。正如我们在第六章中看到的那样，军方背景的 ARPA 资助了前色彩时代的计算机图形学研究。它的姊妹机构 NASA，则在同一时期推动了彩色计算机图形学的发展。

在《赛博电影和计算机影片》（"Cybernetic Cinema and Computer Films"）一

章中，扬布拉德讨论了 NASA 与位于帕萨迪纳的 JPL 在"水手号"（*Mariner*）宇宙飞船项目上的合作。从 1962 年到 1973 年，NASA 与 JPL 携手成功完成了七次分别前往火星、金星和水星的无人航天任务。JPL 为这些计划搭建了一个图像系统。对此，扬布拉德写道：

> 这个美妙的系统能将实时电视信号转换为数字图像单元，并存储在特制的数据存盘中。被存储的不是图像本身，而是其数字化转译。[4]

也就是说，它存储离散的像素，而不是连续的模拟电视信号。

本节开头的引言摘自扬布拉德关于《城市风光》的讨论。这是由彼得·坎尼策（Peter Kamnitzer）制作的一部描绘简化版城市风景的彩色影片。扬布拉德注意到，这部影片是在通用电气公司（General Electric）为 NASA 设计的一个模拟器上制作完成的：

> ［1970 年时］它被用于模拟火星着陆已经长达十年了。[5]

NASA 的合作者通用电器公司与 JPL 会不会早在 1960 年或 1962 年就已经实现了彩色像素的显示？不要忘记，麻省理工学院的三巨头和计算机图形学的中心法则——三维的欧几里得几何通过文艺复兴的透视画法在二维中呈现——在 1963 年才刚刚登场。假如色彩反倒出现在黑白之前，那可真是令人吃惊。现在，让我们来看看对 NASA 来说色彩意味着什么。

通往色彩空间的太空竞赛

扬布拉德笔下的 JPL 系统能以 6 比特像素描绘数字化的彩色图像。这个系统归根结底是这样工作的：传输回地球的图像被储存在一个飞转的磁盘中，随后被重组为 512 行 480 列像素的彩色电视图像。但 JPL 最早的图像（图 7.2）远没有那么精致：它内存中的像素只有 200×200，而显像手段竟是纸

图 7.2

笔手绘！

用于存储像素的数字化内存有一个专门的名字。它被称为"帧缓存"（framebuffer），顾名思义能够"缓存"（存储）"图帧"（数字图像）。它无非就是普通的内存，但您能看见它存储的东西。帧缓存与显像设备紧密相连，后者每隔三十分之一秒就将帧缓存清空并利用那些像素来控制彩色显像。在绘制第一张太空图像时，JPL 采用了一种适配了 6 比特像素的机械帧缓存——那个飞转的磁盘，来呈现 200×200 像素的图像。[6]

1965 年 7 月，水手 4 号抵近火星，并传回了第一张图像的数据。这艘太空船一共向地球传输了 21 张分别用红色和绿色的滤镜拍摄的照片。因为是从运动中的飞船上拍摄的，这些图像并不连续。但它们确有重叠之处，因而能够进行粗糙的色彩还原——当然，仅有红绿而没有蓝色。工程师们迫不及待地想一睹火星的真容，甚至等不及计算机的处理和显像。于是，他们从美术商店买来了蜡笔，根据打印出来的原始像素数值手工绘制了一幅图像。他们并没有使用电子的显像"设备"，因而在我们的定义中，这不能算第一幅数字化彩色图像。[7]

经过仔细的研究，我们发现这并非火星的真实颜色。这次探险的官方报告中明确写道:"尽管采集到的原始数据基本上相当于双色照片,但并不能将两幅独立的图像合并得出真实的彩色图片。存在诸多其他因素使得我们无法直接从这些数据中直接分析出某种真实的色彩。"激动的工程师们所做的操作是按照亮度数值给图中的 6 比特像素分配颜色。他们用浅色表示更亮的像素,用深色表示较暗的像素。这样得出的色彩恰好看上去与火星本来的颜色相似。他们刚好选对了蜡笔。在那时,工程师们还不知道火星的真实颜色是什么。[8]

水手号工程师们使用的技巧与利用色图将颜色间接赋予像素的方法不谋而合。他们预设了一种颜色的量表或者说图例,比如用棕色对应 45—50 的像素值、用黄色对应 20—25……诸如此类。他们只用了 6 种颜色,而不是这种技巧所允许的 64 种(来自 6 个比特所能表示的所有数)。换句话说,他们建立的颜色表将 64 个像素值与 6 种颜色相联系。例如,表中的第 45—50 行,对应 45—50 的像素值,全都用同一种棕色来表示。[9]

色图法显示的图像有时被称为"伪彩色"(pseudocolor)图像。这些颜色只是随机地被分配给了不同的像素值,并不存在某种确切的顺序。水手号工程师们绘制的就是这样一幅图像。色图中的色彩并不一定要表现现实。早期的计算机艺术家们经常使用伪彩色操作——他们最常用的彩虹色很快就变得和扎染 T 恤一样俗气了。

尽管这幅图像在太空探索中有着里程碑式的意义——来自火星的彩色图像!但出于两个理由我们无法将它称作第一幅彩色数字光学图像。首先,机械磁盘的使用是一大瑕疵,这与我们在计算机和电影技术的早期看到的一样;我们要寻找的是彩色像素的首个完整的电子化呈现——帧缓存手段必须完全电子化。其次,手工绘制的显像模式使这幅图像被排除在数字光学之外。水手号系统实现的成就只能算"准第一"。

最早的色彩样本不是像素

假如最早的彩色像素不属于 JPL,那么通用电气公司呢?这是扬布拉德书中提到的另一种可能性。

1964 年 8 月，通用电器公司在"最终报告"中描述了在我看来或许是第一次对计算色彩（computed color）的应用。通用电器公司为休斯敦 NASA 载人航天中心提供的一套飞行模拟系统应用了一个描绘地面的模型。它为模拟器中的地面覆盖上了无限重复的色彩板块。图 7.3 是这个通常被称为 NASA-1 的系统生成的一幅早期彩色图像。图中粗糙地表现了航天员透过飞船舷窗眺望时眼中的月球形象——红色的区域是着陆区，不同纹理则用来表示月球地貌，比如环形山。[10]

您可以将每一个板块都看作由许多更小板块拼接而成的栅格化阵列。每个板块由八八六十四个正方形的小板块构成。它们可不是像素！它们是几何形状。NASA-1 根据透视法计算出了这片地表上的视野，并沿着彩色电视的扫描方向逐个用显像元件显示出来。这个过程是实时的，计算和显示都非常迅速。

图 7.3

这正是这套系统在 1964 年造价高达数百万美元的原因。在每一个显像元件处，NASA-1 都计算出宇航员在那个时刻应该看见哪一块小板块。这是一种基于透视几何的几何运算。之后，系统就只需要找出该小板块对应的颜色，并传输给彩色显示器。[11]

这听上去非常像对连续视觉场景采样后在显像阶段根据样本重建场景的过程。但这些样本是模拟的。在这个模拟器中，颜色不是以数字化的形态被存储的。每一种色彩都来自电位计（potentiometer）的特定旋转角度，就像老式收音机上的音量旋钮或氛围灯用于调节明暗的旋钮。因此，NASA-1 采取了彩色样本，却没有将它们转化为彩色像素。它们并不是最早的彩色像素。

NASA-1 着色系统的另一个"准第一"头衔来自其对另一项技术的应用。这项技术在计算机图形学中被称为"纹理映射"（texture mapping）①。存储在阵列中的色彩为原本一无所有的开阔场景赋予了结构。然而，同样因为数字化的不完全，我不能将它算作史上第一次应用纹理映射。这个第一还在等待一位年轻人的出现。他就是埃德·卡特穆尔。1974 年，他在完成于犹他大学的那份了不起的博士论文中第一次阐明了这项技术。我们在本章的后面会再次谈到他和他的论文。

罗伯特·舒马克（Robert Schumacker）在 20 世纪 60 年代初曾是纽约通用电气公司的一名工程师。他参与了 NASA-1 的研发。在他发自盐湖城家中的一封电子邮件中，他附上了一幅当年的工作照。照片中，他留着平头，叼着烟斗。此外，他还详细介绍了我刚刚提到的那幅模拟器图像是怎样在当年内存窘迫的早期计算机上制作出来的。最重要的是，他指出了样本和像素之间的细微差别。[12]

他还向我讲述了那项工程最为离奇的一面。模拟飞船的横滚——俯仰、偏航、横滚中的横滚②——必须显示给宇航员。但普通电视的扫描线总是横向

---

① 又称"纹理贴图"。
② 俯仰（yaw）、偏航（pitch）和横滚（roll）分别是对飞行器在三维空间的直角坐标系中绕 x 轴、y 轴与 z 轴旋转的描述。

的。对此，NASA-1 的应对办法是让整个电视机显示器的阴极射线管利用电磁偏转装置实时地转动起来。舒马克本人就负责了这项独特的模拟技术的研发。这实在是一种能让人惊掉下巴的设计。但在前摩尔定律的 1964 年，这个办法比算出横滚中的实时视野要便宜得多——哪怕对有着百万预算的项目来说，这也十分重要。[13]

惠特尼家族的功绩

扬布拉德在他书中的历史快照里留下了另一条关于最早的彩色像素的线索。他描述了惠特尼家族——一个来自加州的艺术家族——绚烂的集体创作。这个家族包括兄弟二人约翰和詹姆斯，以及约翰的三个儿子小约翰（John Jr.）、迈克尔（Michael）和马克（Mark）。惠特尼们创造了最早的彩色像素吗？[14]

老约翰·惠特尼（John Whitney Sr.）创作的早期"计算机艺术"并不在数字光学的范畴中，因为这些作品是通过模拟设备完成的。他早年的电影作品相当精彩，深深地打动了我。只是它们并不是数字化的。其中完全没有像素，也没有数字计算机。但 1968 年，情况发生了变化。那一年，老约翰创作了一部名为《排列》（*Permutations*）的影片。为此，他用上了一台数字计算机。但其图像是绘图式的，仍然没有像素。而且，《排列》中的色彩也来自后期通过有色滤镜做的添加，而非通过计算。《排列》的确很棒，但仍然不是我们要找的。[15]

他的兄弟詹姆斯·惠特尼（James Whitney）也创作了美丽的作品，但同样没有用到像素。因此，我们将目光投向下一代。两位小字辈，小约翰和迈克尔的确制作了数字化的计算机艺术电影。迈克尔成了第一个驾驭像素的惠特尼，他的成果是《二元比特图案》（*Binary Bit Patterns*，1969）。但他同样是用光学的方法上色的——仍然不是彩色像素。我们会看到，是小约翰在摩尔定律的襄助下最终迈向了彩色的像素。[16]

《城市风光》

吉尼·扬布拉德在书中对彼得·坎尼策的《城市风光》大加赞美。坎尼策是加州大学洛杉矶分校的一位建筑学教授。他想要搭建的是一个用于城市规划而非艺术创作的图形学系统。以美术表现为目的的图像制作在当时计算资源极为宝贵的情况下一定会被认为不务正业，就像婴儿机早期《黎明曙光》面临的情形那样。

无论坎尼策的想法是什么，他成功获得了那台造价200万美元（相当于今天的1,500万美元）、由通用电气公司提供给休斯敦NASA载人航天中心的模拟器的使用权限。1968年，他用这台机器制作了《城市风光》，一段实时、流动的简化版城市风景。这个程序是彩色的，但这种色彩是如此原始，以至于扬布拉德在《扩延电影》里提到它时都没有使用原有的配色。图7.4就摘自扬布

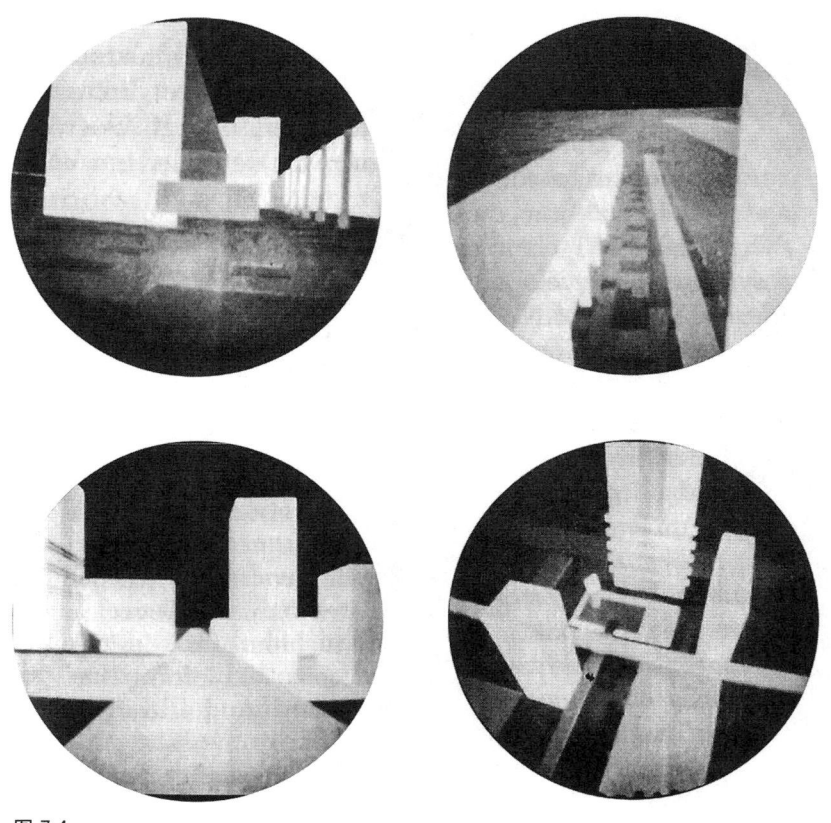

图 7.4

拉德的书。

相反，扬布拉德为《城市风光》本身倾倒。他写道："在此之前根本不曾有过任何写实的计算机图像。"换句话说，这个NASA系统凭空变出了像素。扬布拉德的痴迷或许让今天的我们感到意外。[17]

但令我感兴趣的是，那些像素的确是彩色像素。1968年，扬布拉德将这个系统称为NASA-2。但它的正式名称到底是什么？它是何时第一次制作出色彩的？关于《城市风光》的讨论最终成为我开启历史考据的线索。

最早的彩色像素与第一次彩色渲染

> 我们的孩子每学会一项新技巧，便向着成人状态迈出了一步。这也是人类进步的手段。当电影第一次出现时，人们说世界彻底改头换面了。半色调（half-tone）的明暗着色图形学的诞生同样彻底改变了计算机世界。
> ——W. 杰克·伯克奈特（W. Jack Bouknight），1969年[18]

NASA-2是NASA-1之子。它也同样是由通用电气公司为NASA宇宙飞船项目的模拟工作准备的——这一次是阿波罗登月计划。两个系统出自同样一批工程师之手，在纽约州的通用电气公司工场完成研发。NASA-2实现了若干重要的第一：

1966年6月28日，它显示了第一幅三维模型——一个四面体的灰度（grayscale）渲染图像。[19]

1967年3月31日，它生成了第一批彩色像素。关于这些6比特像素（64色）的详细讨论见下一节。

同日，它显示了第一幅三维模型——阿波罗登月舱的彩色渲染图像。[20]

了解到是 NASA-2 制作出了最早的彩色像素后，我发现了两位关键工程师：罗德尼·罗日卢（Rodney Rougelot）和罗伯特·舒马克，也就是我们在前文关于 NASA-1 的部分中见过的那位。他们两人退休后都生活在盐湖城。

2018 年，我前往盐湖城拜访他们两人。罗日卢亲切地邀请我去犹他大学附近的家中见面。共事数十年后，他和舒马克仍然是最好的朋友。因此，他们一起在罗日卢家里与我畅谈了 7 个小时。

罗德（罗德尼的昵称）·罗日卢是个爱开玩笑、伶牙俐齿的人。我都没有注意到他是两人中较矮的那个，直到他自己大笑着指出这一点。随后，他向我讲述了他们俩那次意义重大的相识：

1951 年，罗日卢在开学前四天抵达了纽约州的康奈尔大学。他早早地前往一处童子军营地参加新生活动。在那里他和另一位新生唐纳德·格林伯格（Donald Greenberg）共住一顶帐篷——后者日后也同样成了计算机图形学的先驱。我们将看到，他们的人生轨迹从此密切相关。[21]

1956 年，罗日卢从康奈尔大学毕业，获得了电子工程专业的学士学位。自 1960 年 7 月起，他开始在通用电气公司位于伊萨卡的厂区工作。伊萨卡正是康奈尔大学的所在地。

同年，鲍勃（罗伯特的昵称）·舒马克，两个朋友中身材较高的那个，在麻省理工学院获得了电子工程硕士学位之后来到了伊萨卡的通用电气公司。当我在盐湖城罗日卢家里见到他时，舒马克已经不再留青年时代的平头，也不再抽烟斗。如今他是一位资深飞行员和乡村舞者。当他说话时，他会全神贯注地直视听众。对于我提出的技术细节上的问题，他不仅有问必答，还仔细地用我能明白的语言讲得通俗易懂。

他们两人——和其他团队成员一道——为阿波罗计划研发了模拟器 NASA-1 和 NASA-2。NASA-1 完工于伊萨卡，NASA-2 则诞生于北面 50 英里处的雪城。团队在 NASA-2 上应用了集成电路，那是当时的最新科技。到 1967 年初，这台模拟器已经显示出了最早的彩色像素，并用那些像素渲染了三维对象。在本书的叙事背景中，这是摩尔定律最早的果实之一。它标志着第二加速期真正的开端。[22]

1972 年，罗日卢和舒马克跳槽去了盐湖城的埃文斯萨瑟兰公司，并在那里继续研发了一系列越来越精致的飞行模拟器。伊万·萨瑟兰在视频通话中告诉我，这些前通用工程师对埃文斯萨瑟兰公司后来的成功至关重要。罗日卢最终出任了这家公司的 CEO。[23]

更早的彩色像素——实心红三角

当图形学先驱鲍勃·斯普罗尔（Bob Sproull）向我问及罗日卢和舒马克为 NASA-2 项目推出原型机的情况时，我已经快要写完本书了。他的意思十分明确：彩色像素的第一次出现很可能还要早于 1967 年 3 月 31 日。斯普罗尔的直觉是对的。

舒马克记得，当他们说服 NASA 相信渲染三维对象的可行性时，他们展示了一个"实时三角形"的演示。我从这个名字开始追问，发现了宝藏。罗日卢和舒马克的回忆越来越清晰。那是在 NASA-1 于"1965 年或 1966 年初"交付以后。他们演示的是一个实心的红色三角形。它在三个维度上旋转和平移的同时，令人信服地被程序实时渲染。他们通过 NASA-1 的可编程部分控制模型的运动，又做了一个外接的专门设备（还没用上集成电路）用于图像的渲染。[24]

舒马克回忆："通过这个三角形试验，我们发现要以这种方式渲染任何有用的系统显示，哪怕仅仅是几个多边形，都是一项过于昂贵且浩大的工程。幸运的是，集成电路恰好在我们竞标的时候出现了……摩托罗拉（Motorola）还在完善它的制造流程时，我们就将它纳入了我们的设计！"[25]

这个差点被遗忘的演示记录了第二加速期的爆发时刻，值得大书特书。保守地估计，这些最早的彩色像素诞生于 1966 年初。但这个时间仍有商榷余地。严格来说，1967 年的那个日期应该是人类第一次渲染出带明暗变化的彩色像素的日子。

怎样渲染一个彩色三角形

罗日卢和舒马克在通用电气公司的 NASA-2 上完成了阿波罗登月舱的三维彩色渲染（图 7.1）。他们是如何做到的呢？

此前，我们已经提到，任何复杂的三维几何模型几乎总是可以被划分为许多三角形。在第六章里，我说明了怎样渲染单个三角形。借助计算机的增强性，千百万个三角形可以通过相似的方式完成渲染。

这里，我们所说的三角形是指一个由三条线段围成的平面区域。在平面几何中，三角形就只是那三条线段；但在此处，线段之间的面积才是关键。

让我们首先来看看 1967 年这个登月舱的例子，其中的三角形尺寸比像素间距要大得多。之后，我们还会讨论三角形尺寸小于像素间距的情况。新千年到来之后，后者才是普遍的情形。图 7.5 将两种情况做了对比（请仔细找找那个小三角形）。图中的点阵代表的是像素的位置——即样本被采取的位置。不妨将这两个三角形想象为纯粹的几何图形。当然，它们不是。在本书的书页上它们已经经过了印刷这个显像手段的渲染。但我们姑且把它们当作完美的三角形。

最糟糕的渲染方法莫过于此：假如某个像素位点位于三角形中，那么这个像素的颜色就显示为三角形的颜色（原图为蓝色）；否则就显示为背景的颜色（白色）。图 7.6 显示了这样处理的结果，蓝色的圆点代表了蓝色的像素。请注意，那个小三角形完全丢失了，而大三角形也充斥着难看的"锯齿"。

但这并非蓝色三角形的数字图像，那些圆点也并不是像素（讽刺的是，它们本身倒是通过像素显示的）。圆点和小方块一样，都不是像素真正的形态。我们也完全可以用小星星来表示。像素只是被分配了颜色的点位。图 7.5 中的黑点表示的是采样的位置，图 7.6 中的圆点就是在这些位置上取得的带色彩的样本。请注意，图 7.6 中其他位置上的圆点都是白色的，因此在图中看不见它们。所有这些都必须经过某种显示设备（屏幕或打印机）的渲染，以将它们转化为一幅我们看得见的数字图像。

尽管这种方法是最糟糕的一种，早期的图像处理系统仍然广泛采用这种方

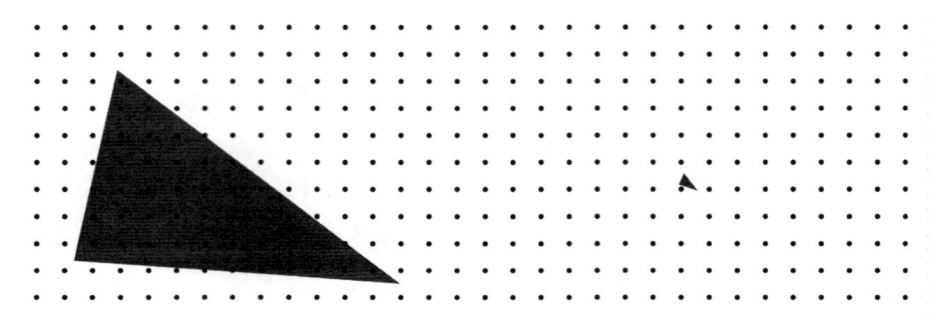

图 7.5

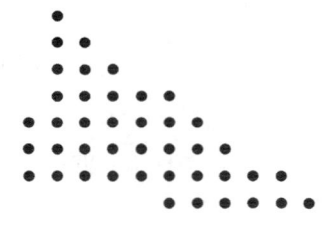

图 7.6

法。通用电气的工程师们在 1967 年正是以这种方式将登月舱模型渲染为最早的彩色像素的。请看图 7.1 中登月舱边缘的锯齿。这是一种原始的渲染方法，完全没有将采样定理运用其中。

　　接下来，我们就利用采样定理对两个完美的三角形做理想化的渲染。我们还将历览历年来先后发展出的、让理想化渲染方法在实际操作中变得切实可行的各种近似处理。在内存紧缺、算力不足的年代，这些方法有着尤为重要的意义。要直观感受这种紧缺和不足，请将本章中的摩尔指数 1 和 10 与今日（2020年）高达约 1,000 亿的摩尔指数相对照即可。今昔对比，当年的算力水准竟比今天落后了 11 个数量级！若不是亲身经历，这实在是难以想象的差距。

　　采样定理的应用流程仍然清晰明确。首先以（略高于）对象最高频率两倍的频率采取样本。但几何的三角形有着锐利的边缘。还记得我们说过，锐利边

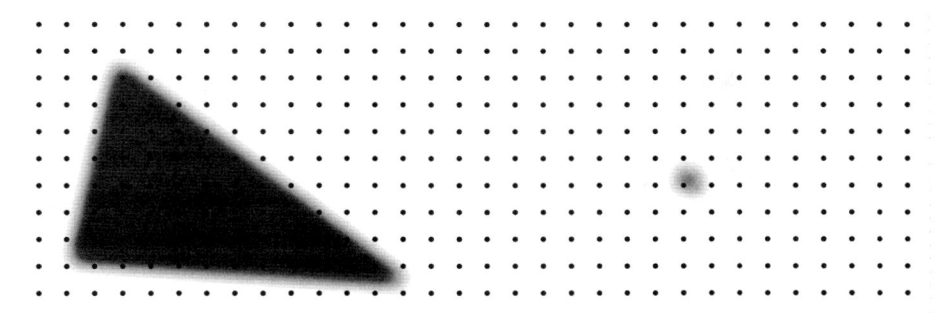

图 7.7

缘意味着高频率。事实上，我们对完美三角形的采样频率永远不够高。它们边缘所含的频率实在是太高了——高达无穷。像素和显像元件排布的密集程度则受到物理上和经济上的双重限制。

在计算机图形学中，我们通常向另一个方向努力。像素的排布是给定的——我们的例子当中就是如此——而我们要做的是让采样定理适应现有条件。这意味着我们必须抛弃完美三角形中过高的频率——也就是它的锐边。我们必须确保这些边缘足够钝，这样它们在背景中出现的频率就不会高于像素的分布。图 7.7 显示的就是经过了糊化处理的两个完美三角形。我们的像素因而能够对其进行正确的采样。较小的三角形经过处理后几乎看不见了。两个图形看上去都十分模糊。但是，假定真实的间距是图示的百分之一，差不多和您手机的显像元件一样大小，这种模糊就几乎看不见了。图中所示的情况经过了相当程度的夸张。

图 7.8 则显示了对模糊三角形采样而得的像素。请再次注意，我们是看不见像素的。它们没有形状，图中的圆点仅仅是一种示意——像素只是一个位置及其被分配的颜色。这一次，小三角形没有消失。

还记得采样定理告诉我们：我们能看见两个模糊的三角形，是因为像素经过了扩展和显像设备中显像元件的显示。我们的模型里没有完美几何图形。因此，像素也不会精确地表现出锐利的完美边缘。这不过是采样定理的另一种表述方式。窍门在于，当解析度足够高时，人类的肉眼就会欣然接受这些略模糊

图 7.8

的三角形——在一般的视距上，它们在我们的眼中已经不再模糊。

但这种理想的渲染方法有一个问题。"移除某个锐边几何体中过高的频率"到底是什么意思？在模型中取代了那个三角形的是什么东西？取而代之的应当是某个边缘经过圆滑处理的三角形才对。假如将前后两个三角形重叠，那么它们的重合部分应当在模型中有所体现。但它们并非几何概念。在计算机图形学中，没人真的去替换掉某个几何模型，再代之以新的去除过高频率的圆润版本。那么他们是怎么操作的？计算机图形学家们基于理想情况不断研发出越来越精细的近似方法。事实上，计算机图形学的全部历史完全可以被看作诸如此类的"障眼法"不断发展的历史。接下来，我们就来看看其中的一种。

二次采样

要是我们以分布更为致密的像素位点进行采样，会发生什么？请想象所有像素的间距都缩小到了原来的一半。图 7.9 左侧展示了原来的像素位点；中间是更致密的新像素排列；右侧则是前后两种的叠加。事实上，更致密的采样会让诸如锯齿的混叠误差出现的频率（在水平和垂直两个方向上同时）提高一倍。但问题在于，算力条件不允许我们动用四倍数量的像素来进行帧缓存。我们该怎么办？

办法就是在每个真实像素位点（大圆点）附近的四个位置上再次对模型进行采样，如图右所示。每个真实位点周围取得的四个样本被称为"次级样本"（subsample）或"次像素"（subpixel）。四个次像素颜色的平均值给出了中间

图 7.9

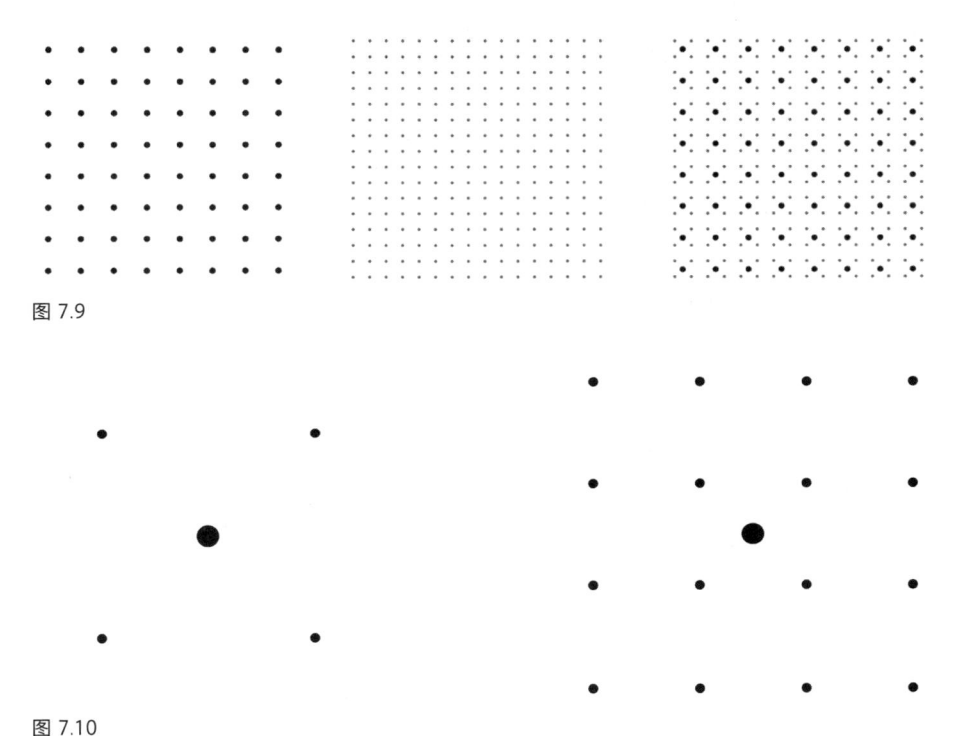

图 7.10

那个真实像素的颜色——也就是那个经过存储、最终传输给显像元件的像素。右图中，您在每个像素位点周围都能找到一个 2×2 的次像素阵列。

在此，我采用了 2×2 的次像素阵列完全是出于方便。更高的密度同样可行。皮克斯使用的就是 4×4 的次像素阵型。图 7.10 放大展示了两种情况的对比。较大的圆点是真实像素的位置，周围的小点就是其次像素点位。在 4×4 的情形中，16 个次像素颜色的平均值给出了中间那个真实像素中存储的颜色——实际传输给显像元件供其展开和显示的颜色。

二次采样的技巧有效地提高了最终输出图像的解析度，但它并没有完全避免对高频对象做低频采样引起的瑕疵——例如，三角形的边缘。2×2 的次级样本阵列让这种方法所能处理的最高频率翻了一番，4×4 阵列则将它提高了 4 倍。但锐边中仍然会有更高的频率。一劳永逸地解决这个问题还有一种巧妙的办法。等摩尔定律把算力再提高 3 个数量级时，我们再回头来介绍这个方法。

真实——中心法则的延伸

> 所谓真实，不过是一种处理复杂性的权宜之计。
>
> ——匠白光[26]

"你们的目标是模拟真实吗？"这是计算机图形学早年岁月中我不断在演讲时被问到的一个问题。对此，我的回答是："非也！"同时为这个问题深感恼火。因为我们想要的是艺术创作，而不是对现实的模仿。我最终将两者合而为一，得出了引言中的这句警句。这让发问者和我同事感到满意——至少在当时如此。我想要表达的重点是，假如一部动画创造出的世界足够丰富——比如说，以假乱真——那么观众们就能无障碍地接纳它，转而将注意力放到动画角色身上，不会因背景的失真而出戏。真实并不是我们的目的。它只是令动画角色和它们身处的虚构世界能够不受束缚的条件。

尽管如此，模拟现实的课题一直萦绕在计算机图形学家们心中。NASA 的工程师们一马当先，想要将月球和登月舱的真实样貌展现在阿波罗宇航员们眼前。数字光学的另一分支计算机辅助设计也把如实呈现真实世界中的物体当作它的目标之一。

但真实本身似乎与数字电影中的奇幻想象和在此之前电影中的早期特效南辕北辙。要解决这对矛盾，需要进一步发展中心法则，使之超越欧几里得几何与文艺复兴透视。我们要将牛顿物理学纳入其中——特别是光、运动和重力的物理学。计算机显然不受中心法则的约束，数字光学也是如此。

不妨把中心法则想象为计算机图形学的"交响"形态。尽管在形式上受限，创意却可以不受束缚。在中心法则之内创造出来的幻想世界尊重真实世界中的物理、几何与透视。《玩具总动员》中的伍迪和巴斯光年在地球重力场中行走，其光影颜色也都遵循现实世界中的规律。或者说，至少看上去如此。

奇怪的是，居然从来没有人清晰地表述过中心法则。这或许是因为它过于显然。对计算机辅助设计用户来说一定如此。如我所见，图像导向的计算机图形学与计算机辅助设计同出一脉。此外，现代视觉特效技术也需要严格遵循中心法则，才能让计算机合成的图形与实时拍摄影像融为一体。这让我们想起拉里·罗伯茨，三巨头中提出透视原则的那一位，正是在计算机虚拟三维图线和现实几何体照片的结合中发展出了他的方法。

动画师们在这种形式中加入了压缩与拉伸，但他们的世界仍然属于默默遵循着中心法则的"普通"范畴。所有的计算机图形学家曾经且至今仍然在通过各种各样的技术投身于模拟现实的事业。

模拟真实

> 但那不过是些障眼法。事实上，对肥皂泡、空气、流水等一切物理实体做模拟的成本实在过于高昂，在他的一生中都不可能实现……但他并未因此感到沮丧，反而颇觉宽慰，甚至欣喜——他生活的美丽宇宙还是有超越模拟算法的复杂性。
>
> ——尼尔·斯蒂芬森（Neal Stephenson），《坠落，或躲进地狱》（*Fall; or, Dodge in Hell*），2019 年 [27]

对串行数字计算机（serial digital computer）和解析度有限的图形显示器来说，"真实"是遥不可及的。模拟真实永远只能是我们的一厢情愿。真实是连续的——至少在我们关心的、远远大于量子尺度的日常生活中如此。真实是同步进行的。来自太阳和其他光源的射线同时普照真实世界的每一个角落。尽管我在引言中称真实"不过是一种处理复杂性的权宜之计"，但真实世界的解析度着实高不可攀。

本书并非计算机图形学教材，因而我不会深入探讨这门学科为了模拟真实而发展出的每一项技术。相反，我宁愿对一些早期的突破做一个概述，并思考如何超越它们。应当指出，这些技术同样广泛地应用于数字光学的许多其他分支——例如电子游戏、计算机辅助设计、飞行模拟器、虚拟现实和增强现实。尽管我将数字电影当作呈现整个数字光学全貌的抓手，这些技术却不仅仅局限于这个领域。

在本章和下一章中，我会聚焦那部标志着数字大融合到来的最早的数字电影——我称之为"第一部数字电影"（The Movie）。我将着重介绍制作这部电影用到的种种技术。但这并非唯一的叙事线。当"电影"在纽约理工学院诞生时，我们并不介意将其制作成二维且外带一个插帧程序的形式——违背了中心法则。毕竟，多年来全世界已经习惯了迪士尼动画中的灰姑娘和白雪公主。故事和角色才是主心骨——我们的作品也不例外。

但正如摩尔定律驱动下的一切技术，随着计算机图形学界驾驭了性能不断升级的硬件设备，制作出第一部符合三维中心法则的数字电影也成了小菜一碟。这或许也解释了迪士尼为什么花了那么多年才终于接纳了这种新的动画形式。迪士尼一直等到它获得了来自票房，而不仅仅是电影人的认可后才从心底接受了这项技术。

明暗着色

我们已经讨论了渲染。现在让我们来看看明暗着色（shading）。这是本章标题双关语中"明暗"一词指代的技术。一般来说，"明暗着色"的意思重在着色，是指对每个渲染过的像素的最终色彩进行选择。在上文的三角形的例子中，这个词的词义一目了然：每个像素要么是蓝色，要么是白色。随着本章的进一步展开，摩尔定律开足马力（可惜没人发明"摩力"这个字眼），明暗着色一词的含义也得到了延伸。在彩色像素发明之初，"给平面上色"还局限在中心法则的约束中——简单地增大或减小平面上各个位置色彩的明度（brightness），同时保持其色调（hue）不变。之所以叫"明暗着色"，是因为"明"字表示颜色明度增加，"暗"字表示明度降低。

图 7.1 中渲染的阿波罗登月舱就体现了一种极为简单的明暗着色。图中一个孤零零的光源从图像观看者的右后方打光。图形中，表明被光照射更多的三角形就显得"明"亮；转过一些角度，被光照射少一些的三角形就显得"暗"淡。这种上色方法被称为"平面明暗着色"，很好地利用了摩尔定律早期的有限条件：渲染出的每个三角形都只上了一种颜色。

要理解平面明暗着色，不妨想象每个三角形的中心都升起了一根旗杆，如图 7.11 左侧所示。旗杆顶端直指向上，与三角形所在的平面垂直。这根旗杆与光源方向之间所成的夹角对于计算至关重要。假如三角形正对着光源——也就是说旗杆与光源方向的夹角是 0 度，那么这个三角形的颜色就是最明亮的，完全没有阴影。当夹角度数增加，阴影就越来越重，色彩也随之变暗（图 7.11 中间）。当三角形平面与光源方向成直角时，其表面就最大程度地覆上了阴影。超过了这个角度的三角形全都背向光源，因而完全不会被照射到（图 7.11 右侧）。明暗程度的计算需要用到三角函数（trigonometry），本书不展开讨论其中的细节。简而言之，此处的计算处理必须与几何学一样精确而明晰。我们可以让计算机来完成这种计算。在增强性的加持下，它能轻而易举地自动重复千百万乃至数十亿次计算。

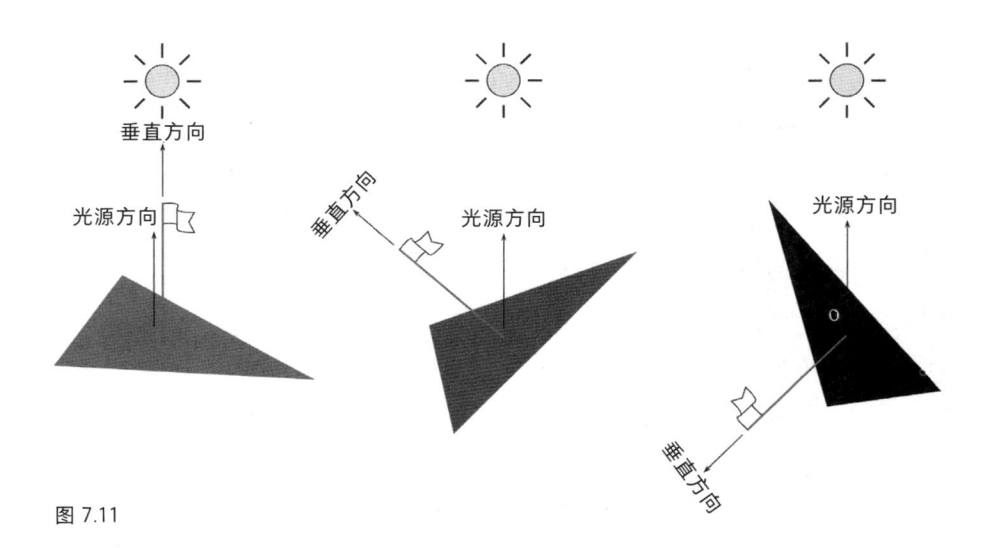

图 7.11

"流"向数字电影

在本章中，我开始将前面章节中的若干头绪或者说串流融汇到一处，以进入数字光学的下一阶段——计算机动画电影的时代。图 7.12 中的流变图谱意在抓住这些线索的要领，并将它们拧成一股绳。

这张图谱的核心要点还是一如既往：没有简单的叙事，也不存在包打天下的个人英雄。简洁起见，许多姓名被略去了——在本章和下一章中，这是件很不容易的事——但他们的故事通常都能在附注中找到。这张图表只是一幅速写，而非完整的、学究气的历史档案，且仅仅局限于计算机图形学中的数字电影分支。最后，本章和下一章的文本都可以被视作这张图表的详细图释。

这张图表中新加入了发源自 NASA 和通用电气的一脉，作为最早的彩色像素的源流。它同样串联了盐湖城的埃文斯萨瑟兰公司，只是与前面章节中在 ARPA 脉络上的出现有着不同的原因。这样，三条线索——犹他大学、埃文斯萨瑟兰公司和施乐帕克研究中心就交织在了一起，汇入了纽约理工学院的主流，进而衍生出卢卡斯影业和皮克斯工作室。另一条支流则从通用电气公司流向康奈尔大学，最终同样归于卢卡斯和皮克斯。

然而剩下的名字还有很多，因而我们在图表中引入一个新的图形：若干有联系的人名被归入同一个大框中。例如，最大的长方形框中的八人都先后工作于犹他大学和纽约理工学院。假如一个箭头指向某个大框，那它便适用于框中的所有人；假如箭头仅指向其中一个名字，那么也就仅仅适用于他一人。比如，在犹他-纽约理工框中，只有吉姆·布林（Jim Blinn）是第六章中出现过的先驱伯特兰·赫尔佐格的学生。左下方大框中的所有人都是卢卡斯影业计算机图形学部门的创业元勋，但仅有罗布·库克（Rob Cook）一人是唐·格林伯格在康奈尔的弟子。诸如此类。

最初的两条来自前一章的线索源于鲍勃·泰勒与赫布·弗里曼。随后，同样来自前一章的伊万·萨瑟兰与大卫·埃文斯，本章的新线索罗德·罗日卢、鲍勃·舒马克，以及还未登场的唐·格林伯格也加入进来。这几条线索在纽约理工学院会合，之后在下一章里通往卢卡斯和皮克斯。

类似的交会也发生在梦工厂和蓝天工作室的历程中。在数字电影的历史上，还有许许多多公司，但这三家是最具代表性的。它们是新千年之际最早制作出完全用计算机制作的动画长片的公司：1995年皮克斯推出了《玩具总动员》，1998年梦工厂推出了《小蚁雄兵》(*Antz*)，蓝天则于2002年推出了《冰河世纪》(*Ice Age*)。篇幅所限，同时考虑到我的专长，我的行文将主要关注皮克斯的故事。

现在，就让我们在下一部分沿着摩尔定律的数量级阶梯更进一大步，迈向这些了不起的成就。

摩尔系数10倍时期（1970—1975）

最早的计算机明暗着色动画

罗德·罗日卢和鲍勃·舒马克在伊萨卡的通用电气公司研发出了NASA-1。那里也是康奈尔大学的所在地。他们还研发了NASA-2，应用了最早的彩色像素和最早的实时彩色三维渲染——那是在北面50英里的雪城。他们在雪城的通用电气公司的最后一项成就是1968年的一套非实时系统。这是为进一步发展三维计算机图形学而做的准备，不受实时条件的限制。[28]

与此同时，唐·格林伯格则在康奈尔为另一个目标奋斗。1968年他取得了建筑学的博士学位，那是罗日卢和舒马克在雪城完成了非实时系统的同一年。作为参照，萨瑟兰此时正在哈佛研发他的头戴式显示器。

罗日卢给格林伯格——这个他新生报到时在童子军帐篷里认识的康奈尔好兄弟，提供了新的非实时通用电气系统的使用权限。不过，仅限于每周三次、下午5时到次日早上8时的时段。而且，地点在距离伊萨卡1小时车程的雪城。

几个月中，每到能上机操作的日子，格林伯格就会拉上一整车的学生，去雪城通宵。他们努力的成果是1972年的一段"康奈尔影片"，其中包含了15

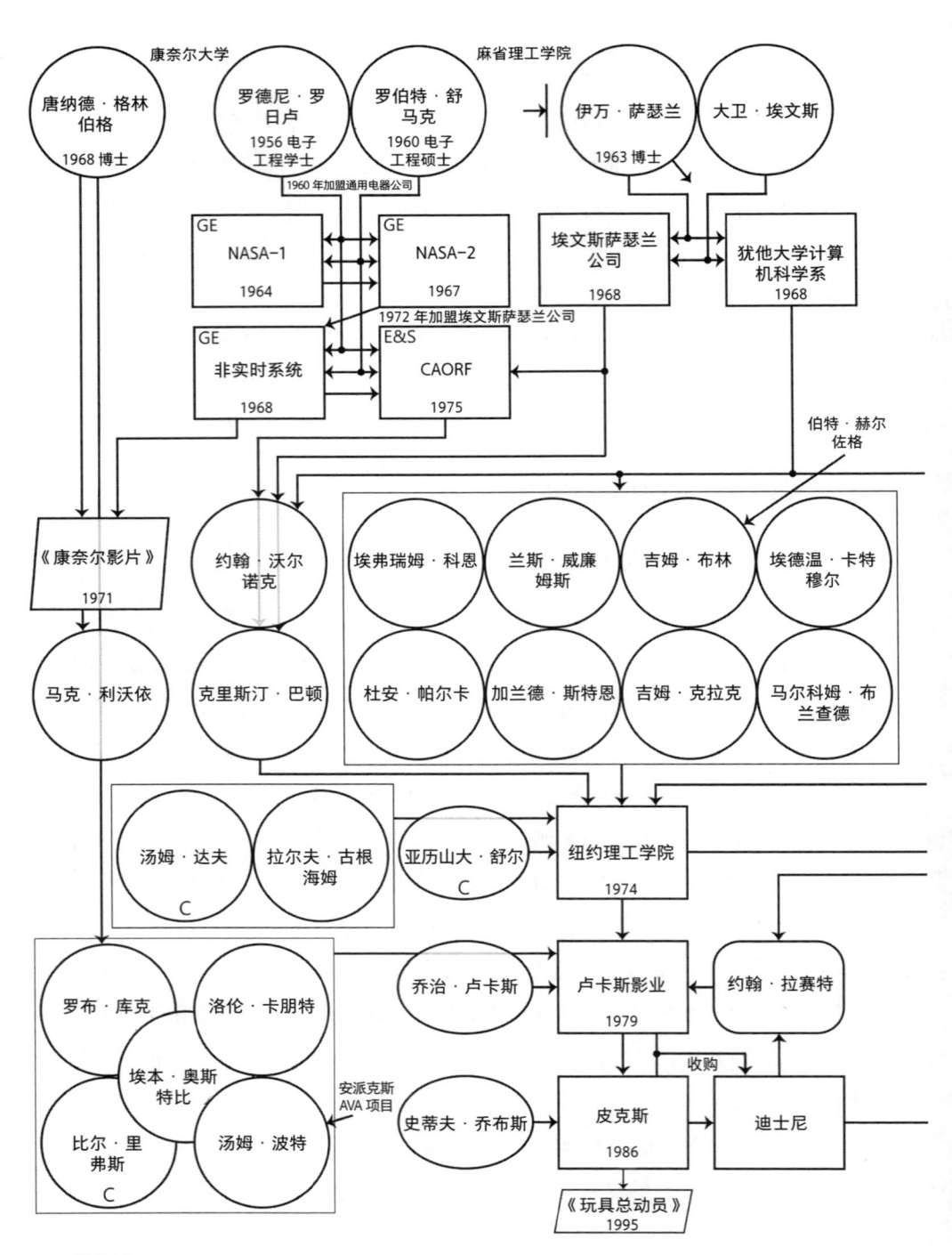

图 7.12

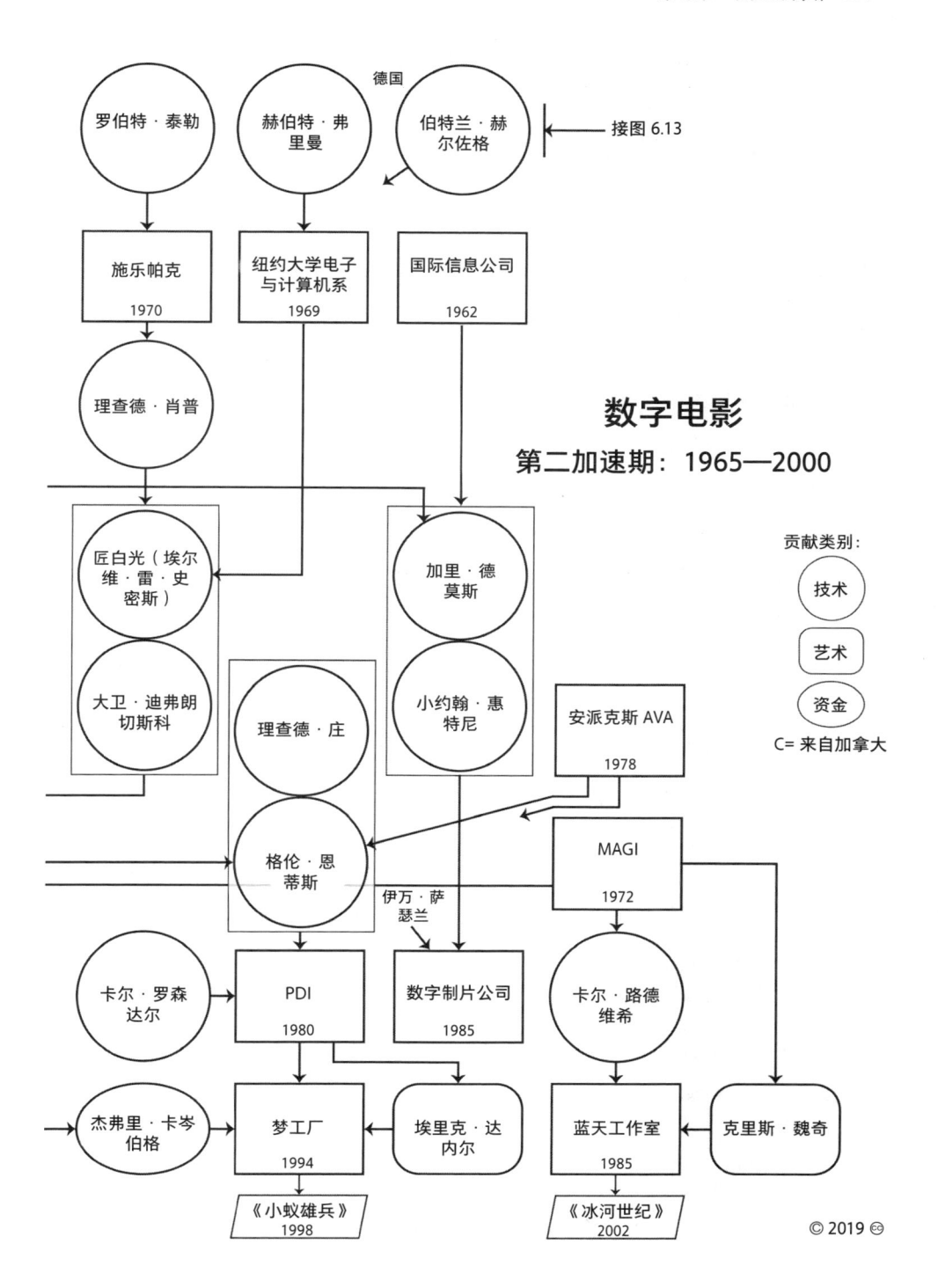

数字电影
第二加速期：1965—2000

```
罗伯特·泰勒 → 施乐帕克 1970 → 理查德·肖普
赫伯特·弗里曼 → 纽约大学电子与计算机系 1969
伯特兰·赫尔佐格（德国） → 接图6.13
国际信息公司 1962
匠白光（埃尔维·雷·史密斯） → 大卫·迪弗朗切斯科
加里·德莫斯 → 小约翰·惠特尼
安派克斯 AVA 1978
理查德·庄 → 格伦·恩蒂斯 → 伊万·萨瑟兰 → 数字制片公司 1985
MAGI 1972 → 卡尔·路德维希
卡尔·罗森达尔 → PDI 1980
杰弗里·卡岑伯格 → 梦工厂 1994 ← 埃里克·达内尔
蓝天工作室 1985 ← 克里斯·魏奇
《小蚁雄兵》1998
《冰河世纪》2002
```

贡献类别：
- 技术
- 艺术
- 资金

C = 来自加拿大

© 2019

分钟计算机动画版的校园游览，并展示了一栋新大楼建成后的外观。影片中的彩色图像被用到了格林伯格发表于 1974 年 5 月号《科学美国人》(Scientific American)上一篇介绍计算机图形学的文章中，以及当期杂志的封面。[29]

唐·格林伯格，这个总是挂着计算机图形学界最暖心微笑的男人，像关心他自己一样关爱学生们。他执教的这支年轻的队伍在计算机图形学界赢得了许多胜利。或许不算意外，他自己就是个运动员——直到 80 多岁还是网球冠军。从第一部影片开始，他一手打造了康奈尔大学声誉卓著的计算机图形学系，影响力与犹他大学等量齐观。

罗日卢和舒马克在 1967 年便已经实现了实时三维图形渲染。但他们的系统有赖于 NASA 深不见底的雄厚资源，并且使用了特制的硬件。实时动画之所以有别于电影动画，正是在于它不能像后者那样逐帧不受限制地花时间精雕细琢。"康奈尔影片"刚好是由大学生们在一般计算机上独立完成的。它是最早的三维渲染计算机动画吗？

竞逐这一桂冠的参赛选手包括：埃德·卡特穆尔在 1971 年宣布完成的一个一秒钟动画，它表现了一张人脸变为一只蝙蝠。那时，埃德还是犹他大学的一名研究生。以及，埃德的同班同学弗雷德·帕克（Fred Parke）制作的一张动画脸，也在 1971 年完成。以及，埃德在 1972 年 1 月报告完成、在同年 8 月公开展示的一只动画手掌（图 7.13 左）。以及，1972 年帕克制作的另一张动画脸（图 7.13 中）。以及据唐·格林伯格的学生马克·利沃依（Marc Levoy）声称完成于 1972 年秋天的"康奈尔影片"（图 7.13 右）。自然，只有"康奈尔影片"是彩色的。埃德的"脸变蝙蝠"是明暗着色的图形动画，完成于 1971 年末或 1972 年 1 月初，弗雷德的动画脸应当也是在同一时间为了同一门课程完成的。这两者应当是这项赛事的并列冠军。值得注意的是，1972 年成为技术井喷的又一个年头，就像 1895 年之于电影。[30]

不止一个三角形

大多数有意思的图形都由不止一个三角形组成——往往多达上百万个。

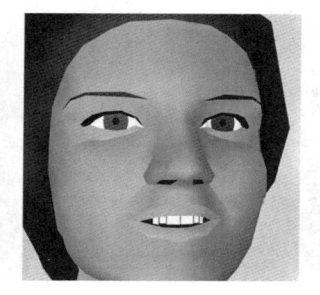

图 7.13

比如第六章中出现过的那把茶壶，就由上百个三角形组成。"康奈尔影片"中那些康奈尔校内的高楼也是如此。从某个视角看去，这些三角形往往彼此重叠。假如全都涂上实心的颜色，它们便会互相遮挡，难以看清。或许，早期岁月里被研究最多的一个计算机图形学问题，就是"可见表面问题"（visible-surface problem），也叫"遮蔽表面问题"（hidden-surface problem）：在中心法则规定的某个虚拟视角下，这些三角形中哪些看得见、哪些看不见？

从几何上说，我们明确知道三角形上每个点的确切位置——因为它们可以通过计算得出。我们同样可以知道虚拟视点的位置和方向。

这意味着，从视点到三角形上每一点的距离都可以被计算出来。这样一个远离观察者的点在场景中就处于更深的位置。我们能够计算出三角形上各点在对应的像素位置上的深度。这就是几何学在这个过程中发挥的全部作用。您并不需要弄明白如何进行具体的计算，但请务必记得，当计算机收到一次进行这种计算的指令时，它就能无穷无尽地自动重复下去。

现在，请考虑仅有红蓝两个三角形的情形（原图左边为蓝色，右边为红色），如图 7.14 所示。当它们相交时，一种简单的渲染方法如下：

1. 首先，和之前一样，我们首先渲染蓝色的三角形。唯一的改变是：在每一个像素位点上对三角形采样时，都计算出它在该点的深度，并将这些数据输入存储。这就要求，存储空间必须与像素位点数一样

图 7.14

多。它也可以被看作第二个帧缓存，只不过这次存储的不是像素的色彩，而是深度。不出意外，这样的存储有时也被称为"深度缓存"（depthbuffer）。

2. 接下来，就要渲染红色三角形了。但在将它的某个像素输入帧缓存之前，我们首先要将它在该位点上的深度与此前缓存的蓝色三角形的深度进行比较。假如该位点上不存在提前缓存的深度，就意味着此处没有渲染任何蓝色像素。那么，就直接将红色像素输入帧缓存，并将其深度输入深度缓存。假如红色像素的深度小于此前预存的蓝色像素深度，那么就用红色像素替换帧缓存中已经存储的蓝色像素；同时，也对深度缓存做相对应的替换。如果两个像素深度大小关系相反，则不进行上面的替换。当有待渲染的三角形增加一个时，就对每一个新对象都重复这一"比较深度-决定替换"的操作。

顺便一提，深度缓存的方法是埃德·卡特穆尔 1974 年发表的著名博士论文中最主要的创新。事实上,埃德是第二个提出深度缓存法的人,仅仅落后于同样在那一年发表博士论文阐述这一方法的沃尔夫冈·施特拉瑟(Wolfgang Strasser)。施特拉瑟的论文是用德语写成的,他们两人也不知晓彼此的研究。[31]

深度缓存法说来简单,实际操作起来却有一个麻烦:我们不得不渲染出每一个三角形,包括那些被完全遮蔽的。对此,一种解决思路是首先将所有三角形按照深度排序,之后仅仅渲染那些看得见的部分。这样处理通常能省去大量的渲染时间。

互相交错的三角形却无法按照深度顺序排序。因为当一个三角形的某部分比另一三角形浅时,前者的其他部分却比后者要深。但我们总是能将它们进一步划分为不相交的三角形,如图 7.15 所示。

在具体的深度缓存实践中,无论是选择找出全部的可见表面,还是先对所有(不相交的)三角形按照深度排序,最后都需要由神奇的增强性来完成上百万个三角形的重复计算。庞大的计算量并不等于操作的难度,其中的每一个

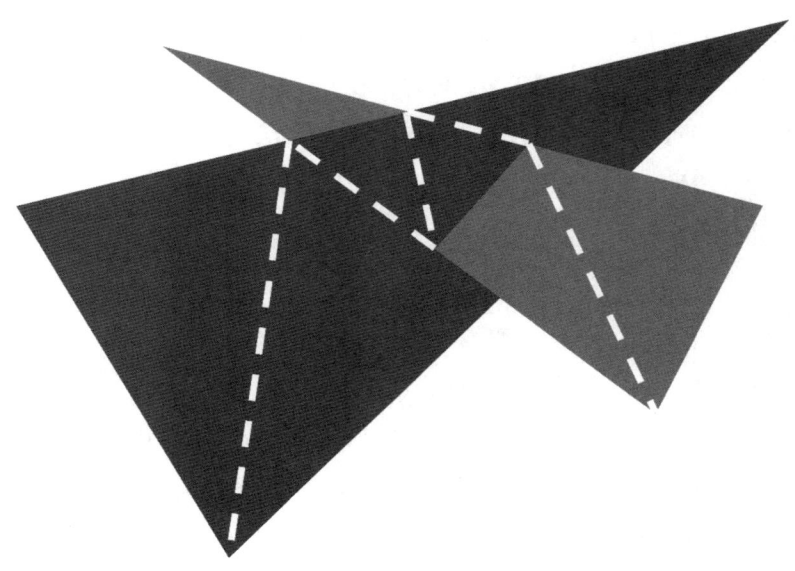

图 7.15

步骤都如前文所述，非常容易理解。

影子

计算机图形学的中心法则指出，数字化的对象也应当如真实世界中的物体一般在背光处投下影子。最初，计算机图形学的模型仅仅包含对物体的描述和虚拟视角的位置。但很快，模型的概念就将光源也纳入其中。在发展初期，光源往往非常简单。它只占据空间中的单一点位，向四面八方发射白光。这样的光源被称为"点光源"。随着摩尔定律下计算机算力的逐渐增强，光源也变得越来越精致，对现实世界中真实光源的模拟也越发逼真。它们开始有了大小（面积）、颜色，以及现实中的烛光、灯光和日光所拥有的其他性质。

呈现影子在本质上与处理被遮蔽的表面别无二致。当我们使用最简单的单点光源时，二者的一致性表现得最为明显。请想象我们以点光源的位置为视点，看向整个场景。所有无法被我们从这一视角上看见的表面必然都处于暗影之中。

因此，影子的计算是一项按部就班的工作。只要知道了所有物体的几何形状和光源所在的几何位置，影子的形状和位置也就手到擒来。我们可以直接计算出哪些表面处于暗影当中。接下来，我们就可以利用这些信息去决定在渲染显示的过程中，从一个不同于光源的视角看去时物体最终呈现出何种颜色。摩尔定律的发展随后还让大小各异、方向不同的多光源虚拟投影也成为可能。一如既往地，增强性的存在意味着程序员们完成算法就能一劳永逸。我们的计算机会忠实地将这些计算重复成千上百万次。[32]

纹理映射

目前为止，我们看到的所有的三角形渲染都只是单一的实心填色——最简单的明暗着色方式，只有在被影子遮蔽或背向光源时才稍微显得暗淡。有了摩尔定律的加持，早期的计算机图形学家们很快就学会了更精致的渲染方式。例如，色彩的明暗可以随着图形到虚拟视角距离（深度）的改变而增减（如图 7.16 左一所示）。还有，半透明的效果（图 7.16 左二）。为三角形着色的像

图 7.16

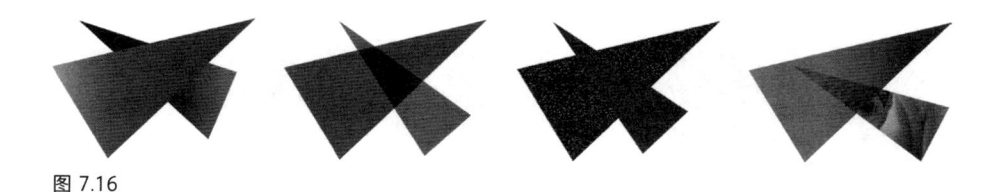

素可以来自另一幅图片，比如草皮或是牛仔布（左三）。这正是我在此前介绍 NASA-1 模拟器时简要提及的"纹理映射"技术。或者，以上这些技术都可以结合起来（图 7.16 左四）。这只不过是千变万化之中的几个例子。

纹理映射技术基于一个重要而强大的创见。它也是数字光学"基于像素"和"基于几何"的两大分支互相结合的最佳案例。这个创见就是，一幅图像所呈现的样貌可以由另一幅图像控制。在基于该思想的几项技术中，纹理映射是最早出现的一项。

我们已经见识过了罗德·罗日卢和鲍勃·舒马克是怎样将该思想应用于阿波罗计划 NASA-1 中的模拟图像的。当几何图形被渲染为电视屏幕上的彩色图像时，决定其色彩的是一系列通过计算生成的、由各色板块拼接组成的栅格阵列。其中的某个板块一经算出，它所对应的（模拟的）颜色信号就被传输给了显示器。

而该思路的数字化版本则由埃德·卡特穆尔在他 1974 年的博士论文中提出。他以像素的栅格阵列取代了几何板块的阵列——也就是说，数字化的样本代替了几何图形。

图 7.17 的左上方呈现了一个透明的三角形。在计算机的内部模型里，没有存储对应这个三角形的颜色。它的色彩被间接地存储在图右的纹理图案中——那是一朵黄玫瑰的数字照片。

这个三角形事实上并不可见。它以数学的形式存在于计算机模型中，却与完美的欧几里得几何三角形别无二致。我们看不见它。您眼前纸上的图像已经经过了渲染，才将这个抽象的三角形呈现在书页的显示当中。

类似地，纹理图案也是像素的阵列。我们同样看不见它。图中的玫瑰只是

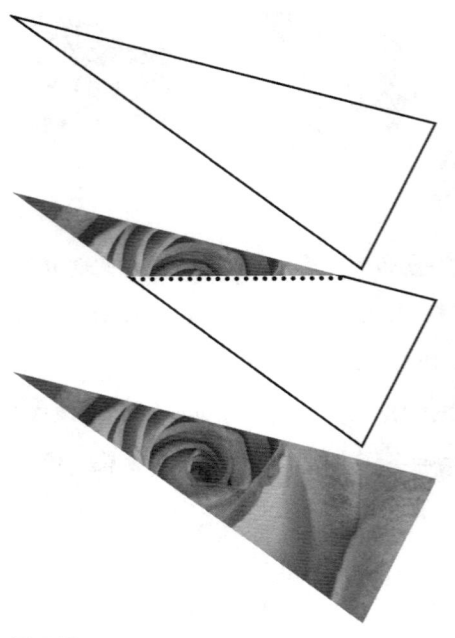

图 7.17

它的显示结果，而非图案本身。这再次点到了本书的基本要点之一：像素的显示有别于像素本身。要看见像素，就必须通过特定显示媒介上的显像元件将它们展开——此处的媒介就是书页。您在阅读接下来的行文时请务必不要将离散的像素与平滑的显示混为一谈。

上图所示的玫瑰就控制着另一幅图片的色彩。您不妨把纹理映射理解成给三角形贴上另一种图样的墙纸；或者，把三角形当作从另一块图形的"面团"上抠下"面剂"的"饼干模具"。这样"贴墙纸"或"抠饼干"的操作可以不拘角度——此处的例子就经过了 10 度的旋转。但墙纸和饼干毕竟还是连续的平滑物体。在这些比方之还必须加上一条：纹理映射总是遵循采样定理，通过像素的展开和叠加重构出平滑连续的图像。

我们的目的始终是将三角形渲染为显像设备上的像素。在图中，中间的三角形就表现了这个过程进行到一半时的样子。像素的渲染是以逐行扫描的方式推进的。上半部分的像素已经完成了扫描。虚线所示的位置是当前被渲染的像素位置。右边玫瑰图像上的虚线则标出了此时与之对应的色彩样本。通过直接的几何学演算，纹理中与像素点位对应的样本就能被显示出来。考虑到三角形"墙纸"或"饼干模子"的旋转，图中的虚线在显示时也转过了 10 度。

但是，还有一个问题。纹理图案本身也是由像素组成的。对计算机来说，它也是一块密布散点的"钉板"。那么，在纹理图案中所采样本的位置，通常会与图案中像素的位置错开。一般来说，直接进行几何学运算得出的结果通常会落在纹理图案"钉板"上"钉子"之间的间隙中。在发展早期，使用者们通常采用纹理图案中距离取样点位最近的像素的颜色来渲染显示图中的对应像素。这种近似方法相当粗糙，但在当时的确没有足够的算力来支持更细致的显像算法。对此，一种改进方法是找到距离取样点位最近的四个像素点，并以它们色彩的平均值为最终显示的颜色。

但采样定理其实已经给出了纹理映射的正确方法：将纹理图中的全部像素展开后相叠加，从而得到一个平滑而连续的表面——也就是我们的"墙纸"或"面团"——正是科捷利尼科夫一章中"无中生有"的魔法。这样，我们计算出的采样位置就必然落在这个经过重建的平滑表面上的某处。那个点上的颜色就能被直接传输给显像元件。多年来，研究者们开发出各种技巧以避免进行这一整套计算，但这种方法本身其实一直存在。它只是在静候摩尔系数增长到足够高的那一天。

让我们再一次回顾纹理映射的中心思想：用一幅图像来控制另一幅。后者的色彩由前者决定。纹理映射成了明暗着色法的一种基本形式，它能直接给出某个渲染像素的色彩。但是在另一种情形中，色彩的明暗由物理学——牛顿式光学的模拟决定。

明暗着色的实践探索

计算机图形学家们很快发现了如何利用摩尔定律日益增长的威力让明暗着色的效果更为美观。1971 年，犹他大学的法国科学家亨利·古若（Henri

Gouraud）提出了一种巧妙的新方法。他在三角形的每个角上都分别放置了定义不同的"上方"（垂直方向）。与此前在三角形中央竖起一根旗杆不同，古若在每个角上都竖起了一根旗杆——并且让它们各自指向不同的方向。他计算出每个角的色彩，根据对应的垂直方向进行明暗着色。通过对各角色彩插值，三角形上各点处的明暗色彩也随之确定。古若使用的插值方法被称为"线性插值"（linear interpolation）：假如两个相邻角上的明暗值分别为 A 和 B，那么两角连线中点处的明暗值就是 AB 的平均值。图 7.18（右）展示了经过精心选择垂直方向的明暗着色方法在视觉效果上突出的优越性。[33]

但古若着色也存在缺陷。它缺少了我们在现实世界中常常能在真实物体上看到的高光。1973 年，犹他大学的越南籍学生裴祥风（Bui Tuong Phong）出手解决了这个问题。他注意到了古若着色法中的虚拟光源在现实中并不存在。随着照射距离的增加，它的亮度是线性（等比例地）衰减的。而现实中没有任何光源的亮度变化会呈线性。因此，裴祥风在他自己的光源模型（图 7.19 右）中加入了更真实的非线性条件。这意味着在靠近光源位置的过程中，色彩阴影的亮度会显著增加且越增越快。这样，我们就得到了一个更接近现实的光源。[34]

裴祥风采用的明度计算方法更为精细，对算力的需求更大，但能给出更佳的效果。和古若一样，他在每个角上的都竖起了"旗杆"，并将它们扭向不同的方向。在这些"旗杆"之间，通过插值，各处的单位垂线段共同组成了一整个平滑的曲面。这样，三角形上任意一点处的垂直方向就都被定义了。裴祥风使用的插值方法同样是线性插值：假如两个邻角处的垂线段分别扭转过了角度 A 和 B，那么它们中点处的垂直方向角度就是 AB 的均值。一般来说，这样得出的垂直方向总是与简单化的"形心单垂线"的方向有所区别。

第六章里，在关于样条和曲面片的讨论中我们指出，插值可以看作"逆向的取样"。类似地，裴祥风着色法也是采样与几何的又一次联姻。我们不妨将各处所有单位垂线段组成的平面理解为，在不改变模型几何形状的前提下定义出的一个新的光学外观。这是一个由"垂直方向"组成的、"飘浮"在几何

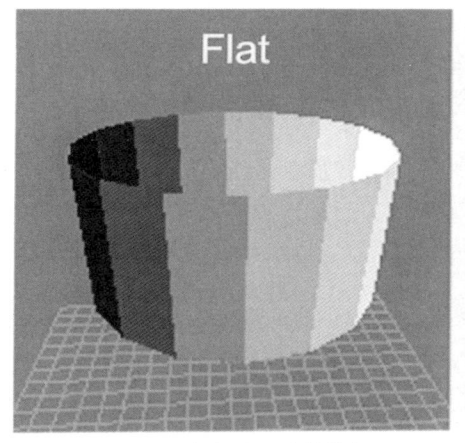

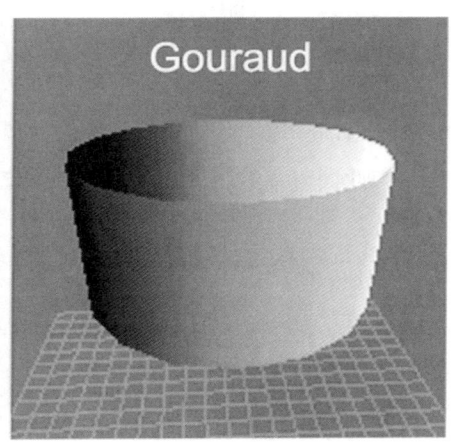

图 7.18　左：平面着色　右：古若着色

图 7.19　左：平面着色　中：古若着色　右：裴祥风着色

模型上方的一个曲面。它干净利落地摆脱了烦琐密集的小平面，却无须改动分毫。其效果如图 7.19 右侧所示。这种技巧与好莱坞影片中的"伪前景"技法有异曲同工之妙。

这种技巧还可以举一反三。裴祥风在对间隔中的垂直方向插值时使用了正比例或者说线性的插值方法。当曲面上分布的单位垂线段越来越多，我们又能以之为基础进行双立方插值，从而通过贝塞尔曲面片等方法得到一个平滑起伏的"垂线段"曲面。后面我们将看到，在下一个数量级上，这种思想是如何被推向极致的。

裴祥风向计算机图形学建模过程中引入了光照模型（lighting model）的概念。换句话说，通过光照，明暗着色获得了其自身的含义。由此，明暗着色的概念也被推广到了其他更为精细的物理光学模拟之中。

与此同时，数字光学的另一个分支也在加利福尼亚州斯坦福大学附近一个日后被称为"硅谷"的地方蓬勃发展。这个分支同样与彩色像素有关，但它跳出了中心法则的约束。

迪克·肖普

理查德·"迪克"·肖普1943年生于匹兹堡。这个一头红发、满脸雀斑的小孩在吉布森尼亚以北几英里处一个占地50英亩的农场里长大。他最终长成了一个技艺娴熟的爵士乐长号手兼电子工程专家。1950年代末，迪克的叔叔给了他几本关于无线电和电子元器件的小册子，作者是创办了科幻杂志《神奇故事》（Amazing Stories）的雨果·根斯巴克（Hugo Gernsback）。这些小册子成了迪克职业生涯最初的启蒙。[35]

1970年，迪克在卡耐基·梅隆大学取得了博士学位。他的导师戈登·贝尔（Gordon Bell）日后成为数字设备集团的首席设计师。贝尔在那里研发的计算机PDP-1因《太空大战》游戏声名鹊起。迪克的学位论文写的是可编程计算机逻辑，这是一种调动无数可编程、可复制、可互联的逻辑"元胞"（cell）的机制。我自己1969年提交的博士论文正是关于元胞自动机（cellular automata），因而我马上与迪克成了密友。我所论述的课题基本上就是他所做的硬件研究在数学上的等效。

完成博士论文的第二天，迪克就一路向西前往加州，加入了伯克利计算机集团，准备着手开发一台巨大的分时操作（timesharing）计算机。可惜，不是时候。那时正值分时机的市场跌至谷底，迪克和他身怀绝技的同事们在1970年11月的秋风中不得不为工资发愁。幸运的是，鲍勃·泰勒此时刚好加盟了与伯克利隔旧金山湾相望的施乐帕克研究中心。他很快从那家不景气的公司中挖走了几位关键人才，迪克·肖普也在其中。

迪克在施乐帕克的主要成就是他的彩色视频系统（Color Video System）。他设计并建造了系统的硬件，写出了第一个适用软件——《超级绘图》（SuperPaint）。这个系统中的像素各含 8 个比特（256 像素），并自带一个完整的数字帧缓存。迪克并非渲染出彩色像素的第一人——NASA-2 的图形系统早在 6 年前就达成了这一点——但他的系统却第一次认真地充分利用了彩色像素。迪克的像素向所有人公开，任何人——比如我，都可以用它编程和涂画。可以说，它们是最早的彩色通用像素。

跛腿赴施乐帕克

我们在第六章提过，1938 年爱因斯坦的一封信从纳粹魔掌中救出了年幼的赫伯·弗里曼。30 年后，已经成为计算机图形学一代先驱的弗里曼雇用刚从斯坦福研究生院毕业的我到他任系主任的纽约大学任助理教授。那时的我是一位业余爱好油画与丙烯画的计算机科学家，理所当然地进入了计算机图形学的研究领域。弗里曼很快敦促我从象牙塔转向排气筒——放下我在读博期间钻研的理论工作，转向计算机绘图的实践。但我却回应："赫伯，什么时候能给我点'颜色'看看，我再开始吧。"事实上，我为这次转行可颇经历了一番波折。

一次事故阴差阳错地迫使我转换了研究方向。1972 年末，我去新罕布什尔滑雪。滑行途中，我的绒线帽滑落下来挡住了我的视线。不巧的是，另一位失控了的滑雪者正向我飞速冲来⋯⋯剧烈的冲击过后，那个笨手笨脚的家伙居然毫发无损地滑走了。我没有那么幸运。右腿股骨拧绞式的骨折让我全身固定着卧床三个月，从胸口包扎到脚趾——一次令人绝望的飞来横祸。

但身陷石膏模具之中的我没有整日悲泣。对我来说，那里是一个宽阔的思想游乐园。当我的大脑不再需要负担移动身体的累赘，它就能自由地去思考其他的一切。为了打发时间，我思考思考再思考。终于，我清楚地意识到，我的人生已经像撞我的那个滑雪者那样偏离轨道了。

某些地方出了问题。学术上我做得顺风顺水，但我的艺术被长期搁置了。

无可阻挡地，我做出了一个决定。当我从病床上恢复后，我就要辞去教职回到加州那个"好事自会发生"之地。如今回想起来，这个计划真是盲目到令人窒息。但我就是这样做了——好事也的确发生了。在那里，我和我的元胞逻辑同仁迪克·肖普恢复了联系。在他的敦促下，我在1974年加入了他所供职的正值全盛的施乐帕克研究中心。在那里，我遇见了彩色像素和那个绘图程序。艺术和计算机就这样结合了。[36]

《超级绘图》与帧缓存

迪克很清楚自己并非彩色像素的发明人，但他也不知道谁才是。当然，我们现在知道罗日卢和舒马克的团队在6年前的1967年渲染出了最早的彩色像素。它们的6比特像素（64色）被应用于NASA-2飞船模拟器。我在附注中记录了1968—1969年出现的其他几个采用2比特或3比特像素的系统，其中包括贝尔实验室的琼·米勒（Joan Miller）开发的采用3比特像素的史上第一个绘图程序。以上这些系统全都采用机械方式存盘，唯独米勒的发明除外。她的系统采用的是模拟式的色彩控制方法，因而并非完全数字化。[37]

迪克也不愿自称是8比特（256色）像素的发明人。"天知道政府的那些秘密研发团队在60年代和70年代都干了些什么？"他会这样问。虽然听说过一些传闻，我并没有找到实实在在的能表明8比特（256色）像素在1973年迪克在施乐帕克开展研究以前就存在的证据。[38]

尽管如此，《超级绘图》还是在许多方面独树一帜：它内置了一个能将256个像素值分别与1,600万种色彩之一相对应的机制——也就是说，8比特入，24比特出。《超级绘图》的视频综合处理系统符合美国国家电视系统委员会（National Television System Committee，NTSC）的标准。它包含了输入端的摄影机、NTSC兼容的视频输出、一个用于将视频显示在标准电视演播室监视器上的NTSC编码器。最重要的是，其中每个像素都由通用计算机的程序控制。此外，《超级绘图》或许还拥有世界上第一套完整的数字化8比特帧缓存系统——尽管其首创性值得推敲。[39]

图 7.20 展示的是 1974 年施乐帕克《超级绘图》的菜单界面。菜单顶部的 HSB 选色滑块——用于确定色彩的色调（hue）、饱和度（saturation）和明度（brightness）——正是鄙人对数字光学做出的第一个算法上的贡献。一开始，这里放的是肖普最早编写的 RGB 选色滑块——用于调整色彩中的红（red）、绿（green）、蓝（blue）比例。我试过用 RGB 滑块调制粉色，没能成功。于是，我要求迪克将调色模式改得对艺术家友好一点。我向他解释，更简便地调出粉色的办法是在色相环（color circle）上选择一种色调后——在此就是红色，再向其中添加白色以提高明度。或者，用同样的方法，我们可以向橘色中添加使明度减小的黑色，从而得到棕色。"没人这样做过。"迪克说。于是，我就当仁不让了。只用了一个晚上，我就将这个更简便的调色方法付诸应用。新的滑块系统中，增加白色会降低饱和度；增加黑色会降低明度，也

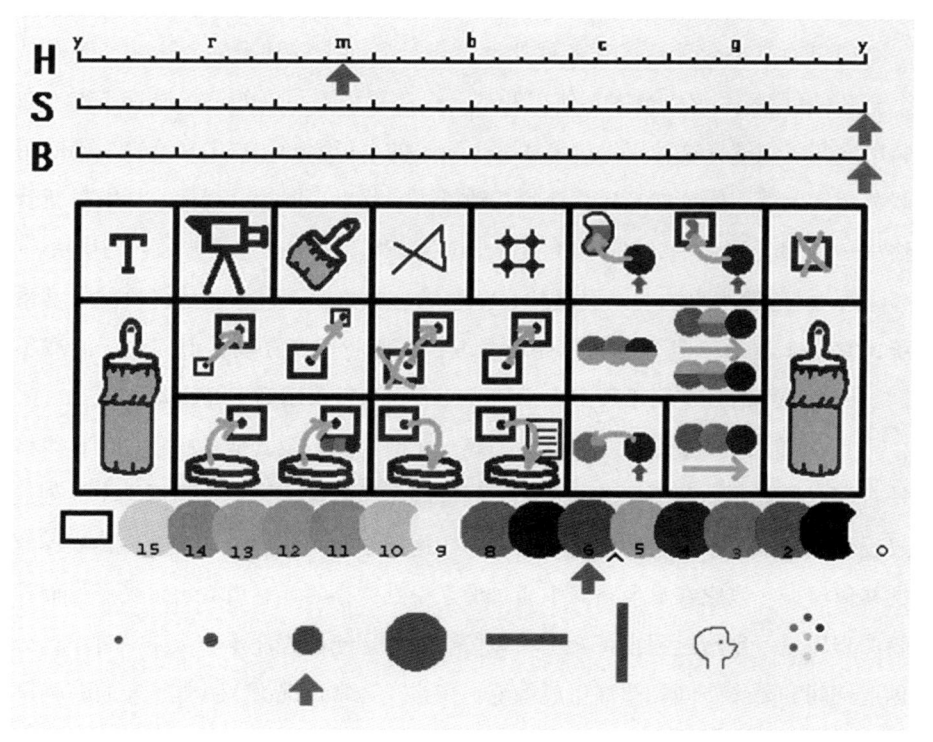

图 7.20

就是像素的数值。图 7.20 中，被箭头选中的色调是饱和度与明度同时调到最高的洋红色。[40]

《超级绘图》不能算计算机图形学系统，我花了好多年才对这一点有足够深刻的理解。它并未遵循中心法则。下一章里，我将给出计算机图形学系统的确切定义：将几何模型渲染为像素的机制。但迪克·肖普的像素并非为几何服务。《超级绘图》中的几何含量（几乎）为 0。

迪克无疑知道如何将几何图形渲染为像素。1973 年他在施乐帕克渲染出的没有锯齿的直线和车轮就是明证——只不过，那不是在《超级绘图》上完成的。我们在第四章中已经介绍了。《超级绘图》的菜单界面的确提供几种基于几何的绘图工具。例如，图 7.20 第一行图标左起第四个就是一个直线绘制工具。《超级绘图》能够在用户选择的任意两点之间渲染出一条带锯齿的线段。此外，它还能绘制长方形。这就是这个系统当中仅有的几何元素。

用户通过一台手持式设备就能够在显示界面上移动光标，这在当时还是个全新的创意。《超级绘图》使用的是一根在平板上写画的笔。迪克不得不向新用户们仔细解释这种用手执笔在"下面"的平板上操作点击和拖曳，同时用眼关注"上面"屏幕中光标移动的互动模式。菜单、图标、光标、滑块等新事物——全都是彩色的，在 1973 年与《超级绘图》一起走进了普通人的生活。

那么，《超级绘图》到底是什么？它能绘制图像，但并非计算机图形学系统；它基于像素，但不是图像处理系统；它能与用户互动，但与电子游戏不同。毋庸置疑的是它属于数字光学的范畴，因为它采用像素作为其媒介。

我在前文中用过的某些术语在描述《超级绘图》及其他绘图程序时显得格外有用。最重要的区别在于是否区分创造端和显像端。计算机图形学中的创造过程发生在某个不可见的创造空间之中。这种创造的载体是计算机内存中存储的几何模型。当它在显像空间中通过像素得到渲染时，它就变得可见了。而在绘图程序里，创造过程直接发生在显像空间内。绘图程序本质上是一种不区分创造空间和显像空间的图像生成系统。像素（通常情况下）并非渲染自几何图形，也不是对现实的模拟。它们是由用户 / 艺术家凭空绘制出来的。采样定理在这个过程中并没有发挥作用，因为这些像素并没有对某种连续信号采样。它们只是自顾自地存在。以上这些烦琐的叙述无非是为了说明了一点：中心法则的缺席。典型的计算机图形学程序好比摄影术。我们将某些三维物体摆放成完美的形状，再从某个特定的视角为它们摄制一幅图像。绘图程序则好比……绘图！借助绘图程序，我们能够凭空画出任何我们想要的图像。

但绘图程序绝对属于人为计算机图形学的范畴，而不属于分析式的图像处理领域。在图像处理中，不存在创造空间。如今，图像绘制和图像处理的概念被人们混为一谈，二者之间的本质区别也被忽视。Adobe Photoshop 这个程序在设计之初旨在处理摄影图像，但如今的版本中囊括了各式各样的绘图工具和层出不穷的几何元素。

绘图程序的确可以被分门别类，但并非几何或物理上的楚河汉界，仅仅是一个抽象的比方。诸如《超级绘图》之类的绘图程序都是对"执笔在画布上涂画"这一行为的效仿，或者说，是计算机程序对其的类比。此处的画笔就是一团像素。图 7.20 中被选中的画笔（红箭头所指）是一个中等大小的圆盘。画笔的"笔杆"就是用户在绘图板上实际操纵着的尖笔。它也可以是一个鼠标。当时在施乐帕克，已经有其他人开始使用鼠标。但肖普却嫌它累赘——"就像抓着一块肥皂作画"。

在《超级绘图》中，当用户不施压地在绘图板上滑动尖笔时，显示器上的光标会追踪笔尖的移动。因此，光标显示的永远是笔尖当前的位置。一旦用户点下笔尖施加压力，笔端的一个小开关就会闭合，一条新的笔迹便以当前的位置被写入帧缓存中，进而被显示出来。这个过程几乎与绘图板读取位置完全同步。今天，这种人机交互的模式再明了不过，但在当时并非如此。

被写入帧缓存的到底是什么？那是一组有着当前画笔形状、包含当前所调色彩、以当前位置为中心的一组像素。一道笔画由用户执笔划过的轨迹决定，那是一系列不连续的勾勒出笔尖运动过程的散点。假如这些点位彼此足够接近，那么被写入帧缓存的画笔形状便会大部分重合，从而显示出一道连续的笔画。当然，并非真的连续。早年"艰苦创业"的岁月里，经常出现在画板上滑动过快导致计算机跟不上的情况。连续的笔画中便会出现"留白"。

　　最终，随着摩尔定律不断加速，绘图程序开始能够沿着由几何学给出的路径渲染出连续的画笔轨迹。但这经过了多年的发展。最初，渲染连续笔画的过程慢得要命。我们在前文已见过此处的这些概念。在第六章中，我为拉维·香卡所做的样条演示就是一道由几何定义的笔画。它的渲染相当缓慢。我在画板上做出的动作与笔画渲染进帧缓存之间的延迟，反而为演示平添了几分惊喜和神秘感。

　　Adobe Photoshop 在一众图像绘制程序之中首屈一指，尽管它最初是作为一个图像处理程序设计的。其最初的目的是交互式地调整由相机拍摄的像素，而不是通过画笔绘制它们。这个绘画的比方恰如其分。《超级绘图》和后来的 Photoshop 之类的计算机程序将这个比喻重新诠释为"由用户操作画笔定义动作，并据此创造或改动图像"的过程。

施乐帕克的动画

　　第一次见识了《超级绘图》及其彩色视频系统后，我便向施乐帕克写信阐述了如下的观察（那时我和其他许多人一样，将那台机器与其上运行的主要程序混为一谈了）："我见到这台机器的第一印象是，它定能成为制作动画电影的利器。"在为正式加入他们做准备时，我自学了角色动画的基础知识。我的教材是普雷斯顿·布莱尔（Preston Blair）编写的一本简明手册，他是创作了迪士尼《幻想曲》（*Fantasia*，1940）中那场河马舞的动画大师。图 7.21 是那本书的封面，及其中介绍弹跳与行走动作的几页书影。[41]

　　当我在 1974 年加盟施乐帕克时，罗恩·贝克尔，那个制作了早期 Genesys 动画程序的大喜吉装爱好者，正在研究中心驻留。来自哈佛的动画师埃里克·马丁（Eric Martin）也在那里。他们两人都和我一样为迪克·肖普的《超级绘图》系统深深着迷。自然，埃里克也绘制了一段生动的弹球动画，《大家都爱弹力球》（*The Ever-Popular Bouncing Ball*，1974）。这段影片至今能在网上找到。[42]

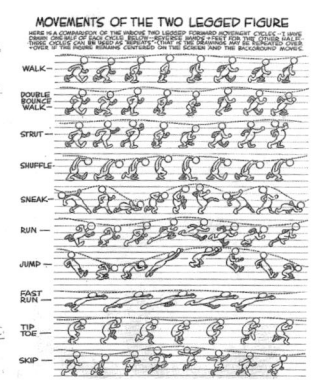

图 7.21

我最早绘制的动画片段中包括直接取自布莱尔书中的一辆行走的自行车。之后，我又让一个海盗走了起来。接着是一根腌黄瓜、一把锤子、一个番茄——以及一个数字化扫描出的大卫·迪弗朗切斯科（David DiFrancesco）的脑袋。尽管当时我们一无所知，但实际上我们已经踏上了最终通向皮克斯工作室和史上第一部数字电影的大路。

大卫·迪弗朗切斯科

我认识艺术家大卫·迪弗朗切斯科的时候，他正在满世界地寻找计算机与艺术结合之道。一笔来自国家艺术基金会（National Endowment for the Arts）的经费让他在 20 世纪 70 年代初与计算机图像集团（Computer Image Corporation）的李·哈里森三世（Lee Harrison III）共事。大卫曾远赴东京，只为一睹哈里森的作品——扫描动画机（Scanimate），一台用于制作模拟动画的机器。1974 年，大卫刚刚回到美国，就在旧金山看到了迪克·肖普为《超级绘图》做的演示。他当场向迪克发问，他的《超级绘图》与哈里森的扫描动画机有什么异同？这个问题真实问对了人。迪克不仅与李·哈里森私交甚好，还对扫描动画机了如指掌。他于是邀请大卫致电施乐帕克。[43]

但当大卫开始一通接一通地打来电话时，迪克却交给我去处理。大卫接二连三的问询加上他不同寻常的幽默感，最终在我身上奏效了。我终于心软同意带他一起花一个晚上用《超级绘图》"即兴创作"——当时，用来操作机器的笔只有一支，因此艺术家们只能轮流作画、互相给彼此的作品润色。

大卫对机器的热爱丝毫不亚于艺术。他喜欢各式各样的机械——照相机、汽车、飞机，特别是摩托车。他是个狂热的摩托发烧友，有着优雅的品位。大卫的收藏中包括一辆 1938 年的古董布拉夫卓越和一辆 1951 年的文森特黑影。正因这份对机械独特的爱，他才能够忍受在早期数字化绘图机器上工作的那种折磨，坦然面对开花结果前必经的痛苦。这一切都是冒险旅途的一部分！

这种无视困难的英雄气概是早期计算机艺术家们的共同性格。另一个大卫——大卫·米勒（David Miller）后来也和我们一起在施乐帕克"即兴创作"。此后，他又改名大卫·埃姆（David Em）前往帕萨迪纳的 JPL 与吉姆·布林会合。埃姆将与荧光光源、冷得要命的空调和 JPL 学院风的绿色墙壁打上很多年交道，才能最终完成他美如晚霞的数字画作和铺陈独特的三维风景。要达成这些成就，你必须从小热爱机械，享受发现的过程，始终坚信当前的技术"用不了几年"就会发展得更为简便。那时的我们还不了解摩尔定律，却已经这样做了。

按他自己的说法，对艺术"门儿清"的大卫·迪弗朗切斯科很快建议我们向国家艺术基金会（NEA）申请一笔专款以探索《超级绘图》带来的全新艺术媒介——彩色栅格图像。他在施乐帕克没有官方身份，因而十分需要这笔钱。我自己也很想搞点艺术，因而在这件事上一拍即合。我在纽约大学时就已经几次申请到国家科学基金会（NSF）的经费。NSF 基金申请往往厚达 40 页，需要提交 20 份之多，因而当大卫向我介绍 NEA 的游戏规则时，我真是如释重负：只需提交一页报告！大卫清楚此事，因为他那时正靠他的第二份 NEA 经费维持生计。在那一页报告中，艺术家的工作是纳入考虑的首要因素。我们用迪克·肖普的系统制作了一条视频，随一页长的申请书一同提交。这让我和大卫的关系更进一步，并把彼此的命运捆绑到了一起。[44]

施乐帕克放弃色彩

我们的申请差一点就太迟了。不久之后的 1975 年 1 月 16 日，我遭到了解雇。当我问及原因时，鲍勃·泰勒的上司杰瑞·埃尔金（Jerry Elkind）说，施乐决定放弃彩色图像。[45]

"可是，"我难以置信，争辩道，"彩色才是未来啊，我们本来都十拿九稳了。"

"你说的有可能是实情，但走黑白的路子是公司的决定。"

我或许不必吃惊。鲍勃·泰勒在此之前就发出过警告。有一天他来找我，问道："你不觉得肖普的系统太难用了吗？纽曼的方法难道不是更好？"他说的是威廉·纽曼，后者那时的工位与《超级绘图》同处一室。威廉正是我们在第三章中遇到过的图灵导师马克斯·纽曼的儿子。他还亲自和图灵本人玩过大富翁桌游。威廉当时正在设计的是施乐帕克阿尔托计算机（PARC's Alto）上的一款单比特像素黑白图形学软件。"不！"我在内心深处咆哮，口头上却只是委婉地表示了异议。泰勒显然没理解。

于是，施乐裁掉了彩色图形学业务，一年后他们又以相同的方式与开发个人计算机业务的机遇失之交臂。[46]

无论到底是什么缘故让我们离开施乐帕克，大卫·迪弗朗切斯科和我不得不"再找一个帧缓存"以满足维系我们希望获得的 NEA 基金的条件。在摩尔定律势不可当的加速下，帧缓存设备在几年之内就将从施乐帕克里微波炉大小的器件化身为一张显卡，并最终成为今日图显芯片的一小部分。但在那时候，帧缓存还是难得一见且身价高昂的"珍禽异兽"。

那时我们有所耳闻，盐湖城的埃文斯萨瑟兰公司正开始着手打造下一个帧缓存。于是，那里便成了我们的第一个目的地。无巧不成书，我们的车刚到埃文斯萨瑟兰公司的停车场，一辆黄黑相间的莲花跑车就一把刹在了我们旁边。车里走出来的是长发及腰的吉姆·加治屋。加治屋既是杰出的工程师，也是出色的理论家——头发居然比我还长。这位日后的加州理工学院教授当时正在埃文斯萨瑟兰公司研发帧缓存。我们将要共事数十年之久。[47]

很快，我和大卫所抱的一线希望也破灭了。尽管我们绝口不提"艺术"二字,但明眼人都能看出我们的真实目的。而这一目的在政治上与埃文斯萨瑟兰公司获得的国防相关项目经费背道而驰——在计算机图形学研究中扮演强权角色的正是美国军方。正当我们即将失望而归时,有人告诉我们一个来自长岛的"富有的疯子"亚历山大·舒尔博士不久前刚刚造访,"把他看见的一切设备都每样买了一套"。"那他买了帧缓存吗?"我急忙问道。买了!并且,他还想做动画电影!因茶壶出名的马丁·纽维尔第二天就启程前往那个富翁的学校——纽约理工学院。他保证会打电话跟我通气。

很快,纽维尔就给出了他的建议:"我要是你,马上就搭下一班飞机来入伙。"大卫和我正是这样做的。

"我们该去联系谁呢?"我向另一位犹他熟人打听。

"埃德·卡特穆尔。小心点,他可是个虔诚的摩门教徒。"

"这不成问题。"

摩尔系数 100 倍时期(1975—1980)

资金流向栅格图像:亚历大叔

> 我们的视觉将让时间加速,最终完全将其剔除。
>
> ——亚历山大·舒尔,纽约理工学院校长、创始人[48]

亚历山大·舒尔,那个长岛来的有钱人(图7.22),是我们的"亚历大叔"。这里面还有个纯粹而惊人的巧合。我在施乐帕克时的公寓舍友是理查德·吉尔伯特(Richard Gilbert)和桑德拉·吉尔伯特(Sandra Gilbert)。理查德告诉我,他有个舅舅在纽约跟我做着同样的工作。但我当时并未在意。在计算机图形学这个小小天地里,我怎么可能不认识这样一个人?肯定是那个搞经济学的理查德弄错了。但当我加盟纽约理工学院后第一次回去,正因认识了舒尔而兴奋不已时,理查德告诉我:"埃尔维,他就是我跟你讲过的那个舅舅!"[49]

图 7.22

亚历大叔自命华特·迪士尼第二。他会产生这种错觉的原因并不难理解。他的世交好友、纽约理工学院理事、被他叫作"萨沙"的亚历山大·尼古拉耶维奇·普罗科菲耶夫·德·斯维尔斯基（Alexander Nikolaievich Prokofiev de Seversky，图 7.23）曾在迪士尼的一部电影中出镜。

德·斯维尔斯基在第一次世界大战中曾是沙俄的王牌飞行员。因为自己的贵族出身在十月革命后的俄罗斯不再受欢迎，他经由西伯利亚大铁路前往符拉迪沃斯托克，接着又乘一艘日本汽船于 1918 年 4 月 21 日抵达旧金山。[50]

德·斯维尔斯基在纽约安顿下来。他在那里创立了一家航空公司——斯维尔斯基航空，日后更名为共和航空。珍珠港事件后不久，他出版了一本影响巨大的著作《空中决胜》（*Victory Through Air Power*）。他在书中大力鼓吹美国亟须建立一支独立的空军部队。1943 年，迪士尼公司将这本书改编成了同名动画

图 7.23

宣传片，华特本人对这个项目十分热心。德·斯维尔斯基自己也在影片中出镜了约 10 分钟。电影在纽约上映时，迪士尼全家还到他的家中住了几天。[51]

1964 年，德·斯维尔斯基为纽约理工学院买下了校园中最漂亮的建筑（图 7.24）。这栋房子本来是为阿尔弗雷德·I. 杜邦（Alfred I. du Pont）的家族建造的。后来，它出现在《秃鹰 72 小时》（*Three Days of the Condor*，1975）、《亚瑟》（*Arthur*，1981）等好几部电影中。舒尔以他朋友和金主的名字将这栋建筑更名为德·斯维尔斯基公馆。在 20 世纪 70 年代，这里将成为纽约理工学院视频工作室的所在地，穿过树林就能直达"隔壁"的计算机图形学实验室。德·斯维尔斯基公馆还是大卫·迪弗朗切斯科和我第一次与亚历大叔会面的地方。陪同他的有埃德·卡特穆尔和马尔科姆·布兰查德（Malcolm Blanchard）。[52]

早在舒尔听说计算机图形学这门学科之前，他就已经在校园里建立了一个 100 多人的动画工作室，致力于制作动画长片《低音号塔比》。他们使用的还是我在前文介绍过的老式赛璐珞动画手法。迪士尼也用同样的方法制作了《空中决胜》。

图 7.24

但这时,一个流动推销员将计算机图形学兜售给了舒尔。皮特·费伦蒂诺斯(Pete Ferentinos)是埃文斯萨瑟兰公司的东海岸销售代表,他试着给纽约理工学院打了一通电话。很快,舒尔就着迷于计算机图形学设备能为《低音号塔比》的制作省下多少钱。作为销售计划的一部分,费伦迪诺斯安排了舒尔赴盐湖城参观埃文斯萨瑟兰公司的行程,以及与大卫·埃文斯和伊万·萨瑟兰的会晤。[53]

这一招彻底征服了舒尔。他为纽约理工学院购置了一批埃文斯萨瑟兰公司的产品。随后,埃文斯问他谁来操作这些设备时,添油加醋地说:"你刚刚错过了那个合适的人。"他指的是自己的学生埃德·卡特穆尔。那是在 1974 年,与此同时我正被施乐帕克扫地出门。

埃德·卡特穆尔

1974 年,当埃德从犹他大学博士毕业时,他的导师之一伊万·萨瑟兰正在创办一家向好莱坞推广计算机的公司。埃德希望这家公司能成为他进军影视界——特别是动画事业的敲门砖。2017 年 5 月，我在那次视频对话里向萨瑟兰问过这家公司。

"我们办早了十年。"萨瑟兰说。他和创业伙伴格伦·弗莱克（Glen Fleck）曾计划将这家公司命名为"图像/设计集团"（The Picture/Design Group）。那时，萨瑟兰与弗莱克一起做过几个设计项目，但未能靠它们撑起公司。他们的事业从来没有真正起步。[54]

埃德等不了了。他有妻儿需要养活。因此，他入职了位于波士顿的一家计算机辅助设计公司，阿普利康（Applicon）。就是在那里他收到了亚历大卫·舒尔的邀请。尽管埃德刚到阿普利康才一个月，他果断地抓住机会，去纽约理工学院操作埃文斯萨瑟兰公司的设备制作动画片了。埃德的未来属于图像导向的计算机图形学，而不是计算机辅助设计。

像素与几何，在纽约理工学院结合

马尔科姆·布兰查德是犹他大学计算机系的又一位毕业生。他与埃德在阿普利康共用过一间办公室，并随后者一道在 1974 年末加盟了纽约理工学院。[55]

"实验室"的接下来两位成员几个月后加盟。那是在 1975 年初，新设备还没运过来。这两位成员就是大卫·迪弗朗切斯科和我，来自鲍勃·泰勒建立的施乐帕克研究中心。于是，ARPA 分别始于萨瑟兰和泰勒的两条传承线在纽约理工学院重新会合了。

1975 年来自犹他的基于几何的计算机图形学系统与基于像素的图形学在施乐帕克结合，种下了皮克斯的种子。那是科技与艺术结合的一次尝试。从另一方面来说，这是中心法则内（犹他大学）外（施乐帕克）的交融。纽约理工学院实验室最初的四人组——埃德、马尔科姆、大卫和我，将会在接下来的岁月里同心协力，一齐创办起卢卡斯影业的计算机部门（1980 年）和皮克斯工作室（1986 年）。

栅格图像首获艺术基金

埃德和马尔科姆都结了婚,埃德很快将迎来第二个孩子。他们在工作日里严格地朝九晚五,周末也绝不加班。但大卫和我都还单身,因而全身心地投入工作,连周末也不例外。我们全心全意地搞着艺术,在帧缓存到货之后更是变本加厉。我们只有在非睡不可的时候才休息一下。

大卫靠他的 NEA 基金过活,但那笔钱就快花完了。我们还是没有任何关于之前一起申请的那笔新基金的消息。令大卫暴怒,也令我焦虑的是,经过查询,我们发现 NEA 竟然把我们的申请书搞丢了。为了补救,他们要派人亲自上门考察。但那正是我们求之不得的!我们所做的工作要想仅凭文字解释明白相当困难,但演示起来一目了然。

NEA 派来了斯坦·范德比克和一位名叫南希·瑞恩斯(Nancy Rains)的艺术家。范德比克大名鼎鼎,他参与了《赛博情缘》展览(我们在第六章中介绍过),也被《扩延电影》(参见本章前文)提及。事实上,"扩延电影"的概念就出自范德比克。[56]

大卫和我在下午 4 时的长岛曼哈赛特车站接到了两位客人,那是上门视察时段里最后一天中的最后一个小时。他们正在履行 NEA 公务,但心不在焉。"我们 5 点就要搭车离开。"瑞恩斯说。这意味他们只有短短 20 分钟用于考察。"行吧,不过我们觉得你们会舍不得走的。"

他们的确流连忘返。大卫和我第一次在施乐帕克见到彩色像素和栅格图像时简直惊掉了下巴,这两位的反应也完全一样。我们热烈交谈,一同欣赏、制作图像长达几小时。最后,到凌晨 4 时,他们才提出要回到曼哈顿那家著名的阿尔冈金酒店休息。于是我们开车载他们回去,四人之间充满了快活友爱的空气。到饭店门口时,范德比克从车窗里伸手进来做最后的致意,说:"小伙子们,你们的经费有戏了!"

克里斯汀·巴顿为帧缓存牵线

在长岛北岸距纽约理工学院约 10 英里处,还有一台非凡的实时计算机图像机器。它模拟着一艘在纽约港内掉头的巨型油轮。尽管今天看来难以置信，但在当年，规划中的确会安排巨型油轮停靠如此重要的一个港口——毕竟那时阿拉斯加的"埃克森·瓦尔迪兹号"（*Exxon Valdez*）原油泄漏事故还没有发生。一艘如此巨大的油轮需要半径一英里的空间来完成左右转弯。考虑到纽约港在这个尺度下显得有些狭小，油轮的船长需要先在模拟器上完成演练。这个想法实在过于疯狂，因而从未付诸实践，但那台模拟器却如假包换。后来，当1989年那次灾难在遥远的威廉王子峡湾发生后，这台机器被用于研究"埃克森·瓦尔迪兹号"的事故。[57]

这台模拟器也由盐湖城的埃文斯萨瑟兰公司出品，它的名字CAORF（Computer Aided Operations Research Facility，计算机辅助操作研究设备的缩写）十分拗口。它最初于1975年7月被装备在位于长岛国王岬角的美国商船学院（US Merchant Marine Academy）内。在那里，砖结构的大楼有个船舷，带舷窗的大门通向"舰桥"，连厕所都按照船上的规矩被叫作"head"。在那里，你会发现自己置身轮船的舱室内，身边有着全套的舵轮、扫描雷达、控速挡杆和汽笛喇叭。以上这一切都是完全真实的，绝不是计算机的模拟。

从（没有玻璃的）窗户望去，眼前的景象令人惊叹。目光所及之处的一切都完全由计算机生成。舱室中的那些真实设备全都是用于沟通用户和计算机模拟的交互装置。在显示器上，领航员能看见240度视角的简化版纽约港风貌，包括自由女神像、维拉扎诺海峡大桥、帝国大厦和整座纽约城的天际线。转动舵轮，"油轮"就能在这计算机模拟出来的海港中航行。[58]

CAORF出自罗德·罗日卢和鲍勃·舒马克之手——他们也是NASA-2和最早的彩色像素的发明人。1972年10月，他们二人离开通用电气公司，加盟了埃文斯萨瑟兰公司。罗日卢成了CAORF项目的负责工程师，舒马克自然而然地效力于他的团队。"我们都把前途押到了这家公司上。"罗日卢这样告诉我。他们赌赢了。油轮模拟器启发了航空业，驾驶飞机的过程同样可以被模拟。最终，是飞行模拟器业务成就了埃文斯萨瑟兰公司。[59]

负责油轮模拟器软件研发的是约翰·沃尔诺克（John Warnock）。他后来跳槽去了施乐帕克，接着参与创办了Adobe。但在当时，他为埃文斯萨瑟兰在加利福尼亚的分公司工作。那里，一位名叫克里斯汀·巴顿（Christine Barton）的年轻女子也参与了CAORF的软件研发。她来到长岛，在那栋有船舶的大楼里协助安装整套模拟系统。

舒马克曾在1974年参与了埃德·卡特穆尔在犹他大学的博士论文答辩。因此，借安装CAORF的机会，他邀请正在离那里不远的纽约理工学院的埃德见面一叙。克里斯汀很可能就是在那时与埃德相识的。她自己的说法则是，当她听说刚购置了一批埃文斯萨瑟兰产品的纽约理工学院就在附近，便打电话给埃德，前去拜访。无论如何相识，当埃德解释完自己正在做的事情后，克里斯汀马上毛遂自荐，埃德就此聘用了她。1975年，克里斯汀成为纽约理工计算机图形学实验室的第五位成员和第一位女性。她是当年男性主导的早期计算机图形学领域中为数不多的女性计算机科学家。[60]

克里斯汀的专长是网络。她曾参与过早期的阿帕网——互联网前身——的研究工作。在局域网诞生之前，她致力于将我们在纽约理工学院的许多台计算机整合进一个局部网络。她的网络服务器也负责将帧缓存运算资源分配给用户。当时，全世界还没有人关注过这个问题。在大多数地方，拥有一个能以512×512像素解析度处理8比特（256色）视频图像的帧缓存就很难得了。但在纽约理工学院，最多的时候一度有18个这样的帧缓存设备。通过克里斯汀的系统，它们能够以不同的方式相配合。比如，其中的3个组合在一起，就足以处理24比特（1,600万色）的全彩视频图像。[61]

克里斯汀还搞艺术。和我们一样，她也在纽约理工学院初具雏形的系统上制作动画。她住在霍洛威宅。那是纽约理工学院名下的另一栋宅邸，距离校园大约一英里远。

"克里斯蒂"，这是我们当时对她的称呼，带我和大卫·迪弗朗切斯科去参观全新的CAORF模拟器。她有个熟人在那里上班，在夜里悄悄放我们进去。冒险就此开始。我们驾着"油轮"兜风，把模拟器的性能推向极限。天空被我们调成红色，那艘巨轮被开到了200迈，在40英尺深水与40英尺半空之间潜跃遨游。我们开足马力，飞起来冲向自由女神像和帝国大厦，想看看会发生什么。当然，什么也没发生——毕竟这只是计算机模拟。埃文斯萨瑟兰的程序员们在那些结构内没有设定任何信息，因为根本就不应该有人把船开到那里。用来模拟它们的多边形在碰撞的刹那消失了——锐利的边缘从屏幕上隐去，露出了纯黑色的虚无——就好像在暗夜里打碎了彩色玻璃窗，漆黑的夜色霎时涌入。

我们的实验室日渐壮大

图 7.25 是 1977 年的计算机图形学实验室全体成员的一幅手绘版全家福：（左起）埃弗瑞姆、加兰德·斯特恩（Garland Stern）和兰斯·威廉姆斯（Lance Williams），汤姆·达夫（Tom Duff）和克里斯汀·巴顿，他们中间远处的两人是杜安·帕尔卡（Duane Palyka）和埃德·卡特穆尔，我和大卫·迪弗朗切斯科，还有我们的座驾。

1975 年，纽约理工学院迎来了两位将要影响我们的图像学研究和电影制作未来的人物。兰斯·威廉姆斯和加兰德·斯特恩都来自犹他大学，和我们一道工作了一个夏天。他们俩在技术上焦不离孟，身高相近，都留着一头金色

图 7.25　埃弗瑞姆·科恩绘于 1977 年

长发——加兰德扎了一个马尾辫。他们沟通默契，共同酝酿着一个个新创意。他们俩在第二年夏天又来了，并最终正式长期加盟。[62]

多才多艺的兰斯·威廉姆斯对我本人来说格外重要。我和他总是在争吵，但是那种总会令我们俩都受益的学术争论——至少我总是获益良多。他向我推荐布鲁斯·斯普林斯汀（Bruce Springsteen）的音乐和威廉·巴勒斯（William Burroughs）的小说《裸体午餐》（*Naked Lunch*）。那是一本令我们这些刚刚走出 20 世纪 60 年代的人如痴如醉的好书。

更重要的是，兰斯教会了我如何消除栅格图像中的锯齿（混叠）。他是从汤姆·斯托克曼那里学到这招的，汤姆正是那位在第六章中介绍过的声学专家。汤姆让犹他大学的整整一代学生了解了什么是采样。兰斯还给我介绍了美猴王，这个在亚洲家喻户晓的文学形象日后也在我们的电影中出了镜。[63]

而加兰德·斯特恩甫一加盟纽约理工学院，就写出了那个决定皮克斯与迪士尼未来关系的二维动画程序。

优于关键帧法的扫描-绘图法

那时，摩尔定律尚不能提供支持三维动画的算力。因此，"探索计算机怎样才能为二维动画师提供最大程度的辅助"成为当年最重要的问题。答案远非一目了然。

埃德·卡特穆尔写出了一个被我们看作赛璐珞动画的计算机版本的程序……但其中存在隐患。他的动画程序名叫 Tween，堪称一个卓越的插帧法程序。它的原理与第六章中介绍过的关键帧插画法十分相似。后者由内斯特·伯特尼克和马塞利·维恩在 1970 年发明于加拿大。动画师彼得·福尔德斯（Peter Foldes）借助伯特尼克-维恩的插帧系统制作出了里程碑式的电影《饥饿》（*Le Faim*，1974）。纽约理工的动画师们则在 22 分钟的电视短片《一报还一报》（*Measure for Measure*，1980）的制作中部分使用了 Tween。

埃德解决了他们在使用中遇到的全部障碍……但有一个根本问题他无从解决。那就是，与直觉相反，二维计算机动画其实比三维更难。比方说，**画面**

中走过一个男人，一边摆动着他的双臂。我们运用人类的智慧知道，走路时远端（右侧）的手臂先会先消失在那人的身后，接着又出现在他身前；随后，手臂摆动的方向改变，又继续在身后消失、在身前出现。但计算机不理解这些。它又要怎么在两个位置之间插入动作呢？"身后"到底是什么意思？为什么需要六个位置才能定义一个物体的运动？在三维中，手臂无非是一个在空间中平滑运动的物体而已。能处理手臂摆动时在身体后面消失这一状态的只有计算机图形学中"遮蔽表面问题"的标准解法。

接受传统训练的纽约理工学院的动画师们觉得 Tween 十分难用。它对用惯了纸笔的人来说的确很不自然。图 7.26 是《一报还一报》中一位罗马士兵的"标准像"。从中我们能看出画师们用不惯 Tween 的原因。关键帧中的每一条带编号的曲线都必须与下一帧关键帧上的一条曲线一一对应。在下一帧里，士兵的位置与姿势会稍稍改变——比如脑袋偏过一点角度，右手稍稍举起。由 Tween 插入的每条曲线都需要根据动画师的指令确定。假如当前的关键帧是第 10 帧，而下一关键帧是第 14 帧，那么 Tween 就会生成 3 帧间隔帧，每一帧都由插值生成的曲线组成。

图 7.27 表现了仅仅移动士兵的右臂的困难程度。请看最左边的第 39 号曲线。图 7.27 里曲线 39 从关键帧第 10 帧里的位置沿着一条直线路径（虚线）按相等的时间步长移动到了关键帧第 14 帧中的对应位置。这个过程就是机械的插值。计算机并不能理解这是一条胳膊，也不明白它需要按照胳膊的方式去运动。请注意，图中的曲线在靠近运动中点的过程中逐渐缩短，随后又逐渐变长。也就是说，这条手臂在运动过程中还会改变体积的大小。间隔帧方法使得帧与帧之间的运动只能是匀速的，但动画师们通常不希望动态效果看起来这么僵硬呆板。

为了让运动变得美观，纽约理工的动画师们需要给 Tween 下达指令，告诉它具体沿哪一条路径运动，以及在间隔时间里如何分配每一帧的空间。图 7.27 右侧，手臂的线条沿着一条弧线（虚线）运动，同时保持长度不变。它在每一个保证等长的时间间隔中运动过的距离不尽相同。手臂的运动先慢后快，

图 7.26

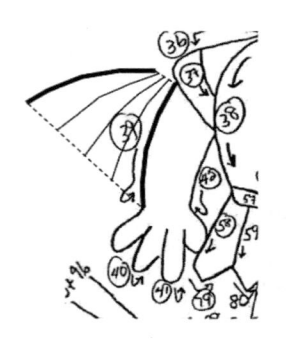

图 7.27

又再次变慢。在最糟糕的情况下，动画师们要以这种方式给每一条线条都规划好运动方式——可仅仅这一个罗马士兵身上的线条就达上百条之多。

　　Tween 的插值方式不仅对传统动画师们来说是一种全新的工作方式，对计算机图形学家们来说也相当不简单。这成了我们上过的重要一课。第一部数字电影必须是完全数字化的——不能有任何手绘的成分，因此它几乎必然要包含一些三维的角色建模。第三个维度中包含了连接、对象、深度等信息，能够让一切变得不同。

　　与此同时，加兰德·斯特恩编写的另一个二维动画程序则让纽约理工的动画师们都毫无障碍地理解了——因为它允许手绘。动画师们将这个程序作为 Tween 的补充，用于《一报还一报》的制作。这个程序允许动画师们一如既往地用铅笔和稿纸工作。是他们——而非计算机，来完成关键帧插值。他们手工绘制了全部的间隔帧。但其余的一切都是通过计算机完成的——勾线、蒙版填色、图帧组合、摄制。初始的绘图是模拟式的，但剩下的一切都是数字化的。[64]

　　加兰德的程序名叫 SoftCel，是一个"扫描-绘图"系统。动画师们通过传统的纸笔方法绘制出每一帧的赛璐珞动画稿。图帧中不同的角色被分别画在不同的稿纸上，并手动地分别进行插帧。利用一台扫描仪，加兰德将动画师们的作品数字化。也就是说，他通过取样制作出每一幅画作的数字版，并将灰度像素以数字文件的形式存储在计算机中。像素是摄取而非制作的。这些曲线中不会有锯齿，因为它们不是通过边缘锐利、高频的几何体渲染而成的。真实铅笔画的流畅度通过扫描仪得到保留。[65]

每一帧图像都被载入帧缓存，因而能够显示在计算机屏显上。通常其中布满噪点，还有诸如扫描过程中落在纸面及扫描仪玻璃上的灰尘造成的斑点。SoftCel 用户除了降噪之外还会应用一些其他图像处理技巧——比如提高亮度或增强对比度。其中一个重要的技巧就是将所有开放曲线闭合。动画师可能自以为画出了一个闭合的椭圆，但实际上还留着一个小开口。对下一个步骤——填色来说，闭合开口至关重要。您可以将这一步操作理解为在赛璐珞蒙版上用印度墨水勾线步骤的数字化版本。

接下来就是像素生成阶段——"扫描-绘图"中的绘图部分。我在到纽约理工学院的头几个月里写了一个叫作 TintFill 的程序，用于完成对应传统赛璐珞动画中蒙版填色的数字化步骤。正如我在电影与动画一章中描述过的，传统的填色师们用印度墨水在线条框出的区域内涂上颜色。就像小孩的涂色书，这一步的关键就是不让颜色的覆盖范围超出线条。[66]

类似地，TintFill 也向闭合的区域——比如罗马士兵的右臂和手指——填充单一的颜色。用户选择好一种颜色后，点击想要填充的区域，TintFill 就会完成剩下的事。假如程序在闭合曲线中发现了一个开口，那么填充的色彩就会从开口中漏出来，淹没整个画面。这就体现了闭合曲线的重要性。构成角色的所有区域都以这种方式填上色彩，所得的结果被保存在计算机中的一个数字文档里。至此，作品中的每一帧都已经包含了数个文档。假如某个场景中同时出现了三个动画角色，那么那个场景的每一帧里就都有三个独立的数字文档与各个角色一一对应。

同时，另一位艺术家画出的背景也会通过数字绘图程序载入帧缓存，并被加入各个数字化文档中。我在施乐帕克研究迪克·肖普的《超级绘图》时学会了编写绘图程序，因此我在纽约理工学院早期的工作中也包含了另一个 8 比特（256 色）绘图程序的编写——它的名字就叫《绘图》（*Paint*）。当时，已经有若干 8 比特绘图程序问世，包括加兰德·斯特恩在犹他写成并带到纽约的那个。我自己重写的原因是想要一个不一样的用户界面。随后，我和专业的赛璐珞动画背景画师保罗·山德尔（Paul Xander）密切合作，把我的程序变成了他的一件得力工具。[67]

最后一步就是将同一帧中所有的数字文档"整合"为最终的一帧图像，再传输给胶片印刷机或录像机。首先，背景会从数字文档中提取出来并存入帧缓存。随后，每个角色的图层也以正确的顺序依次叠放到背景上。角色图层中透明的部分能让垫在其下方的图像、特别是背景图案显露出来。执行整合操作的工具就是"阿尔法通道"（alpha channel）。

阿尔法通道

在纽约理工学院，我们取得的每一个进展都是史无前例的创新。又一次，我们想统计一下一共创造了多少项第一，但这份清单很快就长得离谱，只得作罢。但在这些"第一"中，影响最为深远的却是无心插柳。那就是由埃德·卡特穆尔和我一起发明的"阿尔法通道"（alpha channel）。

在实验室发展之初的一天夜里，我们的金主亚历大叔前来造访。他问我："我们现在是计算机图形学界的天下第一，对吗？"我给出了肯定的答复。他便又问："那么我们要怎样保持领先优势呢？"在那时，我们只有一个 512×512 像素、8 比特（256 色）的帧缓存。那是舒尔斥资 8 万美元购置的。我告诉他，假如他能再给我们买上两个 8 比特帧缓存，我们就能整合出一个 24 比特（超过 1,600 万色）的帧缓存设备。我告诉他，256 色与 1,600 万色之间有着质的飞跃，全世界还没有任何人实现这种性能。

我怀疑舒尔并没有完全理解我的话，但几周以后他突然宣布，他又买了 5 台 8 比特帧缓存。这样我们就一下拥有两个 24 比特的设备了！那 5 台全新的帧缓存各花费了 6 万美元。于是，第一台 RGB 或者说全色 24 比特帧缓存花了舒尔 20 万美元。第二台花了 18 万美元。这下我们不光在全世界范围内最先拥有了全色帧缓存，还坐拥两台。仅仅因为我的一句话，舒尔就花掉了相当于今天 170 万美元的巨款。这样的一掷千金在多年之后带给我的震撼甚至超过了当时。那时，我们单纯只是高兴坏了。

他很快还会以 4 万美元的单价再给我们买 12 台 8 比特帧缓存——价格的下降全拜摩尔定律所赐。但这笔开销仍然高达 48 万，相当于今天的 190 万美金。到 1978 年，我们轻松拥有了数量超过全世界其他任何人的全色像素。整个计算机图形学界都对我们羡慕嫉妒恨。作为参照，今日的手机拥有的像素容量就超过了当年实验室的 18 台帧缓存之和。作为这一切背后的推动力，摩尔定律在这段时间里提高了 8 个数量级。[68]

有了完整 24 比特 RGB 色彩的我们简直疯了。1977 年，我将适用于 8 比特的《绘图》升级为采用 24 比特像素的《绘图三》(Paint3)。我管新程序叫《绘图三》的原因是它动用了三台帧缓存设备。《绘图三》是世界上第一个 24 比特或者说全彩的绘图程序。它内置 1,600 万种色彩——这已经是艺术家用软毛画笔在无锯齿的情况下能绘制出的全部色彩了。这些色彩能如现实中的绘画颜料那样互相交融。我记得有人曾这样评价："简直就像用甜筒冰激凌作画。"[69]

很快，我便将所有基于像素的程序都升级到了 24 比特版本。有了如此海量的内存，我和埃德有朝一日想到要给每一幅数字图像增添第四条通道也是理所当然。我们称之为"阿尔法通道"。它的发明是为了解决一个具体的问题。当时我们并没料到它在日后会有如此重要的意义，整个现代数字图像界都会依赖它。

埃德想解决的问题由来已久，那就是前文介绍过的"遮蔽表面问题"——从给定的视角看去，场景中哪些表面是能看得见的？被遮蔽的表面无须渲染，这样能节省大量运算时间。当时，已经有若干种试着解决这个问题的算法被提出了。

而埃德的新想法是将虚拟摄影机看到的二维世界看作许多小方块的阵列，就像从窗格中望出去那样（后面我们将对此做进一步讨论）。这些小方块是几何意义上的模型分区——不是像素。

埃德的算法计算了模型中每个几何对象在小方格范围内的重叠。假如若干物体在某一个方格内重合，那么算法就会进一步算出每个物体可以被虚拟相机看见的区域面积。换句话说，埃德在每个小方格内都解算一遍遮蔽表面问题，并将得出的结果代换为一个像素值。每个像素都代表了一个位置上的方形几何区域。现在，问题就变成了找到一种能最好地表现单个方格内复杂情况的颜色。

最终代表方格区域的像素色彩是区域内各物体色彩按照占据方格面积的不同大小加权平均所得的结果。其透明程度则由全部物体占据方格面积的比例决定。假如物体完全遮蔽了方格区域，那么对应像素就是完全不透明的。假如没有物体遮蔽方格，那么对应像素就为全透明。在其他情况下，像素则呈现不同程度的半透明。

埃德想要在任意二维背景前渲染出三维前景物体。为了测试算法，他预设了背景颜色。这样，每一个小方格背后的色彩就是已知的。但埃德并不希望让背景一成不变。

他对我说："我希望能有某种简便的办法来测试我的算法在不同背景前的表现。"我们才聊了几分钟，就马上发现了解决之道。在最终计算出像素以前，算法要先计算出前景的颜色及透明程度。而将其与背景颜色叠加是一个独立的问题。于是，我们将两者分开处理。

我编写了纽约理工学院用于向计算机硬盘里存储和提取数字图像的程序。它们是最早的全色 24 比特存取程序，因为我们是第一个拥有 24 比特像素的团队。我很快明白埃德的问题该怎样解决了。只需要直接往这些程序的每个像素里增加第四个通道。这第四个通道将专门存储像素的透明度。

假如像素是不透明的，其 8 比特阿尔法通道取值就等于 255（各位都为 1）。如果像素完全透明，阿尔法通道取值就为 0（各位都为 0）。二者之间，一共有 254 种不同的透明度取值。这样，每个像素就有 32 个比特了。红色、绿色、蓝色和阿尔法各占 8 个。我们称其为 RGBA 像素。克里斯汀·巴顿的帧缓存分配系统让我们利用网络中的 8 比特设备构建出一台 32 比特的帧缓存。

埃德则修改了他的程序，使它只计算每个像素的前景颜色和透明度，并存入一个带有第四通道的计算机文件。换句话说，他忽略了背景颜色，将它放到后面的步骤中去处理。我重新编写了存储程序，让它能够识别新的阿尔法通道并将其与埃德计算出的前景颜色正确地组合在一起。无论背景是什么，它都已经被预先载入帧缓存了。

为什么叫"阿尔法"？因为这是我们在组合前景背景图像的公式中用到的变量。简便起见，我用 f 和 b 来指代前景与背景。希腊字母 α 读作"阿尔法"，我们的公式读作"阿尔法 f 加 1 减阿尔法 b"。不妨把阿尔法当作在 0 和 1 之间自由调节的旋钮。阿尔法 f 的意思是阿尔法乘以 f。这样，当调节旋钮时前景在整幅图像中的占比就能在 0 和 1 之间顺滑地变动。"1 减阿尔法 b"则指"1 减阿尔法乘以 b"。这时调节旋钮能将整幅图像中背景的比例从 1 到 0 自由调节。

这个点子的关键之处是，两个占比的大小都由同一个旋钮调节。这样，当旋钮往一个方向扭到底（阿尔法等于 0），前景便彻底消失，图像完全由背景组成。相反地，旋钮向另一个方向扭到底（阿尔法等于 1），图像就只剩下了前景。阿尔法的取值反映了前景图像的（不）透明度。

假如旋钮处于正中间的位置（阿尔法等于 0.5），图像就呈现为一半前景和一半背景的组合。在四分之一处（阿尔法等于 0.25），图像为四分之一的前景加上四分之三的背景。要是您连续地将旋钮从一端拧向另一端，就会得到一段从背景图像渐变为前景图像的影片。一幅图像平滑地置换了另一幅。图 7.28 就展示了随着阿尔法以 0.25 为步长从 0 递增到 1，蓝方块上的白十字渐变为白方块上的红圆盘的全过程。

我的叙述听上去好像意味着整幅图像只有一个对应的阿尔法值（透明度）。事实上，这也的确是图 7.28 表现的那种情形。但通过往每一个像素中都增加第四个通道，我们能够向各个像素分配不同的透明度。同样的公式可以逐个像素地应用。某些前景像素可能是透明的，另外一些则不透明；还有一些可能是半透明的，这意味着在这些位置上透过前景能够部分看到背景。RGBA 像素在 RGB 通道中确定颜色，并在阿尔法通道里定义其颜色呈现的比例。32 比特的像素从此成为常规。

图 7.29 展示了在图像中逐个像素应用阿尔法值的样子。前景物体是红色的圆盘，背景则不存在。在圆盘之外的像素都是透明的，位于圆盘边缘的像素则为半透明。从左到右，红色圆盘逐渐盖过了蓝色方块。这是通过在各个像素上逐一调整阿尔法通道数值做到的。多于两幅图像组成的叠加序列也可以以此类推——有一个统领全局的变量阿尔法控制着图层之间的渐变。

阿尔法通道法似乎是个一蹴而就的简单发明——至少当时我们是这样认为的。我们首创了这种方法，无非是因为我们最早拥有海量的像素内存。这个点子是如此简单，到第二天早上我就完成了编程，修改了我们的用户手册。在新版本中我描述了全新的 RGBA 四通道：红、绿、蓝和阿尔法。就这样，我定下了这个沿用至今的名称。埃德也迅速完成了他那部分的工作，修改了他的遮蔽表面程序以存储每个前景像素中第四个通道的数值——透明度，从而兼容全新的 RGBA 格式。

作为测试，埃德只需要执行这些步骤：（1）使用我的"旧版"24 比特存储程序将任意 RGB 格式的背景图像 b 载入帧缓存。在任意位置上，这幅背景都是不透明的。（2）使用我的全新 32 比特存储程序将一幅 RGBA 格式的前景图像 f 载入同一帧缓存中。存储程序此时将对每一个像素执行"阿尔法 f 加 1

图 7.28

图 7.29

减阿尔法 b"的运算。其中，阿尔法的值来自埃德预先的计算。这样，背景图像的色彩应该只在那些"透明度旋钮"调为 0 的地方显露出来。

全新的阿尔法通道使得用前景角色盖住背景图像的过程变得简单。图像实心着色的部分完全不透明。扫描画稿的某些线条显得更为柔和，意味着那里的像素都是半透明的。它们能与背后的图案优雅地相容。数字化赛璐珞明板的其他部分都是完全透明的，阿尔法值为 0.

相比在扫描-绘图过程中定义阿尔法通道，对铅笔画来说，阿尔法通道的概念显得更为直观。铅笔笔触本身就是自己的阿尔法通道——好吧，应该是它的"负片"。一幅铅笔画"白纸黑字"，它的"负片"就应当是画在黑色背景上的白色线条。假设经过扫描的画稿被输入了 8 比特帧缓存，用 255（各位都为 1）代表白像素，用 0（各位都为 0）代表黑像素。中间的灰色对应的数值就会介于 255 和 0 之间。举个例子，不妨假设某点的灰度值为 100，求该画稿上各点的阿尔法值，需要用白色值（255）去减每个像素的取值。这样，我们就生成了负片。于是现在白色像素的阿尔法值便为 255－255＝0. 它是完全透明的。黑色像素的阿尔法值则为 255－0＝255，它完全不透明。对原本灰度值为 100 的点来说，其阿尔法值等于 255－100＝155，它是半透明的（155/255 大约相当于 39% 的透明度、61% 的不透明度）。任何实心填色的区域自然也有着 255 的阿尔法值，完全不透明。

阿尔法值看似简单，实则隐含着深刻的思想。我自己都用了许多年才真正地完全理解它。阿尔法值思想的下一步演化发生在几年之后。在卢卡斯影业与我们共事的汤姆·波特和汤姆·达夫为新通道开发出了一种专门的"代数"——这是对初始想法的一次重要发展。他们发现，假如将"预先与阿尔法值相乘"的颜色值代替原始色彩存储到像素中，就能在每一次的图像存储过程中省去大量乘法运算。在当时，乘法运算又慢又昂贵。这种整合数字图像的一般方法对电影制作贡献巨大，我们四位共同提出者因此获得了奥斯卡奖的一项技术奖。

假如没有阿尔法值，今日的许多流行程序都会面目全非。首当其冲的就是

Adobe Photoshop 和微软 PowerPoint。哪怕 Windows 和 MacOs 这样的操作系统也使用阿尔法值来呈现浮动图标、圆角图形和半透明的窗口。

多年以后，我离开皮克斯后创立的另一家公司阿尔塔米拉软件（Altamira Software）正是基于另一个受到阿尔法通道启发的想法：数字图像并非必须是长方形。预先相乘的阿尔法值最终让我们摆脱长方形的统治。以前文的红色圆盘为例。它的形状是由阿尔法通道中的非零值确定的。阿尔法值等于 0 的像素从实践的意义上说压根不存在。圆盘是个圆形的物体。它是像素的产物，而非来自几何。我的同事与我一道编写了一个基于以上想法的图像组合程序"阿尔塔米拉组合器"（Altamira Composer），并在 1995 年连公司一起卖给了微软。

阿尔法值并不受中心法则的支配，尽管前者往往成为后者发挥作用的手段。绘图程序和它们诸如 Photoshop 的近亲，也不需要遵循中心法则。阿尔塔米拉组合器自然也不需要。

三维图形学异军突起

有这么多学院派成员加盟，纽约理工学院计算机图形学实验室不出意外地成了一个学术部门。这里洋溢着友好的合作氛围。相比工资和头衔，学术发表和学界声誉更为重要。和在大学里一样，没人想当这个系主任。于是埃德·卡特穆尔挑起了这副吃力不讨好的重担。大家都从没被分配过任务，尽管埃德有时会建议一下。通常，大家都会各自找活干，主动去做那些需要完成的工作。纽约理工学院是一座天赐的、资金充足的学术乐园，对此每个人都心知肚明。因而我们总是尽可能勤奋地工作。伊甸园里每天都有新发现！我们可以自由地为新发现的各种植物和动物起名字——顺便摘走所有低垂的果实。

埃德平易近人的管理艺术对最初的一批意志坚定的创始成员来说十分合适。但几年过去，我们渐渐觉得他在工作中越来越像一位真正的经理人。他为实验室增添了硬件设计小组和数字声学小组。如果不是埃德当经理这完全是不可能的。他还尽可能地利用他犹他大学的人脉，不时为实验室请来支援——或者暑期访客。兰斯·威廉姆斯和加兰德·斯特恩就是 1975 年和 1976 年最早来的暑期访客。他们中的许多人和兰斯与加兰德一样"落地生根",就此成为长期雇员。

吉姆·布林是没留下来的人之一。他也在 1976 年夏天从犹他大学前来。他个子高挑,头发也长,经常穿着一件由他母亲专门为他织的绿毛衣。他是个聪明的技术明星,看似不苟言笑,实际上十分慷慨,还有着与众不同的幽默感。[70]

在访问行将结束之际,布林已经制作了一段带纹理的三维奶油杯(来自马丁·纽维尔那套著名的茶具)和一个绕圈奔跑的三维人物动画。那个人物表面上的明暗着色是相对一个固定的光源生成的,显得十分真实。在犹他大学和纽约理工学院之间穿梭时,布林还实验了一种新的明暗着色手法,称其为"凹凸映射"(bump mapping)。这种技巧特别值得深入探讨,因为和纹理映射一样,它也是数字光学中采样和几何的一次意义重大的联姻。在两个案例中,像素都成了创造端几何物体模型的一部分,从显像空间翻身跃入了创造空间。

和纹理映射一样,凹凸映射也是一幅图像控制另一幅图像的过程。一个阵列的样本通过渲染进另一个阵列来定义几何体表面的样子。在这里,图像控制着曲面的表观形状。图 7.30 展示的是通过凹凸映射让球体表面拥有橘子皮的纹理。这仅仅只是"看起来",因为几何体本身并未发生改变。请看那"橘子"的边缘仍然平滑,并没有任何凹凸。这是另一种好莱坞式的伪前景技巧。只要表观的凹凸大小远远小于整个几何体,这种技巧的效果就十分出色。假如我不指出来,您能注意到那平滑的边缘吗?

凹凸映射的出现比早期的明暗着色技巧提高了两个摩尔量级。它将多重垂直方向的概念发展到了极致(还记得那些小旗杆吗?)。控制图像的像素(图 7.30 中)在最终的渲染步骤中改变了每个像素的垂直方向。在最简单的平面着色中,垂直方向就是每个小三角形中央竖着的旗杆。随后,古若在三角形的各个角上也引入了垂直方向——扭转的旗杆。它们共同定义了一个漂浮在三角形上方的"单位垂线段曲面"。当每个像素最终被渲染、显示的时候,这个曲面中对应位置上的垂直方向就给出了此处正确的明暗着色方式。

凹凸映射让每个三角形上的垂线段数量进一步增加,从仅仅几个位置上有

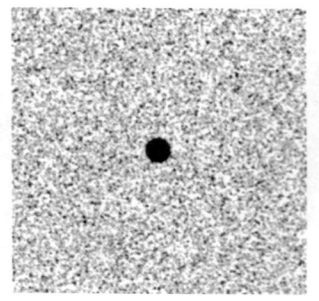

图 7.30

到任意点位上都有。凹凸映射中，每一个像素都可以有不同的垂直方向。通过经典的采样定理重构方法——展开每个样本后进行叠加——凹凸映射中也生成了一个由垂直方向定义的、漂浮在三角形上方的曲面。这个曲面可以尽可能地复杂。我们看不见这个曲面，却能看见它定义的明暗着色效果——凸起和凹陷。

不必迈入三角函数的杂草丛，我们完全可以说，只需要在某个曲面上逐点摆弄一番垂直方向，就能让我们看见并非真实存在的凹凸——不存在的意思是它们不存在于几何模型中。

布林最早于 1976 年在犹他大学、在圣诞节访问纽约理工学院之际就探索了这个想法。但直到 1978 年他才完善了这一想法，并写成论文，在计算机图形学年会西格拉夫上做了报告。这项工作也成了他在犹他大学博士论文的一部分。图 7.31 是他在 1977 年最早动画化的一个凹凸映射球体。图片以栅格的形式按顺序排列。[71]

布林最终加入了位于帕萨迪纳的 JPL。他在那里功成名就，制作"旅行者号"(*Voyager*)太空飞船的飞行模拟动画让他名声大噪。每一段影片都模拟了旅行者号飞临一个行星时的场景。在纹理映射步骤中，他使用了当时最新的、由旅行者号本身发送回 JPL 的行星照片。他为此操劳多年，最终让 JPL 成为计算机图形学地图上的一处胜地。

1977 年里，埃德又为长岛带来了两位犹他同门。埃弗瑞姆·科恩和杜

第七章 含义之明暗 423

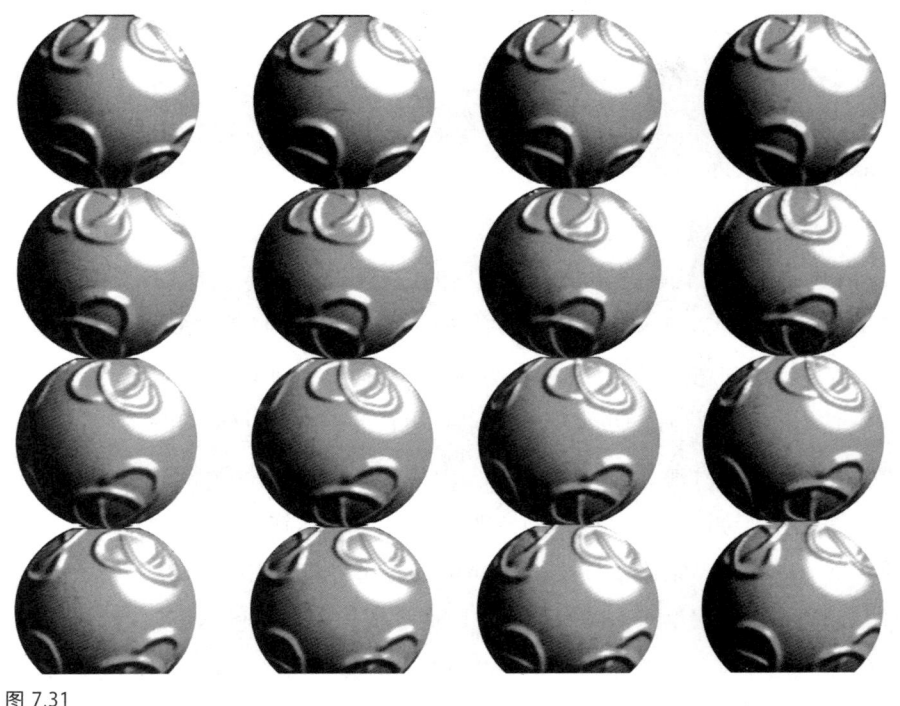

图 7.31

安·帕尔卡都不是犹他大学的正式学生。但埃德看中他们的能力，将他们带到了纽约理工学院。两人都是艺术家，也是程序员。

埃弗瑞姆是在前一章里那位在麻省理工学院 TX-2 上使用罗恩·贝克尔的 Genesys 动画程序的艺术家。他为我们实验室的全体同仁画下了那张漫画群像（图 7.25）。他为实验室的许多像素制作程序都做过贡献，其中就包括新一版的绘图程序。多年以后，离开纽约理工学院的他参与打造了数字光学最引人注目的成就——纽约曼哈顿时代广场纳斯达克大楼立面的巨型显示屏。那简直是数字光学的一座圣殿。

杜安·帕尔卡参与了已成经典的 1968 年的《赛博情缘》展览，还登上了一本名为《艺术家与计算机》（*Artist and Computer*）的书籍的封面。封面上，他正用计算机和镜子为自己画像。他在纽约理工学院参与研发了为数不多的几个渲染三维物体的程序之一。那个程序慢得可怕，其主要功能就是提醒我们多么需要摩尔定律来帮助它发挥潜能。[72]

Unix 和加拿大人

我们的纽约理工实验室在二维数字图像制作方面走上了正轨——Tween、TintFill、《绘图三》等程序相继问世。但在软件开发环境方面，我们仍停留在黑暗的中世纪。以这种缓慢的进展速度，我们将永远制作不出第一部数字电影。我所说的问题并不在于摩尔算力的低下，而在于缺少软件工具。我们清楚地知道，即使在当时的摩尔量级下，我们也可以表现得更好。我们需要的是一种"好"的编程语言。

埃德·卡特穆尔和我都了解坏的编程语言是什么样子。在学生时代，我们所学的并且共同憎恨的语言是 Fortran。那是 IBM——用我们的话说——"强加"给公众的。很早以前我们就决定，绝对不会在纽约理工学院继续使用它。我们宁愿用烦琐的汇编语言（assembly language）写程序（参见第三章），同时静待一种好用的新语言问世。

终于有一天，我们的坚持得到了回报。我们听说出现了一种优雅的语言，C（没错，只有一个字母）。它是一个全新的操作系统——Unix——的一部分。二者都严密而可爱。我们马上以 100 美元的校园价安装了它们。向埃德介绍 Unix 的是罗恩·贝克尔，这是他立下的又一大功。

正如在图灵一章中介绍过的，操作系统是一个始终运行着的程序——比如 Windows、MacOS 和安卓 OS。操作系统是一个刻意为之的无限循环，它管理着一切：哪些应用程序在运行？它们占用多少内存空间？设备需要怎样的输入或输出？是否存在需要马上解决的电路故障？同时，无数的"脏活累活"也由它负责。操作系统是一种十分深奥的程序，需要特殊的才能来编写。系统工程师们就是有着特殊才能的人。

贝尔实验室的肯·汤普森（Ken Thompson）和丹尼斯·李奇（Dennis Ritchie）发明了 Unix。C 语言也出自李奇的手笔。他们因此获得了 1983 年的图灵奖。Unix 如今是世界上最基础的操作系统之一——MacOS 也脱胎自 Unix，而 C 语言也仍然是一种十分流行的编程语言。肯·汤普森本人亲自将 Unix 的一份早期拷贝送到了纽约理工学院。他开着一辆黄色的克尔维特直接从新泽西的贝尔实验室赶来。[73]

当时，我们实验室的所有人都不太关注系统编程，也没有人懂 Unix。我们急需一位 Unix 专家。罗恩·贝克尔再次给出了一条金子般的建议：考虑一下他在多伦多大学指导过的学生——汤姆·达夫。他于 1976 年前来纽约理工学院面试求职。他的背景新鲜而独特，他不出身自犹他大学、埃文斯萨瑟兰公司或施乐帕克。整个实验室里仅有的另一位加拿大人是亚历大叔自己。[74]

但汤姆出乎意料地十分害羞。他在面试的全程都没说过几句话。同样，他与几位实验室成员的交谈也相当简短。我们很快发现大家都不约而同地感到尴尬，不知道在这位安静的访客离开前的那几个小时该怎样和他相处。

有人提议让汤姆试玩加兰德·斯特恩编写的一个 Unix 游戏——一个多项选择的文字游戏。正确的回答会让难度升级。这个游戏的设计目的是向我们教授 Unix 的运行模式。我们没人通关过。Unix 的细节太隐晦了——即便是加兰德自己也不比我们懂得多。

汤姆一听说这个游戏，便马上操起键盘，没花 5 分钟就通关了。对他来说，那简直是小儿科。Unix 专家找到了！我们马上拉他入伙——他直到最近（2021 年）才刚刚离开皮克斯，如今已是一位慈祥的老人和金牌程序员。他的天赋也从 Unix 延伸到了计算机图形学领域。

纽约理工学院—卢卡斯影业—皮克斯工作室

数字光学分支众多，我选择只专注于那几条通向数字电影的线索。我格外关注它们对新千年数字大融合的到来所做的贡献。故而在此我将略过全部的图像处理、实时模拟与游戏和应用程序界面的内容。出于实用性考虑——主要是每个章节的长度所限，以及我无意任由众多名词将读者搞得眼花缭乱，我将专注于指向三家公司的那条线索：皮克斯、梦工厂和蓝天工作室。这也就是说，除了个别例外，我几乎不会提及在数字光学发展史上、在计算机图形学领域中做出贡献的其他公司和研究人员。同样的，对于梦工厂和蓝天我也不会过多深入。

我个人的经历是从纽约理工学院转战卢卡斯影业和皮克斯工作室，因而我对这条线索的叙述将会远超其他。但即便是这样，我也无法涵盖这条线上的全部细节。我能做的只有沿着那几个软件的发展路径，讲述数字电影诞生的故事。另外两条线索：太平洋影像公司（Pacific Data Images, PDI）到梦工厂和MAGI到蓝天，在本章中就更不可能事无巨细地仔细介绍了。我更愿意展示几条线索之间的互动和彼此影响，而非简单地列举促成数字电影在新千年前后出现的所有人名和技术。

其余的历史细节就留给别人去书写吧。梦工厂和蓝天工作室的历史还没有人写过。至于对纽约理工到卢卡斯影业故事的讲述，我也很难超越迈克尔·鲁宾（Michael Rubin）2006年所著的《人机造物》（*Droidmaker*）一书。鲁宾的著作是根据对我们这些亲历者的采访写成的，因而几乎在每个细节上都异常准确。类似地，我还推荐2008年出版的《皮克斯传奇》（*The Pixar Touch*）。这本书讲述了卢卡斯影业末年和皮克斯早期的故事，作者是历史学家大卫·普莱斯（David Price）。他的创作素材主要来自档案材料，而非采访记录。在本书中，我讲述纽约理工学院和卢卡斯影业的故事时也有选择地只讲述日后皮克斯创业元老们的部分。[75]

具体来说，汤姆·达夫、埃德·卡特穆尔、大卫·迪弗朗切斯科和我四人相继去了卢卡斯和皮克斯。纽约理工学院还有两人也走了相同的道路：马尔科姆·布兰查德，创始四骑士之一，在我们其他人之前就早早地离开了纽约理工学院，日后才和大家在卢卡斯影业重逢。晚些时候加入纽约理工学院的新人名叫拉尔夫·古根海姆（Ralph Guggenheim）。跳槽到卢卡斯影业后，他扮演了关键的角色。埃德和我后来共同创办了皮克斯，大卫、马尔科姆和拉尔夫都成了我们的第一批员工。[76]

但我们并非唯一朝着数字大融合进军的团队。在康奈尔和MAGI，还有其

康奈尔和 MAGI 的人脉

纽约理工学院的计算机图形学实验室坐落于长岛，在纽约以东几英里处。出城向北，在西切斯特县境内，还有一个早期的计算机图形学中心——数学应用集团（Mathematical Applications Group Inc, MAGI）。自 1972 年起，这个团队就将计算机图形学纳入了它的诸多应用数学项目之中。纽约理工学院和 MAGI 共同组成了纽约下州的图形学聚落。

在上州遥相呼应的，则是唐·格林伯格在康奈尔大学领导的研究组。马克·利沃依等一众格林伯格的门生在 1972 年共同制作了那部康奈尔影片。

我们在纽约理工学院时组织过几次前往 MAGI 的郊游，但联系更为密切的还是康奈尔大学——和我们一样的学术团队。一年里总有一到两次，格林伯格要么请我们去伊萨卡访问，要么就率领学生来纽约理工学院。

多亏了金主亚历大叔，我们总能在设备上领先康奈尔大学。但他们从未落后太多。纽约理工学院搭建了世界首个 24 比特帧缓存。过了一年，康奈尔也有了一个。我们在纽约理工与动画师们合作。很快，马克·利沃依也与因《摩登原始人》（*Flintstones*）名声大噪的汉娜-芭芭拉（Hanna-Barbera）动画工作室展开了合作。1978 年，我终于将我 1974 年在施乐帕克时就完成了的 HSB（也叫 HSV）色彩转换算法写成论文并发表。可在同一期杂志里，另一篇文章也介绍了一个类似的算法，作者是康奈尔大学的乔治·乔布拉夫（George Joblove）。[77]

与 MAGI 的联系也很早就建立了。它始于大卫·迪弗朗切斯科为纽约理工实验室搜寻高质量电影录制设备的时候。他的目光很快聚焦到了两家公司身上：Celco 与 Dicomed。为了同一个目标——计算机动画，MAGI 同样在考虑 Celco 出品的电影录像机。于是，Celco 的业务员卡尔·路德维希（Carl Ludwig）在 MAGI 安排了一次三方会面。就这样，在 1975 年或 1976 年，我们第一次与 MAGI 建立联系。大卫最终还是选择了 Dicomed 的产品。但他和卡尔·路德维希建立了终身的友谊。我们也得以第一次进入 MAGI 内部参观。十几年后，卡尔成了蓝天工作室的联合创始人之一。[78]

《太阳石》

1974 年，我曾在施乐帕克用彩色栅格图像方法制作了一条艺术影片。我称之为《视比特》(*Vidbits*)。当我从加利福尼亚转战纽约城时，它成了我手中的王牌。大家从没见过这样的作品。[79]

因此，当著名的视频艺术家埃德·埃姆什威勒（Ed Emshwiller）造访纽约理工学院，想要制作一部电影时，我当仁不让地抓住了机会。埃姆什的艺术生涯始于在巴黎绘制抽象油画的经历。20 世纪 50 年代，为《银河杂志》(*Galaxy*)和《科幻与奇幻杂志》(*The Magazine of Fantasy & Science Fiction*)所画的封面为他赢得了名声。随后，他发现了 16 毫米电影胶片，从此成为使用这种媒介的艺术家当中的翘楚。后来，他又在视频艺术和光盘艺术方面首屈一指。

我们是从公共电视台的一档特别节目中了解到埃姆什的。我们惊讶地发现，他就住在长岛——在纽约理工学院隔壁的莱维镇上！有人提议："咱们请他来看看好了。"我说："我不觉得有这个必要。他会自己来找我们的。"[80]

不出所料。显然，埃姆什威勒正在追踪新媒体的高科技前沿。有一天，他突然出现在实验室里，宣称自己有一笔古根海姆经费可用于制作一部 3 小时的电影。他有 6 个月的时间，想把这笔钱花在我们身上。我们哄堂大笑。为了缓解他的失落和困惑，我们向他解释目前一切都还在起步阶段。6 个月的时间能做出 3 分钟的影片就谢天谢地了。

但是我们还是接下了这桩活计，就此开启了我人生中自大卫·迪弗朗切斯科之后第二重要的艺术合作。我是个以科技为生却热衷艺术的人。我爱艺术。埃姆什则以艺术为生，但热衷于科技。他爱科技。就像当年大卫和我一见如故那样，我与他一拍即合。

我们的合作方式是这样的：埃姆什负责提出艺术创意。比如，他的第一个创意是一张人脸从一块石头中浮现出来。我则根据我对当时科技和摩尔定律的了解回答："咱们总有一天能做得到的，埃姆什，但不是现在。不过，要是你能将你的设计如此这般地略加修改，我倒是搞得定。"我告诉他我只能完成正面的二维效果。于是他说："要是你能做到这个的话，那么不如……"就这样一来一回，直到我们在某个我力所能及的艺术设计上达成共识。图 7.32 左侧就是我们两人工作时的样子（埃姆什坐在我右边）。我们正在雕琢的作品是《太阳石》(*Sunstone*)。太阳的图像诡谲地从彩色显示屏上漂浮出来，这是照相机双重曝光的结果——镜头同时捕捉到了从我们身上反射的室内灯光和显示屏发出的光线。我们一致同意，这个光影"误差"刚好完美地暗合了我们的创造力。

纽约理工学院的两位同事兰斯·威廉姆斯和加兰德·斯特恩也参与了制作。兰斯完成了一条满屏幕漂浮的"舌头"，加兰德则将一段拍摄埃姆什儿子斯通尼（Stoney，小名"石头"）的模拟信号视频实时地进行了二维数字化。影片的名字就取自斯通尼。加兰德用于制作数字化影片的机器，就是他在自己的扫描-绘图系统中用来将动画师们的画稿数字化的那台。他从现实世界中，从黑白录像胶片上取得这些像素，而不是直接用计算机制作它们。但是，他的像素并非黑白，而是使用 8 比特色图呈现出了彩虹伪彩色（pseudocolor）的视觉效果。这样，《太阳石》就成了数字光学中图像处理与计算机图形学两大分支的一次结合。

《太阳石》这部影片将成为纽约现代艺术博物馆收藏的第一件彩色栅格图形作品。它还不是数字视频——但其中每一帧图像都由像素栅格组成，因而

图 7.32 （右）《太阳石》中的一帧，埃德·埃姆什威勒，1979 年

属于数字光学范畴。唯独载体介质还没有数字化。这得等到数字大融合的到来——在 1998 年高清电视（HDTV）标准化以后。

在《太阳石》中，我们共使用了三种数字光学技术：二维交互式像素绘制、数字化实时影片和三维非实时计算机图形学技术。

用于绘制像素的程序是《绘图三》。实时对视频像素进行数字化转换的系统则是加兰德·斯特恩为纽约理工打造的扫描－绘图系统。但在 1979 年，摩尔定律还没有提供足够的算力来支持完整的三维场景中多个物体的持续动画渲染并消除锯齿。毫无疑问，那一天必将到来。但那年还无法完全做到。因此，我写了个名叫"得克萨斯"（Texture-Applying System，纹理加成系统的缩写为 Texas）的程序。它将世界简化为三维中内含的许多二维平面。我借用舞台表演的术语，将每个平面称为"布景板"。若干布景板共同构成了全套的"舞台布景"。每块布景板上都映射了一张图片纹理。通过逐帧改变纹理，布景板就能在三维世界中移动的同时显示出二维动画。也就是说，布景板可以被放置在三维"舞台"上的任意位置。中心法则在这个程式化的世界中仍然生效：一台虚拟摄影机观察着舞台，它的取景以文艺复兴的透视方法被渲染进最终的图帧中以供显示。

即使有了布景板的限制，三维效果的制作过程还是漫长而痛苦——《太阳石》中出现仅仅 18 秒的一组立方体爆炸的效果花费了 56 小时才完成计算。但这种三维效果是货真价实的完整抗混叠纹映射栅格图像。立方体的三个面上都带有二维动画，播放的同时在太空中旋转着——一个面上是埃姆什手绘的动画场景，另一个面上有加兰德·斯特恩抓取的实时录像，第三个面上是我制作的动画太阳。

埃姆什在 1979 年末离开了实验室，出任加州艺术学院（CalArts）的教务长。华特·迪士尼创办了这所学校，为他的工作室培养动画师。我第一次参观加州艺术学院是去看望埃姆什，最后一次则是在 1990 年与数百人一起参加他的追悼会。加州艺术学院将反复出现在我们后来的命运中。而埃姆什和我共同创造的那种工作方式，则成了艺术创意和科技创意日后在皮克斯完美结合的一次预演。

吉姆·克拉克捅了马蜂窝

在纽约理工的最后几年里，发生过一件令我们警觉的事。埃德·卡特穆尔雇用了犹他大学毕业的博士生吉姆·克拉克（Jim Clark）加盟实验室，来研发一个头戴式显示器——就像伊万·萨瑟兰当年的那个。吉姆的遭遇让我们意识到，实验室的金主亚历大叔也是位暴君，尽管还不能与拿破仑、斯大林或山姆大叔等量齐观。

吉姆给了我一个惊喜。他的老家是得克萨斯州，讲话的腔调和我一模一样。我们很快就建立了同乡的友谊。吉姆从小在得克萨斯州的原景城长大。那个地方就在我的家乡新墨西哥州克洛维斯正东 80 英里处。但我们的共同点到此为止。吉姆曾因斗殴被原景高中开除。他加入了海军，在一次智商测验中被发现有着超乎常人的智力。于是他开始去夜校上课，先后进了好几所大学，最终在犹他大学取得了计算机图形学的博士学位。[81]

他一到纽约理工学院，几乎立刻就与亚历大叔产生了矛盾。回头想想，我能够理解。和实验室里的其他人不同，吉姆身上有一种强烈的创业者气质。舒尔将他视为竞争对手，而非团队伙伴。吉姆很快发现了问题，意识到他不可能与舒尔和睦共事，便开始写求职信准备跳槽。他写信的工具是实验室里的文字处理器，这在当时刚刚开始普及。

一天早上，舒尔拿着一沓打印出来的信件找吉姆，指责他意欲窃取我们的机密带往别处。吉姆当场就被开除了。对我们来说这一切都显得难以理喻。吉姆并未掩饰自己另谋出路的事实。他也实在是聪明得压根就没有必要偷窃我们的科技。我们的所谓"机密"无非就是我们拥有当时最好的硬件设备。那些应用于软件的思想早就公开了。简而言之，我们不相信舒尔的指控。[82]

我们也不知道那些打印件是哪里来的。舒尔自己恐怕不太擅长数字化的刺探方式。那就意味着，实验室里有内鬼！我们对此人的身份大概有数，但从来没有过确凿证据。这已经无所谓了，因为吉姆已经离开，暴露了舒尔愤怒而器量狭小的一面。他不公正地对待了我们的朋友，我们自然也就提高了警惕性。

至于创业者吉姆·克拉克，他与人合伙创办了硅图（Silicon Graphics）——一家在计算机图形学领域影响巨大的硬件公司，和网景（Netscape）——一家开创性的互联网浏览器公司。

暗中造访迪士尼

我们对舒尔本人和他的电影制作前景的怀疑与日俱增。埃德和我几乎每年都会去迪士尼朝圣一次。应该让迪士尼来资助我们，而不是舒尔。我们这样想。迪士尼才是我们从小热爱的动画公司，而且他们有钱。我们十分确定华特本人一定不会犹豫。但每年在迪士尼都上演着同样的戏码。首先是，"你们能做出泡泡吗？"呃，我们那年还不行。可是每年去，他们总能找出我们做不了的效果——比如蒸汽或烟雾。1977年1月，我们去迪士尼时带上了迪克·肖普。那次我们见到了动画部门主管唐·达克沃尔（Don Duckwall，是的，就是他本人！），并向他做了演示。以下是我当年的笔记：

> 唐·达克沃尔的到来让我们十分惊喜。他的积极评价（尽管并非毫无保留的那种）也让我们十分高兴："我相信你们能做出泡泡。"他表示有意让我们做特效。来看我们演示的多达三十人——大部分是怀着热切期待的年轻人。他们都很喜欢自己看到的东西——特别是三维的那些。[83]

但是，这趟旅途最棒的部分还是与两位老动画师弗兰克·托马斯（Frank Thomas）和奥利·约翰斯顿（Ollie Johnston）的会面。我们也向他们展示了我们的作品。

> 他们也挺喜欢自己看到的东西——提出了一大堆问题，但似乎不知道该如何加以利用。[84]

弗兰克和奥利后来一直是我们热心的朋友，直到他们各自在90多岁高龄时去世。

不过，迪士尼的技术人员们对我们能做到的事情了如指掌。其中一位，戴夫·斯内德（Dave Snyder），提醒我们不要对他的领导抱有太高的期望。他们不会支持我们的。但是他告诉我们："阿布会。"艾沃克斯与华特一起创立了迪士尼，斯内德公开地表达过对他的崇拜。[85]

最尴尬的一次旅行是在我们纽约理工学院生涯的尾声。亚历山大·舒尔在我们到访一周之后也去了迪士尼。"哦，埃德和埃尔维才来过。"有人这样告诉他——并随后担心地电话通知了我们。舒尔从没提过这件事，我们也对此保持沉默。显然，我们和他的旅程都没有任何结果。但在见证了舒尔对待吉姆·克拉克的方式之后，我们还是非常紧张。

《低音号塔比》的失败

纽约理工学院的计算机图形学研究组想方设法不以任何形式参与《低音号塔比》（1975）（图 7.33）的制作。大卫·迪弗朗切斯科和我做了一些基本框架方面的工作。幸运的是，它们基本没有引起关注。那一天我们一起聚在米高梅（MGM）位于曼哈顿的放映室里观看《低音号塔比》的首映。真是相当糟糕。任何赛璐珞动画有可能出错的地方都出现了问题——比如图帧上的灰尘和手绘线条下面的影子。

但《低音号塔比》毕竟在许多年里都是我们的远大目标和驱动力。不是影片本身，而是它的制作。是《低音号塔比》制作过程中展现出的烦琐与复杂让我们明白，计算机能给电影制作带来多么巨大的帮助。它不仅能减少工作量，有效组织海量的后勤管理工作，更能提高画面质量。也正因如此，我们才相信有朝一日，我们一定能成为第一个完全通过计算机制作出一部电影的团队。兰斯·威廉姆斯很快提议做一部名为《工作》（*The Works*）的电影，主角是一个名叫 Ipso Facto[①] 的机器人。但埃德和我简单计算了摩尔系数后意识到，这样

---

① 拉丁文，直译为根据事实。

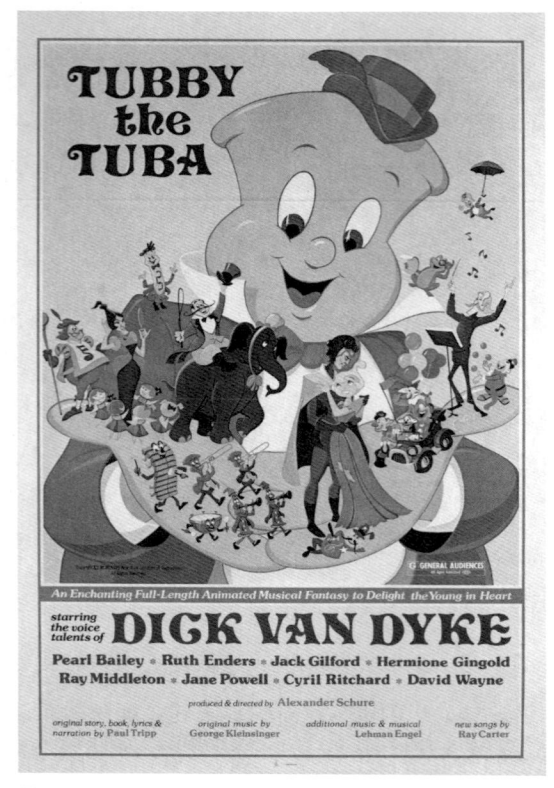

图 7.33

一部电影在当时还不可能完成。我们没人知道，第一部数字电影的实现还要再过 20 年。

为什么要这么久？一言以蔽之，主要是摩尔系数还不够大。但我们清楚这只是时间问题。技术上，我们还需要解决几个关键问题。其中最重要的一个就是动态模糊问题。艺术方面，我们需要找到让艺术家与机器之间的交互更为优雅的办法。Tween 的例子告诉我们，难用的界面是没有意义的。我们还需要掌握一种呈现三维物体动态的全新方式。最后，我们还要找到一批能自如运用我们开发的软硬件的艺术家。

第八章　新千年与第一部数字电影

摩尔系数 1,000 倍（1980—1985）

卢卡斯影业暗访纽约理工

突然间，地球的旋转加速了。1979年初的一个上午，卢卡斯影业的乔治·卢卡斯联系了纽约理工学院的拉尔夫·古根海姆。好吧，不是卢卡斯本人，而是他的代表鲍勃·金迪（Bob Gindy）。

我们一直以来期待着的是来自迪士尼的电话，这次连线委实出乎意料。毫无疑问的是，卢卡斯影业出品的《星球大战》（*Star Wars*，1977）已经用其中的特效惊艳了所有人——特别是我们。有小道消息称，卢卡斯的那部电影是用计算机制作出来的。这一流言的真实性难以判断。但我们的确注意到了卢卡斯在影片中加入了一串由我们的朋友拉里·库巴（Larry Cuba）在计算机上创作的黑白书法——在计划进攻死星的桥段中。卢卡斯已经是个成功的电影人了，舒尔却不是。或许这才是我们盼望已久的东风？

据拉尔夫回忆，金迪打电话给他的时间是1979年1月或2月。他自称卢卡斯影业发展部门的主管，正在为乔治·卢卡斯物色能推动电影产业现代化的计算机科技。

"乔治手头有四个项目想做。"

"不错，具体是？"拉尔夫回应道。

金迪于是列出了计算机剪辑、计算机声效设计与混音、计算机视觉特效这三个想法。

"第四种是？"拉尔夫追问。

"计算机管理公司财务。"

他说出口时的态度就好像它和前三个课题具有相同的挑战性。接着他开始滔滔不绝地介绍起加利福尼亚州马林县的生活有多棒，用那里的房地产多么值钱来做诱饵。

此时，拉尔夫问道："抱歉，您能再说一下您的职务吗？"

"好吧，"金迪坦承道，"我是乔治手下不动产发展部门的主管。"

"我们公司没人懂电脑，"他接着说，"所以我才给斯坦福计算机系主任打了电话。当我介绍乔治的设想时，他说他们不干那些活。但他介绍我去联系卡纳基·梅隆大学的拉贾·雷迪（Raj Reddy），说他才是图形学的行家。"[1]

拉尔夫·古根海姆不久前才从卡耐基·梅隆大学毕业，是雷迪的熟人。金迪就是这样找到了纽约理工学院。我和埃德当时正在纽约理工学院的盖里楼——也就是我们实验室所在地——的某个房间里开会。突然，拉尔夫冲进来告诉我们卢卡斯打电话来了——实际上是金迪。介于舒尔此前对待吉姆·克拉克的方式，我们马上让他噤声，在把门关得严严实实之前别再多说一个字。

实际上，卢卡斯当时并不想把我们的图形学技术应用到他的电影里。他只是希望某些数字化专家能对好莱坞常用的机器进行现代化升级，顺便改善电影制作中的后勤工作。但我们还是得出这样一个结论：卢卡斯是想让我们为他的电影提供内容，就像巴里·库巴所做的那样。说到底，金迪开的清单里毕竟也有"计算机特效"这一条，尽管是和财务工作并列。

下一步就是正式联络并表达意向。因为顾忌内鬼，埃德和我不再信任纽约理工学院的计算机了。我们驱车离开校园，找到了格伦湾的一家打字机租赁公司，租下了一台体积庞大、钢筋铁骨的黑色老式打字机——简直就是德国的恩尼格码机再世。之后我们去埃德家，一起给卢卡斯影业写了封信。

这应该是我们一生中写过的最重要的一封信了。埃德和我字斟句酌了好几个小时，最后由我动手打字。我们的一大遗憾就是没有保留那封信的复件。但我还记得一些要点。其中一条格外与众不同。我们有着世界上条件最好的实验室，即使跳槽也不想由奢入俭。因而，我们声称卢卡斯影业很有必要派个人来纽约理工学院看看我们优越——甚至奢华的环境。同时我们写明，这次探访必须暗中进行。

卢卡斯影业的确派人来了，但根本不算暗访。来人是鲍勃·金迪，那位不动产经理。他倒是非常低调，可与他同来的是理查德·埃德隆德（Richard Edlund），卢卡斯影业的视觉特效部门主管、奥斯卡奖得主。埃德隆德巨大的皮带扣上赫然用大号字体写着"星球大战"的字样。埃德和我连连倒吸冷气，但还是完成了演示。有的同事对那皮带扣指指点点，却没人意识到这次来访的重要性。[2]

我问过埃德隆德他在那一天剩下的时间里还打算干点什么。"您以前有没有去过曼哈顿？""不，从没去过。"我告诉他我当晚打算进城，欢迎他随我同去。"我没什么具体计划。就进城去看看好了。"他很高兴与我同行。于是我们那一晚的大部分时间都在绕着曼哈顿兜风。那天夜里天气很暖，街上人很多。搞纸牌戏法的人出来摆摊了，埃德隆德给他们拍了照。我们逛到了格林尼治村里，听了场先锋音乐会。一路上我们不停地聊着。最后，在大约凌晨4点时，我们在一间咖啡馆小口啜饮着阿芙佳朵，给这个夜晚收了尾。我确信，在那个晚上建立起来的友谊将最终为我带来卢卡斯影业的热情欢迎。不过，我一点也没意识到，埃德隆德是为我们的软硬件知识而来的，不是为我们制作的内容。

埃德和我很快被邀请前往位于洛杉矶的卢卡斯影业总部，"鸡蛋工厂"。我们欣然前往，见到了卢卡斯影业的主席查尔斯·韦伯（Charles Webber）。我们无缘乔治·卢卡斯本人，但有所进展。紧接着，埃德再次收到了邀请。这次，他在日后卢卡斯影业总部的新址、旧金山附近的马林县见到了卢卡斯。

卢卡斯影业在埃德第二次到访后决定聘请他。根据埃德的说法，卢卡斯十分佩服埃德推荐我们的竞争对手作为雇主备选时展现出的气度，对方则没有这样做。1979 年年中，埃德从纽约理工学院离职去完成卢卡斯在软硬件方面的计划——我们还是一厢情愿地认为卢卡斯会将我们的数字图像纳入他的电影作品中。[3]

我们的计划如下：让埃德顺利入职。成功了。之后他可以——不，他一定会带我和大卫·迪弗朗切斯科一同入伙。我们不会打纽约理工学院的埋伏，更不会带走任何一项属于它的技术。

作为计划的一部分，同时避开舒尔的耳目，大卫和我决定首先"洗白"。1979 年 10 月，我们离开纽约理工学院，加盟了加州帕萨迪纳老朋友吉姆·布林所在的喷气推进实验室。我们与他一道参与制作了卡尔·萨根（Carl Sagan）的《宇宙》（Cosmos）系列电视作品。这样，我们就与纽约理工学院彻底撇清了关系。关于这一点，我们已经给吉姆在 JPL 的上司鲍勃·霍尔兹曼（Bob Holzman）提前讲清楚了。我们约定，一旦埃德发出邀请，我们就将挂冠而去，到北加州的卢卡斯影业与他会合。鲍勃说："或许我能让你们改变主意。""不大可能。"我们异口同声。卢卡斯影业的吸引力实在太大。毕竟它是一家真正的电影公司。

独自为卢卡斯工作的日子里，埃德发现有三个硬件项目等着他去做——计算机图形学、数字声学和视频剪辑——全都来自卢卡斯本人软（件）硬（件）通吃的雄心。（一年多后，他还将给埃德指派第四个项目，电子游戏。）那时我们就应该意识到，卢卡斯的计划中没有包含任何具体数字化内容的制作。再一次地，我们一心以为会有。

而我将负责计算机图形学项目。当我还在 JPL 时，埃德就给我发来项目组成员的简历。卢卡斯影业有所动作的事就这样走漏了风声。埃德还与大卫深入地研究起为卢卡斯影业打造一台胶片读写机的事项。胶片，仍然是所有电影使用的媒介。我们需要为我们的数字化科技建立起一种与之交互的手段。

终于，埃德在 1980 年年初给我打来了那个我期盼已久的电话。我便立即动身去卢卡斯影业入伙。几周以后，大卫也接到了电话。我们三人在一家小古董行的楼上与乔治的妻子玛霞·卢卡斯（Marcia Lucas）共用一间办公室。那里位于马林县的圣安塞尔莫，跨金门大桥与旧金山相望。埃德正式任命我为计算机图形学项目的主管，隶属计算机部门。埃德本人正是该部门的一把手。大卫的胶片读写机项目则被划为计算机图形学项目的一部分。

埃德和我于是招兵买马，扩充着卢卡斯影业中的计算机力量。这并非什么难事，几乎人人都想加入电影这一行。举例来说，当我们初次接洽斯坦福大学的安迪·穆雷尔（Andy Moorer），问他是否有意来负责数字声学项目时，我们一进门就看见他从椅子上一跃而起。我们还没来得及开口，他就先宣布："假如你们是为我所想的那件事而来，我的回答是 yes！"

计算机图形学项目

计算机图形学项目计划中的首要任务，就是将光学原理的胶片印刷机进行数字化。1980 年，光学印刷机或许是整个好莱坞里最不为人所知的设备。但对特效制作来说，它又是最基础、最重要的设备。在第一部《星球大战》电影中，特效制作使用的是模拟式的图像合成方法。多条胶卷上的图像通过光学印刷机合而为一。比如，通过移动蓝色幕布前的模型录制一艘宇宙飞船高速飞行的影像后，镜头中的蓝色部分在光学印刷机里可以被置换为单独录制的星空图像。或者，几艘分别拍摄的宇宙飞船可以被组合到一起，背景可以是星空中的一条小行星带。要使这个组合过程数字化，势必会运用阿尔法通道技术。大卫的激光扫描印刷机将成为我们搭建的整个数字-光学印刷系统的输入-输出部件。

大卫·迪弗朗切斯科于是开始着手制造一台兼具读写功能的激光胶片扫描 / 印刷设备。但在当时，还没有人做过 35 毫米彩色电影胶片专用的激光读写机。大卫选择了谨慎的策略，准备基于两种不同的激光原理分别制造一台设备。他就这样摇身一变，从艺术家和摩托车发烧友，变成了激光扫描印刷机和数字影像科技方面的专家。[4]

在卢卡斯影业，我们当然也需要帧缓存。我很快与北卡罗来纳州依科纳斯图像系统公司（Ikonas Graphics Systems）的尼克·英格兰（Nick England）和玛丽·惠顿（Mary Whitton）这对夫妻达成协议，将搭建四通道帧缓存的项目外包给他们。那是世界上第一个带有标准化阿尔法通道的商用帧缓存设备。它在后来成为汤姆·波特 RGBA 绘图程序的硬件基础——那就是我在第六章中为拉维·香卡演示样条的程序。[5]

RGBA 绘图

亚历山大·舒尔将纽约理工学院研发的一款绘图程序完全出售给了位于旧金山南边、发明了录像带的安派克斯公司（Ampex），这令我相当沮丧。他卖掉的不是我那设计精良的 24 比特程序《绘图三》，而是更早的 8 比特版本《绘图》。在安派克斯，一位斯坦福出身的程序员汤姆·波特在研究怎样将这款程序移植到他们的产品 AVA（Ampex Video Art）上。于是我挖来了汤姆。这是我为计算机图形学直接雇用的第一个团队成员。他将负责编写卢卡斯影业自己的绘图程序。

绘图程序直接创造像素，这与中心法则支配下三维计算机模型通过透视渲染出像素截然相反。《绘图三》能够用数量远远多于《绘图》使用的颜色作画。但更为重要的是，因为前者能使用的颜色如此之多，它能将笔触与本就储存在帧缓存中的颜色通过柔和的边缘相融合。这样，它就消除了《绘图》在使用 8 比特帧缓存——仅仅 256 种颜色时常遇到的笔触和背景图像之间生硬的边界和恼人的锯齿。

在卢卡斯影业，汤姆超越了 8 比特的《绘图》和 24 比特的《绘图三》。他写出了世界上第一个 RGBA 绘图程序。这个程序的绘图中包含了一个阿尔法通道。当用户将边缘柔和的 24 比特笔触绘入帧缓存的色彩通道（即 RGB 通道，分别对应红绿蓝色）中时，也同样将每个像素的（不）透明度输入了阿尔法（A）通道。当《绘图三》画出一笔，那笔触就永远只属于这幅图像；但 RGBA 绘图程序中的一笔还可以在别的背景上重复使用。类似拉维·香卡演示当中的样条因而能够反复出现在各种背景上。为了能够完全地控制数字图像，我们必须首先控制阿尔法通道。使用 32 比特像素的 RGBA 绘图程序，就是十分重要的工具——它使全新的阿尔法通道变得无处不在。

RGBA 的增强

20 世纪 80 年代初，我们在为卢卡斯影业设计数字化的光学印刷机时意识到，我们完全可以设计出一种专用的计算机。它将比通用计算机的速度快四倍。这是因为，我们处理的数据是 RGBA 像素，这导致我们需要在四个不同的通道上同时计算同一个像素的信息。所谓专用计算机，就是把像素当作唯一处理对象的机器。而通用计算机能在其通道中计算任何形式的数据。

这个"四倍"还不够数量级的跃进，但不失为一次可观的加速。这台被命名为"皮克斯图像计算机"（Pixar Image Computer）的机器是在等待摩尔定律到达下一个算力里程碑前的权宜之计。我们并不会就此止步，因为摩尔定律很快就会不负众望地将它迅速淘汰。但那台机器的的确确在一小段时间内给了我们超越其他一切计算机图形学设备的马力。不过，"皮克斯"这个名字是哪里来的？

有一天午餐时，我向在座大嚼汉堡的四位同僚提议，像"镭射"（laser）一词那样为我们的机器取一个西班牙风格的名字。作为新墨西哥州出身，我解释道西班牙语中动词总是以 -ir、-er 或 -ar 结尾。我想出了"皮克赛"（pixer）这个名字，意为绘画、制图。四个人当中，洛伦·卡朋特（Loren Carpenter）说："你知道吗埃尔维，'雷达'（radar）这种名字听起来才高科技呢。"于是我一跃而起："行啊，'皮克斯'（pixar）这个形式也符合西班牙语规则。"于是，我们的机器就有了名字，一个看起来貌似（伪）西班牙语动词的名词，意为"制图"。西班牙语里这个词的重音放在后面，但我们就按英语习惯改成了重音在前。这个最初用来命名卢卡斯影业计算机的单词，将在我们未来的人生中留下浓墨重彩。

分形

洛伦·卡朋特寄来的简历是我在 JPL 暂留期间审过的最为亮眼的一份。那并不是一份真正的简历，而是几张 8×10 的彩色照片。照片里是由计算机渲染出的西雅图瑞涅尔山。那里距他当时供职的波音公司不远。显然，洛伦已经掌握了分形几何（fractal）。这是为雪山一类的自然景观建模的全新方法，能体现十分逼真的自然细节。洛伦是个极聪明的家伙。他知道除了给我们展示那些图像什么都不必做，我们自然会了解他的能力。的确，我们绝对不会错过他！

我立马着手联系，但洛伦却希望我看过一部由他制作的计算机动画电影后再进一步接触。他将那部影片提交给了当年（1980）夏末在西雅图召开的西格拉夫，计算机图形学界一年一度的学术盛会。当洛伦在会议上放映他的短片《自由翱翔》（*Vol Libre*）时，我和埃德就坐在前排。影片中出现了分形山脉——还有一把茶壶埋藏在广袤的"自然"山景中，赢得了满堂喝彩。演示一结束，我便冲到后台，对他说："现在？""现在！"他回应道。我们立即为卢卡斯影业签下了他。

分形，是巧用计算机的增强性将图形学模型中的一个三角形演化为千千万万个三角形的妙招。图 8.1 直观地诠释了这个简单的思想。作为能力有限的人类，我们明确完成的步骤只有第一行：取三角形各边的中点，并在三维空间中让它们的位置略微改变。比如，我们或许将底边的中点移到原三角形所在平面上方一点点。类似地，另外两条边的中点也进行相应调整。实际应用中，每条边的位移大小和方向都是随机的。移动到新位置上的中点又通过线段彼此相连——换言之，原来的三角形被置换为了 4 个小三角形，它们所处的空间也由二维变成了三维。这就是步骤 1。

我们人类的工作到此为止。剩下的任务由计算机接管。借助其增强性，计算机将相同的技巧再次应用于步骤 1 中生成的 4 个小三角形。结果如图中下排左一所示。4 个三角形变为 16 个。这是步骤 2。接下来，计算机又对步骤 2 中生成的每个三角形应用同一技巧，得到下排左二。就这样不断重复，直到我们的三角形看上去形似山脉。增强性在 5 步之内就将我们最初的一个三角形分为

图 8.1

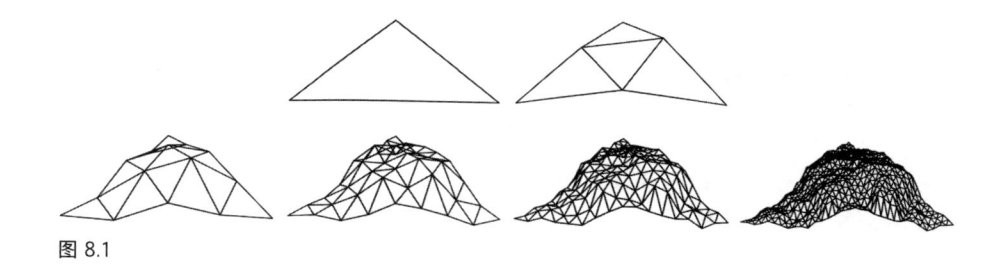

1,024 个。对人类来说，每一步骤将越来越困难，但对计算机却是小菜一碟。经过 10 步演算，我们笨拙的三角形就有了超过 100 万个分身。经过 15 步，这个数字将超过 10 亿。几乎没有比分形更能够清晰地体现增强性威力的例子。从中还可以看出，复杂性能轻易愚弄我们这些人类。

洛伦寄给我的正是几张如此生成的山峰图像。他将每个小三角形都渲染为了合适的颜色，从而让山峰的各个位置分别呈现出积雪的白、土质的棕和植被的绿。显然，洛伦运用分形的技巧已炉火纯青。

克服塑料感

现在，我们已经学会了勾画山峦。但我们面临的另一个问题是，由计算机图形学方法生成出的表面看上去总像塑料做的。请看摩尔系数 10 倍时期、1973 年前后的裴祥风着色（图 7.19）。蓝色小球表面的白色高光十分显眼，闪亮的质地完全就像一个塑料球。

当时，人们对计算机图像的观感有着先入为主的成见。大家默认，计算机生成的一切都应该有着或僵硬、或粗粝、或带锯齿的样貌——一句话来说，自带"电脑感"。随着以上问题被一一解决，"电脑感"的含义又随之变化了。塑料般的质感成为人们心目中计算机图像的新特征。这种塑料感暗含的"加工合成""粗制滥造"等社会含义对计算机科技的普及没有任何好处。

但罗布·库克——唐·格林伯格在康奈尔带过的一位研究生，找到了克服塑料感的办法。他的新技术能让渲染表面看上去由黄铜、木料或铝材制成，而不仅仅是塑料。他为计算机图形学加入了更多的物理学知识，具体来说就是光线与材料之间互动的规律。高光区域的颜色、形状和光滑度是人类通过视觉判断物品材质的依据。这些内容共同构成了计算机模型中的外表成分。将这些概念纳入考虑后,"明暗着色"一词的含义进一步得到了扩充。

这个家伙也不容错过!我于是给罗布打电话,向他提供了一个职位。他问我是否能让他在康奈尔大学多留一段时间以完成他的自然科学硕士学位。我说:"过期不候。"于是他接受了邀约。我后来才知道,唐·格林伯格曾有意创业,让罗布杰出的才华为他所用。尽管感到失落,唐还是向我坦承,不应该阻止罗布加盟卢卡斯影业这个激动人心的团队。而罗布最终也还是在唐的指导下完成了学业。

着色语言——概念的一次飞跃

在卢卡斯影业,罗布·库克的天才又一次结出硕果。他提出了一个名为"着色语言"(shading language)的全新概念,将明暗着色发展到了极致。他为明暗着色的设计创造了一套语法规则。在计算机科学中,一门语言的诞生是极为重大的突破。紧随库克,纽约大学的肯·珀林(Ken Perlin)也想到了同一个点子。[6]

正如在第三章中描述的那样,计算,就是一长串精心标定的步骤反复做着无意义的简单操作,例如 0 和 1 的互换、将所有比特向右移动一位。图灵本人通过引入子程序的概念,向计算语言迈进了一大步:一串较短的、被反复使用的无意义步骤被分配了一个专门的名称;这样,程序员就能在子程序名称的基础上思考计算程序,无须关心其底层冗长枯燥的指令。

我将子程序的概念比作将一本书拆分成章节,将章节拆分成段落,最后将段落拆分成字词。通过类似的层级结构,我们能直观地理解那些琐碎的无意义步骤的数量之大——与一整本书的字数相差仿佛。在这个层面上编写程序的程序员们必须了解这些步骤和子程序结构,正如书籍的作者需要对书中字词及其各级组织单元都了如指掌。

构建语言的下一个层面则将人类认知与底层无意义的琐碎步骤彻底剥离开

来。我们将能够以某个具体领域——例如计算机图像的着色或渲染——特有的思维方式来看待问题。该体系中使用的"预设操作"（term）即具有固定名字、经过专门设计的子程序。但语言的使用者并不需要明白这些预设操作的运作原理。对他们来说，这些预设操作就是现成的工具。

以流行的文字处理程序微软 Word 为例。我现在就正用它处理着本书的文稿。作为用户，您可以将键盘上的字母或菜单中的图标看作 Word 语言中的预设操作。您无须弄明白各个操作背后无意义步骤的冗长序列具体是如何运作的。事实上，懂得的人少之又少。假如用户在键盘上输入字母 A。这将触发一连串的步骤，将字母 A 设定为当前使用的字体、字号和颜色，定位在当前页面上的当前位置，通过渲染过程显示在屏幕上。假如您在已输入的一句话中间插入字母 A，那么这一连串步骤还将包括在现有页面模型中变更一些字母的位置，为新输入的字母 A 腾出空间。输入一个字母的过程包含了大量事件的发生，但作为用户的您完全没有必要了解。您只需要知道一件事：当敲击键盘上的键位时，相应的字母就会出现在您想让它出现的位置。类似地，剪切、复制、粘贴同样是 Word 语言中的预设操作。它们背后都有着许多用户无须知晓的神奇细节。类似插入图片和插入超链接的预设操作自然也与之同理。

库克和珀林提出的明暗着色语言是摩尔定律带来的算力增长、计算机科学界对"真实感"的需求日益增加的产物。诞生一门针对某个领域的编程语言，就是该领域具体化的标志。20 世纪 80 年代中期，库克和珀林为这种"语言思维"开辟了一片新天地：通过引入一门着色语言，他们统一了一切程序的明暗着色过程。

到目前为止，我们已经介绍了若干种明暗着色技术：纹理映射、凹凸映射、古若着色、裴祥风着色、透明度处理、外观质感处理。我们可以继续逐一介绍更多的技术。但库克和珀林一针见血地指出，任何计算都可以用于影响被渲染表面的"明暗着色"过程。

假设，我想要对一个三角形做纹理映射和凹凸映射的处理，或者想让它看起来有坑坑洼洼的黄铜质感，或者同时进行以上操作。着色语言将明暗着色的概念一般化了。通过着色语言，能够编写出无数（数字化的无穷多）种着色方法。这与计算的本质相吻合——这是通用性的奇迹。

如何渲染三维场景

现在，是时候去理解一个通过三维几何模型描述的、明确给出了着色方式的虚拟场景是如何被渲染为二维彩色图像的了。数字电影中的每一帧无一例外地都由这个过程生成。我们已经见识过了如何渲染出构成场景的小三角形，但那个过程中并无色彩。渲染出的只是三角形的轮廓线条。

之后，我们又看到了渲染彩色三角形的过程。只是，这些三角形的尺寸比像素间距要大得多。现在，我们就来关注在现代实践中更为常见的情况：三角形的尺寸小到在像素点位的间隙之中能够容纳几百个三角形。

我们还是采用与此前类似的叙述方式：我将展示这一操作的核心思想在每个像素中的应用是多么简单。然后，第二加速期的增强性会负责将此计算过程以极为庞大的次数进行重复，从而生成整帧图像和整部影片。后半部分的操作中没有人的因素，您理解了基本计算原理后，就能自然而然地理解。

现在，请您想象自己是一台相机。在固定的位置上，您眼中看到的世界将只有两个维度且遵循透视原理。（简便起见，我们假设您只睁一只眼睛——您这台相机只有一个镜头。）计算机图形学中的虚拟相机就是这样工作的。它眼中的"世界"其实是不可见的几何模型。但这经过了精确的规划，它投影出二维图帧时遵循的一切数学规律也尽在掌握之中。

换句话说，对于被渲染场景中三角形位置孰前孰后的计算，我们已经了然于胸。在一切场景都完全由（数以百万计的）三角形构成的简化情形中，这意味着我们已经明确了渲染这些三角形的顺序。

当然，我不能简化过度。三角形的排序也需要大量的计算，但这项任务还是可以放心交给可靠的计算机。我们要理解的是，确定虚拟相机视角当中的两个三角形孰前孰后是一个相对简单的任务。摄影机能看到哪些三角形？此前，我们已经给出了（众多方法之中的）两种方法来确定可见表面：深度缓存和几何排序。

那么，待解决的基础问题就只剩下如何将虚拟相机镜头中的世界渲染为我们能够看见的彩色显示图帧。一种直观的理解方式是：假设有一面纱窗将您的眼睛与您眼前的世界隔开。许多经纬线将这面纱窗中的二维景观划分为了众多小方格。请再次注意，这些方格并非像素。但我们假设这面纱窗上的各个方格都和最终生成图像中的像素点位一一对应。这种假设在以前经常引起混淆，某种程度上助长了把像素当作小方格的错误理解的盛行——哪怕在从业者中也不例外。

因此，渲染整个场景的问题被归结为了渲染像素位上单个纱窗方格的问题。根据虚拟相机的视角，这个小方格中应该安排何种单色，才能最好地表现模型当中若干三角形落在方格之内的那部分的样貌呢？

写下这些文字的时候，我在斯德哥尔摩市中心历史悠久的老城区一套别致公寓里整洁的厨房中。目光所及之处，我能看见蓝色碗架上蓝白相间的盘子，另一个架子上摆着香料，再一个架子上的透明玻璃杯排列整齐，小煤气灶上方悬挂着的黑色煎锅、干花和不锈钢刀具，水池边还有沥水架……不一而足。在我视场的左边有一扇大窗。宽阔的窗台下摆放着开白花的天竺葵和其他植物。在窗外，我能看见一棵栗子树及其掩映之下斯德哥尔摩的黄色旧楼房。这一切之上，是蓝色天空中层积的白云。

接着，我开始想象我与刚刚描述的这一切景物之间隔起了一面纱窗。我的任务就是为纱窗上分割出的每一个小方格选择一种颜色，来代表从方格中看见的一切。不妨以小方格为底面、以我的眼睛为顶点构造一个四棱锥体，四条侧棱继续向外面延伸，直到无穷远处。这个锥体范围之中的一切都要归于一种（！）颜色，来代表它们在我眼中的样子。

在某些情况下，这很简单。比如，一些锥体中只有远方蓝色的天空。它们对应的像素颜色便一望而知。另外一些锥体只包含厨房的蓝色墙壁。即使它们还会与隔壁楼房相交也无所谓。墙壁是不透明的，因而能够遮蔽其后的一切。隔壁的墙体因此成为遮蔽表面。这些像素的颜色也就与厨房墙壁的颜色相同。

穿过众多碗碟的锥体较为复杂，但原理仍然简单。当我看向摆起来的汤碗时，我眼中的视角锥体会同时包含几个碗。它们也同样不透明，因而后面的一切物体也都不再重要。其他碗碟、墙上的碗架、斯德哥尔摩的老城和上方的天空都不再重要了。尽管都在锥体范围内，那摞汤碗将它们通通遮蔽了起来。因此，它们也就不再影响我眼中看到的对应方格的颜色。这个方格的颜色将是若干汤碗蓝色与白色的加权组合，不同成分各自的权重取决于它们彼此堆叠和分割单位视场的方式。

摆放玻璃杯的架子则更难一些。我眼前的某些锥体可能要穿过五个玻璃杯，才会抵达背后的墙壁。这意味着墙壁的蓝色与我的眼睛之间隔着多达 10 层半透明的玻璃壁。

真正具有一定难度的情况来自望向窗外的目光。其中，有些锥体会同时包含天竺葵、半开的窗、栗子树和树后的斯德哥尔摩老城，甚至还有天空。但问题的性质仍然没变：找出在对应方格中能看见的表面，以及它们各自颜色所占的比重。最后得出的对应像素的单一颜色将是这些颜色的加权平均值。这些情况中的视角锥体会与几十甚至上百个表面相交，其中每一个都对最终的平均颜色产生了一点影响。

计算机图形学不是在斯德哥尔摩的厨房里运作的。它的用武之地在计算机内部。那里没有天竺葵或碗碟，只有描绘万物的几何模型。但关键问题仍然一致：虚拟相机在纱窗上的各个方格中视角如何？各个方格的平均颜色又该怎样选取？

光线追踪与超照相写实主义："精益求精"的中心法则

那是一幅自画像，画家左手托着的一个球体表面映照出了他本人的形象。正中间是埃舍尔的脸，周围是他那经过光影扭曲了的办公室。背景里是一扇窗。无疑，这是一幅由来自 9,300 万英里以外的光线交相汇聚而成的杰作。理论上，当你想要通过计算机图形学方法渲染出哪怕仅仅是一个闪亮的小球这样简单的物体，都必须把整个宇宙纳入计算之中。

——尼尔·斯蒂芬森，《坠落，或躲进地狱》，2019 年[7]

假如我们的目的是模拟真实世界中的光学现象，那么前一节的叙述似乎少了点什么。想象一下，光线从我们的眼中发出，穿过纱窗上的方格单元射向外面的世界。当然，眼睛并不会发光，我们姑且这样打个比方。这样的一束"目光"实际是现实中经过物体表面的反射进入我们眼中光线的逆向对称。在接下来的叙述里，我们假设从眼中发出的光线将沿着直线射向外部世界，直到遇到

图 8.2 © 2020 The M. C. Escher Company—The Netherlands. All rights reserved.

某个不透明的表面后才会停下。（我们把天空和云彩当作涂画在无穷远处的布景板。）假如目光遇上窗户或玻璃水杯，它将直接穿越而过。

但真实的光线会受到它穿过的材料的影响。眼镜片就是个常见的例子。它的目的就是为了弯折光线以适应佩戴者的眼睛。一般地，光线在穿过透明介质时会改变方向——这就是"折射"。

现在，我们假设场景中有一面镜子。一束光线遇到镜面时会反射，反射后光线与镜面所成角度等于其入射时的夹角。这个现象通常被表述为：反射角等于入射角。

一般来说，现实世界中的一束光线在接触到某种介质时会同时发生折射与反射。也就是说，在穿过表面时，一束光线被分为了两束。

在此，我尽量避免涉及不同材料复杂的光学性质。在完全真实的条件下严格地遵循中心法则时，计算机渲染出的场景应该完整地模拟其组成材料的所有真实光学特性——光线从四面八方射入人眼，而不仅仅是正面一个方向。能够尽可能完整地还原这些性质的渲染程序被称为"光线追踪器"（ray tracer）。

20世纪60年代末，光线追踪就初具雏形。但直到1979年，这项计算机图形学技术才在特纳·惠特德（Turner Whitted）的一篇论文中正式诞生。惠特德来自新泽西州传奇的贝尔实验室。他的论文主题并非光线追踪本身，而是有关他所说的"全方位照明"（global illumination）——将现实中一切光学现象全部纳入计算。光线追踪是他尽善尽美地落实中心法则的手段——摩尔定律也在向"基于物理学的渲染"进发的道路上助了他一臂之力。1979年的西格拉夫会议上，特纳展示了那幅震撼整个计算机图形学界的图像（图8.3）。事实上，这是他制作的一段动画影片中的一帧。影片描绘了一个棱角分明的网格球体环绕着另一个透明玻璃球公转的景象，其中的阴影与形变都表现得恰到好处。2013年，西格拉夫大会向特纳颁发了库恩斯奖。[8]

无论有没有光线追踪，中心法则支配下的图像渲染通常被描述为"照相写实主义的"（photorealistic）。光线追踪技术显然是照相写实主义的集大成者，但它同样启发了"超照相写实主义"（hyper-photorealism）——光学效果不再

图 8.3 特纳·惠特德，1979 年

是忠实还原现实的工具，而是趣味横生的创作手段。图 8.4 中法国 3D 艺术家吉尔·陈（Gilles Tran）的作品就是该流派杰出的代表作。[9]

效法猕猴

在计算机图形学中，有一种最为重要的技术手段为猴子们——还有人类——所常用。它就是"随机采样"（random sampling），也叫"分布式光线追踪"（distributed ray tracing）。我们务必明确此处"随机"一词的含义。图 8.5 是恒河猕猴眼中世界的样子，原载于 1983 年的一期《科学》杂志。图中白点表示的是猴视网膜上光感受器的位置。[10]

图 8.4　吉尔·陈,《玻璃杯》(*Glasses*), 2006 年

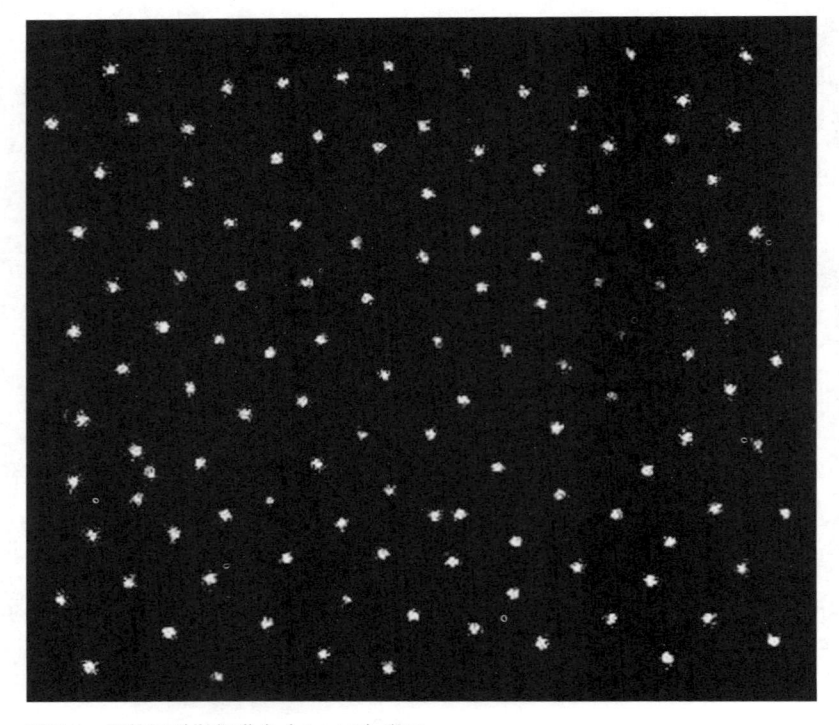

图 8.5　经美国科学促进会（AAAS）许可

这表明，大自然并不会使用均匀排布的采样点来实现视觉。相反，感受器组成阵列的方式相当无序。这启发我们可以让像素的位置也像这样略微杂乱，而非严丝合缝地固定在网格点位上。（重点在于，这是大自然的采样方式！）

将随机网格与二次采样相结合，效果极佳。图 8.6 所示的是单个像素（大号圆点）周边一个 4×4 的次级样本网格在严格整齐排布（左）和经过随机扰动（右）这两种情形下的外观。左侧的图案在此前关于二次采样原理的讨论中已经出现过（图 7.10）。请将右侧图案与上文中的猕猴视网膜进行对比。扰动点位排布的数学算法将操作中的随机性限制在了一定范围内，以避免样本的重叠或留白区域过大。

数学推导证明了，这种"猕猴"方法能将碍眼的混叠——例如锯齿——替换为无伤大雅的噪点。我们的视觉会自动忽略这些强度较低的噪点。随机扰动的思想在计算机图形学之外还有着许多应用，其本质与蒙特卡洛方法（Monte Carlo，得名于摩纳哥的著名赌场）一致。前文中介绍过的与婴儿机并列为史上第一台计算机的埃尼阿克+，在模拟氢弹爆炸时运行的第一个程序就应用了蒙特卡洛算法。[11]

我们再次回到计算机图形学解决问题的大胆方式上：选取一种颜色来概括某个特定视场范围内（纱窗上的小方格中）的全部复杂信息。为了直观地理解这一点，图 8.7 中我们请出了毛怪萨利（James P. "Sulley" Sullivan）。萨利是 2001 年的皮克斯电影《怪兽电力公司》（*Monsters, Inc.*）中毛发茂密的主人公。（在此，我们姑且进行一次摩尔定律时间线上的跳跃——关于毛皮的动画效果，后文还会做详细介绍。）在他的右边是从小方格中看过去的毛皮近景。（事先声明，电影中的怪兽并没有这么高的清晰度！此处的演示仅仅是为了介绍视觉采样的原理。）我们寻找的计算机图形学解决方案是用一种特定的单色（即大白点处的像素值）来表现这个单元区域中复杂的毛皮图案。由于直接计算真实的色彩平均值难度过大，我们将随机的二次采样作为处理该问题的基本方法。无须知道小方格中每一点上的真实颜色，我们只需要确定此区间中 16 个随机点位上对应的色彩。[12]

454　像素传奇

图 8.6

图 8.7　汤姆·波特绘制并供图 ©Pixar

关于近似

在继续深入之前，我们来回顾一下"小方格"这种类比。我们说，最终像素的色彩等于小方格中所有可见色彩的平均值。换句话说，假设我们将一台方形滤波器（box filter）作为扩展波应用于该像素，我们就能通过离散的像素还原出连续的色彩信号。方形滤波器将赋予每个次级样本以相同的权重。但我们从第二章得知，方形滤波器并非采样定理中合适的扩展波。

性能远胜方形滤波器的近似扩展波包括卡特穆尔-罗姆扩展波、B-样条扩展波。它们有着同样中间高耸、两边微隆的波形。这些扩展波不会对各次级样本一视同仁，它们将相邻像素的面积占比也纳入考量。尽管如此，计算机图形学界还是将方形滤波器当作一种粗糙的近似使用了好几十年。这主要是因为摩尔定律直到最近才拿得出足够的算力支持更好的采样和重构。随着摩尔系数的持续增长，采样算法与扩展波也在变得越来越好。目标，永远是提高图像品质。[13]

动态模糊

在前文关于渲染电影的讨论中，我略去了一个非常重要的步骤。在第五章我们了解到，电影胶片图帧中的动态模糊是我们大脑从每秒投影的 24 幅静态画面中解读出动态的主要依据。缺少了动态模糊，我们此前对动画的理解都不能成立——经典案例就是那一章介绍过的雷·哈里豪森在 1963 年出品的影片《杰森王子战群妖》里那些战栗的骷髅。

与纽约理工学院的其他同事相比，埃德·卡特穆尔对动态模糊的兴趣特别强烈。20 世纪 70 年代中期，他开始研究如何将这种现象引入计算机动画中。随后，他在卢卡斯影业内部举办了一次竞赛以强调这个问题的重要性。自然，他认为自己稳操胜券。毕竟这个课题他已经研究了数年之久。出乎意料的是，他本人没赢，他领导的精兵强将却成了赢家。罗布·库克、洛伦·卡朋特和汤姆·波特——先后享誉卢卡斯影业和皮克斯的天才三人组，解决了这个问题。

罗布与洛伦提出的方法是利用扰动下的二次采样实现空间抗混叠。随后，汤姆意识到，同样的思想或许也可以应用于时间维度。的确如此。他们举一反三，将虚拟相机的快门开闭进一步划分，从而生成时间上的"次级帧"。举例来说，在空间中，每个小方格可以被划分为 4×4 的扰动次级样本阵列；在时间维度上的类比就是将快门打开与闭合之间的时间间隔划分为 16 段，进而生成 16 个"次级图帧"（如图 8.8 所示）。（空间上）每个次级样本都取自（时间上）不同的次级帧，同时随机地在次级帧所占的"时间切片"范围内扰动。时空中所有样本的均值就给出了一种能代表动态模糊下该区域外观的颜色。而此前一帧图像中 16 个次级样本也被带入了当前各自对应的次级图帧，并在新的时间切片内再次随机扰动。图中每一条虚线都从"快门开启"时的次级帧中发出。这些次级样本的终点都在"快门关闭"时的次级帧上。简明起见，图中仅明确标出了第 7 个与第 12 个次级样本的终止点。

在中心法则被突破之际，汤姆·波特绘制了图 8.9 中这张令人屏息的杰作。汤姆将它命名为《1984》，并在同年的西格拉夫会议上首次展出。这幅作品展示的不仅有通过扰动二次采样实现动态模糊，还包括几个其他问题，比如"软性阴影"（soft shadow）的解决方法。库克、卡朋特和波特的梦幻三人组——我把他们的组合叫作"无产者"（The Proletariat）——利用一个美妙的点子一举

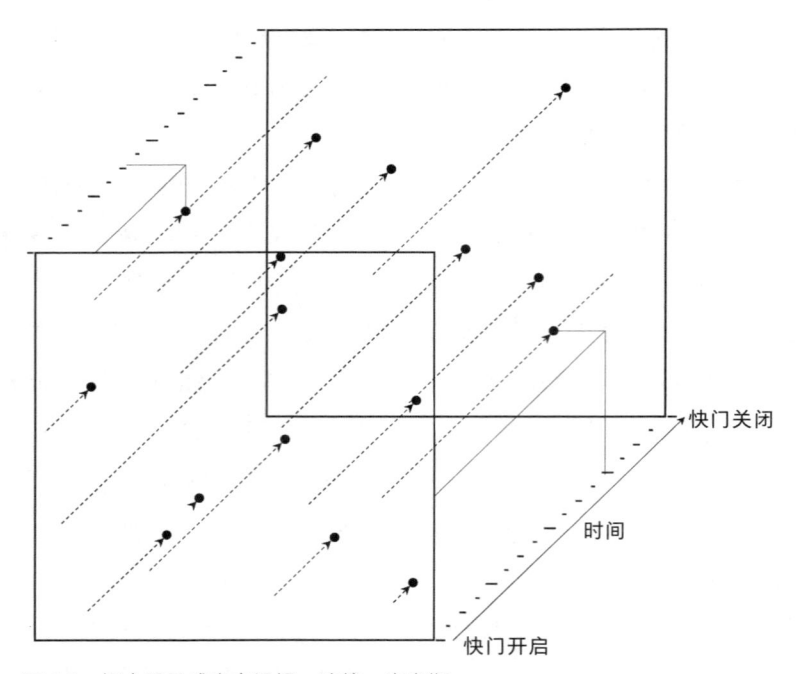

图 8.8　概念图灵感来自汤姆·波特，皮克斯

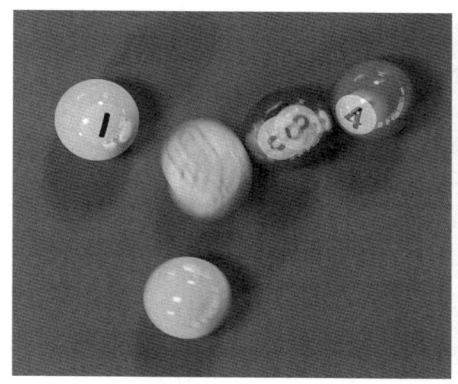

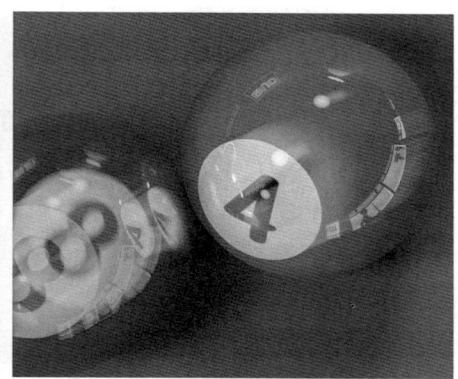

图 8.9　汤姆·波特，《1984》及特写，1984 年 © Pixar

解决了许多问题。汤姆标志性的作品出现在了 1984 年《科学 84》(*Science84*) 杂志的封面上，标题是《这是一张假照片》(*This Picture is a Fake*)。[14]

整幅作品都归功于中心法则，只有一处例外。图中台球的反光并非来自几何模型中三维物体精确的光线追踪。在几何模型里，并不存在窗户、打球人或棕榈树，更不必说啤酒罐了。然而，我们的动画师约翰·拉赛特却利用汤姆的绘图程序将它们画了出来。随后，汤姆将这些物体通过纹理映射映到了台球室的墙壁上。这样，从墙上反射到台球表面的光线就有了纹理图案的颜色。

波特的《1984》是通过随机采样技术实现光线追踪的。这幅作品的风格介于照相写实主义与超照相写实主义之间。那些手绘而成的台球房纹理图案是唯一没有利用中心法则的地方。《1984》创作中运用到的多项技术都为我们制作出第一部数字电影做好了铺垫。在那部电影里，我们追求的将不再是照相写实主义。

从 Unix 专家到图形学魔法师

到目前为止，我们的叙事线索都是卢卡斯影业内部的图像渲染技术发展。但与此同时，建模和动画技术也在突飞猛进。颇为怪异的是，这两方面的几项重要进展都是由开发 Unix 系统的程序员做出的，他们随后也纷纷跻身计算机图形学界。如前文所述，汤姆·达夫还在纽约理工学院时就驶上了"从 Unix 到图形学"的高速公路。汤姆证明了自己不仅是系统专家，更是图形学的王者。比如，他曾编写了一个三维程序用来渲染椭球状的物体。他称之为 Soid，并运用它制作了几条动画短片。图 5.17 中鼓掌的双手就是我用 Soid 绘制的。

在埃德·卡特穆尔、大卫·迪弗朗切斯科和我先后离开纽约理工学院加盟卢卡斯影业以后，汤姆是唯一一个留下的人。考虑到亚历山大·舒尔的暴君倾向，埃德尽可能小心地不去接触汤姆。但当后者宣布他也将不日离职时，埃德又以迅雷不及掩耳之势递出了橄榄枝。卢卡斯影业也需要 Unix 专家。但更重要的是，在加盟计算机图形学项目组后，汤姆会带上他在纽约理工研发出的那款举足轻重的三维建模程序。[15]

汤姆·达夫的加拿大老乡比尔·里弗斯是另一位由 Unix 专家转型而来的计算机图形学专家，经历了与前者如出一辙的职业轨迹。他同样出自多伦多大学罗恩·贝克尔门下。后来，他编写了那个对卢卡斯影业至关重要的动画程序。埃德雇他时也是看中他精通 Unix，但比尔很快自发加入了计算机图形学部门并打出了一片天。2018 年的西格拉夫大会表彰了比尔对该领域的卓越贡献，让他成为新设立的从业者大奖（Practitioner Award）的首位获奖人。

另一位杰出的程序员（尽管不是加拿大人）埃本·奥斯特比（Eben Ostby），也在卢卡斯影业走上了从 Unix 到图形学的道路。在加入比尔的系统研发组之前，埃本曾在传奇的贝尔实验室工作。很快，他就证明了自己在建模、动画和渲染程序的编写方面有着同样出色的才能。

比尔和埃本都在皮克斯的 40 位创始员工之列。不过，汤姆·达夫没有位列其中。他在皮克斯起步之前就从卢卡斯影业离职，直到成立之后才再次加入我们。当中的这些年，他都效力于……贝尔实验室！不然，还能是哪儿呢？

粒子系统

有些事物天生就难以通过几何方法建模。比尔·里弗斯对数字光学的主要贡献之一就是他的"粒子系统"（particle system）。以云朵、火焰和水流为例——或者烟花、星空和烟雾。它们的共性是散碎、模糊，由许许多多微小的颗粒集合而成。我们不妨把每个粒子都看作尺寸极小但不为零的点。由粒子组成的系统会随着时间演化，系统中的粒子也会不断地诞生、移动、变化并最终消亡。每个粒子都预设好了存活时间；在此期间它将沿着某条轨迹运动。它可能会有着诸如颜色、透明度或大小等会随着时间变化的种种特性。粒子随机运动或变化的方式都由它们组成的模糊物体的需求决定。在每个瞬间，活跃中的粒子共同渲染出了物体的图像。[16]

比尔新技术的第一个应用对象是一团火焰。每个粒子都带有色彩。通常为红色，但也有少数例子随机地呈现出绿色。每一个例子都在平面上随机地占据一个位置，并从那里开始沿随机方向运动。粒子的轨迹受到假想的重力场的影响，因而呈拱形弯向地面。每个粒子都有着随机的初始大小与透明度。同时，它们的运动都加入了动态模糊效果。这也就是说，在每一帧图像里粒子轨迹的起始位置都预先计算好了。通常来说，这段距离非常之小。在图帧被渲染的短暂时间里，粒子将沿着这条轨迹运动。

渲染这个粒子系统模型的每一个步骤都不过是渲染一条连接粒子在单帧中轨迹起始点的简单抗混叠线段。它运用的是马尔科姆·布兰查德1976年前后在纽约理工学院引入的抗混叠（抗锯齿）线段渲染法和迪克·肖普1973年在施乐帕克就已经应用的同一种方法。于是，一个粒子的运动轨迹就通过一条（一般为）红色的短线段呈现出来。许多线段的颜色在帧缓存中叠加起来。外加那些随机加入的绿色线段，叠加的最终结果就是一蓬从平面中爆发出来的、黄橙相间的熊熊火焰。当粒子消亡时，它们看起来就更偏红色，就好像温度也在随之降低。

激活样片

汤姆·达夫，比尔·里弗斯，罗布·库克，洛伦·卡朋特，汤姆·波特。我们正在卢卡斯影业打造一支世界级的计算机图形学全明星团队。吉姆·布林也从JPL来加入我们，但和此前在纽约理工学院一样，他在自己熟悉的编程领域之外并不适应，不久便返回了 JPL。但我们还是从吉姆在 JPL 的团队中吸纳了帕特·科尔（Pat Cole），行业中的又一位女性先驱。[17]

我们总是坚信，某一天，乔治·卢卡斯会来敲门，请我们为他的新电影加入计算机图形学内容。但他从未来过。终于，我醒悟过来。乔治·卢卡斯对他拥有的宝藏一无所知！他仍然认为我们只不过是一帮捣鼓软硬件的"技术员"，只把他自己的团队当作电影内容的唯一"创作者"。我本以为我们已经表明了自己同为创作者的身份，但显然，卢卡斯没弄明白。

让卢卡斯了解我们能力的，反而是派拉蒙公司。派拉蒙联系到"工业化光影魔法部"（卢卡斯影业的特效部门，简称 ILM），邀请他们参与制作《星际迷航 II：可汗之怒》（*Star Trek II: The Wrath of Khan*，1982）派拉蒙想在影片中使用计算机特效，但 ILM 无能为力。他们告诉派拉蒙，"隔壁"那帮新来的能做。于是，他们便联系到我。

派拉蒙团队向我描述了他们希望在电影里实现的特效。其中的核心内容是"激活效果"（the Genesis effect），能够瞬间让"死"的东西"活"过来。他们想要的效果，类似水族箱中的一块石头瞬间被青苔覆盖。我困惑地看着他们，问道："你们对当前计算机图形学能做什么、做不了什么，究竟有没有概念？"他们坦承没有。于是，我让他们给我一天时间，来做一个能满足他们的描述且在 20 世纪 80 年代初的算力条件下可行的镜头。他们同意了。但随后我想起了一个关键问题："我们还做不到电影级的清晰度，最多只能到录像带级别。""那不成问题！这本来就是给科克船长看的录像带样片。"

我走出门时简直一蹦三尺高。就是它了！大突破的契机刚刚摆到了我们眼前！一个登上大银幕的机会终于到来！我们要做一个完整的、属于我们自己的镜头！它将出现在一部必将大获成功的主流电影当中！

整个晚上我都在设计那个镜头。它将会用上——必须用上我们这个计算机图形学全明星团队全部的才华，以表现激活效果。我首先画出了日后被称为"激活样片"（Genesis Demo）的故事板。我用了绿色的工程作图纸，共分六个部分。在向 ILM 和派拉蒙团队展示之前，我想到要用 ILM 常用的风格对故事板做些装饰。图 8.10 就是定稿中的两幅。

吉姆·布林在 JPL 制作的那些旅行者号飞船飞临各大行星的动画给了我最初的灵感。在我的故事板中，（不在视野内的）宇宙飞船环绕着一颗僵死的、如月球般被环形山覆盖着的行星。洛伦·卡朋特将设计星域及飞船轨道。汤姆·达夫负责通过凹凸贴图制作这些环形山。帕特·科尔将为飞船中射出的炮弹建模。炮弹对行星的冲击将引发大火，那是比尔·里弗斯的职责。他将运用新研发的粒子系统。一堵火墙将夸张地吞噬行星，使其表面熔化。分形山脉将从熔融的行星表面升起，洛伦将借助前文中的分形技巧完成渲染。海洋将形成，山脉接着冷却并焕发绿意。当太空船加速驶离之时，僵死的行星将生机勃勃如同地球。汤姆·波特将负责应用他的绘图程序和纹理映射来完成这最后的部分。我们的激活效果不会如预期那样在瞬间完成，但全过程用时也仅需一分钟。[18]

尽管故事板仍显粗糙，我们还是得偿所愿。将整个团队聚到一个房间后，我宣布："我们刚刚取得了大突破！"并告诉他们我们将交出一流的作品——满足派拉蒙的需求并取悦《星际迷航》系列的观众。之后，我谈到了重点："但最重要的是，这个 60 秒的片段是给乔治·卢卡斯看的宣传片，他必须知道他坐拥的是怎样一座宝库。"

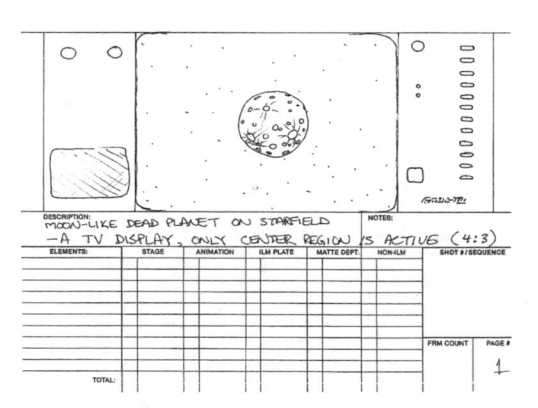

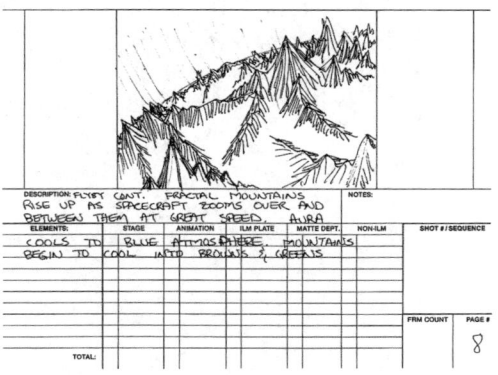

图 8.10　皮克斯动画工作室供图

我还知道乔治的一个秘密，并且准备好好加以利用：每当他看电影时，他总会关注镜头运用和摄影师的构思，不会彻底沉溺于故事情绪。仔细想想，一个无法将观众带入电影情绪中的导演是失败的。尽管如此，乔治·卢卡斯却能不受情绪影响地追踪这镜头——或许他两者兼顾。我将这一点告诉给了团队成员。"所以，我们需要在片段中加入些真实摄影机做不出来的运镜技巧。当然，不能太过刻意。运镜还是得服务于叙事。但咱们必须让乔治大吃一惊！"

我们就这样开始了。洛伦·卡朋特精心设计了一个复杂的、串起了几十只"鸭子"的多维度样条，来规划相机镜头的运动。这是样条概念的另一种用途。此处的样条插值给出了相机的机位和它在四维时空（三维空间和一维时间）中的运动方向。镜头首先看着僵死的行星，越来越近，随后绕它环转以拍摄行星表面的动态。镜头将一路引领火墙，俯拍下方被飞速掠过的隆起山脉，最后在飞船远去之际回望生机盎然的绿色星球。图 8.11 展示了这部激活样片中的若干元素。

《星际迷航 II：可汗之怒》首映的第二天，乔治·卢卡斯，这个在我看来

图 8.11　皮克斯动画工作室供图

相当害羞的人，走进了我的办公室。"出色的运镜！"他说完就走了。他看到了！在下一部影片《绝地归来》(Return of the Jedi，1983) 中，乔治·卢卡斯加入了一段由汤姆·达夫和比尔·里弗斯共同完成的特效片段。更重要的是，他一定向他的好友史蒂文·斯皮尔伯格 (Steven Spielberg) 提到了我们。斯皮尔伯格邀请卢卡斯影业的计算机图形学部门参与了他 1985 年的电影《少年福尔摩斯》(Young Sherlock Holmes) 的制作。坊间开始流传，一种全新的、令人着迷的电影特效制作方法诞生了。到 1991 年《终结者 2：审判日》(Terminator 2: Judgment Day) 推出时，由计算机生成的栅格图像已然成为好莱坞的家常便饭。我们这个皮克斯的前身团队也向着自己的目标跃进了一大步。

《创》：15 分钟的数字光学

但 1982 年的激活样片还不是第一部数字电影。第一部真正的计算机动画还要等到新千年数字大融合来临之际，但我们正在推进。《星际迷航 II》是我们团队的早期作品。日后我们发展为了皮克斯，制作了《玩具总动员》。激活样片令我们相当自豪，但它不过是特效。这个领域里远不止我们一家。1982 年，《星际迷航》出品后仅仅一个月便一炮而红的《创》(TRON) 就很好地宣示了同行们的存在感。这部作品的主创团队在后来成立了蓝天工作室，制作了《冰河世纪》(2002)。

1980—1985 年，抵达 1,000 倍的摩尔系数见证了许多数字特效公司的诞生。有四家这样的公司共同参与了迪士尼《创》的制作：加州的罗伯特·阿贝尔联营公司 (Robert Abel and Associates, RA&A)、国际信息公司 (Information International Inc.)、纽约的数字特效公司 (Digital Effects) 和 MAGI。其中两家在后文中还会再次出现：位于好莱坞附近的国际信息公司是小约翰·惠特尼 (John Whitney Jr.) 和加里·德莫斯 (Gary Demos) 的公司。在制作第一部数字电影的征途中，他们是卢卡斯影业的主要竞争对手。MAGI 则孕育了未来的蓝天工作室。关于其他公司的详细信息请参见附注。

在阿兰·凯的建议下，导演史蒂文·李斯伯吉尔 (Steven Lisberger) 将

464　像素传奇

《创》的创意带到了迪士尼。凯曾在施乐帕克工作，正是他提出了"合适的视角抵得上 80 分智商"的论断。李斯伯吉尔出身于传统角色动画制作，但在凯的坚持下，他将计算机动画推荐给了迪士尼，但并非计算机角色动画。《创》中的所有角色都是由真人演员身贴霓虹灯管饰演的，这让他们看起来很像卡通人物，但这实际上是模拟式的事后处理的效果。这个项目对迪士尼而言相当不寻常。一般来说，他们万事不求人。作为迪士尼的掌舵人，华特·迪士尼的女婿罗恩·米勒（Ron Miller）一手推动了《创》的诞生。[19]

在这部电影的计算机数字动画制作过程中，后勤统筹简直是个巨大的灾难。东西海岸的四家公司需要相互协作，但它们从软硬件到画风都各不相同。它们协作的产物是一段植入电影的 15 分钟左右的计算机动画。这个数字有些言过其实，因为这实际上算上了特效角色"比特"出场的全部时间。比特是一个仅有黄蓝两种色彩的多边形"角色"，只占据银幕上很小的一块区域。[20]

《创》中最令人难忘的计算机图形学内容当属"光轮摩托"片段（图 8.12）。这个场景是由位于纽约西切斯特的 MAGI 创作的，时长约为 3 分钟，包括了穿插其中的实时动作镜头，长约 1 分钟。重要的是，光轮摩托片段震撼

图 8.12

了一位当时在迪士尼工作的年轻的动画师约翰·拉赛特。他说："[那个场景]着实令我叹为观止！我的脑子一下就打开了一扇小门。我看着它说：'就是它了！这就是未来！'"后来，当拉赛特加盟皮克斯后，他总是这样说："没有《创》，就没有《玩具总动员》。"[21]

MAGI 有了角色动画师

MAGI 始建于 1966 年。它最初的任务是利用蒙特卡洛射线追踪的方法估算核辐射强度。这家公司很快就意识到，他们的技术也可以用来模拟光线，而不仅仅是核辐射。1972 年，他们设立了计算机图形学部门 MAGI/SynthaVision 来制作一些早期电视广告片。从此，MAGI 就一直以光线追踪为其渲染手段，这使他们区别于其他所有公司。从上图的光轮摩托判断，在 1981 年迪士尼请他们制作《创》的特效时，MAGI 还没有将光线追踪技术用于超照相写实主义。他们雇用了动画师克里斯·魏奇（Chris Wedge）制作《创》中的片段。此人对数字电影的未来至关重要。[22]

1983 年，历史的线索再次相交。迪士尼与 MAGI 合作，希望将莫里斯·桑达克（Maurice Sendak）的畅销童书《野兽国》（*Where the Wild Things Are*）改编为一部实验电影。其中的角色马克斯和他的狗狗将由传统二维赛璐珞动画法制作，但三维背景将出自计算机图形学的手笔。迪士尼动画师约翰·拉赛特和格伦·基恩（Glen Keane）制作了这些背景的动态。就这样，克里斯·魏奇和约翰·拉赛特，数字电影史上的两位举足轻重的动画师，第一次相逢了。[23]

太平洋影像公司入局

正如上一章中的谱系图所示，三条线索分别直接指向的三家公司，在新千年之际分别制作了最早的数字电影。MAGI 在 1972 年凭借它的 SynthaVision 部门进入这个领域。纽约理工学院则在 1974 年成立了计算机图形学实验室。第三条线索，就是加州的太平洋影像公司。

卡尔·罗森达尔（Carl Rosendahl）靠着从父亲那里借来的 25,000 美元，于 1980 年创立了商用计算机图形学公司 PDI。作为参考，埃德·卡特穆尔、大卫·迪弗朗切斯科和我那时在玛霞·卢卡斯的办公室里自我推销。罗森达尔创业时面临的风险可想而知。我们已经作为一个团队共事了几年，而且完全不是自己掏钱。但当时我们根本不觉得光做计算机图形学就可以养活自己。

　　1982 年 3 月理查德·庄（Richard Chuang）加入了罗森达尔的公司；一个月后，格伦·恩蒂斯（Glenn Entis）成为动画公司 PDI 的第三位联合创始人。两人编写出了 PDI 自己的动画软件。1994 年，三位创始人因 PDI 的动画系统共同获得了奥斯卡技术奖。

　　庄是通过埃德·卡特穆尔和卢卡斯影业团队录制的一盘录像带学习计算机图形学技术的。恩蒂斯曾是布鲁克林的一名计算机科学学生，并成了曼哈顿的程序员。20 世纪 70 年代末，他在纽约理工学院一门由埃德和我们其他人共同执教的课程中接触了计算机图形学。我把汤姆·波特挖去了卢卡斯影业后，恩蒂斯接手了汤姆在安派克斯公司的 AVA 项目。[24]

　　我们一直格外关注 PDI 的商业进展，因为正如同事洛伦·卡朋特所说，他们的模式才是"计算机图形学的正确姿势"。对新手们来说，他们不过是个用 C 语言写 Unix 程序的公司。但 PDI 在那时并没有——还没有让我们察觉到他们也会成为第一部数字电影道路上的竞争对手。MAGI 也同样如此。那个时候，我们的"名单"上只有一家公司：数字制片公司（Digital Productions）。

数字制片公司豪购超级计算机

　　当应迪士尼之邀参与《创》的特效制作时，小约翰·惠特尼和加里·德莫斯正供职于四家公司之一的国际信息公司。1981 年，他们从那里离职，在次年创办了数字制片公司——伊万·萨瑟兰是他们的投资人。[25]

　　1974 年，当萨瑟兰和格伦·弗莱克的图像/设计集团步上正轨后，他们便杀入了好莱坞市场。埃德·卡特穆尔曾翘首盼望这家公司的成立，直到养家糊口的需求让他没法再等下去。另一个年轻人，加里·德莫斯，同样一度想要加入萨瑟兰的公司；来自人才辈出的惠特尼家族的小约翰或许也曾有意加盟。小约翰和加里在我们的故事里似乎总是焦不离孟。

埃德和我一直关注着他们。算力强劲的计算机和高清晰度的影片是他俩的名片。他们的公司离好莱坞不远。1981 年，在弗朗西斯·科波拉（Francis Coppola）为影片《旧爱新欢》（One from the Heart，1982）在洛杉矶搭建的一处布景里有一场午餐会。我、小约翰和女演员特瑞·加尔（Teri Garr）共坐一张巨大的桌子。当我知道他们俩是青梅竹马的发小时，心中不免失落。作为外行人，我还有机会吗？小约翰和加里会不会在制作第一部数字电影的征途上击败我们？

我们认为他们完全有可能，而且机会很大。他们已经参与了好几部电影的制作。在国际信息公司，约翰为米高梅票房大卖的《西部世界》（Westworld，1973）场景提供了图像处理。随后，他和加里又在《未来世界》（Futureworld，1976）通过三维图形学明暗着色手段渲染了演员彼得·方达（Peter Fonda）的头部，尽管这部影片难以媲美前者的成功。我们对《未来世界》格外熟悉，是因为其中出现了另外两幅三维着色的栅格图像——埃德·卡特穆尔的手和弗雷德·帕克的脸（图 7.13）。那是 20 世纪 70 年代初他们在犹他大学制作的黑白动画片段。[26]

约翰和加里随后在国际信息公司参与制作了《神秘美人局》（Looker，1981）。影片中出现了女演员苏珊·戴（Susan Dey）三维渲染的全身扫描。巧合的是，影片的主人公，一位通过微整形赋予超模完美身体的整容医生，名叫拉里·罗伯茨。剧作者迈克尔·克莱顿（Michael Crichton）恐怕不知道另一位拉里·罗伯茨——1963 年麻省理工学院的三巨头之一，也让计算机的"模特儿"[①]呈现出完美的外观。但是这部电影里的计算机图形学内容还是太少。同样，它的票房也一败涂地。[27]

但在埃德和我几乎绝望之时，转机到来了。小小的计算机图形学界突然

---

① 原文为 model，有"模特"和"模型"双重含义。

风传：约翰和加里购置了一台克雷牌（Cray）超级计算机！克雷的销售员本斯·葛柏（Bence Gerber）多年来一直想卖一台售价几百万美金的克雷机给卢卡斯影业。但我们并不认为有这个必要，更何况它的价格如此高昂。克雷牌超级计算机和我们的目的并不一致。我们一直是这么认为的，直到听说数字制片公司的采购才有所动摇。埃德和我立马重新开始计算。莫非是我们哪里搞错了？答案仍然是否定的。这笔采购在经济上绝对不划算。

PDI 的联合创始人理查德·庄在回忆起当时的情况时和我们的看法一模一样：

> 我永远无法忘记数字制片公司宣布买下克雷机的那一天。一开始我感到震惊。哇，他们竟然买得起克雷机——这下没人能与他们匹敌了。但那一天晚些时候——我永远忘不了——我、卡尔和格伦坐在地板上，说我们永远不可能买一台克雷机去跟他们竞争。但一小时后，我做完了计算回来说，先等一等——这帮家伙长久不了——只要稍有商业常识，就能计算出他们的投入／产出比。我们这个行业的利润是没法收回在克雷机上的投资的。[28]

约翰和加里的投资是一场豪赌——赌的是好莱坞用得上克雷机。这样他们的成本就能摊到若干个资金充足的用户头上。但这并未发生。投资克雷机是一个错误，这个错误让我们唯一忌惮的竞争对手从此出局。数字制片公司在 1984 年的影片《最后的星空战士》（The Last Starfighter）里使用克雷机奉献了精彩的表现，但影片中 12 分钟的三维片段距离完整的数字长片还差得很远。1986 年，皮克斯创立的那一年，数字制片公司在行业中完全淡出，最终被另一家制片公司吞并。[29]

我们后来才知道，在最终选择我们之前，卢卡斯影业曾经考虑招募约翰和加里的团队。1978 年，当他们还在国际信息公司时，约翰和加里的团队就曾给卢卡斯影业寄过一份样片。《星球大战》里出现过的漂亮的十字翼战斗机通过三维建模和高清渲染在样片中亮相。但他们没有对战斗机的边缘进行抗混叠处理。尽管理论上较高的清晰度会让边缘的锯齿小到看不见，但实际效果不好。理查德·埃德隆德，那个扎着大号星战皮带扣来纽约理工学院找我们的卢卡斯影业特效大师，一眼就看出了锯齿，并投出了反对票。

尽管我们的渲染清晰度要低得多——经费所限——但我们花了大力气为所有的边缘消除混叠。从一开始，"没有锯齿"就是我们的信条。这是最关键的区别。事实上，始终坚持让数字电影免于时空两维度上采样伪影的理念，就是我们成功的"秘诀"之一。图 8.13 左侧的照片是（左起）埃德、我和分形专家洛伦·卡朋特在卢卡斯影业的一张合影。照片里，我穿着一件我们人人都有的"没有锯齿"T 恤衫。右侧就是这个 logo 的清晰大图。

把数字制片公司当作假想敌的我们错了吗？约翰和加里从没表态说想要制作一部数字长片。他们的工作几乎总是为其他影片制作特效。但在另一个领域里他们与我们直接竞争，至少我们以为如此。当我们向迪士尼推荐计算机动画系统 CAPS 时——我曾在第五章里提过，我们被告知他们也在考虑数字制片公司的产品。这无疑透露了他们对角色动画也有着强烈兴趣。无论虚实，约翰和加里收获了我们的敬意。他们聪明有才，也做好了向大制作进军的一切准备。多年以后的 20 世纪 90 年代末，当加里在华盛顿为 HDTV 数字电视标准制定一事向我求助时，我毫不犹豫地伸出了援手。

图 8.13　左：皮克斯动画工作室供图　右：克雷格·雷诺（Craig Reynolds）设计

安德烈与瓦力 B.

数字制片公司在《最后的星空战士》中的表现令人印象深刻，但其中并未出现数字化的角色。我们想做角色动画，却少了一块最重要的拼图——一位能给素描线条或渲染出的三角形赋予生命的角色动画师。

此时，一位伟大的动画师刚刚造访卢卡斯影业。布拉德·伯德（Brad Bird）在 1980 年曾登门拜访。那时我们还在圣安塞尔莫古董行的楼上与玛霞·卢卡斯共用办公室。他想和我们一起做一部动画电影。这个家伙是至今为止我遇到的最有意思的人。当我们在圣安塞尔莫的街道上边走边聊时，他的连珠妙语让我笑个不停。但我知道，当时粗糙的计算机是他这么一位极为敏感的艺术家所无法忍受的。那些机器噪声巨大，需要风扇降温，总是死机，还慢得令人抓狂。

但几年后我们又有了第二次机会。那时我们已经有了足够强大的工具，摩尔定律也赋予了计算机足够的算力，但我们还是缺一位动画师。就在这时，埃德·卡特穆尔和我遇见了那个让我们制作出第一部数字电影的人：约翰·拉赛特。我们是在一次去迪士尼朝圣的旅途中认识约翰的。即使在加盟卢卡斯影业后，我们也没有改变每年造访迪士尼的习惯。和纽约理工学院的那些动画师不同的是，约翰一点也没有被我们吓到。相反，他非常兴奋。他已经与 MAGI 合作推出了《野兽国》的一段样片，看过了《创》，也对使用计算机创作有些心得。

在埃德和我的记录中，我们与约翰的相识其实更早。我们初次见面应该是 1983 年 2 月 16 日在卢卡斯影业，同年 5 月 11 日又再次相遇。但这两次会面都没有给我们两人留下深刻印象。是在迪士尼的第三次相见让我们记住了他的名字。他将我们带到迪士尼档案馆，问我们想看什么，我才刚刚提起"普雷斯顿·布莱尔在《幻想曲》里画的跳舞河马"，他就马上拿出了布莱尔的画作原稿给我们看！约翰用动画师的方式翻动着画稿，画中的河马就舞动了起来！于我而言，这是个令我叹服的神奇时刻。随后我又提出想看《小飞象》（Dumbo）里的粉红大象，约翰马上满足了我的要求。彼时彼刻，我感到在我与他之间产生了一种默契的联结。[30]

但埃德和我却不能染指。约翰还在为迪士尼工作。尽管如此，我们还是对他念念不忘。年轻的约翰在加州艺术学院——华特·迪士尼建立的动画师学校里就赢得了"学生奥斯卡"最佳动画奖，还赢了两回。

在1983年西格拉夫会议结束后的返程飞机上，埃德和我决心在下一年的会议上向全世界宣告，角色动画制作成功。那将使我们脱颖而出。还没下飞机，我就在绿色的工程稿纸本上画起了一部名为《与安德烈共进早餐》(*My Breakfast with André*)的故事板。这是在致敬一部我们十分喜爱的影片《与安德烈共进晚餐》(*My Dinner with André*，1981)，安德烈·格雷高利(André Gregory)饰演安德烈一角，华莱士·肖恩(Wallace Shawn)饰演瓦力(Wally)。

因此，在我们的动画中，一个名叫安德烈的机器人醒来、起身并夸张地伸懒腰。初升的旭日将照耀美丽盛大的自然景观。角色动画就要诞生了！这个故事并不算好，但我当时还看不出来。

幸好，几个月后埃德去参加了一次会谈。会议地点是永久停泊在长滩作会议场地使用的"玛丽女王号"(*Queen Mary*)轮船。我们正通过电话交流着日常的工作进展，埃德一语惊人："我刚刚看见约翰·拉赛特了。他已经离开了迪士尼。""赶紧挂电话，"我嚷道，"现在就去签下他！"埃德当然正有此意，他就是这么做的。[31]

机不可失。乔治·卢卡斯曾告诉埃德，计算机图形学团队做不了角色动画。他一心认为那是迪士尼的禁脔。于是，我们在1983年末签下约翰时，给他的头衔是"用户界面设计师"，而非动画师，以避开乔治的"雷达"。很多年后我们才知道，约翰就是因为想做计算机动画才被迪士尼扫地出门的。

当我给他看《与安德烈共进早餐》的故事板时，约翰的反应是："我能提几条建议吗？""当然，你来这儿就是干这个的嘛！"于是他出手拯救了这个项目。首先，他将机器人的形象改成了一个更圆润、更讨喜的安德烈。埃德则为他设计了一个更方便创作的水滴形身体。随后，约翰建议增加一个角色：一只蜜蜂。埃德的水滴形状成了它的腿。为了符合我向《与安德烈共进晚餐》致敬的主题，蜜蜂被取名为瓦力。它最终定名为瓦力 B. ，我们也把影片标题改成了《安德烈与瓦力 B. 的冒险》(*The Adventures of André & Wally B.*)。这是约翰与我们团队的初次合作，也是我作为导演执导的第二部短片。

在约翰加盟之前，我一直认为自己会是这部短片的动画师。毕竟，我画出了那双鼓掌的手。那时我还不理解，一位真正杰出的动画师应该具备哪些才能。那些才能其实是我所没有的。我能够让三角形动起来，却无法让它们产生情绪。我没法给它们注入灵魂。我能让双手鼓掌，却没法让观众相信它们属于一个有自主意识的主体。约翰不费吹灰之力就能做到这一切。

在 1984 年的西格拉夫会议召开时，我们的团队还没有正式完成《安德烈与瓦力 B. 的冒险》的制作。但大会组织者们仍然破格允许我们展示。没有什么感觉比得了置身数千位懂得你的成就的年轻同行之中，享受他们为你的作品鼓掌喝彩。这下，我们就大张旗鼓地进军角色动画这一行了。

《安德烈与瓦力 B. 的冒险》无疑是艺术上的一大突破。这不仅仅是两个运动中的人形物体，而是两个自带情绪的角色。它们令人信服！而且还有故事情节。这是个十分简单、甚至有些刻薄的故事——一只巨型蜜蜂总是骚扰着小男孩安德烈，后者不断尝试着用各种方法将前者引开，随后他们展开追逐，大蜜蜂终于还是蜇得小孩叫苦连天——但这毕竟是个故事。这部影片的背后可有一位专业的角色动画师在操刀。

它同样是技术上的一次突破。这部影片展示的建模、动画、渲染和电影录制程序都已经足够完善，完全有能力为电影银幕带来梦想中的三维角色。同时，电影的制作过程中还有两项具体的技术创新。

比尔·里弗斯进一步优化了他的粒子系统。将火焰粒子设为绿色，再渲染出移动轨迹，我们就得到了……青草。他还将生成云朵的三维系统运用到了树木的绘制上：粒子组成的叶片附着于树干和树枝上——落叶树或黄或橙，针叶树是深绿色。和分形一样，几个简单的运算步骤在计算机增强性的加持下重复几百万次，就能创造出一个错综复杂、赏心悦目的"自然"森林。这是一大创新。

最最重要的是,《安德烈与瓦力 B. 的冒险》在 1984 年的西格拉夫会议上向全世界宣布,我们成功实现了动态模糊。瓦力 B. 的翅膀是模糊的。安德烈迅速逃跑在图帧中留下了模糊的身影。克雷公司向我们出租了一些超级计算机的用机时间,以便我们赶在西格拉夫前完成这项创新(或许因此我们才最终成为他们的客户)。图 8.14 展示了四帧连续的图帧。第三帧中的计算量尤其巨大,甚至如洛伦·卡朋特所说,"把克雷机都累趴下了"。卡朋特是全程监督克雷机运行情况的负责人。他认为没人会注意到图帧中的残影其实还没有完成。的确如此。

乔治·卢卡斯也出席了那场首映,这令我们又惊又喜。他其实是去看琳达·朗斯塔特(Linda Ronstadt)的表演的,但西格拉夫的首映也让他很感兴趣。卢卡斯终于要见识我们的能力了!还是在一大群狂热的观众中间。多年以后我才从迈克尔·鲁宾的《人机造物》里读到,卢卡斯其实很讨厌那个片子。好在他当时没说出来,不然的话真要叫我们心碎了。

尽管用上了克雷牌超级计算机,这个短片仍然没有全部完成。其中一个场景的前景角色仍然只是框架。好在西格拉夫会场的观众们大多没注意到这一点。另一方面,它仍然没有达到日后其他拉赛特动画作品的水准。这只是第一个完全由计算机生成的包含了三维模型的动画短片。西格拉夫会场中数以千计的观众几乎都叹服于它的创新性,并从中看到了未来。但卢卡斯的眼光显然没有那么长远。于是,再一次出现了我们的赞助人在不了解我们工作意义的情况下仍然帮助我们实现梦想的状况。我们自然也帮他实现了对电影制作流程进行清晰而明确的数字化改造的目标。几年以后,他还是做出了改变。在他第二阶

图 8.14 © Pixar.

段的《星球大战》系列电影里，卢卡斯对计算机生成图像的运用比其他任何电影人都要多。

约翰·拉赛特和比尔·里弗斯在《安德烈与瓦力 B. 的冒险》的制作中第一次搭档。约翰是二人组中的艺术担当，比尔则充满了技术上的创造力。他们两人彼此成就。

我为我们在卢卡斯影业营造的工作环境感到十分自豪，并将其延续到了皮克斯时期，极力避免那种"技术狂"与"艺术狂"的矛盾对立。我们在拥有技术创造性和艺术创造性的两个人群中间构建起一个彼此尊重的社群，在名誉、薪水、晋升、福利和最重要的尊严方面完全平等。

猢狲把戏

鲜为人知的是，我们在卢卡斯影业的最后几年里曾"差点"完成了一件事。尽管乔治·卢卡斯相当抗拒制作计算机动画电影的想法，我们还是差点在一家日本公司的促成下迈出第一步。[32]

1984 年，日本出版公司小学馆（Shogakukan）的代表找到我们，带来了一个重磅创意：制作第一部数字电影。影片的主人公将是在亚洲家喻户晓的美猴王。这个想法让我格外着迷，因为我们很多年前就知道美猴王了。兰斯·威廉姆斯在纽约理工学院时就向我们介绍了他。我们自认为是完成这项任务的不二人选。到处都是积极的信号。约翰·拉赛特立即着手开始设计主人公的形象（图 8.15）。

但我们该收取多少费用呢？没人知道制作一部数字长片需要多少成本，我只能做些估算。我计算着数字，考量我知道的动画制作后勤工作中的各种开销、我们想要的像素解析度、计算机的计算速度和成本、需要的存储空间、电影录制的成本、人工和器材的费用——除了营销和发行成本之外的一切。结果并不理想。在 1985 年，这项工程将花费约 5,000 万美元（相当于现在的 1.2 亿美元）。这个数字超支了几乎两三倍，特别是考虑到该项目的风险——有史以来第一部有三维角色和三维布景的数字电影。更糟的是，我们需要整整三年

图 8.15　皮克斯动画工作室供图

时间。我们的译员和商业代表劳林·赫尔（Laurin Herr）立即明白，这个时间会让谈判彻底破裂。于是乎，我们只好尽可能优雅地撤回报价，向所有人表示感谢。

从这件事中我们也学到了重要的一课：我们拥有的算力还是太弱，在合理控制成本的情况下不足以用于制作数字长片。算力还需要再跃升一个数量级。1985 年，我们已经了解了摩尔定律的细节，因而知道第一部数字电影的制作还需要再等五年。

1985 年的软件技术够用吗？

在美猴王计划流产之后，我们开始考虑在 1985 年的当下，假设摩尔定律提供了足够的硬件性能，我们拥有的软件技术是否足以用于制作出第一部数字电影？难道仅仅只需要坐等摩尔定律带来算力增长就万事大吉了吗？这个问题十分现实，也难以给出准确的答案。

当我们在 20 世纪 70 年代的纽约理工学院第一次开始酝酿数字动画长片时，我们以为我们在技术方面已经万事俱备。我们有埃德·卡特穆尔的插帧程序 Tween，有我的 TintFill 和《绘图三》分别处理前景和背景，有大卫·迪弗朗切斯科的电影录制技术，还有用于整合图帧的阿尔法通道。在硬件方面，我们有 18 台帧缓存，有最早的由计算机控制的、精确到图帧的、放送级别画质的录像机,还有若干台计算机。我们还有数字声学设备和刚刚起步的电影后勤系统,后者是我们偷师纽约理工学院传统赛璐珞动画工作室的成果。此外,我们在某种程度上还有角色动画师助阵,比如来自亚历大叔《低音号塔比》团队的强尼·根特。身边的同事都在制作电影长片——我们自然也能做到。我们从未怀疑过这个目标的可行性。

这样的假想中,其实不止一个环节出了错。首先,我们很快了解到二维计算机动画对动画师们——纽约理工学院那些接受传统训练的赛璐珞动画师们——来说太难了。其次,就是亚历山大·舒尔的工作室实际无法胜任制片的角色。

此外,当时我们对第一部数字电影的设想与中心法则背道而驰。这听起来不可思议,因为皮克斯后来的确因为制作出第一部遵循中心法则的数字动画长片而闻名——一部基于三维欧几里得几何建模、在牛顿光学世界中运作、以文艺复兴式的透视法呈现给虚拟摄影机并通过像素渲染的角色动画。

当时,上述形式已不算新鲜;但一部遵循这种形式的数字电影却遥不可及。兰斯·威廉姆斯在20世纪70年代末曾制作过遵循中心法则的短片。他与迪克·伦丁(Dick Lundin)和纽约理工学院的其他同事制作了长约几秒的绝佳片段。但我和埃德以此为基础估算得出,在当时的摩尔系数下,制作一部长片的成本将高达数亿。换句话说,在当时不可行。

但是,假如摩尔系数不再是问题,又会如何?假设算力始终足够,制作电影的成本也可以接受,但那样我们就一定能随时制作出角色动画来吗?我们何时才能做好技术上的准备去制作第一部数字电影呢?

答案令人惊讶:除了一个仅存的障碍,我们的确万事俱备。从根本上来说,对建模、动画、渲染等程序的需求长期存在;随着摩尔系数的增长,它们自会日趋完善。艺术创造力丰富的动画师们的天才之处,本来就在于能够随时将现有的技术水准转化为引人入胜的故事。毕竟,迪士尼的动画师们在1937年只凭纸笔、颜料和赛璐珞板就创作出了《白雪公主》。

困扰中心法则下数字电影的唯一技术难题是动态模糊。雷·哈里豪森著名的停格电影《杰森王子战群妖》中的那些骷髅简直惨不忍睹。在饱受它们的折磨之后，我们认识到了动态模糊的重要性，却不知道如何解决。我们与制作一部真正的长片之间的壁垒——当然，是在摩尔算力足够的情况下，就是缺少可行的方法来实现动态模糊。在实践中，动态模糊的问题直到 1984 年才被库克、卡朋特和波特的"无产者"三人组在《安德烈与瓦力 B. 的冒险》中解决了——正如波特的名作《1984》（图 8.9）所展示的那样。1985 年，我们的确拥有了一个较好的方法来实现动态模糊。

在前文中，我介绍了好几种科学技术，包括分形、粒子系统、曲面片建模。还介绍了纹理映射、凹凸映射、裴祥风着色和渲染过程中的光线追踪。但可以说，除了动态模糊，上述全部技术都并非第一部数字电影所必需。在摩尔定律发展历程上逆向思考，并不比正向思考简单——除非你亲身经历过那个时期。如今，我们很难想象一个没有这些技术、摩尔算力也很低的世界了。

摩尔定律的五年周期催生了越来越多的新技术，它们让中心法则的表现力越发生动。尽管并非铁律，但算力的"供求关系"实际上维持着一种平衡。随着指数增长的摩尔系数让计算时间越来越短，更先进的建模、动画和渲染技术对算力的需求也水涨船高。这样一来，总的生产时间便维持在了一个一年左右的恒定长度。这种"恒定性"又被称为"布林定律"（Blinn's Law），以吉姆·布林的名字命名。

在生产实践中，这意味着计算机图形学界必须不断地发明新算法并不断改进旧算法。同时，他们还要不断提高生产过程的效率。在向第一部数字电影进发的征途中，我们在等待摩尔定律增长的同时也必须保持各项技术的快速迭代。

摩尔系数 10,000—10,000,000 倍（1985—2000）

皮克斯涅槃新生

卢卡斯夫妇乔治与玛霞在 1983 年离婚。加州的法律承认夫妻共同财产，乔治的身家因而在一夜之间腰斩。其后果就是在接下来的几年里，计算机部门被划分为七零八落的碎片待价而沽。首当其冲的是数字声学团队和他们的产品

SoundDroid，随后是视频剪辑小组和他们的产品 EditDroid。二者都是 Droid 系列这个大项目的组成部分。乔治唯一打算保留的部分是游戏业务，它们将成为后来的卢卡斯艺术娱乐公司（LucasArts）。这样一来，只剩计算机图形部门的命运悬而未决。

我走进埃德·卡特穆尔的办公室，说道："咱们要被炒了，埃德。乔治从来就没真正理解过咱们的能力，他也快养不起这个部门了。"我又用我们俩都能理解的宗教口吻说："解散这个世界级的团队是一种罪过。我们成立一家新公司，给他们一个家吧！"这是两个书呆子之间的对话。我俩对预算和资源的理解都不及任何一位平庸的经理人，遑论资金筹措的各种细节了。

埃德马上同意了我的点子，于是我们便一同前往拉克斯珀海滩的窗明几净书屋，一人买了两本讲如何创立公司的书。我买下的就是图 8.16 中这两本薄薄的册子。这很好地反映了我们俩当时有限的商业知识水平。[33]

"咱们的公司该做什么业务呢？"埃德合乎情理地问道。我们俩都明白公司没法仅凭计算机图形学项目独立运营；至少在当时，只做电影还没法生存。更重要的是，仅凭电影难以解决公司的融资。美猴王项目已经让我们明白，要想经济地制作电影还需要再等五年，等摩尔系数再提高一个数量级。在此期间，我们得做点别的事情来让团队不散架。通过计算，我们发现无论做软件、做数字特效，还是做商业广告，都没法赚取足以维持这个四十人团队的资金。我们的业务只能是硬件。[34]

刚好，我们手头有一台专用计算机，"皮克斯图像计算机"（Pixar Image Computer）的样机。那是我们的团队为卢卡斯影业研发的设备，是数字化光学印刷机系统的一部分。我们准备按照硅谷的基本操作，拿着样机去融资并将其投入生产。除此之外，我们想不到其他选择。硬件业务应该能支付团队的工资，在等待摩尔系数增长的五年里维持它不散伙。稍微思考一下就知道，我们其实对经营、销售、硬件工程、制造、财务、人力资源等都不甚了解——我们的经验仅限于一个部门的规模。这些知识都得去那四本小书里寻找。为了留住团队，为了第一部数字电影的理想，为了能在等待期间糊口，我们只

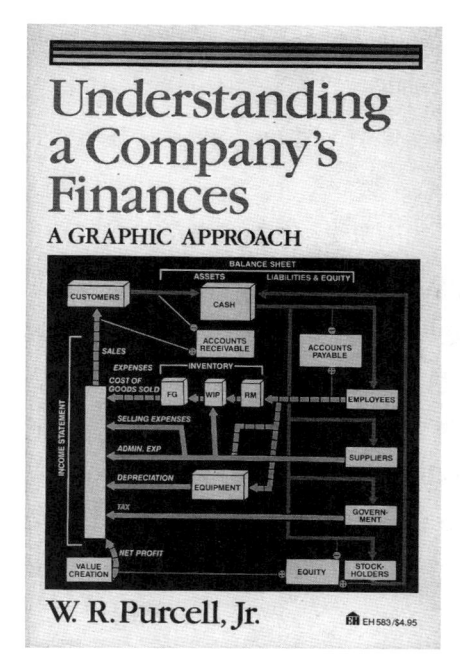

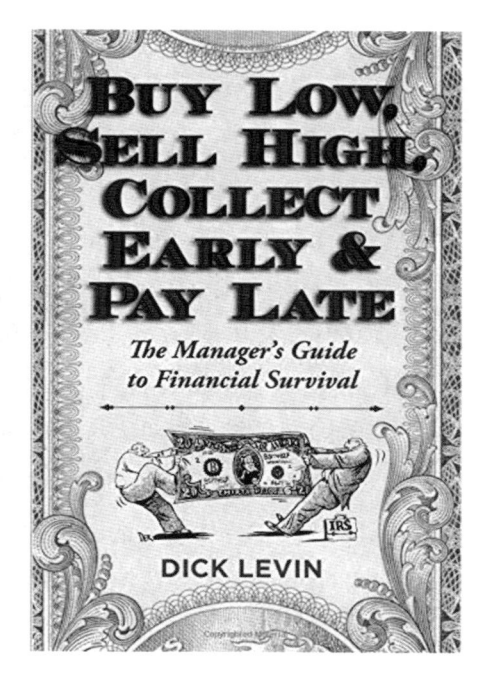

图 8.16

能孤注一掷。[35]

于是，埃德和我写了一份商业计划书，宣布要制作并售卖"为像素而生的超级计算机"——皮克斯图像计算机，还要经营以约翰·拉赛特和比尔·里弗斯为核心的计算机动画专家团队。他们将蛰伏五年，在时机成熟之时制作第一部数字电影。现在，我们可以开始着手为公司融资了。

但首先，我们要说服卢卡斯影业计算机图形学部门的另外 38 名成员。埃德和我一个一个地找他们谈话，地点选在圣拉斐尔城区我们喜欢的一家泰国菜餐馆。我们交代了我们的计划，强调每个雇员都会持有新公司的股份，不分岗位和职责，我们一视同仁。

新公司需要一个名字。在这件事上，我们维持了平均主义的做派。每个人都参与了构思，各自提出一个名字并试图说服其他人。此前，我们就多次尝试给卢卡斯影业的计算机部门起个酷点的名字，比如"工业化光影魔法部"。连乔治·卢卡斯本人都参与过起名。但大家谁也说服不了谁，最终还是只能叫"计算机部门"。现在，我们又要面对同样的问题了。在早期的文件中，我们把公司名字留白。我们一度使用 GFX（意为图形学）这个名字，但还是不如人意。而且，它已经被别人注册了。

最后，我们拖到了向加州政府提交正式注册文件的最后期限。到了这一步，就无论如何得有一个名字了。走投无路之际，我对团队成员说："你们知道吗，现在大家都用我们产品的名字'皮克斯'来指代我们这个团队。我们要不就用'皮克斯'做公司的名字？"这个提议引发了一阵失望与不满的窃窃私语，但时间实在紧迫，也没人有更好的点子。这就是皮克斯得名的由来。此前，我已经介绍了这个意为"制图"的"伪"西班牙语动词（pixar）是怎么被用作计算机产品的名字的。话说回来，它制作的其实也是"伪"图像——不从现实中来，也没有实物载体的图像。不过，"伪"图像的说法过于难听，我们还是叫它们虚拟图像吧。

创业艰难

1985 年中，埃德·卡特穆尔和我开始为新公司筹措资金。乔治·卢卡斯的经营团队很有兴趣出手相助，因为这样达成的任何协议都能让卢卡斯影业收到回报。但他们随时会给我们断奶。

第一个点子是去找风险投资人，硅谷的许多创业公司都由他们扶持。凭借卢卡斯影业的响亮名头和卢卡斯影业经营团队的帮助，我们接触了 36 家风投公司与投资银行。但我们不符合他们的要求，无一例外地遭到了回绝。[36]

我们的第二个点子是与某家大企业达成"战略伙伴关系"。在我们认真谈判过的 10 家企业中，有 8 家都拒绝了我们。但我们和另外两家巨头：通用汽车和飞利浦（Philips）都几乎达成协议——通用汽车可是当时全世界最大的公司。[37]

我们与之打交道的通用汽车部门此前也曾是一家独立公司，名叫电子数据系统（Electronic Data Systems），由 H. 罗斯·佩洛（H. Ross Perot）领导。几年后他曾参选美国总统。通用汽车认为，我们的技术有望取代汽车设计过程中昂贵的黏土建模。

随后，飞利浦与通用汽车达成协议，共同注资。那时我们还有一项全新的渲染技术，通过电脑断层扫描显示人体内部的三维图像——无须开膛破肚。这有希望成为一项革命性的医疗影像技术突破。[38]

最后的那次决定性会议在曼哈顿中城飞利浦大楼里一间俯瞰纽约中央车站的会议室里举行。我们与通用汽车、飞利浦和卢卡斯影业三方签署了一份意向书，时间是 1985 年 11 月 7 日。[39]

但这次合作从未开始。我们——或许会议室里的所有人都不知道，H. 罗斯·佩洛在三天前刚刚因为花费 50 亿美元收购休斯工具公司（Hughes Tools）的交易大闹董事会。自大萧条以来，通用汽车的董事们还从来没被这么顶撞过！这是不可原谅的。一年后，通用汽车花了 7 亿美元打发佩洛出局。其实在当时，一俟《华尔街日报》(Wall Street Journal)将争端曝光，通用汽车内部一切与佩洛有关的项目都注定完蛋了。不巧，我们的合作恰好就发生在此时。[40]

现在，最好重申一下，本书的主题是数字光学，而不仅仅是数字电影。无论是通用汽车的车体设计还是飞利浦的医疗成像，都与数字电影无关，但两者都属于数字光学的范畴。车体设计是计算机辅助设计的一种应用，尽管在我们的项目中通用汽车更感兴趣的是利用现有模型渲染出图像的过程，而非建模本身。医疗影像技术则属于图像处理——拍摄而非绘制（人体的）图像。在此之前，我们已经探索过若干种数字光学的可能性了，例如油井的地质学影像、智能卫星图像、机械件应力的热成像测试和油气动力学。为了生存下去以实现第一部数字电影这个终极目标，我们做了多手准备。

作为我们 46 次融资尝试中最后的一线希望，通用汽车-飞利浦项目还是胎死腹中。埃德和我快疯了。卢卡斯影业最终失去了耐心。在我们回加州的机场摆渡车上，我们决定孤注一掷——去找史蒂夫·乔布斯。

3 个月前，1985 年 8 月 4 日，史蒂夫曾经邀请埃德与我，还有我们的财务经理阿吉特·吉尔（Ajit Gill）去他位于伍德塞德的别墅。史蒂夫刚刚被苹果扫地出门。他提出买下我们的团队并亲自经营。我们拒绝了他。我们想要他的钱，但只愿意自己经营公司。他同意了。

但当史蒂夫向卢卡斯影业提出收购时，却遭到了忽视。他的报价介于 700 万—1,400 万美元，但通用汽车和飞利浦拿得出 2,000 万—3,600 万。后者的交易当时进展顺利。

但现在通用汽车-飞利浦退出了，我和埃德决定打电话给乔布斯，让他提出一份与此前完全相同的报价——不到通用汽车-飞利浦开出价格的一半。我们相信事到如今，卢卡斯影业应该能接受这个打了折扣的价格。史蒂夫照办了，卢卡斯影业也欣然接受。就这样，史蒂夫·乔布斯成了皮克斯的风险投资人。请注意，他并没有如大众常常误解的那样"收购"皮克斯。他是向一家由全体员工所有的独立企业"注资"。

最终达成的协议基本与我们在 8 月谈成的条件一样。埃德和我将分别作为主席和执行副主席经营公司。史蒂夫是最大的股东。我们三人共同组成董事会。全体员工每人都持有公司的一部分股份。史蒂夫持股 70%，余下的 30% 归员工。埃德和我每人持有 4% 的份额，剩下的 38 位员工逐级递减。史蒂夫为公司注入了 1,000 万美元的资金。在签字当场，我们就拿到了 500 万美元的第一笔支票。埃德迅速把这笔钱花在了购买那些我们为卢卡斯影业开发的各项技术的产权上，其中就包括皮克斯图像计算机。我们取得的是独家专营权，只有卢卡斯影业得到了我们的授权，可以按我们离开前的情况继续使用这些技术。[41]

1986 年 2 月 3 日，皮克斯诞生于旧金山北部的圣拉斐尔。我们设法留住了团队，包括无价之宝计算机动画小组。此外，正如所有创业者，我们对自己的产品——皮克斯图像计算机有着绝对的信心。与此同时，史蒂夫还在约 1.5 小时车程之外的旧金山南部经营着另一家硬件公司 NeXT。事实证明，二者之间的这段距离实在是天赐的福气。

五年地狱生涯，六件闪耀珍宝

在接下来的五年里，拉赛特和里弗斯的团队制作了一系列短片，借此保留着制作第一部数字电影的火种。这些短片淬炼了他们的技术，也让我们能够进一步打磨我们的建模、动画和渲染算法。最重要的是，它提振了所有人的士气。这些短片包括《顽皮跳跳灯》(*Luxo Jr.*，1986)。这是继1974年的《饥饿》之后又一部获奥斯卡奖提名的计算机动画电影。无疑，它也是第一部被提名的遵循中心法则的三维动画影片。后来，《小锡兵》(*Tin Toy*，1988)于1989年一举斩获奥斯卡最佳动画短片奖项。这并非因为它是计算机动画片，而是因为它是一部杰出的短片。拉赛特和里弗斯分享了这一荣誉——未来无数奥斯卡奖项中的第一个。同一时期的皮克斯短片还有《小红车的梦》(*Red's Dream*，1987) 和《小雪人大行动》(*Knick Knack*，1989)。这四部影片堪称艰难岁月里的四件珍宝。

这些作品中的每一件都体现了底层技术的不断提高。举例来说，《顽皮跳跳灯》中首次出现了"自带阴影"[①]的物体。影片中的两盏台灯既分别作为光源，又同时出现在场景中，又是一个"首次出现"。

艺术方面，《顽皮跳跳灯》是约翰·拉赛特的一次尝试。他试图向外界仍采用赛璐珞法的动画师同行们证明，计算机并非僵硬、线性的算术机器，它们也能制作与这种印象完全相反的艺术作品。拉赛特的尝试大获成功。所有观众，特别是动画师同行们，都为两盏台灯展现出的性格而倾倒。观众心中浮现的问题不是"它们有生命吗？"，而是"它们是什么性别？它们的关系是父子，还是母女？"。观众们可能不太关心动画背后的几何模型和它们自带阴影的方式。约翰则刻意模糊了角色的性别。观众心中想的是什么，它们就是什么。

第二个例子来自第二件珍宝，《小红车的梦》。这部短片专为炫耀我们的硬件产品皮克斯图像计算机而创作。它的故事发生在一家自行车店里，这个背景是当时最复杂的计算机图形学渲染场景。

第五件珍宝是我们为迪士尼研发的计算机动画制作系统 CAPS。这次合作奠定了皮克斯与迪士尼之间互相钦敬的伙伴关系，也是刚刚起步的皮克斯工作

---

① 在此之前，计算机动画制作中的阴影效果需要人为后期添加。编者注。

室一项重要的收入来源。后来的许多年里，迪士尼的每一部赛璐珞动画都要经由这个系统，通过在皮克斯图像计算机上运行皮克斯出品的软件（和由迪士尼编写的后勤统筹软件）进行加工。迪士尼在影片《小美人鱼》（*The Little Mermaid*，1989）的一个场景中第一次使用 CAPS。第一部完整应用该系统的电影是《救难小英雄》（*The Rescuers Down Under*，1990）。经 CAPS 加工处理的迪士尼动画长片共有 18 部之多。拜 CAPS 所赐，迪士尼也成了皮克斯图像计算机业务的主要客户。[42]

  但皮克斯是一家失败的硬件公司。硬件产品本身并不失败，失败的是公司经营。连著名的硬件制造专家、坐镇董事会的最大股东史蒂夫·乔布斯也无力回天。在那五年里我们屡战屡败。我说的失败是指一般意义上的：我们花完了钱，发不起员工的工资。要是我们除了史蒂夫还能再找哪怕一个投资人，也不至于周转不灵。或许是无法忍受在被苹果扫地出门之后第一次创业就失败的尴尬，每次遭遇失败时，史蒂夫都会痛斥我们经营不力，然后再写一张支票。最直接的后果就是员工们持有的股份开始贬值。经历了几次"重新注资"后，乔布斯从苹果分到的 1 亿美元巨款已经有一半砸进了皮克斯。按今天的币值计算，他给皮克斯投资了大约 1.15 亿美元。1991 年 3 月 6 日这一天，皮克斯刚进入第五个年头，乔布斯终于完全买下了皮克斯。不是从 1986 年的卢卡斯影业那里，而是从全体员工手中。现在公司完全归他所有了，我们这些雇员的手里一股不剩。[43]

  可公司仍然处于财务危机之中。我们尝试了各种门路，约翰·拉赛特和比尔·里弗斯的小团队连电视广告这样的小生意都来者不拒。但这些业务带来的收入甚至无法应付公司的日常开销。乔布斯尝试过将我们打包加入 NeXT，但遭到了合伙人的拒绝。现在，只剩下了一条路。只有摩尔定律能救我们，假如它能及时让第一部数字电影在经济上变得可行。只有电影的利润有可能拯救我们。

RenderMan 渲染器

> 那是一次疯狂的冒险……我与皮克斯的交集辉煌而短暂，

那是我职业生涯中收获最大、最愉快的日子。

——吉姆·劳森（Jim Lawson），
皮克斯 RenderMan 渲染器的共同开发者[44]

"前数字电影时代"里，皮克斯的第六件、也是最重要的珍宝是 RenderMan 渲染器。它的名字效仿了索尼公司（Sony）的 Walkman 随身听。[45]

RenderMan 发源于独立的明暗着色技术，如 20 世纪 70 年代诞生于犹他大学的古若着色和裴祥风着色。后来，如前文所述，卢卡斯影业的罗布·库克在 20 世纪 80 年代初将这些方法归纳为一门"着色语言"。他将他的系统写成了卢卡斯影业内部渲染流程的前端程序，这就是 Reyes 渲染器。这个渲染器最早由洛伦·卡朋特编写，随后由罗布完善。Reyes 这个名字来自洛伦的藏头句，意为"渲染你见过的一切"（Renders Everything You Ever Saw）或"渲染你将看见的一切"（Renders Everything You'll Ever See）。Reyes 一词正好是当地雷耶斯岬角国家海岸公园（Point Reyes National Seashore）的名字。这个渲染器只能在卢卡斯影业的专用硬件上运行。[46]

下一次跨越就是将着色语言从卢卡斯影业的标准中解放出来。这是从"专用语言"迈向"标准语言"的重要一步——从一家公司的硬件迈向每一家公司的硬件。这次跨越塑造了一个统一的计算机图形学界——由此可见 RenderMan 的重要性。

还记得计算那一章里的名片通用图灵机吗？这台"机器"能理解的语言是这样的：3:4 ← [图案]。它的意思是：假如在圆孔里的纸带格子上读到 3，则将其替换为 4，左移一格，再将卡片旋转到跟图案对应的方向上。每台早期计算机都使用某种类似的、只有特定机型能使用的烦琐机器语言。

计算领域的一大突破就是发展出了能在任何计算机上运行的标准高级编程语言，例如贝尔实验室的 C 语言。用户将以一种类似英语的语言编写程序。这个程序会经过另一个专用程序"编译器"（compiler）的加工。后者将标准编程语言转换为特定计算机的机器语言，程序员并不需要懂得其中的原理。假设某个用户购买了 Unix 系统，其中就自带了高级 C 语言和将它编译为用户使用的计算机拥有的低级机器语言的编译器。某种意义上来说，不同的机器都使用着不同的 C 语言。

类似地，RenderMan 也让电影制作者不需要了解某家公司使用的特定渲染设备的专用语言。当用户购买 RenderMan 时，他得到的是一整套包含了着色语言和对应编译器的、能在任何支持该语言的硬件设备上运行的渲染系统。比如，一个电影制作人只需要了解 RenderMan 的着色语言，余下的像素渲染步骤通通都交给 RenderMan 系统后台处理。

向 RenderMan 标准进发的先锋是帕特·汉拉恩（Pat Hanrahan）。他是皮克斯成立后最早的一批新雇员之一。帕特的性格温柔敦厚，总是挂着微笑。在进入计算机图形学界前，他的工作是与蠕虫打交道。

帕特在威斯康星大学读研究生期间专攻的领域是蛔虫的神经结构。蛔虫是世界上传播最广的寄生蠕虫，感染人数高达 10 亿。它的身长能达一英尺，寄生在人类的肠道、肺部和血管内。帕特为何从恶心的蠕虫转向美丽的像素不得而知，但他就是这样做了。他的新研究起步于纽约理工学院的计算机图形学实验室，那时我们已经去了卢卡斯影业。随后他从纽约来到加州，成为皮克斯旗下的又一位天才。

从其他领域挖来人才加入计算机图形学界的传统保持了下去。本节楔子里的吉姆·劳森曾是卢卡斯影业数字声学团队的一员。和帕特·汉拉恩一样，他也是在皮克斯成立后不久加入的。吉姆和帕特齐心协力将罗布·库克的内部专用着色语言发展为了供外界使用的 RenderMan 着色语言。劳森还将编写 RenderMan 后台负责像素生成的程序。[47]

在此，我们不对 RenderMan 的各种细节做过多介绍，但是介绍一些在今天已成为业内规范的着色语言正式术语，您想必不会感到陌生：凹凸（bump）、深度（depth）、裴祥风（phong）、折射（refract）和纹理（texture）。着色语言让用户能够自由定义光源、阴影、像素扩展波和许许多多其他要素。

RenderMan 让艺术家与工具相分离。对卢卡斯影业或皮克斯以外的任何人来说，卡朋特和库克的 Reyes 渲染器都很难上手。RenderMan 则将这项技术对皮克斯之外的全新用户群体——艺术家和技术人员——敞开大门。现在，建模程序 A 可以直接与 RenderMan 渲染器 X 接轨，而建模程序 B 可以和 RenderMan 渲染器 Y 连通。尽管 A、B、X、Y 都分别独立设计而成，它们却能够协同工作。某种意义上来说，不同的计算机使用不同的 RenderMan。用户可以通过这种语言编写出适用于不同建模程序、能在不同计算机上运行的各不相同的 RenderMan 渲染器。从特定着色技术到一种着色语言（库克）的进步是巨大的，而从一种专用语言到通用标准语言（汉拉恩）的进步也同样巨大。

建立恰当的标准是困难的——它必须经过精心设计以不受时间或地点的限制发挥作用。此前已有许多图形学的行业标准，但汉拉恩建立的是第一个包含了可编程明暗着色的标准。RenderMan 的灵活性也成为它 30 年来经久不衰的关键。

1990 年发行的 RenderMan 成为好莱坞视觉特效与中心法则下计算机动画制作的中流砥柱。每次渲染三角形时不必重新编写独立的算法，RenderMan 建立的通用规范让这些算法全部互通。这极大地提升了渲染的效率。[48]

开发者们也收获了来自全行业的礼遇和回报。罗布·库克、洛伦·卡朋特和埃德·卡特穆尔因渲染技术方面的贡献在 2001 年荣获奥斯卡奖。这是第一座颁给计算机科学界的小金人。帕特·汉拉恩则获得了三座奥斯卡技术奖，一次与洛伦、罗布和埃德共享，另外两次获奖是因为 RenderMan。罗布、埃德和帕特都获得了西格拉夫大会的最高荣誉，库恩斯奖。此外，在 2020 年 3 月本书定稿之际，我刚刚听说埃德·卡特穆尔和帕特·汉拉恩获得了图灵奖。[49]

聚焦第一部数字电影

摩尔定律终于又走过了一个数量级——突破了 10 万倍大关。迪士尼在 1991 年出手了——正是皮克斯成立 5 年后——他们发出了邀请，"来制作那部你们一直想要做的电影吧！"迪士尼注入资金，挽救了史蒂夫·乔布斯的面子（和钱包）和皮克斯工作室。第一部数字电影不是乔布斯的主意，有时媒体会弄错这一点。乔布斯的精力主要放在 NeXT 的经营上，他从不谈论电影。第一部数字电影是迪士尼的主意，更是我们团队自 20 世纪 70 年代以来的梦想和目标。

这就是我们苦苦等待了 5 年的第一部数字电影。但是，还有一个问题。我们的首席动画师约翰·拉赛特拒绝与迪士尼合作。毕竟，他们此前曾炒过他的鱿鱼。约翰坚信当时迪士尼动画部门的主管杰弗里·卡岑伯格（Jeffrey Katzenberg）是个彻头彻尾的暴君。于是，埃德和我又一次陷入了苦恼。

卡岑伯格理解症结所在，是他迈出了和解的第一步。1991 年他在迪士尼位于伯班克的总部召集了一次会议，意图让约翰相信他们可以合作。埃德和我出席了这次重要的会议。约翰·拉赛特和比尔·里弗斯这对动画-编程双子星也一同参加。史蒂夫·乔布斯也来了，想要一探卡岑伯格的底细。

会议由卡岑伯格主持。他一上来就语出惊人，"我曾经想把约翰挖走，但他十分忠诚，拒绝离开你们"。我们对此一无所知。约翰并没有给我们透过风。"因此，为了他的才华，迪士尼将和皮克斯共同制作这部电影。"随后，卡岑伯格继续说："约翰，我知道你把我当成暴君。所以今天咱们这么办：我一会儿就离开这间屋子，史蒂夫也出去。然后请你们在这里随便讨论，提出各种尖锐问题。我为人究竟如何，迪士尼环境到底怎样，应该会越辩越明的。"会议的确是这样开的。约翰与迪士尼的各位动画师和导演的交流格外深入，聊了一整个下午。

最后，在离开迪士尼走回车上的那一小段距离里，我和约翰并排走在所有人前面。"你感觉怎样？"我紧张地问道。"我能跟他们合作。"约翰答道。在那一刻我就知道，达成协议的全部障碍已经一扫而空。不少事项还有待协商和确认，但合作的道路已然畅通无阻。

但我不得不离开。我必须远离史蒂夫·乔布斯。大约一年前，他曾经以一种欺凌的暴君般姿态攻击我，造成了臭名昭著的"白板事件"①。瓦尔特·艾萨克森（Walter Isaacson）写的《乔布斯传》（Steve Jobs）里对此事一笔带过。[50]

现在，长达 15 年的数字电影之梦终于见到了曙光，我可以放心地离开皮克斯了。与皮克斯告别后我创办了一家新公司，阿尔塔米拉软件公司（得名于阿尔塔米拉岩洞，又是一个西班牙语名字）。这家公司主打像素编辑产品，卖点是基于阿尔法通道的相关技术。这款产品在 1994 年投放市场，几个月后公司被微软收购。

埃德·卡特穆尔在 1991 年 7 月与迪士尼达成了电影合作协议。大家为此在皮克斯开香槟庆祝。我的办公室一直保留到了当年 9 月，我得以见证了这激动人心的时刻。[51]

第一部数字电影：《玩具总动员》

终于，它来了！在接下来的 4 年里，皮克斯工作室在迪士尼的协助下完成了史上第一部数字电影，并在 1995 年首映。此时，距离这个团队在纽约理工学院组建已经过去了 20 年，距离他们加盟卢卡斯影业、开始发展壮大也过去了 15 年。皮克斯的创立也是 10 年前的事了。《玩具总动员》这部影片凝聚了大量的技术创新和艺术创意，它们都来自我们在前面的章节中见过的那些人。数十年中，他们各凭才智，为共同的事业添砖加瓦、登峰造极。这部影片标志着数字大融合时代的到来。作为数字光学中数字电影分支的集大成者，影片中应用的各种技术很快也将影响到其他分支，例如电子游戏和虚拟现实。在短短几年里，三维动画技术将彻底取代二维赛璐珞动画。数字光学远远不只是"来到"了这个世界上——它征服了世界。

《玩具总动员》几乎一杀青就取得了爆炸性的成功。皮克斯和迪士尼在纽

---

① 详见《乔布斯传》。乔布斯在开会时十分在意对演示白板的控制权，在一次皮克斯董事会议上，乔布斯批评皮克斯的电路板制作进度滞后，史密斯指出当时 NeXT 也面临相同的情况，两人因此发生争执，史密斯抢过笔，开始在白板上写画，乔布斯随即离场。编者注。

约为影评人举办了试映，反响相当狂热。

见证这一切的乔布斯走出了精彩的一步棋，在挽救自己商业声誉的同时赚得了数以十亿计的财富。他决定让皮克斯上市，而为他背书的不过是公司通过《玩具总动员》展现的巨大潜力。皮克斯账面上的现金极为有限，仅有的资金来自并不成功的硬件业务、微软对我的阿尔塔米拉公司的收购、微软和硅图公司（Silicon Graphics）为动态模糊技术支付的专利费。硅图是吉姆·克拉克创办的第一家公司。1995 年 11 月 29 日，皮克斯开始公开募股。这次募股进行得十分顺利，成了那一年规模最大的一次，甚至超过了吉姆·克拉克的第二家公司，网景。[52]

关于皮克斯自《玩具总动员》推出以降收获的巨大成功，外界已经留下过无数笔墨，在此，我只稍做补充。在世纪之交，皮克斯又制作了三部成功的数字电影：《虫虫危机》(A Bug's Life, 1998)、《玩具总动员 2》(Toy Story 2, 1999) 和《怪兽电力公司》(2001)。在本书写作之际（2020），皮克斯已经制作了 23 部数字电影。迪士尼在 2006 年以 70 亿美元的价格买下了这家公司（终于！）。这个价格十分惊人。须知他们本可以在 20 世纪 70 年代免费接收我们的团队，那时我们卑躬屈膝地想要加入；或者在 20 世纪 80 年代中期花 1,000 万收购，那时乔布斯只是我们的备选；又或者在 20 世纪 80 年代末花 5,000 万买下我们，那时乔布斯急着出售公司，在回笼资金的同时挽回些颜面。

太平洋影像公司、梦工厂与《小蚁雄兵》

太平洋影像公司以极小的规模起步。他们不是第一家计算机图形学公司，但他们是 20 世纪 70 年代末和 80 年代初创办的那一批公司中存活最久的。他们使用的设备都是现成的大路货，从没有犯过豪购或租用超级计算机的错误。他们的长寿秘诀是数以百计的电视图像产品，例如飞来飞去的商标。1985 年，PDI 提出了数字电影的构想，但没能筹措到足够的资金。这并不算意外，因为我们已经通过美猴王项目的失败解读出当时时机尚未成熟。但这意味着皮克斯或许应该把他们也当作第一部数字电影之路上的竞争对手。

PDI 在 20 世纪 80 年代末推出了几部短片，与皮克斯的几件珍宝几乎同时面世。PDI 的珍宝包括《工业之歌》（*Opéra Industriel*，1986）、《燃烧的爱》（*Burning Love*，1988）》和《动力火车》（*Locomotion*，1989）。[53]

舍不得放弃制作电影的念头，PDI 在 1991 年成立了一个角色动画小组，为数字电影打磨技术、招揽动画师。动画师埃里克·达奈尔（Eric Darnell）刚刚从加州艺术学院毕业就加入了他们，加州艺术学院就是由迪士尼建立、培养出了约翰·拉赛特和布拉德·伯德的学校（尽管达奈尔的专业是实验动画而非角色动画）。很快，他就创作了属于自己的珍宝，《气体星球》（*Gas Planet*，1992）。[54]

1994 年，杰弗里·卡岑伯格在与公司主席迈克尔·艾斯纳（Michael Eisner）和华特的侄儿罗伊·E. 迪士尼的权力斗争中落败，离开了迪士尼公司。随后，他和史蒂文·斯皮尔伯格还有大卫·格芬（David Geffen）在 1994 年末一起创办了梦工厂 SKG（DreamWorks SKG，SKG 是三人姓氏的首字母）。他们的资金主要来自微软的联合创始人保罗·艾伦（Paul Allen）的投资。

梦工厂 SKG 在 1995 年买下了 PDI 公司的大部分非核心业务，获得了新的名称"PDI/梦工厂"，随后又更名为"梦工厂动画"（DreamWorks Animation）。PDI 的非核心业务成了梦工厂的主业。接下来，我就用梦工厂这个名字指代这家公司。1998 年 10 月 2 日，梦工厂推出了它的第一部数字电影《小蚁雄兵》（*Antz*）。埃里克·达奈尔是这部影片的联合导演之一。[55]

《小蚁雄兵》之后，埃里克又担任了梦工厂的第二部数字电影《怪物史莱克》（*Shrek*，2001）的编剧。2001 年，奥斯卡新设立了最佳动画长片奖项，《怪物史莱克》成为第一部获此殊荣的数字电影。它击败的是皮克斯的《怪兽电力公司》。

本书成稿之际（2020），梦工厂已推出了许多部数字电影，包括 4 部《马达加斯加》（*Madagascar*）、5 部《怪物史莱克》、6 部《功夫熊猫》（*Kung Fu Panda*）和 3 部《驯龙高手》（*How to Train Your Dragon*）。

PDI 和梦工厂值得更多的笔墨，可惜本章的长度实在有限。我讲述他们的故事是为了补充皮克斯的创业史。这个团队研发的众多技术都应当被树碑立传，团队成员的经历也值得分别讲述。MAGI 和蓝天也同样配得上这样的待遇。接下来，我就对他们的故事做简要的介绍。

MAGI、蓝天与《冰河世纪》

> 他们不断投入想象力来充实这部作品，终于，银幕上的角色呼之欲出。观众席与银幕之间的空间充满了一种身临其境的能量。从那一刻起，这能量就成了度量创造力的唯一标准，也成了我唯一关心的东西。
>
> ——克里斯·魏奇，《冰河世纪》导演，
> 谈及首映式上的观众 [56]

20 世纪 70 年代末，MAGI 和纽约理工学院的计算机图形学工作室同处纽约，直线距离约 20 英里，隔着纽约城相望。

作为 Celco 公司的顾问，卡尔·路德维希曾和纽约理工学院的大卫·迪弗朗切斯科合作。当时，大卫正在考虑购置一台 Celco 出品的电影录像机。MAGI 在与迪士尼合作《创》时使用的就是 Celco 录像机，并随即将路德维希挖走。他在 MAGI 的工作是改进 MAGI 的光线追踪软件。

克里斯·魏奇在《创》项目中担任 MAGI 的首席动画师。当时，他与迪士尼的约翰·拉赛特合作，在 1983 年完成了《野兽国》样片。拉赛特负责二维前景，魏奇负责三维背景。

1987 年 2 月，魏奇、路德维希和来自 MAGI 的另外四人在东海岸共同成立了蓝天工作室。那时，MAGI 已经关门大吉。这离埃德和我在 1986 年 2 月的西海岸创办皮克斯刚好一年。在创立之初的几年里，蓝天工作室靠着制作电视广告片和电影特效惨淡经营。

他们也制作出了属于自己的珍宝。最早的两件出自克里斯·魏奇的手笔。首先是动作电影《蟑螂总动员》（*Joe's Apartment*，1996）中一系列表现蟑螂的计算机动画镜头，出色的效果吸引 20 世纪福克斯在 1997 年收购了蓝天。

与此同时，魏奇正在准备他的第二件珍宝，一段名为《棕兔夫人》（*Bunny*，1998）的计算机动画短片。这部影片赢得了1998年奥斯卡最佳动画短片奖。蓝天已经为即将到来的大时代做好了准备。[57]

魏奇执导的《冰河世纪》是蓝天工作室在数字电影领域的首航，也是诸多成功之作的当头炮。在本书成稿之际（2020），蓝天工作室已推出13部数字电影，仅《冰河世纪》系列就出了5部。

正如我此前说过的，MAGI和蓝天值得更多的笔墨。但篇幅有限。事实就是，皮克斯、梦工厂和蓝天在新千年到来之际共襄盛举，不约而同地以推出各自的数字电影长片庆祝了数字大融合的到来。

在最后一章，我将再一次放眼整个数字光学领域。不要被第一部数字电影的耀眼光芒遮蔽了视线，我们需要重构整个数字光学的宏大版图。数字电影不过是其中的一个分支。

盘点

我们再对计算机图形学在第二加速期头30年里的历程做一次概括，从1967年最早的彩色像素到世纪之交的第一批数字电影。摩尔定律作为幕后的推动力贯穿了整个时期。摩尔系数从1965年的1暴涨至千禧年的10,000,000——整整7个数量级！彩色像素的出现拜它所赐，数字电影对它的需求有增无减。如果没有摩尔定律和它代表的工程学上辉煌的创新成果，一切故事都无从说起。

我们的讲述到新千年为止，各大计算机动画工作室刚刚要开始赚取数以十亿计的财富。对此之后的20年，我几乎没有提及。在这期间摩尔系数又增长了4个数量级，达到了100,000,000,000。这是仍在持续的产业革命和工作室的高企利润最根本的燃料。它让虚拟现实终于成为一项可行的技术。

相对于整个数字光学，数字电影不过是三千弱水中的一瓢。尽管如此，我们从电影中学到的许多经验教训在理解其他数字光学领域时仍然适用。例如虚拟现实技术说白了就是同时放映两部数字电影，各自显示给一只眼睛以实现立体效果。在此基础上加入互动，就出现了虚拟现实游戏。我们所知的关于建模、渲染、像素、显示、抗混叠、动画和中心法则的一切知识，都能够直接在各个领域之间套用。

本书许多章节的主题都由三部分构成：（1）一种思想；（2）催生它的混乱；（3）提供资金与场地的强权、暴君或金主。在本章里，驱动技术发展的核心思想就是"计算机能够制作动画长片"。催生了各种创新的混乱则来自摩尔定律的大爆发。理解这横跨 7 个数量级的剧变的唯一途径，就是亲自投身这股潮流，与之共同沉浮。

至于暴君和金主，皮克斯团队遇到的最早的一位是亚历山大·舒尔。他最先给筚路蓝缕的我们提供了优美的工作环境和先进的设备——当时世界上最好的设备。亚历大叔是后来闻名于世的皮克斯团队遇到的最怪异的赞助人。他是这些金主中的第一个——要么最勇敢，要么最疯狂，也是他们当中唯一失去一切的一个。随后是乔治·卢卡斯和史蒂夫·乔布斯，两人后来都挣得了数十亿身家。乔布斯的第一个十亿就直接来自对皮克斯的投资。还有第四位非正式的金主，罗伊·迪士尼。正如在电影与动画一章中提到的，他是华特的侄子。罗伊两次在关键时刻挺身而出，利用个人影响力帮团队渡过难关。最终，迪士尼公司将整个皮克斯纳入麾下。后者至今仍归前者所有，并仍然在为它创造数以十亿计的财富。

但我们最主要的赞助人史蒂夫·乔布斯，也同样是我们最大的暴君。是乔布斯提供的时间和金钱帮助我们度过了那地狱般的最后几年，直到成功地落实第一部数字电影的伟大想法，尽管他这么做的动机或许只是为了挽救他本人的自尊。

在《玩具总动员》的制作过程中，史蒂夫并未提供任何创意。拉尔夫·古根海姆最早在纽约理工学院时便与卢卡斯影业接触，后来成为《玩具总动员》的共同制片人。他在最近出版的一本书里这样说："我认为，从 1986 年到《玩具总动员》上映的 1995 年这 9 年间，乔布斯出现在我们大楼里的次数不超过

9 次——这绝不是夸大其词。"史蒂夫很喜欢约翰·拉赛特带着半成品样片去找他，这样他就有了对外的谈资。但正如我和埃德如果可以避免就绝不让史蒂夫进皮克斯大楼，拉赛特也从不请乔布斯出席皮克斯的剧情讨论会。当然，这无关紧要。史蒂夫那时忙于经营位于一个半小时路程之外的 NeXT，正被这家公司严重的财务问题搞得焦头烂额。[58]

但在关乎《玩具总动员》能否顺利完成的关键节点上，乔布斯出手不凡。他让皮克斯上市的这一操作堪称妙笔生花。公开募股中，乔布斯在他的营销故事里添油加醋地编出了他自己"参与创立皮克斯，并自始至终以 CEO 的身份参与经营"的神话。这种言论绝非事实，无据可依。在《玩具总动员》一炮而红的时候，乔布斯也设法确保站在聚光灯下的人是他自己，而不是埃德·卡特穆尔。[59]

关于解释

我并不指望读者在读完这些章节之后就能渲染出一部影片，但我的确期待我的讲述能减轻计算机电影制作过程的神秘感。这个过程的本质无非是：计算出每个像素位置上合适的平均色彩。当然，这种计算通常十分复杂。但它毕竟只是计算——一种精确定义的多步骤过程。这就是计算机的任务。它将对电影中数十万帧图像里的数百万个像素逐一重复这些计算。是了不起的增强性让如此惊人的大量计算步骤能在有限的时间内完成——对一部动画长片来说，这个时间是几个月到一年左右。

但人类所做贡献之中蕴含的至高的神秘感是我无法解释的：艺术家们刻画出性格鲜明的角色，编织成动人心弦的故事。动画师们通过几何图形为角色赋予生命。程序员们将数百万无意义的计算步骤组织为有意义的计算程序，将角色和故事渲染为电影图帧。工程师们改进着芯片技术，让摩尔系数一次又一次地再创新高。以上这些都是无法解释的、纯粹的人类创造力。

在接下来的最后一章里，我将再次强调此前介绍过的诸多技术进步过程中体现出的"思想－混乱－强权"结构。我还将从前面各章中再总结出几条具有普遍意义的经验和规律：简化叙事的不完备性，科学技术的谱系传承，彼此成就的奇妙流变，科技思想本质上的简洁性与美感，以及"魔法"的真实存在——至少在今天，我们对人类才华的了解还极为有限。

所谓"原典"（canon），指的是"一系列真实不虚的神圣书籍"。我希望我能从本书开始，构建一套属于数字光学的原典。它将基于神圣的事实，而非夸张的神话。这个任务从何时开始都不晚。毕竟，新的千年才刚刚开始了二十余载，而数字光学的未来浩荡无边。[60]

终章：数字大融合

在序言中，我承诺要解释图像是如何同它们的媒介相分离的——涂鸦野猪是怎样在数万年后跑出阿尔塔米拉洞穴的，雅克-路易·大卫笔下雄姿英发的拿破仑又是怎样骑着高头大马走下宫墙，来到您捧读的书页之中。

解释的关键在于一个很少有人真正理解的关键概念——像素。如今，它统治着整个视觉世界。像素进而引出了数字光学，一个以像素为介质的广阔领域。它的内涵如此丰富，以至于我在努力用一本书的篇幅忠实地反映其全貌的同时，不得不尽可能地删繁就简。出奇精密的像素则将数字光学的一切统一起来，使得概括这个领域中的各具体部分成为可能。

在这最后一章里，我将把镜头拉得足够远，重新全盘审视整个数字光学。我将讲述我们的故事在新千年到来后的20年里又发生了什么。在此期间，摩尔系数又增长了4个数量级，计算机的性能又提高了10,000倍——"定律"仍未失效。

革命仍在进行，而我将做一件"数量级"一词暗示不可能完成的事：预测到2025年，摩尔定律支配下的增强系数突破10,000亿倍之际会发生些什么。尽管不是无穷大，10,000亿这个数字还是大得让人无所适从。在并不算遥远的未来，等待着我们的会是什么？

但首先，让我们来回顾一些关键的基础技术要点。

图像与显像手段的分离

所谓数字光学，就是由像素来组成任何图像。这是一个非常广阔的范畴。它囊括了当今世界上几乎每一张图片。事实上，因为数字大爆炸的缘故，数字光学几乎包含了自古以来存在过的全部图像。但这只是不久以前的事，大约在 2000 年，也就是新千年前后——我将这个前所未有的重要事件称为"数字大融合"。所有媒介形式融合为一个通用的数字媒介，比特。图像与其显像手段的分离就此完成。但"融合"为什么同时也是"分离"呢？

答案就隐藏在像素——"图像元素"的简称——与"显像元件"的差别之中。将这两个迥然不同的概念相混淆，仍然是当今世界上最普遍的工程学误区之一。两者常常都被叫作"像素"，但不应如此。像素，是视觉场景在某一点位上的一个数字化样本。我们没法看见一个点，因而也就没法看见像素。我们能看见的、显示屏上的小小发光区域，则是对一个内隐的、无形的像素所做的模拟重构。我们将这样一个小光点称作显像元件。

像素是显像元件的输入值，其输出的则是模拟的彩色光信号。我们说，像素必须通过显像元件的展开才能被我们看见。许多个彩色的小光点——顺便一提，它们几乎不可能是正方形——叠加在一起，生成一幅平滑、连续的图像。

像素是离散的，颗粒状的，数字化的，不可见的。显像元件——展开后的像素——则发出平滑的、连续的、叠加的、模拟的，以及，不言而喻，可见的光亮。

像素是普适通用的，但显像元件远非普适。不同的设备，不同的制造商，都会导致显像元件不能通用。

像素表示图像，而在像素驱动下的显像元件显示这些图像。这就是图像与其显示手段的分离，它给现代图像世界带来了翻天覆地的变化……也让我不得不在本书中多次澄清像素与显像元件之间的差别。

当所有图像都能由像素表示后，人们对于其他形式的媒介便不再有需求。这就是数字大融合。就这样，数字像素与其模拟的显像手段之间的"分离"，使得许多种模拟媒介形式"融合"为了一种普适的、数字化的媒介。

像素的普适性就是数字大融合发生的根本原因。我可以从我的手机里提取任意像素传输给我的笔记本电脑、台式电脑、喷墨打印机、电视机，乃至任何一间旅店房间里的电视、我妻子的手机或电脑，或者任意一间教室里的投影仪……或者，我还可以通过互联网发送到您的设备上。所有这些设备的显像元件都不尽相同。但是，在任何情况下，像素都是一样的。

我的手机里有上千张图片，它们各自包含了数以百万计的像素。我想您的手机也是一样。显然，这些图像就在"里面"的什么地方，但您看不见它们。假如我想要调看某一张图片，那么，在一瞬间——几乎是立即——像素就被展开了。图像也通过像素的重构得以显示。

这完全拜采样定理所赐——它实在是一件数学瑰宝。在清晰度极高的情况下，整个过程仍旧能进行得如此迅速，这又来自摩尔定律的馈赠——一个工程学奇迹。

在世纪之交，图像的显示方式宿命般地悄无声息地发生了革命性的变化，成为如今这种模式。从此，假定我们能随时、随地、随意地调看像素就成了公认的标准——时间并不算长。我们手边总能找到某台显像设备，一个能解读通用媒介、让我们一饱眼福的东西永远触手可及。这就是数字大融合的意义。

作为数字图像之基本粒子的像素

但像素到底是什么？它们组成的离散阵列——布满尖钉的钉板，又是怎样精确表示一个平滑视场的？数字光学最基本的定理（或者说"真理"）给出了回答。那就是采样定理，由弗拉基米尔·科捷利尼科夫于 1933 年以完整的现代表述为我们呈现。他推导出的惊人的数学结论成为一切现代视觉媒介（和声学媒介）的基石。这条定理指出，要精确地表现一个视场，只需对其进行等间距的采样——位点排布如同钉板，其间距满足以下条件：样本的空间频率必须超过视场中最高傅立叶频率的两倍。

这条定理的抽象与不直观，或许就是大多数人还不知道何为像素的原因。且让我简要地讲解这条定理，在不失严谨的前提下对表达略做调整：像素是在视场中取得的（数字化）样本，其取样频率（至少）是视场里最高的傅立叶频率的两倍。只要您能理解后半句话里的条件，您不妨这样表述这条定理表述以便于记忆：像素，就是在视场中以两倍最高频率取得的一个样本。

这个定义和采样定理本身的关键，就在于"频率"二字。本书第一章的全部笔墨就用来解释何为（傅立叶）频率。约瑟夫·傅立叶的天才创见是：视场可以被表示为频率振幅各不相同的许多波动的叠加。这是音乐。大多数人都能理解，音乐由不同频率（音调）和振幅（响度）的声波调和而成。傅立叶告诉我们，视觉场景的本质也如出一辙。它是若干不同频率、不同振幅的彩色亮度波的叠加。

我在苏格兰的一座城堡里写作本书最后一章。附近小店里销售的一包薯片（图 9.1），恰好能帮您更直观地理解瓦楞形状与波动的关系。且听我道来。

一列亮度波可以被画成一块巨大的波纹钢板，或者一片瓦楞状的薯片。其频率就是形状在空间中上下起伏得有多快（例如，一英寸宽的薯片有四道沟垄），其振幅是瓦楞的最大高度（亮度）。令人惊讶的是，若干片有着不同起伏频率和亮度高低的瓦楞形状相互叠加，就能得到一幅图片，无论图中是您的孩子、宠物，还是大峡谷、银河，都不成问题。亮度波是空间波动，响度波是时间波动，但两者的数学模型别无二致。这就是傅立叶教给我们的。

我希望您能开始看见视觉世界的音乐性结构了——也就是其频率。频率无处不在，这很快就能成为您看世界的新方式。

傅立叶的思想是将模拟视场以另一种模拟的方式表示。科捷利尼科夫的思想则是用数字化的方式来表现模拟视场。他的采样定理从傅立叶出发，告诉

终章：数字大融合

图 9.1

我们在此基础上应当如何采取像素，如何在我们想要的时候从这些像素中看见原始的视觉场景。是采样定理让像素定义的后半部分——两倍的傅立叶频率——变得如此重要。本书的第二章就详细介绍了这种魔法的原理，将第一章中的傅立叶波付诸应用。

第二章的另一个目的是说明数字手段并不弱于模拟手段。采取样本似乎意味着丢失了各个样本之间无穷多的信息——数字化因而仅仅是一种近似。但事实并非如此。只要正确地应用采样定理，就能证明数字化的过程没有丢失任何东西。相反，这是一种将"无穷"重新分装的绝妙操作。

计算：数字光学的根本

数字光学的半壁江山——绘制图像而非采取图像的那部分——根植于计算机。因此，我在第三章里介绍了数字光学的第三大基础性概念：计算，以及让计算加速、令数字动画成为可能的机器——计算机。

计算的核心概念不难理解：计算过程就是由一系列简单的小步骤组合完成的精确过程。但这平平无奇的陈述句却大有乾坤。这个定义的内涵极其丰富。

年轻的剑桥学生阿兰·图灵在 1936 年首先完全掌握了计算的概念，为它命名，并发现了其中的惊喜。在他以前，已有不少先贤窥见了计算之中蕴含的无限可能——莱布尼兹[①]、巴贝奇[②]、洛芙蕾斯[③]，但最终完整提出计算理论的还是天才的图灵。他利用一台简单的机器解决了一个数学难题——所谓的 e 问题。他的机器如今被称作"图灵机"，在全世界范围内引发了翻天覆地的变化。这台纸片做成的"机器"是如此简单，以至于图灵的导师马克斯·纽曼第一次看见它时竟误以为它是个玩具。

---

① 即戈特弗里德·威廉·莱布尼茨（Gottfried Wilhelm Leibniz），德国数学家。
② 即查尔斯·巴贝奇（Charles Babbage），英国数学家，发明了计算机雏形差分机和分析机。
③ 即艾达·洛芙蕾斯（Ada Lovelace），英国数学家，史上第一位程序员，曾协助巴贝奇设计分析机。

在第三章里，我用一张名片和一条纸带制作了一台图灵机，以说明其构造何其简单。它能在四种状态下"运行"，使用的算符列表中包含六个符号。仅此而已。但这台机器能计算世间一切可以计算的事物。这就是图灵伟大思想的一个例子：存在这样一台机器，但凡其他机器能够计算的事物它都能计算。我们称这样一台机器为"通用图灵机"。这就是孕育了现代计算理论的伟大思想，也是图灵超越其前辈学者之处。

图灵理论中的细节尤为重要。他证明了任何一台专用图灵机都能够被编码为一串符号。今天，我们称这种编码为"程序"，称程序的编写者为"码农"。图灵证明了，假如将一个程序以数据的形式存储于一台通用图灵机中，那么这台机器就能够模拟被编码为程序的通用图灵机。换言之，它将能够进行属于那台专用图灵机的计算。因此，只要简单地更换程序，通用图灵机就能够计算一切。图灵不仅第一次完整地表述了计算的概念，还发明了"存储程序计算机"。所有现代计算机都是通用存储程序计算机。它们仍采用图灵的原理，但速度已然大大提高。

在继续深入之前，我想强调一下计算概念的神奇之处。尽管在今天看来寻常无奇，但它实际上蕴含了有史以来最为深刻的思想之一。图灵的思想是如此宏大，它凌驾于一切已知的具体执行精确过程的手段之上。换句话说，计算机是人类创造的最为通用的工具。它能执行的计算数量超越了人类的认知极限。没人发现过哪怕一个不能被存储程序计算机执行的精确过程。因此，在约 80 年的实践之后，我们确信，"精确过程"与"计算"这两个概念完全等价。

人们有时认为计算机是一台干练、生硬、循规蹈矩、十分复杂的数字处理机器。这样一台机器似乎与细腻、神秘、艺术、优雅、智慧等概念绝缘。人们对"计算机能绘制的图像类型"总是怀有偏见。这也就是为什么在第三章里，我破除了五大迷思，以揭示真正的计算之美。

第一，计算并非仅关乎数字。它的本质是对模式的处理。具体来说，数字本身是一种我们经常处理的模式，但把计算机当作专用的数字机器就大错特错了。人们认为，计算机由 0 和 1 构成，因此它本质上必然是一台处理数字的机器。但事实上，计算机里没有 0 和 1，它们只是两种状态的名称，在现代计算机里这通常意味着两种电压。我们完全可以叫它们"马特和杰夫"①。计算机对不同状态的模式进行转换，它不做算术。

其次，计算机也并非只由（有着 0 和 1 两种状态的）"比特"构成。我们"运行"过的名片机就包含了四种状态，而不是两种。它是一台四元机器，而不是二元。这些状态分别对应名片的不同摆放方向，而不是数字。但是，正如我在第四章中介绍的，现代计算机确实都由比特构成。这种构造为我们带来了非凡的运算速度——这是计算机名为"增强性"的第二奇迹——却并非必需。

第三，计算机不一定要插电。同样出于我们对速度的不竭需求，电子计算机统一了天下。与选择比特构型的原因类似，电子化的设计让强劲的增强性成为可能。但这同样不是必需。

计算机的运作方式的确按部就班，但这并不意味着它就是僵化无趣的。确定性或许是计算概念中受到误解最深的部分。我将图灵的发现表述如下：局部的确定性不一定带来整体的确定性。诚然，计算机运行的每个小步骤都简单而机械。但我们不一定能够预测或者说"事先确定"某次运算将得到何种结果。一般来说，计算的结果是无法预测的，尽管构成它的每一个步骤都绝对确定。通常，确知计算结果的唯一方法就是实际运行它。

通常情况下，澄清这一点不会对数字光学产生影响——我们往往知道我们的计算将具体执行何种操作，但这对于正确理解计算的概念很有必要。认为计算机僵化且按部就班的偏见对计算来说并不公平。某些人认为，僵化和确定性让计算机不可能成为人脑模型，但科学家们正在人工智能领域开疆拓土——这个概念同样由图灵首先提出。对这个问题的总结与上一段类似：确知人类未来行为的唯一方法，就是静观他们生活。

第五条也是最后一条误解，就是计算机的复杂性。实际上，它们只是以极快的速度完成许多简单的步骤。计算机进行的每一步计算都十分简单且没有意

---

① 原文为 Mutt and Jeff，英文俚语，意为"一对傻瓜"。

义,比如"将比特向左(或右)平移一位"。这里面的确蕴含着复杂性的谜团,但它并不能算计算机本身的复杂性。我们无法解释的其实是创造出列有千百万条简单步骤的清单以完成电影制作之类有意义任务的人类头脑。毋宁说,真正的复杂性——甚至谜团——其实蕴藏在人类的创造力之中。

在数字光学发展早期,这些误会让人们以为计算机能制作的图像类型将十分有限。比如,最早人们认为计算机只能生成马赛克图像,或者计算机动画中的物体永远只能沿着直线运动。但这些限制其实不存在。有着细腻动态和复杂情感的拟人角色早已被计算出来,并登上了大银幕。

理解这些关于计算与计算机的基础思想,为我们提供了足够的结构去呈现整个枝繁叶茂的数字光学体系,也有助于我们解读本书中涉及或未涉及的众多发展脉络。

数字光学的千姿百态

区别之一:摄取 vs 创制,拍摄 vs 计算

> 建构:指出区别所在。
> 内容:称之为第一个区别。
>
> ——G. 斯宾塞·布朗(G. Spencer Brown),
> 《形式律》(*Laws of Form*)[1]

数字光学世界中的第一个区别,在于像素的来源。假如它是现实世界的一个样本,我们称之为"摄取而成"。通过对现实世界采取样本并加以数字化,我们摄取像素。数码相机就是一种常用的像素摄取工具——比如您手机里就有一个。我们说,这一类像素是"拍摄"出来的。当我们拍摄静物照片、截取屏幕或录制视频(在对空间采样的同时也对时间采样)时,我们就是在从现实世界摄取像素。

假如像素从无到有凭空出现，我们便称之为"创制而成"。创制像素的一般手段是在数字计算机上运行计算，并用计算结果填充图像中的像素位点。我们算出的像素与现实世界之间并无必然联系。事实上，这类像素更多时候与幻想世界相关。

"摄取"与"创制"二者之间的区别就是"分析"（analytic）与"合成"（synthetic）的区别。"拍摄"与"计算"的区别也是如此。

这第一大差异让广袤的数字光学领域一分为二。分析的一半有着许多名字，我们一般称之为"图像处理"。类似地，合成的一半通常被叫作"计算机图形学"。这两个领域中最早的学术期刊的确分别以《图像处理》和《计算机图形学》作为刊名。务实起见，本书主要讨论计算机图形学。除了偶尔提及，行文中完全忽略了图像处理的一半。为了直观地理解数字光学本身涵盖的范围之广，我们举几个来自被忽略的那一半的例子：您的手机拍摄的照片，为宠物或小孩拍摄的录像，火星车和空间站的一切影像，龙卷风和极端天气的视频，所有由真人出演的电影，所有的电视新闻节目（动画广告片和电视台标志除外），间谍卫星影像，现代汽车倒车时行车记录仪中的影像，等等。这一切都是数字光学中分析派的应用实例。

但这些分析手段摄取的像素与另一半的合成（创制）像素遵循着相同的规则。傅立叶的频率思想、科捷利尼科夫的采样定理仍然生效。像素与显像元件之间的差别也仍然存在。图像文件的格式没有变，显像设备也没有变。像素还是像素。数字光学是一个整体，改变的不过是获取有含义的比特以填充像素位的方法。假如您理解了像素的工作原理，您就对整个数字光学有了把握。

区别之二：物体 vs 图像

由于本书篇幅有限，我不得不在介绍计算机图形学领域时做进一步的取舍。这第二个区别来自目的。假如我们的主要目的是在现实世界中生成一个物体——比如汽车、房屋或电饼铛，我们就将这种计算机图形学技术称为"计算机辅助设计"。假如我们的目的是图像而非实物，那我们就进入了图像导向的计算机图形学世界（在不会引起混淆时也被直接称为计算机图形学）。

正如我在第六章中描述的，计算机辅助设计与图像导向的计算机图形学这两个领域的历史彼此纠缠。在介绍了两者共同的早期发展史之后，我没有在本书中继续深入讲解计算机辅助设计。但是，一如既往地，本书中关于像素的一切都同样适用于计算机辅助设计中的像素。

区别之三：实时 vs 非实时，互动 vs 非互动

一个随时间变化的视觉场景被称为"视觉流"。那是一种平滑的模拟式流动，因而可以成为傅立叶方法与科捷利尼科夫方法的应用对象。因而，我们能够在时间和空间双重维度中对其进行采样。我们非常熟悉常规的时间样本：电影和电视中的"图帧"。

本书中贯穿整个数字光学历史的一条叙事主线，就是图像导向的计算机图形学中非实时分支的发展。因此，正确定义"实时"的概念显得尤为重要。为此，我们需要明确两个事实。

首先，在随时变化的视觉流中，下一帧图像是在当前一帧图像显示的时间——也就是前后两个时间样本的间隔——内计算出来的。这样的计算需要非常快速，才能及时渲染出下一帧——比如，实时数字视频的图帧计算时间仅有六十分之一秒。这个时间与现实世界中的时间一致。现实时间的实时计算机图形学最普遍的应用就是电子游戏。我将在后文进一步展开讨论。

其次，实时图像的图帧切换需要足够快。对与之互动的用户而言，这种变换几乎是瞬时完成的。一个简单例子就是光标。用户在桌面上移动鼠标或在触控板上移动手指的同时也在看屏幕上的光标。实时图像必须快到足以让我们相信，平面上的光标就是与鼠标或手指相连的。它会完全随着用户的操控执行动作。假如用户不动，计算机就不进行图像运算。互动式实时计算机图形学的一大常见应用就是手机、平板和各式电脑上几乎所有应用软件的用户界面，以及 Windows 和 MacOS 这类操作系统本身。自然，这些界面全都属于数字光学中合成的那一半。

数字电影是本书的主要讨论对象。它属于非实时计算机图形学的范畴。这意味着创制图像的计算时间可以尽可能地长。假如实时计算电影，每一帧的计算时间只有不到二十四分之一秒。而整部电影一般长达 90 分钟。在今天的电影业，皮克斯需要花费数月去计算一部电影，单一图帧的计算时间都高达 30 小时。一年约有 50 万分钟。实时计算电影意味着要将一年的计算量压缩到 90 分钟以内，这需要将当下的算力再提高四个数量级——也就是 10,000 倍。假设摩尔定律将持续生效——这个前提本身就非常值得商榷，我们有望在 2040 年左右看上实时电影。

但另一方面，今天计算机的速度足以实时生成图片了。许多现代电子游戏正是这样做的。此外，它们还能根据游戏玩家的输入更改计算内容。因此，这些游戏结合了"现实时间"与"互动式"两种实时方式。这些图像的逼真与复杂程度都不能与电影相比，但两者之间的唯一区别其实只是算力驱动的大小。重点在于，尽管没有对其发展历史详加讨论，本书关于电影的一切也可以应用于电子游戏。

思想 - 混乱 - 强权的三一律

在本书中关于科技进展的故事里，思想-混乱-强权的三足鼎立反复出现，好似古典音乐里的主题和弦。我们首先在第一部分"三大基础思想"的章节中了解了这种结构，此处它们三者总是作用于同一个人。此外，还有第二条规律，即为人们所知的科技发展史往往另有隐情。在随后的章节里，我们在介绍其他技术及其发明群体时，这两条规律总是反复应验。

傅立叶的波动

故事从法国大革命开始。主人公名叫约瑟夫·傅立叶。在他的故事里，"思想"是傅立叶提出的伟大洞见：世界即音乐。他经历的"混乱"是法国大革命，是后半生与帝王的纠缠。"强权"拿破仑将傅立叶流放到了偏远的格勒诺布尔，却无意中为他提供了自由发展他的革命性创想的空间。

科捷利尼科夫的样本

在第一部分的第二章里，我们认识了一位对大多数美国人来说十分陌生的俄罗斯科学家：弗拉基米尔·科捷利尼科夫。他继承了傅立叶的伟大思想，并加以发展：了不起的采样定理细腻而优美，使数字光学成为可能。

此处，"思想"是科捷利尼科夫的采样理论。他指出，平滑而连续的模拟信号能够通过离散的样本精确地表示。他的"混乱"，是祖国俄罗斯经历的一系列战争——俄国革命与内战、两次世界大战和冷战。他的"强权"，是斯大林的接班人马林科夫、克格勃的贝利亚、古拉格劳改制度。科捷利尼科夫的女保护人瓦莱里娅·戈卢布佐娃，马林科夫的妻子，在自己掌管的大学里为科捷利尼科夫保留了一席之地，并在混乱中一再为他提供保护。

采样定理的确是由科捷利尼科夫提出的。美国人认为——在我接受的教育中——这个定律归功于克劳德·香农和哈里·奈奎斯特，但香农从未居功，而奈奎斯特从来没有真正地给出定理的表述。这样我们可以发现，那些代代相传的科技故事往往错误百出，却不妨碍公众照单全收。在这个案例里，这种错误几乎完全来自民族主义，或者更宽泛地说，来自政治。在冷战中的美国，这样一条重要的定理怎么可能归功于一个苏联共产党人？！仔细研究各项技术的真正历史，不仅能破除迷思，还能解释那些"错版"故事为何出现。

图灵的计算

数字光学的第三大基础思想，来自数字世界著名的同性恋殉难者阿兰·图灵。图灵一手创造了存储程序计算机、计算、编程等重要概念。他的"混乱"来自二战，"强权"则是英国的《官方机密法案》。后者使他在因性取向遭受迫害入狱时，也不能说出自己拯救祖国的功绩。（错误有时也会得到纠正。2021年发行的英国新版 50 英镑纸币上印着的就是图灵的形象。）

图灵的故事与约翰·冯·诺依曼恰好相反。强尼的非凡才华让他能够理解并欣赏图灵的成就——存储程序计算机的非凡意义。当时世界上这样的人屈指可数。他也为硬件计算机的发明贡献了自己的力量——这为图灵的思想插上了翅膀。诺依曼提出的简单构型在数十年中一直统治着计算机工程界。

图灵发明了编程的概念，冯·诺依曼则为它命名。他们都注意到，对计算来说，编程或者说软件才是真正的挑战，而不是硬件。

两项高端技术和主流历史叙事中的谬误

计算机和电影这两项技术带来了数字光学。在本书的第二部分，我们关注两项与之相关的技术：数字光学之于计算机，动画之于电影。计算机对数字光学的重要性显而易见，我们在这门学科诞生之初就能看出来。但电影同样为数字光学、特别是数字电影做出了结构和术语方面的重要贡献。更关键的是，电影与数字光学都基于同一个理论来源：伟大的采样思想。电影将采样从空间维度拓展到了时间，并进一步证明了采样理论作为现代世界中一项核心技术的重要性。一个理论解释了一切。

这两项高端技术各自体现了"主流历史叙事常常出错"的规律，它们彼此纠缠的发展历史也勾画出"思想-混乱-强权"的三一律，只不过是作用在某个群体而非个人身上。

计算机与数字光学

图灵发明的计算机有一大缺陷：它慢得令人抓狂。图灵的机器也能计算出皮克斯的《玩具总动员》，但可能要花上比宇宙寿命还长的时间。因此，图灵开启了一个制造电子版本通用存储程序计算机的项目，以期为计算提速。他摸索出了一条在今天已成金科玉律的准则：要想让软件更快，就把它做进硬件里。换言之，不考虑速度差异的话，硬件与软件在本质上是等价的。我在此强调这一点是因为，当代的历史学家们仍然将存储程序计算机的发明记在了20世纪40年代末的硬件工程师们名下。事实上，图灵早在1936年就在他那篇著名的论文里描述了这个概念。正如我在第三章中画的草图所表明的，这个概念是他关于普适性的证明的核心。

我们今天所说的"计算机"一词，准确来说是指电子存储程序计算机。20世纪40年代，图灵暂停了数学理论的研究，加入了王牌测试机项目，意在打造史上第一台这样的计算机。他没能成功，我在第四章里详述了原因。但另有他人继续着这项工作。竞赛已然打响。美英两国的几个团队都争先恐后地开始研制世界上最早的一批计算机。

我们现在清楚地知道，许多自称的"第一台计算机"都不达标。再一次，大众熟知的历史出了错。第一台计算机显然不是美国的埃尼阿克，因为它不是存储程序式的；也不是英国更早的"巨人机"，理由与前者一样。在仔细地明确计算机的定义后，我们能列出约10台最早的计算机。按照"电子化"和"存储程序式"两条标准，英国曼彻斯特的"婴儿机"才是史上第一。它胜出的理由在于它成功实现了电子内存。内存设备与婴儿机本身都出自英国工程师弗雷迪·威廉姆斯和汤姆·基尔伯恩之手，他们的关键突破是发明了被叫作"威廉姆斯管"的装置。图灵很快加入了婴儿机团队，但他本人没有参与这台机器的设计或制造。

与此同时，天才约翰·冯·诺依曼正在努力研发美国的计算机。他的团队与RCA实验室的弗拉基米尔·兹沃里金的团队合作（后者已经因发明电视而闻名于世），共同研发了一台电子存储设备。但兹沃里金团队没能及时实现目标。冯·诺依曼听闻了婴儿机的存储方案——威廉姆斯管，马上就采用了它。

冯·诺依曼仔细分析了他能找到的每一台计算机和准计算机。他注意到，只需要增加一些简单的硬件，就能够把埃尼阿克升级为一台存储程序计算机。我为这台升级后的新机型取名为埃尼阿克＋。如前文所述，埃尼阿克＋的"第一"头衔能够在学术上找到证据支持。它与婴儿机的诞生前后相差不过几周，具体日期则因记录不同至今仍是历史学家们争论的课题。

在本书中，我主要将笔墨花在了婴儿机上，因为它显示了最早的像素。威廉姆斯管将比特存储在阴极射线管的表面，用横表示 1，用点表示 0。它们就是婴儿机的显像元件（或者说已展开的像素）。它们被排布在一个阵列之中。1947 年，基尔伯恩绘制了被我称为《黎明曙光》的那幅图像，不久之后婴儿机在 1948 年正式打造完成。

最早的像素恰好出现在最早的计算机上。出于这种巧合，第四章不仅是计算机的简史，还是早期数字光学的历史。在这一章，我开始引出本书的另一个主题：高科技的发展总是被过度简化为某个天才的功劳。只是简单介绍最早的那几台计算机，就需要画出一幅盘根错节的谱系图，以囊括所有贡献者的名字。

但这部计算机的历史，已经是本书中最接近"单枪匹马"的发明叙事的了。在图谱的最顶端是阿兰·图灵的名字。但图灵与第一台计算机"婴儿机"之间并不存在直接的联系。图谱的顶部还有冯·诺依曼和其他几人。这幅图谱标识的人物之间的互相影响几乎与时间顺序一致。它呈现出思想是如何一步步演进并影响到早期计算机的。总的来说，图灵发明了计算机——存储程序式计算机的概念，冯·诺依曼则提出了其具体构型，以便工程师们将图灵的思想落实到硬件中。事实上，尽管是在英国建造的，婴儿机也采用了冯·诺依曼的构型。冯·诺依曼本人领导的美国团队则采用了英国人的内存方案，威廉姆斯管，才有了埃德瓦克及其后代机型实现的一个个突破。

摩尔定律在第四章的登场带来了另一条在本书中不断出现的基本规律：计算机的各项性能每过五年便提高一个数量级。这种说法比通常的集成电路密度计算更能直观地体现摩尔定律的革命性意义。摩尔定律是数字革命背后超新星般的原动力。这条神秘的"定律"实际上测量的是一个由数千位极富创造力的个人组成的群体在竞争中优化一项技术时的终极速度，这种优化不受物理条件的限制，且总是能够获得支持自身发展的资金。

与此同时，图谱的模式让早期计算机历史中的国际合作与竞争都一目了然。同一图谱中也包含了数字光学早期发展的全部信息，因为那些突破正是在最早的计算机上完成的。这幅图谱中的一个分支衔接了第六章中的图谱，对本书有着特别的意义。这一分支由麻省理工学院的旋风机出发，通向了现代计算机图形学。许多数字光学的早期图像——包括或许是最早的动画，都是在这台机器上完成的。随后，我们沿着这一分支按图索骥，自然地展开了第七章及其图谱。

但在此之前，我介绍了另一项深刻影响了数字电影的高端技术。被这篇总结暂时遗漏的第五章讲述了传统的模拟式电影技术。

电影与动画

在准备本书的写作时，我失望地意识到，尽管有着超过50年的计算机电影制作经验，我却无法说出是谁发明了计算机，是谁发明了电影。我想恐怕没人能说清。我逐渐理解了技术史的叙述中存在着某种系统性的缺陷。我为两项技术给出了相同的解决方案：首先，仔细地下定义；其次，采用"代际沿革"的讲述方法，而非平铺直叙。

我已经在前文展现了以这种方法讨论早期计算机历史的效果。在仔细地给出"计算机"的定义后，许多问题迎刃而解。随着民族主义的叙述从不同发明家之间的互动历史中被排除，剩下的问题也消失了。我们最终得到的是一部清楚明晰的历史，包含了最重要的时间、地点和人物。让读者理解计算机发明过程核心的同时，它还讲述了数字光学史上若干重要突破的来龙去脉。自然，我不敢吹嘘尽善尽美，但我的确可以声称这种讲述方法为历史叙事留足了更正错误的余地。因此在第五章里，我也将这套办法用于讲述电影。

我与我的几乎所有采访对象一样，深信电影由托马斯·爱迪生、爱德华·迈布里奇或卢米埃尔兄弟发明，却无法指出到底是他们中的哪一个。严谨地说，他们都对发明过程做出了自己的贡献，但主流历史叙事忘记或者干脆忽略了某些人的名字。对美国的威廉·肯尼迪·劳里·狄克森和法国的乔治·德门尼来说格外如此。但他们也同样不是"孤胆英雄"。流变图谱记录下了这些发明者之间合作、剽窃和背叛的历史。爱迪生以暴君的形象出现，从他赞助的发明家们手中窃取了名声。迈布里奇则是一个绝佳的推销员，可他自己从未真正实现过他兜售的点子。传奇般的卢米埃尔兄弟则因他们干过的某些勾当坏了名声。发明电影的故事远比我想象过的任何情节复杂得多。

和计算机一样，我们也给出了"电影机"的明确定义——一个由摄影机、胶片和放映机共同组成的系统。发明三者之一并不等于发明了电影。这一章节的流变图谱表明，电影机的发展历程同样不是简单化的平铺直叙能概括的。严谨起见，大部分细节都必须保留。

技术上讲，第五章让我们能在"三维"中实践采样定理。这第三个维度就是时间，电影图帧是视觉流在时间维度上的样本。在开始写作这一章时，我自信能通过采样定理解释"电影为什么会动"。但我很快发现，这样解释并不完全正确。采样定理的确能让我们制作出完美的电影，但迄今为止也没有真正付诸实践。应用采样定理的电影工作原理应是"瞳孔之外"的，样本（图帧）的展开过程应该发生在光线进入人眼之前。

然而，当前的电影技术——甚至数字电影技术，都是将"连续的"图帧输入观众眼中。这种表现动态的方式依赖人脑的特殊机制，因而是"瞳孔之内"的。各帧独立的图像被视网膜接收后，是我们的大脑将它们重建为连续平滑的动态。我无意在此深究大脑的运行机制，但应当指出，存在证据表明这一过程与采样定理样本重构的原理有所关联。

第五章同样涵盖了动画发展史上重要的人物和技术——特别是角色动画。华特·迪士尼与常被忽视的阿布·艾沃克斯在这一章中登场。传统动画师们用到的挤压、拉伸、预判和夸张技巧直截了当地克服了采样方面的困难。尽管我在这个领域浸淫50年之久，仔细研究之下，早年的各种二维动画系统还是令我惊叹不已。在这些技术中，著名的赛璐珞动画法最终胜出，被现代动画业广泛采用。因此，"后来被称为皮克斯"的团队为迪士尼开发的计算机动画制作系统CAPS就采用了赛璐珞法——这是我们当时所知唯一的动画技术。

两大高端技术中的"思想－混乱－强权"

计算机

对计算机来说,伟大的"思想"无疑是图灵在 1936 年提出的存储程序计算机概念和通过硬件使其提速的思路。竞赛始于 20 世纪 40 年代初。催生了最早一批计算机的"混乱"是希特勒和纳粹德国的崛起,特别是对他们可能抢在美英两国之前造出原子弹的忧惧。事实上,在第一台计算机"婴儿机"诞生的 1948 年,希特勒与他的帝国都已然灰飞烟灭。但与苏联的冷战迅速取而代之,令人谈之色变的恐怖武器也从原子弹升级为了氢弹。混乱仍在继续。早期计算机的出现就是为了满足军用计算和爆炸模拟的需求。

影响了图灵和冯·诺依曼的"强权",则是英国和美国各自的国家机器和保密系统。值得一提的是,对于图灵的迫害,乃至于他的死亡,英国的《官方机密法案》难辞其咎。

电影

这项技术诞生的"思想"是向买了票的观众们实时复刻视觉流有利可图。这个点子本身就隐含了"以照片序列呈现视觉流"的方法。这项技术建立在 19 世纪中叶刚刚兴起的静物照相术之上,并在世纪末的 1895 年结出了第一批硕果。

电影的发展并没有受到外界混乱的驱动。它的"混乱"完全来自资本主义经济中各方势力对一个广阔的新兴市场的争夺。

"强权"的存在却毋庸置疑,至少对美国发明家们来说是如此。这个角色仿佛为托马斯·爱迪生量身定制。他建立了他那著名的实验室,将许多热情的年轻发明家招至麾下。他为他们提供了归属和激励。但问题在于,爱迪生将他们的发明全都占为己有,把名声与财富通通收入囊中。本书中最好的例子就是威廉·肯尼迪·劳里·狄克森。今天,狄克森的名字鲜为人知,但实际上他不仅为爱迪生造出了摄影机,为比沃格拉夫造出了放映机,还完善了至今被电影界奉为标准的 35 毫米胶片格式。

在法国这边，"强权"的表现没有那么赤裸裸。但在"卢米埃尔们兄友弟恭，一同发明了电影"这样无稽之谈的掩盖下，法国电影发明史上仍不缺少强权色彩。真实的故事是卢米埃尔兄弟不仅明争暗斗，还窃取了乔治·德门尼等人的想法，并最终在制定胶片标准一役中败给了狄克森。

电影中被称为"动画电影"的分支将影片中的时间与现实时间脱钩。最初的"思想"来自手绘图帧能形成视觉流的有趣现象。属于动画的"混乱"与电影类似，都来自资本主义市场中的竞争。"强权"的角色由华特·迪士尼本人扮演。作为一位贪婪的企业家，他有意无意地把自己塑造成了他公司的唯一缔造者和米老鼠的唯一发明人，或者至少让这种看法在公众心目中获得了未经修正的基础。

数字光学，初升闪耀

本书的第三部分着眼于数字光学本身。在第六章、第七章和第八章中，我通过以图像导向的计算机图形学为切入点，概述了摩尔定律提出前（第一加速期）后（第二加速期）的诸多技术创新。现在，让我们暂且回到第四章，回顾一下数字光学的黎明时刻。

重返黎明

像素第一次被显示出来，是在 70 多年前的 1947 年末。阴极射线管则当仁不让地构成了第一台显像设备。我称第一幅数字图像为《黎明曙光》。组成它的像素是我们认定的最早的像素，生成它们的则是最早的计算机——婴儿机。第四章同时讲述了像素与计算机的起源。关于计算机的部分，我已在前文做了总结。因此，现在我们将关注像素和图像。

在 20 世纪 40 年代末期诞生了若干数字图像，而 20 世纪 50 年代早期则见证了最早的互动游戏和动画的出现。在早期阶段，利用昂贵的计算机制作图像的行为一般被认为是不务正业，与原子弹计算的严肃性不可同日而语。但图像与机器相结合的趋势却势不可当。有了显像设备，人们就会制作图像——哪怕花上数百万美金。

"图像并非正经事"的观念最早转变于20世纪50年代初麻省理工学院的旋风机上。许多早期图像都诞生于这台机器，包括可能是最早的数字动画片和一批早期交互式游戏，以及最早的三维图像（尽管没有透视）。第四章和第六章中的流变图谱一脉相承，引领我们直达数字光学的勃兴时代。

兴起——未来的形状

我们以计算机图形学中最美丽的形状之一——样条——开启了第六章。这是一个优雅的图形，它一举粉碎了早年"计算机只能画出僵硬、粗糙、板滞、线性图像"的误解。样条的原理其实可以通过采样定理来解释！事实上，是反向的采样定理。这让我们接触到了另一位采样定理发明权的争夺者——英国人埃德蒙·泰勒·惠特克爵士。他的工作领先科捷利尼科夫18年之久。惠特克差点就得出了（反向的）采样定理，但这个"差点"让他无缘发明人的殊荣。

这是因为，惠特克与科捷利尼科夫不同的出发点让他忽略了这条定理的完备版本（工程师们称之为"带通"版本）中的一个关键要点。科捷利尼科夫的视角如下：现有一个连续且平滑的信号，通过采样将它表示为若干离散的样本；稍后，将样本重构为——也就是展开为初始的连续整体。而惠特克的视角与之相反：现有一组离散的数据点，找出一条穿过它们的、连续且平滑的曲线，从而精确地预测这些点位之间各点的位置。惠特克在现有数据点之间插值的技术与所谓的展开并叠加样本的操作完全一致。但与科捷利尼科夫还原初始曲线不同，惠特克所做的是构建或者说发明一条新的曲线。这条新曲线上点的位置对他来说意义重大，对曲线本身却并非如此——他关注的是数据，而非图形。

第六章的其他内容主要是关于如何利用三角形构建三维模型。我着重介绍了计算机图形学的几位开山鼻祖的故事。最早的玩家——包括史蒂文·库恩斯、皮埃尔·贝塞尔，和几乎被遗忘的保罗·德·卡斯特里奥——其实不太热衷图像本身。他们用计算机蚀刻木材和泡沫，或者计算汽车和机翼的实体。因此，严格来说他们应当是计算机辅助设计的先驱。但在发展之初，物体导向的计算机辅助设计和图像导向的计算机图形学实为一体。两者的出发点都是计算机内存中的几何模型。

计算机图形学技术的发展叙事通常只围绕伊万·萨瑟兰一个人展开，顺便纪念一下其他几位先驱者——比如用史蒂文·库恩斯命名该领域的最高奖项，或者用皮埃尔·贝塞尔命名某种线条。又一次，广为人知的故事漏洞百出。我尝试用另一张流变图谱来更可信、更完整地描绘这段历史，它与第四章中的图谱同样一脉相承。

我以这种叙述代替了广为流传的陈词滥调，后者声称计算机图形学起源于1962年萨瑟兰编写的《绘图板》程序，简单提及库恩斯和贝塞尔贡献的同时遗忘了来自汽车和飞机制造业的德·卡斯特里奥和另外三位逃出纳粹魔爪的先驱：被爱因斯坦拯救的赫布·弗里曼、被"儿童转移计划"拯救的伯特兰·赫尔佐格，以及马塞利·维恩，他父亲的名字出现在辛德勒的名单上。

伊万·萨瑟兰继续扮演着主角，领域开创者的荣誉却由包括他自己在内的三位麻省理工学院学生共同分享，另外两人是提姆·约翰逊和拉里·罗伯茨。萨瑟兰也的确为我们带来了《绘图板》，史上第一个交互式的二维图像渲染系统。大约与此同时，长得很像萨瑟兰的同学提姆·约翰逊完成了第一个三维的交互式图像渲染系统《绘图板三》——"三"是指三维，而不是版本编号。尽管通用汽车研发的三维 DAC-1 系统差不多同时问世，但《绘图板三》无疑才是最早的三维交互图像系统。凭借对透视画法的运用，《绘图板三》的表现也完胜DAC-1。这多亏了第三位同学拉里·罗伯茨提出的方法。这种方法沿用至今。

萨瑟兰、罗伯茨与来自 NASA 的罗伯特·泰勒一道，成为另一个全新机构 ARPA（也被称为 DARPA）的创始人。计算机图形学领域的许多早期资金都来自 NASA 和 ARPA。萨瑟兰随后与大卫·埃文斯一道创办了埃文斯萨瑟兰计算机图形学器材公司，后来建立了犹他大学驰名的计算机图形学系。行业内许多未来的领袖都在这个系接受训练。泰勒后来创办了著名的计算机实验室施乐帕克研究中心。罗伯茨则投身于互联网的起步研究。

本章的"思想"是计算机内部虚拟世界中的虚构模型能够被渲染为二维图像。这个时期的"混乱"是苏联核威慑与太空竞赛。"强权"则是国家安全系统。这一时期的辉煌成就完全来自对资本主义原则的彻底违背，只有这样美国才能更快地做好应对核打击的准备。海量金钱从 NASA 和 ARPA 两大机构的账上源源流出，完全不存在竞标。这是一场豪赌，但获利实在丰厚。收获之一就是数字光学的加速发展。两大机构分别做出了贡献——这一章（《未来的形状》）里是 ARPA，下一章（《含义之明暗》）里是 NASA。

塑造数字光学的另一大力量来自艺术界。数字光学奠基人们与艺术界联系密切，参与了著名的《赛博情缘》展览等活动。艺术与科技两大领域自此开始关注彼此，共同开辟了图像艺术的新思路。两者之间的联系一直延续到今天。

熠熠闪光——含义之明暗

第六章中的黑白线条勾勒进化为了第七章中的彩色曲面渲染——从形状到明暗。从 1967 年最早的彩色像素，到 20 世纪 70 年代末首次提出第一部数字电影的愿景，摩尔定律和第二加速期中计算机与集成电路推动增强性的爆炸性增长让色彩成为可能。一如既往，第七章中的流变图谱是前一章中图谱的延续。这一章的复杂性让我不得不将图谱画成三段，依次对应 1 倍、10 倍和 100 倍的摩尔系数。

第一阶段（摩尔系数 1 倍）的主题是最早的彩色像素的诞生。它们出现于何时何地？吉尼·扬布拉德在 1970 年所著的媒介艺术经典之作《扩延电影》意外为这个问题的解答提供了线索。孕育了彩色像素的温床竟然是阿波罗登月计划。我们发现，是通用电气的工程师罗德·罗日卢和鲍勃·舒马克在为 NASA 设计阿波罗登月模拟器时第一次渲染出像素。那是在 1967 年，他们的成功建立在摩尔定律带来的最早的红利之上。我们了解了"将几何体渲染为彩色像素"意味着什么，以及该如何实现这种操作。

第二阶段（摩尔系数 10 倍）涵盖了在施乐帕克研究中心、犹他大学和康奈尔大学出现的早期数字光学。犹他大学的计算机图形学系脱胎自 ARPA 及 NASA，康奈尔的团队则通过唐·格林伯格得到了通用电气罗日卢和舒马克的传承。施乐帕克研究中心推出了世界上最早的通用彩色像素和最早的完全抗混叠的像素渲染。但施乐的目的不在色彩。来自犹他和康奈尔的学生制作了第一批三维渲染的计算机动画——康奈尔的动画还是彩色的。在这一节里，我介绍了几种基本渲染技术：纹理映射、明暗模型、半透明等。

第三阶段（摩尔系数 100 倍）聚焦亚历山大·舒尔领导的位于长岛的纽约理工学院。舒尔自比华特·迪士尼转世，是第一位向数字电影提供大量资金的投资人。舒尔最终输掉了一切，但当来自犹他大学和施乐帕克的"毕业生"们投至麾下、组成了日后成为皮克斯的那个团队时，他也风光过一阵。这里诞生了制作第一部数字电影的愿景。我在这一节里解释了为什么制作二维动画比制作三维动画更难，还介绍了至关重要的阿尔法通道。

新千年与第一部数字电影

摩尔定律的持续爆发将我们带入了讲述新千年第一部数字电影的第八章——以及这部电影标志着的数字大融合的到来。我同样按照数量级分三个部分讲述了摩尔系数从 1,000 倍增长至 10,000,000 倍的过程。

第四部分（摩尔系数 1,000 倍）有关卢卡斯影业。这是乔治·卢卡斯在加州马林县创办的电影公司。纽约理工学院的团队见证了舒尔在《低音号塔比》上的失败，卢卡斯则作为制片人凭借特效里程碑电影《星球大战》大获成功。于是，当卢卡斯在 1980 年发出邀请时，团队的部分成员便愉快地前往加州与他共事。在那里，团队实现了大银幕的首秀，并招募了第一位出色的动画师。一家日本公司与团队接触，希望一同制作第一部数字电影。但是，美猴王计划没能落地，因为当时摩尔定律无法提供足够的算力。与玛霞·卢卡斯的离婚让乔治·卢卡斯无力继续维持团队，团队成员因此独立出去，成立了皮克斯工作室。在这一阶段，技术上的一大基础进步是从若干分散的渲染技术进步到一种内含无数渲染方法的语言——明暗着色语言的飞跃。另一突破则是动态模糊处理技术的成熟。这对于三维动画的实现非常关键。事实上，最早的三维角色动画就出现在这一时期。与卢卡斯影业的团队一样，太平洋影像公司和数学应用集团的团队也各自独立做出了角色动画。

第五阶段（摩尔系数 10,000—10,000,000 倍）的主题是制作最早的数字电影。夺得桂冠的是皮克斯。这家在 1986 年从卢卡斯影业独立出来的公司在 1995 年推出了《玩具总动员》。第二名是梦工厂动画，他们脱胎自太平洋影像公司，在 1998 年推出了《小蚁雄兵》。蓝天工作室位列第三，它的前身是数学应用集团，在 2002 年推出了《冰河世纪》。这三部电影是新千年五彩斑斓的注脚，也是数字大融合终于来临的标志。对应的流变图谱记录了这些早期数字工作室之间的渊源。

本书最后的"思想-混乱-强权"组合中，伟大的"思想"就是制作第一部数字电影的目标。推动它的"混乱"来自摩尔定律天翻地覆的巨大影响。"强权"有好几个，最典型的无疑是史蒂夫·乔布斯之于皮克斯。是他的钱让公司维持运作，但他后来将第一部数字电影的创意出处和大部分利润都据为己有，未免引人非议。出于自尊心，他支撑皮克斯度过了艰难岁月；但他并未如宣称的那般有着与我们相同的远见。他和典型的强权一样，在经济上为我们遮风挡雨，让我们存活并最终将远见化为现实。

中心法则

20 世纪 60 年代的计算机图形学界自然而然地应用了中心法则：三巨头中的提姆·约翰逊和拉里·罗伯茨在 1963 年就在《绘图板三》中应用了它，伊万·萨瑟兰也在 1968 年的头戴式显示器上将它付诸应用。最初，中心法则是这样表述的：图像应当来自三维中基于欧几里得几何的模型，并以文艺复兴式的透视法呈现。它之所以成为一条"法则"，并非出于计算机或计算本身的要求。从抽象的几何图案到表现主义的精细点彩，整个图像世界都是计算机的用武之地。尽管如此，计算图形学的发展仍然围绕中心法则展开。

20世纪60年代末，当彩色计算机图形学刚刚成为可能时，中心法则就悄然将牛顿物理学也纳入其中。这同样不是计算机的要求。这个完整的"和谐形态"就是今天的数字电影、虚拟现实、电子游戏、飞行模拟器……遵循的中心法则版本。其简明表述如下：

中心法则 = 欧几里得几何模型 + 文艺复兴透视画法 + 牛顿经典物理学

尽管极其简略，这个形式却蕴含了惊人的美妙创造力，自新千年以来的数字电影已然证明了这一点。但在中心法则之外，数字光学仍然有许多分支亟待探索。比如，自发展之初，绘图软件就是不遵循中心法则却承载了无穷创造力的数字光学工具。

请注意，在数字光学的分析和图像处理部分中，中心法则并不是"法则"，而是真实世界的规律。只是，它是我们在人类尺度上能做到的对现实世界最接近完美的建模。

还请注意，计算机辅助设计同样遵循中心法则。它设计的对象必须存在于现实世界，并经受牛顿物理学的测试。而计算机图形学与计算机辅助设计的共同渊源，意味着对图像导向的计算机图形学来说，中心法则同样是不言自明的。

计算机视觉技术的从业者们往往宣称，他们的工作与计算机图形学正相反。这是因为，我们的大脑利用通过瞳孔输入的二维信号建立起三维模型，从而感知事物。我们的大脑实际上在反向应用计算机图形学的中心法则。

后续

目前为止，我在本书终章总结了数字光学在新千年以前的发展历程。但自那以后，又过去了两个十年。仍在不断加速的摩尔定律为数字光学带来了更多惊人的进展。接下来的部分里，我将简述其中的几项重大突破。

中心法则在新千年的应用

根据来自用户的输入信号，比如头部位置，现代虚拟现实技术实时生成一对协同立体的图像——两眼各一幅，供用户在特制的眼镜中观看。实时进行海量运算绝非易事，这需要专门下功夫。正如那条经验之谈：要想让计算加速，就得设计专用的硬件。算法仍然没有改变，但硬件能让它的运行速度更快。换句话说，虚拟现实使用的技术与电影制作别无二致，但虚拟现实依赖专用的硬件。弄懂电影中的像素，虚拟现实中的像素便也能举一反三。而所谓硬件的辅助，有时可能只需要您的手机。（举例来说，2007年苹果手机iPhone问世，2008年安卓操作系统诞生。在万物更迭的宏大尺度中，这仿佛就发生在昨天。）

《含义之明暗》一章中的流变图谱自然而然地延展到虚拟现实部分。梦工厂的动画师埃里克·达内尔与CEO莫琳·范（Maureen Fan）在硅谷共同创立了虚拟现实公司"猴面包树工作室"（Baobab Studios）。这家公司的许多员工，比如CTO拉里·卡特勒（Larry Cutler），都曾在梦工厂或皮克斯供职。梦工厂的格伦·恩蒂斯、迪士尼的格伦·基恩和来自皮克斯的我本人都是猴面包树工作室的顾问。他们已经创作了好几部斩获大奖的虚拟现实角色动画。如今，许多视觉特效工作室和游戏公司都正和他们一样创作虚拟现实作品。

当前数字光学的另一热点是增强现实。这种技术实时地将人造图像与现实世界相结合。这是数字光学中"取"和"制"两大方向的统一。增强现实设备实时地创造出一个虚拟世界，并将它的像素与来自真实世界的像素融合起来，营造出一种全新的视觉体验。一个最简单的例子就是将虚拟场景与现实场景通过阿尔法通道直接叠加。现实世界成了衬托虚拟对象的二维背景。事实上，有时候现实场景都没有经过数字化。它只是简单地映入眼帘，以光学手段呼应着眼镜内显示的虚拟图像。

艺术家达西·杰巴格（Darcy Gerbarg）最近就在利用增强现实技术探索着数字光学的边界。她最主要的工具是谷歌公司的虚拟现实应用程序 Tilt Brush 和 Adobe 公司的经典二维像素软件 Photoshop。Tilt Brush 能让用户在三维空间中画出遵循中心法则的笔触。它绘制出的对象都是欧几里得式的几何模型，通过凹凸贴图呈现出画笔痕迹的效果；在牛顿物理学的支配下，它们投下阴影，以文艺复兴透视法映入用户眼中。达西通过她手机里的一个专用程序将这些虚拟现实笔触与来自现实世界的图像相结合。换言之，她移步换景地以不同视角观看三维虚拟现实笔触在二维手机图像中的投影。随后，她挑选所需的增强现实场景在 Photoshop 中加工，根据她自己的艺术创想改变其中的像素。她的作品以一种新颖而有力的方式将您带入二维空间，虽不完全遵循中心法则，但利用了中心法则（图 9.2）。[2]

当前，数字光学能达到的极限是一种更复杂的情形——通常被冠以"混合现实"（mixed reality, MR）之名，以强调其与增强现实的区别：计算机从现实世界中提取三维结构，令合成的虚拟世界更为逼真——比如一只虚拟动物

图 9.2 《波动带-TL2-205552D2eC2》（*Vibrant band-TL2-205552D2eC2*）© Darcy Gerbarg, 2018.

栩栩如生地在真实世界中的桌面上行走。这代表了我们大脑所做的事——计算机图形学的逆过程。当然，它同样服从中心法则。在增强现实中，真实和虚拟两个世界只在显像空间中融合；但在混合现实中，两者在创制层面就已经合而为一——两个世界的内部模型交织在了一起。

在我写作本书之际（2020），已经出现了几种实现混合现实的思路：微软正在研发 HoloLens 设备，Magic Leap 正在探索一种直达视网膜的方法。我们静待着它们和更多其他奇妙设备的成熟。借用本书中电影和动画的术语，这两种方案分别代表了"瞳孔之外"和"瞳孔之内"的技术路线。在这里，瞳孔象征着外在事物与我们头脑中内在世界之间的鸿沟。[3]

在我们等待的同时，关于混合现实的技术问题正层出不穷。现实世界的物体能遮蔽虚拟世界物体吗？它们投下的阴影呢？计算得出的物体能透过现实中的透明物体显示吗？真实世界的光源是否会影响虚拟物体的明暗着色？我在 2019 年西格拉夫会议上咨询的专家们告诉我，这些问题中的一部分已经有了答案，但仍然属于商业机密。两个世界真正的融合似乎是个令人却步的难题。这意味着摄取与创制、拍摄与计算的浑然一体，正向与反向计算机图形学在中心法则下的合二为一。这无疑是值得一整代计算机图形学家（也可能是神经科学家和科幻作家）为之献身的宏大课题——当然，还有艺术家。

作为众多的未来发展方向之一，一个新名词已经引起了我们的注意。那就是"扩延现实"（extended reality, XR）。它泛指现实环境与虚拟环境以任意形式混合叠加。

多元的创造力

1996 年，皮克斯团队获得了这一年的奥斯卡技术类奖项。多年来，他们屡次获此殊荣。技术奖与其他奥斯卡奖项一样，在另一场盛大的庆典中颁发——一样有礼服、豪车、影星、盛宴和限时的获奖感言。但是，这场颁奖礼没有电视转播，也没有红毯走秀。电影艺术与科学学院无可厚非地认为，广大观众对于烟雾氛围机或蛛网生成器——两项我现场见证的获奖技术——恐怕不会有太大兴趣。

这场庆典总会请一位影星来主持。1996 年的主持人是理查德·德雷福斯（Richard Dreyfuss）。在他扮演过的诸多角色中，最为著名的当属乔治·卢卡斯执导的电影《美国风情画》（*American Graffiti*）中的科特。埃德·卡特穆尔和我还有其他皮克斯人共坐一桌，等待领奖。几个月前，《玩具总动员》刚刚一炮而红。[4]

德雷福斯的开场白相当客套，大谈演员和技术人员彼此成就，以及这场非电视转播的奥斯卡典礼对演员们来说多么意义重大。他说："我们演员正和技术人员一起，携手向未来迈进。"可紧接着，他话锋一转，对着我们这一桌说："注意了，皮克斯同仁们：我是说'一起'！"观众席中发出一阵含蓄的窃笑。在座的演员们显然对我们的某些同行轻浮的调侃上心了，"是时候用模拟彻底取代演员了"。

2000 年，我受邀以此为题材——取代演员的可能性——为《科学美国人》杂志写一篇文章。我在文章里着重强调了人类具有的某种我们还无法解释的特殊性。[5]

在此，我称之为"创造力"。但这并非完全准确。我想表达的是图灵、傅立叶和科捷利尼科夫，程序员、工程师和建模专家，以及动画师和演员共同拥有的能力。

比如，图灵在发明计算和存储程序计算机时所做的工作，简直是横空出世。那是史上最伟大的创造力飞跃之一。这种创造力是技术的、理论的——来自象牙塔。科捷利尼科夫凭借同样的创造力提出了采样定理。傅立叶凭借它提出了作为科捷利尼科夫理论前提的波动创想。

这种能力也是程序员在编程时仰赖的。他们以此将一长串无意义的计算机指令编织成一个有意义的程序——比如《玩具总动员》的计算过程。这是工程的技术创造力，用我的话说它来自排气筒。这种创造力的另一个例子是摩尔定律描述的运算速度不断更新的计算机。再比如，通过几何与明暗着色语言打造出精致细腻的角色模型，也是这种创造力的体现。

当动画师为角色注入灵魂，令我们相信一堆三角形也具有意识与情感时，他们也在运用着创造力。这是艺术的创造力。演员们同样拥有这种能力。他们让观众觉得，在那副躯壳里存在着的是另一个完全不同的灵魂。事实上，演员和动画师认为他们使用的技巧其实完全一致。正如前文所述，皮克斯根据动画师的"演技"来决定是否雇用。

我在 2000 年写下的文字在 20 年后的今天仍不过时：我们并不知道该如何取代演员。但我们可以改变演员的外观。在银幕上呈现出的代替演员自身的形象被称作"化身"（avatar）"。我们能用一个逼真的化身来取代演员的银幕形象——哪怕在情感细腻的特写镜头中也不成问题。我们已经实现了这种操作。在 2008 年的影片《本杰明·巴顿奇事》（The Curious Case of Benjamin Button）中，某些镜头中出现的布拉德·皮特（Brad Pitt）就是他的化身——他本人外貌的数字化呈现。重点在于，这些化身是由著名演员布拉德·皮特本人亲自"驱动"的。他的人格和演技得到了保留，被置换的只是他的外貌。动人的力量仍来自他本人，而不是计算机程序。[6]

这就是我在 2000 年做出的预言：只要能由演员来操作他们的替身，我们就能制作出"无摄影机"的实时动作电影。这一预言建立在计算机动画的不断进步之上，比本杰明·巴顿的"现身说法"早了 8 年。

动画师与演员所拥有的技能实际上别无二致，区别只在于媒介的不同——演员们以人类躯体呈现，动画师们则用三角形。他们都让观众相信一个不同于演员或动画师本人的独立人格的存在。正如我们在第八章中所见，在新千年到来之际，已经有至少三部计算机动画电影向我们证明了三角形也可以拥有生命。这正是动画师的杰作。我的预言不过是在说，随着摩尔定律下的算力增长，这些动画形象终将足够逼真地表现出人的外貌。卡通的化身将发展为写实的化身，但为它们赋予内在生命的工作仍然只能由演员和动画师完成。

在 2000 年，我预测第一部无摄像电影将会在 20 年后到来。这个预言完全来自一个简单的类比：从 1975 年制作计算机动画电影的点子出现，到 1995 年

第一部数字电影的推出，这个过程花了 20 年。或许，第一部无摄像——而非无演员的电影也将花上 20 年。20 年后正是我为本章定稿的当下，事实证明我的预测并不准确。没有任何迹象表明我们制作出了能表达情感的、只有化身出镜而没有真人形象的无摄像电影。自然，更没有哪个演员或动画师被计算机模拟取代。在可预见的将来，理查德·德雷福斯们大可以高枕无忧。

但是……2020 年的一些进展却似乎在预示着什么。在不久前的影片《爱尔兰人》（The Irishman，2019）中，三位古稀老人罗伯特·德尼罗（Robert De Niro）、乔·佩西（Joe Pesci）和阿尔·帕西诺（Al Pacino）都以各自年轻时的面貌登场。这种"回春术"已经抵达了数字摄影技术和计算机图形学的交界处。但这远非"无摄像"。相反，演员们的表演需要经过一部十分精细的摄影机（实际上是三台摄影机协同）的摄制，一如传统的电影制作。演员们无需再像早些年那样在面部贴上光点之类的特制标记物。数字艺术家们利用最新的精密软件仔细地将演员的真实面孔转换为他本人逼真的青春容颜。德尼罗的化身就是年轻的德尼罗。它由德尼罗自己驱动。数字艺术家们将这个渲染复杂化身的缓慢过程比作"烘焙"。于是，"烘焙"一部电影便兼具了"取"和"制"的双重含义——数字光学中分析与合成两大分支的合二为一。[7]

不过，请注意：这些以假乱真的艺术创新很可能产生巨大的危害。假冒他人外观的"深度伪造"（deep-fake）已然开始流毒。[8]

总而言之……

像素，一个看似简单、实则微妙的概念。它将一切数字图像的摄取与创制纳入了数字光学的统一范畴。这几乎囊括了当今世界上一切图像。数字光学的支柱是三大基础概念：傅立叶的波动、科捷利尼科夫的样本、图灵的计算。

两种高端技术——计算机和电影，共同促成了数字光学的诞生。计算机无疑是一切"数字化"事物的前提。电影的重要性则在于其对采样定理的应用，以及被数字光学直接继承的术语和概念。在本书中，我纠正了这两项技术发展史叙事中的一些讹传。要清晰准确地讲清楚它们的发展历程，更好的办法是绘制包含众多人名的流变图谱。这与传统的、个人英雄主义的平铺直叙完全不同，后者往往广为流传，却有失准确。本书的灵魂就是这些图表背后的传承故事。人际关系里各式各样的和谐与对立、合作与竞争、高尚与卑劣，都在其中体现得淋漓尽致。随后，这种图谱沿用于介绍数字光学技术本身的发展史，特别是最早的数字电影诞生的历史。

这些基础思想和高端技术的发展历程无一不体现了"思想-混乱-强权"的三足鼎立：一个伟大的思想，一场催化其落实的混乱，一个往往是误打误撞地保护了创新思想的强权，它们共同构成了进步与创新的前提条件。

随着行文的推进，始终有一通伴奏鼓点越敲越响，终于在全书的最后一章震耳欲聋。那就是摩尔定律描述的每五年一个数量级的计算机算力增长。我花了大量笔墨去描绘这颗爆发中的超新星，这种我们几乎还没理解的革命性发展。它甚至扩展了我们作为人类对数量级概念的理解极限。它令我们日益增强。在它带来的无数耀眼成就中，数字光学不过是沧海一粟。

……以及，后续的后续

> 任何可以被理解的系统都不可能具有智能，而具有智能的系统全都复杂到无法被理解。
>
> ——乔治·戴森（George Dyson），
> 人工智能第三定律，《模拟时代》（*Analogia*）[9]

约翰·布隆斯基尔（John Bronskill）是研究像素压缩的同行。几年前，当我的妻子在图灵工作过的剑桥大学国王学院访问时，布隆斯基尔与我结识。他的开场白令我大吃一惊："埃尔维，咱们再也不用编程了！"布隆斯基尔因编写 Adobe Photoshop 程序扩展而出名，那或许是专业领域中应用最广的像素软件。

"这是什么意思？"

"看看这个吧。"他把一份论文塞进我手里。那是一篇加州大学伯克利人工智能实验室的文章,描述了一个经过任意 1,000 张未标记的马匹照片和任意 1,000 张未标记的斑马照片训练的专用神经网络。马匹照片里包含了数量不等、颜色各异、姿势多样的马;斑马照片也是类似,只不过它们的颜色显然相同。所有这些照片都经过了数字化,由众多像素构成。在经过适当的训练之后(具体过程在此略去),这个网络能实现以下惊人的功能:它能将任意一张斑马图片中的斑马替换成马,如图 9.3 所示。(右上方实际上是一匹有着马颜色的斑马;反之也类似,马还是马,但披上了斑马的条纹。)

"这是什么原理?"我这样发问,紧接着补充道,"我认为它解决的问题本身都没有明确定义。"对计算机来说,马是什么?斑马又是什么?你要怎么在两者之间建立映射?

约翰没能回应我的看法,"我也不知道。没人知道。它就是这么一回事!

图 9.3

要反向剖析它可太难了"。

同一个神经网络还有其他神奇的能力。经过风景照片和凡·高画作的训练后，这个网络能将输入的任意风景照转化为凡·高风格的风景画，或者反向转换。凡·高也可以换成莫奈。此外，它还能实现夏日和冬季风景之间的互相转换。

提及这项技术，是为了呼应本节"明天的数字光学"这一主题。我承认，我对它的原理一无所知，甚至不知道长远来看它是否具有重要性。但我们不妨展开一番思考：

> 图灵在他的存储程序式的或者说通用的图灵机上将程序当成数据来进行计算。这正是他发明存储程序计算机的初衷。那么，"马变斑马"的计算是否是"程序计算"的一例呢？图灵格外痴迷于这种可能性和人工智能的概念。因为容易引发灾变，现代计算机的操作系统通常不支持程序计算。

这个神经网络是在一台普通的计算机上运行的，因而进行仿真（simulation）的程序并非计算的对象。但假设，这个网络并非只是仿真模拟，而是一个真正的神经网络，那么它能进行程序计算吗？我相信它可以。我们自己的大脑无疑就是一个神经网络，但它并没有分别存储程序和数据——至少目前尚未发现证据。或许，大脑的运行原理并未超出图灵式计算的范畴。自这个概念提出以来的 80 年里，我们还没有发现任何计算过程在真正意义上突破了它。

1965 年，我在斯坦福大学开始了研究生学业。那是（我所知道的）仅有的两所开设人工智能专业——这个令人着迷的新学科就是今天常说的 AI——的大学，另一所是麻省理工学院。我师从斯坦福大学的 AI 之父约翰·麦卡锡（John McCarthy），并与麻省理工学院的另一位学科奠基人马文·明斯基（Marvin Minsky）有过几次深入的对话。

几年后，我决定转换方向，离开了 AI 领域。这个选择或许早了 20 年，但好在我将那段时间投入了第一部数字电影的制作。达成了这个成就，我现在有时间回过头来参悟人工智能了。事实上，我从未停止过这种思考。

是约翰·布隆斯基尔的话让我提前回归。我一直假定，当某一天我们终于能解释人工智能的时候，我一定能明白这种解释。然而，当我遇到一个机器学习的例子时——或许它都没有先进到能被称作人工智能，我却完全没法理解它。是因为神经网络计算出了属于它自己的程序吗？我们知道，一般来说，我们甚至不能判断某个程序能否终止。这样看来，无法理解"马变斑马"程序的真正功能，也就不足为奇了。从效果上讲，"马变斑马"并不完美。[10]

本质上，我们无法判断当算力再涨一个数量级后，当前的技术革命将如何发展。我们能做的只有顺势而为，并期待着它会带我们抵达怎样激动人心、神秘莫测的境地。

豹尾：一张魔毯

我们实现的到底是怎样的成就？把一幅图像置换为抽象的数学对象，并以此开启一个崭新而广阔的想象王国。这个对象令人不安地重复、离散，其中的每个位点上都有一个含苞待放的无穷。恒河沙数的图像从其中诞生。在此，我用伊塔洛·卡尔维诺（Italo Calvino）《看不见的城市》（*Invisible Cities*）中的一段话为本书作结。在这段文字里，作家笔下的探险家马可·波罗（Marco Polo）在向蒙古的老皇帝忽必烈（Kublai Khan）讲述他发现埃乌多西亚城魔毯的故事。这是一段发生在"真实"与"表现"交界之处的对话：

> 埃乌多西亚朝着上下两个方向同时延伸开去。在这座遍布着曲巷、台阶、死胡同和逼仄棚屋的城市里保存着一张地毯，它能让您一窥此城的真容。乍看上去，这张地毯与埃乌多西亚城毫无相像之处。地毯上的纹样对称分布着；其图案沿直线或环线不断重复，间杂以色彩鲜艳的螺旋花纹；同样的图形沿着织物的纬线反复出现。可是您假如再定睛细看，就

会确信，地毯上的每一处都与城里的某个地点一一对应；整座城市都被纳入了地毯的图案之中，连比例和位置都不差分毫。是熙熙攘攘的市井尘嚣妨碍了您一眼看出这种对应。匆匆一瞥中，您首先注意到的一定是埃乌多西亚令人迷惑的一面，是骡子的嘶鸣、煤烟的污垢、海产的腥膻；但地毯却以另一个视角让城市得以一展它真正的匀停身段，以及在每一个最最微不足道的细节之中蕴含的几何学原则……一位先知曾被问及，这大异其趣的地毯与城市之间究竟存在着何种神秘关联。两者之一——先知答道——有着上帝所赐的形制，与恒星闪耀的夜空和行星回转的轨道相一致；而另一个则是前者逼肖的倒影，一如人类的一切创造发明。

——伊塔洛·卡尔维诺，《看不见的城市》[11]

致　谢

格外鸣谢

我要向艾莉森·戈普尼克（Alison Gopnik）表示最深切的谢意。她是我的妻子、伙伴与合作者。早在十年前我刚开始动笔时，她便给我鼓励，随后不断教我如何去写。我如饥似渴地听着她的建议，因为她自己就写过好几本畅销著作。最早的建议之一是"把句子拆开"。她看出我那学究气的表达方式让每句话都浓缩了通常五句话的语义。她给我的另一个锦囊妙计是："要让文字呈现出下意识的、自然流露般的顺畅感，至少得经过五十遍修改。"有幸，我并非作为一个"缺席"十年的配偶在此致歉，而是要好好向我自己的配偶表达感谢。和她一起，我品尝到了写作世界中的艰辛与快乐。

我还要向芭芭拉·罗伯森（Barbara Robertson）表示另一种深深的谢意。数十年来，芭芭拉写作的报道屡获大奖，并为她在计算机图形学界赢得了盛名。在本书长达数年的酝酿过程中，她是第一位与我合作的编辑。除了艾莉森，芭芭拉是全世界仅有的几位可以随意批评我的写作的人。她知道我会对她的意见言听计从——尽管采纳时可能怒气冲冲。芭芭拉常用的一招是"建议"

我对某些句子重新推敲。几乎每一次，她重写的文字都比我一开始写的效果更好。那仍然是我的语言，但经过了提升。句子的语意更为顺畅，逻辑更为清晰，韵律也更为利落。芭芭拉在我计算机图形学生涯的大部分时间里都是我的挚友。这种友谊在本书的合作中得以延续。事实上，还更胜往昔。

特别致谢

在此，我列出以下致谢名单。在本书的各个主题上，他们给予了我特别的、有时是关键性的帮助：

一般：十年前，Sean Cubitt 邀请我在墨尔本的一次以"数字光学"为名的会议上做报告。那次经历成为本书的缘起。Eric Chinski 对我提出的"思想-混乱-强权"的三一律大为激赏，并首次使用了"传记"一词来指代我的工作。在写作过程中，Robert Charles Anderson、Neelon Crawford、David DiFrancesco、Laurin Herr 和 Bob Kadlec 作为朋友和读者给了我许多帮助。

艺术：Darcy Gerbarg 和 Jasia Reichardt 为我提供了许多艺术上的专业建议。

采样：Fyodor Urnov 为我从俄罗斯视角介绍采样定理提供了人脉与鼓励。Chris Bissell 在专业细节方面给了我很多帮助。

计算：我的朋友 Martin Davis，世界级数学家，在逻辑和计算理论方面、特别是著名的不可解问题上给我提供了许多帮助。John Dermot Turing 爵士与我分享了他那位著名叔叔的许多点滴。

计算机：Chris Burton 引领我进入了早期计算机的世界。特别地，是他安排我去曼彻斯特参观了婴儿机。George Dyson 从冯·诺依曼档案中为我提供了材料。Marina von Neumann Whitman 纠正了我对他父亲冯·诺依曼的个性和运动能力方面的一些误解。Martin Campbell-Kelly、Simon Lavington 和 Brian Randell 在早期计算机错综复杂的历史中为我提供了向导。

数字光学的黎明：Krista Ferrante 接待我参观了 MITRE 集团的旋风机图

片档案库，让我收获良多。Dag Spicer 鼓励我将这一章单独编写为一篇论文。Jack Copeland 提出了许多棘手的问题，帮助我更正了一些定义。

电影和动画：我感谢研究狄克森的专家、已故的 Paul Spehr、法国电影史专家 Laurent Mannoni、动画史专家 Donald Crafton 和阿布·艾沃克斯专家，他的孙女 Leslie Iwerks。

形状：Robin Forrest 为我梳理了早期历史事件和人物。Ivan Sutherland、Tim Johnson 和已故的 Larry Roberts 与我分享了交互式渲染计算机在麻省理工学院被发明时的许多细节。Barrett Hargreaves 提供了难得的关于通用汽车 DAC-1 的信息。Jaron Lanier 充实了我对于早期虚拟现实技术的认知。Christian Boyer 向我介绍了皮埃尔·贝塞尔职业生涯中的惊人一面。

明暗：Gene Youngblood 帮我解开了"最早的彩色像素"的谜题。Rob Rougelot 和 Bob Schumacker 很乐意为我补充遗漏的细节。我的同事们 Christine Barton、Jim Blinn、Ed Catmull、Rob Cook、Tom Duff、Don Greenberg、Pat Hanrahan、Jim Lawson、Marc Levoy、Jim Kajiya、Alan Kay、Eben Ostby、Tom Porter、Bill Reeves、Bob Sproull、Steve Upstill 和 Turner Whitted——以及许许多多其他人——帮我回忆起了许多往事细节与合作成果。

未来：感谢 John Bronskill 关于机器学习的帮助。感谢 Eric Darnell、Maureen Fan 和 Pam Kerwin 关于虚拟现实、增强现实与混合现实的帮助。感谢 Barbara Robertson 关于"返老还童"和"深度伪造"的帮助。

麻省理工学院出版社：我与文字编辑 Mary Bagg 的合作十分愉快。她为我的文字做了最后修改，使其更加简洁明了，并向我温柔地证明了永远存在进一步编辑的空间。Sean Cubitt 终结了十年前开始的这个循环。Doug Sery 在工作中总是一马当先，还和我聊摩托车。Noah Springer 带着我处理了书中图片的使用权问题。Judith Feldmann 在她毫不留情的职责之外安抚了我对字体选择的恐惧。以及，感谢 Leonard Rosenbaum 厘定索引。

纪念那些未能见证本书问世的逝者

Michael Caroe、Malcolm Eisenberg、Harry Huskey、William Newman、Larry Roberts、Dick Shoup、我的父母 Alvy 和 Edith Smith、Paul Spehr、Bob Taylor、Lance Williams。

其他提供帮助者

Sam Annis-Brown, Michael Arbib, Bobby Aucutt, Lynn Aucutt,

Ron Baecker, Don Bitzer, Ned Block, Lenore Blum, Manuel Blum, John Bohannon, Kellogg Booth, Adrian Gopnik Bondy, Thomas Bondy, Stewart Brand, Jack Bresenham, Buzz Bruggeman, Mark Burstein,

Kathy Cain, Daniel Cardoso [y] Llach, Susan Carey, Shelley Caroe, Arthur Champernowne, Richard Chuang, Elaine Cohen, Ephraim Cohen, Susan Crawford, Lem Davis, Virginia Davis, Brian Dear, Tom DeFanti, Llisa Demetrios, Gary Demos, Nicholas de Monchaux, Daniela (Prinz) Derbyshire, David Derbyshire, Susan Dickey, Pete Doenges, Vicki Doenges, Jon Doyle,

Dai Edwards, Judy Eekhof, Sara Eisenberg, Nick England, Glenn Entis,

Sarah Favret, Paulo Ferreira, David E. Fisher, Marshall Jon Fisher, Eugene Fiume, Jim Foley, Rosemary Forrest, Susanna Forrest, Christine Freeman, Herb Freeman, Henry Fuchs,

Richard Gilbert, Sandra Gilbert, Mashhuda Glencross, Ken Goerres, Noah Goodman, Olga Goodman, Adam Gopnik, Blake Gopnik, Irwin Gopnik, Morgan Gopnik, Myrna Gopnik, Oona Luna Gopnik-McManus, Trisha Gorman, Fiona Greenfield, Tom Griffiths,

Francois Haas, Sheila Sperber Haas, Sarah Harrison, Rowland Higgins, Jane Hirshfield, Toby Howard, John (Spike) Hughes, Doug Huskey

George Joblove, Steven Johnson,

Scott Kim, Youngmoo Kim, Mark Kimball, Don Knuth, Pat Kuhl,

David Link, Tania Lombrozo, Judson Lovingood,

Alan Macfarlane, Charles Mann, Terrence Masson, Jim Mayer, Charles McAleese, Jerry McCarthy, Tom McMahon, Géraldine Marquès, Andrew Meltzoff, Gene Miller, Don P. Mitchell, James A. (Andy) Moorer, Daniel Moroz, Brian Mulholland, Walter Murch, Charles Musser, Michael Muthukrishna,

Eva Navarro-Lopéz, Nicholas Negroponte, Ted Nelson, Andrew Neureuther, Martin Newell, Peter Norvig,

Robin Oppenheimer,

Carl Pabo, Don Panetta, Laure Parchomenko, Flip Phillips, Daniel Pillis, Bruce Pollack, Joyce Pottash, Paul Pottash, David Price,

Rich Riesenfeld, Peter Robinson, Dave Rogers, Rhonda Rougelot, Michael Rubin, Ginny Ruffner, Donna Ruth,

The San Francisco Philosophy Club, Piero Scaruffi, Dana Scott, Irena Scott, Evan I. Schwartz, Laurens Schwartz, Lillian Schwartz, Tom Sito, Jesse Smith, Sam Smith, Lee Smolin, John Steiner, Neal Stephenson, Jack Stifle, Clifford Stoll, B. V. Suresh,

Philip Thomsett, Pascale Torracinta, Bob Tripodi,

Dmitry Urnov,

John Warnock, Ben Watson, Marceli Wein, Susan Wein, Mary Whitton, Stephen Wolfram, Jim Woodward, Julie Woodward, Katie Woodward,

Jane Youngblood.

档案馆与档案员

Bodleian Library. Oxford University, Oxford, UK. Christopher Strachey archives. Particularly folders CSAC 71.1.80/C.20–C.33.

Chester Fritz Library, Grand Forks, ND. Elwyn B. Robinson Department of Special Collections, University of North Dakota. Curt Hanson, Head.

La Cinémathèque française Library, Paris. Laurent Mannoni, Director.

Computer History Museum, Mountain View, CA. Dag Spicer, Curator.

Cradle of Aviation Museum. Judy Lauria Blum, Curatorial Department.

Defense Technical Information Center (DTIC), National Technical Reports Library (NTRL). Jennifer Kuca, reference librarian.

Google Books and Search.

Hofstra University. Geri E. Solomon, Assistant Dean of Special Collections and University Archivist.

Hoover Institution. Stanford University, Palo Alto, CA. Paul H. Thomas, Librarian, and Molly Molloy.

Internet Archive.

Martin Campbell-Kelly's personal OXO archives.

MITRE Corporation, Whirlwind Photographic Archives, Bedford, MA. Krista Ferrante, Archivist, Patsy Yates, Public Affairs Lead, and Susan Carpenito, Information Release Officer.

Museum of Science & Industry (MOSI), Manchester, UK. Ferranti Ltd. Archives. Brian Mulholland, Jan (Hargreaves) Hicks, Senior Archivist, John Turner, and Ruth Láynez.

Online original genealogical records: Ancestry.com, newspapers.com, www.FamilySearch.org.

Online video records: www.YouTube.com.

Pixar Archives, Emeryville, CA. Christine Freeman and Liz Borges-Herzog, Archivists.

Shelby White and Leon Levy Archives Center, Institute for Advanced Study, Princeton, NJ.

软件

Adobe: Acrobat, Illustrator, and Photoshop.

Microsoft: PhotoDraw, PowerPoint, and Word.

Wolfram Research: Mathematica.

先前单独发表的内容

基于第三章中通过"名片机"解释通用图灵机概念的文字在 2013 年加州大学伯克利分校的迎新活动中向全体新生做了展示。8,000 名新生都收到了一个实体的名片机，以及 George Dyson 的著作 *Turing's Cathedral: The Origins of the Digital Universe*（New York: Pantheon Books，2012）。

Smith, Alvy Ray. "A Taxonomy and Genealogy of Digital Light-Based Technologies," chapter 1 in Sean Cubitt, Daniel Palmer, and Nathaniel Tkacz eds., *Digital Light* (London: Open Humanities Press, 2015). 这篇于 2011 年 3 月在墨尔本发表的论文是本书的起源。

Smith, Alvy Ray. "His Just Deserts: A Review of Four Turing Books," *Notices of the American Mathematical Society* 61, no. 8 (2014): 891–895. 基于第三章内容写成。

Smith, Alvy Ray. "The Dawn of Digital Light," *IEEE Annals of the History of Computing* 38, no. 4 (2016): 74–91. 基于第四章的一篇学术论文。

Smith, Alvy Ray. "Why Do Movies Move?" in John Brockman ed., *This Explains Everything: Deep, Beautiful, and Elegant Theories of How the World Works* (New York: Harper Perennial, 2013), 269–272. 基于第五章内容。

Smith, Alvy Ray. "How Pixar Used Moore's Law to Predict the Future," *Wired Online*, Apr. 17, 2013, https://www.wired.com/2013/04/how-pixar-used-moores-law-to-predict-the-future/, accessed Apr. 13, 2020. 基于第六章内容。

附 注

Emails are addressed to the author unless otherwise indicated. Abbreviations used in citations:

ACM Association for Computing Machinery
AFIPS American Federation of Information Processing Societies
IEEE Institute of Electrical and Electronics Engineers
JPL Jet Propulsion Laboratory, California Institute of Technology
NYIT New York Institute of Technology, Old Westbury, Long Island, NY
PARC Xerox Palo Alto Research Center, Palo Alto, CA
Siggraph Special Interest Group on Computer Graphics and Interactive Techniques of the ACM

起源：一个标志事件

1. Henri Breuil and Hugo Obermaier, *The Cave of Altamira at Santillana del Mar, Spain* (Madrid: The Junta de las Cuevas de Altamira, The Hispanic Society of America, and The Academia de las Historia, 1935), Plate XLV.
2. *Appletons' Cyclopaedia of American Biography*, 6 vols., edited by James Grant Wilson and John Fiske (New York: D. Appleton and Company, 1887), 1:311–312.
3. 本书的完整附注请参见网页 http://alvyray.com/DigitalLight/。附注根据正文页码排序，可按照对应正文段落的前三个单词索引。附注内容包括了额外的信息、材料出处和数学演算。

第一章 傅立叶的频率：世界之乐音

1. Victor Hugo, *Les Misérables* (Boston: Little, Brown, 1887), 192.
2. Charles Percy Snow, "The Two Cultures," in *The Two Cultures and the Scientific Revolution:*

The Rede Lecture, 1959 (New York: Cambridge University Press, 1961), 1–21.
3. Ronald N. Bracewell, *The Fourier Transform and Its Applications* (New York: McGraw-Hill, 1965); Jacques-Joseph Champollion-Figeac, *Fourier et Napoleon, l'Egypte et les Cent Jours* (Paris: 1844); Victor Cousin, *Notes Biographiques pour Faire Suite a l'Éloge de M. Fourier* (Paris: 1831); Jean Dhombres and Jean-Bernard Robert, *Joseph Fourier, 1768–1830: Créateur de la Physique-Mathematique* (Paris: Belin, 1998); Enrique A. González-Velasco, *Fourier Analysis and Boundary Value Problems* (San Diego: Academic Press, 1995); Ivor Grattan-Guiness (with J. R. Ravetz), *Joseph Fourier, 1768– 1830* (Cambridge, MA: MIT Press, 1972); John Herivel, *Joseph Fourier: The Man and the Physicist* (Oxford: Oxford University Press, 1975).
4. William Wordsworth, *The Prelude, or Growth of a Poet's Mind (text of 1805)*, edited by Ernest de Selincourt and Stephen Gill, X:692 (Oxford: Oxford University Press, 1970).
5. Joseph Fourier, letter to Villetard, June/July 1795, in John Herivel, *Joseph Fourier: The Man and the Physicist* (Oxford: Oxford University Press, 1975), 280.
6. Joseph Fourier, letter to Villetard, June/July 1795, in Herivel, *Joseph Fourier*, 284.
7. Wordsworth, *The Prelude*, X:335.
8. Robert B. Asprey, *The Rise of Napoleon Bonaparte* (New York: Basic Books, 2000); Robert B. Asprey, *The Reign of Napoleon Bonaparte* (New York: Basic Books, 2001). Asprey uses the birth- name spelling "Nabolione" instead of the more common "Napoleone."
9. Andrew Robinson, *Cracking the Egyptian Code: The Revolutionary Life of Jean-Francois Champollion* (Oxford: Oxford University Press, 1975).
10. Grattan-Guiness, *Joseph Fourier*.
11. *Oeuvres de Fourier*, edited by M. Gaston Darboux, 2 vols., 2:97–125 (Paris: Gauthier-Villars et Fils, 1888–1890); Steve Jones, *Revolutionary Science: Transformation and Turmoil in the Age of the Guillotine* (New York: Pegasus Books, 2017), 338.
12. Grattan-Guiness, *Joseph Fourier*, 188–193.
13. Herivel, *Joseph Fourier*, 189, citing J. J. Champollion-Figeac, *Fourier et Napoleon, l'Egypte et les cent jours* (Paris, 1844), 187.
14. Herivel, *Joseph Fourier*, 135–136.
15. Louis L. Bucciarelli and Nancy Dworsky, *Sophie Germain: An Essay in the History of the Theory of Elasticity* (Boston: D. Reidel, 1980), chapters 7–8.
16. *The Eiffel Tower: The Eiffel Tower Laboratory*, "The 72 Savants," https://www.toureiffel.paris/en/the-monument/eiffel-tower-and-science, accessed Feb. 18, 2020.
17. Bucciarelli and Dworsky, *Sophie Germain*, 137.
18. Grattan-Guiness, *Joseph Fourier*, ix.
19. González-Velasco, *Fourier Analysis*, 23–25, 36–44; Grattan-Guiness, *Joseph Fourier*, 188–193.
20. Bracewell, *The Fourier Transform*, 1–5; Grattan-Guiness, *Joseph Fourier*, 193.

第二章 科捷利尼科夫的样本：无中生有

1. Aleksandr I. Solzhenitsyn, *The Gulag Archipelago: 1918–1956: An Experiment in Literary Investigation* (New York: HarperCollins, 2001), 1:590.

2. Vladimir Aleksandrovich Kotelnikov, "O Propusknoi Sposobnosti 'Efira' i Provoloki v Elektrosvyazi [On the Transmission Capacity of the 'Ether' and Wire in Electrical Communications]," in *Vsesoyuznyi Energeticheskii Komitet. Materialy k I Vsesoyuznomu S'ezdu po Voprosam Tekhnicheskoi Rekonstruktsii Dela Svyazi i Razvitiya Slabotochnoi Promyshlennosti. Po Radiosektsii* [The All-Union Energy Committee. Materials for the 1st All-Union Congress on the Technical Reconstruction of Communication Facilities and Progress in the Low-Currents Industry. At Radio Section] (Moscow: Upravlenie Svyazi RKKA, 1933), 4.
3. David R. Brillinger, "John W. Tukey: His Life and Professional Contributions," *The Annals of Statistics* 30 (2002): 1569–1570; Jon Gertner, *The Idea Factory: Bell Labs and the Great Age of American Innovation* (New York: Penguin Press, 2012), 135; Fred R. Shapiro, "Origin of the Term Software: Evidence from the JSTOR Electronic Journal Archive," *IEEE Annals of the History of Com- puting* 22 (2000): 69–71; John Wilder Tukey, "The Teaching of Concrete Mathematics," *American Mathematical Monthly* 65 (Jan. 1958): 1–9.
4. W. R. Bennett, "Time Division Multiplex Systems," *Bell Systems Technical Journal* 20 (1941): 199–221; Denis Gabor, "Theory of Communication," *Journal of the Institute of Electrical Engineer- ing* (London) 93 (1946): 429–457; Karl Küpfmüller, "Über Einschwingvorgänge in Wellenfiltern [Transient Phenomena in Wave Filters]," *Elektrische Nachrichten-Technik* 1 (1924): 141–152; Harry Nyquist, "Certain Topics in Telegraph Transmission Theory," *Transactions of the AIEE* (proceed- ings of the Winter Conference of the AIEE, Feb. 13–17, 1928, New York, NY), 617–644; Herbert Raabe, "Untersuchungen an der Wechsilzeitigen Mehrfachübertragung (Multiplexübertragung)," *Elektrische Nachrichtentechnik* 16 (1939): 213–228; Claude E. Shannon, "A Mathematical Theory of Communication," *Bell Systems Technical Journal* 27 (July, Oct. 1948): 379–423, 623–656; Ste- phen Mack Stigler, "Stigler's Law of Eponymy," *Transactions of the New York Academy of Sciences* 39 (1980): 147–158; Edward Taylor Whittaker, "On the Functions which are Represented by the Expansions of the Interpolation-Theory," in *Proceedings of the Royal Society of Edinburgh* 35 (1915): 181–194; John MacNaughton Whittaker, *Interpolatory Function Theory* (Cambridge: Cambridge University Press, 1935).
5. Christopher C. Bissell, "Vladimir Aleksandrovich Kotelnikov: Pioneer of the Sampling Theo- rem, Cryptography, Optimal Detection, Planetary Mapping...," *IEEE Communications Magazine* 47 (2009): 32; Mikhail K. Tchobanou and Nikolay N. Udalov, "Vladimir Kotelnikov and Moscow Power Engineering Institute—Sampling Theorem, Radar Systems...a Fascinating and Extraordi-nary Life," *Proceedings of the 2006 International TICSP Workshop on Spectral Methods and Multirate Signal Processing*, Florence, Italy, Sept. 2–3, 2006, 177.
6. John Herivel, *Joseph Fourier: The Man and the Physicist* (Oxford: Oxford University Press, 1975), 154, 172; Natalia Vladimirovna Kotelnikova, "Vladimir Aleksandrovich Kotel'nikov: The Life's Journey of a Scientist," in Yu V. Gulyaev et al., "Scientific Session of the Division of Physical Sciences of the Russian Academy of Sciences in Commemoration of Academician Vladimir Alek- sandrovich Kotelnikov," *Physics-Uspekhi* [English version] 49 (2006): 727.
7. Kotelnikova, "Vladimir Aleksandrovich Kotel'nikov," 728–729.
8. Kotelnikova, "Vladimir Aleksandrovich Kotel'nikov," 728–729.

9. Mikhail Bulgakov, *White Guard* (New Haven: Yale University Press, 2008); Kotelnikova, "Vladimir Aleksandrovich Kotel'nikov," 728–729.
10. Bissell, "Vladimir Aleksandrovich Kotelnikov," 24; Kotelnikova, "Vladimir Aleksandrovich Kotel'nikov," 729; Tchobanou and Udalov, "Vladimir Kotelnikov," 172.
11. Kotelnikova, "Vladimir Aleksandrovich Kotel'nikov," 730; Tchobanou and Udalov, "Vladimir Kotelnikov," 172–173.
12. Kotelnikova, "Vladimir Aleksandrovich Kotel'nikov," 731; Tchobanou and Udalov, "Vladimir Kotelnikov," 173.
13. Richard F. Lyon, "A Brief History of 'Pixel,'" an invited paper presented at the IS&T/SPIE Symposium on Electronic Imaging, Jan. 15–19, 2006, San Jose, CA.
14. Shannon, "A Mathematical Theory of Communication"; Claude E. Shannon, "Communication in the Presence of Noise," *Proceedings of the IRE* 37, no. 1 (Jan. 1949): 10–21.
15. Fredrich L. Bauer, *Decrypted Secrets: Methods and Maxims of Cryptology* (Berlin: Springer-Verlag, 1997), 6; David Stafford, *Roosevelt and Churchill: Men of Secrets* (New York: Overlook Press, 1999), 22.
16. Shannon, "Communication in the Presence of Noise."
17. Bissell, "Vladimir Aleksandrovich Kotelnikov"; Kotelnikova, "Vladimir Aleksandrovich Kotel'nikov."
18. Solzhenitsyn, *The Gulag Archipelago*, 1:408.
19. Robert Conquest, *The Great Terror: A Reassessment* (New York: Oxford University Press, 2008), 13–14.
20. Kotelnikova, "Vladimir Aleksandrovich Kotel'nikov," 731–732; John G. Wright, "Stalin's Pre-War Purge," *Fourth International* 2, no. 10 (1941): 311–313.
21. Kotelnikova, "Vladimir Aleksandrovich Kotel'nikov," 730.
22. "Death of G. M. Krzhizhansovsky," *Current Digest of the Soviet Press* 11 (1959): 31; Mary Hamilton-Dann, *Vladimir and Nadya: The Lenin Story* (New York: International Publishers, 1998), 16, 19, 22–25, 30–32, 36–38, 40, 47, 53, 65–66, 94, 295; Vladimir Petrovich Kartsev, *Krzhizha- novsky* (Mir, 1985), 61–62, 171; Frederik Nebeker, *Dawn of the Electronic Age: Electrical Technologies in the Shaping of the Modern World, 1914 to 1945* (Hoboken, NJ: John Wiley & Sons, 2009), 84; Helena M. Nicolaysen, *Looking Backward: A Prosopography of the Russian Social Democratic Elite, 1883–1907* (Palo Alto: Stanford University Press, 1990), 34, 62, 65, 206, 339; Stefan Thomas Possony, *Lenin: The Compulsive Revolutionary* (Chicago: Henry Regnery Company, 1964), 38; Rochelle Goldberg Ruthchild, *Equality and Revolution: Women's Rights in the Russian Empire, 1905– 1917* (Pittsburgh: University of Pittsburgh Press, 2010), 183; John G. Wright, "How Stalin Cleared Road for Hitler," *Fourth International* 2, no. 9 (1941): 270–272.
23. Boris Evseevich Chertok, *Rakety I lyudi: Fili Podlipki Tyuratam* [Rockets and people, Vol. 2: Creating a rocket industry], 4 vols. (Moscow: Mashinostroyeniye, 1996), 2:96–108.
24. Aleksandr I. Solzhenitsyn, *In the First Circle*, the restored text, translated from the Russian by Harry T. Willetts (New York: HarperCollins, 2009), 92.
25. Bissell, "Vladimir Aleksandrovich Kotelnikov," 29; Kotelnikova, "Vladimir Aleksandrovich Kotel'nikov," 731; Tchobanou and Udalov, "Vladimir Kotelnikov," 173.
26. " The Amtorg Trading Company Case," in *Recollections of Work on Russian*, document 3421019,

http://www.gwu.edu/~nsarchiv/NSAEBB/NSAEBB278/06.PDF, accessed Feb. 28, 2020, 1–2; *Arthur Fielding: The Perseus Legend*, blog, Sept. 5, 2010, http://arthurfielding.blogspot.com/, accessed Feb. 28, 2020; Vladimir Chikov and Gary Kern, *Comment Staline a vole la Bomb Atomique Aux Americains: Dossier KGB 13676* [How Stalin stole the atomic bomb from the Americans] (Paris: R. Laffont, 1996); Herbert Romerstein and Eric Breindel, *The Venona Secrets: Exposing Soviet Espio- nage and America's Traitors* (Washington, DC: Regnery, 2000), 206; Henry L. Zelchenko, "Stealing America's Know-How: The Story of Amtorg," *The American Mercury*, Feb. 1952, 75–84.

27. David Kahn, *The Codebreakers: The Comprehensive History of Secret Communication from Ancient Times to the Internet* (New York: Scribner, 1967, revised and updated 1996); S. N. Molotkov, "Quantum Cryptography and V. A. Kotel'nikov's One-Time Key and Sampling Theorems," in Gulyaev et al., "Scientific Session of the Division of Physical Sciences" [English version], 750–761; Claude E. Shannon, "Communication Theory of Secrecy Systems," *Bell Systems Technical Journal* 28 (1949): 656–715, n. 1; Tchobanou and Udalov, "Vladimir Kotelnikov," 173–174.

28. Kotelnikova, "Vladimir Aleksandrovich Kotel'nikov," 732; Tchobanou and Udalov, "Vladimir Kotelnikov," 174.

29. Kotelnikova, "Vladimir Aleksandrovich Kotel'nikov," 732; Tchobanou and Udalov, "Vladimir Kotelnikov," 173–174.

30. Kotelnikova, "Vladimir Aleksandrovich Kotel'nikov," 732, 734.

31. Simon Ings, *Stalin and the Scientists: A History of Triumph and Tragedy 1905–1953* (New York: Atlantic Monthly Press, 2016), 312–314.

32. Keith Dexter and Ivan Rodionov, *The Factories, Research and Design Establishments of the Soviet Defence Industry: A Guide*, Version 13, University of Warwick, Dept. of Economics, Jan. 2012; Kotelnikova, "Vladimir Aleksandrovich Kotel'nikov," 733–734; Solzhenitsyn, *In the First Circle*; Marshall Winokur, "Review of *Architecture of Russia from Old to Modern*, Vol. 1: *Churches and Monasteries*. Japan: Russian Orthodox Youth Committee, 1973," *Slavic and East European Journal* 26 (1982): 113.

33. Solzhenitsyn, *In the First Circle*, 217–218.

34. Homer W. Dudley, "The Vocoder," *Bell Systems Technical Journal* 17 (1939): 122–126; Kotelnikova, "Vladimir Aleksandrovich Kotel'nikov," 731; Dave Tompkins, *How to Wreck a Nice Beach: The Vocoder from World War II to Hip-Hop: The Machine Speaks* (Brooklyn: Melville House Publishing, 2011), 70, 122–130.

35. Solzhenitsyn, *In the First Circle*, 92.

36. Kotelnikova, "Vladimir Aleksandrovich Kotel'nikov," 734.

37. Chertok, *Rakety I lyudi*, 2:106–108; Boris Evseevich Chertok, "V. A. Kotel'nikov and His Role in the Development of Space Radio Electronics in Our Country," in Gulyaev et al., "Scientific Session of the Division of Physical Sciences" [English version], 761–762; Dexter and Rodionov, *The Factories, Research and Design Establishments of the Soviet Defence Industry*.

38. Kotelnikova, "Vladimir Aleksandrovich Kotel'nikov," 734–735.

39. *Digital Imaging and Communications in Medicine (DICOM), Part 14: Grayscale Standard Display Function* (Rosslyn, VA: National Electrical Manufacturers Association, 2004).

40. E. Brad Meyer and David R. Moran, "Audibility of a CD-Standard A/D/A Loop Inserted into

High-Resolution Audio Playback," *Journal of the Audio Engineering Society* 55 (2007): 778; Joshua D. Reiss, "A Meta-Analysis of High Resolution Audio Perceptual Evaluation," *Journal of the Audio Engineering Society* 64, no. 6 (June 2016): 364–379; *The Super Audio CD Reference*, "Thread Debunking Meyer and Moran," http://www.sa-cd.net/showthread/42987, accessed Feb. 28, 2020.
41. Vladimir Aleksandrovich Kotelnikov, "The Age of Radio," in *Life in the Twenty-First Century*, edited by Mikhail Vassiliev and Sergei Gouschev, translated by H. E. Crowcroft and R. J. Wason (London: Penguin, 1961), 129.
42. Paul Dickson, *Sputnik: The Shock of the Century* (New York: Walker Publishing, 2001), 98–99, 130; NASA's *National Space Science Data Center* (Sputnik), https://nssdc.gsfc.nasa.gov/nmc/spacecraft/display.action?id=1957-001B, accessed Feb. 28, 2020.
43. Ben Evans, *At Home in Space: The Late Seventies into the Eighties* (New York: Springer-Praxis, 2012), 37; Edward Clinton Ezell and Linda Newman Ezell, *The Partnership: A NASA History of the Apollo-Soyuz Test Project* (Mineola, NY: Dover, 2010), 182–188.
44. Lutz D. Schmadel, *Dictionary of Minor Planet Names*, 5th ed., vol. 1 (Berlin: Springer-Verlag, 2003), 231; Tchobanou and Udalov, "Vladimir Kotelnikov," 176–177.
45. *The KGB File of Andrei Sakharov*, edited by Joshua Rubenstein and Alesander Gribanov (New Haven: Yale University, 2005), 193–196.
46. Vitaly Lazarevich Ginzburg, "The Sakharov Phenomenon," in *Andrei Sakharov: Facets of a Life* (Gif-sur-Yvette, France: Editions Frontières and P. N. Lebedev Physics Institute, 1991).
47. Chertok, *Rakety I lyudi*, 2:108; *Time Magazine*, July 22, 1957, "Russia: The Quick & the Dead."
48. Bissell, "Vladimir Aleksandrovich Kotelnikov," 32.
49. Bissell, "Vladimir Aleksandrovich Kotelnikov"; Mark Bykhovskiy, "The Life Filled with Cognition and Action (dedicated to the 100th Anniversary of Academician V. A. Kotelnikov)," *IEEE Information Theory Society Newsletter* 59 (2009): 13–15; Kotelnikov, "O Propusknoi Sposobnosti 'Efira' i Provoloki v Elektrosvyazi," the introduction; Tchobanou and Udalov, "Vladimir Kotelnikov."
50. Chertok, "V. A. Kotel'nikov," 765; Ings, *Stalin and the Scientists*, 173; Heinrich Lantsberg, "IEEE Life Fellow Honored by Russia's President Putin," *IEEE Region 8 News* 7 (2004): 1; Ethan Pollock, "Stalin as the Coryphaeus of Science: Ideology and Knowledge in the Post-War Years," in *Stalin: A New History*, edited by Sarah Davies and James Harris (Cambridge: Cambridge University Press, 2005), 271–288; Tchobanou and Udalov, "Vladimir Kotelnikov," 177.

第三章 图灵的计算：万化无极

1. Tom Stoppard, *Arcadia* (London: Faber and Faber, 1993), 51–52 (excerpt from act 1, scene 4).
2. Alan Turing obit., *Biographical Memoirs of Fellows of the Royal Society*, Nov. 1, 1955, https://doi.org/10.1098/rsbm.1955.0019, accessed Feb. 29, 2020; Sara Turing, *Alan M. Turing* (Cambridge: Cambridge University Press, 1959; repr. Centenary Edition, 2012).
3. Sir Harry Hinsley, "The Influence of Ultra in the Second World War," http://www.cix.co.uk/~klockstone/hinsley.htm, accessed Feb. 28, 2020; Andrew Hodges, *Alan Turing: The Enigma* (New York: Simon and Schuster, 1983).

4. B. Jack Copeland, *Turing: Pioneer of the Information Age* (Oxford: Clarendon Press, 2012), 285, n. 6; Hodges, *Alan Turing*, 149; Sara Turing, *Alan M. Turing*, 117.
5. Copeland, *Turing: Pioneer*, 223–234; Hodges, *Alan Turing*, 487–492; Sir John Dermot Turing, *Prof: Alan Turing Decoded* (Cheltenham, Gloucestershire: The History Press, 2015); Sara Turing, *Alan M. Turing*, 114–121.
6. Hodges, *Alan Turing*, 71, 73.
7. Copeland, *Turing: Pioneer*, 223–234.
8. David Leavitt, *The Man Who Knew Too Much: Alan Turing and the Invention of the Computer* (New York: Atlas Books, W. W. Norton, 2006), 18.
9. Seymour Papert, *Mindstorms: Children, Computers, and Powerful Ideas* (New York: Basic Books Inc., 1980), viii.
10. Re Scrooge meets Baggins see *Walt Disney's Uncle Scrooge* (New York: Dell Publishing Company Inc., Mar.–May 1954), no. 5, 11; J.R.R. Tolkien, *The Lord of the Rings* (Boston: Houghton Mifflin Harcourt, 2004), book 1, chapter 1, paragraph 1.
11. Thomas Usk, *The Testament of Love* [ca. 1375], edited by Gary W. Shawver (Toronto: University of Toronto Press, 2002), II. 7.71–73.
12. Geoffrey Chaucer, *A Treatise on the Astrolabe; addressed to his Sowns*, 1391, edited by Walter W. Skeat (London: The Chaucer Society, 1872, repr. 1880), I.9.3.
13. David Hilbert and Wilhelm Ackerman, *Principles of Mathematical Logic* (New York: Chelsea Publishing, 1950), 112–124.
14. David Anderson, "Historical Reflections: Max Newman: Forgotten Man of Early British Computting," *Communications of the ACM* 56, no. 5 (May 2013): 30.
15. Copeland, *Turing: Pioneer*, 1–2; Brian Randell, email Aug. 8, 2014; Sara Turing, *Alan M. Turing*, 63.
16. Michael A. Arbib, *Theories of Abstract Automata* (Englewood Cliffs, NJ: Prentice-Hall, 1969), chapters 5–6; Stephen Cole Kleene, "General Recursive Functions of Natural Numbers," *Mathematische Annalen* 112 (1936): 727–742; Emil Leon Post, "Finite Combinatory Processes— Formulation I," *Journal of Symbolic Logic* 1 (1936): 103–105; Alan Mathison Turing, "On Com- putable Numbers, with an Application to the *Entsheidungsproblem*," *Proceedings of the London Mathematical Society, Series 2* 42 (1936): 230–265; Alan Mathison Turing, "Computability and λ-Definability," *Journal of Symbolic Logic* 2, no. 1 (1937), 153–163.
17. John S. Farmer and W. E. Henley, eds., *Slang and Its Analogues: Past and Present*, multiple vols. printed for subscribers only, 1903, 6:368.
18. Donald Watts Davies, "Corrections to Turing's Universal Computing Machine," in *The Essential Turing: The Ideas That Gave Birth to the Computer Age*, ed. B. Jack Copeland (Oxford: Clarendon Press, 2004), 103–124; Martin Davis ed., *The Undecidable: Basic Papers on Undecidable Propositions, Unsolvable Problems and Computable Functions* (Mineola, NY: Dover, 2004), 115, 118; Hodges, *Alan Turing*, 392; Emil Leon Post, "Recursive Unsolvability of a Problem of Thue," *Journal of Symbolic Logic* 12 (1947): 7.
19. Leavitt, *The Man Who Knew Too Much*, 186–187, 196.
20. George Dyson, *Turing's Cathedral: The Origins of the Digital Universe* (New York: Pantheon Books, 2012), 52–53, 88–89.
21. Davis, *The Undecidable*, 135–140; Sara Turing, *Alan M. Turing*, 70.

22. Martin Davis, "What Is a Computation?" in *Mathematics Today: Twelve Informal Essays*, ed. Lynn Arthur Steen (New York: Springer-Verlag, 1978), 246.
23. Yurii Rogozhin, "Small Universal Turing Machines," *Theoretical Computer Science* 168 (1996): 231–233.
24. Robert A. Heinlein, *The Moon Is a Harsh Mistress* (New York: Orb Books, 1997).
25. Dyson, *Turing's Cathedral*, 54; Marina von Neumann Whitman, *The Martian's Daughter: A Memoir* (Ann Arbor: University of Michigan Press, 2013), 1–2, 7, 16–17, 50, 52, 54, 60.
26. Jacob Bronowski, *The Ascent of Man* (London: BBC Books, 2011), 323–327; Dyson, *Turing's Cathedral*, 45, 326; Herman H. Goldstine, *The Computer: from Pascal to von Neumann* (Princeton, NJ: Princeton University Press, 1972, paperback 1980, fifth printing 1983), 167, 171.
27. Jeremy Bernstein, "John von Neumann and Klaus Fuchs, an Unlikely Collaboration," *Physics in Perspective* 12, no. 1 (Mar. 2010): 36–50.
28. Hodges, *Alan Turing*, 95, 117–132, 144–145.
29. B. Jack Copeland ed., *Colossus: The Secrets of Bletchley Park's Codebreaking Computers* (Oxford: Oxford University Press, 2006), 157–158.
30. Copeland, *Colossus*, 380–381.
31. Homer W. Dudley, "Thirty Years of Vocoder Research," *Journal of the Acoustical Society of America* 36 (1964): 1021; Dave Tompkins, *How to Wreck a Nice Beach: The Vocoder from World War II to Hip-Hop: The Machine Speaks* (Brooklyn: Melville House Publishing, 2011), 48, 81, chapters 2–3.
32. David Anderson, "Was the Manchester Baby Conceived at Bletchley Park?" British Computer Society, Nov. 2007, draft dated 2004, https://www.researchgate.net/publication/228667497_Was_the_Manchester_Baby_conceived_at_Bletchley_Park.pdf, accessed May 15, 2020; Hodges, *Alan Turing*, 245–246; Tompkins, *How to Wreck a Nice Beach*, 42.
33. Copeland, *Turing: Pioneer*, 241, n. 14; Martin Davis, *Computability & Unsolvability* (New York: McGraw-Hill, 1958), 70; Martin Davis, *The Universal Computer: The Road from Leibniz to Turing* (New York: W. W. Norton, 2000), 159–160.
34. Simon Lavington, ed., *Alan Turing and His Contemporaries: Building the World's First Computers* (London: British Informatics Society, 2012), 82.
35. Donald E. Knuth, *The Art of Computer Programming*, Vol. 1: *Fundamental Algorithms* (Menlo Park, CA: Addison-Wesley, 1968), preface.
36. Dyson, *Turing's Cathedral*.
37. Copeland, *The Essential Turing*, 383; George Dyson, private communication, Mar. 2013, excerpts from three dated letters from the Comptroller's Office, John von Neumann file, Shelby White and Leon Levy Archives Center, Institute for Advanced Study, Princeton, NJ.
38. George Dyson, private communication, Mar. 2013.
39. George Dyson, private communication, Mar. 2013.
40. Copeland, *The Essential Turing*, 388, 390, 391; David Alan Grier, "The ENIAC, the verb 'to program' and the emergence of digital computers," *IEEE Annals of the History of Computing* 18, no. 1 (1996): 51–53; John Mauchly, "The Use of High Speed Vacuum Tube Devices for Calculating," Aug. 1942, in Brian Randell ed., *The Origins of Digital Computers: Selected Papers* (New York: Springer-Verlag, 1973), 330–331.

41. Charles Scott Sherrington, *Man on His Nature* (Cambridge: Cambridge University Press, 1942), 178.
42. Turlough Neary and Damien Woods, "Four Small Universal Turing Machines," *Fundamenta Informaticae* 91 (2009): 120–123; Claude E. Shannon, "A Universal Turing Machine with Two Internal States," in Claude E. Shannon and John McCarthy eds., *Automata Studies* (Princeton, NJ: Princeton University Press, 1956), 157–165.
43. Dyson, *Turing's Cathedral*, 225–242.
44. Hodges, *Alan Turing*, 78.
45. Virginia Woolf, *Virginia Woolf: The Complete Collection*, includes *The Diary* (5 vols., 1977–1984), Amazon.com Kindle edition, AtoZ Classics, 2018.
46. William Newman, "Married to a Mathematician: Lyn Newman's Life in Letters," *The Eagle* (St. John's College, Cambridge, 2002), 47–56, http://www.mdnpress.com/wmn/pdfs/MarriedToaMathematician.pdf, accessed Feb. 29, 2020, 1–3.
47. Sara Turing, *Alan M. Turing*, xxi.

第四章　数字光学的黎明：胎动

1. *Manchester Baby*, https://www.youtube.com/watch?v=cozcXiSSkwE, accessed Feb. 22, 2020.
2. *Manchester Baby*.
3. B. Jack Copeland ed., *Colossus: The Secrets of Bletchley Park's Codebreaking Computers* (Oxford: Oxford University Press, 2006), 301; B. Jack Copeland, *Turing: Pioneer of the Information Age* (Oxford: Clarendon Press, 2012), 104, 107.
4. Copeland, *Turing: Pioneer*, 64, 113–116.
5. B. Jack Copeland, "The Manchester Computer: A Revised History. Part 1: The Memory," *IEEE Annals of the History of Computing* 33 (2011): 4–21; Tom Kilburn, "From Cathode-Ray Tube to Ferranti Mark I," *Resurrection: The Bulletin of the Computer Conservation Society* 1, no. 2 (1990): 16–20; Frederic Calland Williams (1911–1977), http://curation.cs.manchester.ac.uk/computer50/www.computer50.org/mark1/williams.html, accessed Feb. 29, 2020; Frederic C. Williams and Tom Kilburn, "A Storage System for Use with Binary-Digital Computing Machines," *Proceedings of the IEE* 96, part III, no. 40 (Mar. 1949): 100.
6. Copeland, "The Manchester Computer: Part 1."
7. Tom Kilburn, "A Storage System for Use with Binary Digital Computing Machines," Dec. 1, 1947, a report to the Telecommunications Research Establishment, Great Malvern, England, sec- tion 2; Williams and Kilburn, "A Storage System," 82.
8. Dai Edwards, email July 16, 2013; Kilburn, *A Storage System*, sections 1.4, 1.5, 4.2, 6; Thomas Lean, interviewer, "David Beverley George (Dai) Edwards Interview," *An Oral History of British Sci- ence*, reference no. C1379/11 (London: The British Library Board, 2010), 68–69; Frederic C. Wil- liams, "Early Computers at Manchester University," *The Radio and Electronic Engineer* 45 (1975): 327–328; Williams and Kilburn, "A Storage System."
9. Chris Burton, email June 24, 2013; Dai Edwards, email July 16, 2013; Lean, "Dai Edwards Interview," 87.
10. Chris Burton, emails June 24, Sept. 13, 2013.
11. T. S. Eliot, *Poems: 1909–1925* (New York: Harcourt, Brace, 1925).

12. B. Jack Copeland, ed., *The Essential Turing: The Ideas That Gave Birth to the Computer Age* (Oxford: Clarendon Press, 2004), 378–379, 383; B. Jack Copeland, ed., *Alan Turing's Electronic Brain: The Struggle to Build the ACE, the World's Fastest Computer* (Oxford: Clarendon Press, 2005; paperback, 2012), 455–456; George Dyson, *Turing's Cathedral: The Origins of the Digital Universe* (New York: Pantheon Books, 2012), 136ff; Brian Randell, "On Alan Turing and the Origins of Digital Computers," *Machine Intelligence* 7 (1972): 3–20; *Dai Edwards: The First Stored Program Computer*, https://www.youtube.com/watch?v=T8JEexHSh1U, accessed Feb. 22, 2020.
13. B. E. Carpenter, "Turing and ACE: Lessons from a 1946 Computer Design." *15th CERN School of Computing*. L'Aquila, Italy, Aug. 30–Sept. 12, 1992, 230–234 (Geneva: CERN, 1993), 231.
14. Copeland, *Alan Turing's Electronic Brain*, chapter 20, 369; Andrew Hodges, *Alan Turing: The Enigma* (New York: Simon and Schuster, 1983), 305–307; Simon Lavington, email Sept. 2013; *AlanTuring.net: The Turing Archive for the History of Computing*, http://www.alanturing.net/index .htm, accessed Feb. 29, 2020.
15. Copeland, *Alan Turing's Electronic Brain*, 114; Hodges, *Alan Turing*, chapter "Mercury Delayed"; Simon Lavington, ed., *Alan Turing and His Contemporaries: Building the World's First Computers* (London: British Informatics Society, 2012), 13, 80.
16. Copeland, *The Essential Turing*, 368–369, 388.
17. Frederic C. Williams and Tom Kilburn, "Electronic Digital Computers," *Nature* 162 (1948): 487; B. Jack Copeland, "The Manchester Computer: A Revised History. Part 2: The Baby Computer," *IEEE Annals of the History of Computing* 33 (2011): 22–37.
18. Chris Burton, email Sept. 9, 2013; Simon Lavington, *A History of Manchester Computers* (Swindon, Wiltshire: The British Computer Society, 1998), 17.
19. David Anderson, "Was the Manchester Baby Conceived at Bletchley Park?" British Computer Society, Nov. 2007, draft dated 2004, https://www.researchgate.net/publication/228667497_Was_the_Manchester_Baby_conceived_at_Bletchley_Park.pdf, accessed May 15, 2020, 39; Tom Kil- burn, "The University of Manchester Universal High-Speed Digital Computing Machine," *Nature* 164 (1949): 684; Lean, "Dai Edwards Interview," 58, 60; Williams, "Early Computers at Manches-ter," 328.
20. Chris Burton, email Sept. 2013; Copeland, *Alan Turing's Electronic Brain*, chapter 20; Kilburn, *A Storage System*, bibliography; Lavington, *Alan Turing and His Contemporaries*, 96; Brian Randell, email Aug. 8, 2014; Williams and Tom Kilburn, "Electronic Digital Computers."
21. Lavington, *A History of Manchester Computers,* 17–18.
22. *Guardian*, Manchester, July 9, 1951; Lavington, *Alan Turing and His Contemporaries*, 38; *AlanM. Turing (1912–1954)*, http://curation.cs.manchester.ac.uk/computer50/www.computer50.org/mark1/turing.html, accessed Feb. 29, 2020.
23. Copeland, *Turing: Pioneer*, 132.
24. Hodges, *Alan Turing*, 352–353; Lavington, *Alan Turing and His Contemporaries*, 25, 81–82; Alan Macfarlane, *Film Interviews with Leading Thinkers*, Collections, Streaming Media Service, University of Cambridge, interview with David Hartley, May 2, 2017.
25. Edsac 99, University of Cambridge Computer Laboratory website for the 50th anniversary of Edsac, https://www.cl.cam.ac.uk/events/EDSAC99/, accessed Feb. 29, 2020; Lavington, *Alan Turing and His Contemporaries*, 28.

26. Lean, "Dai Edwards Interview," 90; Whirlwind Bi-Weekly Reports, Dec. 15, 1947–Dec. 21, 1951, Servomechanisms Lab, MIT, Cambridge, MA; Maurice V. Wilkes, David J. Wheeler, and Stanley Gill, *The Preparation of Programs for an Electronic Digital Computer: With Special Reference to the EDSAC and the Use of a Library of Subroutines* (Cambridge, MA: Addison-Wesley, 1951).
27. Copeland, *Alan Turing's Electronic Brain*, 115.
28. George Dyson, email Apr. 22, 2013; Marina von Neumann Whitman, *The Martian's Daughter: A Memoir* (Ann Arbor: University of Michigan Press, 2013), 50.
29. Herman H. Goldstine, *The Computer: from Pascal to von Neumann* (Princeton, NJ: Princeton University Press, 1972, paperback 1980, fifth printing 1983), 233; Hans Neukom, "The Second Life of ENIAC," *IEEE Annals of the History of Computing* 28, no. 3 (Apr.–June 2006): 4–16.
30. Bertram Vivian Bowden, ed., *Faster than Thought: A Symposium on Digital Computing Machines* (London: Sir Isaac Pitman & Sons, 1953), 174; Thomas Haigh, Mark Priestley, and Crispin Rope, "Engineering 'the Miracle of the ENIAC': Implementing the Modern Code Paradigm," *IEEE Annals of the History of Computing* 36, no. 2 (2014): 41–59; Thomas Haigh, Mark Priestley, and Crispin Rope, *ENIAC in Action: Making and Remaking the Modern Computer* (Cambridge, MA: MIT Press, 2016).
31. George Dyson, emails Aug. 16, and Oct. 25, 2017.
32. Bowden, *Faster than Thought*, ix; Copeland, *The Essential Turing*; Martin Davis, *The Universal Computer: The Road from Leibniz to Turing* (New York: W. W. Norton, 2000), 177–183; Dyson, *Tur-ing's Cathedral*; Goldstine, *The Computer: from Pascal to von Neumann*, 324, 349–362; Lavington, *Alan Turing and His Contemporaries*, 8–9; Whirlwind Bi-Weekly Reports, no. 185, Dec. 15, 1947, to no. 1361, Dec. 21, 1951.
33. Rachael Hanley, "From Googol to Google," *Stanford Daily*, Feb. 12, 2003, http://web.archive.org/web/20100327141327/http://www.stanforddaily.com/2003/02/12/from-googol-to-google, accessed Feb. 29, 2020.
34. Dyson, *Turing's Cathedral*, 68–69, 103, 148.
35. Lavington, *A History of Manchester Computers*, 22.
36. Chris Burton, emails July 2014; *Computer 50: The University of Manchester Celebrates the Birth of the Modern Computer*, http://curation.cs.manchester.ac.uk/computer50/www.computer50.org/index.html, accessed Feb. 29, 2020.
37. B. Jack Copeland and A. A. Haeff, "Andrew V. Haeff: Enigma of the Tube Era and Forgotten Computing Pioneer," *IEEE Annals of the History of Computing* 37, no. 1 (2015): 67–74.
38. Charles W. Adams, "A Batch-Processing Operating System for the Whirlwind I Computer," *Proceedings of the National Computer Conference* (1987): 787–788.
39. John (Jack) T Gilmore Jr., "Retrospectives II: The Early Years in Computer Graphics at MIT, Lincoln Lab and Harvard," *Siggraph '89 Panel Proceedings* (Siggraph '89, Boston, July 31–Aug. 4, 1989), slide 3, p. 40; Edward R. Murrow, "Jay W. Forrester and the Whirlwind Computer," *See It Now*, Dec. 16, 1951, https://criticalcommons.org/view?m=DTVj10Hz5, accessed Mar. 1, 2020; Norman H. Taylor, "Retrospectives I: The Early Years in Computer Graphics at MIT, Lincoln Lab and Harvard," *Siggraph '89 Panel Proceedings* (Siggraph '89, Boston, July 31–Aug. 4, 1989), slide 3, p. 20.
40. Whirlwind Bi-Weekly Reports, no. 899, Sept. 16, 1949, 1.
41. Adams, "A Batch-Processing Operating System for the Whirlwind," 787–788; Fred Gruen-

berger, ed., *Computer Graphics: Utility/Production/Art* (Washington, DC: Thompson Book Com- pany, 1967), 106.
42. Doug Huskey [son], email Aug. 25, 2013.
43. J. Presper Eckert Jr., H. Lukoff, and G. Smoliar, "A Dynamically Regenerated Electrostatic Memory System," *Proceedings of the IRE* (1950): 498–510.
44. Jack Copeland, email Aug. 3, 2014; Eckert et al., "A Dynamically Regenerated Electrostatic Memory System"; Herman Lukoff, *From Dits to Bits: A Personal History of the Electronic Computer* (Portland, OR: Robotics Press, 1979), 88.
45. Chris Burton, email Sept. 13, 2013; Krista Ferrante, email Oct. 20, 2016; *Proceedings of the 1951 AIEE–IEE Conference*, "Review of Electronic Digital Computers," Dec. 10–12, 1951, 59, 71; Whirlwind Bi-Weekly Reports, no. 1326, Oct. 26, 1951, 19.
46. Dai Edwards, email July 16, 2013; *The Manchester Electronic Computer* (Hollinwood, UK: Ferranti, 1952), 13.
47. Copeland, *The Essential Turing*, 356–357; Hodges, *Alan Turing*, 446–447, 477; David Link, "Programming ENTER: Christopher Strachey's Draughts Program," *Resurrection: The Bulletin of the Computer Conservation Society* 60 (Winter 2012): 23–24; Christopher Strachey, Bodleian Library, Oxford University, Oxford, UK, Christopher Strachey archives, folders CSAC 71.1.80/C.20–C.33 for his draughts program, 1950–1952, folders C20–C33.
48. Martin Campbell-Kelly, email July 28, 2013; Alexander Shafto Douglas, "Noughts and Crosses: An Early Computer Version," draft Apr. 9, 1992, intended for Martin Campbell-Kelly, ed., *IEEE Annals of the History of Computing* 14, no. 4 (Oct.–Dec. 1992), special issue on Edsac; Joyce M. Wheeler, "Applications of the Edsac," *IEEE Annals of the History of Computing* 14, no. 4 (Oct.–Dec. 1992), 28.
49. Martin Campbell-Kelly, "Past into Present: The Edsac Simulator," in *The First Computers: History and Architectures*, ed. Raúl Rojas and Ulf Hashagen (Cambridge, MA: MIT Press, 2000), 409; Martin Campbell-Kelly, emails July 9–10, 2013.
50. Jack Copeland, emails July–Sept. 2014.
51. Martin Campbell-Kelly, email July 9, 2013.
52. Taylor, "Retrospectives I," slide 6.
53. Fred Brooks, personal conversation Aug. 13, 2018; J. Martin Graetz, "The Origin of Spacewar," *Creative Computing* 7, no. 8 (Aug. 1981): 60.
54. Adams, "A Batch-Processing Operating System for the Whirlwind," 787–788; Gilmore, "Retrospectives II," slide 3, p. 40; Gruenberger, *Computer Graphics*, 106; Hrand Saxenian, *Programming for Whirlwind 1*, Report R-196, June 11, 1951, Digital Computer Laboratory, MIT, 55; Taylor, "Retrospectives I," slide 7.
55. David E. Weisberg, *The Engineering Design Revolution: The People, Companies and Computer Systems That Changed Forever the Practice of Engineering*. 2008, http://cadhistory.net/, accessed Mar. 1, 2020, chapter 3, p. 5.
56. https://criticalcommons.org/Members/ccManager/clips/mits-whirlwind-computer-debuts-on-see-it-now-with/view, accessed Feb. 22, 2020.
57. Martin Davis, email Oct. 18, 2013.
58. A. Robin Forrest, *War and Peace and Computer Graphics: From Cold War to Star Wars*, Micro- soft *PowerPoint* presentation, Nov. 2013; Robin Forrest, interview, London, Sept. 5, 2016; *Merwin Biography*,

https://www.computer.org/volunteering/awards/merwin/about-merwin, accessed Feb. 29, 2020.
59. Nick England, email Aug. 11, 2019.
60. *Wikipedia*, Baudot code, accessed Aug. 12, 2019.
61. *ASCII Artwork: The RTTY Collection*, http://artscene.textfiles.com/rtty/, accessed Feb. 22, 2020; John Sheetz, https://www.youtube.com/watch?v=c1Beg5qb4is, accessed Feb. 22, 2020.
62. James Kajiya, email Apr. 29, 2017; Robert Schumacker, email Mar. 6, 2018; Dick Shoup, email Jan. 2014; K. W. Uncapher, *The Rand Video Graphic System—An Approach to a General User-Computer Graphic Communication System*, R-753-ARPA, Apr. 1971, 4, 11–12.
63. Stewart Brand, *The Media Lab: Inventing the Future at MIT* (New York: Viking Penguin, 1987), 171; Robert Schumacker emails Mar. 4–5, 2018; Richard G. Shoup, "Some Quantization Effects in Digitally-Generated Pictures," *Society for Information Display International Symposium, Digest of Technical Papers* 4 (1973): 58–59; *The SuperPaint System (1973–1979)*, http://web.archive.org/web/20020110013554/http://www.rgshoup.com:80/prof/SuperPaint/, accessed Feb. 22, 2020; Nicholas Negroponte, "Raster Scan Approaches to Computer Graphics," *Computers & Graphics* 2, no. 3 (1977): 191–192.
64. Bob Schumacker, email Mar. 4, 2018; Shoup, "Some Quantization Effects."
65. Malcolm Blanchard, email Jan. 29, 2014; Edwin Catmull, "A Subdivision Algorithm for Computer Display of Curved Surfaces," PhD thesis, University of Utah, Dec. 1974; Franklin C. Crow, "The Aliasing Problem in Computer-Generated Shaded Images," *Communications of the ACM* 20 (1977): 799–805.

第五章　电影与动画：采样时间

1. Leo Tolstoy, *War and Peace*, translated by Louise and Aylmer Maude (New York: Alfred A. Knopf, 1992), first lines, book 3, part 3, chapter 1.
2. Laurent Mannoni, *The Great Art of Light and Shadow: Archaeology of the Cinema* (Exeter: University of Exeter Press, 2000), xix.
3. Edward Ball, *The Inventor and the Tycoon* (New York: Doubleday, 2013); Henry V. Hopwood, *Living Pictures: Their History, Photo-production and Practical Working, with a Digest of British Patents and Annotated Bibliography* (London: Optician & Photographic Trades Review, 1899), 238.
4. Ball, *The Inventor and the Tycoon*, 30; Gordon Hendricks, *Eadweard Muybridge: The Father of the Motion Picture* (New York: Grossman Publishers, 1975), 71; Mannoni, *The Great Art of Light and Shadow*, 307; Rebecca Solnit, *River of Shadows: Eadweard Muybridge and the Technological Wild West* (New York: Penguin Books, 2003), 139.
5. Hendricks, *Eadweard Muybridge*, 46; Ball, *The Inventor and the Tycoon*, 123–125.
6. Solnit, *River of Shadows*, 185–187.
7. Marta Braun, *Eadweard Muybridge* (London: Reaktion Books Ltd., 2010), 161.
8. Ball, *The Inventor and the Tycoon*, 6, 12–18, 120–123, 307–361, chapter 21; Solnit, *River of Shadows*, 184–185.
9. W.K.L. Dickson and Antonia Dickson, *History of the Kinetograph, Kinetoscope, and Kineto-Phonograph* (New York: W.K.L. Dickson, 1895); Charles Musser, *The Emergence of Cinema: The American Screen to 1907* (Berkeley: University of California Press, 1990; paperback 1994), 45–48; Alvy Ray Smith, *Shuttering Mechanisms of Zoetrope and Zoopraxiscope*, 2015, http://

alvyray.com/Papers/ShutteringMechanisms.pdf, accessed Mar. 1, 2020, section 1; Paul C. Spehr, *The Man Who Made Movies: W.K.L. Dickson* (New Barnet, Herts.: John Libbey, 2008), 76.

10. Carlos Rojas and Eileen Chow, eds., *The Oxford Handbook of Chinese Cinemas* (Oxford: Oxford University Press, 2013), 5.
11. Athanasius Kircher, *Ars Magna Lucis et Umbrae* (revised second edition, Amsterdam, 1671), 768; *The Oldest Magic Lantern in the World*, https://www.luikerwaal.com/newframe_uk.htm?/oudste_uk.htm, accessed Feb. 24, 2020; Musser, *The Emergence of Cinema*, 21.
12. Ball, *The Inventor and the Tycoon*, 367; Smith, *Shuttering Mechanisms of Zoetrope and Zoopraxis- cope*, section 2.
13. Ball, *The Inventor and the Tycoon*; Solnit, *River of Shadows*; J. D. B. Stillman, *The Horse in Motion* (Boston: James R. Osgood and Company, 1882).
14. Hendricks, *Eadweard Muybridge*, 141–142.
15. Ball, *The Inventor and the Tycoon*, 306, 333–334.
16. Ball, *The Inventor and the Tycoon*, 323.
17. Spehr, *The Man Who Made Movies*, 650.
18. Gordon Hendricks, *The Edison Motion Picture Myth* (Berkeley: University of California Press, 1961), 106–108.
19. Hopwood, *Living Pictures*, 88–91; Paul Pottash, email Oct. 18, 2015; Spehr, *The Man Who Made Movies*, 106, 133.
20. David DiFrancesco, email Feb. 14, 2017; Paul Pottash, email Oct. 18, 2015.
21. Luiz Carlos L. Silveira and Harold D. de Mello Jr., "Parallel Pathways of the Primate Vision: Sampling of the Information in the Fourier Space by M and P Cells," in *Development and Organization of the Retina: From Molecules to Function*, ed. L. M. Chalupa and B. L. Finlay (New York: Plenum Press, 1998), 173–199.
22. Dale Purves, Joseph A. Paydarfar, and Timothy J. Andrews, "The Wagon Wheel Illusion in Movies and Reality," *Proceedings of the National Academy of Science USA* 93 (Apr. 1996): 3693–3697.
23. Hopwood, *Living Pictures*, 226; Laurent Mannoni, *Georges Demenÿ: Pionnier du Cinéma* (Douai: Éditions Pagine, 1997).
24. Donald Crafton, *Before Mickey: The Animated Film, 1898–1928* (Chicago: University of Chi- cago Press, 1982, repr. 1993); Hendricks, *The Edison Motion Picture Myth*; Hopwood, *Living Pictures*; Mannoni, *The Great Art of Light and Shadow*; Musser, *The Emergence of Cinema*; Paul Pottash, email Oct. 18, 2015; Jacques Rittaud-Hutinet, *Letters: Auguste and Louis Lumière: Inventing the Cinema* (London: Faber and Faber, 1995); Spehr, *The Man Who Made Movies*.
25. Richard Brown and Barry Anthony, *The Kinetoscope: A British History* (East Bernet, Herts., UK: John Libbey Publishing, 2017); Hopwood, *Living Pictures*, 65, 98, 238, 240; Musser, *The Emergence of Cinema*, 91; Spehr, *The Man Who Made Movies*, 106–111.
26. Richard Howells, "Louis Le Prince: The Body of Evidence," *Screen* 47, no. 2 (July 2006): 187, 195; E. Kilburn Scott, "The Pioneer Work of Le Prince in Kinematography," *The Photographic Journal (Transactions of the Royal Photographic Society)* 63 (Aug. 1923): 373–378; E. Kilburn Scott, "Career of L. A. A. Le Prince," *Journal of the Society of Motion Picture Engineers* 17, no. 1 (July 1931): 46–66; Spehr, *The Man Who Made Movies*, 111–117; David Nicholas Wilkinson, *The First Film* (2016), https://vimeo.com/ondemand/thefirstfilm/181293064, accessed Feb. 24, 2020; *Roundhay Garden Scene (1888)*, https://www.youtube.com/watch?v=nR2r ZgO5g, accessed Feb. 24, 2020.

27. Musser, *The Emergence of Cinema*, 115–116.
28. Spehr, *The Man Who Made Movies*, 115.
29. Walter Isaacson, *Steve Jobs* (New York: Simon & Schuster, 2011), 347.
30. Paul Spehr, email June 15, 2015.
31. Hendricks, *The Edison Motion Picture Myth*, appendix B; Musser, *The Emergence of Cinema*, 63, 67.
32. Paul Spehr, email June 15, 2015.
33. Dickson and Dickson, *History of the Kinetograph*, 4, 54–55.
34. W.K.L. Dickson and Antonia Dickson, *The Life and Inventions of Thomas Alva Edison* (New York: Thomas Y. Crowell & Co., 1894), preface.
35. Spehr, *The Man Who Made Movies*, 9.
36. Hendricks, *The Edison Motion Picture Myth*, 163–168, appendix C.
37. Dickson and Dickson, *History of the Kinetograph*, 54.
38. Alvy Ray Smith, *William Kennedy Laurie Dickson: A Genealogical Investigation of a Cinema Pioneer*, Nov. 3, 2019, http://alvyray.com/DigitalLight/WilliamKLDickson_v2.34.pdf, accessed Mar. 1. 2020.
39. Paul Spehr, email June 15, 2015; *W.K.L. Dickson Filmography*, https://www.imdb.com/name/nm0005690/, accessed Feb. 24, 2020.
40. Gordon Hendricks, *The Kinetoscope* (New York: Gordon Hendricks, 1966), 58–59; Paul Spehr, email June 15, 2015.
41. Paul Spehr, emails June 15, 2015 and Aug. 17, 2015.
42. Paul Spehr, email June 10, 2015.
43. Spehr, *The Man Who Made Movies*, 618.
44. Hopwood, *Living Pictures*, 261; Paul Spehr, emails June 15, Aug. 17, 2015.
45. Mannoni, *The Great Art of Light and Shadow*, 457.
46. Charles Musser, *Thomas A. Edison and His Kinetographic Motion Pictures* (New Brunswick, NJ: Rutgers University Press, 1995), 20; Smith, *William Kennedy Laurie Dickson*, Fig. 12; Paul Spehr, email Sept. 14, 2015.
47. Spehr, *The Man Who Made Movies*, 290–294; Paul Spehr, email Sept. 14, 2015.
48. Hopwood, *Living Pictures*, 36–39; Musser, *The Emergence of Cinema*, 145; Spehr, *The Man Who Made Movies*, 352; Paul Spehr, email Aug. 17, 2015.
49. Mannoni, *The Great Art of Light and Shadow*, 325.
50. Ball, *The Inventor and the Tycoon*, 318–319, 334; Mannoni, *The Great Art of Light and Shadow*, 331; Musser, *The Emergence of Cinema*, 66; Spehr, *The Man Who Made Movies*, 142–147.
51. Spehr, *The Man Who Made Movies*, 138–140, 142–147; Paul Spehr, email Aug. 17, 2015.
52. Mannoni, *The Great Art of Light and Shadow*, 436.
53. Mannoni, *The Great Art of Light and Shadow*, 422.
54. Rittaud-Hutinet, *Letters: Auguste and Louis Lumière*, 16–22, 195–200.
55. Mannoni, *The Great Art of Light and Shadow*, 346–350; Spehr, *The Man Who Made Movies*, 111–117; Paul Spehr, email Sept. 5, 2015.
56. Musser, *The Emergence of Cinema*, 135, 177.
57. Thierry Lefebvre, Jacques Malthête, and Laurent Mannoni, eds., *Lettres d'Étienne-Jules Marey à Demenÿ, 1880–1894* (Paris: Association française de recherche sur l'histoire du cinéma,

Biblio- thèque du Film, 2000); Mannoni, *Georges Demenÿ*; Mannoni, *The Great Art of Light and Shadow*.
58. Lefebvre, Malthête, and Mannon, *Lettres d'Étienne-Jules Marey à Demenÿ*; Mannoni, *The Great Art of Light and Shadow*, 333–363.
59. Hopwood, *Living Pictures*, 83.
60. Mannoni, *The Great Art of Light and Shadow*, 362.
61. Mannoni, *The Great Art of Light and Shadow*, 417–421, 442–450.
62. Mannoni, *The Great Art of Light and Shadow*, 446–449.
63. Mannoni, *The Great Art of Light and Shadow*, 434–439.
64. Mannoni, *Georges Demenÿ*, 78–83; Laurent Mannoni, email Aug. 18, 2015; Rittaud-Hutinet, *Letters: Auguste and Louis Lumière*, 195–200.
65. Mannoni, *The Great Art of Light and Shadow*, 430; Paul Spehr, email Dec. 9, 2015.
66. Paul Spehr, email Sept. 5, 2015.
67. *Wikipedia, Motion Picture Patents Co. v. Universal Film Manufacturing Co.*, accessed May 17, 2020.
68. Crafton, *Before Mickey*, 12.
69. Crafton, *Before Mickey*, 110.
70. Crafton, *Before Mickey*, 110.
71. Crafton, *Before Mickey*, 232–235.
72. Crafton, *Before Mickey*, 61.
73. Crafton, *Before Mickey*, 112–116.
74. Ibid., 58–89; Donald Crafton, *Émile Cohl, Caricature, and Film* (Princeton, NJ: Princeton University Press, 1990); *Fantasmagorie*, https://publicdomainreview.org/collection/emile-cohl-s-fantasmagorie-1908, accessed Feb. 24, 2020.
75. Crafton, *Before Mickey*, 110, 113.
76. Walt Disney, *The Story of the Animated Drawing*, https://youtu.be/UXDwn2OELMU, accessed Feb. 24, 2020.
77. Crafton, *Before Mickey*, 77.
78. Crafton, *Before Mickey*, 192–200.
79. Crafton, *Before Mickey*, 137–150.
80. Crafton, *Before Mickey*, 150–157.
81. Crafton, *Before Mickey*, 244–246.
82. Frank Thomas and Ollie Johnston, *Disney Animation: The Illusion of Life* (New York: Abbeville Press, 1981), 51.
83. Laurent Mannoni and Donata Pesenti Campagnoni, *Lanterne Magique et Film Peint: 400 Ans de Cinéma* (Paris: Éditions de La Martinière, 2009), 182–183, 249.
84. Crafton, *Before Mickey*, 169–173.
85. John Gentilella, https://www.imdb.com/name/nm0313101/, accessed Feb. 24, 2020.
86. Leslie Iwerks and John Kenworthy, *The Hand Behind the Mouse* (New York: Disney Editions, 2001), 24, 236.
87. Iwerks and Kenworthy, *The Hand Behind the Mouse*, 15.
88. Neal Gabler, *Walt Disney: The Triumph of the American Imagination* (New York: Alfred A. Knopf, 2006), 46–50; Iwerks and Kenworthy, *The Hand Behind the Mouse*, 1–14.
89. Edwin G. Lutz, *Animated Cartoons: How They Are Made, Their Origin and Development* (New

York: Charles Scribner's Sons, 1920).
90. Iwerks and Kenworthy, *The Hand Behind the Mouse*, 15–24.
91. Gabler, *Walt Disney*, 112–115; Iwerks and Kenworthy, *The Hand Behind the Mouse*, 53–56; William Silvester, *Saving Disney: The Roy E. Disney Story* (Theme Park Press, 2015), 7.
92. Iwerks and Kenworthy, *The Hand Behind the Mouse*, 55–57.
93. Gabler, *Walt Disney*, 143–144; Iwerks and Kenworthy, *The Hand Behind the Mouse*, 78–84.
94. Iwerks and Kenworthy, *The Hand Behind the Mouse*, 87.
95. Iwerks and Kenworthy, *The Hand Behind the Mouse*, vi.
96. David A. Bossert, *Remembering Roy E. Disney: Memories and Photos of a Storied Life* (Los Angeles: Disney Editions, 2013); Silvester, *Saving Disney*; Alvy Ray Smith, "Notes of the Pilgrimage to Disney on 3 Jan. 1977," http://alvyray.com/Pixar/documents/Disney1977Visit_EdAlvyDick.pdf, accessed Apr. 4, 2020.
97. Crafton, *Before Mickey*, xv, foreword.
98. Crafton, *Before Mickey*, 301.
99. Crafton, *Before Mickey*, chapter 9, 300–321.

第六章　未来的形状

1. I. J. Schoenberg, *Cardinal Spline Interpolation* (Philadelphia: Society for Industrial and Applied Mathematics (SIAM), 1973), v.
2. Tom Porter, email Aug. 4, 2016; https://www.discogs.com/Ustad-Ali-Akbar-Khan-Pandit-Ravi-Shankar-With-Ustad-Alla-Rakha-At-San-Francisco/release/2804789, accessed Feb. 25, 2020.
3. Henry David Thoreau, "Spring," *Walden, or Life in the Woods* (Boston: 1864), 232–233 of 248.
4. Robin Forrest, conversation June 12, 2017.
5. Andy Hertzfeld, *Creative Think*, seminar July 20, 1982, https://www.folklore.org/StoryView.py?project=Macintosh&story=Creative_Think.txt, accessed Mar. 1, 2020; Alan Kay, email July 3, 2016; http://billkerr2.blogspot.com/2006/12/point-of-view-is-worth-80-iq-points.html, accessed Feb. 25, 2020.
6. Edward Taylor Whittaker and George Robinson, *A Short Course in Interpolation* (London: Blackie and Son, 1923), 2.
7. Robin Forrest, conversation June 12, 2017.
8. Tom Porter, email Mar. 17, 2017.
9. Edwin Catmull, "A Subdivision Algorithm for Computer Display of Curved Surfaces," PhD thesis, University of Utah, Dec. 1974, appendix A; Edwin Catmull and Raphael Rom, "A Class of Local Interpolating Splines," in *Computer Aided Geometric Design*, ed. R. E. Barnhill and R. F. Riesenfeld (New York: Academic Press, 1974), 317–326; James H. Clark, *Parametric Curves, Surfaces and Volumes in Computer Graphics and Computer-Aided Geometric Design*, Technical Report 221, Computer Systems Laboratory, Stanford University, Palo Alto, CA, Nov. 1981; Alvy Ray Smith, *Spline Tutorial Notes*, Lucasfilm/Pixar Technical Memo 77, May 8, 1983, http://alvyray.com/Memos/CG/Pixar/spline77.pdf, accessed Feb. 28, 2020.
10. A. Robin Forrest, "On the Rendering of Surfaces," *Computer Graphics* 13, no. 2 (Aug. 1979): 254.
11. Alvin M. Welchons and William R. Krickenberger, *Plane Geometry* (New York: Ginn and Company, 1949), 7, 57.

12. Robin Forrest, conversation June 12, 2017.
13. Jim Blinn, email June 21, 2017; Martin Newell, *The Utilization of Procedure Models in Digital Image Synthesis*, PhD thesis, Computer Science, University of Utah, Summer 1975, figs. 28–29; Ivan Sutherland, email Jan. 24, 2018.
14. Herbert Freeman and Philippe P. Loutrel, "An Algorithm for the Solution of the Two-Dimensional 'Hidden-Line' Problem," *IEEE Transactions on Electronic Computers* EC-16, no. 6 (Dec. 1967): 784–789; Philippe P. Loutrel, "A Solution to the Hidden-Line Problem for Computer- Drawn Polyhedra," *IEEE Transactions on Computers* C-19, no. 3 (Mar. 1970): 205–213; Lawrence Gilman Roberts, "Machine Perception of Three-Dimensional Solids," PhD thesis, MIT, EE Dept., Cambridge, MA, June 1963.
15. Jack Bresenham, "Algorithm for Computer Control of a Digital Plotter," *IBM Systems Journal* 4, no. 1 (1965): 25–30; *Bresenham's Algorithm*, https://xlinux.nist.gov/dads/HTML/bresenham.html, accessed Feb. 25, 2020.
16. Jack Bresenham, email June 14, 2017; James D. Foley and Andries van Dam, *Fundamentals of Interactive Computer Graphics* (Cambridge, MA: Addison-Wesley, 1982).
17. Glen J. Culler and Robert W. Huff, "Solution of Nonlinear Integral Equations Using On-Line Computer Control," *Proceedings 1962 AFIPS Spring Joint Computer Conference*, 129; Brian Dear, *The Friendly Orange Glow: The Untold Story of the PLATO System and the Dawn of Cyberculture* (New York: Pantheon, 2017).
18. Vannevar Bush, "As We May Think," *Atlantic Monthly*, July 1945, 16.
19. Bush, "As We May Think," 19–20.
20. J. C. R. Licklider, "Man-Computer Symbiosis," *IRE Transactions on Human Factors in Electronics* HFE-1 (Mar. 1960): 7.
21. Ivan Sutherland, email Jan. 24, 2018.
22. Douglas C. Engelbart, *Augmenting Human Intellect: A Conceptual Framework*, SRI Summary Report AFOSR-3223 (Menlo Park, CA: Stanford Research Institute, Oct. 1962): ii, abstract.
23. Paul Ryan, *Cybernetics of the Sacred* (Garden City, NY: Anchor Press, 1974), epigraph.
24. Benj Edwards, "The Never-Before-Told-Story of the World's First Computer Art (It's a Sexy Dame)," *Atlantic Monthly*, Jan. 24, 2013; *IBM Sage Computer Ad, 1960*, https://www.youtube.com/watch?v=iCCL4INQcFo, accessed Mar. 25, 2020.
25. Stewart Brand, "Spacewar: Fanatic Life and Symbolic Death Among the Computer Bums," *Rolling Stone*, Dec. 7, 1972.
26. *TX-0 Computer, MIT, 1956–1960*, https://www.youtube.com/watch?v=ieuV0A01--c, accessed Feb. 25, 2020.
27. Stewart Brand, ed., *Whole Earth Catalog* (Menlo Park, CA: The Portola Institute, 1968); Brand, "Spacewar."
28. Steven Levy, *Hackers: Heroes of the Computer Revolution* (Garden City, NY: Anchor Press/Doubleday, 1984), 157.
29. Levy, *Hackers*, chapter 3 (of part 1).
30. J. Martin Graetz, "The Origin of Spacewar," *Creative Computing* 7, no. 8 (Aug. 1981): 58; Levy, *Hackers*, 18–19; *Wikipedia*, Thomas Stockham, accessed June 8, 2017.
31. Levy, *Hackers*, 45, chapter 3 (of part 1).
32. Herbert Freeman, *Cobblestones: The Story of My Life* (Xlibris Corp., 2009), 17–22, 40–41, 112–

115; Herb Freeman, phone call, email Jan. 14, 2018.
33. Freeman, *Cobblestones*, 39–51.
34. Robin Forrest, meeting Sept. 2016.
35. Robin Forrest, email Apr. 5, 2017.
36. Robin Forrest, emails Mar. 20, 22, 2017; Rich Riesenfeld, email Sept. 22, 2017.
37. Daniel Cardoso Llach, *Builders of the Vision: Software and the Imagination of Design* (New York: Routledge, 2015), 56.
38. Jim Blinn, email Apr. 18, 2017.
39. Cardoso Llach, *Builders of the Vision*, 54.
40. Cardoso Llach, *Builders of the Vision*, 54–56.
41. Daniel Cardoso Llach, "A Conversation with Robin Forrest," draft Aug. 9, 2016, 3.
42. Cardoso Llach, "A Conversation with Robin Forrest," 3.
43. *2002 Outstanding Service Award: Bertram Herzog*, https://www.siggraph.org/about/awards/2002-service-award/, accessed Feb. 25, 2020; Siggraph history, https://www.siggraph.org/about/history/, accessed Feb. 25, 2020.
44. Michel Landry, https://www.ltechsolution.com/lanticonformisme-au-profit-de-la-creation/, accessed Feb. 25, 2020 (source of both epigraphs: the first is my translation, the second was trans- lated by Pascale Torracinta).
45. Rich Riesenfeld, email Sept. 22, 2017.
46. Bézier obit., *Computer Aided Design* 22, no. 9 (Nov. 1990); Christian Boyer, emails, Apr. 11–20, 2020; Edmond De Andréa, "Grandes Figures: Pierre Bézier (Pa. 1927)," *Arts et Métiers Maga- zine*, Dec. 2005, 52; Dugomier, Bruno Bazile, and Yves Magne, *La Naissance de la Renault 4CV* (Grenoble: Glénat, 2017), 14; Évelyne Gayme, "Les Oflags, Centres Intellectuels," *Inflexions* 29, no. 2 (2015): 127.
47. Pierre E. Bézier, "Examples of an Existing System in the Motor Industry: the Unisurf System," *Proceedings of the Royal Society of London. Series A, Mathematical and Physical Sciences* 321 (1971): 213, figs. 7–8.
48. Cardoso Llach, "A Conversation with Robin Forrest," 2, 13; Robin Forrest, conversation May 3, 2017.
49. Paul de Faget de Casteljau, "De Casteljau's Autobiography: My Time at Citroën," *Computer Aided Geometric Design* 16 (1999): 583–586.
50. Hanns Peter Bieri and Hartmut Prautzsch, "Preface," *Computer Aided Geometric Design* 16 (1999): 579–581; Jules Bloomenthal, ed., "Graphic Remembrances," *IEEE Annals of the History of Computing* 20, no. 2 (1998): 39; Robin Forrest, email Apr. 9, 2017; *Wikipedia*, Paul de Casteljau, accessed Dec. 23, 2019.
51. Robin Forrest, emails Mar. 20, 22, 2017.
52. Ivan Sutherland, "Sketchpad, A Man-Machine Graphical Communication System," PhD thesis, MIT, EE Dept., Cambridge, MA, Jan. 1963; Ivan Sutherland, Skype conversation, Jan. 23, 2018.
53. Timothy Johnson, *Sketchpad III, Three-Dimensional Graphical Communication with a Digital Computer*, MS thesis, MIT, EE Dept., Cambridge, MA, May 1963; Tim Johnson, email Apr. 29, 2017; Ivan Sutherland, Skype conversation May 9, 2017; David E. Weisberg, *The Engineering Design Revolution: The People, Companies and Computer Systems That Changed Forever the Practice of Engineering*. 2008, http://cadhistory.net/, accessed Mar. 1, 2020, chapter 3, 18–22.
54. Tim Johnson, email Apr. 20, 2017; Sutherland, *Sketchpad*, 67–68; Ivan Sutherland, email May 2,

2017; Ivan Sutherland, Skype conversation May 9, 2017.
55. Sutherland, *Sketchpad*, appendix E, 154–160; Ivan Sutherland, email May 2, 2017.
56. James F. Blinn, "A Trip Down the Graphics Pipeline: Grandpa, What Does 'Viewport' Mean?" *IEEE Computer Graphics and Applications* 12, no. 1 (Jan. 1992): 83–87; William Newman and Robert F. Sproull, *Principles of Interactive Computer Graphics* (San Francisco: McGraw-Hill, 1973), 126–127.
57. William A. Fetter, "The Art Machine," *Journal of Commercial Art and Design* 4, no. 2 (Feb. 1962): 36.
58. Walter D. Bernhart and William A. Fetter, *Planar Illustration Method and Apparatus*, US Patent No. 3,519,997, issued July 7, 1970, filed Nov. 13, 1961; Robin Oppenheimer, email June 16, 2017.
59. Jim Blinn, email June 18, 2017.
60. Fetter, "The Art Machine," 36; Robin Oppenheimer, email June 21, 2017; *Wikipedia*, William Fetter, accessed Sept. 29, 2017.
61. Edward E. Zajac, "Computer-Made Perspective Movies as a Scientific and Communication Tool," *Communications of the ACM* 7, no. 3 (Mar. 1964): 169–170; *AT&T Tech Channel*, https://techchannel.att.com/play-video.cfm/2012/7/18/AT&T-Archives-First-Computer-Generated-Graphics-Film, accessed Feb. 25, 2020.
62. Zajac, "Computer-Made Perspective Movies," 170.
63. Ivan Sutherland, Skype conversation Jan. 23, 2018.
64. Ivan Sutherland, email Jan. 21, 2018; Ivan Sutherland, Skype conversation Jan. 23, 2018.
65. Tim Johnson, email Mar. 24, 2017; J. C. R. Licklider, "Graphics Input—A Survey of Techniques," *Proceedings 1966 UCLA Computer Graphics Symposium*, 44.
66. Fred N. Krull, "The Origin of Computer Graphics within General Motors," *IEEE Annals of the History of Computing* 16, no. 3 (1994): 44–46; Weisberg, *The Engineering Design Revolution*, chapter 3, 22–25.
67. Barrett Hargreaves, email Nov. 4, 2014; Rich Riesenfeld, email Sept. 23, 2017.
68. Barrett Hargreaves, emails May 18–19, 2017.
69. Barrett Hargreaves, John D. Joyce, George L. Cole, Ernest D. Foss, Richard G. Gray, Elmer M. Sharp, Robert J. Sippel, Thomas M. Spellman, and Robert A. Thorpe, "Image Processing Hardware for a Man-Machine Graphical Communication System," *Proceedings 1964 AFIPS Fall Joint Com- puter Conference*, 375; Barrett Hargreaves, emails Oct. 13, 2014, May 19, 2017; J Edwin L.acks, "A Laboratory for the Study of Graphical Man-Machine Communications," *Proceedings 1964 AFIPS Fall Joint Computer Conference*, 344; Ivan Sutherland, "Computer Graphics: Ten Unsolved Prob- lems," *Datamation* 12, no. 5 (May 1966): 23.
70. Barrett Hargreaves, email Oct. 13, 2014.
71. Robin Forrest, email Mar. 20, 2017; Barrett Hargreaves, email May 18, 2017.
72. Dear, *The Friendly Orange Glow*.
73. Ivan Sutherland, Skype conversation May 9, 2017.
74. Licklider, "Graphics Input—A Survey of Techniques," 44; *Sketchpad, by Dr. Ivan Sutherland with comments by Alan Kay*, https://www.youtube.com/watch?v=495nCzxM9PI, accessed Feb. 25, 2020.
75. Johnson, *Sketchpad III*.
76. Tim Johnson, emails Mar. 24–25, 2017.

77. Tim Johnson, email Mar. 30, 2017.
78. Tim Johnson, email Mar. 24, 2017.
79. Roberts, *Machine Perception of Three-Dimensional Solids*.
80. "Retrospectives II: The Early Years in Computer Graphics at MIT, Lincoln Lab and Harvard," *Siggraph '89 Panel Proceedings*, Siggraph '89, Boston, July 31–Aug. 4, 1989, 56–59.
81. "Larry Roberts, Fellow," Computer History Museum (website), https://computerhistory.org/profile/larry-roberts/?alias=bio&person=larry-roberts, accessed Feb. 25, 2020.
82. Sutherland, *Sketchpad*, 132–133, fig. 9.8; Ivan Sutherland, Skype conversation 9 May 2017.
83. Jasia Reichardt, ed., *Cybernetic Serendipity: The Computer and the Arts* (Studio International Special Issue, London, July 1968), 5.
84. Kenneth C. Knowlton, "A Computer Technique for Producing Animated Movies," *Proceedings 1964 AFIPS Spring Joint Computer Conference*, 67–87; *A Computer Technique for Producing Animated Movies*, https://techchannel.att.com/play-video.cfm/2012/9/10/AT&T-Archives-Computer-Technique-Production-Animated-Movies, accessed Feb. 25, 2020; *Programming of Computer Animation*, https://techchannel.att.com/play-video.cfm/2012/9/17/AT&T-Archives-Programming-of-Computer-Animation, accessed Feb. 25, 2020.
85. Grant D. Taylor, *When the Machine Made Art: The Troubled History of Computer Art* (New York: Bloomsbury Academic, 2014).
86. Marceli Wein, email July 3, 2017; http://compellingjewishstories.blogspot.com/2013/03/fifteen-journeys-warsaw-to-london-by.html, accessed Feb. 25, 2020.
87. Cardoso Llach, "A Conversation with Robin Forrest," 17.
88. *Cybernetic Serendipity*, http://www.historyofinformation.com/detail.php?entryid=1089, accessed Feb. 25, 2020.
89. Reichardt, *Cybernetic Serendipity*, 66–68, 86–90, 92–93, 95–96.
90. Ronald Baecker, "Interactive Computer-Mediated Animation," PhD thesis, MIT, EE Dept., Cambridge, MA, Mar. 1969, 6.
91. Ron Baecker, email Aug. 5, 2019.
92. Baecker, *Interactive Computer-Mediated Animation*, 4; Ron Baecker, emails May 2017, Aug. 5, 2019; *Genesys: An Interactive Computer-Mediated Animation System*, https://www.youtube.com/watch?v=GYlPKLxoTcQ, accessed Feb. 25, 2020; Tim Johnson, email May 2017; Eric Martin, email Sept. 28, 2015.
93. Baecker, "Interactive Computer-Mediated Animation"; Ronald Baecker, "Picture-Driven Animation," *Proceedings of 1969 AFIPS Spring Joint Computer Conference*, 273–288; Sutherland, *Sketch-pad*, 132.
94. Ephraim Cohen, email May 25, 2017.
95. Baecker, "Picture-Driven Animation," 278.
96. *Schindler's List*, http://auschwitz.dk/schindlerslist.htm, accessed Mar. 1, 2020.
97. Marceli Wein, email July 3, 2017.
98. Marceli Wein, *Marceli Wartime*, Mar. 11, 2015, a 19-page autobiography, 11–14; Jim Blinn, email June 21, 2016.
99. Intel Corporation, *Excerpts from* A Conversation with Gordon Moore: Moore's Law, http://large.stanford.edu/courses/2012/ph250/lee1/docs//Excepts_A_Conversation_with_Gordon_Moore.pdf, accessed Feb. 28, 2020; Gordon E. Moore, "Cramming More Components onto Inte- grated Circuits," *Electronics* 38 (1965).

100. Rachel Courtland, "The Molten Tin Solution," *IEEE Spectrum*, Nov. 2016, 28–33, 41; Intel Corporation, *Tri-Gate Transistors Presentation*, Apr. 19, 2011, http://www.intel.com/content/dam/www/public/us/en/documents/backgrounders/standards-22nm-3d-tri-gate-transistors-presentation.pdf, accessed Feb. 29, 2020.
101. Jim Blinn, email Mar. 23, 2019; Arthur C. Clarke, *The City and the Stars* (New York: Signet Books, 1957), 47–48.
102. Ivan Sutherland, "The Ultimate Display," *Proceedings of 1965 IFIP Congress*, 508.
103. Jaron Lanier, *Dawn of the New Everything: Encounters with Reality and Virtual Reality* (New York: Henry Holt , 2017), 43; Ivan Sutherland, "A Head-Mounted Three Dimensional Display," *Proceedings of 1968 AFIPS Fall Joint Computer Conference*, 759; Ivan Sutherland and Bob Sproull, *Virtual Reality Before It Had That Name*, Computer History Museum, Mar. 19, 1996, https://computerhistory.org/ivan-sutherland-virtual-reality-before-it-had-that-name-playlist/, accessed Mar. 1, 2020.
104. Sutherland, "A Head-Mounted Three Dimensional Display," 762.
105. Sutherland and Sproull, *Virtual Reality Before It Had That Name*.
106. Jim Kajiya, email Apr. 24, 2017; Sutherland, "Computer Graphics: Ten Unsolved Problems."
107. Ivan Sutherland, Skype conversation Jan. 23, 2018.

第七章　含义之明暗

1. For figure 7.1: GE, *Computer Image Generation*, Simulation and Control Systems Department, General Electric Company, Daytona Beach, Fla., 19-page color marketing pamphlet (including covers), ca. 1977; GE–NASA, Final Report, *Visual Three-View Space-Flight Simulator*, Contract NAS 9-1375, GE, Defense Electronics Division, Electronics Laboratory, Ithaca, NY, Aug. 1, 1964.
2. Gene Youngblood, *Expanded Cinema* (New York: E. P. Dutton, 1970), 252.
3. Youngblood, *Expanded Cinema*, 205.
4. Youngblood, *Expanded Cinema*, 205; Gene Youngblood, email Mar. 12, 2019.
5. Youngblood, *Expanded Cinema*, 252.
6. Jim Blinn, conversations Jan. 2018, email Feb. 9, 2018; Zareh Gorjian, email Jan. 3, 2018.
7. NASA, "Coloring the Mariner 4 Image Data," https://mars.nasa.gov/resources/20284/coloring-the-mariner-4-image-data/, accessed Feb. 26, 2020; NASA, "Mars TV Camera," https://nssdc.gsfc.nasa.gov/nmc/experiment/display.action?id=1964-077A-01, accessed Feb. 26, 2020.
8. Robert B. Leighton, Bruce C. Murray, Robert P. Sharp, J. Denton Allen, and Richard K. Sloan, *Mariner IV Pictures of Mars*, NASA Technical Report 32-884, Mariner Mars 1964 Project Report: Television Experiment Part I. Investigators' Report, JPL, Dec. 15, 1967, xi, 59.
9. Leighton et al., *Mariner IV Pictures of Mars*, 29; https://photojournal.jpl.nasa.gov/catalog/PIA14033, accessed Feb. 26, 2020.
10. GE–NASA, *Visual Three-View Space-Flight Simulator*; Robert Schumacker, email Feb. 22, 2018.
11. GE–NASA, *Visual Three-View Space-Flight Simulator*, 1, 3; Robert Schumacker, emails Feb. 14, 16, 2018.
12. Robert Schumacker, email Feb. 16, 2018.
13. GE–NASA, *Visual Three-View Space-Flight Simulator*, 3; Robert Schumacker, email Feb. 14, 2018.
14. Youngblood, *Expanded Cinema*, Computer Films.
15. Jasia Reichardt ed., *Cybernetic Serendipity: The Computer and the Arts* (Studio International

Spe- cial Issue, London, July 1968), 65; Youngblood, *Expanded Cinema*, 215–222.
16. *Lapis*, https://www.youtube.com/watch?v=kzniaKxMr2g, accessed Feb. 26, 2020; *Binary Bit Patterns*, https://archive.org/details/binarybitpatterns, accessed Feb. 26, 2020.
17. Youngblood, *Expanded Cinema*, 250.
18. W. J. Bouknight, *An Improved Procedure for Generation of Half-Tone Computer Graphics Presentations* (Urbana: University of Illinois at Urbana, Sept. 1, 1969), iv.
19. Jim Blinn, email Apr. 4, 2019; Bouknight, *An Improved Procedure for Generation of Half-Tone*; GE–NASA, Sixth Quarterly Report, *Modifications to Interim Visual Spaceflight Simulator*, Contract NAS 9–3916, GE, Defense Electronics Division, Electronics Laboratory, Ithaca, NY, July 1966, i, 1, 5; Robin Forrest, emails Apr. 11, 29, 2019; Ted Nelson, *Computer Lib/Dream Machines* (Chicago: Ted Nelson, 1974), 108; Martin Newell, email Apr. 12, 2019; Chris Wylie, Gordon Romney, and David Evans, "Half-Tone Perspective Drawings by Computer," *Proceedings of 1967 AFIPS Fall Joint Computer Conference*, 56–57.
20. GE–NASA, Ninth Quarterly Report, *Modifications to Interim Visual Spaceflight Simulator*, Contract NAS 9–3916, GE, Defense Electronics Division, Electronics Laboratory, Ithaca, NY, Apr. 20, 1967, ii, 1, 6–7; Major A. Johnson, "Electronics Laboratory (1944 to 1993)," *Progress in Defense and Space: A History of the Aerospace Group of the General Electric Company* (M. A. Johnson, 1993), 540; Robert A. Schumacker, Brigitta Brand, Maurice G. Gilliland, and Werner H. Sharp, *Study for Applying Computer-Generated Images to Visual Simulation*, report AFHRL-TR-69–14, Daytona Beach, FL: General Electric Company, Sept. 1969, 113.
21. Don Greenberg, phone call Feb. 2018; Rod Rougelot, email Feb. 21, 2018.
22. Rodney S. Rougelot, "The General Electric Computed Color TV Display," in *Pertinent Concepts in Computer Graphics: Proceedings of the Second University of Illinois Conference on Computer Graphics*, ed. E. Faiman and J. Nievergelt (Urbana: University of Illinois Press, 1969), 264–265.
23. *Evans & Sutherland Computer Corporation History*, http://www.funduniverse.com/company-histories/evans-sutherland-computer-corporation-history/, accessed Feb. 26, 2020; Johnson, "Electronics Laboratory (1944 to 1993)," 540–541.
24. Robert Schumacker, email Aug. 11, 2019.
25. Robert Schumacker, email Aug. 11, 2019.
26. Alvy Ray Smith, quoted in Cynthia Goodman, "Art in the Computer Age," *Facsimile* 3, no. 10 (Oct. 2009), 15; *Time* Magazine, Sept. 1, 1986, "Computers: The Love of Two Desk Lamps," 66.
27. Neal Stephenson, *Fall, or Dodge in Hell* (New York: HarperCollins, 2019), 18–19.
28. Rod Rougelot, email Feb. 21, 2018.
29. *Cornell in Perspective*, http://www.graphics.cornell.edu/online/cip/, accessed Feb. 26, 2020; Donald P. Greenberg, "Computer Graphics in Architecture." *Scientific American* 230, no. 5 (May 1974): 98–106; Donald P. Greenberg, "Computer Graphics in Architecture and Engineering," in an unknown NASA publication, apparently paper no. 17, 1975 at https://archive.org/details/nasa_techdoc_19760009741/, accessed Mar. 1, 2020, 358; Marc Levoy, email May 7, 2017.
30. Edwin Catmull, "A System for Computer Generated Movies," *Proceedings of the ACM Annual Conference*, Vol. 1, 422–431, Boston, MA, Aug. 1, 1972; Ed Catmull, emails Apr. 8, May 28, 2019; Henry Fuchs, conversation July 31, 2019; *Futureworld*, https://www.youtube.com/watch?v=QfRAfsK5cvU, accessed Feb. 26, 2020; Marc Levoy, email May 7, 2017; Frederic Ira Parke, *Computer Generated Animation of Faces*, MS thesis, University of Utah, June 1972;

Frederic Ira Parke, "Computer Generated Animation of Faces." *Proceedings of the ACM Annual Conference*, Vol. 1, 451–457, Boston, MA, Aug. 1, 1972; Fred Parke, email Mar. 23, 2020.
31. Edwin Catmull, "A Subdivision Algorithm for Computer Display of Curved Surfaces," PhD thesis, University of Utah, Dec. 1974; Wolfgang Straßer, *Schnelle Kurven- und Flächendarstellung auf grafischen Sichtgeräten*, Doktor-Ingenieur dissertation, Technischen Universität Berlin, submit- ted Apr. 26, 1974, approved Sept. 5, 1974.
32. Lance Williams, "Casting Curved Shadows on Curved Surfaces," *Computer Graphic* 12, no. 3 (Aug. 1978): 270–274.
33. Isabelle Bellin, "Computer-Generated Images: Palm of Longevity for Gouraud's Shading" [as translated], published Sept. 15, 2008 at https://interstices.info/images-de-synthese-palme-de-la-longevite-pour-lombrage-de-gouraud/, accessed Mar. 1, 2020; Henri Gouraud, "Continuous Shading of Curved Surfaces," *IEEE Transactions on Computers* C-20, no. 6 (June 1971): 87–93.
34. John F. Hughes, Andries van Dam, Morgan McClure, David F. Sklar, James D. Foley, Steven K. Feiner, and Kurt Akely, *Computer Graphics: Principles and Practice*, 3rd edition (Upper Saddle River, NJ.: Addison-Wesley Publishing Company, 2014); Bui Tuong Phong, "Illumination for Computer Generated Pictures," *Communications of the ACM* 18, no. 6 (June 1975): 311–317.
35. Dick Shoup, personal interviews 1995–1999.
36. Alvy Ray Smith, *Xerox PARC diary, May 8, 1974–Jan. 16, 1975*, http://alvyray.com/DigitalLight/XeroxPARC_hire_diary_entries.pdf, accessed May 14, 2020, 67, 70–71, 74, 76–78, 85, 94–95; Alvy Ray Smith, *Xerox PARC hiring Purchase Order, Aug. 12, 1974*, http://alvyray.com/DigitalLight/XeroxPARC_PO_Alvy_hire_1974.pdf, accessed May 14, 2020.
37. William J. Kubitz, *A Tricolor Cartograph*, PhD dissertation, report no. 282, Dept. of Computer Science, University of Illinois at Urbana, IL, Sept. 1968; William J. Kubitz and W. J. Poppelbaum, "The Tricolor Cartograph: A Display System with Automatic Coloring Capabilities," *Information Display* 6 (Nov.–Dec. 1969): 76–79; Edgar Meyer, "A Crystallographic 4-Simplex," *American Crystallographic Association Living History—Edgar Meyer, Spring 2014*, 38, https://www.amercrystalassn.org/h-meyer_memoir, accessed Mar. 1, 2020; Joan E. Miller, personal communication July 1978; D. Ophir, S. Rankowitz, B. J. Shepherd, and R. J. Spinrad, "BRAD: The Brookhaven Raster Display," *Communications of the ACM* 11, no. 6 (June 1968): 415–416; Alvy Ray Smith, *Paint*, Technical Memo No. 7, Computer Graphics Lab, NYIT, July 1978, 13, appendix C; https://www.youtube.com/watch?v=njp0ABKwrXA, accessed Feb. 26, 2020.
38. Ramtek, *Programming Manual, 9000 Series Graphic Display System*, Sunnyvale, CA: Mar. 1977, appendix A, 2; Ramtek, *System Description Manual, RM-9000 Graphic Display System*, Sunnyvale, CA: Nov. 1977, ch. 1, 5–8; Richard G. Shoup, "SuperPaint: An Early Frame Buffer Graphics System," *IEEE Annals of the History of Computing* 23, no. 2 (Apr.–June 2001): 37.
39. *The SuperPaint System*, http://web.archive.org/web/20020110013554/http://www.rgshoup.com:80/prof/SuperPaint/, accessed Feb. 26, 2020.
40. Alvy Ray Smith, "Color Gamut Transform Pairs," *Computer Graphics* 12, no. 3 (Aug. 1978): 12–19.
41. Preston Blair, *Animation* (Walter T. Foster, ca. 1940s), http://www.welcometopixelton.com/downloads/Animation%20by%20Preston%20Blair.pdf, accessed Mar. 1, 2020, 22, 24.
42. http://alvyray.com/Pixar/documents/Disney1977Visit_EdAlvyDick.pdf, accessed Feb. 26, 2020; Ron Baecker, email Aug. 5, 2019; Eric Martin, email Sept. 28, 2015; https://www.youtube.

com/watch?v=nHkxem785B4, accessed Feb. 26, 2020.
43. David DiFrancesco, email 4 Apr. 2018; http://www.scanimate.net/, accessed Feb. 26, 2020; https://www.youtube.com/watch?v=SGF0Okaee1o, accessed Feb. 26, 2020.
44. David DiFrancesco and Alvy Ray Smith, *NEA Proposal*, https://alvyray.com/DigitalLight/NEA_Proposal_Smith_DiFrancesco_1974.pdf, accessed May 14, 2020.
45. Stewart Brand, "Spacewar: Fanatic Life and Symbolic Death Among the Computer Bums," *Rolling Stone*, 7 Dec. 1972; Tekla S. Perry and Paul Wallich, "Inside the PARC: The 'Information Architects,'" *IEEE Spectrum*, Oct. 1985, 62–75; Smith, *Xerox PARC Personal Diary*, 98.
46. Michael A. Hiltzik, *Dealer of Lightning: Xerox Parc and the Dawn of the Computer Age* (New York: HarperCollins, 2009); Douglas K. Smith and Robert C. Alexander, *Fumbling the Future: How Xerox Invented, then Ignored, the First Personal Computer* (New York: William Morrow, 1988), 176.
47. Jim Kajiya, email Apr. 24, 2017.
48. Laurence Gartel and Joseph L. Streich, "NYIT Puts Computers to Work for TV," *Millimeter*, June 1981, last page.
49. Michael Rubin, *Droidmaker: George Lucas and the Digital Revolution* (Gainesville, FL: Triad Publishing, 2006), 103–112; Alvy Ray Smith, *Schure Genealogy* (Berkeley: ars longa, 2019), http:// alvyray.com/Schure/, accessed Mar. 2, 2020.
50. James K. Libbey, *Alexander P. de Seversky and the Quest for Air Power* (Washington, DC: Potomac Books, 2013), 43.
51. Alexander P. de Seversky, *Victory Through Air Power* (New York: Simon and Schuster, 1942); Neal Gabler, *Walt Disney: The Triumph of the American Imagination* (New York: Alfred A. Knopf, 2006); Libbey, *Alexander P. de Seversky*, 95, 163, 212, 273, ch. 13; *Victory Through Air Power* (1943), https://archive.org/details/VictoryThroughAirPower, accessed Feb. 26, 2020.
52. *The New York Times*, "Mrs. Guest Buyer of Du Pont Estate: Wife of British Air Minister Makes Purchase Through Her Brother, Howard C. Phipps: Price Paid was $470,000: Mother Says That Mrs. Guest, Now Abroad, Will Be Suprised [sic] to Learn of Acquisition," Apr. 26, 1921; *New York Times*, "Whitney Estate to Become a Campus," Sept. 5, 1963; Diana Shaman, "In the Region: Long Island: 7 Homes Planned at Former Estate Held by College," *New York Times*, July 29, 2001, Real Estate, 7.
53. Rubin, *Droidmaker*, 103–141.
54. Llisa Demetrios, email May 15, 2017; Charles Eames and Ray Eames, *A Computer Perspective: Background to the Computer Age*, ed. Glen Fleck (Cambridge, MA: Harvard University Press, 1973; repr. 1990); Larry Roberts, email May 8, 2017; Ivan Sutherland, Skype conversation May 2017.
55. Edwin Catmull, with Amy Wallace, *Creativity, Inc.: Overcoming the Unseen Forces that Stand in the Way of True Inspiration* (New York: Random House, 2014), 20–22.
56. Gene Youngblood, email July 6, 2018; https://www.studiointernational.com/index.php/thinking-machines-art-and-design-in-the-computer-age-review-moma, accessed Feb. 26, 2020.
57. Christine Barton, email Mar. 12, 2019; http://magazines.marinelink.com/Magazines/Maritime Reporter/198912/content/msicaorf-trains-accidents-200573, accessed Feb. 26, 2020; *Wikipedia*, New York Harbor, accessed Mar. 12, 2019.
58. Joseph J. Puglisi, Jack Case, and George Webster, "CAORF Ship Operation Center (SOC)—Recent Advances in Marine Engine and Deck Simulation at the Computer Aided Operations Research Facility (CAORF)," in *International Conference on Marine Simulation and Ship*

Maneuvering MARSIM 2000, conference proceedings, Orlando, FL, May 8–12, 2000, 61, 66.
59. Rod Rougelot and Robert Schumacker, interview Feb. 27, 2018.
60. Christine Barton, email May 12, 2019.
61. Christine Barton, email Apr. 14, 2017; Smith, *Paint*, appendix B.
62. Jim Blinn, email Apr. 6, 2019; Garland Stern, email June 15, 2017; Lance Williams, email June 15, 2017.
63. Henry Fuchs, email and conversation July 31, 2019.
64. Louis Schure, "New York Institute of Technology," *Computers for Imagemaking* (London: Elsevier, 1981), 73–76.
65. Garland Stern, "SoftCel—An Application of Raster Scan Graphics to Conventional Cel Animation," *Computer Graphics* 13, no. 2 (Aug. 1979): 284–288.
66. Alvy Ray Smith, "Tint Fill," *Computer Graphics* 13, no. 2 (Aug. 1979): 276–283.
67. Smith, *Paint*; Alvy Ray Smith, "Digital Paint Systems: An Anecdotal and Historical Overview," *IEEE Annals of the History of Computing* 23, no. 2 (Apr.–June 2001): 4–30.
68. Jim Blinn, email Mar. 30, 2019.
69. Smith, *Paint*, appendix B.
70. James F. Blinn, "Jim Blinn's Corner: How I Spent My Summer Vacation—1976," *IEEE Computer Graphics and Applications* 12, no. 6 (Nov. 1992): 87–88.
71. James F. Blinn, "Simulation of Wrinkled Surfaces," *Computer Graphics* 12, no. 3 (Aug. 1978): 286–292; Jim Blinn, email Jan. 31, 2019.
72. Jim Blinn, email Apr. 6, 2019; Ephraim Cohen, email June 22, 2017; Ruth Leavitt, ed., *Artist and Computer* (New York: Harmony Books, 1976), cover, 61–64.
73. David DiFrancesco, email May 3, 2018; Tom Duff, personal conversation Mar. 2019; Ken Thompson, email 13 Mar. 2019; *Wikipedia*, Unix, accessed May 3, 2018.
74. Bill Reeves, email Nov. 15, 2018.
75. Walter Isaacson, *Steve Jobs* (New York: Simon and Schuster, 2011); David A. Price, *The Pixar Touch: The Making of a Company* (New York: Alfred A. Knopf, 2008).
76. Ralph Guggenheim, email Aug. 5, 2016.
77. Marc Levoy, email May 30, 2018; Smith, "Color Gamut Transform Pairs"; *Wikipedia*, Marc Levoy, accessed May 9, 2018.
78. David DiFrancesco, email Aug. 26, 2016.
79. Alvy Ray Smith, *Vidbits*, a videotape, Xerox PARC, Dec. 1974. Exhibited at the Museum of Modern Art, New York, 1975, and on the WNET television show *VTR*, New York, 1975, accessed on YouTube August 15, 2020, https://www.youtube.com/watch?v=47GSOspoTGo.
80. Jesse Pires, ed., *Dream Dance: The Art of Ed Emshwiller* (Philadelphia: Lightbox Film Center Anthology Editions, 2019).
81. *Wikipedia*, James H. Clark, accessed July 31, 2019.
82. Christine Freeman, email Apr. 19, 2019.
83. Alvy Ray Smith, "Notes of the Pilgrimage to Disney on Jan. 3, 1977," http://alvyray.com/Pixar/documents/Disney1977Visit_EdAlvyDick.pdf, accessed Mar. 2, 2020, 2.
84. Smith, "Notes of the Pilgrimage to Disney on Jan. 3, 1977," 3–4.
85. Gabler, *Walt Disney*, 546, 590.

第八章　新千年与第一部数字电影

1. Ralph Guggenheim, email Aug. 5, 2016.
2. Ed Catmull, email Mar. 19, 2019.
3. Jim Blinn, email Mar. 30, 2019.
4. David DiFrancesco, "High-Resolution Three-Color Laser Scanner for Motion Pictures," *Proceedings of the Photographic and Electronic Image Quality Symposium* (Cambridge: Science Committee of the Royal Photographic Society, Nov. 1984), 126–135.
5. Nick England, "Ikonas Graphics System—The World's First GPGPU," n.d., http://www.virhistory.com/ikonas/index.htm, accessed Feb. 19, 2020.
6. Robert L. Cook, "Shade Trees," *Computer Graphics* 18, no. 3 (July 1984): 223–231; Ken Perlin, "An Image Synthesizer," *Computer Graphics* 19, no. 3 (July 1985): 287–296.
7. Neal Stephenson, *Fall; or, Dodge in Hell* (New York: HarperCollins, 2019), 18.
8. Arthur Appel, "Some Techniques for Shading Machine Renderings of Solids," *Proceedings of 1968 AFIPS Spring Joint Computer Conference*, 37–45; Robert A. Goldstein and Roger Nagel, "3-D Visual Simulation" *Simulation* (Jan. 1971), 25–31; Matt Pharr, Wenzel Jakob, and Greg Humphreys, *Physically Based Rendering; From Theory to Implementation*, http://www.pbr-book.org/3ed-2018/contents.html, accessed Feb. 20, 2020; Turner Whitted, "An Improved Illumination Model for Shaded Display," *Communications of the ACM* 23, no. 6 (June 1980): 343–349; Turner Whitted, *A Ray-Tracing Pioneer Explains How He Stumbled into Global Illumination*, https://blogs.nvidia.com/blog/2018/08/01/ray-tracing-global-illumination-turner-whitted/, accessed Feb. 20, 2020.
9. *Wikipedia*, Gilles Tran, accessed Dec. 19, 2019.
10. D. R. Williams and R. Collier, "Consequences of Spatial Sampling by a Human Photoreceptor Mosaic," *Science* 221 (22 July 1983): 385–387; J. I. Yellott Jr., "Spectral Consequences of Photore- ceptor Sampling in the Rhesus Retina," *Science* 221 (22 July 1983): 382–385.
11. Robert L. Cook, "Stochastic Sampling in Computer Graphics," *ACM Transactions on Graphics* 5, no. 1 (1986): 51–72; Rodney Stock, "My Inspiration for Dithered (Nonuniform) Sampling," in Jules Bloomenthal ed., "Graphic Remembrances," *IEEE Annals of the History of Computing* 20, no. 2 (1998): 49–50; Yellott, "Spectral Consequences of Photoreceptor Sampling."
12. *Hair Simulation Overview*, https://www.khanacademy.org/partner-content/pixar/simulation/hair-simulation-101/v/hair-simulation-intro, accessed Feb. 19, 2020.
13. James T. Kajiya, "The Rendering Equation," *Computer Graphics* 20, no. 4 (Aug. 1986): 143–149.
14. Rob Cook, Tom Porter, and Loren Carpenter, "Distributed Ray Tracing," *Computer Graphics*18, no. 3 (July 1984): 137–145; *Science84*, July–Aug. 1984, cover.
15. Tom Duff, email Aug. 3, 2016.
16. William T. Reeves, "Particle Systems—A Technique for Modeling a Class of Fuzzy Objects,"*ACM Transactions on Graphics* 2, no. 2 (Apr. 1983): 91–108.
17. Jim Blinn, email Mar. 30, 2019.
18. Alvy Ray Smith, "Special Effects for *Star Trek II: The Genesis Demo*, Instant Evolution with Computer Graphics," *American Cinematographer* 63, no. 10 (Oct. 1982): 1038–1039, 1048–1050.
19. Leo N. Holzer, http://jimhillmedia.com/guest_writers1/b/leo_n_holzer/archive/2010/12/15/

former-disney-ceo-ron-miller-recalls-his-own-quot-tron-quot-legacy.aspx, accessed Feb. 19, 2020; Ron Miller obit., https://www.thewrap.com/ron-miller-disney-ceo-walt-son-in-law-dies/, accessed Feb. 19, 2020.

20. Ken Perlin, email 17 Feb. 2019; *Tron–Bit*, https://youtu.be/BbBqPkdheFg, accessed Feb. 20, 2020.
21. *Animation World Magazine*, https://www.awn.com/mag/issue3.8/3.8pages/3.8lyonslasseter.html, accessed 20 Feb. 2020; *Popular Mechanics*, Dec. 9, 2010, https://www.popularmechanics.com/culture/movies/a11706/are-tron-legacys-3d-fx-ahead-of-their-time/, accessed Feb. 20, 2020.
22. MAGI/SynthaVision Sampler (1974), https://youtu.be/jwOwRH4JpXc; MAGI Synthavision Demo Reel (1980), https://youtu.be/lAYaX6NuI4M; *MAGI Synthavision 1984 Demo Reel*, https:// youtu.be/Ivk_LPQP6Ag, all accessed Feb. 20, 2020.
23. Ken Perlin, email Feb. 17, 2019; Ken Perlin, http://blog.kenperlin.com/?p=2314, accessed Feb. 20, 2020.
24. Jim Blinn, email Mar. 29, 2019; Richard Chuang, *25 Years of PDI—1980 to 2005*, slideshow Nov. 15, 2006, PDI/DreamWorks Animation, https://web.archive.org/web/20170225112150/https://web.stanford.edu/class/ee380/Abstracts/061115-RichardChuang.pdf, accessed Feb. 20, 2020; Richard Chuang, email Mar. 31, 2019; Glenn Entis, email Sept. 2, 2018.
25. Wayne E. Carlson, *History of Computer Graphics and Animation: A Retrospective Overview* (Columbus, Ohio: The Ohio State University, 2017), 180–185; Gary Demos, "My Personal History in the Early Explorations of Computer Graphics," *Visual Computer* 21 (2005): 961–978; Bob Sproull, email 25 July 2019; Ivan Sutherland, Skype conversations May 9, 2017, Jan. 23, 2018.
26. Ed Catmull, email Mar. 19, 2019; David A. Price, "How Michael Crichton's 'Westworld' Pioneered Modern Special Effects," *New Yorker*, May 14, 2013, https://www.newyorker.com/tech/annals-of-technology/how-michael-crichtons-westworld-pioneered-modern-special-effects, accessed Mar. 2, 2020.
27. *Looker*, https://pro.imdb.com/v2/title/tt0082677/details, accessed Feb. 20, 2020.
28. Mike Seymour, *fxguide*, https://www.fxguide.com/fxfeatured/founders-series-richard-chuang/, accessed Feb. 20, 2020.
29. Carlson, *History of Computer Graphics and Animation*, 181; Loren Carpenter, email June 12, 2018.
30. Ed Catmull, email Mar. 19, 2019.
31. Karen Paik, *To Infinity and Beyond! The Story of Pixar Animation Studios* (San Francisco: Chron- icle Books, 2007), 39–40.
32. Documents in my possession: Laurin Herr, reports dated 16 Aug. 1985, 27 Sept. 1984; Shogakukan, notes 27–30 July 1985, Dec. 1985, Jan. 1986.
33. Richard I. Levin, *Buy Low, Sell High, Collect Early and Pay Late: The Manager's Guide to Financial Survival* (San Francisco: Prentice Hall, 1983); W. R. Purcell Jr., *Understanding a Company's Finances: A Graphic Approach* (San Francisco: Barnes & Noble Books, 1983).
34. Document in my possession: "GFX Inc. Animation Services Business Plan," Jan. 1985.
35. Adam Fisher, *Valley of Genius: The Uncensored History of Silicon Valley* (New York: Twelve [Hachette], 2018), 198.
36. Document in the author's possession: "Potential Investors III," June 21, 1985.
37. Document in the author's possession: "Potential Investors I," June 21, 1985.
38. Robert A. Drebin, Loren Carpenter, and Pat Hanrahan, "Volume Rendering," *Computer Graphics*

22, no. 4 (Aug. 1988): 65–74.
39. Document in the author's possession: Signed letter of intent, Nov. 7, 1985.
40. Doron P. Levin, *Irreconcilable Differences: Ross Perot versus General Motors* (Boston: Little, Brown, 1989), 250–261; Marina von Neumann Whitman, emails May 2013.
41. Document in my possession: Pixar's 1986 Stock Purchase Plan, Schedule B-1; Pixar founding documents, http://alvyray.com/Pixar/, accessed Feb. 20, 2020.
42. *Wikipedia*, Computer Animation Production System, accessed Sept. 2, 2018.
43. Christine Freeman, email Apr. 18, 2019; Alvy Ray Smith, *Altamira Formation Journal*, entries for Mar. 6 and Mar. 21, 1991.
44. Jim Lawson, email Apr. 2, 2019.
45. *Infoworld*, May 23, 1988, 6, https://books.google.com/books?id=4T4EAAAAMBAJ&pg=PA6, accessed Feb. 20, 2020; *Wikipedia*, Walkman, accessed Apr. 3, 2019.
46. Rob Cook, email June 1, 2019.
47. Pat Hanrahan and Jim Lawson, "A Language for Shading and Lighting Calculations," *Computer Graphics* 24, no. 4 (Aug. 1990): 289–298; Steve Upstill, *The RenderMan™ Companion: A Programmer's Guide to Realistic Computer Graphics* (Menlo Park, CA: Addison-Wesley, 1990).
48. Upstill, *The RenderMan™ Companion*, vii.
49. Loren Carpenter, email Sept. 3, 2018.
50. Walter Isaacson, *Steve Jobs* (New York: Simon & Schuster, 2011), 244–245.
51. Smith, *Altamira Formation Journal*, entries for July 1, Sept. 6, and Sept. 9, 1991.
52. US Patent No. 4,897,806, Pseudo-Random Point Sampling Techniques in Computer Graphics, issued Jan. 30, 1990.
53. *Burning Love*, https://youtu.be/O7SycLUH-NM; *Locomotion*, https://youtu.be/gATcdqgkWVA; *Opéra Industriel*, https://youtu.be/qLEg_P5Crt0; *PDI Historical Compilation*, https://www.youtube.com/playlist?list=PLJv789O10fmzl_YpDecrd3wI1qUg7XD4M, all accessed Feb. 20, 2020.
54. *Gas Planet*, https://youtu.be/GOHSL250wwQ, accessed Feb. 20, 2020.
55. *Wikipedia*, Pacific Data Images, accessed Mar. 19, 2019.
56. Chris Wedge, https://youtu.be/MFu80MB2tGw, accessed Feb. 20, 2020.
57. *Bunny*, https://youtu.be/Gzv6WAlpENA, accessed Feb. 20, 2020.
58. Fisher, *Valley of Genius*, 203.
59. Pixar IPO prospectus, Nov. 25, 1995, 47; *Wikipedia*, Pixar, footnote 3 ("Proof of Pixar Cofounders"), accessed June 23, 2018.
60. *Oxford Living Dictionaries*, https://www.lexico.com/definition/canon, accessed Feb. 20, 2020.

终章：数字大融合

1. G. Spencer Brown, *Laws of Form* (New York: Bantam Books, 1973), 3.
2. Darcy Gerbarg (website), http://www.darcygerbarg.com/, accessed Feb. 23, 2020.
3. Jonghyun Kim, Youngmo Jeong, Michael Stengel, Kaan Aksit, Racherl Albert, Ben Boudaoud, Trey Greer, Joohwah Kim, Ward Lopes, Zander Majercik, Peter Shirley, Josef Spjut, Morgan McGuire, and David Luebke, "Foveated AR: Dynamically-Foveated Augmented Reality Display,"

ACM Transactions on Graphics 38, no. 4 (July 2019): Article 99.
4. 68th Scientific & Technical Achievement Awards, Mar. 2, 1996, https://www.imdb.com/event/ev0000003/1996/1, accessed Feb. 23, 2020.
5. Alvy Ray Smith, "Cameraless Movies, or Digital Humans Wait in the Wings," *Scientific American*, Nov. 2000, 72–78.
6. Barbara Robertson, "What's Old Is New Again," *Computer Graphics World* 32, no. 1 (Jan. 2009), http://www.cgw.com/Publications/CGW/2009/Volume-32-Issue-1-Jan-2009-/Whats-Old-is-New-Again.aspx, accessed Mar. 1, 2020.
7. Barbara Robertson, "Face Lift," *Computer Graphics World*, Winter 2019, http://www.cgw.com/Publications/CGW/2019/Winter-2019/Face-Lift.aspx, accessed Mar. 1, 2020; *How These 10 Actors Were De-Aged for Their Movies*, https://www.youtube.com/watch?v=twKiEzjeH-M, accessed Feb. 23, 2020.
8. *Wikipedia*, Deepfakes, accessed Dec. 3, 2019.
9. George Dyson, *Analogia: The Emergence of Technology Beyond Programmable Control* (New York: Farrar, Straus and Giroux, 2020), 184–185.
10. Jun-Yan Zhu, Taesung Park, Phillip Isola, and Alexei A. Efros, "Unpaired Image-to-Image Translation using Cycle-Consistent Adversarial Networks," *IEEE 2017 International Conference on Computer Vision (ICCV)*, 2223–2232.
11. Italo Calvino, *Invisible Cities* (New York: Harcourt Brace, 1974), 96–97.

图片来源

Creative Commons license abbreviations: CC: Creative Commons, BY: with Attribution, CC0: no rights reserved, NC: Non-Commercial, ND: No Derivatives, SA: Share Alike.

起源：一个标志事件

0.1	Courtesy of the Hispanic Museum & Library.
0.2	*Wikimedia Commons*, public domain.

第一章　傅立叶的频率：世界之乐音

1.1–2, 5–6, 9, 11	By Alvy Ray Smith.
1.3	Courtesy of Ken Power.
1.4	*Wikimedia Commons*, public domain, modified by Alvy Ray Smith.
1.7	By Claudio Divizia, Shutterstock, 1553757458.
1.8	*Indiamart*, https://www.indiamart.com/proddetail/gi-corrugated-sheet-4450703088.html, image downloaded Feb. 9, 2020.
1.10	*Wikimedia Commons*, public domain.

第二章　科捷利尼科夫的样本：无中生有

2.1–2, 4–7, 10–19	By Alvy Ray Smith.
2.3	Vladimir Aleksandrovich Kotelnikov, "O Propusknoi Sposobnosti 'Efira' i Provoloki v Elektrosvyazi [On the Transmission Capacity of the 'Ether' and Wire in Electrical Com-

munications]." In *Vsesoyuznyi Energeticheskii Komitet. Materialy k I Vsesoyuznomu S'ezdu po Voprosam Tekhnicheskoi Rekonstruktsii Dela Svyazi i Razvitiya Slabotochnoi Promyshlennosti. Po Radiosektsii* [The All-Union Energy Committee. Materials for the 1st All-Union Congress on the Technical Reconstruction of Communication Facilities and Progressin the Low-Currents Industry. At Radio Section]. Moscow: Upravlenie Svyazi RKKA, 1933,4. Original Russian paper courtesy of Christopher Bissell.

2.8 Richard F. Lyon, "A Brief History of 'Pixel,'" an invited paper presented at the IS&T/SPIE Symposium on Electronic Imaging, Jan. 15–19, 2006, San Jose, CA, 5 (of 16).

2.9 (Left) Thanks to Christopher Bissell, the Russian Academy of Sciences, and the Kotelnikov family. (Right) Photo courtesy of MIT Museum.

2.20 Online several places—e.g., https://www.moscovery.com/aleksandr-solzhenitsyn/, accessed Mar. 4, 2020.

2.21 *President of Russia: Events*, http://en.kremlin.ru/events/president/news/29520/photos, image downloaded Mar. 4, 2020. Thanks to the Kremlin newssite.

第三章 图灵的计算：万化无极

3.1 By permission of King's College Library, Cambridge. AMT/K/7/8.
3.2 CCBY-NC-ND3.0 Unported license. By Alvy Ray Smith, 2014.
3.3—5, 7 By Alvy Ray Smith.
3.6 Photo by Kolb Brothers, original nitrate negative at Kolb Brother's Trail Photos, Cline Library Special Collections and Archives, Northern Arizona University. Courtesy of Marina Whitman.

第四章 数字光学的黎明：胎动

4.1 (Left) Photo by Christopher Riche Evans, ca. 1975, courtesy of his estate. (Right) *Wikimedia Commons*, photo © Carolyn Djanogly.
4.2—3 Tom Kilburn, "A Storage System for Use with Binary Digital Computing Machines," Dec.1, 1947, http://curation.cs.manchester.ac.uk/computer50/www.computer50.org/kgill/mark1/report1947cover.html, accessed Feb. 29, 2020, photographs 1 and 2.
4.4 Courtesy of the University of Manchester, Department of Computer Science.
4.5, 7—9 By Alvy Ray Smith.
4.6 CC BY-ND 3.0 Unported license. By Alvy Ray Smith, 2017.
4.10—13, 16, 21–22 Used and reprinted with permission of The MITRE Corporation. ©2016.
4.14 Image courtesy of the Computer History Museum, Mountain View, CA, dated by the museum ca. 1949, gift of Mac McLaughlin, object ID:102710661.
4.15 Jan Rajchman/RCA Laboratories, courtesy of George Dyson.
4.17 Image reproduced from a publication held by the Museum of Science and Industry, Manchester, England.
4.18 With permission of The Camphill Village Trust Limited.
4.19 A. S. Douglas, courtesy of Martin Campbell-Kelly.

4.20   *Programming for Whirlwind 1*, Report R-196, Digital Computer Laboratory, MIT, June 11, 1951, approved for public release, case 06-1104, 55.
4.23   (Left) Used and reprinted with permission of The MITRE Corporation. © 2016. (Right) By Alvy Ray Smith.
4.24   (Left) Textile sampler, *Wikimedia Commons*, public domain. (Right) Mosaic of Mary and Jesus between Angels in Basilica of St Apollinare Nuovo in Ravenna, Italy, by wjarek, Adobe stock, 310119847, extended license.
4.25   (Left) *Madonna*, author Meyer Hill, Associated Press Operator, Baltimore, MD, 1947, assembled from text by Alvy Ray Smith. (Right) Hammarskjöld, 1962, *Wikimedia Commons*, CC BY 3.0 Unported license, photo by Jonn Leffmann.
4.26—27   By Richard Shoup. With permission of Carnegie Mellon University and Nancy Dickenson Shoup.

第五章　电影与动画：采样时间

5.1   *Wikimedia Commons*, CC BY-SA 2.5 Generic license, by Kto288.
5.2   Collection Cinématheque française, photo by Stephane Dabrowski. Courtesy of Laurent Mannoni.
5.3   Back cover of W.K.L. Dickson and Antonia Dickson, *History of the Kinetograph, Kinetoscope, and Kineto-Phonograph* (New York: W.K.L. Dickson, 1895, Library of Congress copy).
5.4   Athanasius Kircher, *Ars Magna Luciset Umbrae* (rev. 2nd edition, Amsterdam, 1671), 768.
5.5   ©Pixar.
5.6   (Left) *Wikimedia Commons*, public domain. (Right) Library of Congress, photo by Frances Benjamin Johnston, ca.1890.
5.7—9, 15—16, 18   By Alvy Ray Smith.
5.10   CC BY–ND 3.0 Unported license. By Alvy Ray Smith, 2015.
5.11   (Left) Getty Images, 115961049. (Right) Gordon Hendricks Motion Picture History Papers, Archives Center, National Museum of American History, Smithsonian Institution, AC0369-0000009.
5.12   Edison National Park, public domain.
5.13   By Étienne-Jules Marey, 1887, public domain.
5.14   Wikipedia, Match cut, fair use.
5.17   By Alvy Ray Smith. Images courtesy of New York Institute of Technology.
5.19   (Left) ©Sharon Green/Ultimate Sailing,Windmark ProductionsInc. (Right) ©Doug Gifford, Doug Gifford Photography.
5.20   CC BY-SA-3.0 Unported license, photo by Judy Martin's (unnamed)daughter.

第六章　未来的形状

6.1   ClipArt ETC Paid Commercial License.
6.2   (Left) Courtesy of Pete Peterson. (Right) Courtesy of Bob Perry.

图片来源　575

6.3–9, 12, 23–25, 28, 30, 39　By Alvy Ray Smith.
6.10　　*Wikipedia Commons*, CC BY-SA 2.0 Generic license. By Marshall Astor.
6.11　　(Right) FAVPNG Commercial License.
6.13　　CC BY–ND 3.0 Unported license. By Alvy Ray Smith, 2020.
6.14　　(Left) *Wikimedia Commons*, CC BY 2.0 Generic license. By Joi Ito. (Right) Used and reprinted with permission of The MITRE Corporation. ©2016.
6.15　　*IBM Sage Computer Ad, 1960*, https://www.youtube.com/watch?v=iCCL4INQcFo, framegrab at ca.1:00.
6.16　　J.MartinGraetz, "The Origin of Spacewar," *CreativeComputing*7, no.8 (Aug.1981):39 (41 of 80 in download), https://archive.org/details/creativecomputing-1981-08/, accessed Feb. 29, 2020.
6.17　　Photo by and courtesy of Abbott Weiss, 1964. Reprinted with his permission.
6.18　　CC0 1.0 Universal Public Domain Dedication license. By Wojciech Muła.
6.19　　By and with permission of Antony Hare P.I., 2010. © Antony Hare.
6.20　　(Left)CCBY-SA3.0Unportedlicense.PhotobyThomasForsman.(Middle)CCBY-SA3.0Unportedlicense.PhotobyCharles01.(Right) Pierre E.Bézier, "Examples of an Existing System in the Motor Industry:The Unisurf System," *Proceedings of the Royal Society of London. SeriesA, Mathematical and Physical Sciences* 321(1971):208, fig.2.
6.21　　By and with permission of Tina Merandon.
6.22　　Hanns Peter Bieri and Hartmut Prautzsch, "Preface," *Computer Aided Geometric Design*16 (1999):579.
6.26　　By and with permission of Dave Coleman.
6.27　　By and with permission of Michele Bosi, http://VisualizationLibrary.org.
6.29　　(Left) By and with permission of Daniel Pillis. (Middle) *Sketchpad*, https://www.youtube.com/watch?v=hB3jQKGrJo0,framegrabca.2:30. (Right)Photo courtesy of Larry Roberts.
6.31　　© Alvy Ray Smith, 1973.
6.32　　Bernhart and Fetter, US Patent No.3, 519, 997.
6.33　　Edward E. Zajac, "Computer-Made Perspective Movies as a Scientific and Communication Tool," *Communications of the ACM* 7, no. 3 (Mar. 1964): 170, fig. 2. With permission of ACM.
6.34　　*Sketchpad III*, https://www.youtube.com/watch?v=t3ZsiBMnGSg, framegrabs ca. 1:22, ca. 1:23, ca. 2:11, ca.2:55.
6.35　　Ivan Sutherland, "Sketchpad, A Man-Machine Graphical Communication System," PhD thesis, MIT, EE Dept., Cambridge, MA, Jan. 1963, 133, fig. 9.8, with permission of Ivan Sutherland.
6.36　　© Ken Knowlton, 1998, collection of Laurie M. Young. http://knowltonmosaics.com/.
6.37　　© Cybernetic Serendipity, 1968, design by Franciszka Themerson. With permission of Jasia Reichardt.
6.38　　Animation by Ephraim Cohen using the *Genesys* system designed and programmed by Ron Baecker with the advice of Eric Martin and LynnSmith.With permission of Baecker and Cohen.
6.40　　Ivan Sutherland, "A Head-Mounted Three Dimensional Display," *Proceedings of 1968*

AFIPS *Fall Joint Computer Conference*, 759, fig. 2, with permission of Ivan Sutherland, Bob Sproull, and Quintin Foster.

第七章　含义之明暗

7.1　　GE, *Computer Image Generation*, Simulation and Control Systems Department, General Electric Company, Daytona Beach, FL, NASA image, public domain.Contributed by Jim Blinn.
7.2　　NASA/JPL–Caltech/Dan Goods, public domain.
7.3　　NASA image, public domain. Contributed by Ronald Panetta.
7.4　　NASA image,public domain.Courtesy of Peter Kamnitzer and Gene Youngblood.
7.5–11, 14–17,19,28–29　　By Alvy Ray Smith.
7.12　　CC BY–ND 3.0 Unported License license. By Alvy Ray Smith, 2019.
7.13　　(Left) Edwin Catmull, "A System for Computer Generated Movies," *Proceedings of the ACM Annual Conference*, vol.1, 426, Boston, Mass., 1 Aug. 1972. Also https://www.youtube.com/watch?v=RBBcPeZ1rgk&feature=youtu.be, framegrab ca. 1:30. With permission of Ed Catmull.(Middle) Frederic Ira Parke, "Computer Generated Animation of Faces," MS thesis, University of Utah, June 1972, 17, fig. 2.8(d). Also Frederic Ira Parke, "Computer Generated Animation of Faces," *Proceedings of the ACM Annual Conference*, vol. 1, 453, Boston, MA, Aug. 1, 1972. With permission of Fred Parke. (Right) *Cornell in Perspective*, https://www.youtube.com/watch?v=3iQqqv_bcXs, framegrab ca. 0:07. With permission of Don Greenberg.
7.18　　By Lukáš Buričin. *Wikimedia Commons*, public domain.
7.20　　By Richard Shoup. With permission of Carnegie Mellon University and Nancy Dickenson Shoup.
7.21　　PrestonBlair, *Animation* (WalterT.Foster,ca.1940s), http://www.welcometopixelton.com/downloads/Animation%20by%20Preston%20Blair.pdf, downloaded 1 Mar. 2020, cover, 22, 24. Courtesy of the Preston Blair Estate.
7.22—23, 26—27, 33　　With permission of New York Institute of Technology.
7.24　　*Wikimedia Commons*, public domain, courtesy of Viscountrapier.
7.25　　By Ephraim Cohen, 1977, and with his permission.
7.30　　*Wikimedia Commons*, CC BY-SA 3.0 Unported license. By Brion Vibber, McLoaf, and GDallimore.
7.31　　Courtesy of and with permission of Jim Blinn.
7.32　　(Left) With permission of New York Institute of Technology. (Right) *Sunstone*, 1979, directed by Ed Emshwiller, with texture-mapped animation by Alvy Ray Smith.

第八章　新千年与第一部数字电影

8.1　　By Alvy Ray Smith. Images courtesy of Pixar Animation Studios.
8.2　　M. C. Escher, *Hand with Reflecting Sphere*, 1935. ©2020 The M. C. Escher Company—The Netherlands. All rights reserved.
8.3　　Turner Whitted, "An Improved Illumination Model for Shaded Display," *Communica tions of*

	the ACM 23, no. 6 (June 1980): 347, fig. 7. With permission of ACM and Turner Whitted.
8.4	Gilles Tran, *Glasses*, 2006. With permission of Gilles Tran.
8.5	J.I.YellottJr., "Spectral Consequences of Photo receptor Sampling in the Rhesus Retina," *Science* 221 (July 22, 1983): 383, fig. 1(B2). With permission from AAAS.
8.6	By Alvy Ray Smith.
8.7	Concept and images courtesy of Thomas Porter. ©Pixar.
8.8	Alvy Ray Smith. Concept courtesy of Thomas Porter, Pixar.
8.9	Thomas Porter, *1984*, 1984. ©Pixar.
8.10	By Alvy Ray Smith. Images courtesy of Pixar Animation Studios.
8.11	Composition by Alvy Ray Smith, of components by Loren Carpenter, Tom Duff, Chris Evans, and Thomas Porter. Image courtesy of Pixar Animation Studios.
8.12	*Tron* (1982), https://www.youtube.com/watch?v=-BZxGhNdz1k, framegrab ca.0:29.
8.13	(Left)Photo used with permission of Ed Catmull, Alvy Ray Smith, and Loren Carpenter. Image courtesy of Pixar Animation Studios. (Right) Concept by Craig Reynolds, graphics by Alvy Ray Smith.
8.14	©Pixar.
8.15	By John Lasseter. Images courtesy of Pixar Animation Studios.
8.16	W. R. Purcell Jr., *Understanding a Company's Finances: A Graphic Approach* (San Francisco: Barnes & Noble Books, 1983) and Richard I. Levin, *Buy Low, Sell High, Collect Early and Pay Late: The Manager's Guide to Financial Survival* (San Francisco: Prentice Hall, 1983), collection of Alvy Ray Smith.

终章：数字大融合

9.1	Photo by Alvy Ray Smith.
9.2	*Vibrant Band–L2–205552D2eC2*, © Darcy Gerbarg, 2018.
9.3—4	Jun-Yan Zhu, Taesung Park, Phillip Isola, and Alexei A. Efros, "Unpaired Image-to-Image Translation using Cycle-Consistent Adversarial Networks," *IEEE 2017 International Conference on Computer Vision*, Venice, Italy, figs. 1 and 12, with the authors' permissions.

索 引

35 毫米胶片 223, 229, 230, 439, 515

A

ARPA（国防部高级研究计划署） 289, 291, 334, 335, 337, 350, 356, 404, 518, 520
阿巴库莫夫，维克多 71, 76, 77
阿波罗登月舱 364, 367, 372, 375
阿波罗登月计划 351, 364, 365, 385, 519
阿波罗 – 联盟测试项目 82
阿布·艾沃克斯工作室 253
阿尔法通道 414-420, 439, 440, 475, 489, 523
阿尔罕布拉宫 29
阿尔塔米拉洞穴 1, 497
阿尔塔米拉软件 420, 489
阿尔塔米拉组合器 420
阿帕网 335, 407
埃德隆德，理查德 437, 469
埃德萨克 153, 164
埃德瓦克报告 144, 145, 149, 150, 152, 154, 155, 162, 178
埃及 26, 32

埃及学 27
埃姆，大卫（又名大卫·米勒） 398
埃姆什威勒，埃德 428-430
埃尼阿克 115, 123, 124, 127, 137, 155, 511
埃尼阿克 + 155, 156, 453, 511
埃文斯，大卫 298, 316, 335, 337, 403, 518
埃文斯萨瑟兰公司（E&S） 298, 317, 335, 366, 376, 399, 403, 404, 406-408, 518
埃乌多西亚 532
艾维雷特，鲍勃 166
艾沃克斯，阿布 189, 195, 241, 250-256, 433, 514
《爱尔兰人》 199, 528
爱德华兹，大卫（戴） 141
爱迪生，托马斯 188, 216, 217, 219-223, 226, 232, 514, 515
爱因斯坦，阿尔伯特 14, 48, 53, 298, 299, 391, 518
《安德烈与瓦力 B. 的冒险》 470-474, 477
奥本海默，J. 罗伯特 85
奥斯卡奖 344, 419, 466, 483, 487, 491, 493, 525
奥斯特比，埃本 458

B

B样条　310
巴顿，克里斯汀　405, 407, 408, 416
《白卫兵》　54
百日王朝　42, 43, 45
贝尔实验室　51, 60, 87, 119
贝克尔，罗纳德（罗恩）　299, 340, 341, 344, 396, 423, 425, 458
贝利亚，拉夫连季　71, 76
贝塞尔，皮埃尔　298, 300, 305-309, 313, 318, 518
贝塞尔奖　308, 309
贝塞尔曲面片　305, 309, 312, 313, 389
贝塞尔曲线　298, 305, 309, 310, 312
贝塞尔样条　312
《本杰明·巴顿奇事》　527, 527
逼近论　313
比林斯利，弗雷德　60
比特　4, 79, 85, 126, 130, 139, 157, 164, 280
比沃格拉夫　222, 224
彼得大帝　53
毕格罗，朱利安　154, 162
变影机　224
《冰河世纪》　377, 463, 492, 521
波　5, 9, 21, 35-40, 58, 86, 201, 203, 268, 500
波罗，马可　532
波拿巴，拿破仑　1, 9, 10, 13, 25, 26, 40-43, 45
波特，汤姆　263, 264, 274, 419, 440, 454-457, 459, 461, 466, 477
伯德，布拉德　470, 491
布尔加科夫，米哈伊尔　54
布莱切利公园　90, 92, 106, 116-119, 127, 128, 137, 151
布兰查德，马尔科姆　402, 404, 426, 459
布雷森汉姆，杰克　281, 282, 300
布雷森汉姆算法　281, 282, 329
布林，詹姆斯（吉姆）　347, 376, 398, 421, 422, 438, 459, 461
布林定律　477
布隆斯基尔，约翰　529, 530, 532
布鲁姆斯伯里　128, 299, 302
布什，范内瓦　288, 289

C

CAORF（计算机辅助操作研究设备）　406, 407
CAPS（数字化赛璐珞动画系统）　249, 255, 338, 469, 483, 514
C语言　424, 466, 486
采样　5
采样定理　50, 57-59, 64, 69, 74, 86, 88, 159, 161, 179, 204, 268, 350, 500, 509, 517
采样瑕疵　82, 83
彩色像素　351, 353, 356, 359, 362, 364-366, 368, 376, 377, 391, 406, 493, 520
茶壶　278, 279, 297, 304, 312, 381, 400, 442
《超级绘图》　391-398, 413
《创》　463-466, 470, 492
创造端/创造空间　73, 274, 275, 300, 320, 394, 395, 421, 525
次级样本　370
次像素　370
伺服系统实验室　287, 299
存储程序计算机　503, 511

D

DAC-1（计算机增强设计）　325, 326, 518
DARPA　518
DVD（数字影像光碟）　4
达夫，汤姆　408, 419, 425, 426, 458, 459, 461, 462
达奈尔，埃里克　491, 523
大卫，雅克-路易　1, 3, 10, 497
戴森，乔治　529
道格拉斯，亚历山大·沙夫托（桑迪）　175, 327
德·卡斯特里奥，保罗·德·法热　308-310, 312, 318, 518
德雷福斯，理查德　526, 528
德门尼，乔治　225, 226, 229, 230, 231, 232, 514
德莫斯，加里　463, 466, 467, 469

德尼罗，罗伯特　528
《低音号塔比》　249, 402, 403, 433, 476, 520
狄克森，安东尼娅　219
狄克森，威廉·肯尼迪·劳里　193, 216, 219–223, 226, 232, 236, 515, 516
狄利克雷，彼得·古斯塔夫·勒热纳　47
迪弗朗切斯科，大卫　397–399, 402, 404, 405, 407, 408, 426, 427, 433, 438, 439, 458, 466, 475, 492
迪士尼，华特　189, 252, 253, 326, 516
迪士尼，罗伊·爱德华（华特的侄子）　255, 491, 494
迪士尼，罗伊·爱德华（华特的哥哥）　251, 252, 255
迪士尼公司　195, 241, 249, 250, 252–256, 409, 432, 433, 483, 488, 489, 514, 521
第二次世界大战　137, 515
第二加速期　8, 95, 352, 365, 366, 446, 493, 519
第一部数字电影　374, 412, 457, 463, 465, 467, 470, 472, 474–477, 479, 481, 483, 484, 488, 489, 490, 495, 519, 521
第一次世界大战　54
第一加速期　8, 95, 136, 282, 352
第一台计算机　95, 453, 511
点位和展开像素　159, 166
电传打字电报机　181
电传机图像　181, 182
电视　157, 159, 210
电影　4, 7, 8, 188, 199, 206, 207, 506, 508, 513, 514, 526
电影机　227, 228, 231
电影机器　199, 206, 207, 213, 232, 258, 514
动影机　218, 221, 222, 226
动影镜　218, 221, 222, 223, 227, 231
杜德利，荷马　77

E

e 问题　99, 100–102, 121, 502
俄罗斯科学院　53

恩蒂斯，格伦　466, 523
恩格尔巴特，道格　290, 291, 334, 335

F

frileux（畏寒的）　39, 47
法国大革命　9, 16, 17, 18
范，莫琳　523
范德比克，斯坦　338, 450, 405
放映机　199, 204–206, 208, 213, 219, 221, 223, 225, 230, 231, 232, 514, 515
放映机之年　213, 222, 224
菲力猫　255, 256
费兰蒂马克 I 型　152, 171–173
费特尔，威廉　320–323, 340
分形　442, 443, 461, 469, 472
风险投资人　480, 482
冯·诺依曼，约翰（强尼）　103, 112–116, 118, 124, 129, 144, 154, 155, 161, 162, 509, 512, 515
冯·诺依曼构型　113, 145, 148, 152, 154, 512
冯·诺依曼团队　134, 149, 154, 156, 161, 162, 511, 512
弗莱克，格伦　404, 404, 466
弗莱舍，戴夫和麦克斯　248, 249, 251
弗雷斯特，杰　156, 165
弗雷斯特，罗宾　179, 299, 300, 302, 307, 313, 338
弗里曼，赫伯特（赫伯）　298, 299, 391, 518
傅立叶，约瑟夫　5, 9, 13–18, 27, 28, 32, 39–44, 46, 500, 501, 508
傅立叶波　18–21, 35–38, 200, 201, 203
富兰克林，本杰明　15, 43

G

高清电视（HDTV）　4
戈卢布佐娃，瓦莱里娅　71, 75, 77, 78, 86
哥德尔不完备性定理　113
格林伯格，唐纳德（唐）　365, 365, 377, 380, 427, 443, 520

古根海姆，拉尔夫 426, 428, 435, 436, 494
古拉格 50
关键帧 342, 344, 410, 412
《关于可计算数》 102, 113, 123, 144, 511
《官方机密法案》 90, 92, 137, 509, 515
光电枪 166, 292, 298
光栅显像 159, 161, 281, 282, 315, 316
国际信息公司 463, 466-468

H

HoloLens 525
哈格里夫斯，巴雷特 325
哈默，阿曼德 74
汉拉恩，帕特 486, 487
赫尔佐格，伯特兰 304, 376, 518
赫斯基，哈里 156, 169
亨德里克斯，戈登 216, 219
烘焙 528
猴面包树工作室 523
忽必烈 532
互联网 334, 335, 407, 519
华兹华斯，威廉 17, 18
化身 527, 528, 527
环球影城 233
《幻影集》 235, 239
幻影镜 223, 228
皇家军事学院 15
回春术 528
《绘图板》 298, 313-315, 324, 325, 327-330, 332, 333, 335, 336, 518
《绘图板三》 313, 314, 317, 325, 326, 330, 332, 333, 335, 348, 518, 521
《绘图三》 415, 424, 430, 440, 475
惠特克，埃德蒙 52, 267-269, 273, 274, 313, 517
惠特尼，约翰（小） 362, 463, 466, 467, 469
混合现实（MR） 524, 525
活相镜 213, 222, 223, 232
活写真 224, 232, 515
活写真（法） 230, 230

I

IBM 701 154, 156, 162, 179
IBM 702 178, 179
iPhone 4, 217

J

JPL（加州理工学院喷气推进实验室） 60, 357, 358, 259, 398, 422, 438, 442, 459, 461
机器人 471
鸡蛋工厂（卢卡斯影业总部） 437
基恩，格伦 465, 523
基尔伯恩，汤姆 134, 135, 139, 142, 141, 144, 145, 151, 152, 161, 171, 179, 511, 512
激活效果 460
激活样片 460, 461, 462
计算 5, 90, 94, 96, 121, 122, 130, 136, 445, 502-504
计算机 5, 6, 116, 125, 126, 128, 502-505
计算机辅助设计（CAD） 283, 286, 288, 300, 302, 309, 318, 324-326, 330, 330, 332, 335, 373, 481, 507, 518, 522
计算机辅助设计计划 288
计算机术语 79
计算机图形学 274, 275, 286, 320, 321, 506
《计算机图形学与图像处理》 299
计算机艺术 362
计算器 98, 126
加治屋，詹姆斯（吉姆） 349, 399
加州大学伯克利分校 335, 530
剪纸法 240
剑桥大学国王学院 90, 91, 153, 529
角度 35, 267, 268, 464, 517
角色动画 233, 238-242, 396, 464, 465, 470, 471, 476, 491, 521
角色动画师 238, 465, 470, 472, 476
杰巴格，达西 524
金茨堡，维塔利·拉扎列维奇 84
金迪，鲍勃 435, 436
矩阵代数 334

巨人机　118, 127, 137, 151, 511

K

卡岑伯格，杰弗里　488
卡尔维诺，伊塔洛　532
卡朋特，洛伦　441, 442, 443, 455, 456, 459, 461, 462, 466, 469, 473, 485, 487
卡彭铁尔，儒尔　227
卡特穆尔，埃德温（埃德）　184, 249, 254, 273, 298, 323, 361, 380, 382, 386, 400, 402-404, 407-409, 414-416, 418-420, 422, 424, 426, 431, 432, 436-439, 442, 455, 458, 466, 467, 469-471, 475-481, 487, 489, 492, 495, 526
卡特穆尔－罗姆扩展波　310, 455
卡特穆尔－罗姆样条　273
《看不见的城市》　532
康奈尔大学　365, 376, 377, 427, 444, 520
康奈尔影片（1972）　377, 380, 427
抗混叠　183, 184, 295, 409, 430, 455, 459, 469, 520
科波拉，弗朗西斯　467
科恩，埃弗瑞姆　341, 408, 422
科捷利尼科夫，彼得　53
科捷利尼科夫，弗拉基米尔　5, 49, 51, 53-55, 63, 74-78, 80, 81, 83, 84, 86, 87, 188, 268
科捷利尼科夫，谢苗　53
科捷利尼科夫，亚历山大　54, 55
《科学美国人》　380, 526
克拉克，吉姆　431, 432, 433, 436, 490
克拉克，卫斯理　323
克拉克，亚瑟　347
克勒贝尔，让·巴普蒂斯　27
克雷公司　468, 473
克雷机　468, 473
克日扎诺夫斯基，格列布　71
库巴，拉里　435, 436
库恩斯，史蒂文（史蒂夫）　298, 300, 302, 304, 307, 318, 323, 325, 332, 518
库恩斯奖　298, 304, 307, 450, 487
库恩斯曲面片　302-304, 309, 313, 332
库克，罗伯特（罗布）　376, 443, 455, 485, 487

库桑，维克多　39
夸张　195, 243, 246, 247, 514
《扩延电影》　356, 359, 362, 363, 405, 519
扩延现实（XR）　525
扩展波　51, 52, 64-66, 69, 72, 204

L

LDS-1　317
拉贝，赫伯特　52
拉普拉斯，皮埃尔-西蒙　26, 40, 41
拉赛特，约翰　258, 457, 465, 470-472, 474, 479, 483, 484, 488, 491, 492, 495
拉雪兹神父公墓　45, 46
莱恩，理查德　60
蓝天工作室　377, 425, 428, 463, 492, 493, 521
劳森，吉姆　485, 486
雷达　441
《黎明曙光》　135, 141, 179, 181, 184, 277, 286, 292, 363, 512, 516
李森科生物学　53
里弗斯，比尔　458, 459, 461, 463, 472, 474, 479, 483, 484, 488
理想的电影系统　206, 258
理想的电影重构　204-206
理想电影　200, 211, 212, 514
利克莱德，J. C. R.（利克）　289, 334, 335
利沃依，马克　380, 427
粒子系统　458, 459, 461, 472
连续摄影机　230
连续摄影师　225
列宁，弗拉基米尔　53, 71
林肯实验室　315, 324
磷光材料　158, 163
灵感－混乱－强权　8, 50, 92, 494, 508-510, 515, 516, 519, 521, 529
卢卡斯，玛霞　439, 466, 470, 477, 520
卢卡斯，乔治　435, 436, 438, 460, 462, 463, 471, 473, 474, 477, 480, 520
卢卡斯影业　249, 263, 274, 298, 376, 404, 419, 426, 435-440, 442, 444, 455, 457, 458, 460,

466, 469, 470, 474, 477-480, 482, 485, 486, 489, 494, 520
卢米埃尔，安托万　227
卢米埃尔兄弟　222, 223, 227, 229, 232, 514, 516
卢梭，让－雅克　15
鲁宾，迈克尔　426
路德维希，卡尔　427
罗巴切夫斯基，尼古拉　53
罗伯茨，劳伦斯·吉尔曼（拉里）　314, 317, 320, 323, 332-335, 348, 373, 467, 518, 521
罗日卢，罗德尼　365, 367, 377, 380, 385, 392, 406, 519
罗塞塔石碑　13, 27, 38
罗森达尔，卡尔　466

M

MAGI（数学应用集团）　426-428, 464-466, 492, 493, 521
Magic Leap　525
MITRE　165
麻省理工学院（MIT）　60, 177, 287, 289, 294, 295, 299-302, 314, 324, 326, 330, 340, 365, 531
马变斑马　530, 532
马丁，埃里克　341, 396
马雷，艾蒂安－儒勒　198, 225, 226, 229, 230
马林科夫，格奥尔基　71, 86, 509
迈布里奇，爱德华　188-190, 192-194, 196-198, 217-219, 225, 248, 250, 513, 514
麦卡锡，约翰　531
麦卡锡，约瑟夫　92
麦凯，温莎　234, 238, 239
曼彻斯特马克I型计算机　152, 163, 172
曼尼阿克　154-156, 162, 170, 178
梅里埃，乔治　238, 248
美国无线电公司（RCA）实验室　170, 511
美猴王项目　409, 474, 475, 478, 490, 520
梦工厂　377, 425, 491, 523
猕猴　451, 453
米老鼠　189, 252, 253, 256, 326, 516

名片机　103, 104, 106-110, 120, 125, 126, 136, 157, 485, 503, 504
明斯基，马文　531
模拟　2, 4, 5, 18, 50, 56-59, 64, 68, 72, 73, 79, 80, 86, 498, 501
模拟电视　157, 357
模拟曲线　79
模拟钟面　18
摩尔定律　7, 8, 95, 136, 156, 282, 283, 344-348, 352, 353, 356, 365, 368, 372, 376, 384, 399, 400, 409, 415, 475, 478, 487, 493, 497, 512, 519, 520, 529
摩尔定律加速期　344-346, 441, 508
魔灯　192, 217
魔相镜　222, 223
莫斯科动力学院　54, 72, 75, 78, 82
莫斯科高等技术学院　54
穆雷尔，安迪　439

N

NASA（美国国家航空航天局）　289, 350, 357, 360, 362-364, 366, 372, 376, 380, 518, 520
NASA-1　360-362, 364, 365, 377, 385
NASA-2　351, 364, 365, 367, 377, 391, 392, 406
NEA（国家艺术基金会）　398, 405
纳粹德国　99, 112, 287, 342, 350, 391, 515, 518
奈奎斯特，哈里　51, 52, 60, 509
涅夫佐罗夫姐妹（季娜伊达、索菲娅、阿古斯塔和奥尔佳）　71
牛顿，艾萨克　14, 16, 39, 41, 44, 48
牛顿物理学　8, 372, 476, 522, 524
纽曼，马克斯　101, 102, 112, 115, 117, 119, 129, 144, 151-153, 162
纽曼，威廉　130, 154, 399
纽曼笑料　251
纽维尔，马丁　278, 280, 312, 400, 421
纽约理工学院（NYIT）　249, 298, 317, 376, 400, 404, 405, 407, 409, 412-414, 420-424, 427-431, 433, 435, 437, 438, 440, 458, 466, 475, 494, 520

纽约理工学院计算机图形学实验室　249, 317
农场　192
诺尔顿，肯　338-340

O

ORDVAC　178
欧拉，莱昂哈德　53
欧文，琳（马克斯·纽曼之妻）　129, 130

P

Photoshop (Adobe)　66, 69, 70, 120, 275, 298, 299, 395, 396, 420, 524, 529
p 曲线　341
帕莱，约瑟夫　15
帕西诺，阿尔　528
裴祥风着色法　388
佩西，乔　528
皮筋　324, 327, 330
皮克斯　4, 8, 107, 249, 255, 273, 277, 286, 317, 371, 397, 404, 409, 425, 426, 441, 455, 458, 463, 468, 474, 476, 477, 478, 480, 482-484, 486, 488, 489, 491-493, 495, 520, 521, 525, 526
《皮克斯传奇》　426
皮克斯电影　320, 331, 483, 489, 491, 508
皮克斯动画师　196, 240, 527
皮克斯式电影　275, 277, 278
皮克斯图像计算机　441, 478, 479, 482, 484
皮特，布拉德　527
频率语言　29, 32, 34, 38, 180, 203, 212, 243
泊松，西梅翁-德尼　40, 41, 47
普京，弗拉基米尔　49, 87
普莱斯，大卫　426
普林斯顿高等研究所（普林所）　103, 112, 115, 124, 154, 155

Q

强权　42, 43, 55, 71, 83, 85, 86
乔布斯，史蒂夫　216, 481, 484, 488, 489, 494, 521

切尔托克，鲍里斯　78
氢弹　83, 84, 115, 127, 138, 156, 289, 291, 453, 515
邱奇，阿隆佐　101, 102
曲面片和子曲面片　304

R

R-1　78
R-7　78
RenderMan　485, 486
Reyes 渲染器　485, 487
RGB　414, 415, 418
RGBA　440, 441
RGBA 绘图　440
RGBA 像素　416-418
RGB 滑块　393
染谷勋　52
热尔曼，玛丽-索菲　14, 43, 44, 47
人工智能　504, 529-532
《人机造物》　426, 473

S

SoftCel（"扫描-绘图"系统）　412
萨哈罗夫，安德烈·德米特里耶维奇　83
萨瑟兰，伊万　133, 298, 307, 316, 320, 323, 324, 327-333, 335-337, 340, 341, 347-349, 366, 403, 404, 466, 518
《赛博情缘》　337, 338, 340, 405, 423, 519
赛璐珞板　240-242, 343, 409, 476, 514
赛璐珞板　209
赛璐珞胶片　212, 213, 222, 226
赛其机　292, 293, 298, 330
三角形　276, 277, 279-281, 304, 350, 367, 375, 381, 383, 442, 443
三巨头　313-315, 324, 373, 521
扫描动画机　397
沙拉什卡　49, 75-78
闪烁　207, 243, 316
商博良，让-弗朗索瓦　13, 32, 39

商博良－菲雅克，雅各－约瑟夫　47
舍斯捷尔宁，谢尔盖　72
深度缓存　382
深度伪造　528
神经网络　531
声码器　77，118-120，126，268
声素　61，64-66，68，72，80，120，188，204，268
圣彼得堡科学院　53
施莱伯，威廉　60
施乐帕克研究中心　294，295，335，376，390，391，399，404，405，413，427，428，459，519，520
十月革命　50，54
实时　296，297
史密斯，林恩　341
视窗　317
视频艺术　428
舒尔，亚历山大（亚历大叔）　249，400-404，414，415，427，431，433，435，436，438，440，458，476，494，520
舒马克，罗伯特（鲍勃）　361，365，367，377，380，385，392，406，519
数字　2，50，498
数字大融合　4，14，50，72，82，87，137，157，169，180，185，233，315，352，374，425，426，430，463，489，493，497，499，521
数字电影　7，8
数字光学　4，5，6，50，72，96，130，135，136，138，139，143，146，169，185，233，286，352，362，394，425，429，497，498，505-508，529
数字声学　50，61，72
数字图像　2，136，141，292，362
数字制片公司　466，468，469
双立方扩展波　66，69
水平抗混叠　183
斯大林，约瑟夫　50，71
斯蒂格勒得名法则　52
斯皮尔伯格，史蒂芬　463，342，491
斯普罗尔，鲍勃　366
斯坦福，利兰　189，190，192，196，198，225
斯坦福大学　47，51，190，192，289，299，391，436，439，531

斯坦福研究所　290，334，335
斯特恩，加兰德　408，409，412，413，429，430
斯特拉奇，克里斯托弗　128，172，327
斯托克曼，托马斯（汤姆）　183，295，409
苏美贸易公司　74
索尔仁尼琴，亚历山大　50，74，76，77

T

Tilt Brush（谷歌）　524
TX-0　294，295
TX-2　295，315，316，323，324，327-329，332，340，341，423
胎动　136
《太空大战》　294-296，298，341，390
太平洋影像公司（PDI）　466，426，490，521
泰勒，罗伯特（鲍勃）　335，390，399，404，518
特曼，弗雷德里克　289
《跳出墨水瓶》　248，249
通用电气公司　357，359，363-367，368，376，377，519
通用媒介　4，85，499
通用汽车公司　305，325，326，330，518
通用图灵机　107-109，111，485，503，531
通用性　5，89，92，93，96，99，102，111，130，136，446，503
瞳孔之内　514，525
瞳孔之外　514，525
头戴式显示器　348，377，431，521
投影机　194
透视　320-323，332，348
图灵，阿兰　5，90-92，96，101-103，106，110，112，116-119，121，122，127，129，136，144，149-153，171，172，179，503，504，509-512，515，526，528，531
图灵机　106-109，126，485，503，531
图像　2
图像 vs 媒介　2
图像处理　506
图像处理软件　275
图像导向的计算机图形学　507

图形用户界面　291, 330, 334, 335
托尔斯泰，列夫　53, 187

U

Unix　424, 425, 457, 458, 466, 486

W

Word（微软）　445
瓦楞形　35, 36, 200, 201, 203, 500
《玩具总动员》　4, 7, 8, 107, 239, 286, 377, 463, 489, 495, 510, 521, 526, 526
王牌测试机　150, 162, 164, 170, 172, 511
王牌机　150
王牌机报告　144, 150
威尔克斯，莫里斯　153, 164
威廉姆斯，弗雷德里克（弗雷迪）　133, 134, 138, 141, 144, 145, 151, 152, 161-163, 511
威廉姆斯，兰斯　408, 409, 420, 429, 433, 474, 476
威廉姆斯管式内存　164, 169, 179
威廉姆斯-吉尔伯恩管　139, 145, 157, 161-163, 173, 178, 511, 512
微软　275, 420, 490, 525
维恩，马塞利　299, 342, 343, 409, 518
维恩，沃尔夫　343
未知性　120-122
无产者（库克、卡朋特和波特）　456, 477
无穷　56-58, 157
无摄像电影　528

X

西风机　156, 170
西格拉夫　304, 348, 422, 442, 450, 456, 458, 471-473, 525
希尔伯特，大卫　99, 113
希尔伯特的第二问题　113
显示　72, 497
显示模式/显像方式　159-161, 274, 315, 316, 325

显像端/显像空间　73, 274, 275, 280, 300, 394, 395, 421, 525
显像元件　4, 73, 159, 338, 353, 498
相对论　14
香卡，拉维　263-266, 269, 271, 274, 276, 302, 310, 350, 396, 441
香农，克劳德·艾尔伍德　50-52, 60, 61, 63, 75, 87, 116, 118, 119, 126, 179, 268, 289, 509
香农奖金　61
象牙塔与排气筒之争　9, 102, 144, 150, 151, 155, 198, 229, 257, 258, 391, 526
像素　4-6, 59, 60, 66, 67, 69, 70, 72, 79, 86, 282, 353, 498, 499
像素化　59
像素扩展波　66-69, 72, 158, 204
《小蚁雄兵》　377, 491, 521
小学馆　474
肖普，理查德（迪克）　183, 282, 390, 392, 393, 395, 397, 398, 413, 459
《辛德勒的名单》　342
信息处理技术办公室（IPTO）　334, 335
信息论　61
《星际迷航 II：可汗之怒》　460, 462, 463
《星球大战》　435, 437, 439, 468, 474, 520
虚拟现实（VR）　275, 297, 347-349, 522-524
旋风机　156, 165, 171, 175-178, 180, 286, 288, 292, 294, 298, 299, 315, 321, 513, 517
旋风机-　156, 165-168, 176, 177
旋风机图像档案　165
选数管　161-163, 170

Y

压缩、拉伸　243-246, 248
亚当斯，查理　167, 176
扬布拉德，吉尼　356, 357, 359, 362-364, 519
样本 vs 像素　361
样条　263-266, 269, 270-276, 302, 310, 312, 350, 388, 396, 441, 462, 517
一次性密钥　74, 116, 118

以太网　335
阴极射线　158
阴极射线管　135, 138, 158, 159, 164, 166, 171, 362, 512, 516
引力　14
印刷机　227, 439, 441, 478
英国皇家学会　44, 90, 141, 198, 267
婴儿机　134-136, 141-143, 146, 151, 152, 154, 155, 157, 163, 164, 172, 175, 184, 292, 363, 453, 511, 512, 515, 516
邮电人民委员部　55, 55, 71
犹他大学　133, 183, 295, 298, 335, 337, 376, 400, 409, 421-423, 467, 519, 520
雨果，维克多　13, 15
预判、夸张　195, 243, 245, 247, 514
原子弹　85, 289, 291, 515
约翰逊，蒂莫西（提姆）　301, 302, 313, 314, 317, 320, 323, 324, 329, 331-333, 340, 341, 518, 521
约利事件　231

Z

《在米老鼠以前》　234, 238, 239, 255, 256
载人航天中心　360, 363
早期计算机图形学中的女性　407, 460, 461
增强现实　348, 523-525
增强性　89, 94-96, 98, 102, 130, 136, 137, 277, 279, 344-347, 350, 352, 367, 375, 383, 384, 441, 442, 446, 472, 493, 495, 497, 504, 519, 529
扎亚克，爱德华·E.　322, 323, 337, 340
炸弹机　116, 118, 127
詹提勒拉，约翰　249
展开声素　64, 66
展开像素　68, 70, 73, 135, 139, 157, 159, 161, 164, 166, 169, 177, 275, 279, 280-282, 286, 292, 316, 338, 353, 498, 512
遮蔽表面问题　416-418
着色语言　444-446, 485-487, 521
帧　206, 207, 507
帧缓存　358, 359, 382, 391, 392, 394, 395, 396, 399, 400, 405, 407, 413-416, 418, 419, 427, 440, 459, 475
帧率　206
真实　372, 373
中心法则　8, 318, 320, 348, 357, 372, 374, 390, 395, 404, 420, 476, 521, 523-525
重建滤波器　51
转描　194, 248
庄，理查德　466, 468
准计算机　115, 118, 123, 137, 151, 155
兹沃里金，弗拉基米尔　124, 161, 162, 511
《自由翱翔》　442
综合理工学院　26